中国地质大学（武汉）地学类系列精品教材

地貌学及第四纪地质学教程

DIMAOXUE JI DISIJI DIZHIXUE JIAOCHENG

主　编　曾克峰　刘超　程璜鑫

内 容 提 要

地貌是地表各种形态的综合,是探索地球科学知识的重要载体,其对区域发展和建设规划有着重要的作用。本书共分 16 章编写。分别围绕地貌类型,结构特征,形成原因以及第四纪地质学研究的基本问题、方法和规律等问题展开阐述,并引导思考地貌学的实际应用与学科前沿问题。全书精选了大量的典型地貌图片,绘制了一些地貌形成演化示意图,直观形象地表达并细致论述了各种地貌类型的形态特征、发展演化过程,注重理论知识和实际应用相结合。

本书可作为大专院校地理科学、资源环境、城乡规划等专业的教材,也可供地学旅游资源开发人员、地学科普导游及相关学者和管理人员参考。

图书在版编目(CIP)数据

地貌学及第四纪地质学教程/曾克峰,刘超,程璜鑫主编. —武汉:中国地质大学出版社,2014.12(2024.7 重印)

ISBN 978-7-5625-3505-8

Ⅰ.①地…
Ⅱ.①曾… ②刘… ③程…
Ⅲ.①地貌学-教材 ②第四纪地质-教材
Ⅳ.①P931 ②P534.63

中国版本图书馆 CIP 数据核字(2014)第 217720 号

地貌学及第四纪地质学教程		曾克峰 刘 超 程璜鑫 主编
责任编辑:胡珞兰	选题策划:郭金楠	责任校对:周 旭
出版发行:中国地质大学出版社(武汉市洪山区鲁磨路 388 号)		邮政编码:430074
电 话:(027)67883511	传 真:67883580	E-mail:cbb @ cug. edu. cn
经 销:全国新华书店		http://www. cugp. cug. edu. cn
开本:787 毫米×1 092 毫米 1/16		字数:670 千字 印张:26
版次:2014 年 12 月第 1 版		印次:2024 年 7 月第 2 次印刷
印刷:武汉市籍缘印刷厂		印数:5 001-6 000 册
ISBN 978-7-5625-3505-8		定价:45.00 元

如有印装质量问题请与印刷厂联系调换

中国地质大学(武汉)地学类系列精品教材

策划、编辑委员会

前言

QIANYAN

地貌学、第四纪地质学都属于地理学与地质学的交叉学科，研究对象都涉及地球内部环境与表层环境的综合作用，与当今社会经济发展和人类生活环境改善的关系极为密切。“地貌学”和“第四纪地质学”两部分课程内容是中国地质大学地学类专业的必修课程，为了兼顾地质学、地理学、地质环境、地质工程、地质勘查等不同专业学生的先修和后续课程，一直以来都是合二为一当作一门课程来讲解。这也符合两者的学科关联关系，能更好地理解地貌的形成与演化。

编者于20世纪80年代以来，一直从事地貌学、第四纪地质学的教学和研究工作，90年代初曾参与编写了由曹伯勋老师主编的《地貌学及第四纪地质学》教材。经过20年的发展，学科知识不断发展、研究方法不断更新、应用领域极为扩大。为了适应当前地学专业的教学变革，更好地服务于社会，经与中国地质大学出版社商议决定借鉴原教材，修编成为《地貌学及第四纪地质学教程》。

考虑到地貌学、第四纪地质学专业知识入门难，课程教学对象复杂，以及作为参考书面向社会普及地学知识的效果，本书在结构上从地貌学与第四纪地质学的基础知识着手，通过示意图、照片、图表等形式，用较为通俗的文字逐步为读者掀开地貌学及第四纪地质学的神秘面纱。

本书在编写过程中，力图将理论知识与实际应用相结合，既反映研究前沿热点，又努力适应当前教学体系和社会需求，所以特别注意了以下几个方面的问题。

(1) 层层递进地阐述地貌学与第四纪地质学的内涵。全书由第四纪地质学、地貌学基础知识开篇，为各层次的教学对象做好铺垫；以地貌及其沉积物的类型、形成演化和研究意义作为过渡，承接深层次的地貌及第四纪地质学内容；第四纪部分重在方法和规律的总结，深入浅出地传递了地貌及第四纪前沿问题。

(2) 关注第四纪地球自然灾害与环境变化。第四纪自然灾害(如泥石流、崩塌、滑坡)和自然环境(如气候变化、海平面变化、动植物群的演变与人类发展和新构造运动等)一直是全球关注的重点内容。本书以地貌学基础知识作为桥梁，介绍自然灾害、环境变化的形成与发展过程，引导思考防治措施，以提高学生对环境研究的意识和应用技能。

(3) 强调理论知识与实际应用紧密结合。本书以总述地貌学及第四纪地质学的应用价值和意义为引子，重点阐述了地貌及其沉积物研究的实际意义，带领学习者走出书本，思考地貌学及第四纪地质学知识在国民经济、社会生产中的应用。

本书各章节编写分工如下：第一章、第三章、第五章、第六章由曾克峰编写；第二章、第四章由刘超编写；第七章、第九章由程璜鑫编写；第八章由曾克峰和田野合编；第十章由刘超和陆媛媛合编；第十一章、第十六章由曾克峰和莫舒敏合编；第十二章由刘超和黄亚林合编；第十三章由曾克峰和冯文浩合编，第十四章由曾克峰和饶西安合编；第十五章由程璜鑫和张冉合编。思考题由林玲、张冉和黄亚林收集、整理或编写。彭泽群、李夏丁、田野、喻晶琪为图件的矢量化与绘制付出了辛勤劳动。

本书在编写过程中参考了许多公开文献资料及已出版的教材。中国地质大学的前辈们编写的相关教材和教学参考书，为此书的编写奠定了宝贵的理论基础知识体系；中国地质大学出版社的编辑也为此书的出版付出了辛苦劳动，在此一并致以深深的谢意。

此外，考虑到在课程讲解时需要简单明了、突出重点，本书多使用示意图来表达有关内容。书中部分图片来源于中国地质大学(武汉)“地貌学及第四纪地质学”精品课程课件，其他图片的来源也尽可能在书中按参考文献格式列出，但有些无法得知原创作者或最初出处，不能详尽之处在此表示深深的歉意。

当然，由于编者的水平有限，本书难免存在一些不足、疏漏抑或错误之处，衷心希望广大读者不吝赐教、指正。

曾克峰

于中国地质大学(武汉)

2014年4月

目录

MULU

第一章 绪 论

第一节 课程的性质和任务

“地貌学及第四纪地质学”是以第四纪地质学和地貌学的基本知识与理论为主体,并吸收地质学、沉积学、岩石学、自然地理学、古气候学、古生物学、新构造学和地质年代学等有关知识组成的一门综合性课程。其中,第四纪地质学是研究距今两三百万年内第四纪沉积物、生物、气候、地层、构造运动和地壳发展历史规律的学科,它一直是地质科学的重要组成部分;地貌学则是研究地球表面地貌形态特征、类型、分布、成因和演化规律的学科。两者都以地表自然环境的重要组成部分及其演变历史为研究对象,都是研究地表环境的重要学科,常从不同的角度研究同一问题,研究结果互相补充,关系十分密切,具有多种理论和实际应用价值。

但是,近些年来,随着社会经济的快速发展,人类活动对自然环境的破坏也在不断加剧;人们亦普遍认识到自然环境的复杂性和脆弱性,并面临来自环境、生态、人口和资源等方面的压力。为使今后人类与自然之间能够保持和谐的发展,从古今结合的观点出发,利用多学科交叉方法,积极、慎重地研究人类生存环境的发展趋势与潜在的重大灾害,已成为世界科学界关注的重大问题。因此,“地貌学与第四纪地质学”课程在有限学时内,除讲授其主体学科最重要的基本知识与应用价值外,近年来,根据现代地球环境是从第四纪环境演化而来,未来环境将是现代环境在自然因素与人为因素影响下的发展观点,对第四纪全球和区域(主要是指中国)气候与环境演变的主要方面作了扼要介绍。

“地貌学与第四纪地质学”的教学目的是使学生在掌握与多种实践活动(如矿产、地下水、工程基础与工程灾害等)有关的第四纪地质和地貌基本知识的同时,对第四纪自然环境的主要方面(如气候变化、海平面变化、动植物群的演变与人类发展和新构造运动等)的情况有一定程度的了解,以利于提高学生对环境研究的意识和能力,这是地球科学知识和环境终身教育中重要的一环。

第二节 课程的内容

“地貌学及第四纪地质学”的课程内容主要包括以下几个方面。

(1) 第四纪和地貌研究的基本知识和理论,如第四纪的沉积物特征、第四纪地层划分、地貌演化原理等。

(2) 第四纪地球自然环境变化的重要方面,如第四纪气候、海平面、生物与古人类和新构造运动等的基本情况。

(3) 第四纪地质学及地貌学知识在国民经济、社会生产中的应用方面。

其中,第一方面的内容是后两方面内容的基础,后两方面的内容则是第一方面的拓展及应用,三者相辅相成。

第三节 课程主要学科发展概况

一、地貌学及第四纪地质学的主要发展历程

“地貌学及第四纪地质学”课程的主要学科都是从地质学和地理学中发展起来的。

从19世纪末到20年代初,探险、区域考察、运河、水坝建筑和材料与砂矿开采等活动推动了地貌学及第四纪地质学的发展。这一阶段提出了河流侵蚀理论,并为冰川地质学打下了基础;南斯拉夫数学家米兰科维奇(Milankovich)1920年提出气候变化的天文学说,地球轨道周期已成为探讨第四纪气候变化及冰期形成的重要理论依据。1899年奥地利地质学家休斯(Suess)建立的海平面变化理论,经过了不断的充实和发展。1934年美国学者戴利(Daly)提出了冰川-海面控制论。1928年建立了国际性第四纪学术研究机构——国际第四纪研究联合会(INQUA)。

20世纪初到50—60年代,为满足工业化社会的多种需求,第四纪地质学在沉积物成因、砂矿、动植物群、古气候、海平面及新构造运动等方面的研究和地貌学在河流、冰川、岩溶、海岸、荒漠及冻土等方面的研究都取得了重要的理论与应用研究成果,在许多方面形成相对独立的部分。20世纪初到50年代,放射性碳、钾氩法,铀系法,裂变径迹法测年及氧同位素测温等技术的应用,使第四纪地质研究达到了新的水平。1963年考克斯(Cox)建立古地磁年表,为第

四纪地层的划分与对比提供了依据。

20 世纪 60 年代以来，在第四纪地质学与地貌学研究的深化过程中，气候地貌和构造地貌研究取得了明显进展。由于新技术、新方法的应用，第四纪海洋地质研究取得了重大突破。根据对深海沉积物钻孔岩芯试样的氧同位素研究，提出了与传统陆地冰期方案不同的气候多波动模式。1977 年库克拉(Kukla)等对捷克布尔诺黄土的研究证明，在奥尔杜韦古地磁事件以来的 170 万年里出现了 17 次间冰期，平均每 10 万年有 1 次冰期—间冰期气候旋回。对印度洋、赤道大西洋、加勒比海的海洋沉积研究也得出相近的结论。中国第四纪黄土研究揭示了最近 70 万年以来有 13 次气候旋回。20 世纪 60 年代以来实施的许多国际研究计划，如深海钻探计划(DSDP)，长期气候研究、制图与预测计划(CLIMAP)，国际地质对比计划(IGCP)等，已在第四纪古气候、冰期形成、冰期气候特点、海洋环境变化等方面取得了重要成果，从而推动了第四纪地质学的发展。这些研究成果为全球气候与环境变化研究打下了新的基础。现代第四纪研究日益向多学科交叉的综合性第四纪地球科学方向发展，成为近 30 年来环境、资源与应用研究并重，研究内容最丰富和发展速度最快的地球科学分支学科之一。

此外，从美国 GeoRef 数据库和中国地质文献数据库的文献计量分析可以看出(图 1-1)，1900—1940 年第四纪地质学在地球科学的地位有些波动，但一直保持着较高的比重；20 世纪 40 年代中期之后，第四纪地质学的地位有所下降，在 60 年代末期达到低谷。但随着环境地质学以及全球气候变化的研究兴起，第四纪地质学的研究又重新繁荣，70 年代后在国际地质科学学科结构中占有重要的地位，并呈上升的趋势。

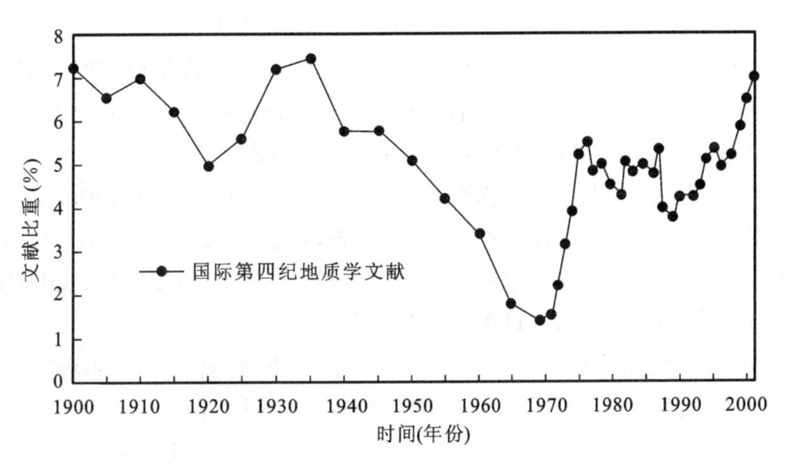

图 1-1 国际第四纪地质学百年发展历史的文献记录

二、中国的地貌学及第四纪地质学发展

地貌学及第四纪地质学在欧洲主要是在研究阿尔卑斯及斯堪的纳维亚冰川遗迹的基础上发展起来的。在中国，从 19 世纪末开始，一些外国学者对广泛分布在黄河流域的巨厚黄土进行了观察。到 20 世纪初期，对中国第四纪地质学的研究有了较大发展。目前，中国在第四纪哺乳动物与古人类、黄土、地震和青藏高原隆升等方面的研究成果为世界瞩目，并已有许多专

门研究单位和庞大的专业研究队伍。1957 年成立了中国第四纪研究委员会，现已加入国际第四纪联合会。1991 年 8 月在北京召开的国际第四纪研究联合会第十三届大会上，刘东生院士(2002 年获国际“泰勒环境成就奖”)当选为第十四届大会主席，表明中国第四纪研究水平已为世界所公认。

21 世纪以来，中国第四纪研究仍主要处于科学积累阶段，并涉及第四纪研究的各个方面，包括第四纪年代学方法进展、冰川沉积学、冰芯中的 LGM 气候记录、地球科学与工程、近地表层地球物理探矿、长序列陆相沉积记录、冰芯记录、过去全球变化(PAGES)等，特别是在过去全球变化研究中的高分辨率、短尺度的环境和气候变化、突发事件的过程和机制、古生态与文明演化、模拟等方面表现出了较大的进展，这些研究揭示出许多人类先前所未知的事实，被国际社会公认为自然科学的重要进步。在新的野外实验观测技术的支持下，我国地貌学及第四纪地质学的相关研究突破了观测的“禁区”，取得了新的、高精度的资料，并运用日益完善的数学物理方法建立模型，使得现代地貌过程的研究不断深入。一些部门地貌学的过程研究，如风沙过程、多泥沙河流地貌过程、河口海岸过程的某些领域，已跻身国际先进行列，有的已达到国际领先水平。在各种测年技术和环境演变代用指标获取技术的支撑下，地貌历史过程和第四纪环境演变的研究不断深入，在黄土、冰芯、岩溶沉积物所包含的环境演变信息的提取和解译方面，在青藏高原环境演化研究的某些方面，继续保持了国际领先的发展势头(许炯心，2009)。

古生态、古文明和古人类演化以及与环境变化关系的研究是中国第四纪研究的一个重要主题(蔡向明等，2013)，古生态方面除了传统的孢粉分析、有孔虫、介形虫和硅藻等手段外，火灾研究成为该研究的重要方面并取得了较大的进展，特别是认识到了气候变化影响模型需要考虑土地利用变化和火灾等干扰事件，这一研究领域具有较大的发展空间。碳循环研究结合古生态和地球化学手段取得了较大的进展，显示出今后的发展潜力。从中国第四纪研究的众多成果来看，模拟研究已成为第四纪研究的重点和热点领域，模拟研究从过去单一的古气候模拟扩展到古生态、碳循环、古水文等方面，显示出十分活跃的研究和良好的发展潜力。

在第四纪研究的新技术和手段方面，宇宙射线测量地表暴露年龄显示出较好的发展势头，将会带动我国第四纪年代学研究和地貌演化研究的深入，DNA 技术在第四纪研究的应用可能会带动中国区域人类演化和文明演进取得突破进展。

总之，近年来在国民经济建设巨大需求的推动下，我国地貌学与第四纪地质学瞄准国际前沿科学问题，服务于国民经济建设，在理论研究、应用基础研究和应用研究方面，取得了长足进展(表 1-1)。

表 1-1　近年来我国地貌学与第四纪地质学领域取得的主要成就

主要表现方面	类别	代表性成果
地貌与第四纪地质学家承担或参与的重大科研项目	“973”项目	中国典型河口—近海陆海相互作用及其环境效应(2002—2007) 纵向岭谷区生态系统变化及西南跨境生态安全(2003—2008) 长江流域水沙产输及其与环境变化耦合机理(2003—2008) 青藏高原环境变化及其对全球变化的响应与适应对策(2005—2010) 中国主要水蚀区土壤侵蚀过程与调控研究(2006—2011) 西南喀斯特山地石漠化与适应性生态系统调控(2006—2011)

续表 1-1

主要表现方面	类别	代表性成果
地貌学与第四纪地质学领域获得的国家科学技术奖励	国家自然科学奖	中国西北季风边缘区晚第四纪气候与环境变化(陈发虎等,2007) 中国第四纪冰川与环境变化研究(施雅风等,2008) 晚中新世以来东亚季风气候的历史与变率(安芷生,2008)
	国家科技进步奖	中国冰川分布及资源调查(2006) 沙漠化发生规律及其综合防治模式研究(2006) 中国北方沙漠化过程及其防治(2007)
地貌与第四纪学家在国际学术组织中担任的职务		王颖院士担任国际地貌学家联合会执行委员,陈中原教授担任了大河研究组的主席,杨小平教授担任了干旱区环境研究组的主席,张信宝教授被聘为国际水文科学学会大陆侵蚀委员会的副主席
地貌学及第四纪地质学研究的技术支撑体系建设	国家重点实验室	黄土与第四纪地质国家重点实验室、黄土高原土壤侵蚀与旱地农业国家重点实验室、河口海岸国家重点实验室、海洋地质国家重点实验室、冻土工程国家重点实验室、地表过程与资源生态国家重点实验室
	省部级重点实验室	中国科学院陆地水循环及地表过程重点实验室、南京大学海岸与海岛开发教育部重点实验室、水沙科学教育部重点实验室

注:据许炯心等,2009,整理。

三、地貌学与第四纪地质学的关系

(一) 研究内容

1. 地貌学的研究对象和内容

地貌学的研究对象是地表地貌形态(即地形)。地貌形态大小不等,千姿万态,成因复杂,总的来说,地貌形态是内外地质营力相互作用的结果。大如大陆、洋盆、山岳、平原,其形成主要与地球内力作用有关;小如冲沟、洪积扇、溶洞和岩溶漏斗,主要由外力地质作用塑造而成。现代地表不同规模、不同成因的地貌,处于不同发展阶段,按不同规律,分布于不同地段,使大地呈现出一幅极其复杂的“镶嵌”图案。地貌学的内容,就是研究地貌的形态特征、成因、发展和分布规律,以便利用这些规律来认识和改造自然。地貌学的研究是不包括平衡的,一般来说,陆地地貌(包括沿岸地带)要比海洋地貌研究程度为高;外营力地貌要比内营力地貌研究详细。随着国民经济建设的发展,情况将会逐步改变,我国地貌学的研究,将会进一步深化和丰富起来。

2. 第四纪地质学的研究对象和内容

第四纪是地球发展最新阶段,它包括更新世和全新世。地球发展历史有 43 亿年以上,而第四纪却非常短促,约 180 万年。但在第四纪时期内,地球上进行着各种地质作用,显著的气候波动,人类的发展,哺乳动物的兴盛和新构造运动等,不仅与人类的过去而且与人类的现在和将来都有直接的关系;人类今天的活动反过来对第四纪自然地理条件的变化起着重要的影响。对这些问题的研究,不仅可以加强地质学的基本理论,同时具有很重要的实际价值。因此，第四纪地质学就在以第四纪沉积物为主要研究对象的基础上，配合着研究发生于第四纪时期内的各种事件，对第四纪沉积物的形成，第四纪地层的划分与对比，第四纪有机界的发展，第四纪矿产和第四纪地质年表拟定等方面进行综合研究，以此恢复第四纪的古地理、古气候和构造运动，从而阐明第四纪时期地壳的发展规律。当然，第四纪地质学不可能解决关于第四纪的所有问题，而应同别的学科（地理学、古生物学、地史学、构造地质学、人类学、气候学等）一起共同研究和协作完成这一复杂任务。

（二）第四纪地质学与地貌学的关系

第四纪地质学是研究距今两三百万年内第四纪的沉积物、生物、气候、地层、构造运动和地壳发展历史规律的学科。地貌学则是研究地球表面的形态特征、结构及其发生、发展和分布规律，并利用这些规律来认识、利用和改造自然的科学。两者都以地表自然环境的重要组成部分及其演变历史为研究对象，都是研究地表环境的重要学科。任何一种外力地质作用，在塑造地貌形态的同时，也形成第四纪堆积物。因此，在研究地貌的同时，必须研究有关的第四纪堆积物，所以地貌学、第四纪地质学常从不同角度研究同一问题，且在许多情况下，研究结果互相补充、互相验证，两门密切联系而又不同的学科关系十分密切；具有多种理论与应用价值，此外只有通过深入研究第四纪历史，才能阐明地貌形成发展历史的一些重大问题。

1. 地貌学与地质学的关系

1）地貌形成的内外动力

地质学从某种程度上来说是研究各种地质作用及其结果。地貌学则以研究地球表面的形态特征结构为主。因而地质作用是连接地质学和地貌学的纽带。地质作用包括内力作用和外力作用，正是这些内力及外力的地质作用，或明或暗、或急或缓地作用于地球并改变着地球的面貌。

不同规模地貌的成因，有的与地球内营力作用有关，如构造运动形成构造地貌，岩浆作用形成熔岩地貌等；有的与外营力作用有关，如流水的侵蚀、搬运、沉积作用可形成各种流水地貌，风和冰川的剥蚀、沉积作用分别可形成风成地貌和冰川地貌等。一般来说，内营力具有造成地形起伏的趋势，外营力具有使地形夷平化的趋势。但是地表形态在形成和发展的过程中并非仅由内营力或是仅由外营力塑造而成。如构造运动上升形成山地，它们同时又受外营力的雕塑，形成高岭深谷；而在构造运动下沉区，由于沉积作用，形成广阔的平原和盆地。所有地貌在不断升降变化，使地貌发育的方向发生改变，侵蚀地貌和堆积地貌交替出现。可见，地貌的形成发展是内、外营力相互作用于地表的结果。

另外，随着人类活动的明显增多，即人为地质作用的加剧，使现代地貌无处不烙有人类活动的痕迹。人类活动对地貌发育的影响，一方面是直接建造人为地貌，如开凿运河、填平海峡等；另一方面是通过某些活动来间接影响地貌发育的方向与过程，如水土保持、改造荒漠、排涝蓄洪等。

2）地貌形成的物质基础

地貌形成的物质基础是岩性和地质构造，而岩性和地质构造又是地质学的研究内容。

组成地壳的岩石有岩浆岩、沉积岩、变质岩三大类。它们的颜色、矿物成分、结构和构造不同，因而抵抗外力剥蚀的能力也不相同。一般情况下，沉积岩抗蚀能力强，但也有少数沉积岩如页岩、泥灰岩等抵抗流水和风的破坏作用力差，而岩浆岩、变质岩抵抗流水侵蚀能力则较大，但又较易受风化作用影响遭崩解破坏，这便是岩石地貌学的研究内容。

大地构造单元是地貌发育的基础，不考虑地貌形成的地质背景，对各种地貌类型的现状和发展进程演化就说不透彻。常言道："哪山不断层，到处有褶皱。"指的是断层和褶皱所形成的地貌，它们是很常见的构造地貌，此乃构造地貌学研究的内容。

地质构造形态和组成构造的岩性特征，对地貌发育也有重要的影响。主要表现在地貌对构造的适应性和地质构造所反映的基本形式。地貌对构造的适应性指地貌发育与构造线（褶皱轴、断裂带等）一致或部分一致，这是地质构造在剥蚀作用下，表现其地貌意义的一种普遍形式。大如构造体系控制山脉及水系布局，次如河谷及岩溶沿背斜轴部、断裂带发育等。地貌适应构造的现象，在巨型地貌以外的各级地貌中普遍存在，特别是流水地貌，更容易适应各种构造体系、构造形态和构造软弱带，岩溶发育也部分地呈现类似关系。

2. 地貌学与第四纪地质学与其他学科关系

地貌学与第四纪地质学研究地球表面及其环境，重点研究地表与其他圈层，特别是岩石圈层间的相互影响和相互作用。

（1）地貌学是地质学与自然地理学之间的边缘学科。

研究地貌形成的内动力不仅要研究各种构造型式（褶皱、断层）和岩石性质对地貌发育的影响，而且要研究造成地貌的机制、时代、性质和强度等，这些都与大地构造学、岩石学、新构造运动学等地质学的分支学科紧密联系。

（2）地貌学的理论和方法又是新构造运动和地震地质研究的重要手段，所以地质界认为地貌学是动力地质学或物理地质学的一部分。

地貌形成的外动力与地球外部圈层息息相关，因而地貌又是地理环境的组成要素。

研究地貌的外动力需要有较深的自然地理学基础、自然地理学以及自然地理学的综合研究。地貌又是主要的因素和条件，因此地貌学又是自然地理学的一个分支。

（3）第四纪地质学是历史地质学的一个分支，它把第四纪自然环境作为其研究的主要内容。

在研究气候与海面变化、新构造运动、生物界与古人类的演化中，必须要有丰富的动力地质学、地史学、沉积岩石学、考古学及自然地理学等的基础知识，同时它本身又构成这些学科的研究基础。

地貌学、第四纪地质学与上述各地球学科密切相关，彼此都利用对方有关的理论方法来从事自身的研究，相互促进学科的发展。

第四节　课程知识的应用价值

第四纪地质和地貌的研究，是开发利用第四纪资源和水文地质及工程地质工作的基础，也是水利、水电、水运、地上和地下交通与管线工程勘查的重要组成部分，还是灾害与地球环境变化和预测研究的重要环节。

一、第四纪资源开发利用与区域地质研究

第四纪矿产资源有砂矿(砂金、金刚石、锡石、独居石、金红石等)、化学矿产(盐矿、硼矿、钾矿等)、有机矿产(泥炭、沼气)和建材(砂、砾、土)。各种第四纪矿产赋存在不同时期和不同成因类型的第四纪沉积物中,位于一定地貌单元内,开发利用这些矿产必须应用第四纪地质和地貌知识。

地下水是工农业和生活必需的重要资源,大量浅层地下水储集在不同时代、不同地貌单元内与成因多样化的松散第四纪沉积物中。地下水的含水层数目、储量、埋深、水质、流向、空间分布和形成时代,取决于该区第四纪沉积物、地貌和新构造运动等的特征与演化历史。第四纪地质与地貌研究是水文地质与工程地质工作的基础,在山前、河谷、平原和岩溶区尤为重要。此外,第四纪地质与地貌研究可以为当前矿山、石油类建设项目的地下水环境影响评价提供支撑。

地球上尚存为数不多未遭破坏的地质、地理原始景观,珍稀动植物生息地,古人类古文化遗址,岩溶洞穴,奇山秀水等,是具有科学价值的保护地和旅游资源。地貌学及第四纪地质学的相关研究可以为国家地质公园等的建设提供基础,为地质遗迹资源的科学、合理保护提供依据。

对于我国1:5万区域地质调查和广大平原(或盆地)区的第四纪地质研究应该加强,这一工作可以为环境、农业、城市地质和土地资源规划利用等提供科学基础资源。

二、工程建筑

水利、水电、交通、建筑和水运等工程勘察都必须研究与工程有关的有利和不利的第四纪沉积物、地貌、新构造运动和现代动力作用。对大型长效和安全性要求高的现代工程,如大型水库、水坝、主航道、核电站、地铁、隧道和高层建筑等,不仅要研究可利用的地质、地貌条件,还应该研究工程后由于局部地质、地貌条件变化对工程可能产生的影响。许多大工程都修建在山前、平原、河谷和海(湖)岸,这些地貌单元的第四纪松散沉积物厚度较大,岩性和成因复杂,地层时代、风化程度和形成过程各异。新构造运动和现代动力作用强弱不等,对工程设计、施工和工程的安全性等的影响也就不同。本书对上述问题研究有重要的应用价值。

三、自然灾害与环境变化研究

自然灾害是对人类经济和生命财产能造成重大损失的恶性事件,大都具有突发性。中国是一个自然灾害较多的国家,对自然灾害的形成发展、时间与空间和强度演化规律,监测、预测和防治,以及对减灾和救灾的研究,是我国许多学科与部门共同的重要任务。自然灾害的发生与天、地、生态大系统的变化有关。“天”的变化即宇宙因素如太阳辐射变化、黑子与耀斑爆发、陨石与小行星对地球的冲击等都可能不同程度地引起灾害。“地”的变化即地球内部物质运动引起的地壳运动,如地震、火山爆发、断层活动与壳内物质外泄;地表多种多样外动力的剥蚀、搬运与堆积作用,产生洪涝、泥石流、崩滑、水库淤塞、水土流失与荒漠化等。“生”的变化即生

物界和人类造成的灾害，前者如红潮、农林业生物灾害及动物传播疾病等；后者为人类2ka B P以来从土地利用、砍伐森林到大量使用化石燃料和各种污染造成多种人为灾害。比较而言，自然灾害中地球系统的变化，尤其是第四纪以来气候变化和新构造运动造成的自然灾害多而常见，人类活动速度与强度的加剧对现在和未来发生的灾害有重要的影响。因此应该研究灾害尤其是地球系统灾害的多种特性（表1-2）。本课程有关知识对研究诸如现代和第四纪气候敏感带、不同气候-生物组合交界带、地壳活动带、外动力高强度作用带（江、河、湖、海带与边坡）、第四纪堆积区和人为活动强烈频繁地带等灾害易发区带和探讨自然灾害发生、发展和演化规律等方面具有科学的意义。

表1-2　灾害的特性

<table>
<tr><td rowspan="6">灾害类型</td><td rowspan="2">地球系统</td><td>内力型</td><td>地壳活动、断裂活动、地震、火山活动、地壳内有毒物外泄、地磁、地电变化等</td></tr>
<tr><td>外力型</td><td>气候变化、海面上升，重力失衡，水土、冰川均衡运动，各种外动力剥蚀、搬运和堆积过程等</td></tr>
<tr><td rowspan="3">人-生物系统</td><td>污染型</td><td>大气、水、土壤污染、采矿等</td></tr>
<tr><td>生态型</td><td>毁林、过度利用土地、狩猎、生物作用等</td></tr>
<tr><td>物理干扰型</td><td>噪声、振动、电镀与射线等</td></tr>
<tr><td>宇宙系统</td><td></td><td>太阳活动变化、陨石、小行星冲击</td></tr>
<tr><td colspan="2">发灾过程</td><td colspan="2">急剧的（多数）、渐变的、急剧与渐变交替的</td></tr>
<tr><td colspan="2">致灾性质</td><td colspan="2">单一灾害、灾害群发、古灾害复活</td></tr>
<tr><td colspan="2">致灾范围</td><td colspan="2">局部的、区域的、全球性的</td></tr>
<tr><td colspan="2">灾害可控性</td><td colspan="2">人力可抗的：可预测、防治或抑制；人力不可抗拒的：可预测与部分防治；
难预测，难防治但可减灾的</td></tr>
<tr><td colspan="2">灾区社会条件</td><td colspan="2">人口密度、工商业价值、交通位置、核设施、洪灾、地震易发区</td></tr>
</table>

人类生存的自然环境，从广义而言，包括大气圈、水圈、冰雪圈、岩石圈和生物圈，各圈层在地表附近相互作用最明显，如地-气系统、海-气系统、水-冰雪系统、壳-幔系统、生-地系统的作用与这些系统之间的相互作用所构成的全球性表层环境是按全球性自然规律变化的。狭义而言，某个地区的自然环境包括该区空气、水、土壤、岩石、动植物、地形、内外动力、矿产及所处气候带（或类型）与地质构造位置。人类长期对自然的改造活动和发展经济，一方面创造出种种有利于人类进步发展的城市、工矿区、填（江、湖、海）土区、大型库坝、河堤和农场等人为环境，同时由于人为过度的活动，不同程度地破坏了当地自然环境的相对平衡，造成种种人为灾害（或人为活动激化的自然灾害）和污染，这是当代最令人忧虑的问题，是现代环境保护、治理与防治的主要对象之一；另一方面人类活动的负面影响具有超地区、全球性、长期性的特点，对全球性重大自然灾害有激化作用，如近百年来工业发达的北半球城市造成的大气污染可能正导致全球气候变暖与海面上升。总之，人类现代生存环境在自然力和人为活动的影响下发生着变化，而人类对其变化原因、机理、趋势和种种深远影响知之尚少。“在预测未来全球种种变化

时，我们面对的许多问题只有通过较好地认识过去才能作出回答”①。所以，对第四纪全球、区域环境变化历史研究和参与对未来环境变化趋势预测与对策研究，是第四纪地球科学的一项重要任务。

四、其他方面的应用

遥感、测量、土地规划利用、农业与土壤、航运、军事、物探、环境保护和旅游业等都需要有关的地貌、第四纪知识。

此外，旧石器时代考古的野外调查，需要应用第四纪地质知识，如恢复更新世古地理环境，确定在适合于古人类生存的条件下形成的第四纪地层等。发掘工作只有在充分认识第四纪地层的基础上才能顺利进行，特别是对于埋藏在河湖相沉积层里的古人类文化地点，只有采取第四纪地质的工作方法才是有意义的。对古人类文化遗物时代的确定，第四纪地层的划分与对比和对哺乳动物的分析判断在目前仍然是主要的方法。当然，古人类文化遗物也是第四纪地层划分的一项重要依据。

思考题

一、名词解释

地貌学；第四纪地质学。

二、回答题与论述题

1. 地貌学研究的主要对象和内容是什么？
2. 第四纪地质学研究的主要对象和内容是什么？
3. 研究地貌学和第四纪地质学的理论意义和实践意义是什么？
4. 简述地貌学和第四纪地质学的相互关系。
5. 论述地貌学和第四纪地质学与其他学科的关系。
6. 论述地貌学、第四纪地质学的研究简史。

① 引自国际科学联合会理事会(CSU)的“国际地圈生物圈计划(IGBP)”，即全球变化研究计划。

第二章
地貌基础知识

地貌(Landform)是地球表面各种形态的总称,具体指地表以上分布的固定性物体共同呈现出高低起伏的各种状态,是一种整体特征。而这些起伏规模不等、形态各异,构成了地貌学的研究对象。

地貌学(Geomorphology)又称地形学,是地理学与地质学的分支,研究地表地貌形态特征、成因类型、发展演化、内部结构和分布规律的学科。

第一节 地貌形态和分类

一、地貌形态

地貌(或地形)千姿百态,规模大小不等,成因复杂,并在地表处于不同发展阶段。地貌形态是地貌的外形。一般包括地貌形态的长、宽、高、深和边坡坡度的大小。

(一) 地貌形态特征

地貌形体虽复杂多样,但每个形体都是由最基本的地貌要素构成。地貌形态主要是由形状和坡度不同的地形面、地形线(地形面相交)和地形点等形态基本要素(图 2-1)构成。地貌面又称地形面,是一个复杂的平面、曲面或者波状面。地貌线是相邻地貌面的交线,划分为坡度变换线(破折线)和棱线(坡向变换线)两种。地貌点是地貌面的交点或者地貌线的交点,例如山顶点、洼地最低点。

地貌形态可以分为基本形态(如扇形地、阶地、斜坡、垄岗、岭脊、洞、坑等)和组合形态(如山岳、盆地、平原、高原、丘陵、沙漠)。凡高于周围的形态称正形态地貌,反之,则称负形态地貌,正、负形态是相对的。地貌形态有时清晰可见,有时模糊难辨。实际应用有待深入,可以作为观察和分析各种地貌基本要素的一个途径。

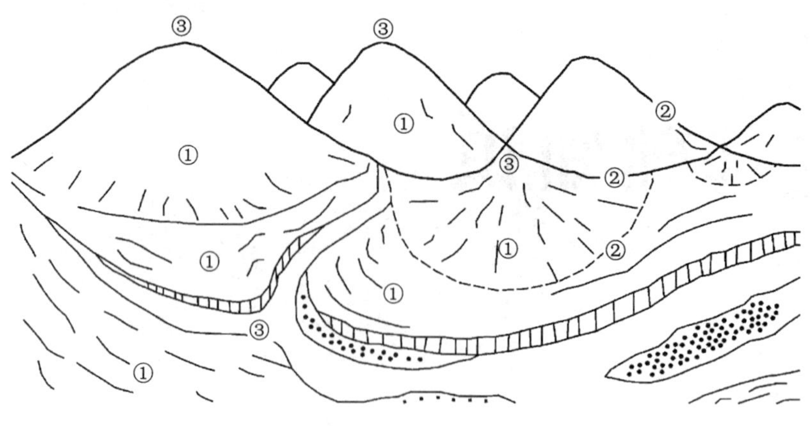

图 2-1　地貌要素的辨别

①地貌面；②地貌线；③地貌点

(二) 地貌形态测量指标

地貌形态测量是用数值表示地貌特征的一种定量方法。地貌形态的测量常常在地图(图2-2)、航空相片和野外实际考察中进行，主要形态测量指标有如下几个。

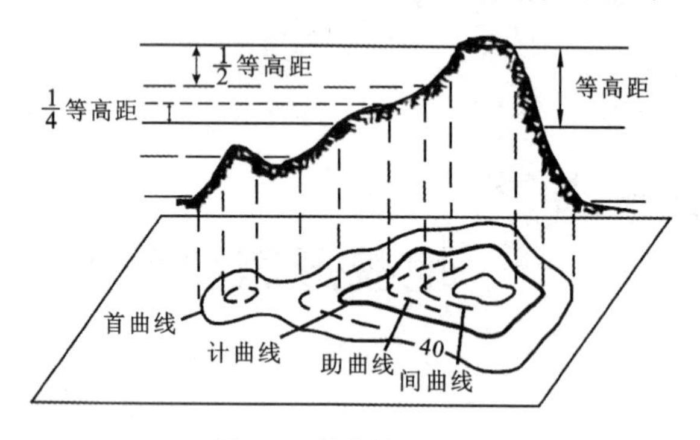

图 2-2　等高线地形图

1. 高度指标

高度指标是地貌最重要的指标之一，对于说明整个地球以及各个区域的、单体的地貌起伏特征具有重要意义。高度指标主要分绝对高度(海拔高度)和相对高度(两种地貌的高差)。

2. 坡度指标

坡度指地貌形态某一部分地形面的倾斜度。坡度的等级一般划分为：陡坡(坡度＞50°)、中等坡(坡度 25°～50°)、缓坡(坡度＜25°)。坡度的大小跟岩性和成因有某种内在联系。在堆积地貌上，不同的坡度可反映不同的成因类型。例如：崩塌堆积物、坡积物、冲击物形成的堆积地貌坡度依次递减；在基岩组成的斜坡上，坡度反映了不同岩石的抗风化能力的强弱。坡度一般在野外测量，对研究坡地重力灾害有实用价值。

3. 地面破坏程度指标

常用的指标有地表切割密度、地表切割深度和地表粗糙程度等。

地表切割密度(σ)是某一区域水道长度(L)与面积(A)的比值，即

$$\sigma=L/A \tag{2-1}$$

地表切割深度(D_i)是指地面某点的邻域范围的最高高程(H_{max})与该邻域范围内的最小高程(H_{min})的差值(公式 2-2)。地表切割深度直观地反映了地表被侵蚀切割的情况并对这一地学现象进行了量化,是研究水土流失及地表侵蚀发育状况时的重要参考指标。

$$D_i = H_{max} - H_{min} \tag{2-2}$$

地表粗糙程度(R)是反映地表的起伏变化和侵蚀程度的指标,一般定义为地表单元的曲面面积 $S_{曲面}$ 与其在水平面上的投影面积 $S_{水平}$ 之比(公式 2-3)。地表粗糙度能够反映地形的起伏变化和侵蚀程度的宏观地形因子,在研究水土保持及环境监测时有很重要的意义。

$$R = S_{曲面} / S_{水平} \tag{2-3}$$

量测得到的形态数字指标,即是表述和比较地貌形体特征的数字参数,也是划分地貌形态类型的科学依据。将地貌形态定性特征表述和形态测量研究相结合,可以全面表现一种地貌的立体观念,有很大的科学意义和现实意义,在土地利用、工程交通、区域发展规划中能发挥很大的应用价值。

4. 与周围地貌的关系

正形态:高出周围地貌(阶地、垄、丘)。

负形态:比周围地貌低(谷地、洼地、坑、穴)。

二、地貌分类

地貌形体不是孤立存在的,在一定区域范围内,各个地貌形体在成因上和组成物质上彼此有相互联系、有规律的组合。这样的地貌形体组合称为地貌类型。

关于地貌分类的研究,由来已久,不同学者亦有不同的见解和看法。纵观前人在地貌分类中所考虑的指标,可归纳为按形态、按成因、按形态成因、按多指标综合 4 种方式。地貌分类遵循的原则有:形态和成因结合原则;主导因素原则;分类体系逻辑性、完备性原则;分类指标定量化原则等。分类指标具体如下:

原捷克地貌学家德梅克(Demenk)(1972)代表国际地理学联合会地貌调查与地貌制图委员会,主编《详细地貌制图手册》,编制出了两大系列、16 个亚系列、近 400 种地貌类型(表 2-1)。

中国的陆地地貌类型划分研究主要是在新中国成立后借鉴前苏联的地貌分类方案而开展的。1956 年,周廷儒等提出了平原、盆地、高原、丘陵、高山、中山的六大类型分类方案;1958 年,沈玉昌为配合中国地貌区划工作,提出以"成因"为地貌分类标准的划分系统,针对中国陆地地貌类型,首先划分出五大类,即构造地貌、侵蚀剥蚀的构造地貌、侵蚀剥蚀地貌、堆积地貌和火山地貌。1963 年,潘德扬方案提出了地貌分类要依据形态成因和分级的原则,并提出了形态标志、成因标志、物质组成标志和发展阶段、年龄标志等,从星体形态到小型形态共划分为 9 个等级。

1987 年,《中国 1∶100 万地貌图》制图规范的地貌分类系统,将地貌类型划分为 3 部分。第一部分,据高程原则将全国分为平原、台地、丘陵、低山、中山、高山、极高山 7 种基本地貌类型。第二部分,为地貌形态成因类型,按 4 级划分:①第一级按全球巨型地貌单元分为陆地、海岸、海底地貌;②第二级陆地部分按地貌成因的动力条件划分为 14 种成因类型(构造、火山、流水、湖成、海成、岩溶、干燥剥蚀、风成、黄土、冰川、冰缘、重力、生物、人为地貌)、海岸部分按形成方式(构造、侵蚀、堆积等)、海底部分按中型形态(陆架、陆坡、深海盆地等)划分;③第三级陆地部分表现各种成因下的基本地貌类型,海岩和海底部分表现小型形态;④第四级表现更小形态。第三部分,为种种成因下的形态符号(沈玉昌等,1980)。

表 2-1 德梅克的地貌分类体系

甲.内力地貌	A.新构造地貌(断块地貌)	包括直接由地壳构造运动所造成的全部地面形态
	B.火山地貌	包括火山喷发形成的全部(正的和负的地貌)形态
	C.热液活动(温泉堆积)地貌	
乙.外力地貌	A.剥蚀地貌	主要包括由风化物质的片状移动而形成的所有破坏和建设地形
	B.河流地貌	由流水作用所造成的
	C.河流-剥蚀地貌	包括块体运动和剥蚀造成的所有谷坡
	D.冰水地貌	包括冰下河流或冰川流出来的水所形成的所有堆积形态
	E.喀斯特地貌	
	F.管道侵蚀造成的地貌	
	G.冰川地貌	由现代的和更新世的山地和大陆冰川活动而产生的
	H.雪蚀和霜冻作用地貌	
	I.热喀斯特地貌	由于多年冻土的退化而造成的形态
	J.风成地貌	
	K.海洋与湖泊地貌	
	L.生物地貌	
	M.人工地貌	

注:据张根寿,2005,部分内容。

李炳元等通过对已有的基本地貌分类及其划分指标进行系统分析和评估,认为中国陆地基本地貌类型按照起伏高度和海拔高度两个分级指标组合来划分(表 2-2)。

表 2-2 中国基本地貌类型

形态类型		海拔				
		低海拔(<1 000m)	中海拔(1 000～2 000m)	中高海拔(2 000～4 000m)	高海拔(4 000～6 000m)	极高海拔(>6 000m)
平原	平原	低海拔平原	中海拔平原	中高海拔平原	高海拔平原	——
	台地	低海拔台地	中海拔台地	中高海拔台地	高海拔台地	——
山地	丘陵(<200m)	低海拔丘陵	中海拔丘陵	中高海拔丘陵	高海拔丘陵	——
	小起伏山地(200～500m)	小起伏山	小起伏中山	小起伏中高山	小起伏高山	——
	中起伏山地(500～1 000m)	中起伏低山	中起伏中山	中起伏中高山	中起伏高山	中起伏极高山
	大起伏山(1 000～2 500m)	——	大起伏中山	大起伏中高山	大起伏高山	大起伏高山
	极大起伏山地(>2 500m)	——	——	极大起伏中高山	极大起伏高山	极大起伏高山

注:据周成虎等,2009。

周成虎等(2009)提出了中国陆地 1∶100 万数字地貌三等、六级、七层的数值分类方法(表 2-3),划分了各成因类型的不同层次、不同级别的地貌类型。第二层的地貌成因类型根据形成地貌形态的营力,有下列 15 类主要地貌成因类型:海成地貌、湖成地貌、流水地貌(常态、干旱)、冰川地貌、冰缘地貌、风成地貌、干燥地貌(流水、风蚀、盐湖)、黄土地貌、喀斯特地貌、火山地貌、重力地貌、构造地貌、人为地貌、生物地貌、其他成因地貌。

表 2-3　中国陆地 1∶100 万数字地貌分类方案

<table>
<tr><td>地貌纲</td><td>地貌亚纲</td><td>地貌类</td><td>地貌亚类</td><td colspan="3">地貌型</td><td>地貌亚型</td></tr>
<tr><td>第一级</td><td>第二级</td><td>第三级</td><td>第四级</td><td colspan="3">第五级</td><td>第六级</td></tr>
<tr><td colspan="2">基本地貌类型</td><td colspan="2">成因类型</td><td colspan="3">形态类型</td><td>物质类型</td></tr>
<tr><td colspan="2">第一层</td><td>第二层</td><td>第三层</td><td>第四层</td><td>第五层</td><td>第六层</td><td>第七层</td></tr>
<tr><td>起伏度</td><td>海拔高度</td><td>成因</td><td>次级成因</td><td>形态</td><td>次级形态</td><td>坡度坡向</td><td>物质组成</td></tr>
<tr><td>平原</td><td>低海拔</td><td>海成</td><td rowspan="11">随成因类型变化而变化,基本分为抬升/侵蚀、下降/堆积</td><td rowspan="11">按照次级成因来进一步细分的形态类型</td><td rowspan="11">随形态而变,需要进一步细分的形态类型</td><td rowspan="5">平原和台地:平坦的、倾斜的、起伏的</td><td rowspan="11">按照成因类型、地表物质组成、岩性来区分</td></tr>
<tr><td>台地</td><td>中海拔</td><td>湖成</td></tr>
<tr><td>丘陵</td><td>高海拔</td><td>流水</td></tr>
<tr><td>小起伏山地</td><td>极高海拔</td><td>风成</td></tr>
<tr><td>中起伏山地</td><td></td><td>冰川</td></tr>
<tr><td>大起伏山地</td><td></td><td>冰缘</td><td rowspan="6">丘陵和山地:平缓的、缓的、陡的、极陡的</td></tr>
<tr><td>极大起伏山地</td><td></td><td>干燥</td></tr>
<tr><td></td><td></td><td>黄土</td></tr>
<tr><td></td><td></td><td>喀斯特</td></tr>
<tr><td></td><td></td><td>火山熔岩</td></tr>
<tr><td colspan="4">固定项(严格执行)</td><td colspan="4">参考项(可修正或调整)</td></tr>
</table>

注:形态成因类型,据周成虎等,2009,略有修改。

综上所述,我国地势起伏颇大,地貌成因多种多样,不同地区的内、外营力差异性极大。地貌形态、类型错综复杂,可称全球之最,这对地貌分类带来了一定难度,纵然前后有大量的学者对这一问题进行广泛的、科学的探讨,也出版了《中国 1∶100 万地貌图制图规范》,但至今尚未形成一个公认的地貌分类系统。随着信息时代飞跃发展,在遥感、数字高程模型和计算机等技术的支持下,借鉴国内外形态和成因相结合的地貌分类原则,更为系统、全面、科学、完善的中国地貌分类方法和体系研究成果指日可待。

第二节 地貌的形成与发展演化

地貌是内、外地质营力共同作用的结果。两者的共同作用，造就了地球表面的千姿百态、规模各异的地形。1899 年，戴维斯首次把地貌的成因归纳为三大因素，即地质构造、内外营力和时间的函数。用函数表示为：

$$F=f(PM)\mathrm{d}t$$

式中：P 为内外营力；M 为地质和构造岩性；t 为地貌发育时间。

内力地质作用是地球内部深处物质运动引起的地壳水平运动、垂直运动、断裂活动和岩浆活动，它们是造成地表主要地形起伏的动因，其发展趋势是向增强地势起伏方向发展，如山岳平原的形成及其相对高度的增大变化。外力地质作用是太阳能引起的流水、冰川和风力等对地表的剥蚀与堆积作用，其作用趋势是“削高补低”，向减少地势起伏、使其相接近海洋水准面的方向发展，这一过程塑造成多种多样的地表外力成因地貌。一般内力越强，外力作用随之增强，但在不同相对等级地貌的形成发展中，内、外力作用所起的作用不同。

在以地壳上升运动为主的地区，外动力以剥蚀作用为主；而在以地壳下降运动为主的地区，外动力以堆积作用为主。内动力地质作用的表现形式主要有断块上升、断陷运动、穹曲运动、凹陷运动、掀斜运动和水平地壳运动等。按照成因，外动力地质作用可以分为流水作用、冰川作用、岩溶作用、风力作用、重力作用和波浪作用等。

岩性不同、地质构造不同、作用营力不同、经受作用的时间长度或发育所处的阶段不同，都会导致地貌形态不同。同时，在地貌形成演化中不可忽视人类的强大活动，甚至有学者将人类活动称之为第三地貌动力。随着科学技术的进步，人类正以强大的群体力量加速干扰自然环境。因此，地貌的形成发育可以从岩石构造、内外营力、人类活动和时间因素 4 个角度来解析。

一、物质基础

（一）地质构造

一般来说，地质构造对地貌的形成和发育有重要影响。最为重要的是地貌对构造的适应性、构造形态在地貌上反映的两种基本形式（顺构造地貌和逆构造地貌），与构造线（如褶皱轴、断裂带等）相一致或部分一致，称为地貌适应构造。这是地质构造在剥蚀作用的影响下，显示其地貌意义的一种普遍形式。例如大的构造体系控制山脉、水系布局；其次，河谷、岩溶沿背斜轴部、断裂带和软弱岩层发育等。

大地构造单元是地貌发育的基础。地球上巨型、大型地貌的形成与分布都与大地构造有直接关系。例如，中国的大地貌单元，即山地、高原、盆地和平原等在平面上的排列组合形式，其形成主要受大地构造的控制。李四光把我国划分为 5 种主要大地构造体系：①纬向构造体

系;②经向构造体系;③走向北东—北北东向的华夏构造体系;④走向北西—北北西向的西域构造体系;⑤扭动构造体系,包括山字型(如祁、吕山字型,淮阳山字型,广西山字型等)、多字型和夕字型(如青藏滇缅印尼大夕字型)等构造体系。我国山脉的排列和走向,即与这些构造体系密切相关(图 2-3)。

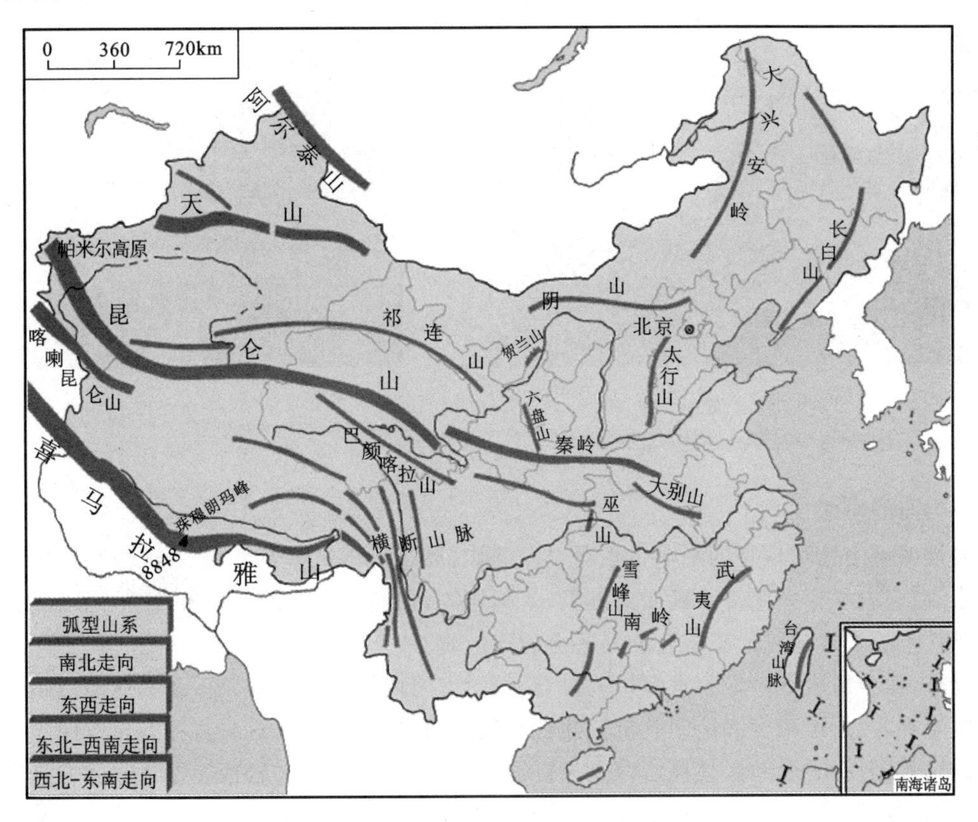

图 2-3 中国的主要山脉分布图

(据 http://image.so.com)

地质构造还是地貌形态的骨架,在地质构造运动影响下,出现各类构造地貌现象,如褶皱山和断块山等。

(二)岩石性质

组成地表物质的岩石是构成地貌的物质基础。岩石的物理和化学性质对地貌发育的影响,主要是岩石的抗蚀性,即抵抗风化作用和其他外力剥蚀作用的强度,抗蚀性强的称为坚硬岩石,反之亦然。岩性对地貌的影响,在那些经历了长期剥蚀的地区表现最为明显。

1. 岩石的抗蚀性

三大类岩石,由于具有不同颜色、矿物成分和结构构造,因而具有不同的抗风化剥蚀能力。在自然状态下,胶结良好的坚硬岩石,抗蚀性强,常形成山体和崖壁。如由石英岩、石英砂岩组成的山岭,风化、崩塌作用和流水侵蚀作用主要沿着节理进行,常形成山峰尖凸、多悬崖峭壁的山丘地貌。抗蚀性差的岩石,如页岩、泥灰岩等,硬度弱,常形成和缓起伏的低丘和岗地。

2. 岩石的节理和层理

岩石的节理和层理直接影响地貌的发育。如柱状节理发育的玄武岩，因受节理的影响常形成崖壁和石柱等地貌；垂直节理发育的花岗岩体，因受机械风化和流水冲刷侵蚀影响，使花岗岩山体形成悬崖峭壁、群峰林立的地貌，如黄山（图 2-4）、九华山（图 2-5）等。

图 2-4　黄山
（据 blog. sina. com. cn/laozhao81）

图 2-5　九华山
（据 http://image. so. com/）

3. 岩石的可溶性

岩性的可溶性对地貌的影响也很明显。例如，属于易溶或较易溶解的岩石如岩盐、石膏、石灰岩、白云岩以及一些富含钙质的砂页岩、砾岩等，它们在一定的气候条件下，可以形成适应气候条件下的岩溶地貌形态组合和一些类岩溶地貌。

此外，在分析岩性对地貌发育影响时，必须考虑当地的自然地理条件和其他地质条件。同样一类岩石，在干燥和湿润地区其抗蚀性就有很大的差异。例如，石灰岩在湿热地区深受岩溶作用的影响，但在干燥地区往往可以成为抗蚀性较强的岩石；花岗岩地貌在我国北方常呈高大险峻的山地，而在华南湿热气候下，花岗岩矿物组成中的长石不稳定、易风化，转变为质地软弱的黏土矿物。

松散堆积物对地貌发育的影响，主要是堆积物的物理成分、化学性质和层理结构等特点，如黄土以粉砂为主，并含有一定数量的黏土和钙质，垂直节理发育，干燥时陡壁可直立不坠，但在雨季易受坡面流水和沟谷流水的侵蚀切割。黄土和黄土状岩石还具有一定的湿陷性，它表现在岩石遇到水浸以后，体积缩减，发生沉陷，通常可形成一些深度不大的地貌形态。

二、内外营力作用（动力）

根据地貌宏观格局形成的条件，将地貌营力分为内营力和外营力（动力）。地貌的形成发展是内、外动力相互作用的结果。

（一）内动力作用

内动力作用泛指源于地球内部的热能、化学能、重力能以及地球旋转能产生的作用力。地貌发育中的内动力作用主要是指由上述能源产生的对固体地球表层物质有直接影响的构造运动（地壳运动）和岩浆活动及其所产生的构造形迹、构造类型和构造地质体。内力作用一般不易为人们所觉察，但实际上它对于地壳及其基底长期而全面地起着作用，并产生深刻的影响。

地球上巨型、大型的地貌，主要是由内力作用所造成的。

1. 地壳（构造）运动

地壳运动分为垂直运动和水平运动两种基本形式。

垂直运动又称为升降运动、造陆运动，它使岩层表现为隆起和相邻区的下降，可形成高原、断块山及坳陷、盆地和平原，还可引起海侵和海退，使海陆变迁。多次的地壳大面积缓慢的波状上升和下降，对地貌形成有很重要的影响，例如多级河谷阶地、多层溶洞、多层夷平面的形成。

水平运动指组成地壳的岩层，沿平行于地球表面方向的运动。也称造山运动或褶皱运动。该种运动常常可以形成巨大的褶皱山系，以及巨形凹陷、岛弧、海沟等。

地壳运动控制着地球表面的海陆分布，影响各种地质作用的发生和发展，形成各种构造形态，改变岩层的原始状态。受构造运动或地质构造控制的构造地貌（形体）可以进一步分为原生构造地貌（活动构造地貌）和次生构造地貌（被动构造地貌）。

2. 岩浆活动

自岩浆的产生、上升到岩浆冷凝固结成岩的全过程称为岩浆活动或岩浆作用（magmatic action），有喷出和侵入两种形式。喷出地表的岩浆活动叫做火山活动或火山作用（volcanic action）。地球上岩浆活动有一定的区域性，它对地貌形成和发展有不可忽视的影响。岩浆喷出地表，或者大面积覆盖地表，或者停积在喷出口周围，其构造特征有直接的地貌表现（火山构造地貌），如火山锥、火山口，溢出的熔岩填平地形，形成熔岩高原或平原等。

（二）外动力作用

外动力作用是指地球表面在太阳能和重力驱动下，通过空气、流水和生物等活动所起的作用，包括岩石的风化作用，块体运动，流水、冰川、风力、海洋的波浪、潮汐等的侵蚀、搬运和堆积作用，以及生物甚至人类活动的作用等。外动力作用非常活跃，它使原地貌形体组成物质发生位移运动，而且易被人们直接观察到。下面简要介绍几种外动力作用。

1. 风化作用

风化作用（weathering）是出露在地表的岩石，受日光照射、温度变化、水的作用和生物作用等，发生破碎和分解，形成大小不等的岩屑、砂粒和黏土的过程。其主要类型有物理风化（mechanical weathering）、化学风化（chemical weathering）和生物风化 3 种，而且各种风化作用是相互紧密联系的，通常是同时进行，也是相互促进的。

物理风化或机械风化（图 2-6）是指岩石因温度变化、孔隙水的冻胀过程、干湿变化，使岩石盐类的重结晶、岩石中的一些矿物发生溶解以及岩体的应力释放，最终使岩石崩裂破碎。岩石表面温度变化是由于季节变化和昼夜更替而引起的。典型的如球状风化，受昼夜温差等因素影响岩石的外层容易发生成层裂开和鳞片状剥落，兼之岩石内常有相互交错的裂缝，沿裂缝风化最深，棱角磨得渐圆。盐结晶作用通常和干旱气候有关，因为强烈的加热引起强烈蒸发，从而产生盐结晶作用。盐结晶作用亦在岸边活跃。盐风化的例子亦可以在海堤上的蜂窝石（honeycombedstones）找到。

化学风化是水溶液以及空气中的氧和二氧化碳等对岩石的作用，使岩石的化学成分发生变化而分解的过程。化学风化通过水化作用、水解作用、碳酸化作用和氧化作用等一系列化学变化来进行。

生物风化作用是指生物在生长的过程中，对岩石所起的物理的和化学的破坏作用。生物的物理风化作用是植物的根系起楔子作用对岩石挤胀而使岩石崩解，或是动物的挖掘和穿凿活动进一步加速岩石破碎。生物的化学风化作用是生物在新陈代谢过程中分泌出各种有机酸对岩石所起的强烈腐蚀作用。植物从土壤中吸收养分，分泌出来的各种酸是很好的溶剂，可以溶解某些矿物，对岩石起着破坏作用。

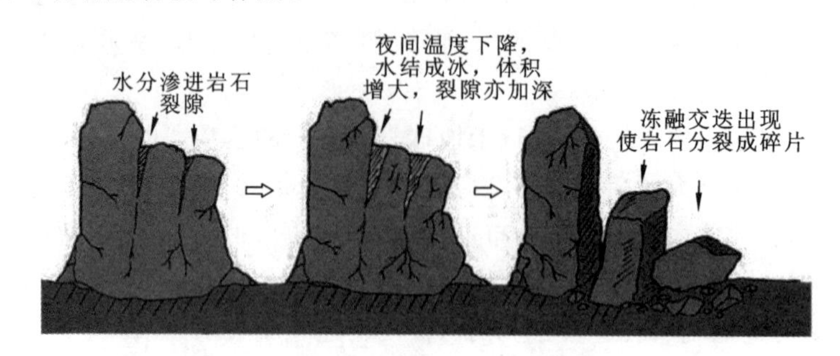

图 2-6　机械风化冻融作用

（据 http://tupian.baike.com/a2-67-12-0130000251918122708129659684-jpg.html）

2. 河流作用

河流奔流不息，是改造和塑造大陆地表的主要外营力之一。地表流水主要来自大气的降水，同时，也接受地下水或冰雪融水的补给。它主要包括河流的侵蚀作用、搬运作用和堆积作用。

河流的侵蚀作用：指河流水流破坏地表并掀起地表物质的作用，主要有冲蚀作用、磨蚀作用和溶蚀作用 3 种。若按侵蚀方向，还可分为下切侵蚀和侧方侵蚀 2 种。河流的下蚀作用(vertical erosion)是指河水及其所携带的碎屑物对河床底部产生破坏，使河谷加深、加长的作用。下蚀作用的强度主要受纵坡降、水量、河床的岩石性质及流水的含沙量等因素的影响。下切侵蚀从源头、河口或瀑布向上游侵蚀的作用，称为河流的向源侵蚀（溯源侵蚀，图 2-7）。侧方侵蚀是河流谷地流水在运动中的扩张力对谷地两侧或河岸的侵蚀。在河床弯曲处，水流受惯性离心力作用，表层水流通向凹岸，对凹岸进行掏蚀、冲蚀，凹岸坡脚形成洞穴，容易产生崩岸，开始后退，促进弯道曲率和河谷宽度增大（图 2-8）。侧向侵蚀的结果使河岸后退、沟谷展宽或者形成曲流。

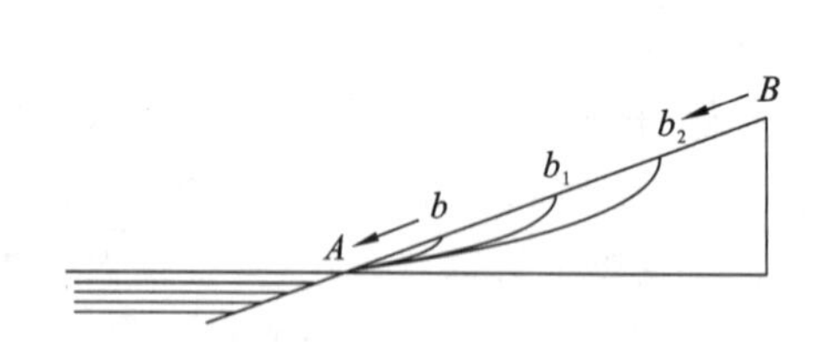

图 2-7　线性水流向源侵蚀与谷底纵剖面变化示意图

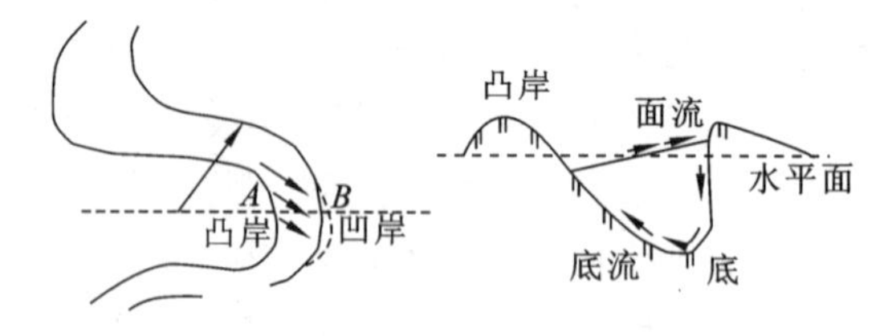

图 2-8　流水侧向侵蚀原理图

（据张根寿，2005）

河流搬运作用：是指河流在流动过程中携带大量泥沙和推动河底砾石移动的作用。它主要包括推移、跃移、悬移 3 种形式。

河流的堆积作用：河流流水携带的泥沙，由于河床坡度减小、水流流速变慢、水量减少和泥沙增多等引起搬运能力减弱而发生的堆积。由于流水堆积在沟谷中的沉积物称为冲积物。河

流运移物质沉积的基本规律是:上中游地段沉积粗大砾石与沙粒,下游沉积细小的泥沙;河床上沉积粗大砾石与沙粒,河滩地沉积细小的泥沙。

河流的侵蚀、搬运和堆积作用是经常变化和更替的。对一条河流来说,在正常情况下,上游以侵蚀作用为主,下游以堆积作用为主。如果河流水量减少,泥沙物质增多,在河流上游段也可以堆积作用为主。如果海面下降,下游段也可转化为侵蚀作用为主。在同一时间、同一地段内,侵蚀和堆积作用也能同时进行,搬运作用则是联结二者的纽带。

3. 冰川作用

冰川作用是冰川地貌的主要塑造动力,包括冰川的侵蚀作用(图 2-9)、搬运作用和堆积作用。

冰川有很强的侵蚀力,大部分为机械侵蚀作用,其侵蚀方式可分为拔蚀作用、磨蚀作用和冰楔作用。冰川拔蚀作用(图 2-10)是冰床底部或冰斗后背的基岩,沿节理反复冻融而松动,松动的岩石和冰川冻结在一起,冰川向前运动就把岩块拔起带走。冰川磨蚀作用可在基岩上形成擦痕和磨光面。

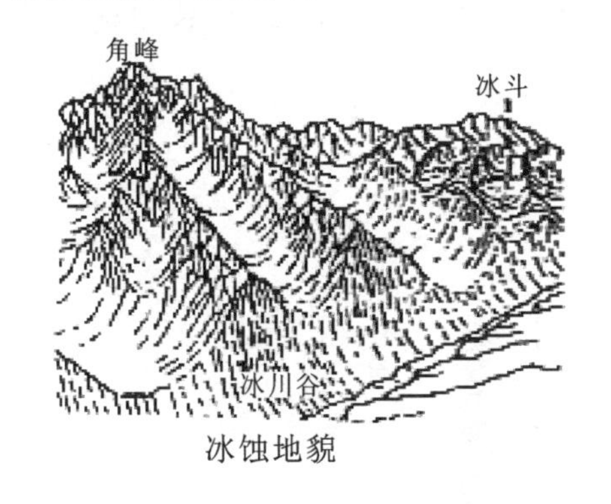

图 2-9 冰蚀作用

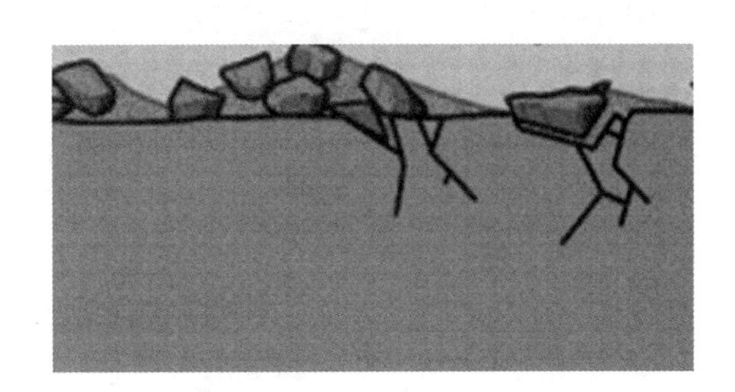

图 2-10 冰川的拔蚀作用

冰川搬运能力极强,它不仅能将冰碛物搬运到很远的距离,而且还能将巨大的岩块搬运到很高的部位,这些巨大冰碛砾石又称为漂砾。冰川消融以后,不同形式搬运的物质,堆积下来形成相应的堆积物,称冰碛物。

4. 海岸动力作用

海岸动力作用有波浪、潮汐、海流和海啸等作用。其中以波浪作用为主,波浪的能量是控制海岸发育与演化的主要因素之一;潮汐作用只在有潮汐海岸处对地貌起塑造作用;海流对海岸地貌的影响稍弱,河流作用只局限在河口地带;此外,海啸带来的巨大波浪对海岸地貌有一定的破坏作用。

三、人类活动因素

在地貌的形成发展过程中,除了内力和外力两类主要动力外,人类活动在现代技术社会里已成为一种重要的地貌营力(第三地貌动力)。

人类活动与地貌关系的基本法则是,全球性的、区域性的自然地貌制约人类活动,人类活动改变或者影响局地性的、较小规模的地貌演化。在诸如矿山、城市、水工设施等小区域范围内,人类活动可以使地表侵蚀增大 2 000 倍以上。人工地貌营力时空分布不均,时间上主要集中在现代,空间上分布不连续,呈星条状、面片状分布。人类活动对地貌影响主要表现在以下几个方面。

(1) 森林草原破坏加速了地表的侵蚀:比如人类活动对森林植被的破坏,每年全世界大约有1%的森林($4.145\times10^8 hm^2$)被砍伐,年侵蚀量在$2.5\sim25t/hm^2$,总侵蚀量$(110\sim1\ 100)\times10^8 t/a$。每年因植被破坏而导致的滑坡、泥石流等地质灾害事件,屡见不鲜。还有人为的过度放牧、草原的破坏,加速了表土结构的变化,加速了荒漠化。

(2) 采矿活动带来的地质环境问题和地貌改变:采矿主要包括露天开采、地下开采两种形式,采矿常产生植被破坏、滑坡、地面塌陷、地裂缝、废弃物堆积等问题。地下水的抽取也容易导致地面的沉降,如天津市1959—1982年累计最大沉陷2.3m,沉降速率为10cm/a。

(3) 人类工程活动对地貌的影响:比如修建大型水库改变河流的侵蚀与堆积作用使河床地貌发生变异,库区边坡的滑塌;海岸带航道整治和陆地入海河流泥沙的开采引起海岸侵蚀和堆积变化,而填海造陆,使水域面积减小而陆地扩大,岸线延伸方向及形体改变。还有如黄河的地上悬河(图2-11),随着泥沙的不断淤积,河床的不断抬升,两岸大堤也日增年高;最高的地上河,是黄河流经开封的一段,位于开封市北10km处黄河南岸的柳园口,这里河面宽8 000m,大堤高约15m。

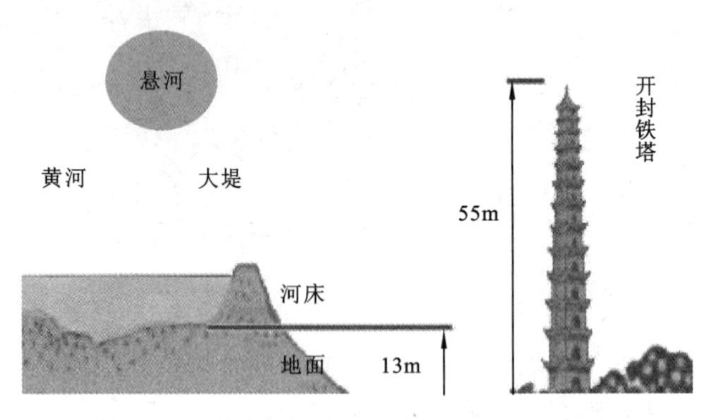

图2-11　黄河地上悬河示意图

(据 http://image.so.com)

四、时间因素

内、外力作用的时间也是引起地貌差异的重要原因之一。其他条件相同,但作用时间长短不同,则所形成的地貌形态也有区别,显示出地貌发育的阶段性。例如,急剧上升运动减弱初期出现的高原,外力作用虽然强烈,但保存了大片高原地面;随着时间的推移,高原在外力侵蚀下,破坏殆尽,成为崎岖的山区,再进一步发展,则可转化为起伏和缓的丘陵。再比如岩溶地貌发育的阶段性,按"幼年期""青年期""壮年期"和"老年期"阶段顺序发展,各个阶段有一定的地貌组合。

2010年申报成功的世界遗产——中国丹霞,由6个不同发育阶段的丹霞地貌区构成一个完整的演化系列:贵州赤水(青年期)、福建泰宁(青年期)、湖南崀山(青年期、壮年期丹霞地貌均有发育)、广东丹霞山(壮年期)、江西龙虎山(老年期)、浙江江郎山(老年期)。不同的发育阶段展现了不同的地貌特征,留下了丹霞地貌演化的时间印记。

第三节 地貌的年代及其发展阶段

一、地貌年代

地貌年代,即地貌形态成形的年代。通常分为地貌相对年代和地貌地质年代。

地貌相对年代,即地貌形成的相对顺序,是根据不同地貌单元内各种沉积物之间的相互关系(例如:叠置、切割、相变、掩埋、过渡等),确定其先后次序。如谷中谷即是在地貌发展中,老的谷地被切割形成更小的、新的谷地而成。

切割关系:同一时期、不同地点会形成不同地貌或沉积物(图 2-12)。

掩埋关系:地貌发展中,新的地貌或沉积物可能掩埋老的地貌或沉积物(图 2-13)。

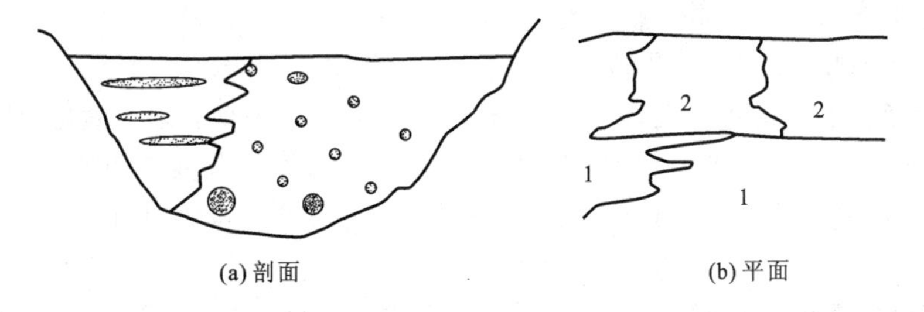

图 2-12 过渡关系形成的堆积地貌

(据刘海松,2013)

1.重力作用形成的堆积物;2.河流作用形成的沉积物

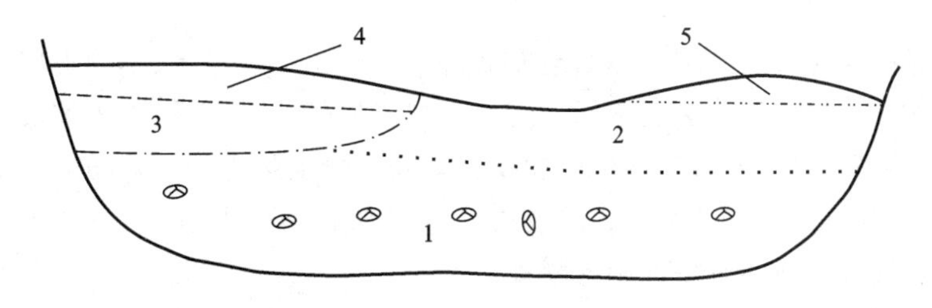

图 2-13 掩埋关系形成的堆积地貌

(据刘海松,2013)

1.古地貌或沉积物;2.老地貌或沉积物;3.中期地貌或沉积物;4、5.现代地貌或沉积物

地貌地质年代,即地貌成形的地质年代。通常由以下几种方法确定:

(1) 古生物法。直接或间接利用地貌堆积物中所含的古生物(Q)化石或文物、石器等确定地貌年代。此法适用于堆积地貌,侵蚀地貌常无堆积物。应用这一方法时,应着重确定代表

组成地貌形态要素的沉积物的地质年代。

(2) 年间法。用以确定剥蚀地貌的地质年代，即确定剥蚀地貌上覆最老沉积物和剥蚀地貌切割的最新沉积物的地质年代，以这一年代间隔表示剥蚀地貌年代。这两套沉积的年代间隔越短，其表示的年代越精确。

(3) 相关沉积法。根据剥蚀与堆积的同时相关性，利用剥蚀地貌形成时的相关沉积物的地质年代，推断剥蚀地貌的年代。

(4) 位相法。按地貌的发生规律，位置越高的地貌年龄越老，如河流第三级阶地比第二级老，第一级阶地又比第二级新。

(5) 岩相过渡法。同一成因的堆积物类型，其岩相可能有差别，但时代应该相同，如同一时期的洪积物，由扇顶至扇缘，由粗变细，逐渐过渡，如果知道其中一段的年龄，则其他段的年龄亦可断定，整个洪积扇的年龄也因而得知。两种相邻的沉积地貌，如潟湖与拦湾坝，虽沉积相和地貌形态不同，但沉积时代应大致相同，因两种地貌沉积物的接触关系是犬牙交错的。

此外，在确定地貌年代时，应注意利用放射性同位素(如^{14}C法、钾-氩法、铷-锶法、铀-钍-铅法等)、历史考古法、古地磁法以及其他现代方法，来确定与地貌形成相关堆积物的比较确切的年代。

任何地貌随着时间的推移，总有一个发生、发展和消亡的过程。一般包括现代地貌与古地貌。现代地貌是指全新世(11ka B P 以来)形成的地貌；而古地貌是指地质历史上形成的地貌，参与现代地形、与当时的古气候一致。

古地貌，指其基本形态与现代地貌塑造作用完全脱离的、与现代大地构造条件不相适应的地貌单元。地面上分布的古地貌，常常受到不同程度的破坏，有时只留下残迹片段。而地下掩埋的古地貌(如河谷、湖泊、潜山等)则保存完整。研究古地貌不仅要使用地貌学方法，还必须与第四纪地质学、沉积岩石学、地球物理学方法和钻探相结合。古地貌的研究无论在理论上还是实践方面都有重要价值。例如古河道的恢复研究，对寻找砂矿、地下水和贮水设计都有实用价值；根据古地貌遗迹可寻找矿产资源，如石油、天然气、砂矿、地下水等，亦可推测形成古地貌时的自然环境，对农业生产具有重要意义。

二、地貌的发展阶段

一切地貌都在随着时间的进程不断地发展、演化，但不同气候带、不同类型、不同等级和不同地质地理条件下的地貌演化速度不同。例如干旱气候带、冰雪气候带山坡演化速度，比湿润气候带和湿热气候带要快；而岩溶演化则相反。地貌的发展指地貌随时间的变化而变化，这种变化主要反映地貌的形成、发展和消亡的过程。现在地貌仍处于不同的发展阶段。地貌发展的重要现象是它具有发展的阶段性和继承性。

1. 地貌发展的阶段性

地貌发展常常是逐渐演化(渐进的)与相对急剧的变革交替，因而可以划分出若干个相互区别的发展阶段，每个阶段有它本身的特征，后一阶段又包含前一阶段的若干特征。例如，地壳处于微弱上升状态时，河流以侧蚀为主，塑造河谷；地壳加剧上升，河流转为深切，古河床面被抬升、切割，形成河流阶地。由于每次上升强度、气候条件、物质来源和河流水文状况都不相同，因而形成不同高度、不同特征的冲积层和不同性质的河流阶地，即形成不同阶段的地貌。

地球上地貌常表现出不同阶段地貌并列的现象。

2. 地貌发展的继承性

地貌发展的继承性，是指在地貌形成发展的条件基本不变的情况下，地貌同一方向发展，形成不同年代、同一类型地貌重叠发育的现象。例如中国北方黄土高原上的现代沟谷，有时重叠发育在老的沟谷之上，即这一部分水系继承老的水系发展而来。如果地貌形成发展的基本条件发生改变，地貌发展就会发生变异，如在中纬度地带，由于第四纪冰期、间冰期气候波动的影响，外力条件相继改变，就产生冰前期、多次冰期、间冰期和冰后期地貌变异。

1903 年，维里斯第在研究中国华北地区第四纪时提出了一个以侵蚀期和堆积期交替出现的华北地区地貌地文期发展模式（表 2-4），每个旋回包括一个侵蚀期和一个堆积期，并分别以典型地点命名。地文期是地貌发展旋回性在中国地貌研究的一个实例；但地文期有一定的区域性，中国南、北方地文期对比仍有困难。这些只代表其阶段性，不反映时间关系。

表 2-4　华北地文期特征表（据曹伯勋，1995）

时代	侵蚀期	堆积期	地质、地貌特征
全新世	板桥期	皋兰期	现代河漫滩沉积物（Qh）黄土被侵蚀，形成 10m 左右黄土阶地
上更新世	清水期	马兰期	黄土沉积（Qp^3）红色土 C 带被侵蚀，形成 30 多米阶地
中更新世	湟水期	周口店期	周口店第一地点洞穴堆积，洞外红色土堆积（Qp^2）与汾河期河谷形成谷中谷
下更新世	汾河期	泥河湾期	河湖相沉积（Qp^1） 华北地区规模最大的侵蚀，形成现代河谷之上的宽谷
上新世	X 期	静乐期	堆积在小盆地中之红色土（N_2^2）在“保德红土”沉积之后的侵蚀
	唐县期	保德期	堆积残积为主的“三趾马”红土层（N_2^1） 华北区的高夷平面，其上有古宽谷地形

3. 地貌发展的旋回性

研究地貌发展即研究地貌的形成和演变过程，是在研究地貌静态特征的基础上，阐明地貌的动态变化过程。

如河谷形态从“V”形谷→河漫滩河谷→河谷；冲沟从切沟→冲沟→坳谷；都反映了地貌形态演变发展的过程。小型地貌形态（如冲沟、曲流、滑坡、土溜、黄土冲沟和黄土陷穴等）的发展速度较快，测定这些小型地貌形态的发展速度对工程与环境研究有重要价值。大型地貌发展的时间较长，常以地质时期尺度计。由于塑造大型地貌的内外营力强弱的周期性变化，使大型地貌的发展表现出多次渐进变化与急剧变化的交替，这就是地貌发展的旋回性。

美国地貌学家戴维斯最早提出地貌发展的理论，即“地理循环说”，他认为地貌的形成发展受地壳运动、外力作用和时间 3 种因素的影响。假定一分布有河流的平坦地块被地壳运动抬升到一定高度后即停止，在河流作用适应侵蚀基准面下降过程中，地块从地表快速下切的幼年期→地下逐渐复杂多样的壮年期→漫长的准平原化的老年期等阶段发展（图 2-14）。老年期地形塑造的时间比幼年期和壮年期之和还长，最终将剥蚀去地表一定厚度的岩石。若上述过程完结后地块再度抬升，则上述过程又周而复始地进行，故称“侵蚀循环”。但是地块再次上升也可以在发展过程中的某一阶段出现，则循环终止于该阶段。考虑到每个循环中地壳运动的变化及气候与外力作用强度的变化，再现的各个阶段不可能完全相同，因此“侵蚀循环”一词可用“侵蚀旋回”代替。

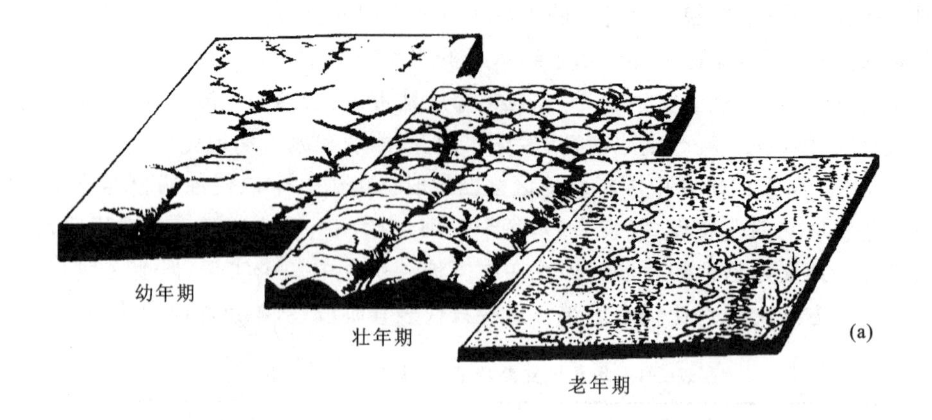

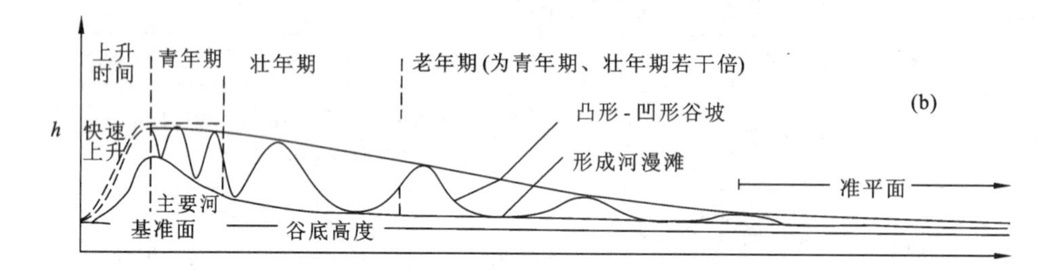

图 2-14　戴维斯地貌发展阶段模式图

（据戴维斯，1899）

(a)模式立体图；(b)模式解析图

这个理论用发生学观点解释地貌的发生和发展，虽然在早期对地貌学作出了重要贡献，但戴维斯的很多地形演化理论（有时被称为戴维斯地貌理论）被现代地貌学家所大量批判。有些地貌学家持有不同看法：

(1) 一些学者以现代构造运动和海平面变迁的研究成果为依据，指出地壳运动不可能都是短暂的、突发性的上升，然后继以长期的稳定。再次，海面作为基准面，也不是长期稳定不变的。

(2) 一些学者认为，外营力不仅有流水侵蚀，还有冰川侵蚀、寒冻风化与风的侵蚀等（见侵蚀作用）。即使是流水侵蚀，在湿润多雨、植被茂密的地区和在植被稀疏的干旱地区，表现也是不同的。在湿润区，多为线状水流，地貌发育有能产生戴维斯所说的准平原。在干旱区，多为片状或辫状水流，侵蚀下切作用微弱，在重力剥蚀或片状水流冲刷下，山坡平行后退，塑造出广阔的山麓剥蚀平原，以至于有时在这种平原上残留着一些“岛山”，这个过程称为山麓夷平侵蚀轮回。

(3) 珀尔帖于 1950 年提出局部夷平面形成理论，即冰缘寒冻侵蚀轮回的理论。他指出在现今高纬度地区或高山顶部寒冻风化强烈的地区，寒冻风化产生的岩屑在解冻时期被土流带

到高地的坡脚堆积下来，这样高地就渐渐被夷平。这种夷平作用在局部地区是存在的。

（4）至于夷平面地形的成因以及在长时期的地质发展史中是否有侵蚀轮回的存在还无定论。

思考题

一、名词解释

正负地貌；地貌面、线、点；地貌的基本形态；地貌的形态组合；现代地貌；古地貌。

二、简答与论述

1. 简述地貌形态的基本要素及其特征。
2. 地貌形态测量包括哪几个方面？
3. 为什么要对大小不同的地貌进行分级？共划分了几级？各级的地貌特征是什么？
4. 地貌年代及发展阶段？
5. 地貌描述的主要方法是什么？
6. 进行地貌的成因研究，要从哪几个方面入手？
7. 为什么说地貌形成的动力是内外地质营力相互作用的结果？
8. 试述内、外地质营力作用在地貌发展中的意义。
9. 岩石和地质构造在地貌形成中有什么作用？

第三章 风化与重力地貌

风化作用和重力作用是地貌和第四纪松散堆积物形成的重要营力。由于岩石不断受到风化和重力作用的破坏，为其他营力塑造地貌创造了前提，也为各种第四纪松散堆积物提供了物源。风化和重力作用还不断改变地表环境面貌，是造成地质灾害和地方性疾病的重要原因之一，风化作用也形成了一些有价值的矿产。

第一节 风化作用和风化壳

岩石和矿物在地表(或接近地表)环境中，受物理、化学和生物作用，发生体积破坏和化学成分变化的过程，称为风化作用。风化作用受气候、岩石成分、结构构造、植被、地形和时间等因素影响。

一、风化作用的类型

风化作用可以分为物理风化作用、化学风化作用和生物风化作用。

(一) 物理风化作用

地表岩石由于温度变化和孔隙中水的冻融以及岩类的结晶而产生的机械崩解过程。它使岩石从比较完整固结的状态变为松散破碎的状态，使岩石的孔隙度和表面积增大。这种只引起岩石物理性质变化的风化作用称为物理风化或机械风化。主要表现如下。

1. 温差作用

白天岩石在阳光照射下，表层首先升温，由于岩石是热的不良导体，热向岩石内部传递很慢，遂使岩石内外之间出现温差，各部分膨胀不同，形成与表面平行的风化裂隙。到了夜晚，白天吸收的太阳辐射热继续以缓慢速度向岩石内部传递，内部仍在缓慢地升温膨胀，而岩石表面却迅速散热降温、体积收缩，于是形成与表面垂直的径向裂隙，久而久之，这些风化裂隙日益扩

大、增多，导致岩石层层剥落，最后崩解成碎块。岩石的崩解速度随气候区的昼夜温差变化幅度而变化。干旱区“早穿棉袄午穿纱”，昼夜温差可达几十摄氏度，岩石崩解的速度极快。温差作用是干旱区最主要的风化作用。

2. 冰劈作用（冻融风化）

岩石孔隙中的水在结冰过程中体积膨胀 9.2%，对周围产生的压力可达 960～2 000kg/cm^2，从而将岩石胀裂，反复融化与冻结，最终使岩石崩解。这种风化作用主要发生在高寒地区和高山地区，尤其温度在 0℃上下波动的地区最为发育。

3. 盐类的结晶和潮解作用

该作用主要发生在干旱和半干旱地区，岩石孔隙、裂隙中的含盐水溶液，由于浓度的变化而出现盐类结晶、潮解的反复交替。比如白天气温高，水分蒸发，盐类结晶；晚间气温低，盐类吸收大气或地下的水分而潮解，潮解后进一步渗入裂隙或孔隙中，明矾结晶时体积增大0.5%，对围岩产生 40kg/cm^{2}的压力，这样就如同冰劈作用一样使岩石受到破坏。

4. 层裂或卸载作用

地壳深处的岩石，承受上覆岩石的重量而产生静压力，一旦由于某种原因而出露地表（构造变动、剥蚀作用、人工采石等），岩石就因卸载而向上或向外膨胀，使岩石产生一系列的平行和垂直地表的裂隙，促使岩石层层剥落与崩解。这种作用又称席理作用。

（二）化学风化作用

在地表或接近地表条件下，矿物和岩石在原地以化学反应的方式遭受破坏，不仅使矿物和岩石发生破碎崩解，而且物质成分也发生了改变，这种地质作用称化学风化作用。通常有以下几种方式。

1. 溶解作用

岩石中可溶解物质被水带走，使岩石孔隙度增加，硬度减小而遭受破坏。在石灰岩分布地区，这种溶解作用经常会产生溶洞、溶穴等岩溶现象。

2. 水化作用

地壳中一些矿物与水接触后和水发生化学反应，吸收一定量的水到矿物中形成含水矿物，这种作用称为水化作用。如硬石膏经水化作用形成石膏。

$$CaSO_4 + 2H_2O \longrightarrow CaSO_4 \cdot 2H_2O$$

硬石膏形成石膏后，体积膨胀 59%，从而对围岩产生巨大压力，加速岩石的破坏。在隧道施工中，这种压力甚至能引起支撑倾斜、衬砌开裂，应当引起足够的注意。

3. 水解作用

地壳中的造岩矿物大部分为硅酸盐和铝硅酸盐类，属弱酸强碱盐，水中离解出的 OH^- 离子与造岩矿物离解出的阳离子（如 K^+、Na^+）结合成新矿物，从而使造岩矿物分解，此作用称水解作用。如钾长石遇水水解成高岭石和二氧化硅等。

$$4K\underset{\text{钾长石}}{[AlSi_3O_8]} + 6H_2O \longrightarrow \underset{\text{高岭石}}{Al[Si_4O_{10}](OH)_8} + 8SiO_2 + 4KOH$$

钾长石水解形成的 KOH 呈真溶液随水流走，SiO_2 呈胶体状态流失，高岭石残留原地。在湿热气候条件下，高岭石可进一步水解形成铝土矿和 SiO_2，铝土矿富集可形成矿床。钾长石是花岗岩的主要矿物成分，可见再坚硬的岩石也难逃风化一劫。

4. 碳酸化作用

溶于水中的CO_2夺取矿物中的K^+、Na^+、Ca^{2+}等金属离子形成碳酸盐而随水迁移，使原矿物分解，这种作用称碳酸化作用。如钾长石碳酸化生成高岭石、SiO_2和K_2CO_3。

$$\underset{\text{钾长石}}{4K[AlSi_3O_8]}+4H_2O \longrightarrow \underset{\text{高岭石}}{Al[Si_4O_{10}]}(OH)_8+8SiO_2+2K_2CO_3$$

斜长石亦可碳酸化和水解，而长石是岩浆岩中最主要的造岩矿物，因此都可以经化学作用再生成黏土矿物，使岩浆岩受到风化破坏。

5. 氧化作用

氧化作用是指矿物中的低价元素与大气和水中的游离氧发生反应生成新矿物，使原来的矿物岩石遭受破坏的过程。

$$\underset{\text{黄铁矿}}{2FeS_2}+7O_2+2H_2O \longrightarrow \underset{\text{硫酸亚铁}}{2FeSO_4}+2H_2SO_4$$

特别是多价金属元素在缺氧状态下形成的低价矿物，在地表高温状态下被氧化成新矿物，使原来的矿物、岩石遭受破坏。如黄铁矿(FeS_2)被氧化成褐铁矿。

$$\underset{\text{黄铁矿}}{4FeS_2}+14H_2O+15O_2 \longrightarrow 2(\underset{\text{褐铁矿}}{Fe_2O_3 \cdot H_2O})+8H_2SO_4$$

褐铁矿残留原地形成风化壳，称"铁帽"。由于地壳中铁的含量极高，只要有硫化矿床存在都会形成"铁帽"，因此"铁帽"是寻找硫化矿床的重要标志。氧化作用所产生的硫酸是一种强酸，会加快风化作用的进行。有机矿床(煤、石油等)也是在缺氧状态下形成的，因此其围岩常伴有黄铁矿等硫化矿物生成，极易发生氧化作用，所以水中的SO_4^{2-}也是寻找地下有机矿床的标志之一。如果煤层或硫化矿床的顶、底板为碳酸盐时，出于硫酸的作用，岩溶会更发育，要谨慎开采，防止岩溶水产生矿井突水。

(三) 生物风化作用

生物风化作用是指生物生长及活动对矿物、岩石的破坏作用，既有机械的，又有化学的。生物的机械破坏作用称生物物理风化作用，生物的化学破坏作用称生物化学风化作用。

生物物理风化作用是植物和动物对岩石的机械破坏。植物的机械破坏表现在两个方面：①种子的发芽长大对岩石产生压力使其破碎；②扎根在岩石裂缝中的植物根茎生长加粗使岩石裂隙扩大乃至破碎(称根劈作用)，树根生长对于岩石的压力可达$10 \sim 15kg/cm^2$，能使根深入岩石裂缝，劈开岩石。一些穴居动物如蚯蚓、蚂蚁，可以穿石翻土，人类的机械破坏则更为明显。

生物化学风化作用更为重要，主要表现为生物的新陈代谢及遗体腐烂，分解的产物引起岩石的化学离解。生物的新陈代谢表现在吸收岩石中的部分成分，同时分泌有机酸、碳酸、硝酸等物质促使矿物分解。如基岩上生长的蓝绿藻、苔藓、地衣等能分泌有机酸、CO_2；菌类能利用空气中的氮制造硝酸等。生物死亡后，遗体腐烂形成腐殖质，同样对岩石起腐蚀、分解的破坏作用。

二、影响风化作用的因素

风化作用的影响因素可分为地质因素、气候因素、地形因素等。

(一) 地质因素

地质因素包括岩石的矿物成分、结构、构造、产状，以及地质构造和构造运动的影响。

1. 岩石的成分

在风化带中，各种造岩矿物对风化作用的抵抗能力明显不同。岩石的成分决定岩石的稳定程度，表现于矿物的稳定性和可溶性。自然界最不稳定的矿物为暗色矿物，如辉石、角闪石较易

风化为绿泥石、蒙脱石、高岭石和褐铁矿、针铁矿等。稳定矿物中如有可溶成分，由于溶解作用而使岩石遭受破坏，如钙质、铁质胶结的砂砾岩。可溶成分占优势的岩石更易风化，如岩盐、石膏等。

2. 岩石的结构

同一成分的岩石，结构不同抗风化能力就不同，岩石结构较疏松的易于风化，不等粒、粗粒易于风化。如粗粒花岗岩就比细粒花岗岩、流纹岩易风化；非晶质的石英比晶质的石英易于风化。

3. 岩石的构造和产状

均匀块状构造的岩石抗风化能力较强，斑杂构造、条带状构造、片状构造的岩石，受温度影响易于沿接合面裂开，有利于水的渗透、循环而易于风化。水平产状的岩石不利于水循环，所以不利于风化作用的进行。倾斜岩层有利于水循环，从而有利于风化作用的进行。

4. 地质构造

地质构造发育的岩石，其完整性受到破坏。破坏的岩石，其表面积扩大，有利于水循环和生物的进入，促进风化作用的进行。

5. 构造运动

地形平坦，风化作用时间长，风化程度深，因此构造运动稳定区有利于风化作用的进行。古风化壳代表着构造运动的相对稳定。构造运动强烈地区有利于剥蚀-堆积作用的进行，但有些构造变动形成的构造形迹则有利于风化作用的进行，如背斜核部。断裂构造发育的地方，在适合的地形条件下，也有利于风化作用的进行。

（二）气候因素

气候是最重要的影响因素，它影响着温度、湿度、季节变化和生物发展，从而影响着风化作用的类型和强度。1967 年，苏联地质学家斯特洛霍夫总结了一个子午线方向上的风化层剖面，由赤道向极地风化作用的类型、风化程度、风化带组合都按气候带而有序变化（图 3-1）。

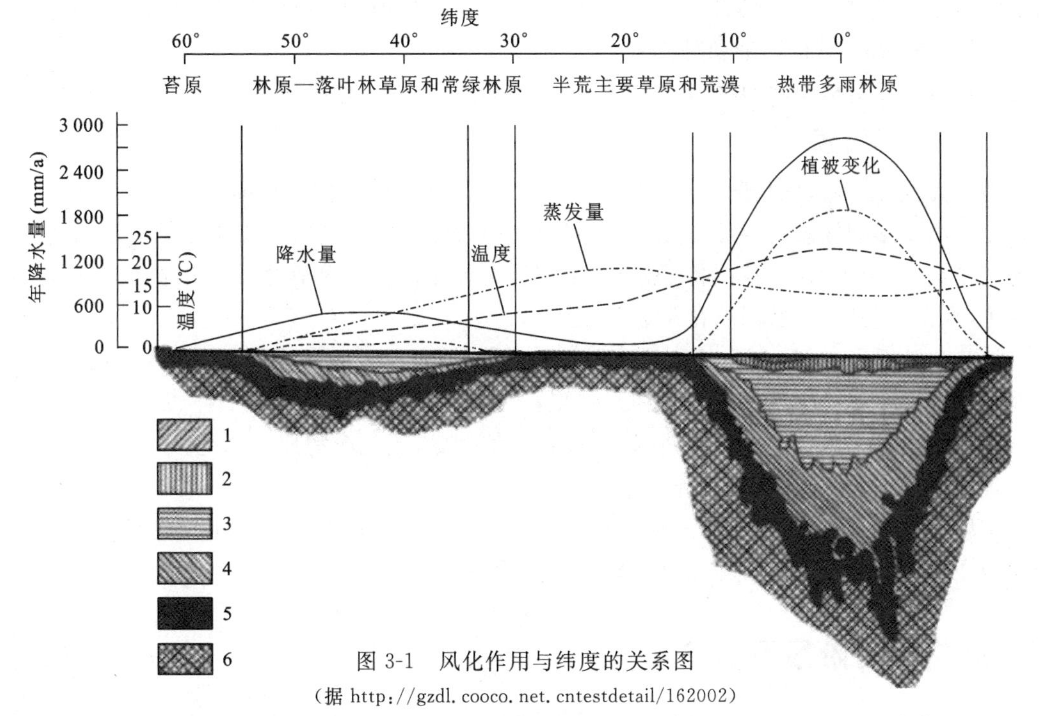

图 3-1 风化作用与纬度的关系图

（据 http://gzdl.cooco.net.cntestdetail/162002）

1. Fe_2O_3-Al_2O_3带；2. 铝土带；3. 高岭石带；4. 水云母-蒙脱石-贝得石带；5. 角砾带；6. 未风化带

热带气候温度高、降雨量大，地表水、地下水十分活跃，生物繁盛，所以风化作用类型齐全，风化强烈，尤其是化学风化和生物风化，风化程度可达百米乃至几百米，风化带发育完全，自地表向地下风化程度由深变浅，可分为Fe_2O_3-$A1_2O_3$带、铝土带、高岭石带、水云母-蒙脱石-贝得石带和角砾带。

Fe_2O_3-$A1_2O_3$带的风化作用最彻底。由富含Fe^{3+}、Al^{3+}的黏土矿物和SiO_2凝胶组成，由于富含Fe^{3+}离子，颜色呈红色或砖红色，故又称砖红土带。一般认为是旱季和雨季交替变化造成的，雨季把盐类和SiO_2大量淋滤掉，旱季Fe_2O_3和$A1_2O_3$随毛细水上升至剖面上部，随水分的蒸发形成红色铁质硬壳。

铝土带为富含铝土矿的黏土带，铝土矿来源于高岭石的进一步风化水解。由于Fe的氢氧化物的不均匀分布，残积物常染有鲜黄色、红色、紫红色斑点。

高岭石带的风化矿物以高岭石为主，原岩中的石英尚能保存，由于铁铝矿物和SiO_2的析出，颜色近于白色。

水云母-蒙脱石-贝得石带。由于富含弱风化矿物水云母、蒙脱石、贝得石等而得名，是以风化矿物高岭石为主的混合黏土带。母岩结构构造有残留，如果弱风化矿物完全风化为高岭石，母岩结构构造全部被破坏，就形成高岭石风化带。

角砾带为母岩的风化角砾，向下渐变过渡到母岩。这里化学风化作用很弱，但不同于以物理风化作用为主形成的角砾，由于地下水的活动，裂隙和角砾的空隙有黏土充填，状似泥质胶结的角砾，角砾表面也有风化。

在干旱荒漠半荒漠气候带，由于昼夜温差较大，物理风化盛行，形成角砾带，同时由于蒸发量远大于降水量，地下盐分被抽至地表形成盐油泥漠。

在湿冷气候区，物理风化、化学风化、生物风化并存，寒冷气候不能使生物残骸迅速分解，而是赋存于土壤之中，化学风化深度不大(仅数米)，但物理风化可以很深，因而可形成高岭石带、水云母-蒙脱石-贝得石带和角砾带。

在极地和亚极地寒冷地区，以物理风化作用为主，化学风化极为微弱，形成角砾化带。

(三) 地形因素

地势高度、地势起伏程度、山坡朝向不同，对风化作用的影响也不同。

地势高度影响气候的局部变化，在相对高程很大的中低纬度山区有明显的气候垂直分带，山脚气候炎热，山顶寒冷，植被特征各异，影响风化作用的类型和速度。一般高山区以物理风化为主，低山丘陵区、平原区以化学风化为主。

地势的陡缓影响到地下水位、植被发育及风化产物的保存，因而影响风化作用的进行。陡坡地下水位低，植被稀少，物理风化相对强烈，产物不易保留，未风化岩石不断暴露接受风化；缓坡平地化学风化和生物风化相对强烈，矿物分解彻底，风化产物残留原地，母岩被覆盖，不利于物理风化，最后形成大量黏土和残余矿床。

阳坡、阴坡的风化作用类型和强度也不同。阳坡日照时间长，湿度较高，植被较多，风化作用较强烈，以化学风化为主，阴坡以物理风化作用为主。

三、风化作用阶段及其产物

风化作用主要有物理风化和化学风化(包括生物化学风化)两种类型，在自然界，这两

种风化往往同时进行，相互影响，互相促进。风化阶段是根据风化作用进行的强度和性质来划分的，不同风化作用阶段，物理风化与化学风化所起的作用不同，形成的产物也各具特点。

1. 碎屑残积阶段及其产物

在风化的初期以物理风化为主。温差风化、冰劈作用、盐类结晶等，使岩石在原地发生体积崩解，形成残留于原地的从块砾到粉砂级岩屑，岩石化学成分基本不变，故称碎屑残积阶段。化学风化居次要地位，仅能形成少量的蛭石、伊利石、绿泥石等风化程度较低的黏土矿物。

2. 钙质残积阶段及其产物

这一阶段是在物理风化作用的基础上发生化学风化作用的早期阶段。除卤族元素(I、F、Cl、Br)容易析出流失外，铝硅酸盐矿物中的 K^+、Na^+、Ca^{2+}、Mg^{2+} 等碱金属和碱土金属阳离子逐步被极化水分子溶液中的 H^+ 离子置换，从矿物的晶格中析离出来，使溶液呈碱性反应。部分金属阳离子与溶液中的 Cl^-、CO_3^{2-} 和 SO_4^{2-} 离子结合形成氯化物、碳酸盐和硫酸盐。氯化物(KCl、$NaCl$)易溶于水。呈离子状态，随水流失而迁离风化地。但地表形成的碳酸盐和硫酸盐难以溶解，以含钙矿物加方解石($CaCO_3$)、石膏($CaSO_4 \cdot 2H_2O$)形式残留在风化层中，使 Ca 相对富集。故称这一阶段为钙质残积阶段或富钙阶段。

3. 硅铝残积阶段及其产物

在化学风化作用深入进行下，硅酸盐矿物晶体被破坏，部分硅和铝从矿物中析出，溶液呈酸性反应。二氧化硅溶于水中形成硅酸真溶液或胶体溶液。硅酸胶粒带负电荷，不易凝聚沉淀，部分随水流失。但若与带正电荷肢体(如氢氧化铁)相遇产生电性中和，肢体微粒发生凝聚沉淀，形成凝胶，堆积在原地。纯二氧化硅的含水凝胶称为蛋白石($SiO_2 \cdot nH_2O$)，它是含水非晶质胶体矿物。蛋白石在地表条件下，经过脱水转变为玉髓 SiO_2 或粉末状二氧化硅(称粉石英)。

$$SiO_2 + H_2O \rightleftharpoons H_2SiO_3$$

$$H_2SiO_3 \rightleftharpoons 2H^+ + SiO_3^{2-}$$

铝硅酸盐矿物分解出的另一部分硅和铝在地表结合形成各种黏土矿物。其化学通式为 $Al_2O_3 \cdot mSiO_2 \cdot nH_2O_3$ 随着水介质环境内弱碱性→酸性，在地表分别形成伊利石(水云母)、蒙脱石(胶岭石)与高岭石等黏土矿物。通常高岭石、蒙脱石形成于湿润气候条件，而伊利石则是较干冷气候条件下的产物。这一阶段通过硅酸和地表次生黏土矿物的形成，使硅、铝在风化碎屑中相对富集，故又称为富硅铝阶段或黏土形成阶段。

4. 铁铝残积阶段及其产物

长时间的化学风化作用进行到最后阶段，不但硅酸盐矿物全部被分解，且上一阶段表生黏土矿物也可分解，可以迁移的元素均析出。风化碎屑中主要形成大量铁、铝和 SiO_2 胶体矿物，主要有水铝石(铝土矿)($SiO_2 \cdot nH_2O$)(或有 Fe、Mn 混入)、褐铁矿($Fe_2O_3 \cdot 3H_2O$)、磁铁矿(Fe_3O_4)、针铁矿等。这些矿物在地表条件下稳定，并大量残留在原地，使风化产物中铁、铝相对富集，形成富含高价铁的黏土，即红土。故此阶段又称为富铁铝阶段或红土形成阶段。

在表 3-1 中，以花岗岩为例概括表示了岩石在化学风化不同阶段中的元素、矿物和产物等的基本特征，反映了风化作用的脱硅富铝过程。

表 3-1 花岗岩在化学风化各阶段的基本特征表

基本特征＼风化阶段		钙质风化阶段	硅铝风化阶段	铁铝风化阶段
元素迁移与累积	元素迁移顺序	Cl、S 开始到大部分迁移，故含量逐步减少；Na、Ca、Mg、K 部分迁移，故含量相对增加	Cl、S 基本上全部迁移；Na、Ca、Mg、K 大部分至全部迁移、含量减少；Si 部分迁移，Si、Al 含量相对增加	R^{+}、R^{2+} 含量减少到 $n\times0.01\%\sim n\times0.1\%$，Si 大量迁移，Al 相对富集
	元素含量比值	硅碱比值 $\frac{SiO_2}{K_2O+Na_2O}$ 由小增大⟶ 硅铝比值 $\frac{SiO_2}{Al_2O_3}$ 由大减小⟶ $\frac{SiO_2}{Al_2O_3}\geqslant4$	$\frac{SiO_2}{Al_2O_3}\geqslant2$	$\frac{SiO_2}{Al_2O_3}<2$
溶液性质		由碱性逐渐转为酸性⟶基本为碱性—中性并转为酸性		
原生矿物分解与次生矿物形成		长石开始到大部分分解；形成碳酸盐、蛋白石和胶岭石	长石分解基本完成，碳酸盐矿物分解；蛋白石继续形成，高岭石形成，并部分分解；水铝石形成	高岭石分解；蛋白石，水铝石形成
风化产物中的矿物组合		原生矿物：石英、锆英石，还有轻度风化的长石。原生矿物的相对含量较高，并逐渐减少。 次生矿物：碳酸盐矿物如方解石、菱镁矿、菱铁矿等，还有少量的蛋白石、胶岭石等，可能有褐铁矿	原生矿物：石英、锆英石等，长石基本上全部分解，原生矿物的绝对量和相对量大减。 次生矿物：极少量的碳酸盐矿物，以胶岭石、高岭石、蛋白石等为主，少量水铝石，可能有褐铁矿。次生矿物含量大增，在风化产物中占主要地位	原生矿物：石英、锆英石等在岩石风化矿物中仅占次要地位。 次要矿物：以水铝石为主，其次是蛋白石、高岭石、可能有褐铁矿等，在风化产物中占绝对优势地位
风化产物		碳酸盐黏土，胶岭石黏土	高岭石黏土（高岭石）	水铝石黏土（铝土矿）若含少量褐铁矿，被染成红色称为砖红土
形成环境		温带　暖温带　亚热带　热带 温度、湿度增加⟶		

注：据北京大学等，1978。

四、风化壳

地表岩石经受风化作用发生物理破坏和化学成分改变后，残留在原地的堆积物，称为残积物。具多层结构的残积物剖面称风化壳。残积物的主要特征如下。

（一）残积物岩性

残积物的岩性由原岩岩屑、残余矿物及地表新生矿物组成。

1. 原岩岩屑

原岩岩屑包括岩块、角砾到粉砂级颗粒。风化越深，细粒越多，物理风化达到粉砂为止。颗粒在宏观和微观（电镜下）上都呈棱角状。树枝状自然金和硫化矿物的晶体及其连生体多保存完好，破坏程度比其在坡积物中轻微。

2. 风化残余矿物

矿物按成分的抗风化能力，一般是氧化物＞硅酸盐＞碳酸盐和硫酸盐＞卤化物，矿物的生成环境与地表环境的差异越大，其抗风化能力越低。从矿物来看，常见造岩矿物的溶解度从大到小的顺序是：食盐、石膏、方解石、橄榄石、辉石、角闪石、滑石、蛇纹石、绿帘石、正长石、黑云母、白云母及石英。因此残积物中保存的风化残余矿物，以抗风化能力强和溶解度较小的矿物为主。具体残留情况与原岩、地表环境、矿物大小和遭受风化时间长短有关系。

3. 地表新生矿物

地表新生矿物包括原生矿物风化过程的中间产物和最终产物，一般为在地表稳定或较稳定的次生含水氧化物，主要是黏土矿物和胶体矿物。主要硅酸岩造岩矿物在风化过程中的变化为：

钾长石→绢云母→水云母（伊利石）→高岭石

辉石、角闪石→绿泥石→水绿泥石→蒙脱石→多水高岭石→高岭石

黑云母→蛭石→蒙脱石→高岭石

白云母→伊利石→贝得石→蒙脱石→多水高岭石→变水高岭石→高岭石

石英（部分）→硅酸（胶体）→蛋白石→石髓→次生石英

在适宜气候条件下，高岭石可进一步分解为铝土矿（水铝石）；角闪石、黑云母还可分解成褐铁矿、针铁矿。一般来说，石英、高岭石、氧化铁和铝土矿是湿热气候条件下长期化学风化的最终稳定矿物。地表次生矿物除呈细脉状、皮壳状者外，大多难以肉眼识别，常要借助于矿物差热分析和X衍射分析等手段鉴别黏土矿物。

（二）残积物的结构构造

由于风化作用具有从地表往下（潜水面附近）随深度增加而减弱，近地表风化强烈，物质迁移流失多，原岩改变明显等特征，使残积物显示分层（带）现象，各层之间呈逐渐过渡状态，无明显分界，更无沉积层理。以典型的热带砖红土剖面为例，残积物一般分3部分（图3-2）。

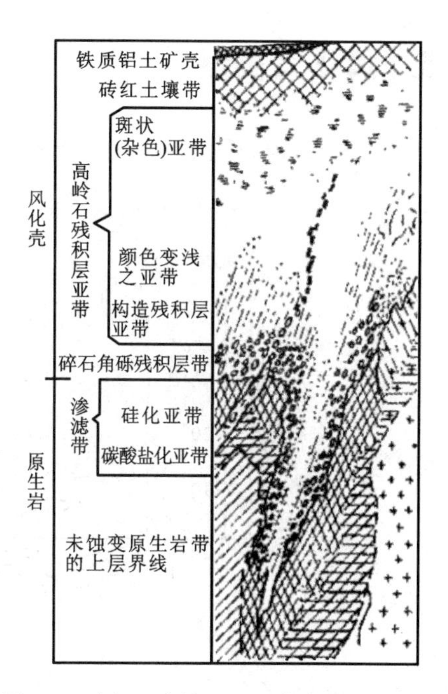

图3-2 砖红土高岭石型风化壳构造示意图

（据桑采尔，1957）

1. 全风化带

主要是原岩全风化为高价铁染红的黏土(图 3-1 从铁质铝土矿壳、砖红壤带到构造残积层亚带),通常以高岭石为主。按土层颜色的深浅、均匀程度、矿物和化学成分、结构、原岩残留的结构构造及氧化铁锰沉淀物形态等又可进一步详细分层。所谓构造残积亚带,即保存原岩结构、构造的风化黏土层(如保存原砾石外形的已风化成土的砾石),是风化残积物未经搬运的良好标志。

2. 半风化基岩带(又称腐岩)

该带是地下水通过裂隙进入岩石一定深度,使岩石沿裂隙风化成泥质产物,裂隙间原生母岩的外观呈"块""砾"状(图 3-2 之碎石角砾残积层带),仅"块""砾"表面有轻度风化。

3. 未风化基岩带

该带保存原岩岩性、结构、构造特征,但上部有从风化淋滤下来的碳酸盐、硫酸盐和硅质的渗滤物(图 3-2 之渗滤带),是次生富集矿形成地带。

(三) 残积物厚度和产状

残积物一般保存在平坦分水岭和缓坡上。其顶部平坦,下界起伏不平,厚度变化大,产状极不规则,在破裂带和易风化岩层位置上风化壳厚度最大,产状也最复杂。在大型工程建筑中,往往要利用钻探和物探手段才能弄清楚软弱风化壳的厚度和产状变化规律,为工程处理提供基础资料。

五、风化壳类型

气候是影响风化作用的主要因素。不同气候下风化壳的类型、分层结构和厚度不同(图 3-3)。

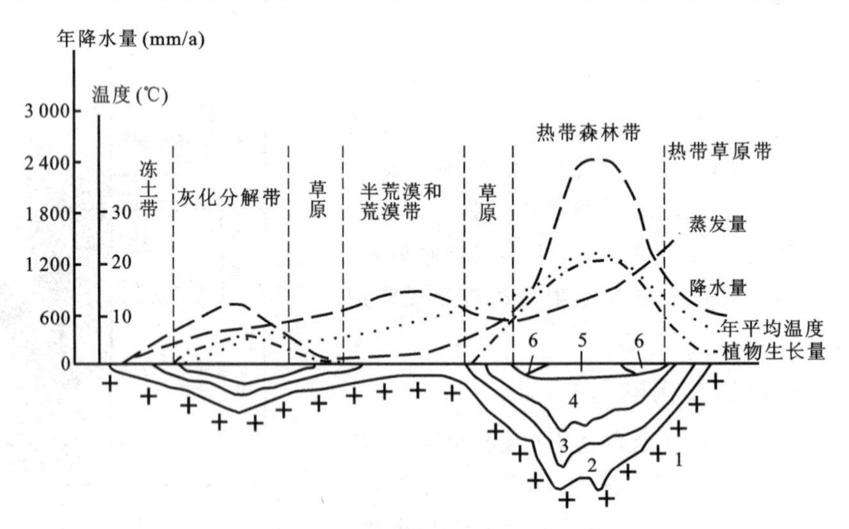

图 3-3 各气候带风化壳发育情况示意图

(据 Hamblin,1981,黎彤修改)

1. 新鲜岩石;2. 角砾带(化学变化少);3. 水云母-蒙脱石-贝得石带;

4. 高岭石带;5. 铝土(Al_2O_3)带;6. $Fe_2O_3+Al_2O_3$带

1. 岩屑型风化壳

在寒冷的高纬、高山冻原带，以冻融风化为主，岩石物理风化速度较快，化学风化轻微，形成碎屑残积阶段型岩屑风化壳。它以岩屑为主，上部强烈风化成含砾砂土或细粒砂土，下部变为粗角砾，最下部过渡为风化裂隙发育的基岩。粒间混生少许低级风化矿物。

2. 硅铝-碳酸盐（或硫酸盐）型风化壳

干旱区（荒漠）或温带半干旱区（草原），以温差（热胀冷缩）风化为主，岩石破碎成土状，化学风化早期析出的碱金属等元素与酸根结合，形成钙质残积阶段型风化壳。这种风化壳以含细角砾的细粒土为主，颗粒周围聚集薄膜状或分散状碳酸钙（方解石），或在表层聚集碳酸钙、石膏和卤化物（干旱区）。颜色呈灰黄—黄色，又称黄土状风化壳。分层不清楚，厚度不大。

3. 硅铝黏土型风化壳

湿润气候条件下，以化学风化为主，形成硅铝残积阶段型风化壳。这一类风化壳以形成多种黏土矿物为特征，并形成少量次生氧化铁和氢氧化铁矿物。以高岭石矿物为主，蒙脱石次之，被高价铁染成红色剖面，称红色高岭石风化壳，分层不很清楚，若含氢氧化铁（褐铁矿）多时呈褐色、灰色。

4. 砖红土风化壳

湿热气候条件下，化学风化较彻底，硅酸盐矿物全部分解，转变为以次生铁、铝矿物和高岭石黏土矿物为主的砖红土风化壳。化学元素析出后除部分易迁移元素（K、Na、Ca、Mg）流失外，Fe、Al 及部分 Si 形成氧化物和含水氧化物（水铝石、赤铁矿、褐铁矿等），呈皮壳状、豆状、透镜状、似薄层状和分散状等方式沉淀在风化产物中，形成铁铝残积阶段型红土残积物。这一类风化壳因高价铁而呈红—砖红色，厚度几十米到百米，风化时间长（可达几十万年），分层清楚（图 3-1）。SiO_2含量从原岩的 45%～50%降至 1%～2%；Al_2O_3、Fe_2O_3则从原岩的 15%～20%增至 80%～90%，反映明显的脱硅富铝特征。因湿热气候带旱季引起地下水面下降，毛细作用把 Al_2O_3和 Fe_2O_3带到地表，常在顶部形成铁质铝土矿壳。

上述各种残积物除岩性结构特征不同外，<0.001mm 黏粒的硅-铝比（SiO_2/Al_2O_3）是其又一重要区别（表 3-1）。

在相同气候条件下，基岩性质对残积物有重要影响。可溶性岩石（石灰岩、白云岩、大理岩、石膏及其他生物化学岩类等）风化时，钙质残积阶段较长，溶解物大部分被水介质搬运走，岩石中原有的黏土、铁、铝等杂质聚集成残积黏土层，通常经高价铁染红，称为赭土，它不同于完全由次生黏土组成的红土。花岗岩含有较多的硅铝，但含钙少，风化时可较快达到硅铝阶段，形成富含石英、高岭石的残积物，玄武岩含钙多，其富钙阶段比花岗岩长，残积物中含较多碳酸钙白色薄膜。橄榄岩等超基性岩含铁量高，在硅铝化阶段就能生成含褐铁矿、针铁矿和水赤铁矿的残积层。砂岩、片麻岩与花岗岩相似。页岩、板岩、千枚岩等缺乏钙质，一开始就进入硅铝阶段，形成黏土残积层。而石英岩抗化学风化能力极强，一般只受物理风化而形成石英砂。风化壳经受长期剥蚀之后，有时只留下半风化基岩或沿裂隙发育的“风化壳根部”。

第二节 土壤与古土壤

一、土壤

土壤是以各种风化产物或松散堆积物为母质层，经过生物化学作用为主的成土作用改造而成的。土壤具有植物生长所需有机质组分(腐殖质)和无机组分(N、P、K 的化合物)、微量元素和水分与孔隙，这是土壤与风化残积物和松散堆积物的主要区别。土壤位于残积物顶部，呈灰—灰黑色，一般厚度为 0.5～2.5m。土壤形成时间比风化壳形成时间短得多，大约只需 200～500a。

1. 土壤结构

土壤剖面呈现成层结构，自上而下为：

A 层(腐殖层)。位于土壤顶部，颜色较深。植物分解产生大量腐殖质，在有机酸作用下，矿物被分解。以富含有机质(含量 6%～12%，25%)为本层特征，具有团粒、孔隙和细小裂隙等土壤结构。

B 层(淋溶层)。位于 A 层之下，颜色较浅。被分解物、微粒矿物和有机质在淋滤作用和淋溶作用(细小颗粒被下渗水流悬移过程)下，从本层往下移动，故本层几乎缺少腐殖质。

C 层(淀积层)。位于土壤下部，由母质层组成，颜色和下伏成土母岩相近，但淀积从上部淋滤下来的成分(Ca_2CO_3、SiO_2 等)，故称淀积层。本层以下为成土母岩。

土壤成层结构的发育状况，取决于土壤类型。

2. 土壤类型

土壤类型主要取决于气候(决定水热条件)和植被(有机质来源)，而植被的发育程度又受气候控制。因此，当气候条件发生变化时，土壤也会为适应新的气候条件而改变土壤类型，故土壤呈现可逆性变化，这是它与风化壳的重要区别。气候分布具有地带性，所以土壤的类型在地球上也呈地带性分布。如我国主要土壤类型的分布，就具有十分明显的地带性特征(表3-2)。

表 3-2 气候类型与土壤类型及中国的土壤分布表

自然带	气候类型	土壤类型	中国分布区
热带	热带雨林气候	砖红壤	华南南部和南海诸岛
	热带季风气候	砖红壤型红壤	
	热带草原气候	燥红壤(热带草原土)	
	热带沙漠气候	荒漠土	内蒙古和西北内陆区
亚热带	地中海式气候	褐土	长江以北各省丘陵山地
	亚热带季风性湿润气候	红壤、黄壤	长江以南各省区及喜马拉雅山南麓
温带	温带季风气候	棕壤、褐土	东北区东部、华北区、江淮地区、秦岭山地
	温带海洋气候		
	温带大陆性气候	黑钙土、黑土	东北区北部
	温带大陆性气候	荒漠土、盐碱土	西北区

续表 3-2

自然带	气候类型	土壤类型	中国分布区
寒带	亚寒带气候	灰化土	大兴安岭以北
	寒冬苔原气候	冰沿土	
	寒带冰原气候	未发育土壤	

注:引自曹伯勋,1995。

二、古土壤

在地质时期形成的土壤称古土壤;因其往往被后期地层所埋藏,故又称埋藏土壤(也有的露出地表)。古土壤上层的腐殖层因遭冲刷、淋滤和炭化,不易保存下来。土壤被埋藏在地下以后,受到上覆地层的压力,导致土壤结构发生改变。而地下水的作用则使原来不含 $CaCO_3$ 的层也会沿裂隙形成次生 $CaCO_3$ 细脉或形成钙质皮壳等。古土壤的时代越老,上述各种次生变化程度就越深,越不易辨认。目前,只有形成于第四纪的古土壤才较有把握识别。

第四纪地层中的古土壤是通过与现代土壤结构对比,以及对古土壤层的颜色、岩性、化学成分、矿物成分、微结构、孢粉组合和黏土矿物等的综合研究确定的。第四纪黄土中古土壤发育较好,常由几个时代形成的古土壤组成古土壤系。以黄土中的褐土型古土壤为例,其结构虽有改变,但仍可分为两层(图 3-4):顶部黏化层,呈棕红色,黏性重,腐殖层往往不显著,含 Fe_2O_3 较高,极少 $CaCO_3$,孢粉中有木本植物花粉,高岭石矿物多,裂隙发育,相当于现代土壤的 A 层或 AB 层;其下为灰黄色淀积层(C 层),聚集大量碳酸钙,形成大小不一、形态变化多样的钙质结核群,有时联结成板状。再往下为黄土(成土母岩)。古土壤形成在黄土区气候相对暖湿、氧化作用强、黄土沉积大量减少、植物生长较繁茂时期。土壤形成于地表。故埋藏土壤的起伏反映了古地形的变化(图 3-5)。

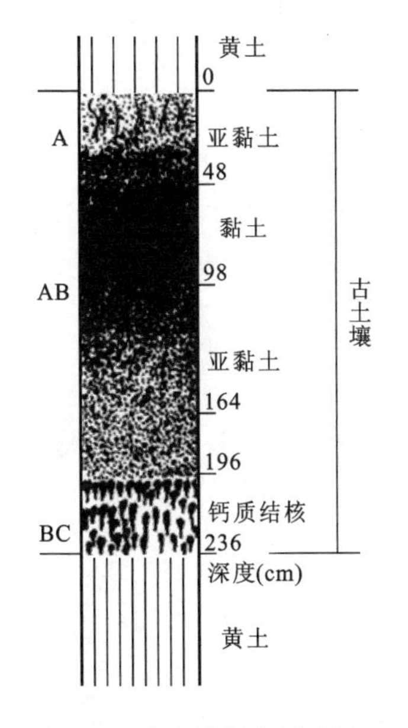

图 3-4 古土壤结构示意图

(引自杜恒俭等,1981)

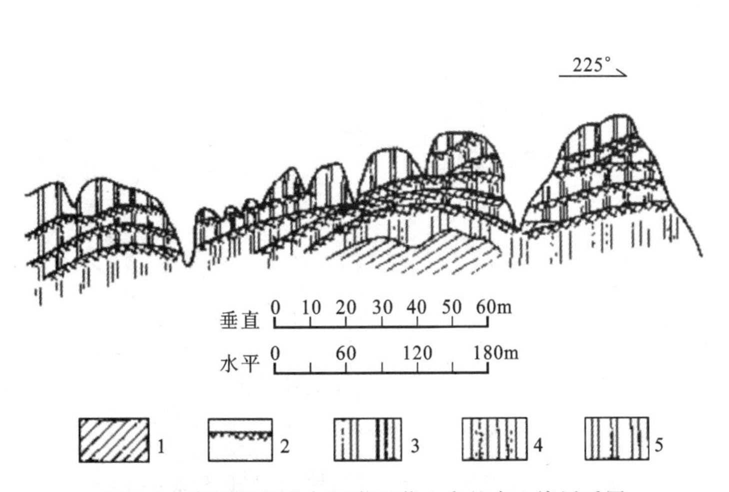

图 3-5 陕西铜川漆水河附近黄土中的古土壤层系图

(引自杜恒俭等,1981)

1. 前第四纪岩石;2. 埋藏土;3. 离石黄土下部;4. 午城黄土;5. 离石黄土上部

第三节 重力地貌

地表物质受风化作用形成的碎屑物，在重力作用下，经块体运动产生的各种地貌，统称为重力地貌。以斜坡为代表，成为地表分布最广泛的地貌基本形态。有凸形坡、凹形坡、直线坡和复合(凸-凹形)坡(图3-6)。斜坡成因有侵蚀坡、剥蚀坡、堆积坡和人工截坡。斜坡受重力作用影响其稳定性，与工农业、交通、水利、建筑工程和地质灾害研究有密切联系。

一、斜坡重力作用及其分类

1. 斜坡块体运动

斜坡上的岩体或松散土体，统称块体，块体在重力作用下沿斜坡往下运动的过程称块体运动，块体运动是引起斜坡不稳定的主要原因。块体运动取决于块体下滑力(T)与抗滑力(τ)之比，衡量斜坡稳定性用稳定系数(K)表示：

$$K=\frac{\text{抗滑力}(\tau)}{\text{下滑力}(T)}=\frac{N\cdot\tan\varphi+C\cdot A}{T}=\frac{(G\cdot\cos\theta\cdot\tan\varphi)+C\cdot A}{G\cdot\sin\theta} \tag{3-1}$$

式中：θ 为斜坡坡度；G 为块体所受重力；N 为斜坡所受压力；φ 为块体内摩擦角，亦即块体处于极限平衡状态下临界坡角 θ(在松散土体中，它等于颗粒休止角)；C 为块体黏结力；A 为块体与坡面接触面积(图3-7)。

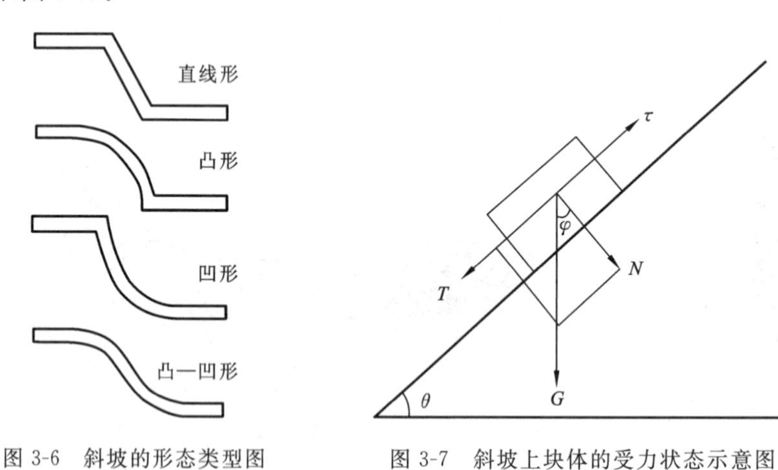

图3-6 斜坡的形态类型图
(据曹伯勋，1995)

图3-7 斜坡上块体的受力状态示意图
(据曹伯勋，1995)

$K>1$ 时，块体稳定；$K=1$ 时，块体处于极限平衡状态；$K<1$ 时，块体不稳定。

若把式(3-1)中下滑力(T)改写成：

$$T=\rho gh\sin\theta \tag{3-2}$$

式中：ρ 为土体密度；g 为重力加速度；h 为坡高；θ 为斜度。

则从式(3-1)及式(3-2)可知斜坡上块体的稳定性取决于坡度(θ)、土体内摩擦角(φ)、土体黏结力(C)和坡高(h)诸因素。其中 θ 与 φ 的对比关系起重要作用。若 $\theta<\varphi$，下滑力小，不管坡高如何，坡面总是比较稳定；$\theta>\varphi$ 则下滑力大（岩石坡内的层理和节理倾向与坡面倾向一致，且倾角达到并超过块体间内摩擦角时与此相似），斜坡不稳定，高坡尤其不稳定；$\theta=\varphi$ 斜坡处临界稳定状态。松散土体颗粒的 φ 角（休止角）值与颗粒的大小、形状和含水量有关（表 3-3 及表 3-4），在粒径和粒形相同条件下，干土 φ 值较大，斜坡较稳定；湿土则 φ 值降低，斜坡转变为不稳定。尤其是由黏土岩类组成的斜坡（或泥质土体）含有大量蒙脱石、高岭石类亲水黏土矿物，在吸水饱和后极易发生滑动；黄蜡石和松动的破碎岩体也易于发生块体运动。此外，外部因素如河流侵蚀和淘蚀岸坡，大量降雨、地震、人工爆破和不合理的人为活动（如过度切坡、斜坡过度负重）等都会影响斜坡稳定，诱发地质灾害。

表 3-3　常见岩屑的休止角表

岩屑堆的成分	最小角(°)	最大角(°)	平均角(°)
砂岩、页岩（角砾、碎石、混有块石的亚砂土）	25	42	35
砂岩（块石、碎石、角砾）	26	40	32
砂岩（块石、碎石）	27	39	33
页岩（角砾、碎石、亚砂土）	36	43	38
石灰岩（碎石、亚砂土）	27	45	34

注：引自曹伯勋，1995。

表 3-4　含水量不同时泥沙的休止角表

泥沙种类	干时休止角(°)	很湿时休止角(°)	水分饱和时休止角(°)
泥	49	25	15
松软砂质黏土	40	27	20
洁净细砂	40	27	22
紧密的细砂	45	30	25
紧密的中粒砂	45	33	27
松散的细砂	37	30	22
松散的中粒砂	37	33	25
砾石土	37	33	27

注：引自曹伯勋，1995。

2. 斜坡重力作用类型

按斜坡上块体运动方式、运动速度和灾害性质，斜坡重力作用分滚落、滑动和流动 3 种基本类型（表 3-5）。

表 3-5 斜坡重力作用分类表

作用类型		运动方式	运动速度	灾难性质
滚落	崩塌(塌方)	块体快速坠落并翻滚旋转	(n～200)m/s	突发性局部严重
	错落	块体垂直下坐大于水平移动	快	
	撒落	碎石在大面积上单个均匀滚落	慢长	一般不构成灾难
滑动	滑坡(地滑)	块体沿滑动面下滑或旋转运动	(n～几十)m/min 慢→快	主要工程灾难
流动	泥流	在水或冰参与下土体流动	慢→快(有时很快)	有时形成突发性局部灾难
	上层蠕动	上石屑层在斜坡上的缓慢蠕动	(nmm～ncm)/a	一般轻微灾难
	片流	片状洗刷和重力共同作用		水土流失

注:引自曹伯勋,1995。

二、斜坡重力地貌

(一) 崩塌

陡坡(＞50°)上的岩体或土体在重力作用下,突然发生急剧地向下崩落、滚落和翻转运动的过程,称为崩塌。发生在山地的大规模崩塌称山崩,在岸坡称塌岸,岩溶洞穴崩陷称塌陷,如土石体小称坍方,在冰雪中则称冰崩和雪崩。崩塌借助近地压缩空气滑行,速度很快,一般为5～200m/s,有时达到自由落体的速度。崩塌规模因地而异,其体积从小于 $1m^3$ 到几亿立方米。崩塌是一种局部的但较为严重的地质灾害。

崩塌的形成与发展和致灾过程,最初,陡坡岩(土)体由于近临空面释重应力产生与边坡平行的张性垂直裂隙,地下水侵入裂隙(包括岩石原有裂隙),使隙内风化加深,削弱岩(土)体与边坡联结力,长期风化使裂隙的宽和深与日俱增,终使岩(土)体处于临界稳定的危岩状态。一旦遭受地震、暴雨、融雪、人工不当截坡、爆破等触发,导致岩(土)体突然发生崩塌。崩塌摧毁建筑物、农田、森林、交通路线,堵塞江流,造成堰塞湖,并造成生命财产损失。

大规模岩坡崩塌发生在坡度大于50°或60°和坡高大于50m的断裂或裂隙发育的陡坡地段;松散堆积坡则需坡度大于颗粒休止角(＞45°),坡高大于45m的情况下才能发生大型崩塌。比上述坡高和坡度小的斜坡地段发生小规模崩塌。西北地区日、年温差变化较大,物理风化强烈;东北和青藏地区冻融作用强烈,都是崩塌多发区,主要发生在初冬和早春季节。

崩塌在陡坡上形成的圈椅状的剥蚀地貌,称崩塌陡坎(新的基岩陡坡壁);坡下为崩塌堆积地貌(图 3-8),称倒石堆。倒石堆沉积无分选,由巨大落石或巨砾与砸碎的角砾和岩粉混合堆积,岩块上有撞砸刻痕。

目前,国内较为知名的山崩地质遗迹有陕西西安翠华山、河南关山和福建政和蛙岩均已建设成为地质公园。

1. 崩塌形成的条件和触发因素

1) 形成条件

崩塌形成的主要条件有地貌、地质、气候等。

(1) 地貌条件。一切具有有效临空面的天然和人工斜坡,坡脚下有河流(或海、湖浪)侵蚀

或人工掏空地段的岩(土)体失去支撑极易发生滑坡。对于松散物组成的斜坡,坡度需大于碎屑物的休止角(比如碎屑物45°,黄土大于50°,坚硬岩石大于60°)。大型崩塌主要在深切的高山峡谷区,濒临海蚀崖、湖蚀崖的山坡等地貌部位。黄土也是一种容易崩塌的地貌形态,比如2009年山西吕梁山黄土崩塌事件有23人不幸遇难。

(2) 地质条件。地质条件主要包括岩性结构和构造,岩性结构疏松、破碎的岩石容易发生崩塌。岩层结构主要包括断层面、节理面、层面、片理面等及其组合方式,当岩层层面或解理面的倾向与坡向一致,倾角较大,又有临空面的情况下,最容易发生崩塌。

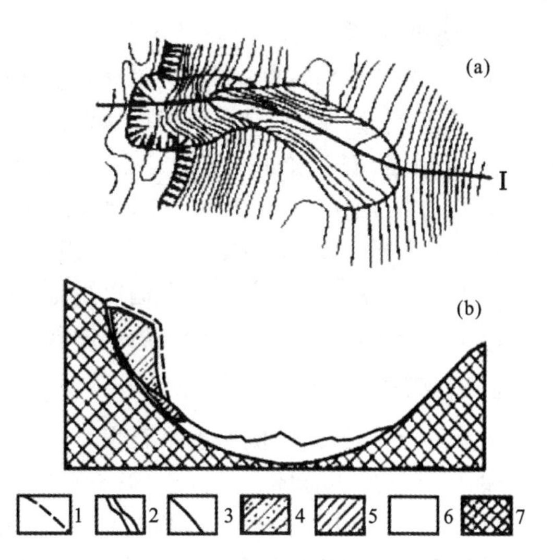

图 3-8 崩塌地貌示意图

(据桑采尔,1957)

(a)平面图;(b)横剖面图。1.最初的山坡;2.崩塌壁;3.削平的沟底;4.崩塌岩块;5.崩塌时削平的岩石;6.崩塌堆积;7.基岩

(3) 气候条件。气候可使岩石风化破碎,加快坡地崩塌。在日温差、年温差较大的干旱和半干旱地区,强烈的物理风化作用促使岩石风化破碎,以至产生崩塌。此外,崩塌也常发生在降雨季节。例如,2010年泸州玄滩镇发生山体崩塌事件,由于受近期持续降雨的影响,导致砂泥岩岩层饱水,顺结构面下滑塌,滑塌体致旁边砖厂修建厂棚的木工被掩埋。

2) 触发因素

崩塌的主要触发因素有暴雨、强烈的融冰化雪、爆破、地震及不当的人类活动等。

暴雨增加岩体负荷,破坏了岩体结构,软化了黏土夹层,减低了岩体之间的联结力,加大下滑力并使上覆岩体失去支撑而引起崩塌。

地震及不适当的大爆破施工破坏了岩体结构,加大下滑力,能使原来不具备崩塌条件的山坡发生崩塌。比如陕西翠华山的山崩遗迹就与古地震有关(表3-6);2008年的汶川特大地震,在汶川县境内形成了数百处崩塌和滑坡,其中草坡乡的崩塌面积占该乡总面积的35%,北川县的唐家山崩滑体阻塞形成面积达3.3km^{2}的堰塞湖。

人类活动,如在山区进行工程建设时,不顾及地形地质条件,任意开挖、过分开挖边坡坡脚,改变了斜坡外形,使上部岩体失去支撑产生大规模崩塌。

表 3-6 陕西翠华山、福建政和蛙岩崩塌地质遗迹对比表

名称	面积(km^2)	岩性	构造	诱发因素	崩塌景观类型	主要景点
陕西翠华山	7.85	注入式球状混合片岩、混合花岗岩	两组节理断层	地震、强降水、断裂活动	山崩悬崖(高200~300m),崩塌洞穴(风洞、冰洞、蝙蝠洞),崩塌石堆(甘湫峰、翠华峰石海),堰塞湖和坝(水湫池、甘湫池)	甘湫砾海、双洞探奇等
福建政和蛙岩	2.01	火山碎屑岩	深大断裂节理	地震、流水冲蚀	断崖壁、崩塌洞穴、崩塌石堆、堰塞湖和坝、崩岩单体、瀑布	蛙岩、地下迷宫

2. 崩塌的分类

崩塌的分类标准不同，类型也不同。从坡地物质组成角度可分为崩积物崩塌、表层风化物崩塌、沉积物崩塌、基岩崩塌；从崩塌诱发因素角度可分为暴雨崩塌、地震崩塌、冲蚀崩塌、侵蚀崩塌、冻融崩塌、开挖崩塌；从崩塌规模大小角度分为山崩（≥1 000m^3）、大型崩塌（100～1 000m^3）、中型崩塌（10～100m^3）、小型崩塌（1～10m^3）、崩塌（≤1m^3）；从崩塌体移动方式可分为散落型崩塌、滑动型崩塌、流动型崩塌。

近年来，崩塌地质灾害已被人们重视，因此各种治理措施也不断采用，主要有锚固法、排水法、SPDER 主动防护网系统技术、静态爆破技术等。

（二）错落

错落是岩体沿陡坡、陡崖上平行发育的一些近于垂直（45°～70°）的破裂面（断裂、节理密集带和交叉带）发生整体下坐位移，其垂直位移大于水平位移，移动岩体基本上保持原岩结构和产状（图 3-9）。由于其形成过程和形态更接近于滑坡，一般都将其归入滑坡一类。我国铁道交通部门则把它单独划分为一种类型。

错落与崩塌区别在于错落岩体是沿一定近垂直的滑动面整体下坐，而无破碎和翻滚，基部有挤压现象，有时坡顶坡度相当平缓（<40°）。错落也构成严重灾害。

（三）撒落和倒石锥堆积物

撒落是山坡上的风化碎石在重力作用下，长期不断往坡下坠落的现象。撒落常大面积发生在坡度 30°～50°的斜坡上（图 3-10），对斜坡改造起重要作用，但不造成重大灾害。撒落作用形成的剥蚀地貌，称剥蚀坡。

图 3-9　错落示意图

（据北京大学等，1978）

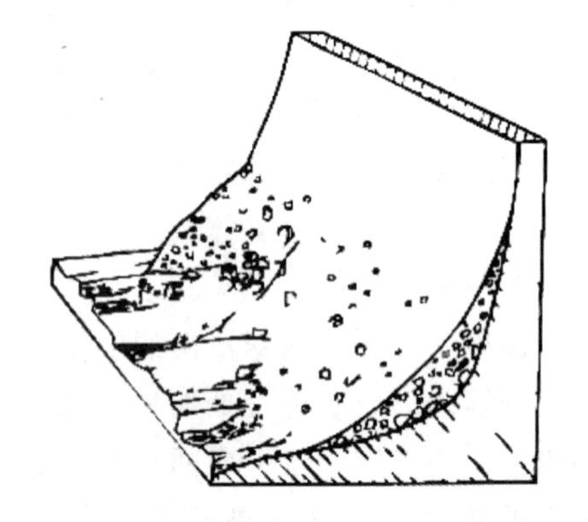

图 3-10　倒石堆形态结构示意图

（据桑采尔，1957）

倒石锥是撒落的堆积地貌。呈上尖下圆锥状，锥面坡角约 30°，与砂砾（或倾倒废石堆）的天然休止角相当。有时成倒石锥群贴在陡坡下或坡麓地带。倒石锥堆积物有一定分选和岩性变化：碎石撒落时大砾随惯性远移到坡脚下，细砾滞留在坡上，细土充填空隙，显示下粗上细的粗略分选。受季节变化和物理风化的影响，也反应在粒径大小上，倒石锥沉积最厚在斜坡由陡变缓处。正在形成发展中的倒石锥，表面碎石新鲜裸露；停止发展时表面丛生植被，沉积物被风化或被钙质胶结。

（四）滑坡

斜坡上岩体或土体在重力作用及水的参与下，沿着一定的滑动面或滑动带作整体下滑的

现象称滑坡，又称地滑、走山、垮山、土溜，是一种重要的地质灾害。滑坡体一般为缓慢地、长期地、间歇性地向下坡下滑动，它可延续几年、几十年甚至上百年。有的滑坡开始运动缓慢，以后突然变快，变成巨大灾害。

1. 滑坡地貌和滑坡微地貌

滑坡有许多地貌特征，如滑坡体、滑坡面、滑坡壁、滑坡裂隙、滑坡阶地和滑坡鼓丘等（图3-11）。

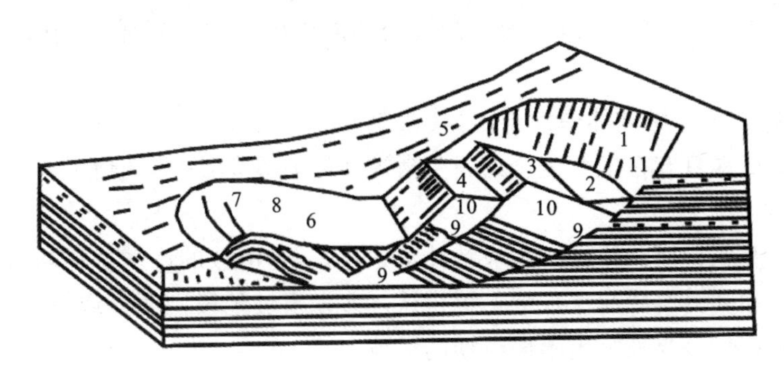

图 3-11　滑坡形态结构示意图

（据吴正，2013，修改）

1. 滑坡壁；2. 滑坡湖；3. 第一滑坡台阶；4. 第二滑坡台阶；5. 醉汉林；6. 滑坡舌凹地；7. 滑坡鼓丘和鼓胀裂缝；8. 羽状裂缝；9. 滑动面；10. 滑坡体；11. 滑坡泉

1）滑坡要素

（1）滑坡体。即斜坡上沿弧面滑动的块体。滑坡体的平面呈舌状，它的体积不一，最大可达数立方千米。滑坡体上的树木，因滑坡体旋转滑动而歪斜，这种歪斜的树木称为醉汉树。如果滑坡形成的时间很长，歪斜的树干又慢慢长成弯曲形，叫做马刀树。

（2）滑坡面。即滑坡体与斜坡主体之间的滑动界面。滑动面大多是弧形，滑动面上往往有滑坡移动时留下的磨光面和擦痕，在紧邻滑动面两侧土体中可见到拖曳构造现象。

（3）滑床。在滑动面之下，支持滑体而本身未经移动的斜坡组成部分称为滑床，又叫滑坡基座。滑坡体与滑床之间在平面上的分界线，即在平面上所圈定的滑动面范围称为滑坡周界。

2）滑坡微地貌

（1）滑坡壁。指滑坡体向下滑动时，在斜坡顶部形成的陡壁。滑坡壁，又称为破裂缝，它的相对高度表示垂直下滑的距离。滑坡壁的平面呈弧形线。

（2）滑坡阶地。指滑坡体滑动时，由于各种岩、土体滑动速度差异，在滑坡体表面形成台阶状的错落台阶。如果有好几个滑动面，则可形成多级滑坡阶地。

（3）滑坡鼓丘。指滑坡体前缘因受阻力而隆起的小丘。其内部常见到由滑坡推挤而成的一些小型褶皱或逆冲断层。由于在滑坡体的前端形成了突起的小丘，滑坡体的中部相对低洼的部位，能积水成湖，又称滑坡洼地。

（4）滑坡裂隙。指滑坡活动时在滑体及其边缘所产生的一系列裂缝。主要有以下几类：

① 环状拉张裂隙。位于滑坡体上（后）部多呈弧形展布者。这种裂隙多是因滑坡体将要下滑或下滑过程中的拉张作用形成的，故它的出现是将要形成滑坡的预兆。

② 平行剪切裂隙。位于滑体中部两侧，滑动体与不滑动体分界处者。是滑坡体在滑动

时，不同部位滑坡体滑动速度不同形成的。

③ 羽状裂隙。在滑坡体的两侧边缘，由剪切裂隙派生一些平行的拉张裂隙和挤压裂隙，它们与剪切裂隙斜交，形如羽状叫羽状裂隙。

④ 滑坡鼓丘部位的张裂隙和挤压裂隙。当滑坡鼓丘隆起时，顶部拉张作用形成拉张裂隙；如滑坡体前部受阻但仍有强大的挤压作用时，滑坡鼓丘部位就产生很强的挤压作用，形成一些挤压裂隙。这些拉张裂隙和挤压裂隙的方向是一致的，它们和滑坡的滑动方向垂直。

⑤ 滑坡前端放射状裂隙。滑坡前端因滑坡体向外围扩散而形成一些张性或张剪性放射状裂隙。

⑥ 扇状裂隙。位于滑坡体中前部，尤其在滑舌部位呈放射状展布者。

以上滑坡诸要素只有在发育完全的新生滑坡才同时具备，并非任何滑坡都具有。

3）滑坡的鉴别

滑坡的各种鉴别特征。年轻的滑坡特征清楚易识，老滑坡的许多特征均已消失，但从斜坡上“人”形冲沟系和其下坡状起伏丘地仍可辨认。多期滑坡地段则明显或不明显的滑坡标志杂染并存，在这种情况下，要划分出不同时期的滑坡。

2. 滑坡的形成条件及发展阶段

1）滑坡的形成条件

滑坡形成的条件可分为内部条件和外部条件。内部条件主要受地质、地形（地形坡度、坡型、地层岩性、地质构造等）影响；外部条件是滑坡形成的诱因，当内部条件满足时，在某种外因的激发下，就会发生滑坡，滑坡形成的外部条件主要有降水、流水、地震及一些人为因素。

（1）岩性和构造因素。滑坡易产生于含有黏土夹层的松散堆积层（如页岩、石灰岩、千枚岩、片岩和泥灰岩等），其共同特点：岩性软弱，亲水性和可塑性强，黏性小，遇水容易软化，减少抗滑力矩，而且其片状构造或层状构造易演化成滑动面；滑坡多沿着斜坡内的地质软弱面（断层面、节理面、裂隙面、不整合面等）滑动。尤其当岩层倾角与坡地倾向一致，而岩层倾角小于斜坡坡度时更易形成滑坡（图 3-12）。例如，金沙江断裂带、安宁河断裂带、小江断裂带、波密易贡断裂带等，成为我国滑坡、泥石流最发育的地区。

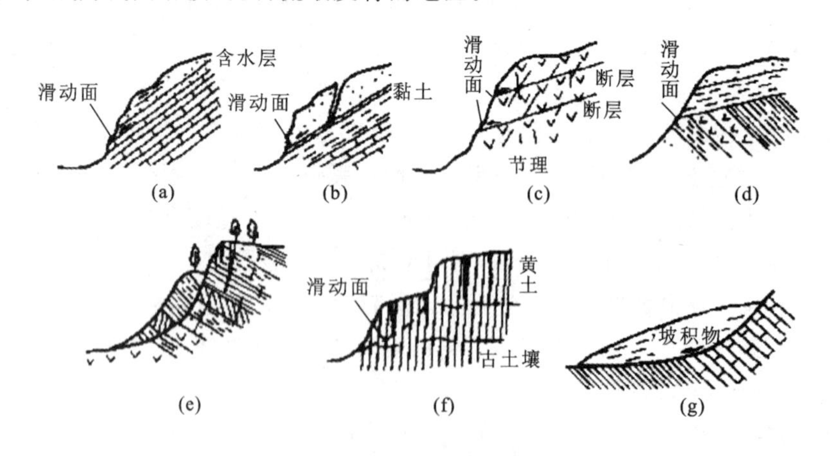

图 3-12　滑坡滑动面与地质构造关系图

（引自原北京地质学院，1959）

(a)含水底板；(b)黏土层；(c)断裂与节理面；(d)不整合面；(e)风化裂隙与节理；(f)黄土节理；(g)残、坡积层底部

(2) 地形地貌因素。只有处于一定的地貌部位，具备一定坡度的斜坡，才可能发生滑坡。一般江、河、湖(水库)、海、沟的斜坡，前缘开阔的山坡、铁路、公路和工程建筑物的边坡等都是易发生滑坡的地貌部位。而且易于滑坡形成的地形坡度多为10°～35°，尤其以20°～35°的坡度最有利。

(3) 气候和水分因素。雨季大量地表和地下水渗入滑体和滑坡面，前者加重土体负荷，后者削弱岩(土)体抗滑力并增加滑动面润滑作用，易于引发滑坡，固有“大雨大滑，小雨小滑”之说。发生于2013年3月29的西藏拉萨滑坡灾害，主要受春季变暖山体的热胀冷缩和多雨雪天气影响，冰川碎石松动下滑，形成的塌方长3km、塌方量200余万立方米，掩埋了83人。

(4) 地震因素。地震强烈的水平和垂直交替振动作用使斜坡土石的内部结构发生破坏与变化，原有的结构面张裂、松弛，降低抗滑摩擦阻力，增大下滑力。另外，多次余震的反复振动冲击，斜坡土石体就更容易发生变形，最后就会发展成滑坡。地震区的滑坡分布主要集中在Ⅵ度以上烈度区。2012年云南、贵州交界地区发生5.7级地震，引发了山体滑坡，造成43人遇难。

(5) 人为因素。主要表现在挖掘、堆积、排水、蓄水以及爆破和战争。挖掘使边坡变陡等于减少抗滑力矩，堆积增加斜坡负荷和抗滑动力矩，水库蓄水使库区地下水位升高，人工爆破和战争的巨大爆破力促使岩土体滑动。

2) 滑坡的发展阶段

滑坡的发展大致可分为3个阶段，即蠕动变形阶段、滑动阶段和停息阶段。

(1) 蠕动变形阶段。斜坡上岩(土)体的平衡状况受到破坏后，产生塑性变形，有些部位因滑坡阻力小于滑坡动力而产生微小滑动。随着变形的发展，斜坡上开始出现拉张裂隙。裂隙形成后，地表水下渗加强，变形进一步发展，滑坡两侧相继出现剪切裂隙，滑动面逐渐形成(图3-13)。

(2) 滑动阶段。在上一阶之后可能几天、几周或几年不等，才进入滑动阶段。首先蠕动区的后上部(牵引或主动滑坡段)在重力牵引下形成滑动面(此时从滑坡中流出浑浊水流)，向前下部(推动或被动滑坡段)抗滑力不断减少并出现新的滑动面。当上、下部滑动面同时滑动且后部与边部裂隙贯通时，滑坡即进入滑动阶段。滑动时牵引滑坡段因失去后缘支撑呈阶梯状下落，形成完整的或不完整的阶梯状滑坡；后缘出现一系列张性裂隙。被动滑坡段则形成一系列小型逆冲断裂和褶皱，滑坡前部被推挤成滑坡丘，洼地可积成小湖泊，复杂地滑构造示意图如图3-14所示。这一阶段中的速滑时期，滑动速度可达每分钟数米到数十米，甚至每秒几十米，但一般是速滑与稳定交替出现。滑动后的块状和变形碎石土层构成滑坡堆积物，具有小型褶皱断裂构造。

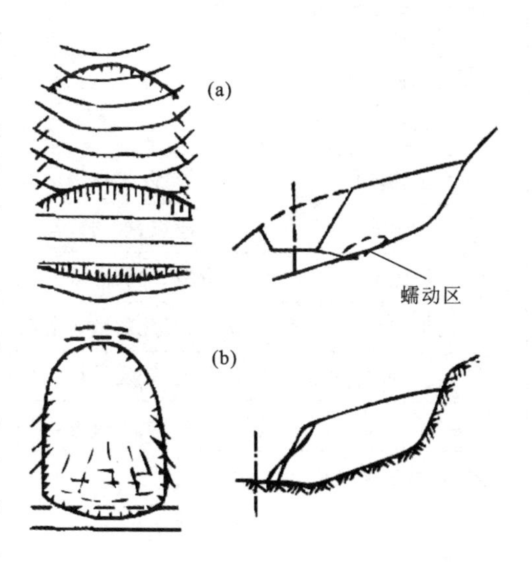

图3-13 滑动阶段变形示意图

(据曹伯勋，1995)

(a)蠕动挤压阶段变形；(b)滑动阶段变形

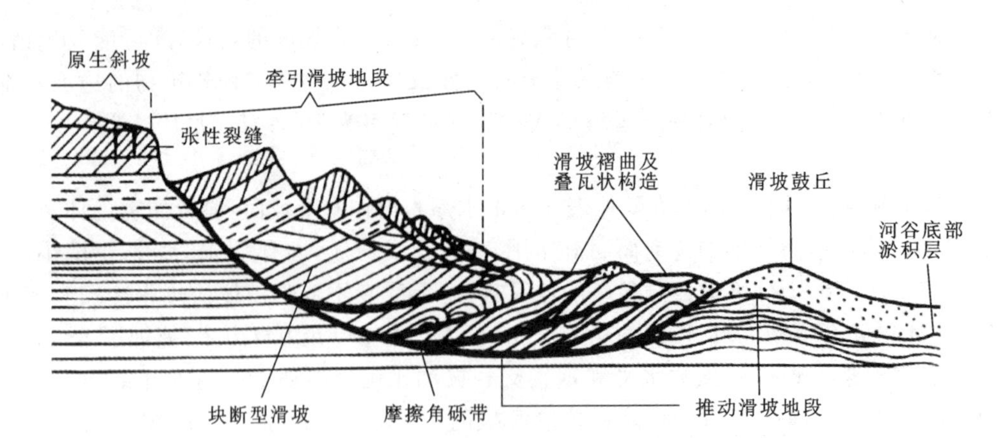

图 3-14　复杂地滑构造示意图

（据桑采尔，1957）

(3) 稳定阶段。稳定阶段是滑坡体不断受阻，能量消耗，滑坡体趋于稳定。滑坡停息以后，滑坡体在自重作用下，一些曾滑动的松散土石逐渐压实，地表裂隙逐渐闭合，滑坡壁因崩塌而变缓，甚至生长植物，滑动时一些东倒西歪的树木又恢复正常生长，形成许多弯曲的马刀树。

滑坡稳定后，如再遇到特强的触发因素，又能重新滑动。地震触发的滑坡在较短时期可以形成较大的滑坡体，没有蠕动阶段。

3) 滑坡的类型

滑坡的类型很多，分类方法也多种多样（表 3-7）。但不外乎两种：一是单因素分类法；二是多因素复合分类法，即两个或两个以上的因素联合起来分类，如饱和黄土滑坡。

表 3-7　滑坡类型分类表

分类标准	类型
运动速度	蠕动型、低速；中速、高速；剧冲速滑坡
规模	微型、小型、中型、大型、特大型、巨大型
滑坡体度	浅层滑坡（几米）；中层滑坡（几米至 20m）；深层滑坡（>20m）
运动形式	牵引式滑坡、推动式滑坡
形成因素	暴雨滑坡、地震滑坡、冲刷滑坡、超载滑坡、采空滑坡、人工切坡滑坡等
滑动年代	古滑坡（石化的）、老滑坡（可再活动的）、新滑坡（在活动的）
与岩体构造面的关系	同类滑坡、顺层滑坡、切层滑坡
物质组成	碎屑滑坡、黏土滑坡、黄土滑坡、岩石滑坡

注：据吴正、杨景春、曹伯勋等修改整理。

（五）泥流

泥流是斜坡上的厚层风化土石（或黄土、红土）被水浸润饱和后，在重力作用下，往斜坡下缓慢（有时迅速）流动的现象。在热带和温带，泥流多发生在暴雨中心区，并随暴雨中心转移而改变。斜坡在 20°～40°之间适合泥流发育，有时大片发生，称热带（或温带）泥流。坡度大于 40°时水易流失，土层不易浸润饱和，不利于泥流形成。泥流在坡下构成局部泥流阶地，易与冲

积阶地混淆。泥流堆积物主要是泥土与碎石混杂堆积，无分选和层理。流入沟谷的泥流是稀性泥石流的重要物源。在寒冷气候区，甚至在小于20°的斜坡上，由于冻土融化，碎石上土层被水浸润饱和，也会发生泥流，称融冻泥流，常在斜坡上形成大片小型舌状泥流阶地群。

泥流的形成需要3个基本条件：①有陡峭便于集水集物的适当地形；②失稳的大量松散岩体物质（固体碎屑）；③短期内突然性的大量流水来源。

对泥流进行分类，可以从不同的方面去认识泥流，然后把各种分类综合起来进行分析，从而全面地认识泥流，为有效防治泥流提供科学依据。

泥流主要有以下5种类型：①碎屑流：较粗的颗粒占优势，泥流阶地前缘陡坎坡度较缓；②土溜：粉土物质占优势的泥流；③软泥流：黏土物质占优势的泥流；④火山泥流：火山碎屑形成的泥流，颗粒可粗可细；⑤冻土泥流：在永久冻土区，解冻季节活动层融化形成的泥流，颗粒可粗可细。

（六）土层蠕动

斜坡上的表层岩屑，受温差或冻胀影响，在重力作用下发生顺坡缓慢移动的现象，称土层蠕动（或土爬）。其运动速度每年几毫米到几十厘米，但长期积累，也会引起墙、栅、电杆歪斜和因石块下滑而引起建筑物破坏。

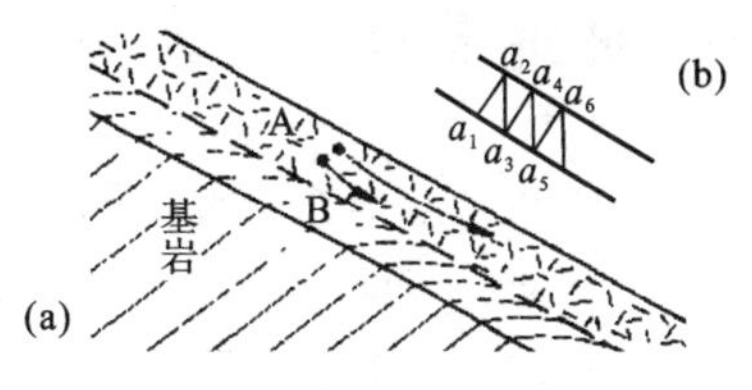

图 3-15 土层蠕动

（据曹伯勋，1995）

(a)土层蠕动时，上部岩屑混合(A)，下部岩层弯曲(B)；(b)表示冻融时颗粒往坡下移动过程

土层蠕动是通过个别岩屑的运动体现的。以颗粒受冻融作用为例[图3-15(b)]，当地面含水岩屑冻结膨胀时，颗粒从a_1垂直地面被上举到位置a_2，解冻时颗粒受重力作用下落到a_3的位置（不会回到a_1的位置），于是使颗粒顺坡往下移动一小段距离。地表长期的冻结和融化交替，使土石层呈现往坡下逐渐移动，且运动颗粒位移量随深度加大而减小[图3-15(a)]，其结果发生表土蠕动。在干湿气候条件下，颗粒受热膨胀时，彼此挤压，往坡下移动位移大于往坡上的；遇冷收缩时，形成空隙，在重力作用下，岩屑也会往坡下移动，如此反复进行，同样产生表土蠕动。在坡度大于20°、小于30°的斜坡上，含水土石易于发生土爬，大于30°的斜坡水分易流失，不易发生土爬。由于土爬可使基岩田头发生弯曲变形，使斜坡上的基岩田头发生向坡下弯曲的假构造现象。

根据蠕动的规模和性质，可以将其分为两大类型：疏松碎屑物的蠕动和岩层蠕动。

1. 疏松碎屑蠕动（土屑或岩屑蠕动）

斜坡上松散碎屑或表层土粒，由于冷热、干湿变化而引起体积胀缩，并在重力作用下常常发生缓慢的顺坡向下移动。

引起松散土粒和岩屑蠕动的主要因素有：①较强的温差变化和干湿变化（包括冻融过程，这是寒冷地区引起岩土屑的主因）；②一定的黏土含量，碎屑中黏土含量越多，蠕动现象越明显；③一定的坡度，在25°～30°的坡地上最明显。除此之外，蠕动还受到植物的摇动、动物践踏以及人类活动等因素的影响。

2. 基岩岩层蠕动

暴露于地表的岩层在重力作用下也发生缓慢的蠕动。蠕动的结果使岩层上部及其风化碎屑层顺坡向下呈弧形弯曲，但并不扰乱岩层层序。

引起岩层蠕动的原因：在湿热地区主要由于干湿和温差变化造成，在寒冷地区是由冻融作用所致。岩溶蠕动多发生在坡度较陡(35°～45°)、由柔性层状岩石如千枚岩组成的山坡上,有时在刚性岩层如薄层状石英岩、石英质灰岩等组成的山坡上也会发生。

第四节 风化、重力地貌的近代研究

一、坡地发育与山麓剖蚀面

坡地的形态是多种多样的,如直线坡、凸形坡、凹形坡以及各种形态组成的复式坡。坡地的形状是坡地发展阶段的产物。坡地的发展除与坡地岩石属性有关之外,还要受到内、外地质作用的控制。外力地质作用起削弱地势起伏的作用,内力地质作用起增加地势起伏的作用。若内力地质作用超过外力地质作用,则坡地向正的方向发展,坡顶增高,坡度变陡。如果外力地质作用速度超过内力地质作用的速度,则坡地高度降低,斜坡后退。

坡地的后退发展有两种基本模式,分别是坡地蚀退说(Penck W)和坡地蚀低说(Davis W M)。

坡地蚀退说认为,在坡地后退过程中其上段保持原有斜坡的坡度平行后退,而下部由于接近侵蚀基准面,堆积物不能被完全搬运,斜坡加长,坡度变小,形成新的凹形坡。待凹形坡在坡顶相交时,坡顶开始降低。在干旱地区,山坡后退的速度是很快的,停留在坡麓的碎屑被洪流和风带走,在山麓地带形成平缓的基岩坡面,称山麓剥蚀面。山麓剥蚀面扩大联合形成广泛的剥蚀平原。孤立的未被剥蚀夷平的残留高地称岛状山。

坡地蚀低说认为坡顶风化剥蚀很快,呈凸形,斜坡的中部表现为斜坡的后退,而斜坡下部很快被拉长呈下凹形,形成上凸下凹形坡。随着分水高地的不断降低,形成高起伏平原,Davis称其为准平原。

事实上,斜坡的发展是一个极为复杂的过程,它受构造运动、气候、岩性、地质条件和人类活动等因素的影响,从而形成各种不同类型的斜坡。

二、风化、重力地貌研究的实际意义

1. 地灾与环境

斜坡上不同性质和危害程度的重力作用造成不同的地质灾害,片流对水土流失影响深远,崩塌对工程交通影响最大。我国24.4%的地区有发生崩滑的危险,西部多于东部。主要河流及其支流(如长江支流乌江)的峡谷段是崩、滑地灾的高发区,由于崩、滑发生常导致航道狭缩,甚至堵塞,给航运交通造成重大的经济损失。一些大型水库、水坝岸坡危岩和潜在崩滑对其威胁很大,巨大的崩、滑很可能危及库坝安全,造成水库淤塞,引发突发洪灾。对坡地重力作用类型、成因、发生发展和诱发条件的研究,与定位测量和治理相结合,可以把地灾损失减少到最小

程度。如 1985 年 6 月 12 日湖北西陵峡新滩镇发生了 3×10^6 m^3 大规模崩滑，由于预报及时，损失轻微。长江三峡地区的黄腊石滑坡和链子崖危岩是中国境内最大的崩滑整治工程，前者已挖水沟 12 条，总长 6 800 多米；后者拟通过深部锚固、采空区回填及地表喷锚、排水、减载、支挡、拦石坝和抗滑链等手段防止近 3×10^6 m^3 的危岩崩塌。

风化作用在剥蚀区使有益于人体的微量元素易于流失（如 I、B、Se、Cu 等），而有害于人体的某些元素（如 Al、Mn、F、As、Pb 等）易于聚集在风化物中或转移到水、植物和土壤中，以及堆积区某些有害元素的过量沉积，都会造成地方性疾病，如缺碘病、克山病（缺 Se）和牙病等。此外，风化作用对古建筑和石雕文物的破坏也很严重，研究物理、化学和生物风化对保护文物有重要的价值。

2. 矿产资源

风化作用在原生矿体表部有利条件下可以形成中、小型风化残积矿、风化残余矿或风化淋滤矿床（如金、铂、钴、镍、铜及铀矿等）。这一类风化矿中矿物晶体或矿物与脉石的连生体由于未经搬运破坏而占有较高比例。风化矿平面形状与下伏原生矿形状相似，但范围可大于（高地上）或小于（低洼地）原生矿，品位降低与原生矿有关。一般产于地形平缓坡地或夷平面上。

坡积砂矿（砂金、锡石等）由于经片流或流水短程搬运和含矿岩屑再风化，使有用矿物受到破坏和沉积，多聚集在坡积物下部基岩低洼处，平面上坡积砂矿则与原生矿在斜坡上的露头和坡形有关，多呈扇形、梯形分布。由于搬运磨损，坡积砂矿有用矿物晶体和矿物连生体数量少于残积砂矿。一般多为小型砂矿。残积砂矿、坡积砂矿或残坡积砂矿均可以作为找原生矿标志，也可为冲积砂矿提供矿源。

岩石的差异风化作用可以形成规模不等的风化景观，亦为有价值的旅游资源。

思考题

一、名词解释

重力地貌；残积物；风化壳；风化作用；残积物；土壤；古土壤；滑坡；泥流；蠕动；倒石锥；成土作用；错落；撒落；泥流；坡积物。

二、简答与论述

1. 简述风化作用类型及特征。
2. 简述风化壳的类型、特征及其与古气候的关系。
3. 简述残积物的类型及特征。
4. 试对比物理风化、化学风化和生物风化三者的主要异同。
5. 试述土壤结构及古土壤特征。
6. 试述古土壤的气候学意义。
7. 试对比土壤与风化壳的区别。
8. 试述重力地貌类型及其形成条件。
9. 崩塌地貌是怎么形成的？有哪些特征？
10. 试述滑坡的成因及其地貌标志。
11. 试述风化作用的地质、地貌意义。

第四章 地面流水地貌

河流、湖泊和沼泽三者关系密切,成因上有联系,空间上常相伴出现于沉降堆积平原,历史上有时相互转化,因而沉积剖面上有时交替出现。

地面流水分为面流、洪流和河流三大类。面流和洪流是在降雨或降雨后的一段时间内才有的暂时性流水,河流是常年流水。

第一节 暂时性流水地貌

暂时性流水包括面流和洪流:面流也称片流,是大气降水的同时在山体斜坡上出现的面状流水,它随着大气降水的结束而停止流动;洪流是大气降水的同时或紧接其后在山体的沟谷中形成的线状流水,且在大气降水后不久该流水消退。

一、洪流地貌

(一) 洪流性质与类型

沟谷中流动的水位暴涨暴落的暂时性沟谷水流统称洪流。洪流作用常发生在暴雨或冰雪消融季节,历时短暂,流速大,紊动性强,流程短,搬运力大于河流,分选作用差,地貌塑造和堆积过程比较迅速,并常伴生灾害。

根据洪流的流态及固体径流量,洪流可分为暂时性洪流和泥石流,泥石流又可分为黏性泥石流和介于洪流与黏性泥石流之间的稀性泥石流(表 4-1)。

(二) 洪积地貌

1. 洪积扇

由于山麓带地形坡度急剧变缓,山地河流流速迅速减慢,其带来的大量砾石和泥沙在山麓

带发生堆积，形成一个半锥形的堆积体，在平面上呈扇形，称为洪(冲)积扇。

表 4-1　洪流类型及洪积物类型关系表

根据流态及固态径流划分的洪流类型	一般特点	根据水流形式划分的洪流类型	形成的沉积物	
			山谷内	洪积扇
黏性泥石流	含固体物质(体积)40%～80% 黏度>0.3Pa·s 容重>1.5～1.6t/m^3 介质为黏性泥石流	主要形成面状洪流，少数形成河道洪流	泥石流残留层	泥流型洪积物
稀性泥石流	含固体物质(体积)10%～40% 黏度<0.3Pa·s 容重 1.3～1.5t/m^3 介质为黏性泥石流	形成面状洪流及河道洪流	在宽缓处形成泥石流残留层，有时形成冲-洪积物	泥流型洪积物或过渡型洪积物
暂时性洪流	含固体物质(体积)5%～10% 黏度>0.001Pa·s 容重<1.5～1.6t/m^3 介质为水流	最高洪峰时可形成短暂的面状洪流、主要形成网状洪流	冲-洪积物	水流型洪积物

据曹伯勋，1995。

洪积扇在平面形态上呈扇形，其顶部与沟口相连，形成一个扇形倾斜面，逐渐过渡到山前平原。洪积扇的顶部坡度较大，倾角一般为 15°～20°。在开始形成散流的地方，由于流速骤减，洪积扇的坡度开始迅速减小。到洪积扇的边缘，坡度进一步减小，一般只有 1°～2°，逐渐过渡到山前平原。洪积扇的规模越大，坡度越平缓。在洪积扇的表面，常被暂时性洪流切割成放射状的沟槽。

洪积扇组成物质具有明显的分布规律，从扇顶到扇缘，可分为 3 个相带：扇顶相、扇中相和扇缘相(图 4-1)。

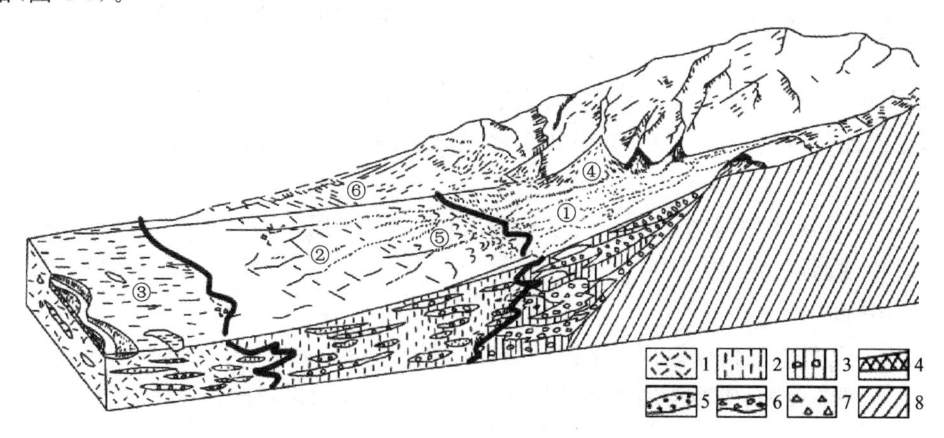

图 4-1　洪积扇岩相分带结构示意图

(据杨子庚，1981)

①扇顶相；②扇形相；③滞水相；④加叠冲出锥；⑤风力吹扬堆积；⑥扇间洼地。

1. 黏土及亚黏土；2. 亚砂土；3. 含砾石黏土、沙土(泥流型洪积物)；4. 泥炭及沼泽土；5. 砂透镜体；6. 砾石透镜体；7. 坡积碎石；8. 基岩。粗实线为岩性分相界线

(1) 扇顶相:以巨砾、砾石等粗粒沉积物为主(槽洪相),夹有细粒沉积透镜体,巨砾间为后续水流细粒充填,发育急流交错层理。因为有短暂的后续水流,使细粒物质被带走,因此孔隙度大。

(2) 扇中相:又称扇形相,从砾石过渡到砂,以砂为主。由漫洪相砂土夹槽洪相砂砾组成。槽洪粗粒沉积物呈条状由扇顶伸入,剖面上呈各种透镜状(又称填谷粗粒沉积物),常与细粒沉积物交互,呈现不连续层状,称"多元结构"。

(3) 扇缘相:主要由亚黏土、亚砂土组成(漫洪相),看起来像"纹泥",透水性差。

以上各岩性带在平面和剖面上都呈过渡关系。洪积物岩相界线离山口的距离取决于气候和新构造运动对洪流作用的影响。沉积物厚度最大处在中部,山前有活动断裂时近断裂带最厚。

洪积扇主要分布在干旱与半干旱地区。在这些地区,降雨的变率很大,经常出现暴雨,洪流流量大。同时在干旱与半干旱地区,风化作用强烈,地表植被稀少,洪流的输沙能力增强。所以在干旱与半干旱地区,洪积扇的分布十分广泛。在我国天山、昆仑山和祁连山等干旱半干旱地区的山麓地带,往往发育了典型的洪积扇。

洪积扇的变形与气候、新构造运动密切相关。若气候变湿,水量随之增加,沉积物增多,则洪积扇面积增大;若气候变干,水量随之减小,沉积物减少,则洪积扇范围缩小。洪积扇形成以后,如果山体不断抬升,山前平原相对下降,在已经形成的洪积扇上,往往有新洪积扇形成,而且部分地覆盖在老洪积扇上,形成叠式洪积扇;如果上升的规模、幅度都比较大,老的洪积扇也随着抬升,则在它的下方将形成新的洪积扇,新、老洪积扇呈串珠状。甘肃河西走廊常有串珠状洪积扇的发育。如果新构造运动在山前不等量升降,则新的洪积扇轴线向一侧移动,使新、老洪积扇向一侧垒叠,并形成不对称的形态。

2. 冲沟和冲出锥

冲沟又称侵蚀沟,是发育在坡地上的小型流水侵蚀沟谷。它与片流洗刷是强有力地造成水土流失作用的因素。

冲沟的发展可以分为细沟阶段、切沟阶段、冲沟阶段、坳谷阶段(图 4-2)。

1) 细沟阶段

斜坡上小股水流顺坡往下流动,形成宽约 0.5m、深 0.1~0.4m、长约数米至数十米的细沟(犁沟),纵剖面与斜坡一致。虽切割破坏土壤上部,但可填平,不会造成重大灾害。

2) 切沟阶段

细沟进一步展宽加深都达 1m,切穿土壤层,纵剖面下段与斜坡不一致,沟床下蚀形成陡坎,有水时使溯源侵蚀加快。

3) 冲沟阶段

切沟进一步发展使沟床纵剖面下凹与斜坡明显不一致,沟缘、沟壁和沟头坡陡,常发生重力崩塌,加上溯源侵蚀,使冲沟展宽加长加速进行。在无植被覆盖的松散土中每年侵蚀可达几十米长。

4) 坳沟阶段

冲沟进一步发展,沟头停止发展,谷缘圆化,纵剖面为下凹形,常被砂土、植被覆盖,横剖面呈浅"U"形,或称死冲沟,侵蚀沟进入衰亡阶段。

沟谷发育过程中,间歇性洪流把冲刷下来的物质带到沟口,发生大量堆积,形成一种半圆

锥形的堆积体，称冲出锥。冲出锥是暂时性冲沟水流在沟口形成的小型堆积地貌。其面积大小仅几平方米到几十平方米。与洪积扇的区别是坡角较陡、分选差、岩相分异不及洪积扇明显。

3. 泥石流

1）泥石流的特征

泥石流是洪水夹带大量固体碎屑物质沿着陡峻的山间沟谷下泻而成的特殊洪流。其中黏性泥石流是高黏度、高密度和高速运动的重力流。泥石流中泥沙石块的体积含量一般都超过15%，最高达80%，容重在1.3t/m³以上，最高达2.3t/m³。

泥石流的密度大，搬运力强，是洪流的5～50倍，暴发突然，来势凶猛，破坏力极大，是山区主要地质灾害之一。出现泥石流的沟谷，从上游到下游一般可以分3个区段(图4-3)。

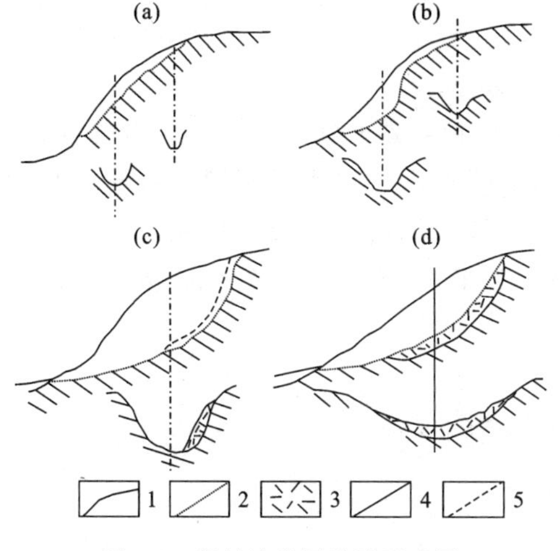

图4-2 侵蚀沟发展阶段示意图

(据索波列夫修改，1957)

(a)细沟；(b)切沟；(c)冲沟；(d)坳沟。

1.坡面地形线；2.沟底地形线；3.堆积物；

4.剖面线；5.冲沟向源侵蚀部分

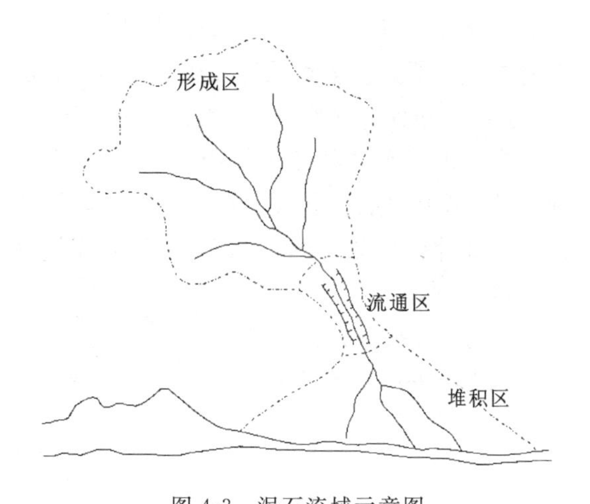

图4-3 泥石流域示意图

(据北京大学等，1978)

(1) 侵蚀区：又称形成区，位于流域上游山区，是泥石和水的主要供给区段。这里崩塌、滑坡、水土流失严重，侵蚀作用明显，山坡不稳定。

(2) 过渡区：又称流通区，位于沟谷的中游地段，多为峡谷，谷坡陡峭，河床纵比降大，多陡坎和跌水。因沟谷狭窄，规模较大的泥石流对过渡区产生巨大的侵蚀破坏作用，形成更大规模的泥石流。

(3) 堆积区：位于泥石流沟口，是泥石流固体物质停积地段，多呈扇形或锥形。

根据泥石流的特性，泥石流的形成条件包括地貌、物源、水体和诱发因素4个方面：形成区具备大面积的汇水区，流通区窄而深，坡度陡峻；源区有足够数量的岩屑；处于暴雨或冰雪融化季节；具有重力或其他触发因素(人工活动)。例如，2010年影响重大的“舟曲泥石流”即为强降雨和山洪诱发所致。8月7日23时开始，舟曲1小时降水77mm，几小时降水近几百毫米，紧接着暴发特大山洪泥石流，总体积约180×10⁴m³，有3片城区被埋，共1 478人遇难，成为新中国成立60年来最严重的泥石流灾害。舟曲的这场泥石流灾害不仅与该地新城镇建筑大幅度缩减泥石流通道有关，还由于2008年的汶川地震致使当地的地质构造变得很不稳定，然后强降水致使短时间内从山上下来大量泥石流物质，而这些物质堵塞在城内的泥石流沟中，不断淤高，直至瞬间下泄，冲垮建筑物，掩埋城镇，造成重大损失。

泥石流堆积物为与当地岩性一致的石块、砂、黏土的混杂堆积；分选极差，与冰碛物相似；结构有层而无理，砾石AB面逆指上游；有泥包砾、泥球、充填构造、压楔构造等次生构造；大于0.5m以上砾石上有纺锤状碰撞坑或擦痕。

2）泥石流的分类

按照泥石流的物质组成，将泥石流分为以下3类：

(1) 泥流。泥流中所含的固体物质主要是细粒的泥沙，仅有少量碎石、岩屑，黏度大，呈稠泥状，有时出现大量泥球。主要分布在黄土高原地区。

(2) 泥石流。由含有大量细粒物质和巨大石块、漂砾组成。由于含有细粒物质较多，有较大的黏滞性，又称黏性泥石流或结构性泥石流。黏性泥石流中的水不是搬运介质，而是泥石流的物质组成部分。水和泥沙石块以相同的速度作整体运动。

(3) 水石流。是水和石块混合在一起的一种泥石流，粉沙黏土含量很少，没有黏滞性。

常见的分类体系还包括：根据泥石流形成的诱发因素可划分为降雨型泥石流、融雪型泥石流、暴雨和融雪混合型泥石流、溃决型泥石流、地震型泥石流和火山型泥石流等；根据泥石流流体性质划分为稀性泥石流（紊流性泥石流）、黏性泥石流（层流性泥石流）和过渡性泥石流3种。

3）泥石流的防治

泥石流的防和治分生物措施与工程措施两个方面（图4-4）。

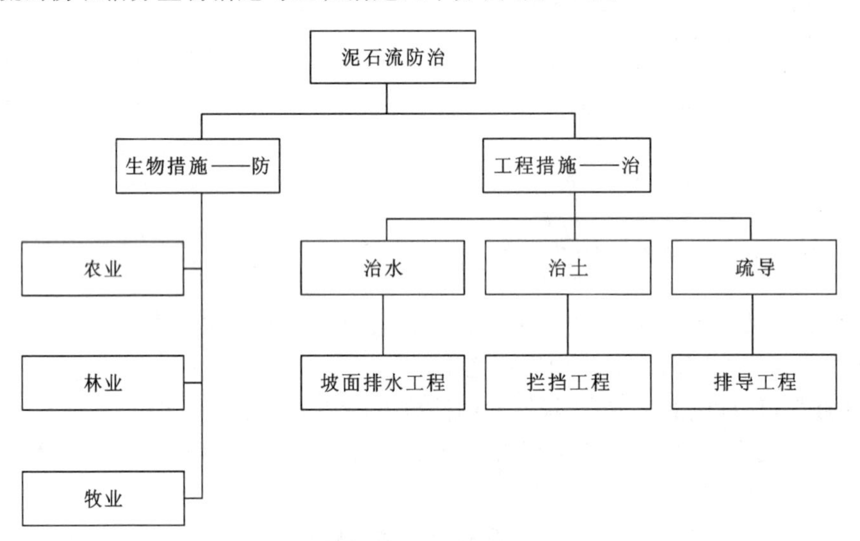

图4-4 泥石流的防治措施
（据曾克峰等，2013，修改）

泥石流的生物防治措施主要是指在泥石流流域保护和恢复森林植被，防治水土流失，削弱泥石流活动的方法。基本途径除植树种草外，更重要的是禁止乱砍滥伐，合理耕植、放牧，防止人为破坏生物资源和生态环境。

减轻或避防泥石流的工程措施主要有：

(1) 坡面排水工程。建立排水系统，使坡面汇水顺利流下，防治流水夹带固体物质，如各种形式的边沟、排水沟、截水沟等。

(2) 排导工程。其作用是改善泥石流流势，增大桥梁等建筑物的排泄能力，使泥石流按设计意图顺利排泄。在泥石流流通段采取排导渠(槽)、导流堤、急流槽、束流堤等，使泥石流顺畅下排。

(3) 拦挡工程。用以控制泥石流的固体物质和暴雨、洪水径流，削弱泥石流的流量、下泄量和能量，以减少泥石流对下游建筑工程的冲刷、撞击和淤埋等危害的工程措施。拦挡措施有在中上游设置谷坊、拦渣坝、储淤场、支挡工程、截洪工程等，拦截泥石流固体物。

对于防治泥石流，常采用多种措施相结合，比用单一措施更为有效。泥石流沟口通常是发生灾害的重要地段。在应急调查时，应该加强对沟口的调查。仔细了解沟口堆积区和两侧建筑物的分布位置，特别是新建在沟边的建筑物。调查了解沟上游物源区和行洪区的变化情况。应注意采矿排渣、修路弃土、生活垃圾等的分布，在暴雨期间可能会形成新的泥石流物源。民居建于泥石流沟边，特别是上游滑坡堵沟溃决时，非常危险。地质灾害高发区房屋的调查要按照“以人为本”的原则，针对地质灾害高发区点多面广的难题，集中力量对有灾害隐患的居民点或村庄的房屋和房前屋后开展调查。

二、面流

面流是雨水或冰雪融水直接在地表形成的薄层片流和细流，出现的时间很短。雨水在坡地上聚成薄薄的水层，以后由于受地表微小起伏的影响，使水流分离，形成许多细流。细流在流动过程中时分时合，没有固定流路，因而坡面侵蚀是坡面流水对地表进行面状的、均匀的冲刷。能比较均匀地冲刷地表松散物质，被冲刷下来的物质成为江河泥沙的主要来源。

面流的侵蚀强度主要受降雨量、降雨强度、地形坡度、坡面组成物质和植被等的影响。在一定的地形条件下，如果地表物质疏松、植被稀疏、降水量多且强度大，面流的侵蚀就强烈。地形坡度的陡缓直接影响到面流的速度，坡度变陡流速加快，洗刷作用加强；但是如果坡度过陡，受水面积减小，使水量减少，反而使洗刷作用减弱。据实地观察，当坡度达到 40°左右，面流的洗刷作用最为强烈。

1. 面流的洗刷作用

面流对斜坡的均匀破坏作用称为洗刷作用。它受坡度、水流速度和水量的制约。当雨量大时，洗刷作用强度就大；坡度陡，水流速度大，洗刷作用强度也大，反之强度就小。

通常在斜坡顶部，坡度较小，水流速度小，汇集的水量也小，洗刷作用的强度也小。因而，在坡顶，只有被雨水冲击而溅起或分离的细小沙泥在水流中呈悬浮状态，缓慢地沿斜坡向下运动。

斜坡中上部，坡度逐渐变陡，汇集的水量逐渐增加，流速加快，面流的洗刷强度逐渐加大，可以洗刷斜坡上大量风化的松散物质，将斜坡切割成深浅不等的沟槽，甚至使基岩裸露。面流从斜坡上部洗刷下来的碎屑物在斜坡下部和坡麓堆积(图 4-5)。

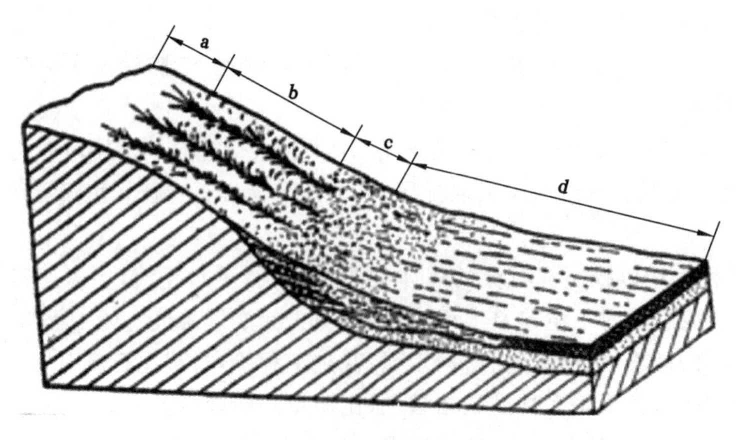

图 4-5 斜坡上的冲刷作用强度带

(据桑采尔,1957,改编)

a. 弱冲刷带;b. 强冲刷带;c、d. 堆积带

随着面流洗刷作用的反复进行,斜坡上部不断遭受破坏而削低,下部和坡麓不断堆积而加高,从而使斜坡地形趋于平缓。当面流的活力因斜坡变平而降低,最后其活力与负载达到平衡,面流的侵蚀作用和堆积作用终止。

2. 面流的堆积作用及其产物

斜坡下部和坡脚,坡度逐渐变缓,面流的强度和活力逐渐降低,而负载却逐渐增加,最后,面流的负载超过其活力,洗刷作用消失,面流携带的大量碎屑物质在斜坡下部和坡脚下堆积。面流携带的碎屑物质在斜坡下部平缓部位和坡麓堆积的沉积物称为坡积物。坡积物沿坡麓分布如裙状,故将这种坡积物组成的地貌称为坡积裙。鉴别特征主要有:坡积物的岩石成分与组成斜坡的基岩成分一致;其大小粒径取决于基岩特征、坡度和面流的流速流量,通常为细砂、粉砂和黏土;当坡度陡、流速流量大、基岩节理发育或易破碎时可以夹杂石块;坡积物通常未经长距离搬运,因此其磨圆度、分选性差。

河流的水流在流动过程中进行侵蚀,形成各种沟谷地貌,被侵蚀的物质沿沟谷向下游搬运并堆积,形成河漫滩、冲积扇和三角洲等堆积地貌。凡由河流作用形成的地貌,称河流地貌。

第二节 河流地貌

一、河流流水作用

在河流的侵蚀、搬运和堆积作用过程中,河流以其动能和不同大小尺度的水流运动,在长期洪水位与平水位交替变化的环境中,在河床岩石和地质构造的基础上塑造了流水地貌,并形成沉积物。河流沉积作用形成的堆积物,叫做冲积物。

（一）河流动能

河流动能是河流地质作用的水力能量，河流动能的大小可以综合反映河流地质作用的强弱和特征。河流动能用下式表示：

$$\text{动能}(E)=\frac{1}{2}mv^2 \tag{4-1}$$

式中：m 为河水流量（m^3/s）；v 为流速（m/s）。

求某一河段动能则以 $\left(\frac{v_A+v_B}{2}\right)^2$ 作为通过该河段上、下两个垂直于主流线的过水断面上的平均流速。

从式(4-1)可知，山地河流（或河流上游）汇水少、流量小，但河床坡度陡、流速高、推力大，河流搬运的颗粒少而粗，一般有利于砂矿形成。平原河流（或河流下游）汇水多、流量大，但河床坡度小、流速低，河流负载大，搬运的颗粒细而多，易发生曲流，一般不能形成大型砂矿，但易引发洪灾。

（二）水流动状态

1. 水质点运动状态

河流中水质点的运动有层流与紊流两种状态（图 4-6）。层流是低速流，水质点运动时各点流速大小和流向相同，上下互不干扰，平行流动，与总流向一致。紊流是高速流，相邻水质点的运动速度和方向各异，互相干扰，与总流向偏离。层流主要存在于水流与河岸和河底摩擦使流速降低处。紊流随水深变化，下部低速高紊流、中部中速中紊流、上部高速低紊流。当紊流流过河床上砂砾时，由于流过砂砾表面流速大于下部，上下流速差产生紊流上升力，可以把砂砾从河床上崛起，这是流水侵蚀河床的基本过程。从微观角度看，紊流是水流破坏河床和搬运碎屑的基本因素，层流则有利于颗粒沉积。

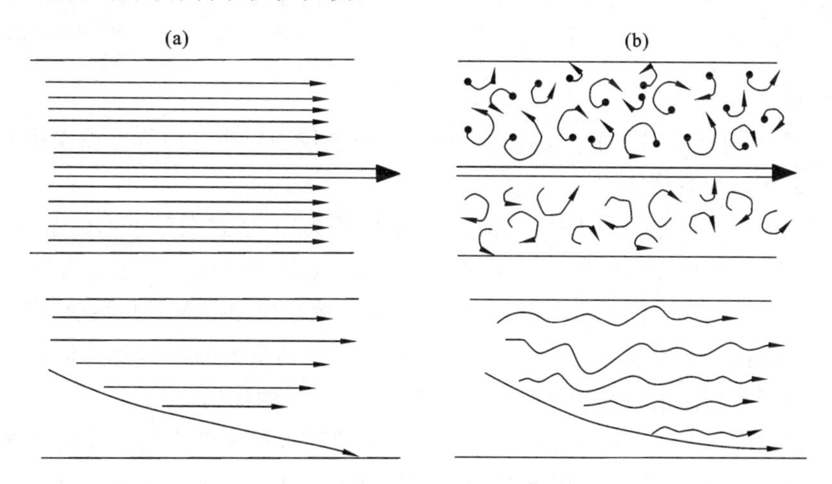

图 4-6 水流中水质点运动状态示意图

（据曹伯勋，1995）

(a)层流，上为平面，下为纵剖面；(b)紊流，上为平面，下为纵剖面

2. 环流

环流是河流中的中—大尺度的水流运动，有两种环流。

(1) 横向环流:环流轴平行水流方向的永久性环流[图 4-7(a)],它是由于水流受经常性物理力如弯道离心力、科里奥尼力(科氏效应)和冲淤变化引起的常年性水流运动,由表流和底流的螺旋状水流运动构成,有单向、双向和多向环流。

(2) 旋涡流:环流轴轴向垂直水面的环流[图 4-7(b)],它是由河岸突角和河床粗糙所引起的半永久性水流运动,随河岸突角和河床粗糙度变化而变化,不及横向环流持久和有规律。此外,化学溶解在石灰岩河床也很重要。

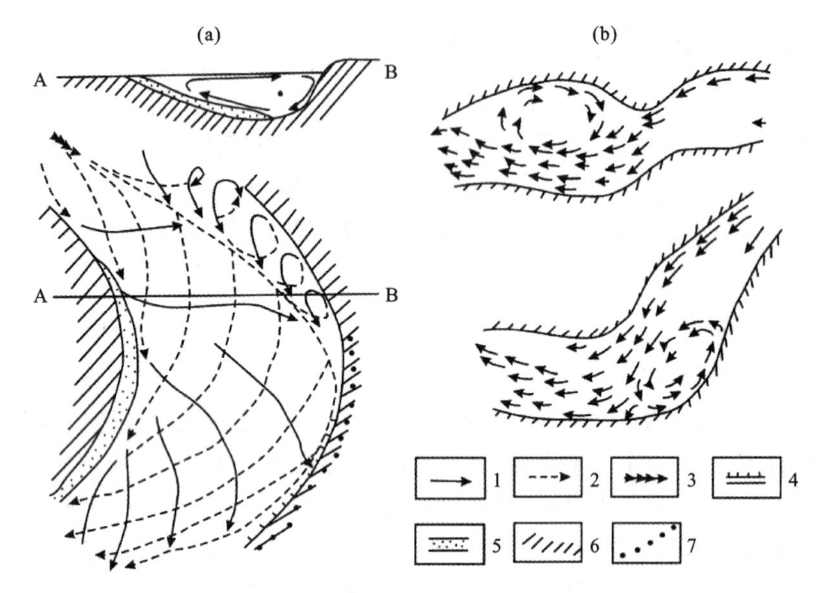

图 4-7 河流中的环流和旋涡流

(据桑采尔,1957)

1. 表流;2. 底流;3. 主流线;4. 侵蚀区;5. 堆积区;6. 基岩;7. 主流顶冲与易塌岸区。(a)弯道横向环流,上:横剖面;下:平面。(b)河道中半永久性涡旋流(据 Elliott,1932),上:吸水旋涡流(右旋),下:吸水及压力旋涡流(左旋)

3. 河流的侵蚀作用

河流水流破坏并掀起地表物质的作用,称为河流的侵蚀作用。河流侵蚀作用有 3 种方式:冲蚀作用、磨蚀作用和溶蚀作用。

(1) 冲蚀作用:水流流过泥沙时,其上部流速快,压力小,通过泥沙下部的水流受到较大阻力,流速小,压力大,因而在泥沙颗粒上下产生压力差,使泥沙颗粒获得了上升力,掀起河底表层松散颗粒。另外,水流对泥沙还有迎面冲击力,使被掀起的泥沙向下游移动,形成侵蚀。

(2) 磨蚀作用:在坡地较大的山地河流中,水流可推动很大的砾石使其移动,这些砾石在移动过程中,还能互相撞击或磨蚀河床底部和两侧,产生侵蚀作用。

(3) 溶蚀作用:河流水流对可溶性岩石如碳酸盐进行溶解所产生的一种侵蚀现象。

河流侵蚀的方向可分为下切侵蚀和侧方侵蚀两种。下切侵蚀是水流垂直地面向下的侵蚀,其效果是加深河床或沟床。下切侵蚀可以沿较长的河段同时进行,称沿程侵蚀;从源头、河口或瀑布向上游侵蚀,称向源侵蚀(溯源侵蚀)。侧方侵蚀也称旁蚀,是河流侧向侵蚀的一种现象。河流侵蚀的结果是河岸后退,沟谷展宽,或者形成曲流。

在一定的流域地质、地理和气候大环境影响下,上述河流作用的种种特征,使河流地貌的塑造和冲积物的形成有较强的规律性。因此,河流地貌和冲积物可以用来研究流域环境,也可

以供其他动力地貌和堆积物研究参考。

4. 河流的搬运作用

河流水流在运动过程中携带大量泥沙和推动河底砾石移动的作用，称河流搬运作用。根据砾石所受重力(G)与紊流上举力(P_y)的关系，将河流水流搬运的方式分为3种(图4-8)。

(1) 推移。当$G>P_y$时，砂砾沿河床滑动或滚动，称推移。推移的颗粒称推移质，以大于2mm砾石为主，位于近床面低速高紊流环境中，在水底移动的砂砾重量与它的起动水流速度的六次方成正比($M=cv^6$)，所以山区河流在山洪暴发时可以推动巨大的石块向下移动。

(2) 跃移。当$G>P_y$与$G<P_y$交替发生时，床底泥沙呈跳跃式向前搬运，称跃移。流水中的床底泥沙上下部产生压力差，$G<P_y$，泥沙颗粒跃起，被水流携带前进；泥沙颗粒离开底床后，颗粒上下部水流流速相等，压力差消失，$G>P_y$，泥沙又沉降到底床。如"V"形坑、光面或断口。

(3) 悬移。较细小的颗粒在流水中呈悬浮状态搬运，称悬移。当$G<P_y$时，细粒的粉砂和黏粒被紊流上举力或涡旋上升力从河床扬起，进入上部高速低紊流环境，若水流的平均流速远大于沉降速度时，细粒物质可以在河流中长时间悬浮搬运。悬移的细粒物质称悬移质，以粉砂质黏土为主，沿河往下游其百分含量趋于增大。悬移质是推力小、负载大的河流或河流下游和冲积平原冲积物的重要组成部分，但不能形成大规模冲击砂矿。

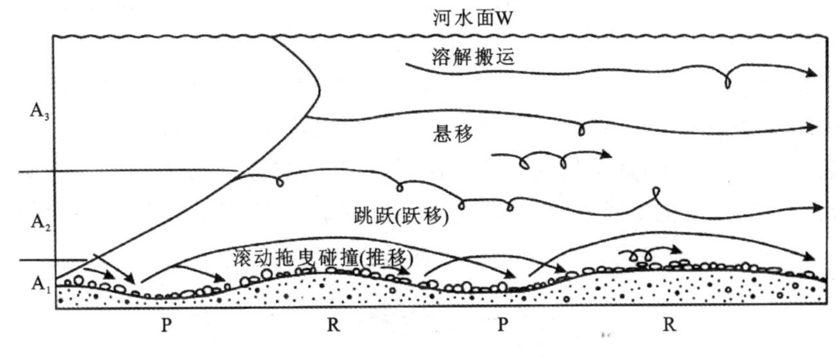

图 4-8 河流搬运方式示意图

(据布泽，1981)

A_1. 低速高紊流区；A_2. 中速中紊流区；A_3. 高速低紊流区；P. 深槽；R. 浅滩

二、河流地貌

(一) 河床

河床(river bed)是河谷中枯水期水流所占据的谷底部分。河床横剖面在河流上游多呈"V"形，下游多呈低洼的槽形，主要受流水侵蚀和地转偏向力的共同作用而形成。从河源到河口的河床最低点的连线称作河床纵剖面。河床纵剖面总体上是一条下凹形的曲线，它的上游坡度大而下游坡度小。山区河床横剖面较狭窄，纵剖面较陡，深槽与浅滩交替，且多跌水、瀑布；平原区河床横剖面较宽浅，纵剖面坡度较缓，微有起伏。

1. 山地河床地貌

山地河流发育比较年轻，以下蚀作用为主，河床纵剖面坡降很大，河床底部起伏不平，水流湍急，涡流十分发育，多壶穴（深潭）、深槽、岩槛、瀑布、浅滩。

急流和涡流是山地河流侵蚀地貌的主要动力。由河流、溪流、冰水携带的沙石旋转磨蚀基岩河床而形成大小不同、深浅不一的近似壶形的凹坑，称为壶穴（图 4-9），壶穴是高速旋转流水侵蚀的结果，普遍分布于河床基岩节理充分发育处或构造破碎带，有时深度能达到数米或更深。在瀑布或跌水的陡崖下方及坡降较陡的急滩段最容易形成壶穴。有的壶穴出现在现今的高山之上，是古代河流、溪流、冰川曾经存在的显著证据之一。壶穴发育在岩面上，成为石质河床加深的主要方式。当壶穴批次连通之后，河床即加深了，这些崩溃了的壶穴，就成为新河道上一条条石沟地形，这样一条深水道便产生出来了。原来的石质河床此时也会部分干出，形成高水河床。

图 4-9　壶穴及连通中的壶穴群

（据刘超，2010，海南三亚）

由于河床上岩性的差异而形成的陡坎，称为岩槛，又称“岩坎”或“岩阶”。岩槛往往成为浅滩，跌水和瀑布的所在处，并构成上游河段的地方侵蚀基准面。

深槽是一种普遍存在的河床地貌形态。弯曲型河道的弯顶上下端为深槽，两弯之间的过渡段为浅滩（图 4-10）。山地河床以河床浅滩地形发育为特点。山地河床浅滩地形，按组成物质可分为石质浅滩和砂卵石浅滩两类，其中后者与平原河流的浅滩属于同一性质。因为山地河流滩多急流，对船舶的航行造成危险，所以浅滩又称为滩险。浅滩的成因有：①坚硬岩层横阻河底（即岩槛），称为石滩，如黄河九曲处的青铜峡、刘家峡等；②峡谷两岸土石崩落阻塞河床而成，如北盘江虎跳峡谷的虎跳石滩；③冲沟沟口的扇形地和泥石流阻塞河床而成，如溪口滩是山区河流最常见的一种滩险，主要由山洪暴发形成的泥石流造成。

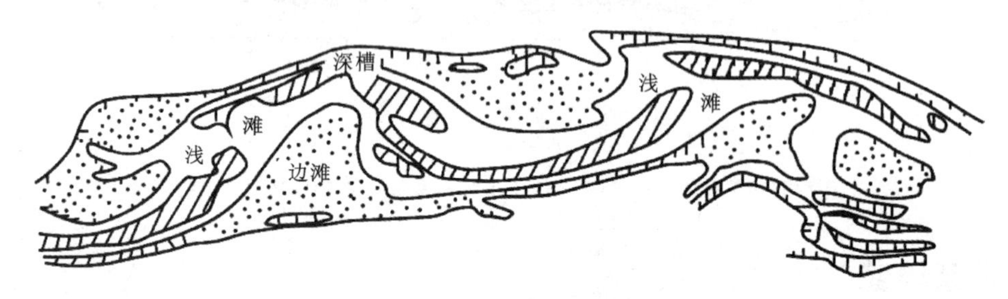

图 4-10　浅滩与深槽

（据潘玉君等，2009）

2. 平原河床地貌

根据平原河道的形态及其演变规律，可以将它分为 3 种类型：顺直河道（顺直微弯型）、弯曲河道和分汊河道。其中分汊河道又可划分为相对稳定型和游荡型两亚类。

某河段的实际长度与该河段直线长度之比，称为该河段的河流弯曲系数（即河段实际长度 L/河段的直线长度 l）。弯曲系数值越大，河段越弯曲。河流弯曲系数大对航运及排洪不利。河流弯曲系数大于 1.3 时，可以视为弯曲河流，河流弯曲系数小于或等于 1.3 时，可以视为平直河流。

1）顺直河道

河道的顺直与弯曲，人们往往把河道的长度与其直线距离之比值作为划分标准。这一比值称为弯曲率。它的大小变化一般在 1～5 之间。顺直河道弯曲率为 1.0～1.2，而弯曲率为 1.2～5 的称为弯曲河道。顺直河道（图 4-11）在平原或山地中都有分布，不过平原上的顺直河道比山地更少，长度更短。在全球，顺直河道比弯曲及分汊河道都要少得多。

顺直河道不易保存，而且大多数略带弯曲，原因是河道在各种自然条件的影响和地球偏转力的作用下，主流线经常偏离河心，折向一边河岸冲击，因此河道出现了弯曲。上游一旦弯曲，下游水流便作“之”字形的反复折射，于是产生了一连串的河湾。在湾顶上游，来水集中，水力加强发生冲刷并形成深槽；在两相邻河湾之间过渡段以及湾顶对岸，水流分散，水力减弱，发生沉积，形成河湾之间的浅滩和紧贴岸边的边滩。深槽、浅滩和边滩经常变位，水深很不稳定，这给水利工程和河港建设带来了不利的影响。

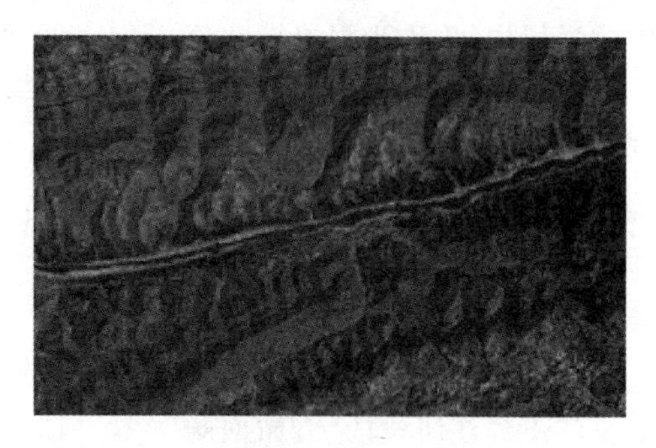

图 4-11 顺直河道

2）弯曲河道

弯曲河道是平原地区比较常见的河型，环形水流侧方侵蚀形成的近于环形的弯曲河流被称为河曲或者蛇曲（图 4-12），表示河流发育进入相对成熟期或老年期。蛇曲（河曲）有自由式和嵌入式两种类型。

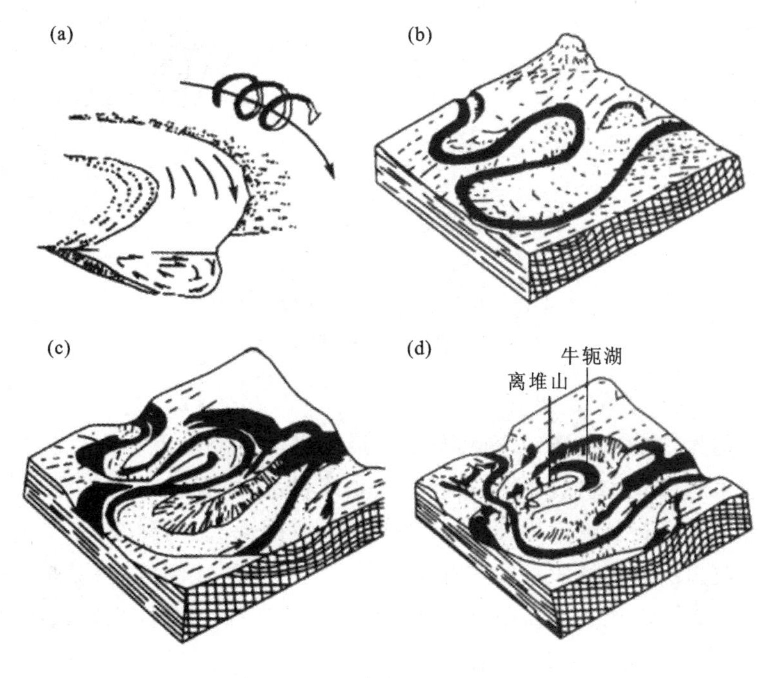

图 4-12 河曲形成演化示意图

（据陈安泽，2012，修改）

(a)环流；(b)自由蛇曲；(c)嵌入式蛇曲；(d)蛇曲截弯取直形成牛轭湖和离堆山

自由蛇曲(河曲):又称迂回蛇曲(河曲),一般发育在宽阔的河漫滩(河岸冲积平原)上,组成物质比较松散和厚层,这就有利于曲流河床比较自由地在谷底迂回摆动,不受河谷基岸的约束[图 4-12(b)]。

嵌入式蛇曲(河曲):它出现在山地中,是一种深深切入基岩的蛇曲(河曲),又称深切蛇曲(河曲)[图 4-12(c)],如晋陕大峡谷中的“黄河大拐弯”。因这种蛇曲(河曲)的水流被束缚在坚硬的岩层中,故称为强迫性曲流。

自由蛇曲形成后,如果地壳发生快速隆升,向下侵蚀的河水就会将抬起的基岩侵蚀切割,形成嵌入式蛇曲。最终,隆升的地壳形成山地,而蛇曲则保持原形,嵌在山谷之中。如果地壳抬升速度较慢,蛇曲边切割边向侧方侵蚀,变得更加弯曲,但上游的河水很可能截弯取直,直接冲向下游。如此一来,原先的蛇曲也就成为高山上的牛轭湖了,湖中包围的基岩残丘,称为离堆山[图 4-12(d)]。

河曲不但是研究河流发展演化的重要对象,也是重要的河流景观,成为重要的旅游资源,如长江下荆江河段的“九曲回肠”(图 4-13)。

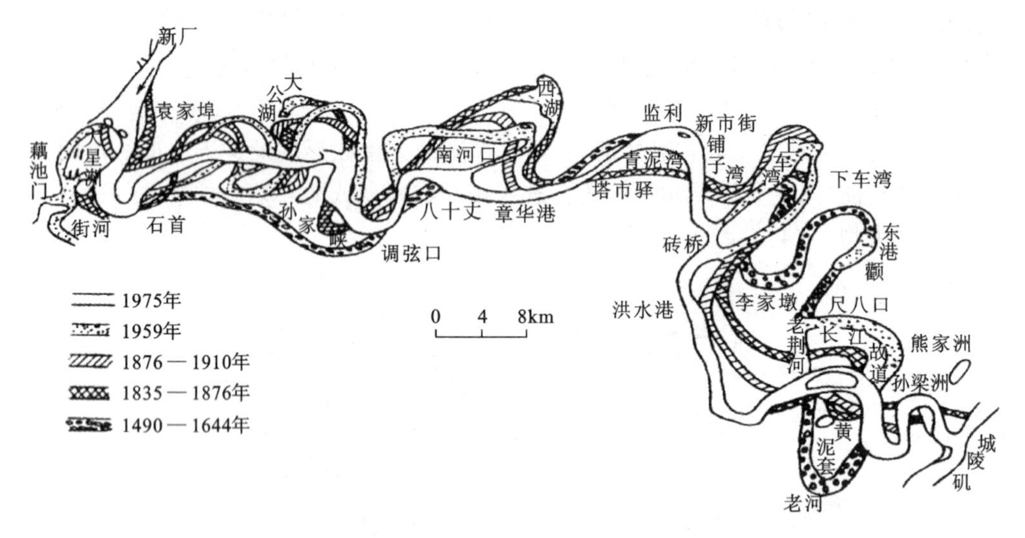

图 4-13 长江下荆江河段的蜿蜒型河曲

(据陈安泽,2012)

3) 分汊河道

平原上发育的无论是直道还是弯道,如果河床中出现一个或几个以上的江心洲时,都会使河床分成两股或多股汊道,造成河道宽窄相间的藕节状,这种河道称为分汊河道。平原上分汊河道按其稳定程度分为相对稳定型(图 4-14)和游荡型(图 4-15)两种。

相对稳定型汊道的地形标志是发育有江心洲。江心洲是沙洲的一种,是心滩稳定下来并露出水面的地貌形态。心滩是河床中水流遇阻形成的水下不稳定沙质堆积体,平水位时也不露出水面,洪水期可以徐徐往下游移动。

游荡型汊道是指河床中汊道密布而时分时合,汊道与汊道之间的洲滩也经常变形、变位的河道,又称为网状河道或不稳定汊道,以黄河下游最为典型。游荡型汊道的特点主要是:河身宽、浅且较为顺直;河流的含沙量和输沙量大;河床内心滩众多,而且变化迅速;河汊密布,水流系统散乱,且变化无常等。

图 4-14 相对稳定型汊道

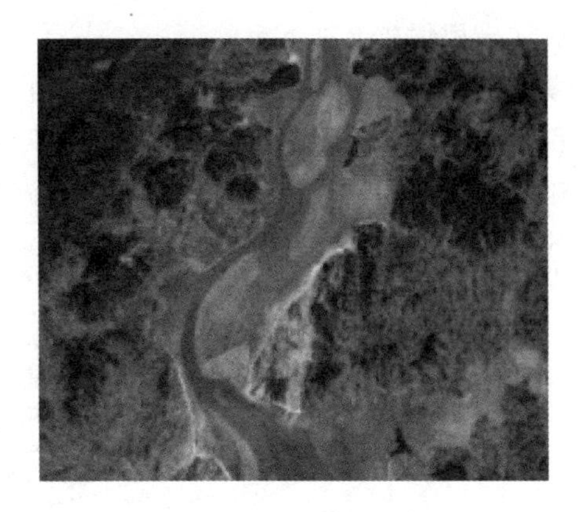

图 4-15 游荡型汊道

（二）河漫滩

河漫滩(floodplain)是在河流洪水期被淹没的河床以外的谷底平坦部分。在大河的下游，河漫滩可宽于河床几倍至几十倍。

1. 河漫滩形成的过程

苏联学者桑采尔认为河漫滩的形成是河床不断侧向移动和河水周期性泛滥的结果(图 4-16)。弯曲河床的水流在惯性离心力作用下趋向凹岸，使其水位抬高，从而产生横比降与横向力，形成表流向凹岸而底流向凸岸的横向环流。凹岸及其岸下河床在环流作用下发生侵蚀并形成深槽，岸坡亦因崩塌而后退。凹岸侵蚀掉的碎屑物随底流带到凸岸沉积下来形成小边滩。边滩促进环流作用，并随河谷拓宽而不断发展成为大边滩。随着河流不断侧向迁移，边滩不断增长扩大，并具倾向河心的斜层理。洪水期，河水漫过谷底，边滩被没于水下，由于凸岸流速较慢，洪水携带的细粒物质(泥、粉砂)就会在边滩沉积物之上叠加沉积，形成具有水平层理的河漫滩沉积，洪水退后，河漫滩露出地表成为较平坦的沉积地形。

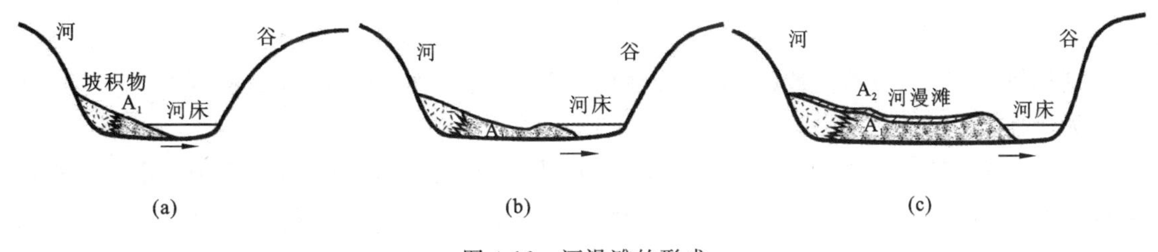

图 4-16 河漫滩的形成

(据桑采尔，1951，改编)

(a)小边滩；(b)大边滩；(c)河漫滩。A_1. 河床相冲积物；A_2. 河漫滩相冲积物

2. 河漫滩的结构

洪水期河漫滩上水流流速较小，环流从河床中带到河漫滩上的物质主要是细砂和黏土，称为河漫滩相冲积物；下层是由河床侧方移动沉积的粗砂和砾石，称为河床相冲积物。这样就组成了河漫滩的二元沉积结构(图 4-17)。

河床相冲积物，靠近下部的物质较粗大，上部的较细小。下部粗大颗粒是洪水期河床水流最强部分(偏于凹岸主流线附近)堆积的，称蚀余堆积；在河床凸岸的浅滩部位，水流速度相对减慢，沉积较细颗粒的浅滩沉积。随着洪水期河床的侧移，蚀余堆积逐渐被河床浅滩堆积物覆盖而形成河床相物质上细下粗的沉积特征，并且有向河床方向倾斜的斜层理。

河漫滩相冲积物是洪水期在河床相冲积物之上堆积的具有水平层理的细砂和黏土。河漫滩相冲积物和河床相冲积物是河流发育同一阶段形成的冲积物的两个不同沉积相。

河流冲积物中还常出现透镜体状的牛轭湖沉积物，它是由淤泥夹腐殖质层沉积构成，牛轭湖沉积的出现，说明河流曾发生过截弯取直。

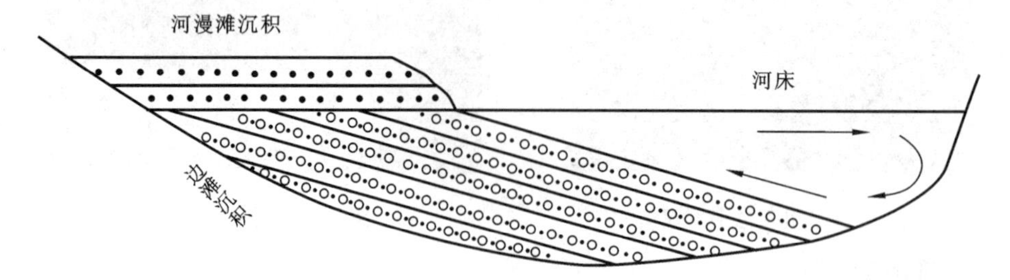

图 4-17　河漫滩二元结构示意图

（图片来源 http://image.so.com）

3. 河漫滩类型

1）汊道型河漫滩

这类河漫滩分布于分汊型河床中，因泥沙堆积河床中发育众多心滩，其上形成一系列鬃岗与洼地相间分布的地形。

2）河曲型河漫滩

这类河漫滩常常发育有滨河床沙坝和迂回扇等。在弯曲型的河床中，洪水期水流使凹岸发生强烈的侵蚀，凸岸发生强烈的堆积，形成一条顺岸弯曲的沙坝，称为滨河床沙坝。河流平水期堆积物较少，凸岸此时形成分隔前、后两次洪水期的两列沙坝之间的洼地。在多次洪水作用下，随着河曲的发展，凸岸形成一系列弧形垄岗状沙坝与洼地相间的扇形地，称为迂回扇。迂回扇上的垄岗向下游河流方向辐聚，向上游辐散。

3）堰堤式河漫滩

这类河漫滩发育在顺直或微弯河床的两岸。此类河漫滩起伏较大，地貌结构由岸边向外可分为 3 带。

（1）天然堤带。分布在岸边，与岸平行排列，由颗粒较粗的砂砾组成。它是河水在洪水期满溢河岸，因岸边流速骤减，大量的较粗粒悬移质首先堆积而成。在多次洪水作用下，天然堤不断增高，河床也不断淤高，成为地上河。许多大河的天然堤宽度达 1～2km，高 5～10m。

（2）平原带。在天然堤带的内侧，高度较低，堆积颗粒较细，以粉砂和黏土为主。它是洪水越过天然堤带之后，在流速减慢和堆积物数量减少的情况下堆积而成。滩面平坦，以 1°～2° 向内微微倾斜。

（3）洼地沼泽带。它离河岸最远，一侧连接平原带，另一侧与谷坡相邻。此处由洪水带来的泥沙数量已经很少，堆积层最薄，而且颗粒最细，所以地势低洼，加上谷坡带来积水，所以往往形成湖泊沼泽地。

4）平行鬃岗式河漫滩

这类河漫滩顺直河段如作单向移动（受地球自转偏向力或新构造运动的影响），而在河床一岸形成一系列平行鬃岗，鬃岗之间为浅沟或湖泊、沼泽，另一岸却只有一条断续分布的沙坝，

这种河漫滩称为平行鬃岗河漫滩。它是介于河曲型河漫滩与堰堤式河漫滩之间的过渡形式。

(三) 河谷

河谷是由河流长期侵蚀而成的线状延伸的凹地,它的底部有着经常性的水流,至于其他成因如构造运动所成的谷地如果没有河流出现,都不能称为河谷。河谷的长短不一,大的河谷长达数千千米,如亚马逊河为 6 516km,尼罗河为 6 484km,长江为 6 380km。

1. 河谷形态

1) 河谷横剖面形态

由谷底、谷坡和谷缘(或谷肩)形态组成(图 4-18)。谷底包括河水占据的河床和洪水能淹没的河漫滩;谷坡是由河流侵蚀形成的岸坡;谷缘是谷坡上的转折点(或带),它是计算河谷宽度、深度和河谷制图的标志。

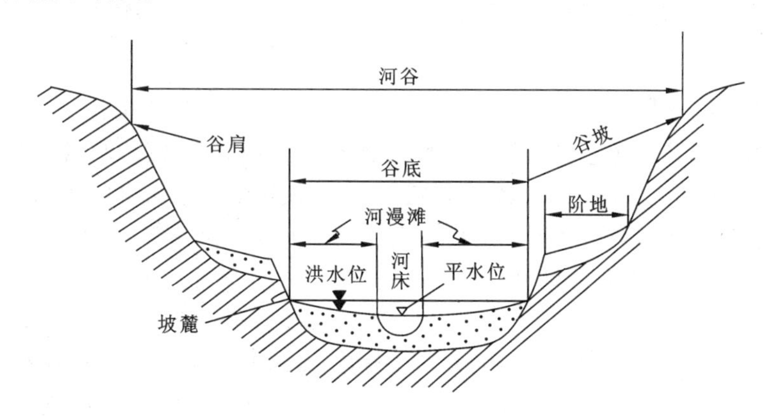

图 4-18 河谷横剖面形态图

(据杜恒俭等,1981)

2) 河谷纵剖面形态

指由河源至河口的河床底部最深点的连线(图 4-19)。河谷纵剖面有凹形、凸形和凹凸形。小河比较简单,大河比较复杂,如长江纵剖面呈下凹多阶状。

从微观上看,纵剖面曲线上每一段都并非平整,而是呈阶梯状高低起伏的。这是因为河流对河床的作用是在许多因素参与下进行的。影响纵剖面形态的因素主要有 4 个方面:地质构造和地壳运动的影响、岩性影响、地形影响以及支流的影响。

(1) 地质构造和地壳运动的影响:河床纵剖面的巨大起伏首先与地质构造有关,在大地构造上升区和下降区,地形高差甚大,往往造成纵剖面上大规模的阶梯,如长江由发源地至金沙江段为新构造强烈上升区,河流运行于青藏高原和崇山峻岭之中,造成深切的峡谷,河床纵剖面急陡。当流入相对下降的四川盆地后,纵比降明显减小,发育了典型的河曲。随之又横贯过著名的三峡,这又是新构

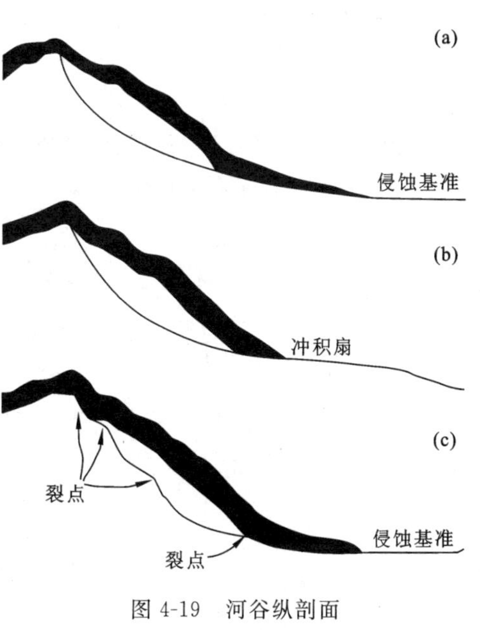

图 4-19 河谷纵剖面

(据布泽,1981)

(a)凹形;(b)凸-凹形;(c)不规则形

造运动显著的穹隆抬升区，河床纵比降亦明显增加。流出三峡后，进入了近代下沉的江汉平原，河床蜿蜒曲折，纵比降又显著减小。

(2) 岩性的影响：它是影响河床纵比降的重要因素之一，坚硬的岩石抵抗流水侵蚀力大，河床不易下切，深度较浅，但容易展宽，形成以侧蚀为主的侧向侵蚀区。相反，岩性软弱的河床，下切明显，形成以垂直侵蚀为主的深向侵蚀区。不同岩性交替出现的河床，必然导致不同比降的交替出现。

(3) 地形的影响：河床沿程地形的宽窄，直接影响到水流对河床的冲淤变化和纵比降的大小。如在高水位期河道束窄段或河底凸起段，水面落差比河道扩张段或河床凹陷段的大。故前者在高水位期冲刷，河床加深，成为深向侵蚀区；后者河床淤积，河床展宽，成为侧向侵蚀区。若两者交替出现，河床则产生一系列的阶梯。

(4) 支流的影响：有支流加入的主流河床，由于水沙增加而使水情及泥沙性质发生变化，这种变化也反映在纵剖面上。

2. 河谷的形成与发展

河谷是在流水侵蚀作用下形成与发展的：水流携带泥沙侵蚀使河谷下切；水流的侧蚀使谷坡剥蚀后退，包括谷坡上的片蚀、沟蚀、块体崩落；溯源侵蚀使河谷向上延伸，加长河谷。

河谷的发展过程在基岩山地河谷的横剖面发展过程中最为清楚，经历了"V"形谷、河漫滩河谷和成型河谷阶段，每个阶段纵剖面也相应变化。

1) "V"形谷(未成型河谷)

在河流形成早期(或河谷上游、坚硬岩石、新构造运动上升区等)以垂直侵蚀作用为主的阶段，河谷横剖面呈"V"形，两壁较陡，谷底狭窄；谷底即为河床，没有河漫滩，河床纵剖面坡降很大，河床底部起伏不平，水流湍急，沿河多急流、瀑布；河谷平面形态较平直。

"V"形谷的发育经历了 3 个阶段(图 4-20)。

隘谷：谷坡陡峭或近于直立，谷宽与谷底几近一致，河谷极窄，谷底全部为河床占据。

障谷：是隘谷进一步发展而成，两壁仍很陡峭，但谷底比隘谷宽，常有基岩或砾石滩露出水面以上，可以通行。

峡谷：隘谷和障谷进一步发展形成峡谷。峡谷横剖面呈明显的"V"字形，有时呈谷中谷现象，谷坡陡峭，坡上有阶梯状陡坎。

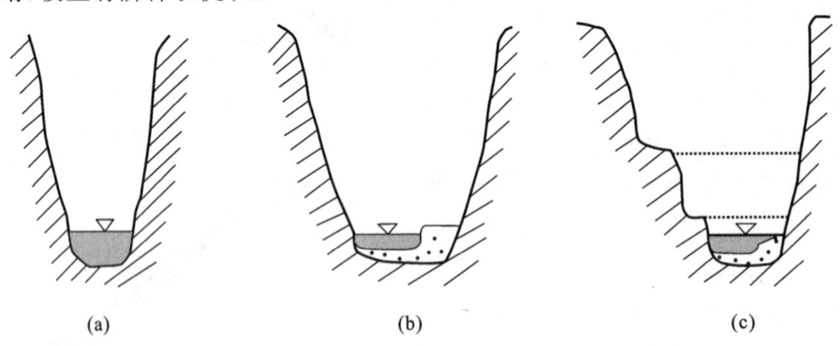

图 4-20 "V"形谷发育的 3 个阶段

(据陈安泽，2013)

(a)隘谷；(b)障谷；(c)峡谷

2）河漫滩河谷

在河流形成发展中期（或河流下游、沉降区、软岩区等）进入以侧方侵蚀为主的阶段，"V"形河谷进一步发展，下切作用减弱，侧向侵蚀加强，谷底拓宽，并有河漫滩发育，就转变为箱形的河漫滩河谷。河漫滩河谷谷底的扩宽是有限度的，它的宽度大小与河流流量、河岸抗冲强度和河床纵比降三者有关。

3）成型河谷

当河漫滩河谷因侵蚀基准面下降而河流重新下切时，原河漫滩就转化为阶地，尔后河流又在新的基准面上开辟新的谷地，这种具有阶地的河谷称为成型河谷。

成型河谷中每一次侵蚀基准面下降都会引起河流溯源侵蚀，溯源侵蚀所达到的那一段河床纵向陡坎（坡折）称为裂点（图 4-21）。一系列裂点与一系列河流阶地对应。裂点不同于河床上硬岩形成的岩坎，裂点不受岩性控制，在软、硬岩层中都可以形成，它代表一次侵蚀旋回。既有侧方侵蚀又有垂直侵蚀；既发育河漫滩又发育河流阶地，为河谷发育的晚期。

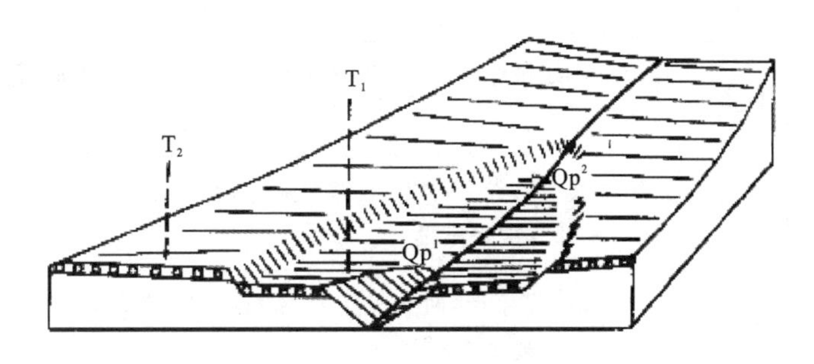

图 4-21　河流裂点与阶地示意图

（据北京大学等，1978）

Qp^1、Qp^2. 不同时期的裂点；T_1、T_2. 河流阶地，T_2在纵向上过渡为老河漫滩

对于同一条河流的不同河段，其河谷是不一样的。上游河谷：窄、比降和流速大、水量小、侵蚀强烈，纵断面呈"V"字形并多急滩和瀑布的河段，上游多成深窄的峡谷。中游河谷：比降已经和缓，河床位置比较稳定，侵蚀和堆积作用大致保持平衡，纵断面往往成平滑下凹曲线，中游多是宽敞的河漫滩河谷和成型河谷。下游河谷：宽广、河道弯曲，河水流速小而流量大，淤积作用显著，到处可见沙滩和沙洲，下游以河漫滩河谷为主。

3. 河流侵蚀基准面与河流均衡剖面

1）河流侵蚀基准面

河流下切到接近侵蚀某一水平面以后，逐渐失去侵蚀能力，不能侵蚀到该面以下，这种水平面称为河流侵蚀基准面。侵蚀基准面又可分为终极侵蚀基准面和局部侵蚀基准面。控制河流下切侵蚀的最低基面称为终极侵蚀基准面。这个面一般为海平面。但很多河流下游水面到达海平面高度时，仍有一定的侵蚀能力，如长江武汉以东的下游河段，有些地方河床低于海平面几十米甚至近百米。局部侵蚀基准面是指河流流经地方坚硬岩坎、湖泊洼地及主支流汇口处等。它们往往控制着上游河段或支流的下切作用。它们在河流的发育过程中起着重要的作用。

2）河流均衡剖面

侵蚀与堆积达到平衡的河流称均夷河流，这种河流的纵剖面即河流均衡剖面，形态上呈圆滑下凹抛物线型。均衡剖面指河流处于平衡条件下的纵剖面；河流平衡是指河床侵蚀与堆积之间的平衡。

平衡是相对的、有条件的，只能在一定的时间和空间条件下相对平衡。河流平衡的另一含义是自动调整。河床在特定时间、空间和物质平衡条件下的平衡，如果随着流域因素的变化（构造、气候、水量、含沙量、侵蚀基准面变化），河床形态必然发生相应调整，取得新的平衡。

4. 河谷类型

对河谷类型的划分，目前常见的有 4 种分类原则：①按照河谷的形成发展阶段，可以将河谷分为“V”形谷（未成型河谷）、河漫滩河谷和成型河谷 3 类；②按照河谷的成因，可以分为侵蚀谷、构造谷和多成因谷 3 类；③按照地质构造特征，根据河谷延伸方向与产状的关系等，可以将河谷分为横向谷（横谷）、斜向谷（斜谷）、纵向谷、断层谷以及地堑谷五大类；④按照基准面的变化，可以将河谷分为复活谷和沉溺谷两类（表 4-2）。

表 4-2　河谷类型

原则	河谷类型		基本特征
按发育阶段	“V”形谷（未成型河谷）	隘谷	具垂直或陡峭的崖壁，河谷上部宽度与谷底大致相同，谷底极窄，且全被水所淹没
		嶂谷	两侧谷坡较隘谷分得开，但仍为陡壁，谷底较隘谷为宽，坡麓具有陡壁或缓坡，谷底部分被水淹没
		峡谷	横剖面呈“V”字形，两壁较陡峭，常有阶梯状陡坎，谷底有洪、冲积物，大多数峡谷的谷底被水淹没
	河漫滩河谷		横剖面成浅“U”字形或槽形，河床只占谷底一小部分，河曲显著
	成型河谷		河谷宽阔，结构复杂，有阶地、蛇曲、牛轭湖，两岸谷坡常不对称，堆积作用特别显著
成因	侵蚀谷		沿流程与软、硬岩层相应的宽谷和窄谷交替分布
	构造谷		走向与构造轴走向叠置
	多成因谷		受冰川、河流、湖泊等影响
按地质构造	横向谷（横谷）		河谷延伸方向与岩层走向正交（60°～90°）
	斜向谷（斜谷）		河谷延伸方向与岩层走向斜交（30°～60°）
	纵向谷（河谷与岩层走向一致）	背斜谷	沿着背斜褶皱轴的方向延伸的河谷
		向斜谷	沿着向斜褶皱轴的方向延伸的河谷
		单斜谷	沿着单斜构造的地层走向发育的河谷
	断层谷		沿断层发育的河谷
	地堑谷		沿地堑构造发育的河谷
按基准面变化	复活谷（河）		由于地壳上升、侵蚀基面下降等原因，使河流侵蚀作用加强，呈现谷中谷，深切河曲
	沉溺谷（河）		大陆下降或海面上升，河流下游被海水淹没，成为漏斗形的三角港

注：引自曹伯勋，1995。

（四）河流阶地

1. 阶地特征

由于河流下切侵蚀，原先河谷底部（河漫滩或河床）超出一般洪水位，呈阶梯状分布在河谷谷坡上，这种地形称为河流阶地（river terrace）。

阶地在河谷地貌中较普遍，每一级阶地由平坦的或微向河流倾斜的阶地面和陡峭的阶坡组成。前者为原有谷底的遗留部分，后者则由河流下切形成。阶地面与河流平水期水面的高差即为阶地高度。

阶地按地形单元划分为阶地面、阶地陡坎、阶地前缘和阶地后缘（图 4-22）。阶地面比较平坦，微向河床倾斜；阶地面以下为阶地陡坎，坡度较陡，是朝向河床急倾斜的陡坎。阶地高度从河床水面起算，阶地宽度指阶地前缘到阶地后缘间的距离，阶地级数从下往上依次排列。

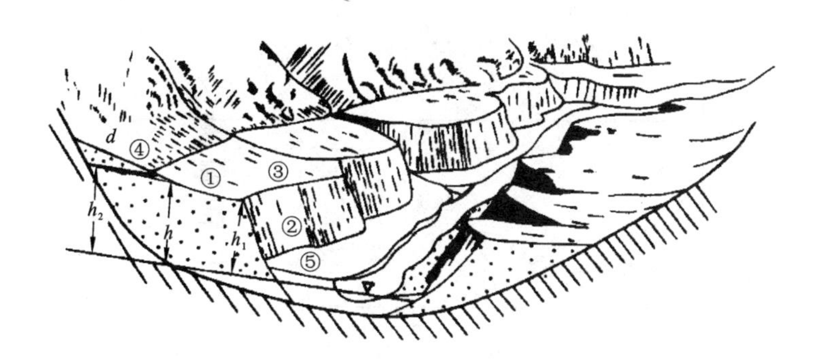

图 4-22　河流阶地形态要素图

（据杜恒俭等，1981）

①阶地面；②阶坡；③阶地前缘；④阶地后缘；⑤坡脚。

h_1. 阶地前缘高度；h_2. 阶地后缘高度；h. 阶地平均高度；d. 坡积裙

一般河谷中常有一级或多级阶地，多级阶地的顺序自下而上排列，高出河漫滩的最低级阶地称一级阶地，向上依次为二级阶地、三级阶地……在同一河谷剖面上，阶地相对年龄一般是高阶地老，低阶地新。阶地的海拔高度（绝对高度）一般自上游向下游降低。但由于构造运动或其他原因，同一级阶地的海拔高度有时下游反而比上游大。

2. 河流阶地类型

依据阶地面和阶地坡的组成物质、结构，阶地基座高度以及阶地冲积层时代与接触关系，河流阶地可分为侵蚀阶地、基座阶地、堆积阶地和埋藏阶地 4 类（表 4-3，图 4-23）。

表 4-3　4 种不同类型河流阶地对比表

<table>
<tr><th colspan="2">阶地类型</th><th>分布位置</th><th>物质组成</th><th>形成过程</th></tr>
<tr><td colspan="2">侵蚀阶地</td><td>山区河谷</td><td>基岩</td><td>河流长期侵蚀</td></tr>
<tr><td rowspan="3">堆积阶地</td><td>上叠阶地</td><td rowspan="3">河流中下游</td><td rowspan="3">冲积物</td><td rowspan="3">在谷地展宽并发生堆积，后期下切深度未达到冲积层底部</td></tr>
<tr><td>内叠阶地</td></tr>
<tr><td>嵌入阶地</td></tr>
<tr><td colspan="2">基座阶地</td><td>河流中下游</td><td>阶地上部由冲积物组成，下部则为基岩</td><td>在谷地展宽并发生堆积，后期下切深度超过冲积层而进入基岩</td></tr>
<tr><td colspan="2">埋藏阶地</td><td>河流中下游</td><td>上部为堆积物，下部为早期阶地</td><td>阶地形成以后，地壳下降或侵蚀基准面上升，河流大量堆积，使阶地被堆积物覆盖，埋藏于地下</td></tr>
</table>

注：引自曹伯勋，1995。

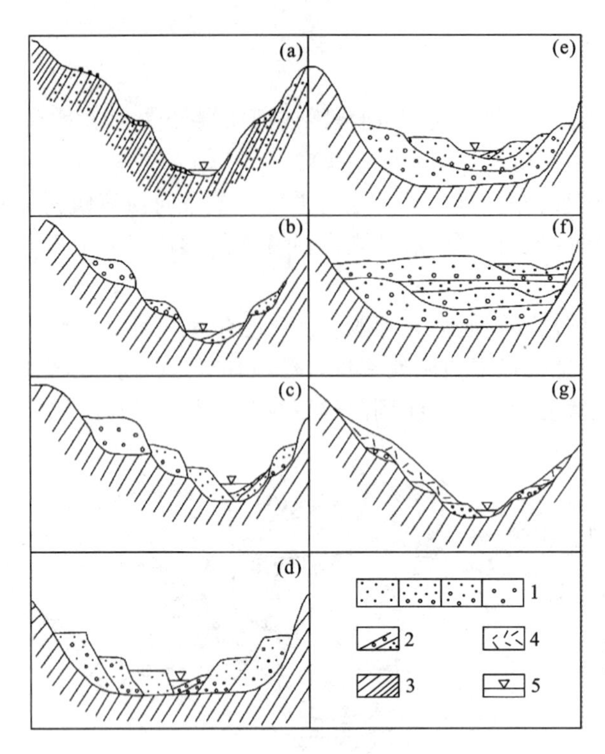

图 4-23 阶地类型

(据杜恒俭等,1981)

(a)侵蚀阶地;(b)基座阶地;(c)嵌入阶地;(d)内叠阶地;(e)上叠阶地;(f)埋藏阶地;(g)坡下阶地。

1.不同时代冲积层;2.现代河漫滩;3.基岩;4.坡积物;5.河水位

1)侵蚀阶地

阶地的阶面和阶坡由基岩组成,阶面上保存有不厚的冲积层或残余冲积砾石。侵蚀阶地发育在河流上游和新构造运动强烈上升地段。

2)基座阶地

阶面和阶坡上部为冲积物组成,阶坡下半部露出基座。基座可以是基岩,也可以是比冲积层老的松散堆积物,两者间由侵蚀面分开。基座阶地发育在河流中上游和新构造运动上升较强地段。

3)堆积阶地

由冲积物组成。根据河流下切程度不同,形成阶地的切割叠置关系不同又可分为:嵌入阶地,新阶地嵌入老阶地之内,低阶地阶面高于高阶地的基座面;内叠阶地,新阶地叠于老阶地之内,各阶地基座近于同一水平;上叠阶地,是新阶地叠于老阶地之上。

4)埋藏阶地

前期河流阶地被后期冲积层掩埋,这种阶地与掩埋河谷的前期河流阶地被后期冲积层掩埋,区别在于后者是在地壳连续沉降时,被后期冲积层掩埋的河谷。至于坡下阶地则是指由于斜坡重力作用,被下滑重力堆积或坡积物所掩埋的河流阶地。

根据成因类型,河流阶地大致还可以分为以下几种。

1)气候阶地

气候向干冷方向发展,则流域物理风化作用加强,流域植被覆盖度减少,引起水系上游部

分沟谷活动加强，坡面冲刷强度加大，流域补给河流的水量减少，流域供给河流的含沙量增加，造成河床中上游普遍淤积；气候向湿热方向发展，则河流泥沙量减少，径流量增加，引起水流携沙能力增大，使河床发生下切侵蚀，从而形成河流阶地。由于这类阶地是流域气候变化的产物，故称为气候阶地。

2）回旋阶地

侵蚀基准面下降通常会引起河床比降的增加，比降的加大引起水流下切侵蚀作用增强，从而形成河流阶地。由于海平面变化在晚近地质历史时期交替出现，因此，因侵蚀基准面交替变化而形成的阶地称为回旋阶地。

3）构造阶地

当流域地壳构造抬升时，河床比降加大，水流侵蚀作用加强，河流下切形成阶地。地壳运动是间歇性的，在地壳上升运动期间，河流以下切为主；在地壳相对稳定时期，河流以侧蚀和堆积为主，这样就在河谷两侧形成多级阶地。这种因构造运动形成的阶地，称为构造阶地。

4）人工阶地

人类活动能使河流的水流和河床情况发生一定的变化，如由于水库的兴建，上游河段因基准面的上升，使原河流阶地被水淹没成为河床或河漫滩。而水库以下的河段，由于洪峰后水库调平，下泄径流量减少，原河漫滩未被洪水淹没而变成新的阶地。

2. 河流阶地的形成过程

阶地的形成过程只能有两个：一个是阶地面的形成过程；另一个是阶地陡坎的形成过程。对于不同类型的阶地其形成过程也不完全相同。

1）侵蚀阶地

由于阶地由基岩构成，同时要求有足够宽度的谷底，要求河流的下切能力和侧蚀能力都很强，或地壳暂时稳定，使河流有足够的时间调整向均衡方向发展。但是要达到动力平衡很难，所以阶地面宽度小，阶地面坡降大。如果有其他动力的参与就容易多了，如古冰川槽谷的谷底、流入谷中的熔岩以及横亘河谷的坚硬岩层等都可以成为侵蚀阶地的阶地面。

2）冲积阶地

由于堆积阶地的种类很多，在此重点说明冲积阶地。冲积阶地由冲积物构成，从而形成阶地面。冲积物的形成分两种情况：

（1）均衡状态的沉积，河流的侵蚀和堆积处于均衡状态，河床相和河漫滩相冲积物都很发育，界线清楚，具有明显的二元结构，砾石的分选和磨圆都很好，阶地面纵向坡度较小。

（2）加积状态下的沉积，阶地面形成时，河流以堆积作用为主，冲积物厚度大，河床相、河漫滩相冲积物相互叠加，在剖面上湖沼堆积、决口扇堆积分布于不同高度上，分选磨圆较差，交错层理发育。

冲积阶地陡坎的形成过程也可大致分为两种情况：

（1）河流下切冲积物形成陡坎，可由于侵蚀基准面下降，导致河流下切能力增强而形成。

（2）水流量减小原沉积坡变成阶地陡坎，人为的和天然的因素使源头折断或分流，气候转干等都可以使河水流量减小形成这样的阶地陡坎。

3. 河流阶地的研究方法

研究河流阶地的思路为:分清真假阶地—作横剖面—作纵剖面(阶地位相图)—分析新构造运动。

1) 分清真假阶地

识别和排除非河流成因阶地,即假阶地,包括构造阶地、河曲阶地、河流袭夺阶地、冲出锥、洪积扇阶地、滑坡、泥流阶地和人工陡坎等。

2) 作横剖面

沿河流阶地发育地段(如曲流地段)作若干河谷阶地的横剖面,同时详细研究各级阶地的冲积物岩性、结构、构造、沉积物成因和时代,所含化石及历史文物,阶地类型,河拔高程和含矿含水性等。

3) 作纵剖面(阶地位相图)

根据若干横剖面资料作阶地纵剖面(阶地位相图)用以研究新构造运动。编制阶地位相图首先要根据各横剖面上河床平水位高程编制河谷纵剖面(图 4-24 的斜线部分),其垂直比例尺应大于水平比例尺。然后按比例把各阶地河拔高程画在各横剖面所在处的河谷纵剖面之上,最后用直尺把同一时代河流阶地的阶面连接起来,即得河流阶地位相图。

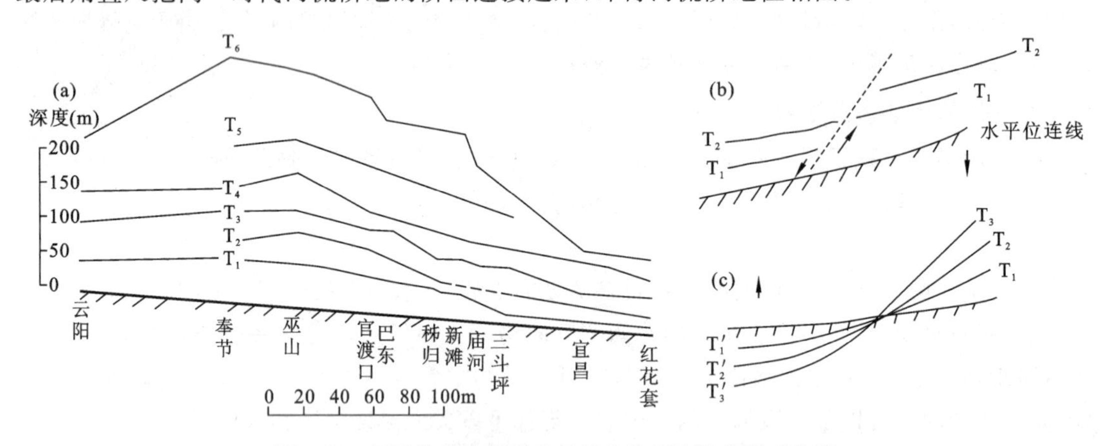

图 4-24 河流阶地位相图及其反映的新构造变形变位图

(据曹伯勋,1995)

(a)长江三峡地区的新构造运动;(b)新断裂或活动断裂;

(c)差异升降运动,上升区阶地间距往上游增大,下降区为掩埋河谷

4) 分析新构造运动

阶地位相图上可以反映出新构造运动的隆升、差异运动和断裂活动等(图 4-24),若河流某段形成在地壳隆升之前,在隆升过程中其流路不变而只下切,河漫滩和阶地发生背斜状变形,称为先成河谷地段[图 4-24(a)及图 4-25(a)],这是一种重要的局部新构造运动上升的地貌标志。若在地壳上升过程中河流切穿不厚的松散盖层,下切到其下早已形成的褶皱中,称后成谷(或叠置谷),无局部新构造运动隆升意义[图 4-25(b)、(c)]。

(五) 河口三角洲

河流注入海洋或湖泊时,因流速降低,水流动能显著减弱,所携带泥沙大量沉积,形成一片向海或向湖伸出的平面形态近似三角形的堆积体,即为河口三角洲(delta)。

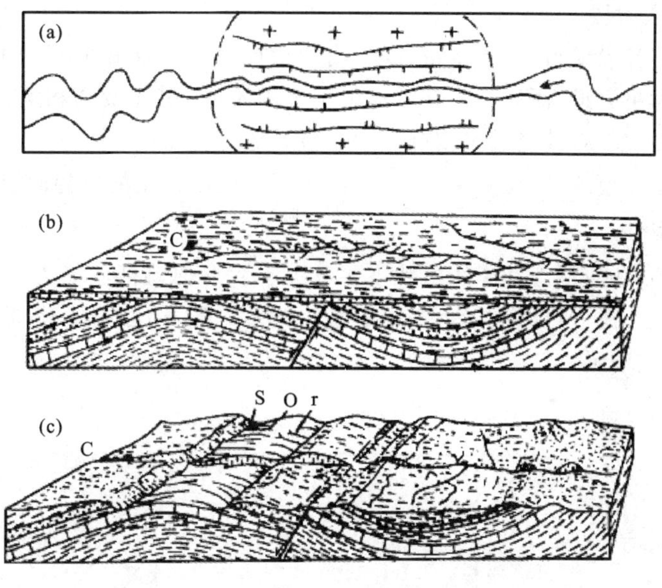

图 4-25 先成河谷与后成谷和河流类型图

(据曹伯勋,1995)

(a)先成河谷地段,有"+"者为局部隆起(平面);(b)发育在不厚的松散覆盖层上的顺向河(C);
(c)河流切穿盖层,顺向河横切入其下早期构造中,称后成谷(或叠置谷);S. 次成河;r. 再顺向河;O. 逆向河

在纵剖面上,三角洲自下而上由底积层、前积层和顶积层构成。前积层是三角洲的主体部分,由河流沉积物向海(或湖)推进沉积而形成。前积层向外在三角洲的底缘逐渐转变成近水平的粉砂和黏土的薄层,称为底积层。当三角洲生长时,河流向海洋或湖泊方向推进,在前积层上发育网汊状河流,河流有轻微的淤积,并且扩展成新的冲击层,即顶积层。

三角洲是由于河口区的堆积作用超过侵蚀作用而形成的,它的形成需要以下几个条件:首先,必须具有丰富的泥沙来源,根据世界上许多三角洲的河流含沙量测定,河流年输沙量约等于或大于年径流量的 1/4 就会形成三角洲;其次,河口附近的海洋侵蚀搬运能力较小,泥沙方能容易沉积下来;再次,口外海滨区水深较浅,坡度平缓,一方面对波浪起消耗作用,另一方面浅滩出露水面,有利于河流泥沙进一步堆积。

1. 三角洲形成过程

三角洲形成过程可分为以下 3 个阶段。

1) 水下形成阶段

河流自出口门之后,在宽浅的口外海滨,能量消耗,泥沙发生堆积,从而出现一系列水下浅滩、心滩和沙坝,以及水下汊道,与此同时,口门两侧亦发育了水下边滩。但这时的口外海滨仍为一连续水体。

2) 沙岛及汊道形成阶段

水下心滩或边滩不断接受陆源及海源物质的沉积而增高,特别是汊道的横向环流作用,使心滩堆积加强并逐渐露出水面而变成沙岛和沙嘴。原来的连续水面也被沙岛分割成几股汊道,汊道的两岸有时形成天然堤,堤间往往是低平的小海湾、潟湖或沼泽洼地。洪水泛滥时,这些低洼地带淤积泥沙和黏土,死亡了的植物发育了泥炭层。这样,洼地便逐渐消失,成了沙岛的组成部分。

3）三角洲形成阶段

被沙岛分割的各股汊道，由于水量分配、输沙特征以及侵蚀和堆积的不均匀性，必然使得某些汊道发展成为主河道，而另一些支汊道由于水流不畅，引起淤塞和消亡，并导致了沙岛的联合或并岸。这样，沙岛、沙嘴通过塞支、并联，最后成为三角洲。

这种三角洲发育模式，往往由于河口水流、波浪和潮汐作用的差异而造成多种类型。

2. 三角洲类型

三角洲的大小、几何形态和岸线形状主要取决于入海河流携沙能力与海洋动力（波浪、潮汐、沿岸流等）对入海泥沙再搬运能力之间的对比关系。随着入海泥沙量的减少和海洋再造营力的增强，依次形成扇形（或吉尔伯特型）、鸟足形、舌形、尖嘴形、弓形和河口湾形三角洲类型系列（图 4-26）。

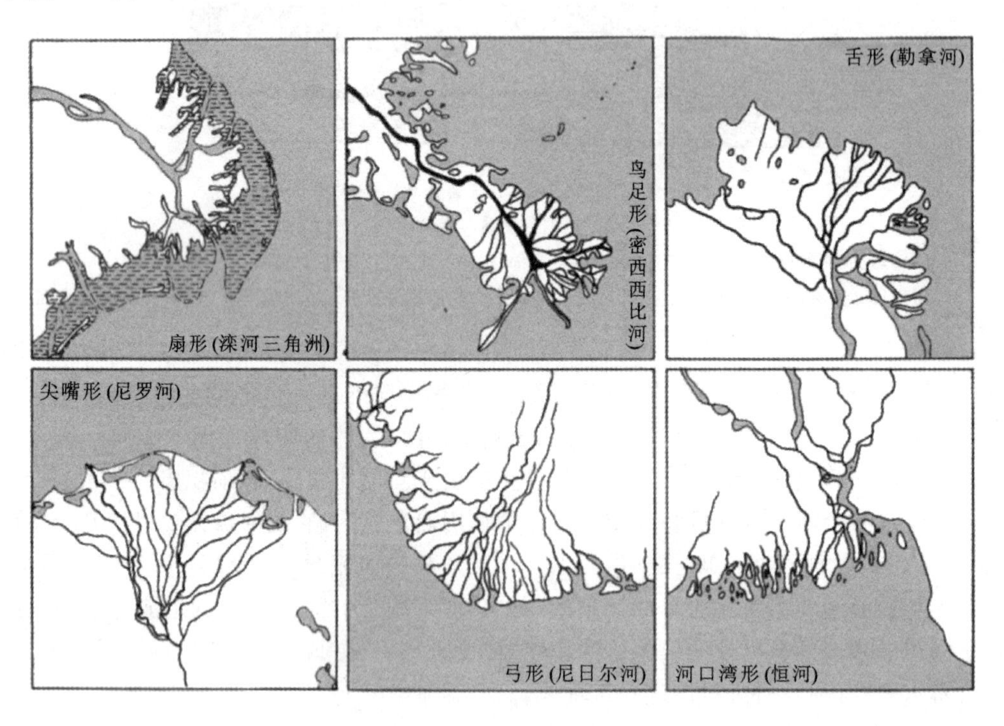

图 4-26　三角洲形态类型

（http://www.baike.com/wiki/三角洲）

1）扇形三角洲

扇形三角洲形成于入海河流含沙量高、河道分汊并经常改道、口外海滨水深较浅的河口区，由泥沙均匀地向海堆积而成，如中国的黄河、滦河三角洲，非洲的尼罗河三角洲。

2）鸟足形三角洲

鸟足形三角洲形成于入海河流含沙量较高、河流作用占优势的河口区。所堆积构成的沙嘴，平面形态似鸟足而得名，以美国密西西比河三角洲最为典型。

3）舌形三角洲

舌形三角洲形成于入海河流含沙量较高、汊道众多的河口区，其河口沙坝经波浪改造连接而成，如苏联勒拿河三角洲。

4）尖嘴形三角洲

在波浪作用较强的河口地区，河流以单股入海，或只有小规模的交叉，在此情况下，只有主流出口处沉积量超过波浪的侵蚀量，使三角洲以主流为中心，呈尖形向外伸长。因外形像鸟嘴，故也称鸟嘴形三角洲，如埃及尼罗河三角洲、中国长江三角洲。

5）弓形三角洲

弓形三角洲发育于入海河流含沙量不多、有潮汐作用的河口区，由河口附近沙体堆积为向海凸的弓形，如非洲尼日尔河三角洲。

6）河口湾形三角洲

河口湾形三角洲发育于潮汐作用和波浪作用强烈的喇叭状河口区，由河口湾被河流泥沙充填而成，如南亚恒河三角洲。

（六）水系

1. 水系及其级序

水系为宏观流域地貌组合。水系是由主（干）流及其支流组成复杂的多级河道系统（图 4-27）。最初水系由主流与少数规模不大的支流组成，其后由于溯源侵蚀的发展，主支流河道不断加长，支流不断发育增多，最后形成复杂的多级河道与多个级次汇水区组成的一定几何形状的水网。

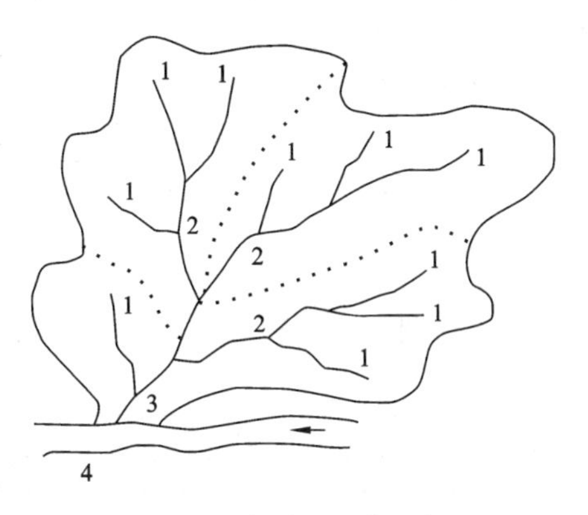

图 4-27 水系及河道级序图

（据曹伯勋，1998，修改）

1、2、3、4. 水系中河道级序，表示水系的发展；实封闭线为第三级水系汇水区；虚线为第二级水系汇水区

水系河道级序以最短、最年轻的沟谷为第一级（它可以汇入任一级水系），两条一级水道会合成第二级，第二级水道再汇入更高级河道，由此组成水系网。一般情况水系主支会合受地面倾斜度控制时，多以锐角相交，若受地面基岩共轭断裂、裂隙控制，则主、支流交汇呈近 90°，若主、支流成钝角交汇可反映新构造运动。

2. 水系格式

水系平面组合的几何形态称水系格式，它受地面岩性、地质构造、地形和新构造运动的影响。主要水系格式如表 4-4、图 4-28 所示。

在解译航空照片和卫星照片时，水系格式研究极为重要。若把水系河道折线化，统计折线的优势方位，对了解区域构造和新构造运动很有价值。沿某一方向若干水道的同步弯曲现象[图 4-28(i)]，是判断活动断裂（左旋、右旋）的有力证据之一。在 1～3 级水道和切割密度、切割深度大的次级汇水区内，可能形成有工业价值的冲积砂矿。

表 4-4 主要水系格式

水系格式	形态特征	发育区域	举例
树枝状水系	水系无发育优势方位，呈均匀树枝状	发育在岩性均一、构造平缓、地形平坦地区	陕西泾河流域
格状水系	主、支流多呈近直角交汇成格状或菱形	发育在厚层有共轭节理的砂岩、花岗岩地区	云南澜沧江及其支流

续表 4-4

水系格式	形态特征	发育区域	举例
平行状水系	主、支流大体平行或支流大体平行汇入主流	发育在单斜岩层、构造掀斜运动或原始地面倾斜地区	淮河流域
羽毛状水系	干流强劲，支流短密，主、支流呈近直角交汇	发育在褶皱山地	秦岭北坡渭河河谷
向心状水系	水流从四周往一个中心区汇流	发育在盆地、湖沼或局部新构造沉降区	鄱阳湖水系
放射状水系	水流从中心区向四周放射流散	发育在穹状新构造隆升区或火山地区	长白山天池
辫状水系	水系交错扭结成网	发育在三角洲、山前洪积平原	黄河下游
环状水系	水流沿着环绕一个中心分布	发育在外来天体撞击地球表面处	内蒙古多伦县境内
星状水系	河流多断续分布，流程短，湖泊星罗棋布，河流或注入湖，或从湖流出	发育在岩溶区	藏北高原
串珠状水系	河流与葫芦状湖泊或盆地串接	山岳冰川特有水系	城阳河、白沙河间

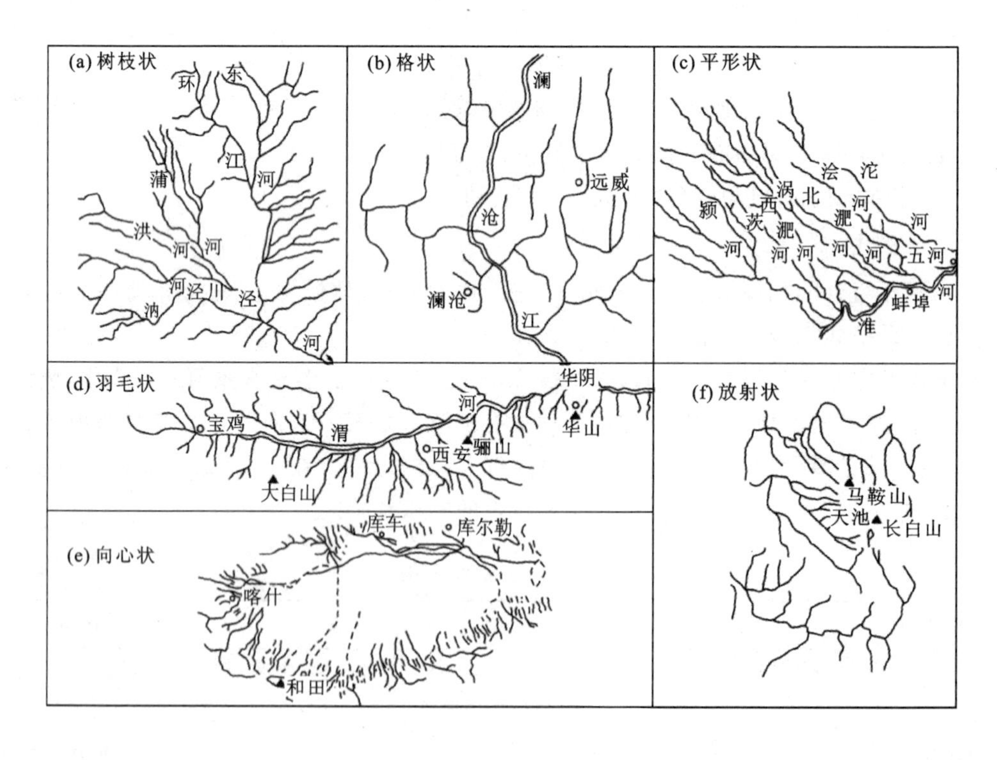

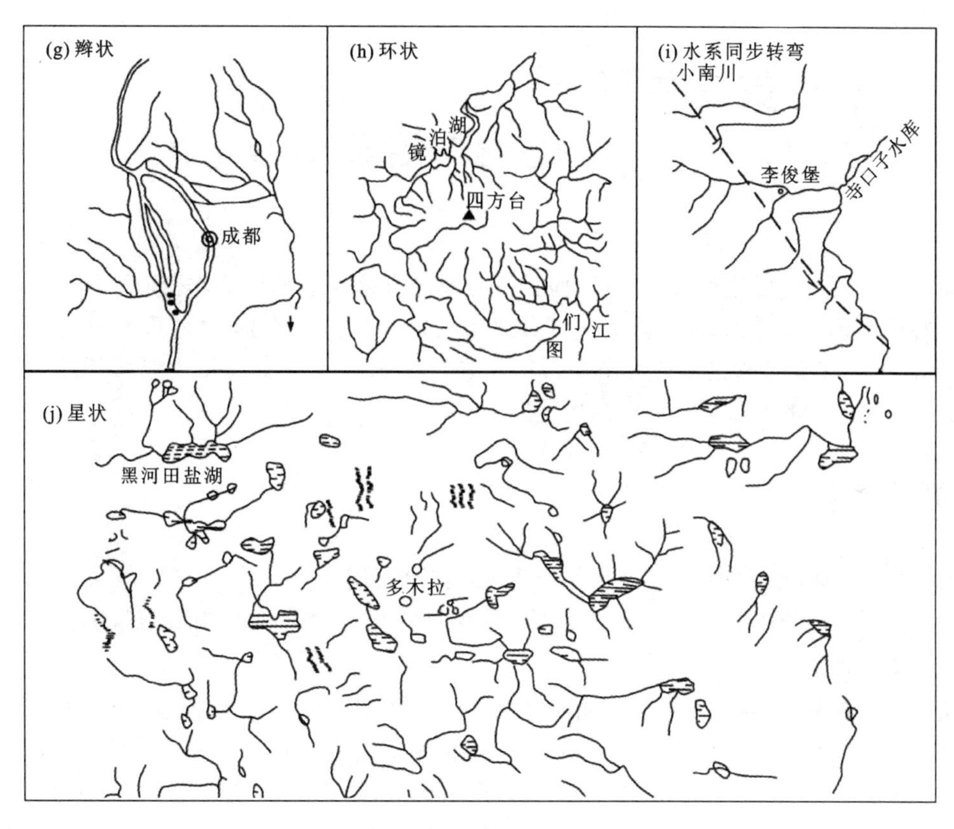

图 4-28 主要水系格式

(据曹伯勋,1995,修改)

3. 水系变化

河流袭夺是引起水系部分调整的重要原因,溯源侵蚀发展快的河流,袭夺分水岭另一侧河流后,留下肘状河湾、风口、断头河乃至残余冲积物等河流袭夺遗证(图 4-29)。新构造上升,河流垂直侵蚀与溯源侵蚀加强,易于产生河流袭夺。地壳长期大规模下降,河流加积作用增强,可使水系部分或全部改组,由此而使冲积层和砂矿被掩埋。冰川、熔岩流入河谷和大冰盖(如北美大陆)消长都可以使地表水系部分或全部变化。

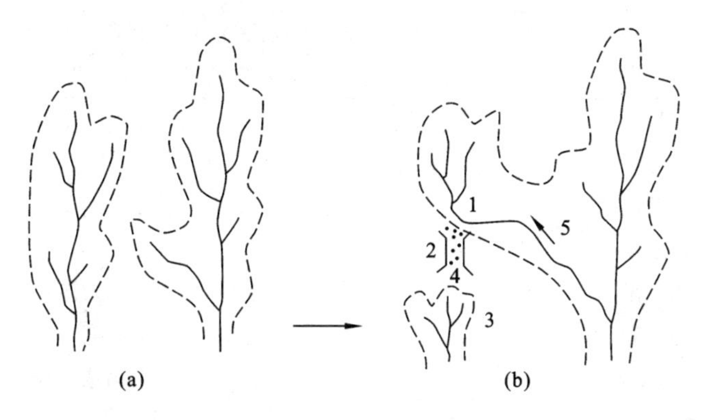

图 4-29 河流袭夺与水系调整示意图

(据曹伯勋,1995)

(a)袭夺前;(b)袭夺后;1.肘状河湾;2.风口(古河道);3.断头河(被袭夺河);4.残余冲积物;5.箭头示袭夺河溯源侵蚀方向

第三节 湖泊与沼泽地貌

湖泊是被静止或弱流动水所充填，而且不与海洋直接沟通的洼地，规模大小悬殊，巨大的湖泊有的称为海（如黑海），但湖泊一般缺少潮汐作用，这是与海的最大不同之处。沼泽（wetland，mire）是指地表过湿或有薄层常年或季节性积水，土壤水分几达饱和，生长有喜湿性和喜水性沼生植物的地段。

一、湖泊地貌

湖泊遍及全球，分布面积270多万平方千米，占陆地面积的1.8%。中国湖泊众多，共有湖泊24 800多个，其中面积在1km^{2}以上的天然湖泊就有2 800多个。第四纪湖泊更多，分布面积更广。

1. 湖泊的成因

湖泊成因有两类：内动力地质作用和外动力地质作用。前者有塌陷湖、地堑湖、断裂湖和火山口湖等；后者有重力滑塌湖、河床湖、风蚀湖、冰窝湖、残留海湖和人工湖泊等（表4-5）。例如：断裂湖——云南滇池；火山口湖——长白山天池；熔岩堰塞湖——黑龙江镜泊湖；风蚀湖——新疆艾丁湖；冰碛物堰塞湖——新疆天池；冰川刨蚀湖——新疆喀纳斯湖；人工湖——浙江千岛湖。

第四纪冷（干）、暖（湿）气候变化和新构造升降运动对湖泊的扩大与缩小和沉降中心转移有重要影响。大型断陷湖形成历史长，沉积物厚，其第四纪历史可与深海第四纪沉积钻孔岩芯$\delta^{18}O$阶段变化历史对比，晚更新世以来的湖泊沉积物尤为重要，它们记录了距今十几万年以来各地的气候与环境变迁历史。

表4-5 湖泊的成因分类

类别	组	类型
内动力作用湖	火山湖	火山口湖、破火山口湖、火山喷气湖、熔岩堰塞湖
	地震湖	塌陷湖、崩塌堰塞湖
	构造湖	地堑湖、断裂湖、向斜湖
外动力作用湖	重力湖	重力滑塌湖、岩溶崩塌湖、潜蚀崩塌湖、崩塌堰塞湖
	河流侵蚀湖	河床湖、河漫滩湖、三角洲湖
	风成湖	风蚀湖
	冰川湖	冰川刨蚀湖、冰窝湖、冰融湖、冰碛物堰塞湖
	海成湖	近海湖、残留海湖
	生物成湖	环状珊瑚礁湖、生物成坝湖
	陨石成湖	撞击湖、爆炸湖
	人工湖	水库

湖水的补给大部分来自于大气降水、地表水和地下水，少部分来自于冰雪消融、海洋残留

和岩浆原生。湖水的排泄主要通过地表径流、地下渗流和蒸发。湖水一般是静止或微弱流动的，与海水相比，湖水的作用是有限的。

2. 湖泊地貌

湖泊形成的地貌主要有湖阶地与湖积平原。

湖阶地成环形或半环形绕湖分布，其成因与气候变化或构造运动有关。第四纪干(冷)、湿(暖)气候变化往往波及广大地区的湖群而不是个别湖泊。在温暖气候期，湖泊水位上升(高湖水位)，面积扩大，或湖群合并，湖水淡化，干冷气候期，湖泊水位下降(低湖水位)，面积缩小，湖水咸化或干涸，湖区有风沙或洪积物堆积。若湖泊底部由于不均匀的堆积，则可造成湖阶地的不对称耳状分布。新构造运动引起的湖阶地常发育在一些构造运动活跃地带，它们常掩盖了气候对湖阶地形成的影响。

湖积平原发育在大湖周围，是湖泊大规模发展时期的产物。我国的洞庭湖、鄱阳湖等大湖周围不同程度地发育湖积平原或湖河平原。

二、沼泽

1. 沼泽的形成

沼泽是地表长期处于充分湿润，喜湿性植物丛生，并有大量泥炭和有机质淤泥堆积的地段。沼泽的形成主要由水体沼泽化和陆地沼泽化引起。水体沼泽化即湖泊发展的晚期阶段，湖水将干涸，表层含水量高，喜湿性植物大量生长形成的，大部分沼泽属于这种处于水体缩小状态下的湖区沼泽化而成，分布面积广。在平原和河谷地带，或由于土层黏性大，泄水不畅，或地表水体通过地表下透水层往低洼地带泄水，都会引起陆地沼泽化(图 4-30)。热带地区沼泽发展速度快，寒冷和高山高纬区沼泽发展较慢。晚更新世和全新世，我国东北地区、燕山南麓、江汉平原和长江中下游谷地都发育过较大规模的沼泽，东北沼泽沉积物是形成黑土的母岩。

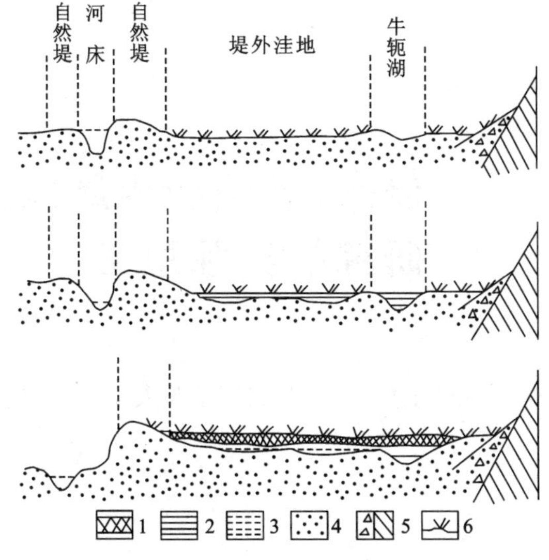

图 4-30 阶地、河漫滩沼泽化示意图

(据曹伯勋，1995)

1. 苔草-蒿草泥炭；2. 淤腐；3. 腐泥；4. 冲积物；5. 坡积物，基岩；6. 苔草植物

沼泽主要靠地下水供给水分，地下水中营养丰富，高等植物（乔木如木山木、落羽杉等）生长繁茂，植物死亡后分解快，沼泽表面几乎与地下水面相近或稍低，称低位沼泽。若沼泽主要靠大气降水补给水分，水中养料贫乏，只能生长苔、杂草，植物死亡后分解慢，沼泽表面高于地下水面，称高位沼泽。也有居于上述二者之间的过渡型沼泽。淡水和咸水水体都可以演化为沼泽。高山、高原和高纬区气候虽冷，但蒸发作用小，也易于形成沼泽。某些地段只是季节性地处于水饱和状态，则称为沼泽化地区。

2. 沼泽沉积与环境演变

沼泽沉积物保存和记录了沼泽受人类活动、全球环境变化、沼泽物种演化等的影响。通过沼泽沉积信息的研究，可以探索沼泽形成、演化自然过程及动力学机制，认知过去全球变化对沼泽形成过程的影响。

目前，研究沼泽沉积物的主要技术手段有：对沼泽沉积芯进行孢粉分析、粒度分析、沉积物的Sr/Ba比值、泥炭纹泥计年、^{14}C和^{137}Cs测年、10多种地球化学与矿物磁学参数相结合方法等。赵红艳等(2002)阐述了长白山泥炭分布规律，采用常规^{14}C方法测年并进行树木年轮校正，计算了泥炭厚度累积速率和碳累积速率，早全新世泥炭仅在南部局地沉积，速率较小，中全新世沉积普遍，速率最大，晚全新世继续沉积，速率较大；相应地，气候上早全新世开始转暖，偏凉，中全新世温暖湿润，晚全新世偏冷、偏湿。郑国璋等(2006)通过对安西古沼泽沉积物沉积粒度进行特征分析，孢粉分析并结合年代学资料，发现晚更新世末至全新世河西走廊西部地区气候总体趋于暖湿，但气候冷干—暖湿波动频繁交替，安西古沼泽全新世沉积物4个粒度旋回：①366～328cm，328～294cm；②294～240cm，240～206cm；③206～196cm，196～148cm；④148～54cm，54～0cm，可能代表河西走廊西部地区晚更新世末至全新世以来4个气候冷干—暖湿波动周期。

对湖泊与沼泽沉积物的研究，有助于对湖泊、沼泽成矿作用的认识，研究古气候、保护湿地以及保护自然环境。

第四节 流水、湖泊和沼泽地貌研究的实际意义

流水、湖泊和沼泽地貌在地球上广泛分布，它们是与人类生产和生活密切相关的沉积物和地貌。

一、矿产

(一) 冲积砂矿

冲积砂矿是在有含矿地质体（包括原生矿、含矿岩石和含矿构造）提供物源的前提下，经流水

作用、河床演变、河谷发展、水系调整和新构造运动影响下的产物。在具备上述条件的中、低山丘陵区内的 2 级和 3 级水道及切割密度大且深度大的汇水区内，有可能形成中、大型冲积砂矿。可以从原生矿寻找砂矿，也可以从砂矿追溯原生矿。冲积砂矿的矿种主要有砂金、金刚石、金红石、钨砂和锡石等。冲积砂矿的类型有河床砂矿、河漫滩(河谷)砂矿，阶地砂矿和古冲积砂矿。

1. 河床砂矿

河床砂矿是河床中正在形成的冲积砂矿，主要堆积在河床中有利于流速降低、重矿物能富集的地貌位置，如凸岸(点坝)、岩槛、旋水区和河床纵剖面较陡地段等(图 4-31)。此外，河流流向与片理、节理近直交地段，花岗岩和灰岩河床等也都有利于冲积砂矿的形成和富集。

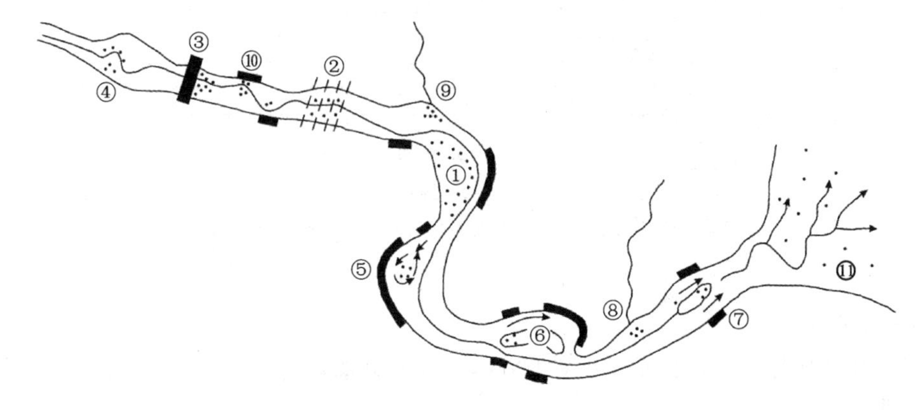

图 4-31 河床中砂矿富集地段和易侵蚀塌岸地段示意图

(据曹伯勋，1998)

河床中砂矿富集地段：①凸岸边滩(点坝)；②岩槛、壶穴、瀑布下方；③含矿岩脉下方或陡坡地段；④河谷由窄放宽处；⑤旋水区；⑥沙洲头部；⑦沙洲尾部(合流处)；⑧支流与主流呈钝角(或直角)交汇处；⑨支流汇入主流(支流流速大于主流)；⑩深水区；⑪三角洲，图上粗黑线段表示河流主流线顶冲和易崩塌段

2. 河漫滩砂矿

河漫滩砂矿是已经稳定下来赋存于河漫滩冲积层中的砂矿。河漫滩砂矿形成过程中曲流侧移使含矿砂砾层分布展宽，河流加积作用使含矿砂砾品位贫化。重矿物受重力作用随水往下运动过程中，遇到黏土夹层局部富集(黏土层称假底岩)，大部分则运移到砂砾层底部，部分渗入河底基岩风化裂隙中。河漫滩细粒沉积物中，有时也富集少量细粒有用矿物。

3. 阶地砂矿

阶地砂矿是河漫滩砂矿转化而来，与阶地类型关系密切。在河流凸岸，河流侧向移动明显的堆积岸(如受科氏力和地壳掀斜运动等影响的不对称河谷)和早期上升为主、晚期沉降等地段，都分布有阶地砂矿。阶地砂矿受后期外力作用影响，可以使品位发生变化，如风化剥蚀使含矿层变薄，冲沟(或小河—细谷)切过含矿砂砾层，进行两次分选，都会使阶地砂矿工业品位相对提高；此外，高阶地砂矿在后期河流侵蚀旋回中，有用矿物颗粒可以转移到以后的低阶地砂矿中。

4. 古冲积砂矿

这一类砂矿与现代地表水系无直接关系。一种是古水文网砂矿，它是由于地壳上升使地形倒置，在高地上留下的古冲积砂矿(图 4-32)；另一种则是石化的含有用矿物的第四纪以前的沉积岩，是第四纪冲积砂矿的供源之一。

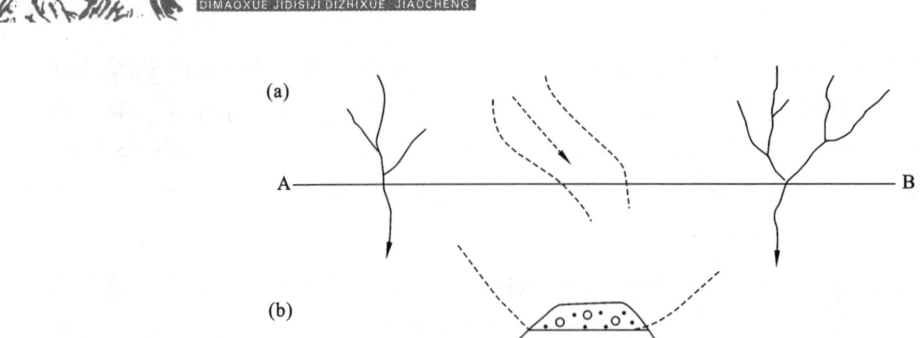

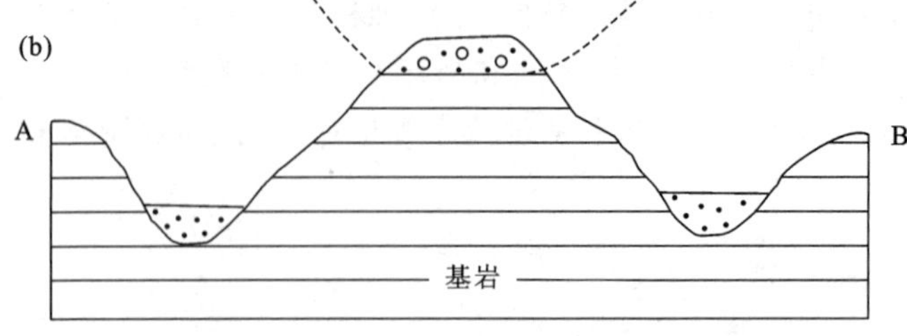

图 4-32　古水文网砂矿

(据曹伯勋,1995)

(a)平面,实线为现代水网,虚线为古代河道;(b)剖面,地形倒置现象

(二) 湖成矿

第四纪和现代盐湖沉积物是工业盐(NaCl)、硼和钾肥的重要资源。泥炭矿可用于能源、化工和农业。

二、地下水资源

冲积砂砾层是河谷地区和冲积平原的主要浅层地下含水层系。冲积砂砾的形成和分布与曲流移动、河谷形成发展、阶地类型、水系调整及地壳新构造运动密切相关。冲积层中地下水与基岩地下水、河水的补给及水力状况有联系。不同时代和深度的地下古河道系统纵横交错,既是良好的地下含水层系,也可用于贮水和引渗回灌。

洪积砂砾层是干旱区、半干旱区山前地带的主要含水层系。洪积物分布、厚度、埋藏深度和地下水补给,取决于气候、相邻山地新构造运动和冰雪状况。

三、工程

大型水库和水坝工程要求地质基础稳固,蓄水不会渗漏,配套工程合理,易于施工和节省投资。为此要对河谷地貌、沉积物、地质构造、新构造运动、地震和重力作用等进行详细研究,峡谷与宽谷间的过渡地段,尤其是有河中小岛的地段是优选地貌、地质条件。如三门峡水库和三峡大坝就利用了上述条件。

水运工程(港口、航道、运河等)要求工程地段河道具备一定的水深、河宽、边滩稳定、无心滩暗礁、无岸崩,上下游冲淤变化对水运的影响不大等。防洪工程要求重视对河床形态、主流线移动、曲流移动、岸坡岩性、管涌、汊河洲滩演变和沿岸重力作用的研究。

思考题

一、名词解释

河流地貌；河床；河漫滩；河流阶地；侵蚀基准面；河谷；坳谷；隘谷、障谷、峡谷；谷中谷；河漫滩河谷；裂点；曲流；牛轭湖；断头河；洪积扇；冲出锥；冲积扇；冲积平原。

二、简述

1. 简述河流地貌类型及特征。
2. 简述河床的类型划分。
3. 简述河流阶地类型及形成过程。
4. 河流阶地有哪些主要类型？各有何特征？图示说明。
5. 简述河漫滩的形成过程。
6. 泥石流发生区有何地貌特征？它的形成条件与滑坡有何异同？
7. 确定河流类型的地貌学意义是什么？
8. 分析控制水系发展的主要因素。
9. 流水侵蚀作用形成主要有哪些地貌形态？
10. 汉河型河床有哪些地貌特征？试说明其主要的形成原因及水文地质意义。
11. 研究阶地水文工程地质有何作用？
12. 确定河流类型的地貌学意义是什么？
13. 研究水系形式的特点有何地质、地貌意义？
14. 简述沼泽形成的自然环境条件。

三、对比题

侵蚀沟与河谷；裂点与风口；侵蚀阶地与基座阶地；冲出锥与洪积扇；顺向河与再顺向河。

第五章 岩溶地貌

在石灰岩大面积出露的地区，常常山水奇特，风景秀丽，这种奇丽的山川地貌是由特殊地质作用——岩溶作用造成的。岩溶作用是指地表水和地下水对可溶性岩石进行的以化学溶蚀作用为主，机械侵蚀和重力崩塌作用为辅，引起岩石的破坏及物质的带出、转移和再沉积的综合地质作用。

由岩溶作用所形成的地表形态、地下洞穴系统和沉积物，称为岩溶地貌和岩溶堆积物。岩溶则是岩溶作用及由此所产生的现象的统称。有的岩溶区地表水贫乏，石山树少，土层薄，但地下水丰富。奇特景观是重要的旅游资源。此外，发育在非可溶性岩层(碎屑岩等)中的类似岩溶的形态称假岩溶的碎屑岩岩溶和黄土岩溶，冰川、冻土小的热溶现象亦视为岩溶。

岩溶也称喀斯特(Karst)。喀斯特原是南斯拉夫西北部石灰岩高原的地名，19 世纪末，南斯拉夫学者 Cvijic 研究了喀斯持高原奇特的石灰岩地形，并把这种地貌叫做喀斯特，以后喀斯特一词便成为世界各国通用的专门术语。1966 年我国第二次喀斯特学术会议决定将喀斯特一词改为岩溶。1981 年在山西召开的“北方岩溶学术讨论会”上，议定“岩溶”和“喀斯特”二者皆可通用。

岩溶地貌在世界范围内分布非常广泛。较著名的岩溶区有我国广西壮族自治区、亚得里亚海东岸、法国中央山地之科斯区、英法白垩纪地层海岸、美国肯塔基州，其次有阿尔卑斯山区、乌拉尔、澳大利亚南部、越南北部、我国云贵高原及古巴、牙买加等。我国碳酸盐类岩石的出露面积约 125 万余平方千米，其中广西、云南和贵州几省的石灰岩分布面积达 55 万多平方千米，是中国岩溶主要分布区。我国的岩溶现象远在晋代(265—420 a A D)就有文字记载，在 17 世纪初，明代地理学家徐霞客(1587—1641 a A D)考察了湖南、广西、贵州、云南一带的岩溶地貌，并详细记述了岩溶地区的地貌特征，现在我国桂林已有专门从事岩溶研究的研究所。

第一节 岩溶地貌的形成条件

由于可溶性盐岩在水中的溶度与水中的二氧化碳含量有关，而水中的二氧化碳含量又受温度、气压以及土壤中有机质的氧化和分解等因素控制，此外，可溶性盐岩在水中的溶解度还受岩石的成分、结构和构造的影响。因此，整个岩溶作用过程会受到很多因素的影响，岩溶的

形成必须具备以下条件。

一、岩石的可溶性

岩石的可溶性主要取决于岩石成分、结构和构造。

1. 岩石成分对溶蚀率的影响

可溶性岩石大致可以分为3类：碳酸盐类岩石（石灰岩、白云岩、硅质灰岩、泥质灰岩）；硫酸盐类岩石（石膏、芒硝）；卤盐类岩石（石盐、钾盐）。其相对溶解度依次为：卤盐类岩石＞硫酸盐类岩石＞碳酸盐类岩石。

碳酸盐类岩石的矿物成分主要是方解石（$CaCO_3$）或白云石[$CaMg(CO_3)_2$]，含有SiO_2、Fe_2O_3、Al_2O_3及黏土等杂质。石灰岩的成分以方解石为主，白云岩的成分以白云石为主，硅质灰岩是含有燧石结核或条带的石灰岩，泥灰岩则为黏土物质与$CaCO_3$的混合物。一般来说，碳酸盐类岩石溶解度从大到小依次为：石灰岩＞白云岩＞硅质灰岩＞泥灰岩。

实验表明，碳酸盐类岩石的相对溶解度与岩石中CaO/MgO比值密切相关。在含CO_2的水溶液中，若以纯方解石的溶解度为1，可溶岩石的相对溶解度随CaO/MgO比值增大而变大（图5-1）：当CaO/MgO比值在1.2～2.2之间时（相当于白云岩），相对溶解度在0.35～0.80之间；当CaO/MgO比值在2.2～10.0之间时（相当于白云质灰岩），相对溶解度介于0.80～0.99之间；当CaO/MgO比值大于10.0时（相当于石灰岩），相对溶解度趋近于1。

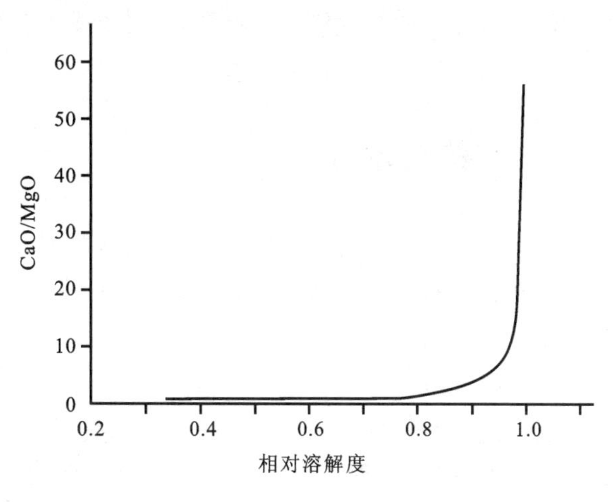

图5-1　CaO/MgO比值与相对溶解度关系曲线图
（据杨景春等，1984）

随着溶蚀时间的延续，上述关系的相关性越来越不明显。这是因为溶蚀作用取决于溶解度和溶解速度两个方面，刚开始溶解时，溶液中溶质含量较少，浓度较低，方解石和白云岩都是未饱和的，说明两者溶解速度有着明显差异；随着溶液趋于饱和，溶解度将是控制溶液浓度的主要因素，再加上结构、构造及其他因素的影响。因此，碳酸盐岩的成分与溶蚀率的相关性是复杂多变的。

2. 岩石结构对溶蚀率的影响

岩石结构对溶蚀率的影响主要体现在岩石结晶颗粒的大小、结构类型及原生孔隙性。

结晶岩石的晶粒越小，相对溶解速度越大，隐晶结构一般具有较高的溶蚀率。因为小晶粒较之大晶粒而言，单位面积内有较多的边和角，非中和键的浓度则大，且很多微晶是磨蚀的产物，表面保持着残余的弹性应变，因此溶解度较大。

岩石的组织结构和相对溶解度有密切关系。根据广西碳酸盐岩实验表明，鲕状结构与隐晶—细晶质结构的石灰岩有较大的溶解速度，不等粒结构石灰岩比等粒结构石灰岩的相对溶解度大（表5-1）。

表 5-1 广西不同结构的碳酸盐类岩石的相对溶解度

石灰岩类型			白云岩类型		
结构特征	CaO/MgO	相对溶解度	结构特征	CaO/MgO	相对溶解度
隐晶质微粒结构	18.99	1.12	细晶质生物微粒结构	2.13	1.09
细晶质微粒结构	27.03	1.06	隐晶质向镶嵌结构过渡	1.44	0.88
鲕状结构	21.04	1.04	细晶及隐晶质镶嵌结构	1.65	0.85
微粒—中粒结构	21.43	0.99	中晶及细晶质镶嵌结构	1.53	0.71
中晶质镶嵌结构	25.01	0.56	中晶质镶嵌结构	1.36	0.66
中粒、粗粒结构	14.97	0.32	中粗粒镶嵌结构，具溶孔	1.73	0.65

注：据金玉璋资料，1984。

岩石的原生孔隙度对岩溶的影响甚大。孔隙度越高，越有利于岩溶的发育。一般来说，原生的碳酸岩比变质的碳酸岩孔隙度大；盆地或大陆架深水区沉积生成的碳酸盐岩比过渡性沉积区生成的碳酸盐岩的孔隙度大。

二、岩石的透水性

只有当岩石具有透水性时，含 CO_2 的水才能在岩石中流动，与岩石发生作用，进行溶蚀而不易饱和。岩石的透水性主要取决于岩石的孔隙度和裂隙度，其中裂隙度更为重要，它与岩石的成分、结构和构造破裂程度有关。

1. 岩石成分

成分纯、刚性强的岩石透水性好，如纯灰岩刚性强，裂隙开扩，长而深，因而透水性好，可形成大型溶洞；而泥质灰岩刚性弱，节理比较紧闭，经溶蚀后又会残留很多黏土，常阻塞裂隙，因而透水性差。

2. 岩石结构

厚层的可溶性岩石较薄层可溶性岩石的透水性好，这是由于前者的隔水层较少，岩性均一，往往形成深而宽的裂隙。

3. 岩石构造

构造发育的地段岩溶作用强，褶皱和断裂作用使岩石的破裂程度加大，从而使岩石透水性增强。所以构造线的方向往往控制了溶洞的延伸方向。

三、水的溶解性

水对碳酸盐的溶蚀能力主要是由水中所含 CO_2 决定的。纯水的溶蚀力是极其微弱的，只有含 CO_2 的水才具有溶解性，CO_2 含量越高，其溶解性越强。

水中 CO_2 的含量受空气压力和温度的影响，据实验，大气中 CO_2 的局部气压与水中 CO_2 的含量成正比。一般空气中 CO_2 含量约占空气体积的 0.03%，因此在自由大气下，空气中 CO_2

的分压力为0.000 3atm[①]。此时渗流于碳酸盐中的水溶解力为100～150mg/L；当水流向下渗透由于压力的增加，CO_2浓度加大，水的溶解力可达150～300mg/L。当空气中CO_2压力不变时，水中CO_2的含量和$CaCO_3$的溶解度均随温度升高而降低（表5-2）。但温度升高，水的电离度大，对溶蚀作用有利，同时温度升高也使得化学反应的速度加快。此外，土壤中有机质的氧化与分解也可产生大量的CO_2，通常含量达1%～2%，在高温区通过有机质氧化作用，CO_2将大量增加，对促进$CaCO_3$溶解起着重要作用。因此，亚热带和热带岩溶作用比寒冷区和干燥区发育。

表5-2 P_{CO_2}=0.000 3atm时水中CO_2含量及$CaCO_3$溶解度

t(℃)	CO_2含量(%)	$CaCO_3$溶解度(mg/L)
0	1.1	81
10	0.70	70
20	0.52	60
30	0.39	49

注：引自曹伯勋，1995。

四、水的流动性

滞留的水，由于不能及时补给CO_2，其溶解力是有限的，$CaCO_3$很容易达到饱和。流动的水，由于水温、水流及气压条件的不断改变，可保持水的溶解性能。特别是不同CO_2浓度的地下水混合，会大大提高水的溶解力。

地下水的流动性一方面取决于岩石的透水性，另一方面取决于降水量，而后者与气候相关。在湿热地区，雨量丰富，地表水不断渗入地下，地下水经常得到补充，使溶液不易饱和，常保持较高的溶蚀力。在干旱地区，降水很少，地下水常年得不到补充，流动缓慢，溶液容易饱和，溶蚀力较低。在寒冷区，由于以固体降水为主并发育冻土，阻碍了地下水的流动，溶蚀力亦较低。

地下水的流动方式是多种多样的。在厚层的石灰岩区，沿主要河谷地区岩溶水的流动状态可分为4个带（图5-2）。

1. 垂直循环带

垂直循环带又称包气带。位于地表以下，最高岩溶水位之上。为雨雪水向地下垂直渗流地带、水流以垂直运动为主。当遇到局部隔水底时，形成局部上层滞水，当上层滞水在谷坡上出露时形成“悬挂泉”。垂直循环带的厚度取决于当地主要排水基面的位置。在地壳上升剧烈区、河谷下切深度大，此带厚度也大。如鄂西山区的垂立循环带厚度达数百米以上，而广西的岩溶平原区仅数十米。

2. 季节变化带

季节变化带为最高岩溶水位及最低岩溶水位之间的地带。旱季时为包气带的一部分，而

---

① 1atm（标准大气压）=1.013 25×10^5Pa。

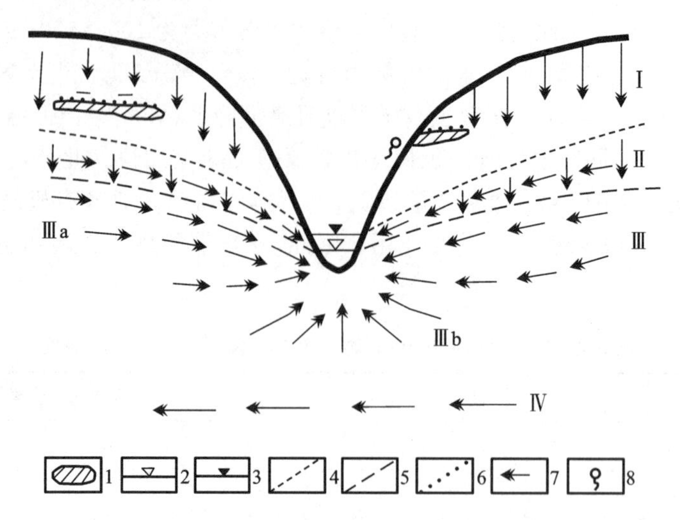

图 5-2　岩溶水的垂直分带图

(引自原北京地质学院,1959)

1.隔水层;2.平水位;3.洪水位;4.最高岩溶水位;5.最低岩溶水位;6.上层滞水;7.水流方向;8.悬挂泉。

Ⅰ.包气带;Ⅱ.季节变化带;Ⅲ.饱水带;Ⅲa.水平流动亚带;Ⅲb.虹吸管式流动亚带;Ⅳ.深部循环带

雨季时又成为饱水带的一部分。水流呈垂直运动及水平运动交替出现。其厚度在滨河岸地带受河流高、低水位控制。在分水岭地带,受岩溶化程度影响,如岩溶化程度较强,季节变化带厚度就很小,甚至缺失;反之则厚。

3. 饱水带

饱水带为在最低岩溶水位以下,受主要排水河道所控制的饱水层。根据水流方向不同可分两个亚带,上部为水平流动亚带(Ⅲa),地下水流向河谷方向,大致呈水平方向运动,水流以管流及脉流形式为主,水平岩溶通道发育;下部为虹吸管式流动亚带(Ⅲb),大致位于河床以下,地下水具承压性质,水流以虹吸管式沿裂隙向谷底减压区排泄。两亚带之间没有明显的界线。水平流动亚带的厚度,有的地区有从补给区向排泄区加大的现象,如贵州猫跳河两侧,此带厚度为 5～10m,而近谷坡地段则厚达 20～30m。虹吸管式亚带的深度受岩溶水位、水力坡度的影响,水力坡度越大,这一亚带的深度越大。因此,在弱岩溶化地区,此亚带深度较大,而强岩溶区情况则相反。

4. 深部循环带

此带地下水的流动方向不受附近水文网排水作用的直接影响,而是由地质构造决定。深部水流运动缓慢,岩溶作用一般微弱,但有时也强烈。

在上述各带中,地下水的流动方式、方向及强度不同,因此对浅层岩溶的意义也不同。其中岩溶作用最强烈的地方是地下水面附近,因此季节变化带(Ⅱ)及水平流动亚带(Ⅲa)是岩溶作用强烈的地方。

五、溶蚀基准面

岩溶作用的下限面称溶蚀基准面。在厚层均一的石灰岩区,大规模溶蚀作用的基准面与当地大型水体面(主要河流水面、大湖水面等)位置大体相当;但在有些地区河床以下 10～80m

(或更深)仍有溶洞发育。地壳上升,溶蚀基准面相应下降,岩溶化层加厚。在石灰岩与不透水岩层(页岩、黏土层)互层地区,厚层无裂隙贯通的不透水层顶面称为当地溶蚀基准面。若地下水沿贯通不同性质岩层的断裂带下渗,岩溶可以在地下深处灰岩中沿张开的断裂带发育,直到断裂封闭处而止,称深部岩溶,在巨厚层不同岩溶化程度的碳酸盐岩岩系中,相对溶解度小的碳酸盐层是岩溶作用较弱的层位,相对于其上的岩溶化强烈的碳酸盐层也具有一定的溶蚀基准意义。构造破裂带与硫化矿床氧化带的灰岩溶蚀作用则受当地条件制约。

第二节 岩溶地貌类型

岩溶作用的结果使可溶性岩石形成一系列独特的岩石地貌,其地貌形态是十分复杂的(图5-3)。按出露情况可分为地表岩溶地貌和地下岩溶地貌。地表岩溶地貌主要由地表水作用所形成,地下岩溶地貌主要为地下水所雕塑。

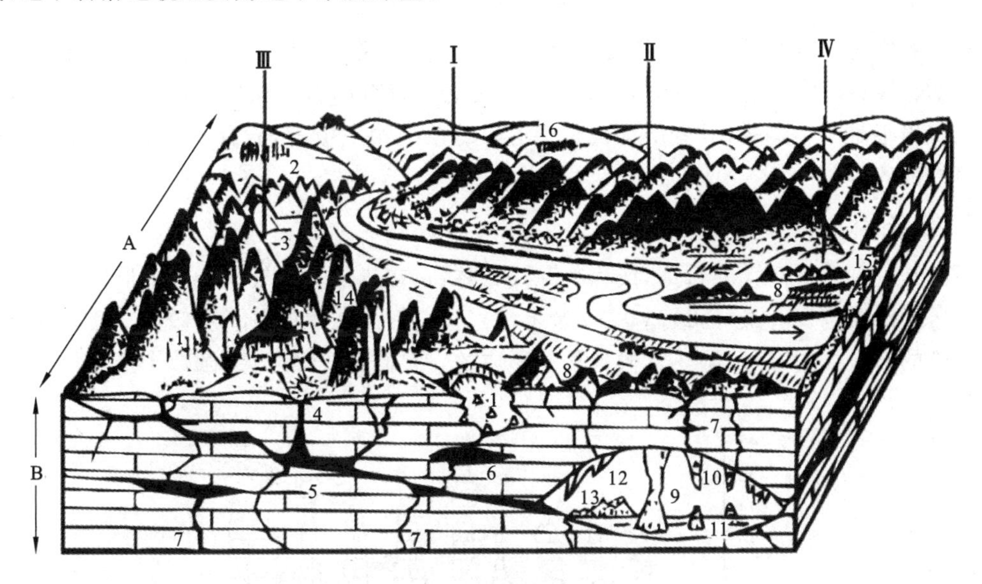

图 5-3　岩溶地貌示意图

(引自曹伯勋,1995)

形态组合:Ⅰ.岩溶高原;Ⅱ.峰丛-洼地;Ⅲ.峰林-洼地(谷地);Ⅳ.岩溶平原。岩溶形态:1.岩溶塌陷;2.石林;3.溶蚀洼地;4.落水洞;5.暗河;6.地下湖;7.溶隙;8.溶蚀残丘;9.石柱;10.石钟乳;11.石笋;12.石幕;13.洞穴角砾;14.抬升的溶洞;15.岩溶泉;16.陡崖。A.地表岩溶;B.地下岩溶

一、地表岩溶地貌

(一) 溶沟和石芽

溶沟和石芽是石灰岩表面的溶蚀地貌。地表水流沿石灰岩表面流动,溶蚀、侵蚀出许多凹

槽，称为溶沟。溶沟宽十几厘米至几百厘米，深以米计，深浅不等。溶沟之间的突出部分，称为石芽。石芽除有裸露型之外，还有埋藏型。埋藏型石芽多是在地下水渗透过程中溶蚀而成。在热带，地面植被生长茂密，土壤中CO_2含量较多，入渗水流的溶蚀力特别强，形成规模很大的埋藏石芽，其上覆盖有溶蚀残余红土和少量石灰岩块。通常，从山坡上部到下部，石芽类型依次为全裸露石芽、半裸露石芽和埋藏石芽（图 5-4）。

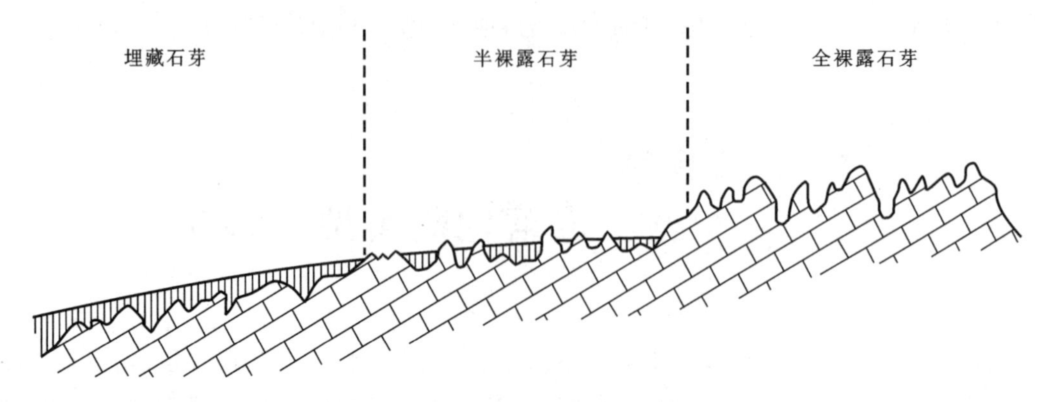

图 5-4　石芽剖面示意图

（据潘凤英等，1984）

石芽的发育与可溶性岩石的纯度及厚度有关。在厚层，质纯的石灰岩上可以发育出高大而尖锐的石芽；在薄层，泥质和硅质灰岩或者白云岩上发育的石芽比较低矮圆滑。其原因是不纯的石灰岩很难产生溶沟，或者溶沟被难于溶解的蚀余物质覆盖，石芽不显露，即使已成的石芽也容易崩落。

（二）石林

石林是一种非常高大的石芽，或称石芽式石林，它在热带多雨气候条件下形成。石林式石芽在我国云南路南发育最好，最高达 30 余米（图 5-5），它是在厚层、质纯、倾角平缓和具有较疏垂直节理的石灰岩中，以及湿热气候条件下形成的。它们挺拔林立，方圆数十里，蔚为壮观。

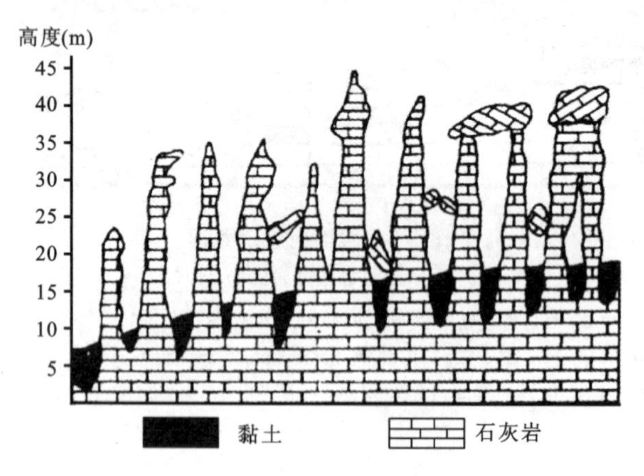

图 5-5　云南路南石林剖面图

（据曾克峰等，2013）

石林在国内外都有分布。中国石林地貌主要分布在 N25°～26°以南（部分达到 N28°，甚至 N31°）的热带、亚热带地区。例如贵州思南石林，面积约有 5.2km²。石林与地表的相对高差

为 3～17m，单体 1m 处周长 0.8～2.9m，单体形态多样（有针状、塔状、柱状、城堡状等），纤细如小家碧玉。植被覆盖率较高，多以树林、石林“双相林”和谐共生。该石林岩性单一，主要为二叠系灰岩，多燧石团块、眼球状构造，石林岩体多空洞、孔隙，组合形态奇异犹如雕刻，形成众多象形景观。

（三）岩溶漏斗

漏斗是岩溶地貌中的一种口大底小的圆锥形洼地，平面轮廓为圆形或椭圆形，直径数十米，深十几米至数十米。漏斗下部常有管道通往地下，地表水沿此管道下流，如果通道被黏土和碎石堵塞，则可积水成池。

漏斗按成因可分为溶蚀漏斗、沉陷漏斗和塌陷漏斗 3 种。溶蚀漏斗是地面低洼处汇集的雨水沿节理裂隙垂直向下渗漏不断溶蚀形成的[图 5-6(a)]。在有较厚的松散沉积物或砂岩覆盖的岩溶地区，如有通往地下的裂隙，水流在下渗过程中，带走一部分细粒的砂和黏土物质，使地面下沉形成沉陷漏斗[图 5-6(b)]。塌陷漏斗多是溶洞的顶板受到雨水的渗透、溶蚀或强烈地震发生塌陷而成[图 5-6(c)、(d)]。

漏斗是岩溶水垂直循环作用的地面标志，因而漏斗多数分布在岩溶化的高原面上。例如宜昌山原期地面上，漏斗很发育，溶蚀洼地和落水洞等很多，平均每平方千米达 30 多个。这是由于长江的一些支流已溯源侵蚀伸入该区，地下水垂直循环作用强烈，发育有较密集的岩溶漏斗和洼地。如果地面上有呈连续分布的成串漏斗，这往往是地下暗河存在的标志。

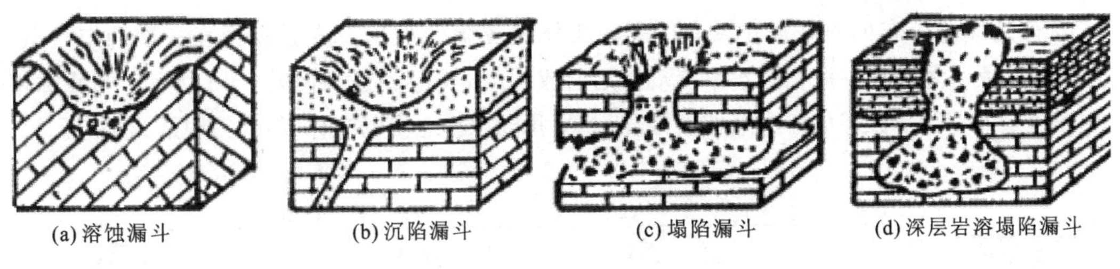

图 5-6　漏斗的种类

（据曹伯勋，1995）

（四）落水洞

落水洞（图 5-7）是岩溶区地表水从谷地流向地下河或地下溶洞的通道，它是岩溶垂直流水对裂隙不断溶蚀并伴随坍陷而成。它是从地面通往地下深处的洞穴，垂向形态受构造节理裂隙及岩层层面控制，呈垂直的、倾斜的或阶梯状的。洞口常接岩溶漏斗底部，洞底常与地下水平溶洞、地下河或大裂隙连接，具有吸纳和排泄地表水的功能，故称落水洞。落水洞大小不一，形状也各不相同。按其断面形态特征，可分为裂隙状落水洞、竖井状落水洞和漏斗状落水洞等；按其分布方向有垂直的、倾斜的和弯曲的。在广西一带，许多落水洞的洞口直径为 7～10m，深度为 10～30m，最深可达百米以上。

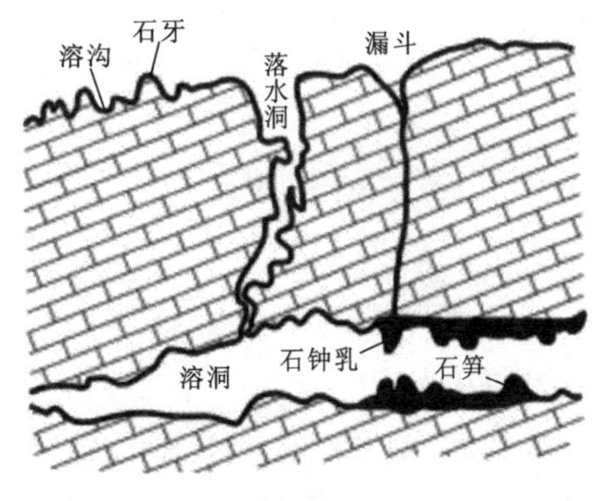

图 5-7　漏斗与落水洞

（据曹伯勋，1995）

竖井又称天坑(图5-7)。当地壳上升,地下水位也随之下降,落水洞进一步向下发育而成竖井,深度可达数百米。

(五)峰林、峰丛、孤峰、溶蚀洼地与坡立谷

由碳酸盐岩石发育而成的山峰,按其形态特征可分为孤峰、峰丛和峰林(图5-8)。它们都是在热带气候条件下,碳酸盐岩石遭受强烈的岩溶作用后所造成的特有地貌。这些山峰峰体尖锐,外形呈锥状、塔状(圆柱状)和单斜状等。山坡四周陡峭,岩石裸露,地面坎坷不平,石芽溶沟纵横交错,而且分布着众多漏斗、落水洞和峡谷等。山体内部发育有大小不等的溶洞和地下河,整个山体被溶蚀成千疮百孔。

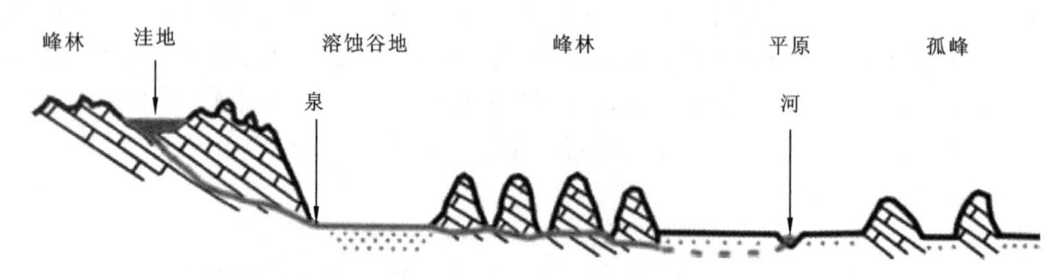

图5-8 峰丛、峰林和孤峰的分布图

(据北京大学等,1978)

1. 峰林

峰林是成群分布的石灰岩山峰,山峰基部分离或微微相连。它是在地壳长期稳定状态下,石灰岩体遭受强烈破坏并深切至水平流动带后所成的山群,其形成过程如图5-9所示。与峰林相随产生的多是大型的溶蚀谷地和深陷的溶蚀洼地等,我国峰林地貌以桂林、阳朔等地最为著名。

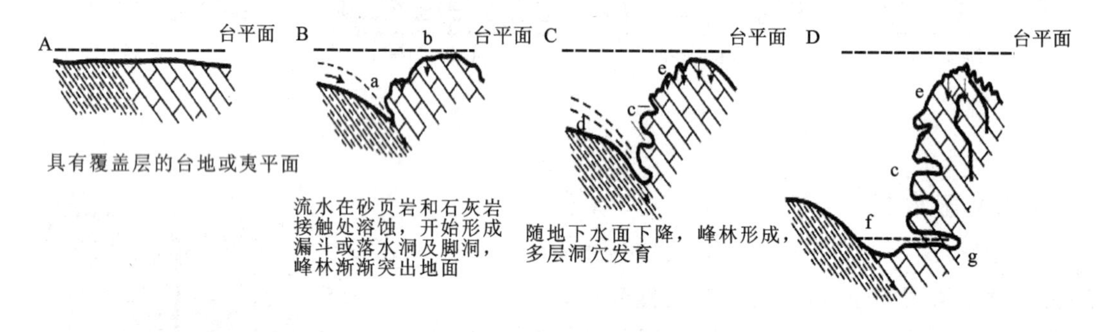

图5-9 峰林形成示意图

(据曹伯勋,1995)

a.落水洞或脚洞;b.石芽和溶沟;c.多层溶洞;d.砂页岩丘陵;e.峰林;f.积水洼地;g.脚洞

2. 峰丛

峰丛是一种连座峰林,顶部山峰分散,基部连成一体。当峰林形成后,地壳上升,原来的峰林变成了峰丛顶部的山峰,原峰林之下的岩体也就成了基座。此外,峰丛也可以由溶蚀洼地及谷地等分割岩体形成。在我国南方喀斯特区,峰丛分布很广,高度较大,如广西西北部的峰丛海拔达千米以上,相对高度超过600m,而且许多成行排列,显示它的发育与构造线一致(图5-10)。一般峰丛位于山地中心部分,峰林在山地边缘,而孤峰则分布于溶蚀平原或溶蚀谷地上。

3. 孤峰

孤峰指散立在溶蚀谷地或溶蚀平原上的低矮山峰，它是石灰岩体在长期岩溶作用下的产物(图 5-10)，如桂林的独秀峰、伏波岩等。孤峰形态主要受岩石纯度和构造影响。锥状孤峰是顶部小、基部大的山峰，峰脚坡积物较多，它生成于岩层水平的不纯石灰岩区。塔状孤峰为圆柱形，山坡陡直，它是在层厚、质纯而产状水平的石灰岩上形成的。单斜状孤峰的山坡两侧不对称，一坡陡峭而另一坡缓和，其形态与岩层的单斜产状有关。

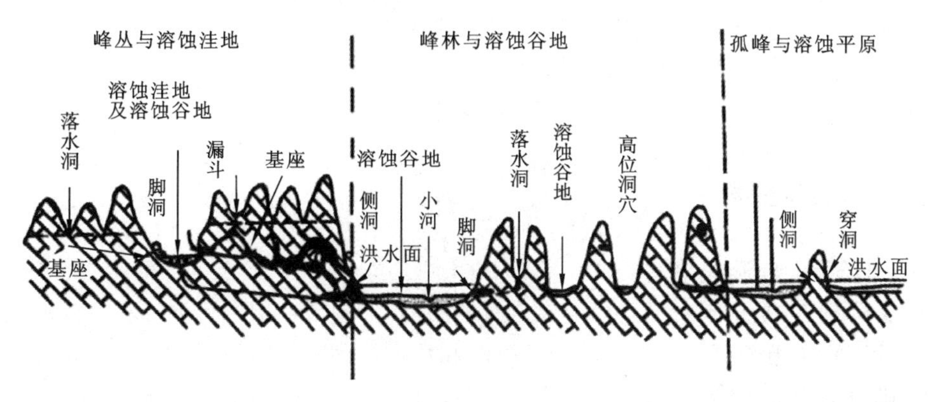

图 5-10　峰丛、峰林和孤峰剖面示意图
(据曹伯勋，1995)

4. 溶蚀洼地与坡立谷

溶蚀洼地与坡立谷是地表岩溶地貌中主要的负地形。

1) 溶蚀洼地

溶蚀洼地是由四周为低山丘陵和峰林所包围的封闭洼地。其形状和溶蚀漏斗相似，但规模比溶蚀漏斗大许多。平面形状有圆形、椭圆形、星形和长条形，垂直形状有碟形、漏斗形和筒形，由四周向中心倾斜。溶蚀洼地底部较平坦，直径超过 100m，最大可达 2km。

溶蚀洼地是由漏斗进一步溶蚀扩大而成。其底部常发育落水洞和漏斗，此外，还发育一些小溪。从洼地四壁流出的泉水，经小溪汇流进入落水洞中。溶蚀洼地常发育于褶皱轴部或断裂带中，沿大断裂带发育的溶蚀洼地，常呈串珠状排列。如果溶蚀洼地底部被黏土或边缘的坠积岩块所覆盖，底部的溶蚀漏斗和落水洞被阻塞，就会形成岩溶湖。洼地是包气带岩溶作用下的产物，也是岩溶作用初期的地貌标志，因此它在岩溶高原上发育最为普遍。洼地的发展，最初是以面积较小的单个漏斗(溶斗)为主，随着多个漏斗不断融合扩大，形成面积较大的盆地。它的发展不但使地面切割加剧，而且还促进了正地貌的形成，如洼地越发育，峰丛石山越明显。溶蚀洼地在云贵和广西等地分布广泛，如贵州思南的溶蚀洼地。

2) 坡立谷

坡立谷(Polje)一词源自南斯拉夫语，原意为可耕种的平地，即溶蚀平原或岩溶盆地，代表岩溶发育的晚期阶段。其主要特征是面积大，超过数十平方千米。底部平坦，地下河转化为地上河，地表接近水平径流带，形成冲积坡积、溶蚀残余堆积平原。其延伸方向与构造线一致，周围发育峰林地形，内部峰林稀疏或只有孤峰、溶丘。因而从包括周边整个视域来看，它是一个盆地或谷地。将 Polje 译成坡立谷是音译与意译相统一的结果。

(六) 干谷、盲谷和断头河

在岩溶作用晚期，由于落水洞和地下溶洞的发育，地表河流逐渐转入地下，常出现一段有水、一段无水的现象。有水河段流入落水洞，过渡为无水河段，地面河由此嵌入地下，在一定的条件下又流出地表。在岩溶地区，有的河流突然终止于石灰岩壁，有时又会从岩壁另一侧流出。前方没有出口的河流成为盲谷；而由岩壁下流出或由地下河补给的地表河流，则称为断头河。地表河因水流转入地下，所遗留的高于地下水位的干涸河道称为干谷(图 5-11)。断续的地表河、盲谷、湖沼和干谷组成岩溶区地表特有的水系。盲谷在贵州思南十分发育，其与地下岩溶地貌交替出现。

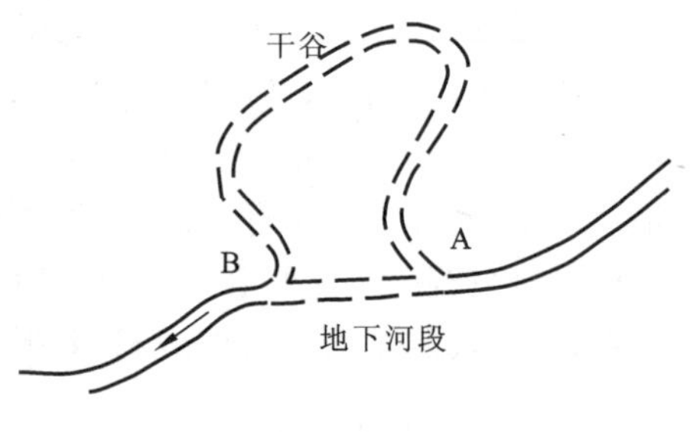

图 5-11　盲谷与干谷
(据曹伯勋，1995)

二、地下岩溶地貌

(一) 溶洞及溶洞堆积物

溶洞又称洞穴，是地下水沿着可溶性岩石的层面、节理或断层进行溶蚀和侵蚀形成的地下孔道。当地下水流沿着可溶性岩石的较小裂隙和孔道流动时，其运动速度很慢，这时只进行溶蚀作用。随着裂隙的不断扩大，地下水除继续进行溶蚀作用外，还产生机械侵蚀作用，使孔道迅速扩大为溶洞。

1. 溶洞的形态

溶洞的形态多种多样，规模亦不相同(图 5-12)。根据溶洞的剖面形态可分为水平溶洞、垂直溶洞、阶梯状溶洞、袋状溶洞和多层状溶洞等。这些形态各异的溶洞或是与地下水动态有关，或是与地质构造有关。在垂直循环带中发育的溶洞多是垂直的，规模较小；在水平循环带中形成的溶洞多是水平的，有时受断层面倾向或地层产状的影响，也可能是倾斜的。有些溶洞发育还受岩层中节理的控制，经常见到溶洞的方向与某一组特别发育的节理方向一致。

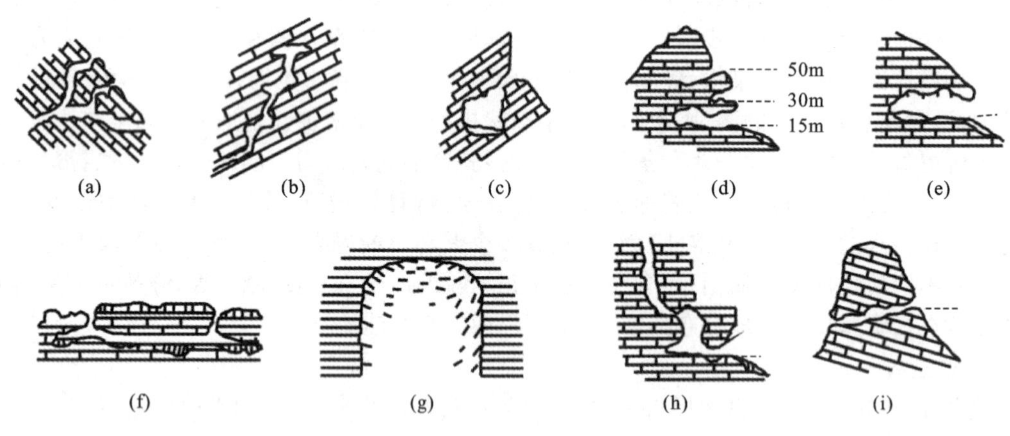

图 5-12　溶洞形态类型剖面图
(据杜恒俭等，1981)
(a)管道状；(b)阶梯状；(c)袋状；(d)多层洞穴；(e)水平盲洞；(f)地下长廊；(g)地下厅；(h)通天洞；(i)通山洞

溶洞内经常充满水，形成地下河、地下湖和地下瀑布。当地壳上升，地下水水位下降，溶洞将随之上升，使洞内水溢出。地壳多次间歇抬升，就会出现多层溶洞。溶洞在我国各地都有分布。

2. 溶洞堆积物

溶洞堆积物多种多样，除了地下河床冲积物如卵石、泥砂（其中有砂矿、黏土矿物等）外，还有崩积物、古生物以及古人类文化层等堆积。但最常见和最多的是碳酸钙化学堆积，并且构成了各种堆积地貌，如石钟乳、石笋、石柱、石幔等。

石钟乳：它是悬垂于洞顶的碳酸钙堆积，呈倒锥状。其生成是由于洞顶部渗入的地下水中CO_2含量较高，对石灰岩具有较强的溶蚀力，呈饱和碳酸钙水溶液。当这种溶液渗至洞内顶部出露时，因洞内空气中的CO_2含量比下渗水中CO_2含量低得多，所以水滴将失去一部分CO_2而处于过饱和状态，于是碳酸钙在水滴表面结晶成为极薄的钙膜，水滴落下时，钙膜破裂，残留下来的碳酸钙便与顶板联结成为钙环。由于下渗水滴不断供应碳酸钙，所以钙环不断往下延伸，形成细长中空的石钟乳。如果石钟乳附近有多个水滴堆积，则形成不规则的石钟乳（图 5-13）。

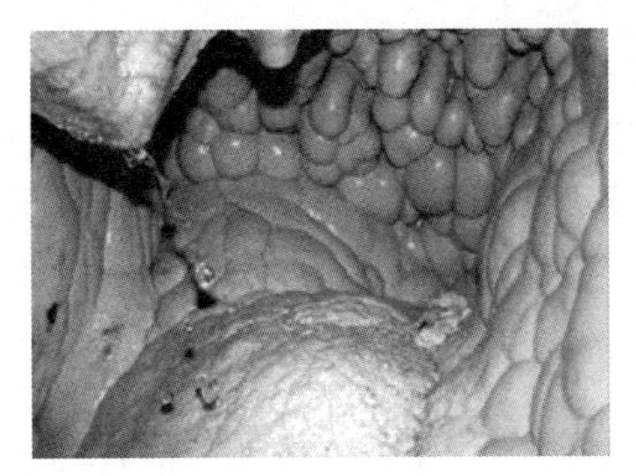

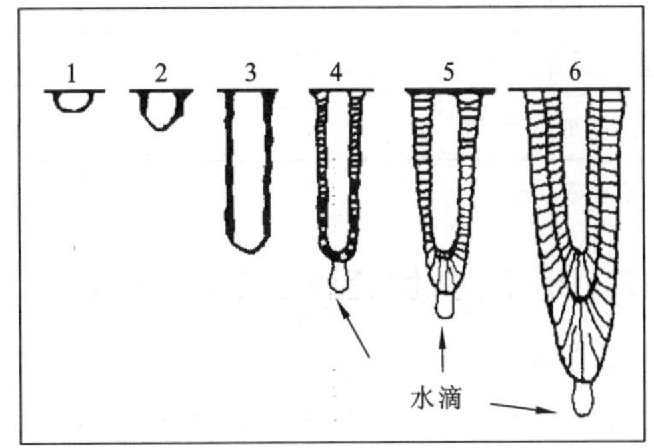

图 5-13　石钟乳（甘肃漳县）及其形成过程图

（据曹伯勋，1995）

石笋：它是由洞底往上增高的碳酸钙堆积体，形态呈锥状、塔状及盘状等。其堆积方向与石钟乳相反，但位置两者对应。当水滴从石钟乳上跌落至洞底时，变成许多小水珠或流动的水膜，这样就使原来已含过量CO_2的水滴有了更大的表面积，促进了CO_2的逸散。因此，在洞底产生碳酸钙堆积。石笋横切面没有中央通道，但同样有同心圆结构。

石柱：石柱是石钟乳和石笋相对增长，直至两者连接而成的柱状体。由洞顶下渗的水溶液继续沿石柱表面堆积，使石柱加粗。

石幔：含碳酸钙的水溶液在洞壁上漫流时，因CO_2迅速逸散而产生片状和层状的碳酸钙堆积，其表面具有弯曲的流纹，高度可达数十米，十分壮观。

3. 溶洞崩塌地貌

溶洞内部周围岩石的临空和洞顶的溶蚀变薄，会使洞穴内的岩石应力失去平衡而发生崩塌，直到洞顶完全塌掉，变为常态坡面为止。崩塌是溶洞扩大和消失的重要作用力，形成的地貌主要有崩塌堆、天窗、天生桥、穿洞等。

崩塌堆：洞顶岩层薄、断裂切割强以及地表水集中渗入的洞段容易发生崩塌，洞底就会出现崩塌堆；洞内化学堆积的发展也会引起溶洞的崩塌，如巨大的石钟乳坠落。

天窗：洞顶局部崩塌并向上延及地表，或地面往下溶蚀与下部溶洞贯通，都会形成一个透光的通气口，称为“天窗”。若天窗扩大，及至洞顶塌陷时，地下溶洞则称为竖井。

天生桥、穿洞：溶洞的顶部崩塌后，残留的顶板横跨地下河河谷两岸中间悬空，称为天生桥，呈拱形，宽度数米至百米。有些天生桥是由于分水岭地区地下河流溯源侵蚀袭夺而形成的。穿洞是桥下两头可以对望的洞。

贵州六盘水乌蒙山国家地质公园内的金盆天生桥位于六盘水市的最北端，是世界最高的可通公路天生桥，也是世界上桥拱高度最大的天生桥。桥高136m，跨度60m，桥宽35m，桥拱拱顶厚15m。国内外主要的天生桥形态特征对比见表5-3。

表5-3 国内外主要的天生桥对比

天生桥名称	拱桥高度(m)	拱桥跨度(m)	拱桥厚度(m)	可通公路与否
六盘水金盆天生桥	121	50～60	15	可以
重庆武隆天生桥	96	34	150	不可以
重庆武隆青龙桥	103	31	168	不可以
重庆武隆黑龙桥	116	28	107	不可以
美国弗吉尼亚天生桥	58	30	12～16	可以
斯洛文尼亚天生桥	35	20	20	可以

注：据网络资料整理。

（二）地下河、伏流和岩溶泉、岩溶湖

1. 地下河

地下河又称暗河，是石灰岩地区地下水沿裂隙溶蚀而成的地下水汇集和排泄的通道。地下河的水流主要由地表降水沿岩层渗流或由地表河流经落水洞进入地下河组成，少数地下河水流由深源和远源地下水补给组成。地下河具有和地表河一样的主流、支流组合的流域系统，水文状况也随地表河洪枯水期的变化而变化。地下河分布深度常和当地侵蚀基准面相适应，如果有隔水层的阻挡，或者第四纪地壳上升幅度大于溶蚀深度，地下河则高于当地侵蚀基准面，形成悬挂式的地下河。

地下河常引起地表塌陷而造成灾害，在工业基地、交通枢纽和人口密集地区研究地下河的分布和发育，进行灾害评价尤为重要。另外，地下河蕴藏丰富的地下水资源，也是价值很高的旅游资源，科学开发地下河资源是重要的研究课题。

2. 伏流

伏流为地表河流经过地下的潜伏段。与地下河的主要区别在于伏流有明显的进出口，且进口水量为出口水量的主要来源，而地下河则无明显进口。有些伏流的规模很大，如长江支流清江，在湖北利川地下伏流长达10余千米。国外，著名的希腊斯缇姆法布斯河伏流长30km以上。伏流常形成于地壳上升、河流下切、河床纵向坡降较大的地方。在深切峡谷两岸及深切河谷的上源部分，伏流经常发生。如嘉陵江观音峡左岸的学堂堡没水洞伏流，伏流长仅1.3km，而进出口落差达100余米。

3. 岩溶泉

岩溶地区常有泉水出露，按泉的涌水特征和成因可分为：

(1) 暂时性泉。这一类泉多分布在垂直循环带或过渡带，只在雨季或融雪季节，垂直循环带充水以及洪水期受河水上涨影响，地下水位上升成暂时泉。

(2) 周期性泉。这类泉多形成在过渡带和水平循环带之间，它的形成机理类似虹吸管原

理，泉的涌量呈周期性变化，有时水量很大，有时水量很小。例如贵州省猫跳河红板桥附近的周期泉，最大涌水量达22.5～88.5L/s，最小涌水量才0.45L/s，每一周期相隔30～35min。

(3) 涌泉。这类泉水主要来自水平循环带的深部或深部的层间含水层，流量大且较稳定。

4. 岩溶湖

岩溶湖有地表岩溶湖和地下岩溶湖。根据存在的时间可分为暂时性岩溶湖和长期性岩溶湖。

地表暂时性岩溶湖，如漏斗湖、溶蚀洼地湖，湖底位于潜水面以上，岩溶进一步发育管道穿透湖底，水就会全部漏走。

地表长期性岩溶湖，如岩溶发育晚期溶蚀洼地湖，湖底处于潜水面以下，有地下水补给。

地下岩溶湖常见于较大的溶洞中，多为湖底处于稳定水位以下的长期性岩溶湖。上层滞水所形成的岩溶湖和地壳上升被抬高的岩溶湖比较少见。

第三节 岩溶发育规律及其地貌组合

任何事物都有其一定的内在规律性，岩溶地貌发育也不例外，主要体现在岩溶地貌的气候分带性、发展阶段性和发育过程的复杂性。

一、岩溶发育的气候分带性

(一) 热带岩溶

热带地区气温高，虽不利于CO_2在水中的溶解，但热带地区雨量充沛，年降水量达1 500mm，年均气温15℃，生物作用强烈，土壤中生物CO_2及有机酸丰富，水循环不断更替CO_2和有机酸的含量，不仅加大了溶蚀作用的速度，而且还加大了机械侵蚀能力，因而热带地区地表、地下岩溶地貌和岩溶塌陷地貌都十分发育。如我国南方地区峰林地貌、溶蚀洼地、干谷、盲谷、坡立谷都十分发育；漏斗、落水洞串珠状排列，预示着地下溶洞的存在，地下洞穴相互贯通，伏流、暗河广为存在。

(二) 温带岩溶

温带地区岩溶由于降水量不同可分为温带季风气候区岩溶和温带干旱区岩溶。

1. 温带季风区岩溶

温带季风气候区年降水量分布不均匀，具有明显的雨季。虽然气温有利于岩溶发育，然而雨季降雨集中，历时短，地表岩溶地貌不发育，和非岩溶区相似，只存在一些溶沟、石芽和干谷、半干谷。如山东淄河，在朱崖-贾庄46km范围内，丰水期河水近一半渗入地下，有“十八漏”之称，枯水期干谷全长达85km。

温带季风气候区，虽然地表岩溶不发育，但地下岩溶作用仍十分强烈，地下裂隙和地下洞穴很发育，岩溶泉是我国北方岩溶的最大特征。如山东济南号称“泉城”，有72名泉，总涌水量达4.2m^3/s。山西高原深切河谷和山前地带，可见多层溶洞（太原地区的汾河两岸），有涌水量达0.5m^3/s的大型泉45处，著名的山西娘子关泉群，多年平均流量13.7m^3/s，泉水的补给面积大于3 560km^2，碳酸盐岩面积达1 840km^2。

2. 温带干旱区岩溶

温带干旱气候区降水稀少，植被稀疏，难觅现代地表岩溶地貌。地下岩溶作用也很微弱，只发育一些溶孔、溶隙和溶穴。如柴达木盆地西北部寨东沟和拉乌地区发育的一些直径0.1～0.5m的溶穴。

（三）寒带和高寒山区岩溶

寒带和高山寒冷地区，气温极低，有永久冻土和季节冻土存在，不利于岩溶作用，但仍有冰雪融水，在长期岩溶作用下，仍有一些岩溶地貌发育，如一些小规模溶洞和岩溶泉。祁连山现代冰川下白水河的岩溶泉仍在堆积泉华，形成了长425m、宽20～30m、高5.2m的泉华台地。

二、岩溶发育的阶段性

岩溶发育的阶段性即“喀斯特轮回”，在湿热气候条件和地质条件不变的情况下，由石灰岩高原开始，一个完整的岩溶演化序列要经历幼年期、壮年期、壮年晚期和老年期4个阶段，各个阶段有相应的地貌组合。

1. 幼年期

在原始的可溶性岩体面上，岩溶开始发育，地表面上以石芽、溶沟和漏斗[图5-14(a)]发育为特征；该时期以垂直岩溶作用为主，地表水系变化不大。

2. 壮年期

垂直岩溶作用进一步加强，水平岩溶作用也迅速发展。漏斗、落水洞、溶蚀洼地、干谷、盲谷广泛发育[图5-14(b)]。地下溶洞廊道彼此贯通。这时，大部分的地表水都通过落水洞汇入地下。

3. 壮年晚期

地下岩溶洞穴进一步发展、扩大，洞穴顶板不断塌陷，许多地下河又转为地上河，大量的溶蚀洼地和溶蚀谷地出现[图5-14(c)]。

4. 老年期

地表水系又广泛发育，岩溶平原与孤峰、残丘组成地貌景观[图5-14(d)]。

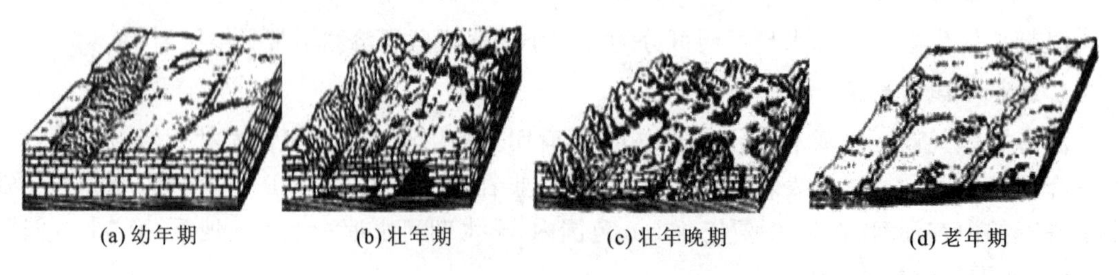

图5-14　岩溶发育阶段示意图

（据锐茨，1962）

岩溶旋回受间歇性新构造运动影响，在岩溶地块隆起时期，以各种垂直岩溶形态发育为主；在岩溶地块稳定时期，以水平岩溶发育为主。地壳稳定时间越长，地下溶洞与通道的规模越大，随之洞顶板的崩落也越多，于是出现了大型的溶蚀洼地、溶蚀谷地，最后发展成岩溶平原。如果该区可溶性岩层很厚，地壳再一次抬升，则可开始第二次岩溶旋回。早期岩溶平原及其残留岩溶形态被抬升而形成的岩溶夷平面（或岩溶准平原），与一定的构造运动旋回相适应，在区域上可以对比。如在我国南方的各岩溶发育区，均存在着多期岩溶夷平面（表 5-4），说明岩溶发育的多旋回性，形成多期岩溶地貌的重叠。在厚层可溶性岩层区，当河流阶地与地下层状溶洞同步发育时，河流阶地系统可与多层溶洞作时代的对比（表 5-5），但二者高度有差距。在上述情况下，阶地系列可以作为推断该区地下可能有成层溶洞存在的依据之一。

在岩溶化强烈地区，有时地形分水岭和地下水文地质分水岭位置不同。若通过地下洞穴（或暗河）系统水文地质分水岭移向位置较高的一条河，则该河水将通过地下洞穴系统往另一条位置较低的河流排水，在修坝蓄水时应注意研究。

表 5-4　我国南方岩溶期划分表

岩溶期 / 特征 / 地区	第一岩溶期		第二岩溶期		第三岩溶期	
	白垩纪—古近纪		新近纪—第四纪初		第四纪以来	
	期名	岩溶特征	期名	岩溶特征	期名	岩溶特征
云南	高原期	海拔 2 400m 以上的山峰和夷平面。构成分水岭地形，在路南有掩埋石林，局部地方有溶丘、洼地及水平溶洞	石林期	海拔 1 800～2 400m 的夷平面上发育古风化壳，有石林、洼地、溶洞。局部有古峰林，断陷盆地中有新近系堆积	峡谷期	深切河谷，如南盘江和红河（深切达 500～1 000m）两侧有溶洞，溯源侵蚀加剧
贵州	大娄山期	海拔 2 000m 以上的残余。夷平面上保留由厚层残积层覆盖的岩溶丘陵，低洼地处堆积茅台砾岩（K—E），亦发育洼地及溶水洞等	山盆期	为海拔 1 000～1 500m 夷平面。现构成珠江及长江两水系之分水岭，发育大型溶蚀洼地、坡立谷、峰林及溶洞	乌江期	形成深切峡谷（达几百米），河谷地带岩溶发育（有时达河床以下几十米深），有 4 段阶地，溶洞、地表及地下河流均发生袭夺现象
广西	高山期	夷平面已失古地形特征，已成山峰顶面，在桂西为 1 000～1 700m，桂中为 500～700m，桂东为 100～500m	峰林期	为峰林发育时期，峰林、溶丘、湿地及岩溶平原，峰顶面高程在桂西为 1 000～1 200m，桂中及桂东为 250～300m	红河水期	切割不深，为相对稳定时期，溶源继承发展于中更新世定形，但仍发育有落水洞、溶洞及暗河
湖北	鄂西期	分布于分水岭地带海拔 1 500～1 800m，古地面上古溶丘，约百余米高，古宽谷沿构造发育，谷底有洼地及漏斗叠加地形发育	山原期	海拔 600～1 000m，为以洼地为主的丘陵洼地地形，坟状丘陵高约 50m 夷平面向长江河谷缓倾，漏斗、落水洞极发育	三峡期	发育于长江两岸，地表坡度陡，落水洞发育极深，两岸溶洞都很发育

注：引自曹伯勋，1995。

表 5-5 桂林地区阶地与溶洞高程对比

阶地			溶洞		
级别	绝对标高(m)	相对标高(m)	级别	绝对标高(m)	相对标高(m)
Ⅰ	144～145	3～5	1	141～148	0～5
Ⅱ	147～153	5～8	2	148～156	5～7
Ⅲ	154～165	10～15	3	155～164	8～13
Ⅳ	165～185	20～40	4	165～168 170～177	16～20 25～32

注:引自曹伯勋,1995。

三、岩溶发育的复杂性

岩溶轮回是一种在特殊条件下才能完成的理想模式。由于岩溶发育受地质条件、气候条件、构造运动等多种条件的制约,而这些条件的多样性,以及这些条件的变化速度往往超过岩溶发育速度,从而使岩溶发育呈现出千变万化、十分复杂的特点。

1. 气候条件使岩溶发育复杂化

气候是影响外动力地质作用性质的主因,研究证明,峰林是湿热气候条件下的产物,也就是说在喀斯特地区,岩溶作用是湿热的热带气候区的主要外动力地质作用。只有在这样的气候条件下,才能完成峰丛—峰林,孤峰—溶丘的岩溶地貌演化序列。

温带干旱气候区,降水稀少,植被稀疏,物理风化盛行,风力作用强劲,岩溶作用几乎被完全中止。在新疆阿尔金山、天山等有残存的石林、峰林、天生桥等古岩溶,说明新疆曾是湿热气候。气候的变化终止了岩溶的演化。我国北方温带季风气候区、高寒山区也类似这种情况。我国北方虽未见古峰林,但有残留的湿热气候条件下的古溶洞,如长约600m的北京房山云水洞。在喜马拉雅地区有残留的古峰林和溶洞,如达马拉山的古峰林与穿山洞。说明气候由湿热向干冷的转化,外力地质作用由岩溶作用转化为冰川冻土作用。

2. 地质条件使岩溶作用复杂化

地球上的可溶性岩石有碳酸盐岩、硫酸盐岩和卤盐类岩石,后两者由于易溶而只分布于较干旱地区,能完成岩溶演化序列的只有碳酸盐类岩石。由于一个岩溶轮回需要漫长的地质时期和巨大的垂向上的变化,因此要求碳酸盐岩必须是厚层的块状地质体。薄层石灰岩和层间石灰岩,即使满足其他条件,也不能完成岩溶演化序列,而只能形成某一发展阶段的岩溶地貌。

地质构造、地形条件的影响更加复杂。岩层的产状,断层、节理的密度、性质与产状,褶皱的性质与类型以及它们所处的地形位置,都会产生不同的岩溶地貌效果,甚至出现峰丛、峰林为同一系统中的两个子系统,相互不存在演化序列(见本章第三节)。当地形过低时也不存在演化序列。

3. 构造运动使岩溶发育复杂化

构造运动可以打乱岩溶演化序列,既可以使其沿演化序列倾向发展,也可以使其逆向发

展。如对峰丛、峰林地貌和岩溶负地形的分形研究，峰丛地貌具有峰林地貌和洼地盆地双重结构分形的特征。当构造运动比较稳定时，随时间的推移，峰丛地貌结构层会向下扩张，导致洼地平原结构层向下压缩，峰丛地貌向峰林地貌演化。当构造运动处于上升阶段，洼地平原结构面向上扩张，峰林结构面向上延伸，形成峰林盆地向峰丛洼地的转化，如贵州南部岩溶地貌就经历了漏斗洼地阶段、峰丛洼地阶段、峰林盆地阶段和由于地壳上升引起的回春峰丛—洼地或峡谷阶段。

构造运动亦可改变气候使外力地质作用发生质的变化，从而阻碍岩溶作用的进行。如青藏高原由于第四纪以来的强烈隆升，南来的印度洋湿热空气受阻，气候由湿热转化为干冷，冰川冻土作用替代了岩溶作用。受喜马拉雅山的影响，我国西北气候也由湿热转化为温干，风力作用、洪流作用取代了岩溶作用。

4. 水文地貌场的变化使岩溶发育复杂化

峰丛、峰林地貌的发育取决于充气带的厚度。当以内源水为主，充气带很厚时发育峰丛地貌；当充气带很薄或地下水位埋藏很浅时发育峰林地貌。当充气带由薄增厚，峰林地貌将向峰丛地貌逆向演化。依据水文地貌场理论和对贵州典型地区的研究，锥状岩溶地貌可以在正向演化中通过山体边坡平行后退、底面扩大，由峰丛演化为峰林；也可以由峰林台地的漏陷化开始，由峰林逆向演化为峰丛。充气带的变化可由构造运动、气候等诸因素引起，由此使岩溶发育更加复杂化。

第四节 岩溶研究的发展趋势及实际意义

一、岩溶研究的发展趋势

1. 岩溶地质灾害的评估与预防

岩溶水的利用、岩溶矿产的开发和岩溶景观的旅游开发，给人们带来了巨大的经济效益；然而，岩溶地质灾害又时刻威胁着人类生命财产的安全。

岩溶地质灾害主要表现在岩溶地面塌陷、水库渗漏和矿井突水等方面。

我国是世界上岩溶地面塌陷范围最广、危害最严重的国家之一，全国共发生岩溶塌陷2 800多处，陷坑33 000多个，塌陷面积33 000多平方千米，其中以南方桂、黔、湘、赣、川、滇、鄂等省为最，北方冀、鲁、辽等省也发生过严重的塌陷灾害。1977年，武汉中南轧钢厂因过量开采岩溶水，厂区发生塌陷，150t煤和600t钢坯陷入地下。同年桂林市雁山区栝木镇岩溶地面塌陷，破坏近100间民房，直接经济损失300多万元。贵昆铁路云南境内1976年岩溶塌陷中断行车61小时40分，1979年塌陷使2502次列车颠覆，断道14小时25分，两次塌陷直接经济损失3 000万元。1962年9月29日晚，云南个别岩溶塌陷使尾矿坝突然垮塌，坝内$15\times10^4 m^3$泥浆水咆哮而出，毁坏农田近8万亩和部分村庄、道路、桥梁等，造成174人死亡，89人受伤。

矿井突水以煤矿居多，其他还有硫化矿、风化矿的矿井突水。全国每年矿井突水事故造成经济损失平均达3亿元以上，不但经济损失巨大，且极易造成人员伤亡。1990—1994年全国煤矿一次死亡10人以上的突水事故45起，共死亡892人。矿井突水还可能引起岩溶地面塌陷，1978年，湖北大门铁矿平巷突水，造成地面塌陷，河流断流，4 000m^2 建筑被毁，专用铁路和高压输电线遭到破坏。我国北方岩溶区煤矿和铁矿储量分别约有 150×10^8t 和 3×10^8t 因受岩溶水威胁而难以开采。因此，对岩溶地质灾害的详实评估、科学监测和预防必须引起足够的重视，为科学开采矿产铺平道路。

2. 旅游洞穴景观的保护

我国观光旅游洞穴开放了250多个，95%位于岩溶区。溶洞的神秘性、洞内景观鬼斧神工的艺术性、人文性吸引了大量游客。如桂林芦笛岩1998年游客达96万人次，浙江瑶琳洞曾一天最高游客量达13 370人，游人使洞穴 CO_2 含量急骤增加，温度升高。洞内用电设施的增加，既提高了洞内温度、昼夜温差，又增加了光照，促进了藻类、茵类、苔藓类、蕨类等可以靠灯光进行光合作用的植物生长。这一切使洞内自然环境发生了翻天覆地的变化，岩溶景观惨遭破坏，如贵州织金洞和北京石花洞内的卷曲石、石针等均受到严重破坏。如何保护洞穴景观是一个重要课题，否则我们的自然遗产就会遭受灭顶之灾。

3. 岩溶区生态系统的平衡

由于历史的原因，岩溶区森林覆盖率急剧下降，许多地区由新中国成立初期30%～50%的森林覆盖率下降到目前的10%～20%，甚至有的地区不到5%。造成水土严重流失，岩漠化面积迅速扩大。如贵州岩漠化面积从1975年的8 806.6km^{2}扩大到1985年的13 888km^2，平均每年扩大508.2km^2，令人触目惊心。生态严重破坏，造成泉干水断，如遇暴雨，洪涝、泥石流、滑坡等灾害接踵而至，真是“屋漏偏逢连夜雨”，人民生活将会受到严重影响。

要发展经济必须首先改善生态环境，维护生态平衡，在传统技术恢复生态的同时，大力开展生物基因研究，培养耐碱、喜钙、抗旱的生态经济作物，既改善生态环境，又加速了农村经济的发展。

要保护水源，科学处理三废。合理利用水源，科学开采地下水。加强水资源管理，严禁过量开采地下水，否则不但会引起岩溶地面塌陷，而且会导致地表水枯竭，严重破坏生态平衡，功亏一篑。千万不要只顾眼前的一点经济利益而遗祸后人。

4. 岩溶古环境的研究

石笋作为古环境研究的重要材料，已得到认可。石笋微层的灰度、厚度分别与形成温度、降水量成正相关。然而石笋还与表层岩溶、充气带的性质有关，石笋滴水能否正确反映表层岩溶和充气带裂隙流特征还有待深入研究。此外石笋生长过程中滴水的速度和方位，可因水中悬移物质、微生物、藻、菌类、$CaCO_3$的沉积状况而发生转移，在丰水期由于原处渗水通道堵塞而滴水减少或间断，因此，必须进行多个石笋年层对比和寻找多元环境示踪物质全方位分析，才不至于将丰水期误以为干旱期。

胡里酸和富里酸是否是产生发光层的唯一物质？石笋中有机质含量极少，采用什么技术、何种仪器准确测量这些极微量的有机质，有待发展。

石笋中无机质的研究，已知从下层到上层，Ca/Mg、Ca/Ba、Ca/Sr作有规律的变化，但它们与古环境的关系尚不清楚。如何利用石笋微层中的各种信息建立热带、亚热带季风区古气

候标尺，也有待深入研究。

5. 实验和数字化岩溶地貌研究进展

袁道先、潘兴根等的土壤生物溶蚀实验，结果表明覆盖石灰岩的土壤溶蚀潜能为22.88mg/d。对于不同土壤、植被、湿热条件下的土壤溶蚀潜能和溶蚀动力学过程，尚需更多的模拟实验。

宋林华等利用碱性钙溶液吸收洞穴 CO_2，取得很好的效果，为保护洞穴景观迈出了可喜可贺的第一步。如何采用新技术、新方法保护旅游洞穴的宝贵自然景观，还需积累更多的经验和进一步地探索。

如何模拟深部岩溶动力学过程，探索岩溶发育和油气深部运移、赋存规律是一个重要课题。

宋林华、李文兴、肖鸿林等对岩溶地貌形态进行了分形研究和数字表达及模型建立，岩溶地貌的数字化研究，必将导致更多数学模型的建立。

二、岩溶研究的实际意义

1. 岩溶与矿产

我国的岩溶固体矿产主要分布在西南几省的石灰岩区，在广西贺县、富县与钟山一带古溶洞或地表岩溶凹地中，主要有第四纪砂锡矿，其次有磷矿、辰砂矿、铝土矿、芒硝和砂金等沉积矿产。云南、贵州、湖南等地还存在着岩溶热液型的固体锡矿、有色金属矿、汞矿床等(表 5-6)。在含油区的前第四纪石灰岩古岩溶洞穴中赋存石油。

表 5-6　喀斯特固体矿产的类型与种类表

序号	类型	种类
1	从碳酸盐岩淋滤的	铝土矿、磷酸盐、重晶石；锰、铁、锡、金、锑、铅、锌
2	从热液中沉淀的	重晶石、萤石；铅、锌、铁、铜、银、钒、铀、锰、汞
3	与石膏共生的	硫酸
4	保存于凹池中的	黏土、砂、金刚石、煤；铅、锌、铜、银
5	外来水流形成的	硫酸钠、铝土矿

注：引自曹伯勋，1995。

2. 岩溶与工程建议

岩溶区的漏斗、落水洞、溶洞、溶蚀裂隙等，常可导致地基塌陷、水库渗漏、岩溶涌水等危害。因此，在施工前一定要通过地质、地貌和物探、钻探手段，并利用航空照片、卫星照片查明地表塌陷地貌、潜伏洞穴及隐伏岩溶地貌的发育特征和分布规律。大型地下溶洞在工业、农业、军事上有广泛用途。

3. 岩溶水的利用

岩溶区，地表径流少，而地下水十分丰富。我国广西年降雨量达 1 200～1 500mm，但地表只有较大的河流才经常有水，小河常年干涸或仅在雨季有水，而地下喀斯特水的总量达 $38.97\times10^8 m^3$。华北的许多地区，岩溶水已成为工农业生产的重要水源，山西省仅根据 72 个流量大于 0.1m^3/s 的大型涌泉统计，每年总流量达 $5\times10^8m^3$。全省利用喀斯特泉灌溉农田总面积已达 200 多万亩，太原、阳泉、长治等工业重镇，也已大量利用喀斯特泉水。

在岩溶地区，褶皱轴部、断裂带、可溶岩与非可溶岩接触带、串珠状洼地轴线等，都可能是岩溶水的集中地带。

4. 岩溶旅游资源

我国石灰岩分布广泛，瑰丽多姿的奇峰异洞遍布各地，是一笔重要的旅游资源，目前被辟为旅游胜地的景区已达 30 余处。这些岩溶风景区，不仅有美丽的自然景色，还有宝贵的古文化遗产、人文景观，更有发人深思的自然现象，给人以美的享受、知识的扩大和科学的启迪。

思考题

一、名词解释

岩溶作用；岩溶地貌；岩溶堆积物；峰林；峰丛；孤峰；溶沟；石芽；溶蚀洼地；溶洞；地下河；岩溶漏斗；落水洞；溶丘；溶蚀洼地；坡立谷；暗河；泉华；岩溶泉；岩溶湖；岩溶旋回。

二、简述

1. 岩溶地貌的形成条件有哪些？
2. 岩溶地貌有哪些类型？
3. 岩溶发育的规律特征有哪些？
4. 造成我国南、北方岩溶发育差异的主要原因是什么？
5. 地表岩溶的发育与地下岩溶发育有无联系？
6. 岩溶地貌发育分几个阶段？每个阶段的特征有哪些？
7. 岩溶发育的气候分带特征有哪些？
8. 岩溶基准面与侵蚀基准面有何异同？
9. 在岩溶地区进行城市建设应注意什么问题？

三、对比题

峰丛与峰林；伏流与暗河；多级阶地与多级溶洞；岩溶与岩溶作用；溶沟与干沟；落水洞与溶洞。

第六章
冰川与冻土地貌

冰川是降雪积压而成并能运动的冰体。现在世界上冰川覆盖面积约为 1 623×10^4km²，占陆地面积的 11%，集中了全球 85%的淡水资源，主要分布在极地、中低纬的高山和高原地区。第四纪冰期，欧、亚、北美的大陆冰盖连绵分布，留下了大量冰川遗迹。冰川的进退不仅与气候变化密切相关，而且还会引起海面升降与地壳均衡变化。同时，它也是非常重要的塑造地貌的一种外营力。冰川地貌主要包括现代冰川地貌与古冰川遗迹，是旅游资源开发利用的重要组成部分。

以融冻作用为主所形成的一系列地质地貌现象总称为冻土地貌，在许多出版物和文献中将冻土地貌称为冰缘地貌，但是实际上以冻土地貌为特征的冻土区范围，早已超出了狭义的冰缘区界线。全世界冻土地貌分布面积为 3 500×10^4km²。在第四纪最大冰期时，世界上冻土作用区的面积更为广大。因此，对冻土地貌的研究具有非常重要的意义。

第一节 冰川地貌

一、冰川的形成和冰川作用

(一) 雪线

雪线是常年积雪的下界，即年降雪量与年消融量相等的均衡线。雪线以上年降雪量大于年消融量，降雪逐年加积，形成常年积雪，称为冰雪积累区；雪线以下年降雪量小于年消融量，称为冰雪消融区。雪线高度在不同的地区是不同的，它受温度、降水量及地形的影响。

1. 温度

多年积雪的形成首先取决于近地表空气层的温度是否长期保持在 0℃以下，气温随高度和纬度升高而逐渐降低。在中国西部，从青藏高原、昆仑山往北到天山、阿尔泰山，雪线高度由 6 000m依次下降到 5 500m、3 900～4 100m 和 2 600～2 900m；再往北到北极地区，雪线降至海平面(图 6-1)。

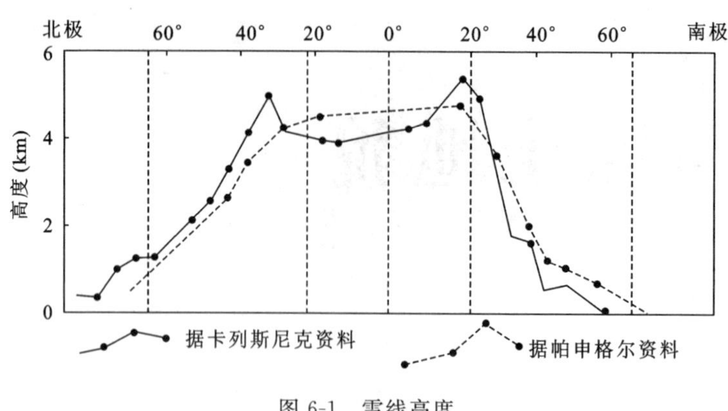

图 6-1 雪线高度

(据任炳辉,1990)

2. 降水量

一般固态降水越多,雪线越低;固态降水越少,雪线越高。因而雪线全球高度最高处在亚热带高压带,而不在赤道。

3. 地形

地形对雪线高度的影响主要表现在山势、坡向等方面。陡峻的山地,不利于冰雪的积累与保存,雪线位置相对较高;荫蔽的凹地或平缓的地势,有利于冰雪的积累,雪线位置较低。

(二)冰川作用

冰川的形成需要经过一定的成冰作用。降雪在地面需要经过一系列的作用才能形成冰川冰。在雪线以上的积雪,经过一系列“变质”阶段而形成冰川冰,这个过程称为成冰作用。成冰作用经历过两个阶段:①由新雪线变成密度较大(0.4～0.85g/cm^3)的粒雪;②粒雪在压力或热力(或兼而有之)作用下,更紧密地结合起来,即形成冰川冰。冰川冰的密度大于0.85g/cm^3,但小于1g/cm^3。

冰川作用具有明显的地带性。在高降雪量、温度也较高的海洋性气候区,以暖型成冰作用为主,其特点是:以融化—再冻结过程占优势,有融水参加,成冰速度快。在干旱低温的大陆性气候区,冷型成冰作用占优势,以压实作用为主,成冰速度慢。

冰川作用是冰川地貌的主要塑造动力,包括冰川的侵蚀作用、搬运作用和堆积作用。

(三)冰川的运动

导致冰川运动的因素,主要是冰川本身的重力和压力。取决于冰床坡度的流动,称重力流;取决于冰面坡度的流动,称压力。前者多见于山岳冰川,后者多见于大陆冰川。

冰川具有两种运动方式:①冰川借助冰与床底岩石界面上融水的润滑和浮托作用,沿冰床向前滑动,称基底滑动;②由于冰川冰释不同粒度冰晶的集合体,当冰川达到一定厚度时(最小为30m),在自身压力下,冰内晶粒开始发生平行晶粒底面的粒内剪切蠕变,致使冰晶向前错位,其宏观积累效果表现为整个冰川的定向蠕动,称为塑性流动。一般情况下,冰川的运动速度是这两种运动的代数和。

冰川的运动速度是缓慢的,比河流流水速度小得多,一年只能前进数十米至数百米。并且,随季节有较明显的变化,在消融区冰川运动的趋势是夏天快、冬天慢。由于冰川运动速度在各个部位的不协调,在运动过程中,冰川表面及冰层常产生一系列的冰川裂隙及冰层褶皱。

二、冰川类型及冰川地貌

(一) 冰川类型

随着冰川发育条件和演化阶段的差异，全球现代冰川的形态类型多种多样，分类标准也不尽相同。杨春景等按照冰川发育的气候条件和冰川温度状况，分为海洋性冰川和大陆性冰川；严钦尚等根据冰川发育规模、运动性质和所处的地貌条件，分为山岳冰川（包括悬冰川、冰斗冰川、山谷冰川、山麓冰川、平顶冰川）和大陆冰川；曹伯勋等根据冰川形态、规模等又分为山岳冰川类型和冰原、冰帽及冰盖。

根据冰川形态、规模和所处的地形条件，可分为以下几种冰川类型。

1. 山岳冰川类型

山岳冰川主要分布于中低纬高山地区，冰川形态严格受山岳地形的限制。按其发育规模及形态可分为以下几种。

1）冰斗冰川及悬冰川

在雪线附近，占据着圆形谷源洼地或谷边洼地的小型冰川，其消融区和积累区不易分开，称为冰斗冰川。冰斗冰川是山地冰川的重要发源地之一，但规模不大，大者可达数平方千米，小者不足 $1km^2$。当冰斗内积雪量大于消融量，冰川将不断被补给冰从冰斗挤出，成小型冰舌，悬挂于冰斗口外的陡坎上，这时称为悬冰川。

2）山谷冰川

在有利地形、气候条件下，冰雪积累不断增加，冰斗口外的悬冰川不断伸长达到山谷中，并沿山谷流动，形成山谷冰川。

3）山麓冰川

一条巨大的山谷冰川或几条山谷冰川从山地流出，在山麓地区扩展或会合而成广阔的冰川叫山麓冰川。山麓冰川规模不等，随着规模的增大，向大陆冰盖过渡。

2. 冰原、冰盖和冰帽

在微弱切割的分水岭及高原上，发育面积较大、表面平坦或下凹的冰体称为冰原，其面积可达几百平方千米。随着冰雪的积累，冰原表面由下凹而转变为穹形上凸，即称为冰帽。冰帽规模一般较冰原大，最大可达 5 万多平方千米。面积超过此数则称为冰盖，又称大陆冰盖。冰盖厚度巨大，表面呈盾形，由厚达 2～3km 的巨大中心向四周流动。冰盖的分布与运动均不受基底地形的控制，如南极冰盖下面巨大起伏的基岩地形对冰盖运动无影响。中纬山地冰川和极地冰盖的消长变化既受全球气候变化影响，反过来对全球气候和海平面变化也产生重要作用。多数中国第四纪研究者认为中国第四纪未出现过大冰盖。

根据冰川温度，有暖型冰川和冷型冰川之分，暖型冰川发育在气温较高，沿岸有暖流补充水分的地区，冰川温度在 0℃左右，补给快，流动快，消融快，冰舌下伸可达林区，冰川破坏力大，冰碛物发育，如西藏南部察隅的现代阿扎冰川和第四纪欧洲、北美洲大冰盖。冷型冰川发育在气温很低的极地和内陆高山区，年均温度在 0℃以下（极地冰川温度在－70～0℃内），积累慢，消融慢，冰川作用强度逊于暖型冰川，如现代祁连山、天山冰川。

除冰斗冰川外，其他冰川都有明显的积累区与消融区。积累区中冰雪净积累量与消融区中冰雪消融量之比叫冰川物质平衡。积累量大于消融量，冰川前进；反之，冰川退缩；两者相等，冰川冰舌前端位置稳定。据冰川学研究，冰川积累区面积(ACZ)与消融区面积(ABZ)之比值(AAR)(AAR＝ACZ/ABZ)可以作为冰川物质平衡的定量标志：AAR＜0.3，冰川开始强烈退缩；AAR＞0.6，冰川持续推进；AAR在0.3～0.6之间，冰川可进亦可退，这与冰川所处的复杂自然环境有关。

(二) 冰川地貌

冰川地貌分为冰蚀地貌、冰碛地貌和冰水堆积地貌3部分。冰蚀地貌包括冰斗、刃脊和角峰、冰川谷和峡湾、羊背石冰川磨光面和冰川擦痕等。冰碛地貌是由冰川侵蚀搬运的砂砾堆积形成的地貌，有冰碛丘陵、侧碛堤、中碛堤、终碛堤等几种类型。冰水堆积地貌是在冰川边缘由冰水堆积物组成的各种地貌，分为冰水扇、外冲平原、冰砾阜阶地、冰砾阜、锅穴、蛇形丘等几种类型(表6-1)。

表6-1　冰川地貌类型划分

类型		基本特征或成因
冰蚀地貌	冰斗	雪线附近的椭圆形基岩洼地
	刃脊	薄而陡峻的刀刃状山脊
	角峰	棱角状的尖锐山峰
	冰蚀槽谷	由山谷冰川剥蚀作用所形成平直、宽阔的谷地，横截面常呈"U"形
	悬谷	支谷冰川谷底高悬于主冰槽谷的坡上
	羊背石	顶部浑圆，迎冰坡较平缓，背冰坡较陡峻和粗糙
	冰川磨光面、擦痕	擦痕的一端粗，另一端细
冰碛地貌	冰碛丘陵	冰碛物堆积后形成的波状起伏的丘陵
	侧碛堤	与冰川平行的长堤状地形
	终碛堤	冰碛物在冰舌前端堆积成向下游弯曲的弧形长堤
	鼓丘	由一个基岩核心和冰砾泥组成的丘陵。平面呈椭圆形，纵剖面呈不对称的上凸形
冰水堆积地貌	冰水扇	终碛堤外围堆积成的扇形地
	冰水湖	冰融水流到冰川外围洼地中形成的冰水湖泊
	锅穴	地表停滞冰块被冰水堆积物掩埋，冰块融化后冰水堆积物塌陷形成
	冰砾阜	冰面上小湖或小河的沉积物，在冰川消融后沉落到底床堆积而成
	冰砾阜阶地	冰川全部融化后，冰水物质堆积在冰川谷的两侧而成
	蛇形丘	狭长而曲折的垄岗地形

注：引自曹伯勋，1995，修改。

1. 冰蚀地貌

温度为0℃的冰是黏-塑性体，屈服强度为4～20Pa，因此纯冰对基岩是没有侵蚀力的。但冰川中携带有岩石碎块(特别是集中在冰川底部的碎屑)，对床底及两侧的基岩进行强大的磨蚀、压碎及压裂作用。此外，通过冰川的融化与再冻结，可以把已松动的岩块从基岩面上掘起，随冰川搬走，称

为冰川的拔蚀作用。这些冰川剥蚀作用塑造出高山区千姿百态的冰蚀地貌(图 6-2)。

图 6-2　山岳冰川地貌组合(冰退以后)示意图

(引自北京大学等,1978)

1.角峰;2.刃脊;3.冰斗及冰斗湖;4.冰斗坎;5.冰川槽谷及谷壁上的平行冰川擦痕;6.冰蚀岩坎;7.羊背石;8.冰槽谷谷肩;9.冰蚀上限;10.悬谷;11.鼓丘;12.冰川前(终)碛堤;13.侧碛堤;14.底碛堤;15.蛇形丘;16.冰砾阜;17.冰水砂砾;18.后期重力堆积;19.高山针叶林;20.现代河流

1) 冰斗、刃脊和角峰

冰蚀地貌主要是冰川在发展过程中塑造的地貌。其中,冰斗(cirque)是冰川在雪线附近塑造的椭圆形基岩洼地,是雪蚀与冰川剥蚀的结果。典型冰斗由峻峭的后壁(三面)、深凹的斗底(岩盆)和冰坎组成[图 6-3(a)]。冰斗发育于雪线附近,它是在地势低洼处,剧烈的寒冻风化作用,使基岩迅速冻裂破碎;崩解的岩块随着冰川运动搬走,洼地周围不断后退拓宽,底部被蚀深,并导致凹地不断扩大而形成。冰斗在冰川退缩后可形成冰斗湖。古冰斗底的高度标志着古雪线位置,不同时期古冰斗高度与现代雪线的高差,是研究古温度波动的重要标志。

(a)

(b)

(c)

图 6-3　冰斗(a)、刃脊(b)和角峰(c)

由于冰斗后壁受到不断的挖蚀作用而后退,当两个冰斗或冰川谷地间的岭脊变窄,最后形成薄而陡峻的刀刃状山脊称为刃脊,也叫鳍脊[图 6-3(b)];当不同方向的两个及以上冰斗后壁后退时,发展成为棱角状的尖锐山峰,叫做角峰[图 6-3(c)]。由于组成刃脊和角峰的岩性与地质构造不同，有的可残留，有的则被破坏殆尽。

2）冰川谷

由山谷冰川剥蚀作用所形成的平直、宽阔的谷地，叫冰蚀槽谷，因其横截面是“U”形，故又称“U”谷或幽谷(图 6-4)，它是山岳冰川分布最广的地形。

当冰川流速一定时，冰川下蚀能力随冰川厚度的增加而增强，在谷地下部较强，使冰槽谷横剖面呈明显的抛物线形或“U”形，谷坡呈凹形，上部陡而下部缓，并逐渐过渡为宽阔的平坦谷底。冰槽谷纵剖面(图 6-5)向下游倾斜，但起伏不平，冰蚀洼地与冰蚀岩坎频繁交替，底床有时向上倾斜，这是冰川选择性剥蚀的结果；在洼地后侧的顺向坡上，冰川在重力驱动下流动(伸张流)，不断加深洼地后壁；在洼地前端，冰川在纵向压力作用下旋转滑动并沿剪切面向上逆冲(压缩流)、磨蚀，使洼地进一步加深，形成深度较大的冰蚀岩盆。在平面上，冰槽谷平直，两侧排列着冰川切削山嘴而形成的冰蚀三角面。

图 6-4 “U”形谷

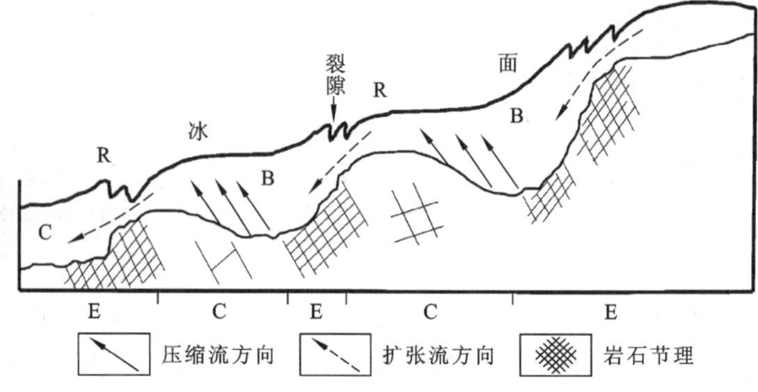

图 6-5 冰槽谷纵剖面形成机制图解

(引自曹伯勋，1995)

R. 冰坎；B. 岩盆；E. 扩张流区；C. 压缩流区

冰川消融后，岩盆积水，常成为串珠状湖泊(图 6-6)。又称冰川梯级湖，是指在同一个冰川谷中，冰斗上下串联或冰碛叠置地区，不同高度上排列着两个以上的冰成湖群。

支谷冰川谷底高悬于主冰槽谷的坡上，称为悬谷。悬谷的形成源自冰川侵蚀力的差异，主冰川因冰层厚、下蚀能力强，故“U”形谷较深，而支冰川较浅，在支冰川和主冰川的交汇之处，常有冰川底高低的悬殊，当支冰川的冰进入主冰川时必为悬挂下坠成瀑布状的悬谷(图 6-6)。

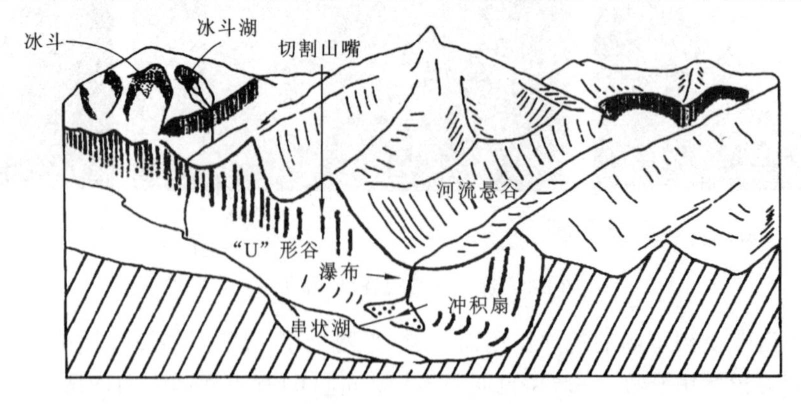

图 6-6 冰蚀地貌组合

[据中国地质大学(武汉)《地貌学及第四纪地质学》精品课程课件]

3）羊背石和冰川擦痕

羊背石是由冰蚀作用形成的石质小丘，特别在大陆冰川作用区，石质小丘往往与石质洼地、湖盆相伴分布，成群地匍匐于地表，犹如羊群伏在地面上(图 6-7)，故得名。它由岩性坚硬的小丘被冰川磨削而成。顶部浑圆，纵剖面(图 6-8)前后不对称，迎冰坡一般较平缓，带有擦痕、刻槽及新月形的磨光面，是冰川磨蚀作用的结果，擦痕的一端粗，另一端细，粗的一端指向上游；背冰坡较陡峻且粗糙，由阶梯状小陡坎及裂隙组成，是冰川拔蚀作用的结果。羊背石的长轴方向，与冰川运动的方向平行，因而可以指示冰川运动的方向。

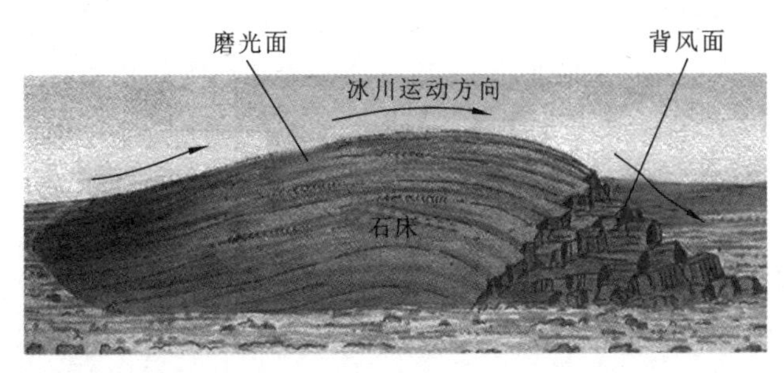

图 6-7 羊背石及磨光面、冰川擦痕

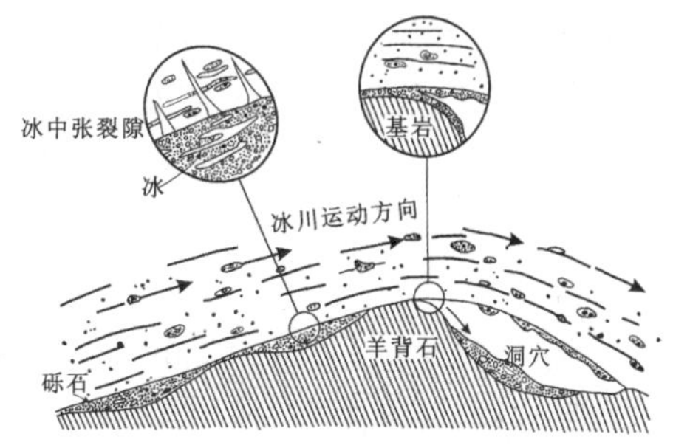

图 6-8 羊背石纵剖面图

2. 冰碛地貌

1）冰碛丘陵

冰川消融后，原来的表碛、内碛和中碛都沉落到冰川谷底，和底碛一起统称基碛。这些冰碛物受冰川谷底地形起伏的影响或受冰面和冰内冰碛物分布的影响，堆积后形成波状起伏的丘陵，称冰碛丘陵或基碛丘陵(图 6-9)。

大陆冰川区的冰碛丘陵规模较大，高度可达数十米至数百米，例如北美的冰碛丘陵高400m。山岳冰川也能形成冰碛丘陵，但规模要小得多，如西藏东南部波密，在冰川槽谷内的冰碛丘陵，高度只有几米到数十米。冰碛丘陵之间的洼地，如果是漂砾和黏土混合组成，透水性很小，常能积水成池。

2）侧碛堤

由于冰川对谷壁的剥蚀作用及崩塌作用，在冰川两侧及冰川表面边缘聚集了大量碎屑物质。当冰川融化时，这些物质就以融出的方式堆积在冰川谷的两侧，形成与冰川平行的长堤状地形，称侧碛堤(图 6-10)。当冰川两侧发育着边沿沟槽时，槽中流水可将侧碛堤完全毁掉或加工成冲积物，或仅仅冲掉侧碛堤的靠山坡部分。有的地区在山坡的不同高度上存在着多道侧碛堤，它们可以是同一冰期不同融化阶段的产物，也可以是不同冰期的产物。

图 6-9 冰碛丘陵

图 6-10 侧碛堤

3）终碛堤

当冰川的补给和消融处于相对平衡状态时，由于冰川中部运动稍快，冰碛物就会在冰舌前端堆积成向下游弯曲的弧形长堤，称终碛堤（尾碛堤）（图6-11）。

大陆冰川终碛堤的高度为30～50m，长度可达几百千米，弧形曲率较小。山岳冰川的终碛堤高达数百米，长度较小，弧形曲率较大。

终碛堤成因与冰川的进退有关。当冰川处于平衡状态时，冰舌处的大量底碛和内碛沿冰体剪切面被推举到冰川表面形成表碛，另一部分内碛由于冰川表面消融而出露为表碛。这些表碛如果滚落到冰川末端边缘堆积下来，待冰川退缩时，就形成弧形的终碛堤。这种成因的终碛堤称冰退终碛堤。如果冰川的积累大于消融，冰川前进，除一部分冰碛沿冰体剪切面被推举到冰川表面再滚落到冰川末端边缘外，同时冰川以外的谷地中的砂砾或过去的冰层也被推挤向前移动，形成终碛堤，称推挤终碛堤。

4）鼓丘

鼓丘（图6-12）是由一个基岩核心和泥砾组成的丘陵。它的平面呈椭圆形，长轴与冰流方向一致，纵剖面呈不对称的上凸形，迎冰面坡缓的是基岩，背冰面坡陡的是冰碛物。它的高度可达数十米。北美的鼓丘高度为15～45m，长450～600m，宽150～200m。欧洲有些鼓丘高只有5～10m，但长度可达800～2 600m，宽300～400m。

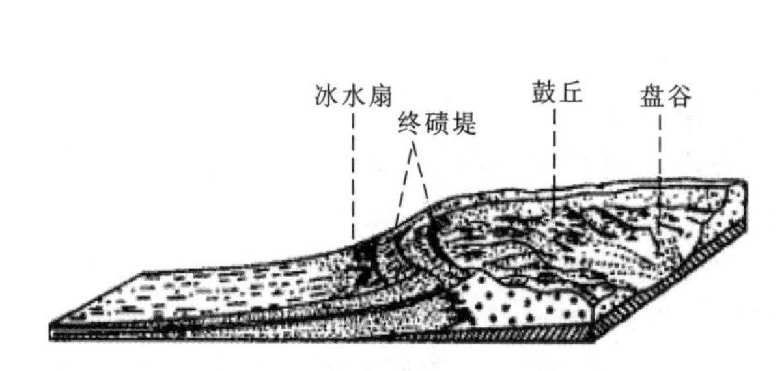

图6-11　终碛堤与冰水扇示意图

（据彭克，1936）

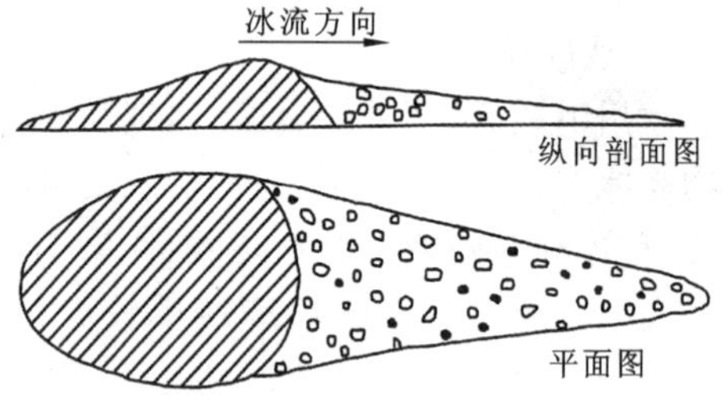

图6-12　鼓丘的平面图和剖面图

（据弗林特，1971）

鼓丘分布在大陆冰川终碛堤以内的几千米到几十千米范围内，常成群分布。山谷冰川终碛堤堤内也有鼓丘分布，但数量较少。鼓丘的成因是冰川在接近末端，低碛翻越凸起的基岩时，搬运能力减弱，发生堆积而形成。

3. 冰水堆积地貌

冰雪融化后形成的水流称为冰水。冰水地貌按其形态、位置及成因等，分为冰水扇、冰水湖、冰砾阜和冰砾阜阶地、锅穴和蛇形丘等地貌。

1）冰砾阜和冰砾阜阶地

冰砾阜是一些圆形的或不规则的小丘，由一些有层理的并经分选的细粉砂组成，通常在冰砾阜的下部有一层冰碛层。冰砾阜是冰面上小湖或小河的沉积物，在冰川消融后沉落到底床堆积而成。在山谷冰川和大陆冰川中都发育有冰砾阜。

在冰川两侧，由于岩壁和侧碛吸热较多，附近冰体融化较快，又由于冰川两侧冰面相对中部低，所以冰融水就汇聚在这里，形成冰川两侧的冰面河流或湖泊，并带来大量冰水物质。当冰川全部融化后，这些冰水物质就堆积在冰川谷的两侧，形成冰砾阜阶地，它只发育在山地冰川谷中。

2）锅穴

锅穴指分布于冰水平原上常有的一种圆形洼地，深数米，直径10余米至数十米。底部有底碛物等隔水层时，可积水成池，称窝状湖。锅穴的形成是由于地表停滞冰块(死冰)被冰水堆积物掩埋，冰块融化后冰水堆积物塌陷而来(图6-13)。

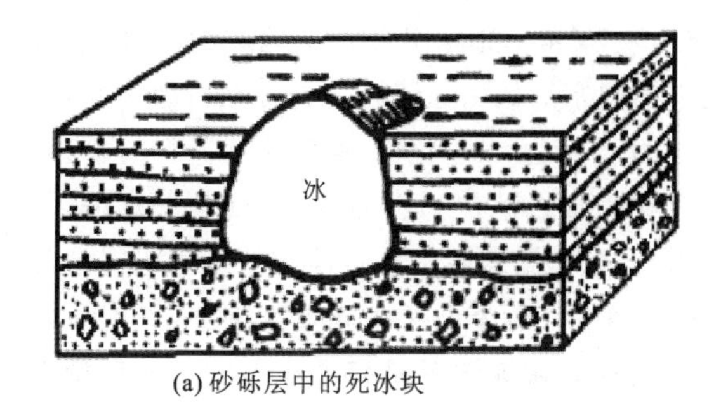

(a)砂砾层中的死冰块　　(b)死冰融化后形成的锅穴

图6-13　锅穴成因

(据弗林特，1971)

3）蛇形丘

蛇形丘是一种狭长而曲折的垄岗地形，由于它蜿蜒伸展如蛇，故称蛇形丘(图6-14)。两坡对称，一般高度15～30m，最高者达70m，长度由几十米到几十千米；主要组成物质是略具分选的砂砾堆积，夹有冰碛透镜体。蛇形丘的成因有两种：①冰下隧道成因：在冰川消融时期，冰川融水很多，它们沿冰川裂隙渗入冰下，在冰川底部流动，形成冰下隧道，隧道中的冰融水携带许多砂砾，沿途搬运过程中将不断堆积，待冰全部融化后，隧道中的沉积物就显露出来，形成蛇形丘；②冰川连续后退，由冰水三角洲堆积而成。在夏季，冰融水增多，携带的物质在冰川末端流出进入到冰水湖中，形成冰水三角洲，到下一年夏季，冰川再次后退，又形成另一个冰水三角洲，一个个冰水三角洲连接起来，就形成串珠状的蛇形丘。

图6-14　蛇形丘

三、冰川研究问题

第四纪古冰川研究应该从多方面进行考虑。

1. 古冰川遗迹研究

对冰川遗迹的研究和鉴定，可以了解古冰川活动情况和古气候变化规律。在贺兰山第四纪古冰川的研究中，对古冰碛物与其他成因混杂堆积物的辨识研究，不但对冰川规模范围的判定有所裨益，而且在更新世以来贺兰山地区泥石流、崩滑等地貌过程的认识方面可以获得新的资料。同时，将高清山地内部各类成因松散堆积物集中的地区，可为贺兰山两坡常常发生的洪水、泥石流等自然灾害在物源区采取有效措施，以达到减轻及防治的目的，为区域资源开发、经济发展提供科学的决策依据。

古冰川遗迹研究包括研究鉴别各种古冰川地貌和沉积物及其与它们的类似物的区别，并研究它们的同时空配置关系。冰碛层是冰川活动的重要遗迹，是古气候的特殊记录和标志。不以地层研究为基础的少数证据，往往会产生许多争议。此外，还应注意新构造运动与山岳冰川形成前后的关系。

国外古冰川的研究成果，已广泛运用于全球海面变化。弗林特(Flint)认为：冰期最盛时全球约有 7 697×10^4 km^3 的冰川，现在仍然有 2 625×10^4 km^3 的冰川分布于地球的两极、格陵兰、冰岛以及其他一些中高纬度的高山地区。关于中国东部低山丘陵区是否存在古冰川问题，在地学界一直争论不休，争论的焦点是冰期时期的雪线问题。近年来，随着调查资料的积累，越来越多的事实证明，中国东部低山丘陵区确实存在大量古冰川活动遗迹，特别是大青山、北京西山、山东诸山、江苏云台山、浙江和福建的低山丘陵区，蕴藏着大量古冰川遗迹尚未得到开发和利用。中国东部的第四纪冰川问题争论已达 80 余年，至今仍存在分歧，产生争议的原因之一是未能找到保存最佳的冰川地质证据。徐兴永、肖尚斌等学者研究了崂山发育的典型古冰川遗迹(侵蚀和堆积地貌)，拥有我国东部罕见的冰碛海岸和冰碛扇等地貌类型。王长生学者按照岩石学原理和李四光教授创立的确定古冰川的 3 个标准，研究认为渝鄂湘黔毗邻地区第四纪不存在古冰川遗迹。

2. 古冰川的形成条件研究

冰川发育在一定气候和地形条件下，从孢粉气候组合、自然地理条件特征，如降水量、雪线高程、地形等方面探讨古冰川的形成条件，可为推论古冰川作用提供可靠基础。

第二节 冻土地貌

世界现代冻土占大陆总面积的 25%，我国黑龙江北纬 48°以北有纬度冻土，西部海拔 4 300～4 500m 处高山有山地冻土，全国现代冻土面积有约 215 万多平方千米(图 6-15)，占全国面积的 1/4 左右。第四纪，冻土分布面积比现在更广泛。冻土对当地工、农业生产和人民生活有更重要的影响，全球变暖和人类活动都会引起冻土环境变化。

一、冻土

冻土是指处于 0℃以下，并含有冰的土(岩)层。按其冻结时间的长短，可分为冬季冻结、夏季融化的季节性冻土和常年不化(冻结持续时间 3 年以上)的多年冻土两类。全球冻土的分布，具有明显的纬度和垂直地带性规律。自高纬度向中纬度，多年冻土埋深逐渐增加，厚度不断减小，年平均地温相应升高，由连续多年冻土带过渡为不连续多年冻土带、季节冻土带。永久冻土分布、厚度和类型受纬度高度控制呈南北向变化。如祁连山北坡海拔 4 000m 处冻土厚 100m，到海拔 3 500m 处冻土厚度变为 22m。各山地冻土分布下限与所处纬度有关，越往南

下限越低，如昆仑山为 4 300～4 400m，祁连山为 3 500～3 800m，天山约为 2 500m，阿尔泰山仅1 000～1 100m。

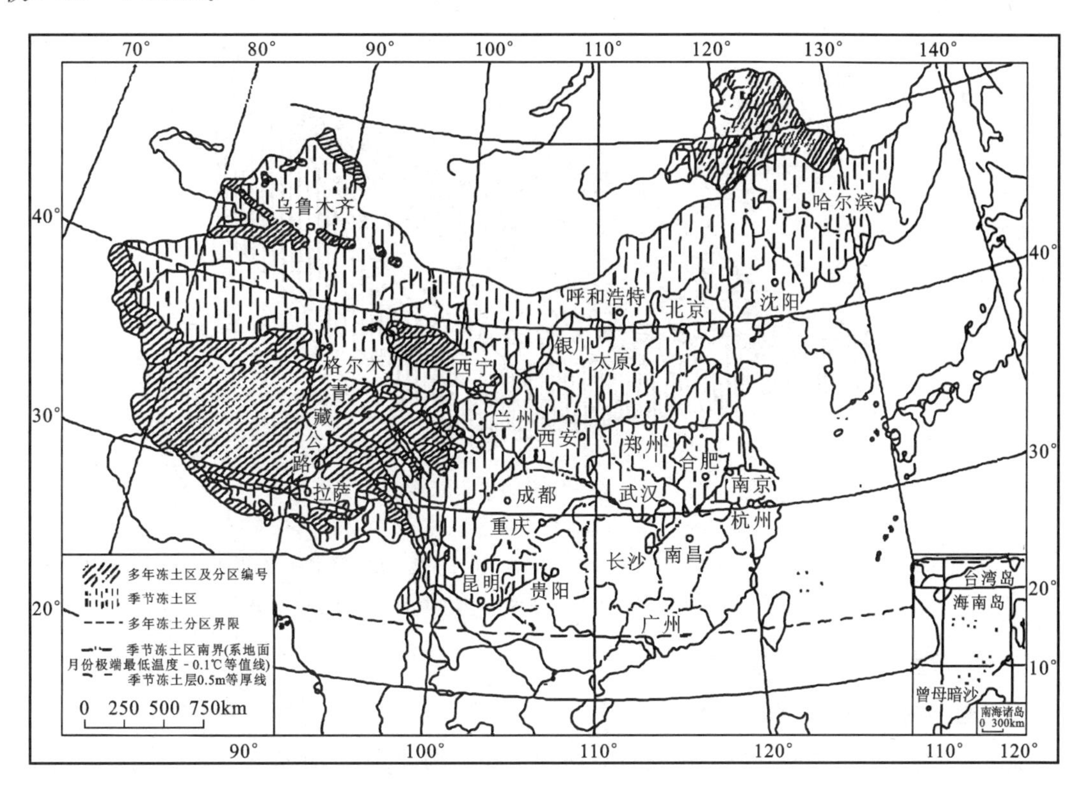

图 6-15　中国冻土分布图

（据童伯良等，1975）

冻土发育受气候、岩层、土层含水量和植被影响。年均温长期处于 0℃以下是冻土形成的首要条件。土层细，孔隙度高，含水多，冬季冻结深度持续大于夏季融化深度，且气温持续降低，最有利于冻土形成。冻土中冰、水、汽三相共存。冰具有垂直分带性，最上部的冰是由颗粒间水冻结而成，把土层胶结成硬壳（砂砾则成团块），称胶结冰。往下，汽化水分子往蒸汽压小的冻结冰粒凝聚，使冰粒加大，形成层状或网状和团块状冰，称分凝冰。分凝冰在不深的上部因温度梯度大，向下冻结迅速，厚度仅几毫米。往下温度梯度变小，聚冰过程充分，可形成厚几十厘米到 2～3m 的含石块、砂土的厚层冰层。再往下冰层又变薄。

冻土层一般分为两层：上部为夏融冬冻的活动层（季融层）；下部为整年不融的永冻层（有时两者之间由于每年冻融深度不同存在一薄层未冻层），两者分界为永冻层上限，亦即上述厚冰层的顶面。永冻层下限大约与地热零度等温面一致，在此以下永冻层消失。上下限之间即为永冻层的厚度。冻土的形成和其复杂的物理性质是冻土学研究的主要内容。

二、冻土地貌

冻土地区的外力作用主要是冻融作用。冻融作用包括冰冻风化、冻胀和融动引起的斜坡块体运动。冻融作用是指随着温度周期性地发生正负变化，冻土层中水分相应地出现相变与迁移，导致岩石的破坏，沉积物受到分选和干扰，冻土层发生变形，产生冻胀、融陷和流变等一系列复杂过程。经冻融作用而产生的特殊地貌，就称为冻土地貌(crymorphology)(图 6-16)。

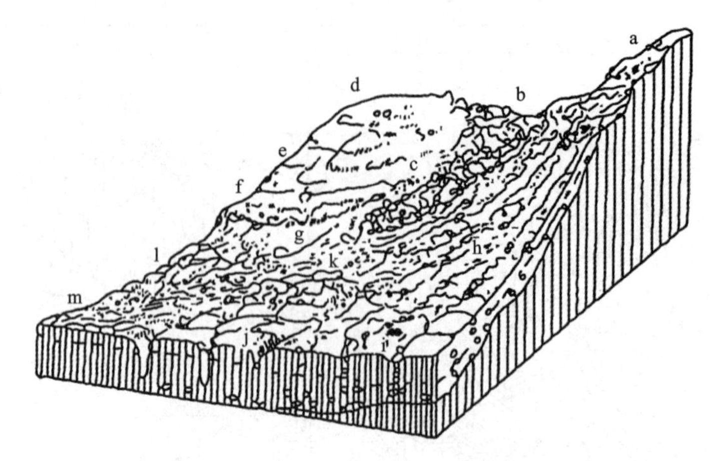

图 6-16　冻土区地貌组合示意图

(据博奇，1957)

a. 冻蚀台地；b. 石川源；c. 石川(石河)；d. 石圈；e. 土溜阶地(泥河阶地)；f. 土溜堤；g. 石块沿湿润土层滑动；h. 石带(石条)；i. 石多边形网状土；j. 冰楔；k. 大冻丘；l. 小冻丘；m. 网状土

(一) 冻土地貌

1. 石海、石川和石冰川

冻土区(及冰川前缘区)常年处于负温，物理风化强烈，岩石长期处于负温(－15～－5℃)条件下被冰劈作用破坏，地面广泛裸露冻裂的岩块和碎石，称石海(有人认为石海分布下限比雪线低 200～400m)。

岩块受重力作用往沟谷洼地聚结成带，因冻胀、收缩和春季底土解冻等使石块整体往下蠕动，称石河。它多发育于多年冻土区具有一定坡度的凹地里。它是由填充谷地的冻融风化碎屑物，在重力作用下，石块沿着湿润的碎屑下垫面或多年冻土层顶面，徐徐向下运动而形成的。

大型的石河又称石冰川。不对称谷地缓坡上的寒冻风化崩解岩屑，沿坡下移，堆积成岩屑坡。石海、石河、岩屑坡和冻裂岩柱等是冻土山地常见的景观。

2. 冻融泥流阶地

在永久冻土区(或冰缘区)坡度为 2°～30°的斜披上，冻结的含碎石细土层上部的活动层，在春、夏季融化时使土层饱水，高孔隙水压使土层的剪切强度降低；或春、秋两季，土层温度围绕结冰点波动，土体体积频繁胀缩，使土层蠕动。上述两种过程均可使融化土层在重力作用下，沿永冻层面往坡下缓慢运动，称为冻融泥流作用，运动速度一般不超过 1m/a。一旦坡度变缓、土层变薄或土体失去水分，运动即行停止。当斜坡表面水分分布均匀时，土层整体运动，形成大片较连续的泥流阶地；当水分不均匀时，土层分裂运动，形成若干不同流速单元的泥流舌群。

3. 冻胀丘和冰核丘

由于冻土区内土层粒度和水分的分布不均匀，含水多的细土中分凝冰的形成，使其获得比周围土层更高的冻胀率，形成局部隆起的丘状地形，称冻胀丘。其高为几十厘米到几米。有的冻胀丘为一年期，冬季出现，夏季消失。

土层冻结时，岩土层中的某些部分不断接受冻结层间水或层下水的补给，将形成一个地下冰核，冰核使地面隆升成丘，即冰核丘(图 6-17)。高纬度区其高度从几十米到 200m，冰核丘为永久冻土，可保存几十年、几百年。

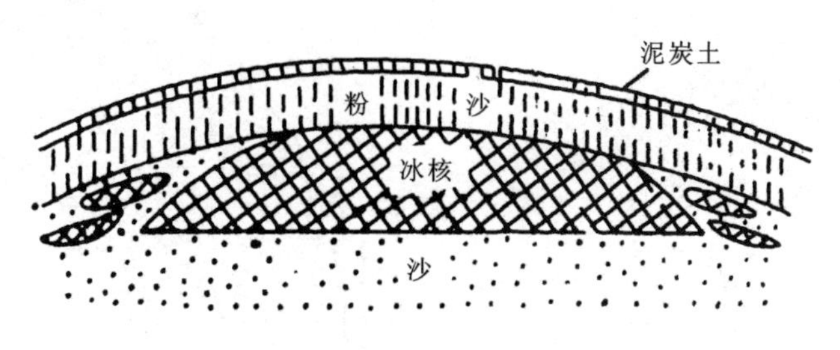

图 6-17 冰核丘结构图

(引自北京大学，1978)

4. 热融地形

由于冻土表面自然因素(气候转暖、温差增大)和人为因素(砍伐森林、破坏草皮、开荒、挖沟、筑路修水库等)破坏了地面原有保温层，使土层局部温度升高，导致永久冻土层上部局部融化，使其沉陷形成沉陷漏斗。沉陷盆地、浅洼地、热溶滑塌和热力岩溶湖等，总称热溶地形。其大小从直径数米到数平方千米。

(二) 冻融构造和构造土

1. 冻融构造

1) 冰脉

水注入处于负温状态下的岩石裂隙(原有裂隙和风化裂隙)中，冻结成裂隙冰，称冰脉(图 6-18)。由于它的冻胀率为 9.07%，对围岩产生巨大压力，把围岩胀裂开来，即冰劈作用，疏松潮湿土层的冻结与基岩略有不同，冻结之初，土体膨胀，完全冻透后如进一步冷却，土体就开始收缩，破裂为多边形裂隙网，这些裂隙称寒冻裂隙，水注入其中，形成隙冰，亦即冰脉。发育在冻土活动层中的冰脉不会保存下来。

2) 冰楔与古冰楔

在气温下降较快，且持续严寒酷冷的气候条件下，一旦冰脉形成，就会通过冰体逐年冻结与融化交替过程使冰年层生长，使冰脉加宽加深，围岩受到挤压，并贯穿活动层楔入永冻层，在夏季融冰时，下部也不会融化，即冰楔(图 6-19)。气候越严寒，冰楔的规模越大。现代极区腹区年均温－12℃地区冰楔上宽 1m，深十几米；边缘区年均温为－6～－2℃地区冰楔上宽十几厘米，深不足 1m。高纬度地区永冻层中成长的活动冰楔年增宽约 1mm。

古冰楔是地层中保存的地质时期冰楔遗迹，或冰楔模，有时成群成层出现。比较典型的古冰楔具有楔体和伴生构造。楔体呈“V”形(或分叉)，具有近于直立层理组成的叠锥构造或伴生滑塌小断层。砾石扁平面沿楔壁排列。近楔体围岩产状陡倾斜，离楔体平缓。两楔体之间伴生背斜状岩层弯曲，其弯曲度随深度加大而变缓。上述各种构造都是地质时期冰楔的冻融作用的遗迹，与干裂作用产生的充填沙楔有明显区别。古冰楔群是研究古冰缘环境的良好定性定量标志之一。

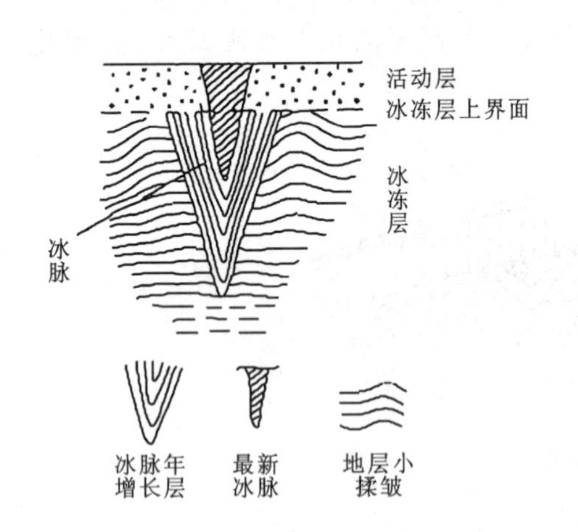

图 6-18 冰脉形成示意图

（据 Lachenbruch，1960）

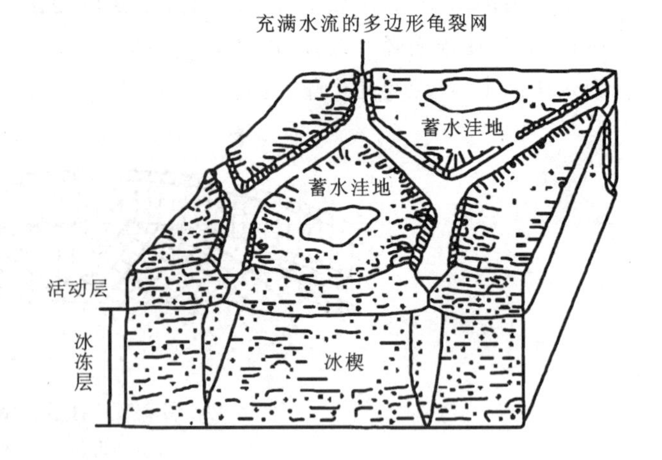

图 6-19 具有隆起边缘的冰楔多边形网示意图

（据 Clowes 等，1982）

3）冻融褶皱

冻融褶皱又称冻囊、内卷构造扰动构造。这一类构造是由于活动层冻结时产生的下压力与永冻层向上的顶托力，使饱水砂和黏土发生聚冰脱水而形成。冻融褶曲形态有时极其复杂，如蝶形、扭曲、拖曳、揉褶等，并伴有挤入袋状、包裹体等（图 6-20）。当冻融褶皱与古冰楔或喜冷动植物化石共生时，更有说服力，否则难以与古地震液化和滑动构造相区别。冻褶形成的气候条件与古冰楔近似。

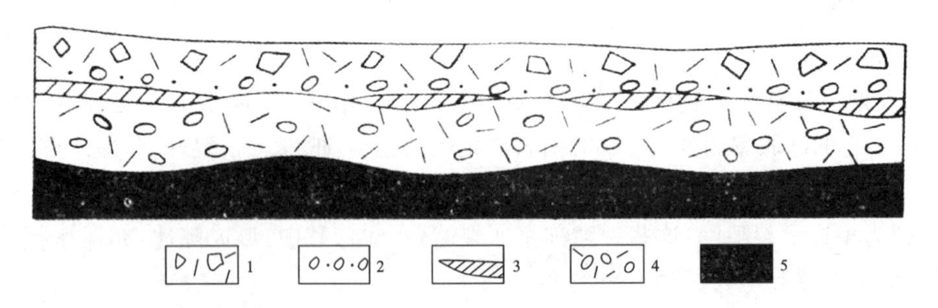

图 6-20 黑龙江西北白土山第二阶地上的袋状构造与融冻揉皱图

（引自杜恒俭等，1981）

1. 砂砾层；2. 土层；3. 黑土条带；4. 土壤；5. 基岩

2. 构造土

在含充足水分的河滩等地的含砾（25%～35%）堆积上部，由于冻融分选作用，使冻土层中碎石具有几何图案排列的次生构造。

冻融分选有垂直分选和水平分选过程。当秋季冻结开始后，冻结面从上至下逐渐下降到达某一砾石底部位置处，因冻结面以上土层冻结膨胀而把砾石上提一小段距离，使砾石底部留下一小空隙，并同时为未冻结水和土充填，解冻后砾石不会回到原来位置。如此逐渐进行，活动层下部砾石可以被提升到体表，这就是冻融垂直分选，运动速度达 2～10cm/a。冻融水平分选则是当含水细土较多的冻结中心冻胀时，因土层冻胀水平推力逐渐把石块从中心往四周推移，融化时石块因惰性大不会随水土流回原处。如此反复进行，最后出现冻结中心无或少石块

而周边聚集大量石块的现象。冻融水平与垂直分选结合，形成石多边形(图 6-21)。

石环是以细粒土和碎石为中心，周围以较大砾石为圆边的一种环状冻土地貌。它们在极地、亚极地及高山地区常有发育并且形成速度很快。石环(图 6-22)形成在有一定比例的细粒土地区，细粒土一般不少于总体积的 25%～35%，并且土层中要有充分的水分，所以石环多发育在平坦的河漫滩或洪积扇的边缘。

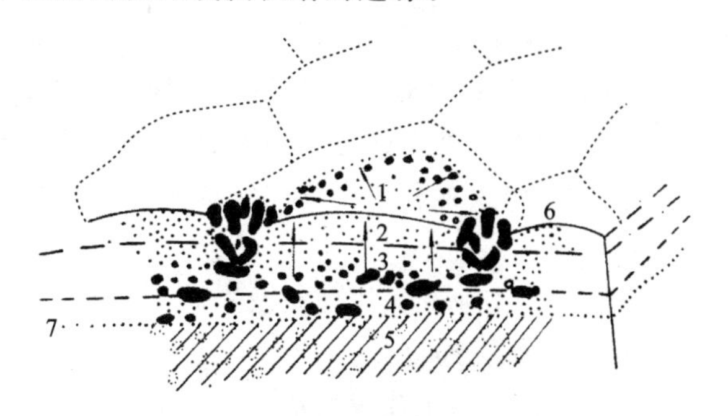

图 6-21 典型的石多边形分选示意图
(据恩格曼，1954)
1.侧向移动和表面水平分选；2.分选殆尽带；3.垂直分选带；4.未分选带；5.不透水的冻土层(未分选)；6.石多边形；7.地表下分选带与未分选带交界线

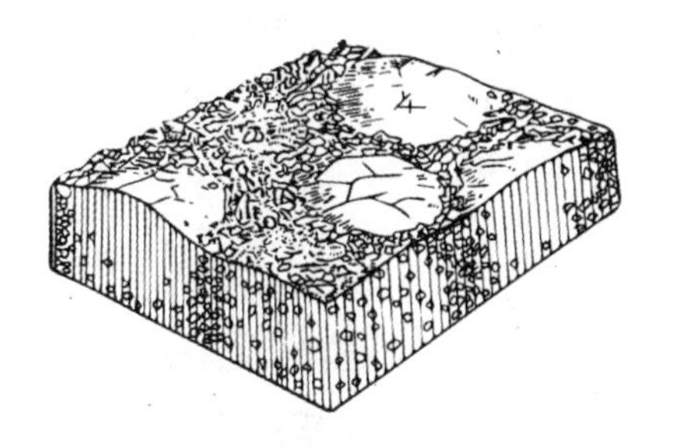

图 6-22 石环
(据博奇，1957)

第三节 冰川、冻土研究的实际意义

一、资源开发利用

冰川是重要的淡水资源，在全球人口剧增、水资源不足和污染现象加剧的发展趋势下，如何合理利用冰川是全球关心的问题。我国现代冰川和永久积雪分布于西北、西南高山地区，是宝贵的水利资源，具有天然水库的作用；季节性积雪在新疆北部、内蒙古、东北和西藏等地，对农业、牧业和交通都有相当影响；古冰川遗迹在西部和东部山地陆续发现，影响着某些矿产的生成和水利设施。西北地区山前和盆地区地下水资源主要靠冰川供给，气候冷暖变化、雪线升降和冰川体积变化直接关系到广大西北地区的地下水储量变化。

第四纪古山岳冰川作用地区，可能有冰期前(冲积)砂矿、冰期冰碛砂矿和冰期后冲积砂矿。冰碛砂矿由于其堆积过程取决于冰川运动和消融，与冲积和坡积砂矿相比，其平面形状不规则，剖面上高品味矿体与下伏基岩洼地关系不密切。我国西南(如川西、湘西)和西北区产有一定价值的冰碛砂金矿床，国外有大规模金刚石冰碛砂矿。

二、工程与环境

冰碛物由于其分选差，含泥，故孔隙度较小，常视为含水性差的沉积物；而冰水成因的砂砾则为良好的含水层。冰川的进退取决于这两种含水性不同的沉积物的时空分布规律。

多年冻土分布于青藏高原、西北高山、内蒙古及东北的北部，季节性冻土遍及长江以北地区，冻土区具有不同于非冻土区的水文地质与工程地质特征，冻土地区的各种工程建筑（铁路、公路、机场、矿山、工厂、地下管道等）施工时都必须考虑冻土的冻土类型、结构和施工作业与建筑物可能引起的冻土变形变化给工程造成的影响，以及各种不良物理地质现象的危害，采取防治措施。

近年来研究得较多的冻土区工程是道路、水利、工业和民用建筑及采矿工程等。

（1）道路工程（如青藏公路工程）。众所周知，冻土地区筑路技术问题是困扰青藏铁路施工的重大技术难题。冻土路段冬天冻胀，夏天融沉，对施工建设造成严重影响。程国栋等创造性地提出了冷却路基新思路，设计了通过调控辐射、调控对流和调控传导实现冷却路基的一整套技术措施，从根本上为解决高温高含冰量多年冻土路基稳定性关键技术难题提供了科学途径，使得青藏铁路最终得以运行。

青藏铁路采用“主动降温、冷却地基、保护冻土”的设计思想，其主要的保护冻土举措包括片石气冷、碎石（片石）护坡或护道、通风管、热棒技术、遮阳棚等。片石气冷，降低路基基底地温和增加地层冷储量的作用；碎石（片石）护坡或护道，通过改变路基阴阳坡面上的护坡厚度，可调节路基基底地温场的不均衡性；通风管，当外界气温低时风门开启，外界气温高时风门关闭，冬季冷空气在管内对流，加强了路基填土的散热，降低了基底地温；热棒技术，利用管内介质的气、液两相转换，依靠冷凝器与蒸发器之间的温差，通过对流循环来实现热量传导，从而使基底地温降低、冻土上限上升；遮阳棚，减少太阳辐射对路基的影响，减少传入冻土地基的热量。另外，在工程实施时，采用旋挖钻机成孔灌注基础桥梁桩、涵洞寒季明挖基坑、开挖隧道时设置隔热保温层等技术手段，以减少热扰动，提高冻土的稳定性。

（2）水利工程（如南水北调西线工程）。张长庆对调水区的冻土工程地质条件、寒区的岩土工程技术、寒区水土资源综合开发和利用、寒区环境评价和保护等问题进行了初步研究。

（3）冻土区砂金矿的开采中采取了包括利用太阳能、冷水、火、水针等的多种方法。

（4）工业和民用建筑中，强夯法处理冻胀性地基土的方法也取得了很大的成功。

冰川与冻土都是严寒气候的产物，阐明它们的历史演变又是研究我国自新近纪末期以来自然环境变迁的重要环节。冻土学的发生和发展一直与寒冷地区的资源开发及相应的工程有着不可分割的联系。近年来，冻土研究更进一步注意了冻土区的环境、生态问题及冻土的改造利用，并已开始和全球变化的研究接轨。冰期与间冰期（或冰缘期与间冰缘期）研究在全球与区域古气候和古环境研究中有特殊的重要价值。

冻土与人类活动及环境密切相关，人类工程活动会诱发冻土环境、冻融灾害及工程稳定性变化。人类工程活动破坏了多年冻土的生存环境条件，加快了多年冻土退化，导致冻土温度变化，使冻土环境丧失恢复能力。

思考题

一、名词解释

雪线;成冰作用;冻土;冰碛物;石海;石川;冻胀丘;冰核丘;热融地形;石环;石多边形土;鼓丘;冰砾阜;冰砾阜阶段;终碛堤;悬谷;冰斗;刃脊;角峰;构造土。

二、简述

1. 什么是雪线?雪线的影响因素有哪些?

2. 冰川作用类型及其形成的地貌有哪些?

3. 冰碛地貌的类型和主要特征有哪些?

4. 冻土地貌有哪些类型?每个类型有何特征?

5. 产生冻土地貌组合的原因是什么?对冻土区进行工程建设应如何避免不利条件的影响?

6. 植被与冻土发育有何关系?对冻土区的工程防护有何意义?

三、对比题

冰碛物与洪积物;河流阶地与冰阜阶地;洪积扇与冰水扇;冰水阶地与冰阜阶地;山麓冰川与山岳冰川;冲沟与冰蚀谷;冰斗与悬谷;热力岩溶与黄土岩溶;冰丘与鼓丘。

第七章 风成地貌与黄土

风成地貌与黄土地貌是干旱和半干旱区发育的独特地貌，它们在时空分布及成因上都有密切联系。风力对地表物质的侵蚀、搬运和堆积过程中所形成的地貌，称为风成地貌。黄土地貌中，黄土(loess)的堆积地貌、黄土物质的形成，风力作用是主导作用，风成地貌与黄土地貌，都是第四纪地质历史时期广大干旱、半干旱区内，特殊的干燥气候环境的产物，而风力作用是其塑造地貌的重要营力。

风沙移动和黄土的水土流失，不仅使干旱、半干旱地区严重缺水，也对工农业生产、交通等经济建设有很大的危害，所以，水资源合理开发利用、防治沙害和水土保持是当前干旱、半干旱区环境保护、国土整治的重要课题。

第一节 风力地貌

一、风力作用

风力作用是干旱气候环境区(年降水量 250mm 以下)的主要地质营力。世界荒漠集中在环球南、北两个副热带(25°～30°)高气压沉降带(图 7-1)，占陆地总面积的 1/5。中国沙漠和戈壁有 $130.8\times10^4\text{km}^2$，占全国总面积的 13.64%。

风是运动的大气，地球风系受大气环流结构控制(图 7-2)。风是沙粒运动的直接动力，当风速作用力大于沙粒惯性力时，沙粒即被吹动，形成含沙粒的运动气流，即风沙流。风沙流对地表物质所发生的侵蚀、搬运和堆积作用称为风沙作用。风沙流中含有各种粒径的砂、粉尘和气溶胶，流动的沙是风蚀和风积作用的重要因素，粉砂是形成黄土的主要来源，各种气溶胶会对环境产生重要影响。

(一) 风沙侵蚀作用

风沙对地表物质的吹扬和研磨作用，统称风沙的侵蚀作用。

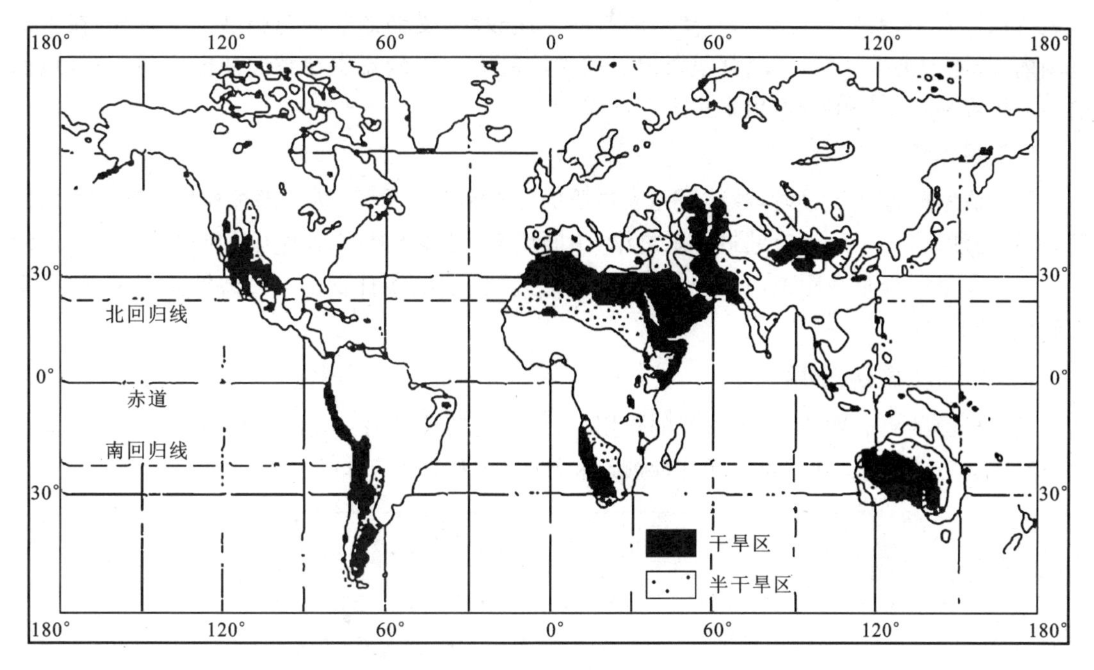

图 7-1 世界荒漠分布图

(据 Meigs,1956)

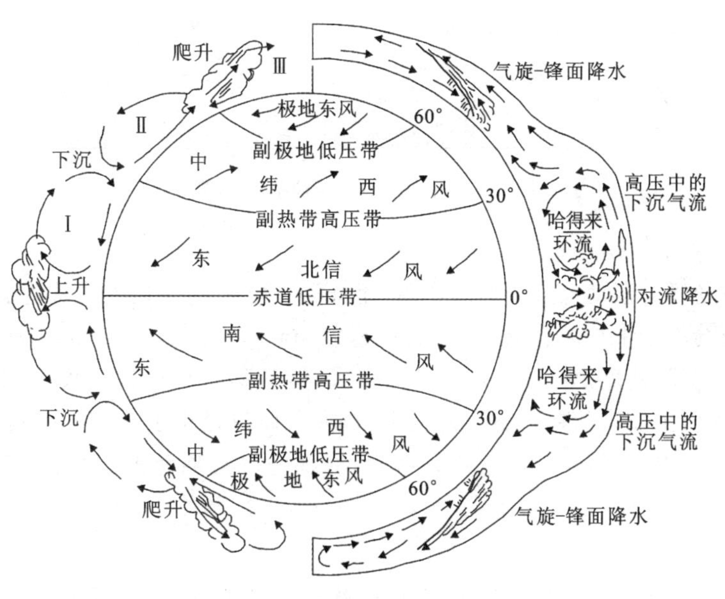

图 7-2 全球大气环流示意图

(http://zxdl.dgjyw.com)

1. 吹蚀作用

风吹过地表时,产生紊流,使沙离开地表,从而使地表物质遭受破坏,称为吹蚀作用。吹蚀作用的强度与风速成正比,与粒径成反比,风速超过起动风速愈大,吹蚀能力愈强。一般组成地表的颗粒愈小、愈松散、愈干燥,要求的起动风速较小,受到的吹蚀愈强烈。据研究,在一定范围内,若风中夹带沙粒,可增强风对地表的吹蚀能力。风沙流中沙粒的冲击作用,使得地面的沙粒更容易从土壤中分离出来进入风沙流。

2. 磨蚀作用

风沙流紧贴地面迁移时,沙粒对地表物质的冲击和摩擦作用,称为磨蚀作用。迎风面的岩壁,特别是砂岩,由于风沙流钻进孔隙之中,不断旋磨,可能形成口小内大的风蚀穴。由于风沙流中的沙粒集中分布在距地面 30cm 之内,所以沙漠区的电线杆下部可因磨蚀而折断,故常常用砖或土砌底座。

(二) 风沙搬运作用

地表松散的碎屑物质,在风沙流的作用下,从一处转移到另一处的过程称为风沙的搬运作用。其搬运方式有悬移(悬浮)、跃移(跳跃)和蠕移(推移)(图 7-3)。

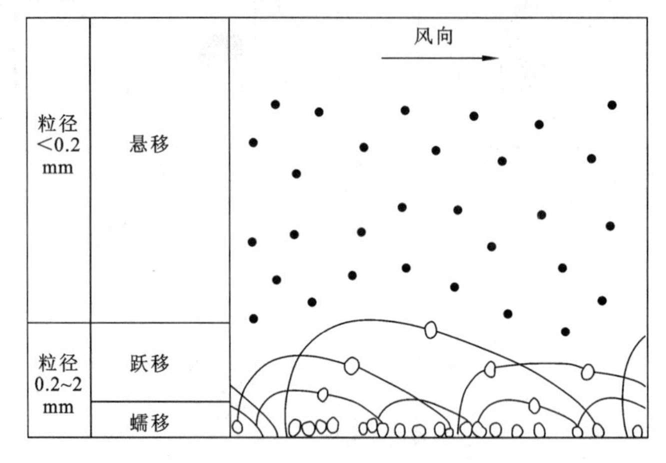

图 7-3 风沙运动的 3 种基本形式

1. 悬移

细小的沙粒受气流紊动上升分速的作用,而悬浮于空中的搬运方式称为悬移。紊动气流的垂直向上分速约等于平均风速的 1/5。若风速为 5m/s,粒径小于 0.2mm,沙粒就能悬移,因为,它们在空气中沉降速度都小于 1m/s:风速愈大,能悬移的粒径就大些,含量也会增多。当风速变小后,悬移质中较大的粒径就容易沉降到地表,而粒径小于 0.05mm 的粉砂和尘土,因为体积细小,质量轻微,一旦悬浮后就不易沉降,而随空气运离源地,甚至在 2 000km 以外才能沉落。

2. 跃移

地面沙粒在风力的直接作用下发生滚动、跳跃。当风速超过起沙风速,沙粒从地面跃起一定的高度,然后从风的前进速度中获取动能。由于沙粒的密度比空气密度大,所以在自重作用下沉降,一旦沙粒与地面碰撞,水平分速就转变为垂直分速,从而反跳起来。

跳跃的沙粒和组成地面的颗粒弹性愈大,反跳也愈高,跳起的沙粒又受风速的推进获得能量,前进的水平分速增大,在自重作用下再沉降,再与地面碰撞而跳起,沙粒如此弹跳式的搬运作用,称为跃移。当地面是卵石时,沙粒反弹较高。当地面是沙粒时,沙粒插入沙粒之间,形成一个小孔穴,能量消耗,但同时把附近一两个颗粒冲击跃起。当地面是粉砂

时，沙粒就埋进粉砂中，使粉砂粒扰动扬起，产生扬尘作用。风速越大，跃移的沙粒离开地面越高，数量也越多。

3. 蠕移

跃移沙粒以比较平缓的角度冲击地面，其中有一部分能量传递给被打散跳起并继续跃移的沙粒，而另一部分能量却在与周围砂粒的冲击摩擦中损失，这个能量损失转化为推动地表沙粒徐徐向前滚动的动能。

在低风速时，滚动距离只有几毫米，但在风速增加时，滚动的距离就大了，而且有较多的沙粒滚动；高风速时，整个地表有一层沙粒都在缓慢向前蠕动，这种搬运沙粒的方式称为蠕移。

高速运动的沙粒，通过冲击方式可以推动6倍于它的直径或200多倍于它的重量的表层沙粒运动，所以蠕移质比跃移质沙粒为大，而且重砂也可以在蠕移中富集，但蠕移的速度较小，一般不到2.5cm/s。而跃移质的速度快，一般每秒可达数十厘米到数百厘米。

风对地表松散碎屑物搬运的方式，以跃移为主（其含量为70%～80%），蠕移次之（约为20%），悬移很少（一般不超过10%）。对某一粒径的沙粒来说，随着风速的增大，可以从蠕移转化为跃移，从跃移转化为悬移；反之，也是一样。跃移和蠕移是紧贴地表的，风沙流搬运的物质，主要在距地表30cm之内（一般占80%左右），特别集中在10cm之内，1m以上含量就很少了。

（三）风沙堆积作用

风沙的堆积作用包括沉降堆积和遇阻堆积。在气流中悬浮运行的沙粒，由于风速减弱，当沉速大于紊流漩涡的垂直分速时，就要降落堆积在地表，称为沉降堆积。沙粒的沉速随粒径增大而增大。

风沙流运行时，遇到障阻，使沙粒堆积起来，称遇阻堆积。风沙流因遇障阻发生减速，而把部分沙粒卸积下来，也可能全部越过（或部分），绕过障碍物继续前进，在障碍物的背风坡形成涡流。在风沙流经常发生的地区，粒径小于0.05mm的沙粒悬浮在较高的大气层中，遇到冷湿气团时，粉粒和尘土就成为凝结核随雨滴大量沉降，成为气象上所说的沙暴或降尘现象。

风吹扬起的物质，在被搬运的过程中按颗粒大小以不同速度沉降，并在大气中造成沙暴、尘暴、扬沙、浮尘、尘雾和霾等灾害性和非灾害性天气现象。目前，北京、上海、武汉等城市相继出现了严重的雾霾天气，给交通、行人健康带来严重的损害。

二、风蚀地貌

在风力作用区，由于各地面各种条件的差异，风力所起的作用就有不同，从而形成了不同的风蚀地貌和风积地貌。

风的吹蚀作用仅限于一定高度，因风携沙量在近地表10cm高处最多，跃移的沙粒上升高度一般不超过2m，所以风蚀地貌在近地面疏松无植被覆盖的地区尤为盛行，主要的风蚀地貌有以下几种（表7-1）。

表 7-1 风蚀地貌类型划分表

风蚀地貌名称		主要特征	成因分析
风蚀小形态	风蚀壁龛(石窝)	直径约 20cm,深 10～15cm 小凹坑	昼夜温差风化、片状剥落、旋转磨蚀
	风蚀蘑菇	上部宽大、下部窄小的蘑菇状地形	近地面风沙流,较强侵蚀岩石下部
	风蚀柱	高低不等、大小不同孤立石(土)柱	垂直裂隙发育岩石或土体,长期吹蚀
	风棱石	棱角明显、表面光滑	适当沙粒、强风和开阔地面
风蚀垄槽(雅丹)		不规则的背鳍形垄脊和宽浅沟槽	干涸湖底、干缩裂开,裂隙扩大
风蚀谷		沿主风向延伸、底部崎岖、宽窄不均	偶有暴雨冲刷(冲沟)、风蚀扩大
风蚀洼地		小型:椭圆形、沿主风向伸展、深 1m	松散物质组成的地面、风蚀而成
		大型:深度可达 10m 左右	流水侵蚀基础上再经风蚀改造
风蚀残丘(风城)		桌状平顶较多,亦有尖峰状,高 10～30m	基岩地面,风蚀谷扩展、残留小丘

注:据吴正,2009;杨景春,2005,整理修改。

1. 风蚀小形态

风沙吹蚀岩壁所形成的蜂窝状形态,称为风蚀壁龛(石窝)。石窝的形成是因干旱区的昼夜温差较大,使岩石表面在物理风化和化学风化的频繁作用下,岩石表面呈片状剥落,形成很多浅小的凹坑。以后,风沙就沿此凹坑向里钻磨,被带到凹坑内的沙粒受风力作用在凹坑内发生旋转,不断地磨蚀凹坑的内壁,结果形成口小坑大的石窝(图 7-4)。

图 7-4 风蚀壁龛

(引自 http://ly.gdcc.edu.cn)

风沙流对突起的孤立岩石,尤其是裂隙比较发育的不太坚实的岩石,长期磨蚀后形成了上部宽大、下部窄小的蘑菇状地形,称风蚀蘑菇[图 7-5(a)]。如果风蚀蘑菇顶部岩石的重心和基部岩石不一致,则上部岩石很容易坠落下来。坠落下来的大石块如在地上不稳定,刮大风时则能随之摇摆,称为摇摆石或风动石。

垂直裂隙发育的岩石或土体,在风长期吹蚀下,形成一些孤立的石(土)柱,称为风蚀柱[图 7-5(b)]。

风棱石(ventifact)是指任何被风携沙磨蚀或磨砂而磨损、切削或抛光的具有多面体的石头或砾石(Press and Siever,2001)。狭义的风棱石是指具有几个扁平面相交而形成棱角的小石块,一般位于荒漠区的砾漠中。广义的风棱石可指受到风沙磨蚀的更大的岩块,因风蚀而形

(a)

(b)

图 7-5 风蚀蘑菇和风蚀柱

(据曾克峰,2013)

(a)风蚀蘑菇;(b)风蚀柱

成各种奇特的形态。依据棱的多少,又有单棱石、三棱石和多棱石之分,但以三棱石最常见。它是部分突露地表的砾石,经定向风长期打磨而露出地面部分形成一个磨光面;后由于风向的改变或砾石的翻转重新取向,又形成另一个磨光面;面与面之间则隔着尖棱,这就形成了风棱石(图 7-6)。棱的多少与风向变化、翻转次数、原来砾石的形状有关。

(a)

(b)

图 7-6 风棱石

(a)风棱石,引自 http://roll.sohu.com/20130204/n365471330.shtml;(b)据吕洪波,采集地克拉玛依

2. 雅丹(风蚀垄槽)

吹蚀沟槽与不规则的垄岗相间组成的崎岖起伏、支离破碎的地面,称为风蚀垄槽。它们通常发育在干旱地区的湖积平原上。由于湖水干涸,黏性土因干缩裂开,主要风向沿裂隙不断吹蚀,裂隙逐渐扩大,使原来平坦的地面发育成许多不规则的陡壁、垄岗(墩台)和宽浅的沟槽(图 7-7)。雅丹原是我国维吾尔族语,意为陡峭的土丘,这种地貌以罗布泊附近雅丹地区最为典型,故又叫雅丹地貌。沟槽可深达 10 余米,长达数十米到数百米,沟槽内常为沙粒填充。塔里木盆地的罗布泊区域,有些雅丹地形的沟深度可达 10 余米,长度由数十米到数百米不等,走向与主风向一致,沟槽内常有沙子堆积。在垄脊顶部常有白色盐壳,又称白垄堆。近来研究表明,暂时性流水冲蚀,也是这种地貌形成的原因之一。

图 7-7　塔里木盆地的雅丹地貌和玉门魔鬼城的雅丹地貌
[据 http://image.so.com(www.lvyou.114.com)]

3. 风蚀谷和风蚀残丘

风沿着暂时性洪水所形成的冲沟吹蚀，沟谷进一步扩大，成为风蚀谷。风蚀谷无一定形状和走向，宽窄不均，蜿蜒曲折，有时为狭长的沟壕，有时又为宽广的谷地。

经长期风蚀后，风蚀谷不断扩大，原始地面不断缩小，最后残留下来的小块原始地面称为风蚀残丘(图 7-8)。在较软弱的水平岩层(或缓倾斜岩层)分布地区，经风力长期吹蚀，常形成一些顶平壁陡的残丘，远远望去，好似废毁的千年城堡，称为风蚀城堡。新疆东部十三间房一带和三堡、哈密一线以南的第三纪地层有许多风蚀城堡。

图 7-8　风蚀残丘和风蚀城堡
(据 http://image.so.com)

4. 风蚀洼地

风蚀洼地：松散物质组成的地面，经风长期吹蚀形成大小不同的以椭圆形为主的、沿主风向伸展的洼地称风蚀洼地(wind-erosion depression)。单纯由风蚀作用造成的洼地多为小而浅的蝶形洼地。如准噶尔盆地三个泉子干谷以北的许多碟形洼地，直径都在 50m 以下，深度仅 1m 左右。风蚀洼地的形状和尺度既取决于风况，也取决于大于起动风速的风等。当往下侵蚀达到水位或不易侵蚀的土层(黏土或盐土)，能阻止洼地表面的风蚀，而成为控制风蚀的局部基准面(图 7-9)。当风蚀深度低于潜水面时，地下水出露可潴水成湖，如我国呼伦贝尔沙地中的乌兰湖、毛乌素沙地中的纳林格尔、敦煌月牙泉等(图 7-10)。

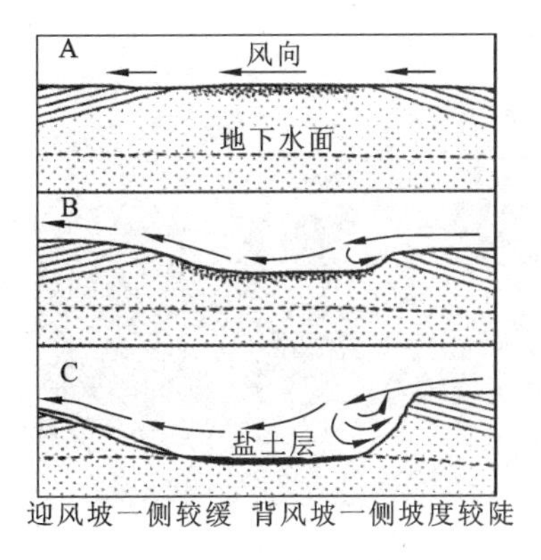

图 7-9 风蚀洼地的形成

（据 Small,1972）

图 7-10 风蚀洼地(敦煌月牙泉)

三、风积地貌

前进中的风沙流在遇障碍物(植物、山体、凸起的地面或建筑物)时,就会因受阻而产生涡漩或减速,使其动能降低而发生堆积,形成各种风积地貌。风积地貌的形态与风沙流的结构、运动方向和含沙量有关。国内外很多沙漠地貌学家先后用不同指标对风积地貌(沙丘)进行了分类。吴正等根据成因-形态原则,采用三级分类系统将沙丘分为横向沙丘、纵向沙丘、多方向风作用下的沙丘 3 类。费道洛维奇(1954)根据风沙流的结构等特征,将风积地貌划分为 4 种类型:信风型风积地貌、季风-软风型风积地貌、对流型风积地貌和干扰型风积地貌。

(一) 信风型风积地貌

信风型风积地貌是在单向风或几个近似方向风的作用下形成的各种风积地貌。荒漠地区主要形成沙堆、新月形沙丘、纵向沙垄,在荒漠区的边缘或在海岸带、湖岸带非荒漠区常有抛物线沙丘发育。

1. 沙堆

风沙流在前进中,遇到障碍物时,便在其背风面发生沉积,形成各种不规则的沙体成为沙堆,是不稳定的堆积体。

2. 新月形沙丘

一种平面形如新月的沙丘(图 7-11)。其纵剖面有两个不对称斜坡:迎风坡凸而平缓,延伸较长,坡度 5°～20°,背风坡微凹而陡,坡度为 28°～34°,有时达 36°。背风坡的坡度大小与不同粒径沙粒的休止角有关。在新月形沙丘背风坡的两侧形成近似对称的两个尖角,成为新月形沙丘的两翼,此两翼顺着风向延伸。在迎风坡与背风坡连接的地方,形成弧形的脊,成为新月形沙丘脊。单个新月形沙丘多分布在荒漠边远地区,有时沙质海滨地带也有分布。

新月形沙丘是从饼状沙堆到盾形沙丘再到雏形新月形沙丘演化而来。由于沙堆的存在使地面起伏,风沙流经过沙堆时,使近地面的风速发生变化,在沙堆顶部风速较大,沙堆的背风坡风速较小。从沙堆顶部和绕过沙堆两侧的气流在沙堆背风坡产生涡流,并将带来的沙粒堆积在沙堆后的两侧,形成马蹄形小洼地,这就形成盾形沙丘。如果风速和沙量继续增大,沙堆背

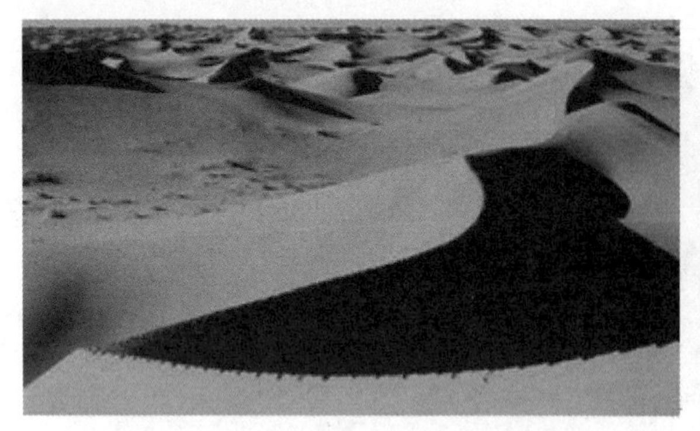

图 7-11　新月形沙丘

（据 http://blog.jyjy.net.cn）

风坡的小凹地就将进一步扩大，背风坡相对最大高度接近沙丘最高位置，从沙堆顶部和两侧带来的沙粒在涡流的作用下不断堆积在沙堆后部的两侧，形成雏形新月形沙丘。雏形新月形沙丘再进一步扩大和增高，使气流在通过它的顶峰附近和背风坡坡脚部分时，产生更大的压力差，从而在背风坡形成更大的漩涡，使原有浅小马蹄形洼地扩大，从迎风坡吹越沙丘顶的流沙，在沙丘顶部附近的背风坡处堆积，当增长到一定程度，沙粒就会在重力作用下沿背风坡下滑，落在洼地内，再被涡流吹向两侧堆积，这时就形成了典型的新月形沙丘（图 7-12）。

新月形沙丘形成后，沙粒不断从迎风坡向背风坡搬运、堆积，在沙丘内部形成与背风坡倾斜方向一致的斜层理。新月形沙丘的剖面形态见图 7-13。

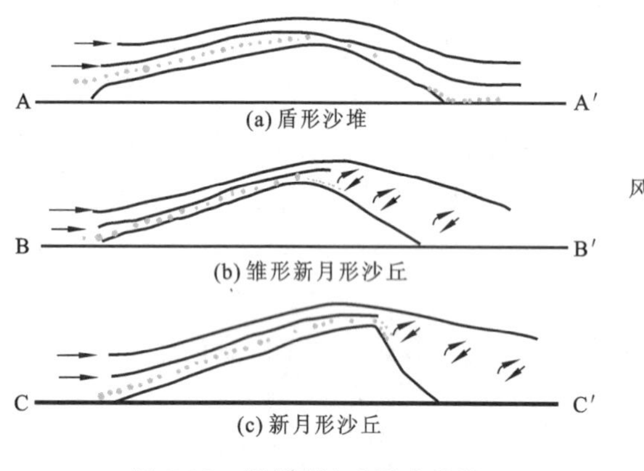

图 7-12　新月形沙丘形成过程

（据吴正，2009）

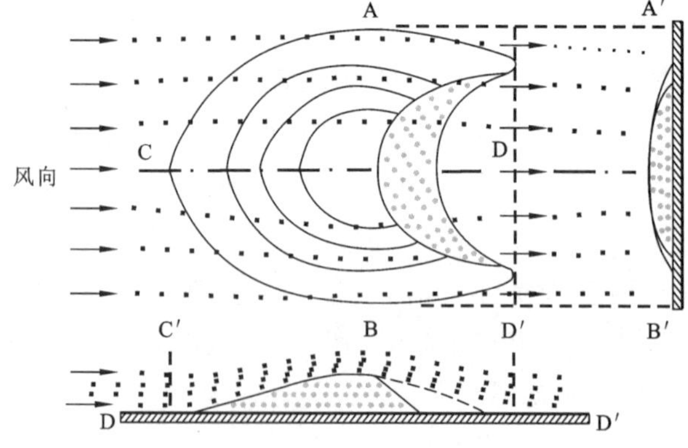

图 7-13　新月形沙丘剖面图

（引自王锡魁等，2008）

3. 纵向沙垄

沙漠中顺着主要风向延伸的垄状堆积地貌。垄体较为狭长平直。高度一般为 10～30m，长数百米至数十千米。总体特征为两坡对称而平缓，丘顶呈浑圆状。

纵向沙垄的成因有以下几种：

（1）由灌丛沙堆发育而来。在温带荒漠有植物生长的地方，两个或两个以上的灌丛沙堆同时顺主要风向延伸，最后相互衔接，便形成纵向沙垄。

（2）由新月形沙丘发展而成。在两个风向呈锐角相交时，新月形沙丘的一翼沿着两个风向的合成风向伸延，另一翼因其处于背风面，相对萎缩；当风向又转变为主要风向时，伸长的一

翼又会沿主风向伸长。这样反复,最后即形成纵向沙垄(图 7-14)。我国阿尔金山北麓就有这种作用形成的沙垄,长度可达 5km。

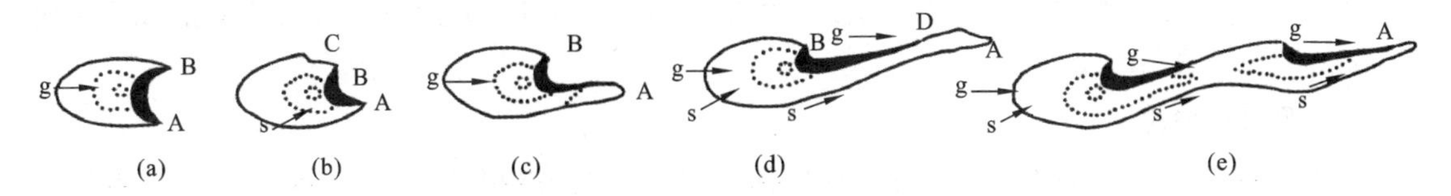

图 7-14 新月形沙丘发育为纵向新月形沙垄图

(据拜格诺,1959)

g. 主要风向;s. 次要风向;A、B. 沙丘翼部;C. 萎缩翼;D. 沙丘脊

(3) 受地形条件控制影响而形成。在山口或垭口附近,风力特别强烈,风沙流的含沙量特别高,可形成顺风向延长的纵向沙垄。如在塔克拉玛干西部的一些山口附近,形成了长 10~40km 的纵向沙垄。纵向沙垄上发育许多密集的沙丘链,称为复合纵向新月形沙垄。

(4) 由单向风和龙卷风共同作用而成。在沙漠区龙卷风与单向风作用下,则气流被压低沿着地面呈水平螺旋状向前推进,风从低地将沙子吹起堆积在两侧沙堆的顶部,逐渐形成长达数十千米的纵向复合沙垄。

4. 抛物线沙丘

抛物线沙丘形态与新月形沙丘相反,迎风坡凹进,背风坡凸出,两个翼角指向迎风方向,平面轮廓呈抛物线状,一般高 2~8m。抛物线沙丘是一种固定或半固定的沙丘,在水分和植被条件较好的荒漠边缘地区或者海岸带常有发育。

(二) 季风-软风型风积地貌

该地貌是指在两个方向相反的风交替作用时,其中一个风向占优势所形成的沙丘。这类风积地貌的排列延伸方向大都与主风向垂直,沙丘经常是前后往返或移动。季风-软风型风积地貌有新月形沙丘链、横向沙垄和梁窝状沙地等。

1. 新月形沙丘链

在两个方向相反的风的交替作用下,新月形沙丘的翼角彼此相连而形成新月形沙丘链,它的高度一般为 10~30m,长几百米至几千米。新月形沙丘之间既有平行连接,也有前后互接。这种地貌在我国季风气候区的沙漠中比较发育(图 7-15)。

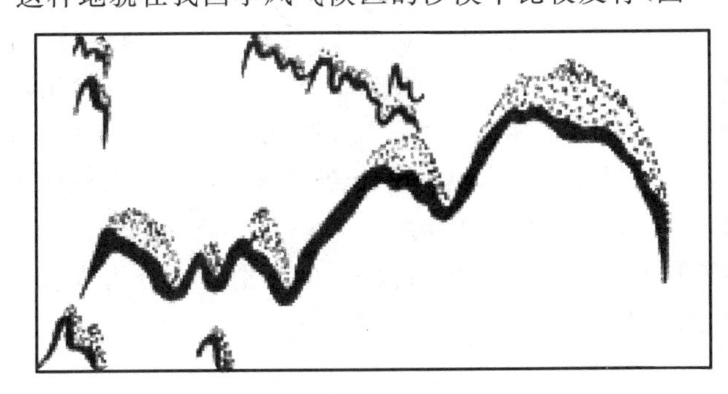

图 7-15 新月形沙丘链

(引自 http://blog.163.com)

2. 横向沙垄

横向沙垄是一种巨形的复合新月形沙丘链(图 7-16),长 10～20km,一般高 50～100m,最高可达 400m。沙垄整体比较平直,两侧不对称,背风坡陡,迎风坡平缓。缓坡上常形成许多次一级的沙丘链或新月形沙丘。

3. 梁窝状沙地

梁窝状沙地由隆起的沙脊梁与半月形的沙窝相间组成(图 7-17)。梁窝状沙地是由横向沙丘链发展而成。在两个风向相反而风力不等的风的交替作用下,形成摆动前进的横向新月形沙丘链,如果在略有植被覆盖的地区,有一部分沙丘链前进受阻,一部分沙丘和另一部分沙丘链相接,就形成梁窝状沙地。

图 7-16　横向沙垄

图 7-17　梁窝状沙地

(三) 对流型风积地貌

夏季的沙漠中常形成龙卷风,在龙卷风作用下形成的堆积地貌称为对流型风积地貌。蜂窝状沙地就是这类地貌的代表。

蜂窝状沙地是由无数圆形或椭圆形沙窝及周围丘状沙埂环绕而成。强烈的龙卷风把沙漠地面吹成一个个圆形洼地,被吹蚀的沙粒堆积在洼地的四周,形成丘状沙埂。这种地貌在温带荒漠中最为发育。

(四) 干扰型风积地貌

当主要气流向前运动时,遇到山地阻挡而产生折射,引起气流干扰形成的各种地貌。其中主要的是金字塔形沙丘(图 7-18)。金字塔形沙丘是一种角锥形沙丘,具有三角形面(坡度约 30°),一般高 50～100m。每个沙丘由 3～4 个斜面组成,每个斜面代表一个风向。其发育条件是:①在几个方向风的作用下,而且各个方向的风力都相差不大;②分布在靠近山地迎风坡附近;③下伏地面微有起伏。此外,在荒漠区还可形成一种交错的复合新月形沙丘。如果地面稍有植被,气流受到干扰,改变方向,则可形成格状沙丘(图 7-19)。

风积地貌的形态是非常复杂的。为了调查研究沙丘的活动程度,也常把沙丘分为流动沙丘、固定沙丘和半固定沙丘 3 种。后两类沙丘程度不同地为植被固定。

四、荒漠

荒漠是干旱区大型地貌组合,是气候干燥、植被缺乏、风力作用强劲、蒸发量超过降水量数

倍乃至数十倍的流沙、泥滩、戈壁分布的地区。根据荒漠组成可以分为岩漠、砾漠、沙漠、泥漠和盐漠。干燥环境中剥蚀基岩形成的称岩漠；洪积扇、洪积平原多砾石，为砾漠，又称戈壁；地面全部被沙所覆盖的称沙漠；龟裂土、盐土平原分别形成泥漠与盐漠。

图 7-18　金字塔形沙丘

（据 http://nh.dili360.com）

图 7-19　格状沙丘

（据 http://epaper.lnd.com.cn）

1. 岩漠

岩漠是干旱区分布有各种风蚀地貌的基岩裸露地区，主要在山麓地带。岩漠的地貌结构表现为，在山地边缘有山足剥蚀面和由较硬岩层组成的岛山，向盆地中心过渡为干荒地或盐湖（图 7-20）。

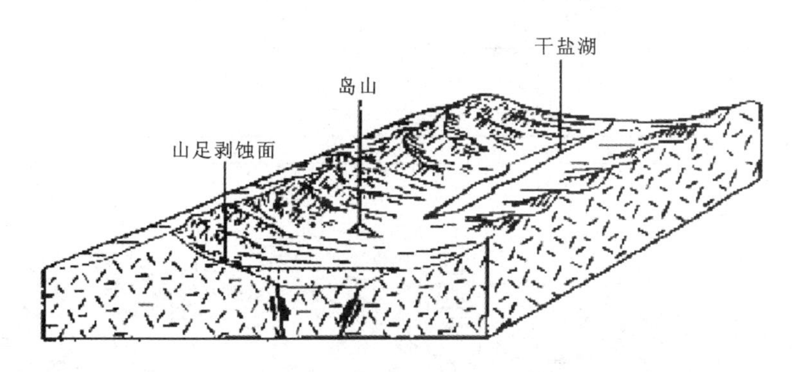

图 7-20　岩漠的地貌结构示意图

（引自 Putuan，1956）

2. 砾漠

砾漠是指主要由砾石组成的平坦地面，地形的最大坡度为 5°～10°。有些砾石经风改造为风棱石。砾漠也称戈壁（蒙古语）。

3. 沙漠

沙漠是指整个地面覆盖着大量流沙，并发育有时代不同的各种沙丘组合的荒漠。中国沙漠、戈壁约 $128.24\times10^4\,km^2$（表 7-2），主要分布在乌鞘岭和贺兰山以西地区（图 7-21）。第四纪沙漠的发生、发展与干冷气候期一致，现代沙漠扩展，人为活动起重要作用。沙的来源复杂，可能是吹蚀区的冰碛物、冲击物湖积物或洪积物和残坡积物经风吹扬、搬运、分选、堆积而成，巨大的沙漠景观是大尺度气流近地面运动的良好写照。

中国西北地区沙漠大规模发展始约于60ka B P。近代，人为不合理的活动(破坏植被、过度放牧、滥采、滥挖)是沙漠面积扩大的重要原因。中国东部平原、丘陵和滨岸也有耕地沙化现象发生。沙害不但对耕地和交通线构成危害，严重的沙暴也会危害生命，1993年5月甘肃发生的"黑色风暴"即是如此。

表7-2 我国主要沙漠的分布面积表

省(区)	总面积($\times10^4km^2$)	沙漠面积($\times10^4km^2$)	戈壁面积($\times10^4km^2$)	中国主要沙漠名称[按面积大小排序($\times10^4km^2$)]
新疆	71.30	42.00	29.30	塔克拉玛干沙漠(33.76万km^2) 古尔班通古特沙漠(4.88万km^2) 巴丹吉林沙漠(4.79万km^2) 腾格里沙漠(4.27万km^2) 毛乌素沙漠(4.22万km^2) 柴达木盆地沙漠(3.49万km^2) 库姆塔格沙漠(2.28万km^2) 库布齐沙漠(1.86万km^2)
内蒙古	40.10	21.30	18.80	
青海	7.50	3.80	3.70	
甘肃	6.80	1.90	4.90	
陕西	1.10	1.10	0	
宁夏	0.65	0.40	0.20	
吉林	0.36	0.36	0	
黑龙江	0.26	0.26	0	
辽宁	0.17	0.17	0	
总计	128.24	71.29	56.95	

注：据董瑞杰等修改，2013。

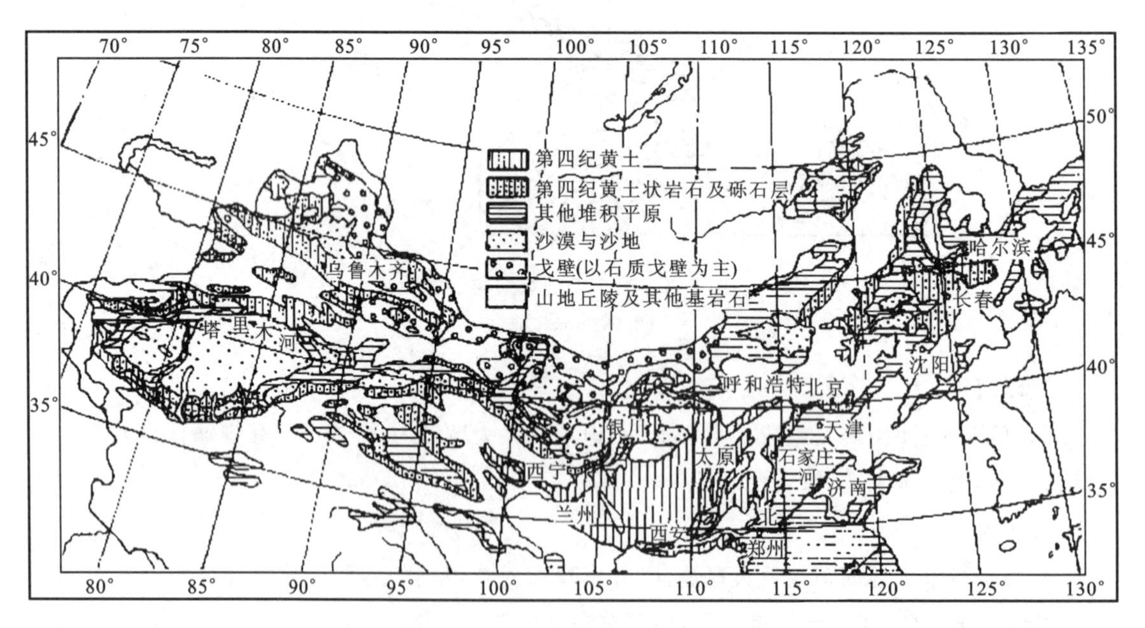

图7-21 中国沙漠、黄土、戈壁分布略图
(引自《中国自然地理(地貌)》,1980)

4. 泥漠

泥漠即主要由细粒黏土、粉砂等泥质沉积物组成的荒漠。分布于荒漠中的低洼处，多由湖泊干涸和湖积地面裸露而成，如湖沼洼地、冲积、洪积扇前缘等。其地面平坦，富含盐碱，龟裂纹发育，植物稀少，风蚀作用强，常有风蚀脊、白垄堆发育。局部地表盐分大量聚积，可成盐漠。我国新疆罗布泊、青海柴达木盆地分布较广。

5. 盐漠

盐漠又称"盐沼泥漠"，地表为大量盐分所覆盖的干燥泥漠地区。在地下水位较浅的泥漠地区，含盐分的地下水沿毛细管孔隙上升达到地表时，水分蒸发，盐分在地表积聚，即形成盐漠。因盐分具有吸水作用，地表常处潮湿状态，干涸时形成龟裂地。盐漠地区只能生长少量的盐生植物。中国青海柴达木盆地中部有大片盐漠分布。

五、风成沙

沙物质在风力作用下，不仅出现了搬运和堆积过程，形成了各种沙丘形态，而且在这种过程中产生了相应的沉积物构造特征，并使沙物质本身在物理特性、矿物和化学成分等方面也不断发生变化。由风力搬运并堆积的沙积堆积物成为风成沙，它的主要特征如下。

1. 风成沙粒度特征

空气密度是水的 1/800，即沙子在空气中运动所遇阻力是水中的 1/800。所以，风沙流中沙的运动很活跃，但因空气密度小，其上升高度不大，因而沿地表形成的风沙流的分选很好。风沙流的粒度成分主要集中在 0.25～0.1mm 的细沙部分，粉砂、黏土的含量一般不超过 10%。

2. 风成沙的形态特征

风成沙的磨圆度一般较高，特别是大于 0.5mm 的沙粒，但很少有磨圆的颗粒，这与沙粒以跳跃为主的搬运方式有关。风成沙在搬运中由于连续的高能冲击，沙粒表面常呈毛玻璃状，无光泽，并常布有不规则的麻坑、蝶形坑、裂纹及蛇曲脊等。

3. 风成沙的矿物特征

风成沙的矿物成分 90%以上是由石英和长石等轻矿物组成，密度大于 2.9 的矿物含量很少。由于风力搬运过程中的强烈冲击与磨蚀作用，致使风成沙中的稳定物(如石英、石榴石、锆石、蓝晶石、磁铁矿等)含量增高。

4. 风成沙的化学成分

由于风力搬运使风成沙的矿物成分变化，因而其化学成分也会发生改变。随着风的吹扬，沙中的 Al_2O_3、CaO、$CaCO_3$ 和有机质成分不断减少，而 SiO_2 和 Fe_2O_3 的含量则相应地有所增加。风成沙的化学成分也因沙丘的固定程度与时间不同而明显变化，如流动沙丘沙的 SiO_2 含量通常在 80%以上，固定沙丘中则只有 60%左右。沙漠沙中的有机质含量极低，通常只有 0.02%～0.23%。

5. 风成沙的结构构造

风成沙丘内部通常发育 3 种类型的层理构造。

1）近水平层理

通常由分选很好的细砂组成，单个纹层厚仅几毫米，层理的倾角一般在10°以下。近水平层理常发育在沙丘的丘顶、两翼及迎风坡处。有时可见到砂层中夹有薄层的石膏沉积。

2）斜层理

沙丘在移动过程中背风坡不断发生重力崩塌堆积而成的倾斜纹层。该层理的倾角较大，多在25°～34°之间，层理面常是弧形的，单个纹层的厚度一般为2～5cm。

3）交错层理

风沙在沉积过程中，如果两个相反方向的风交替作用时，迎风坡和落沙坡的层理也交替出现，形成微微上凸的楔形交错层理。

第二节 黄　土

黄土是240万年(也有学者提出是200万年)以来干旱、半干旱气候环境条件下形成的广泛分布的松散土状堆积物，其主要特征是：颜色以浅灰黄色、棕黄色、褐黄色为主，颗粒成分以粉砂(0.05～0.005mm)为主，富含钙质，疏松多孔，不显宏观层理，垂直节理发育，具有很强的湿陷性。广义的黄土包括典型风成黄土和黄土状岩石。黄土状岩石是指除风力以外的各种外动力作用所形成的类似黄土的堆积，其特点是具有沉积层理，粒度变化大，孔隙度较小，含钙量变化显著，湿陷性不及风成黄土等。原生黄土经改造后堆积成次生黄土。黄土地层中记录了大量的第四纪以来的生物、气候信息，是研究第四纪气候和古环境变化的信息库。

中国北方更新世黄土极为发育(从老到新有午城黄土、离石黄土、马兰黄土)，全新世也有黄土堆积，黄土是中国北方第四纪主要地层。现代尘暴也带来类似黄土沉积物。

在黄土堆积过程中和堆积以后形成的地貌，叫做黄土地貌。由于受特殊气候条件和历史上长期对土地资源不合理利用的影响，我国黄土分布区，尤其是黄土高原地区的水土流失极为严重，成为黄河泥沙的主要来源。此外，黄土是一种很肥沃的土层，对农业生产极为重要。但植被稀少，水土流失，给农业生产和工程建设都造成了严重的危害。因此，对黄土地貌的研究，密切关系到水土保持工作，对我国西部地区的生态环境保护和经济建设具有重要的意义。

一、黄土的分布和厚度

1. 黄土分布

从全球来看，黄土覆盖面积约占地球陆地表面的10%，主要分布在中纬度干旱或半干旱的大陆性气候地区，即现代的温带森林草原、草原及荒漠草原地区，分布于N30°～55°和S30°～40°的地带内。从黄土的生成环境来看，黄土主要分布在两种区域：①古冰盖的外缘，如欧洲中部和北美洲的黄土；②荒漠或半荒漠区的边缘，如前苏联的乌克兰、高加索、勒拿河中游和我国的黄土高原。由于这些地方气候干燥，碎屑物丰富，在强大的反气旋作用下，细粒物质被吹

到荒漠和古冰盖外缘地区沉积下来，从而形成黄土。

中国是世界上黄土分布最广、地层最全、厚度最大的国家。大致沿昆仑山、秦岭以北，阿尔泰山、阿拉善和大兴安岭一线以南分布，构成北西西-南东东走向的黄土带(图 7-22)，总面积约 $63.5\times10^4 km^2$，约占全国总面积的 7.6%。黄土带的东端向南、北两个方向展布，北自松嫩平原北部(典型黄土北起辽西及热河山地一带)，南达长江中下游，处于 N30°～49°之间，而以 N34°～45°之间的地带最发育，构成中国黄土的发育中心。

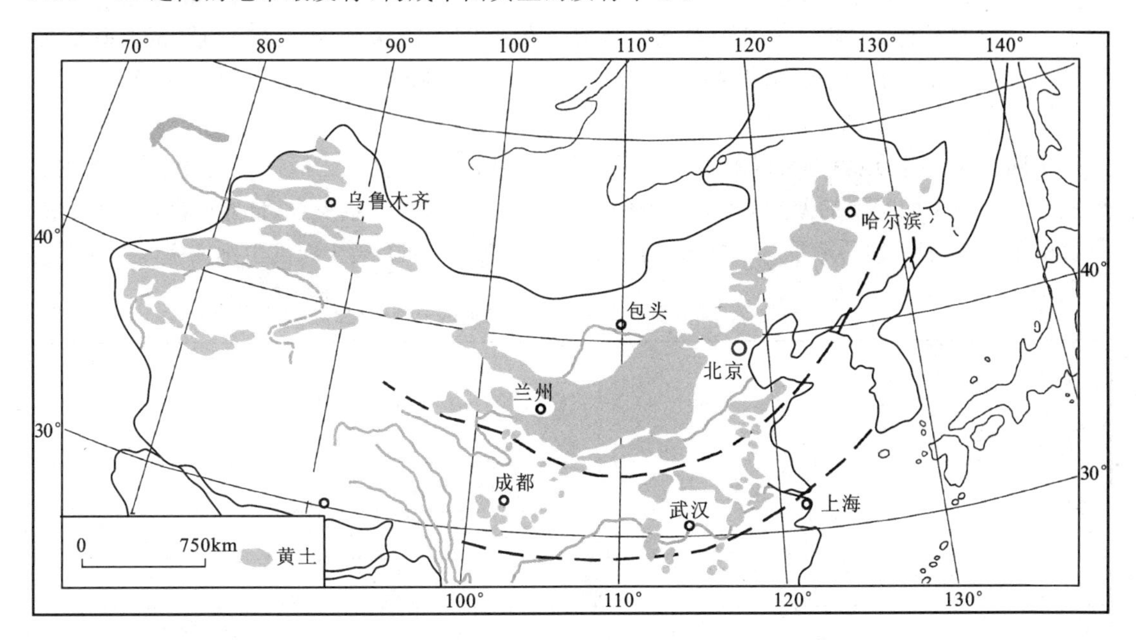

图 7-22　中国黄土分布

(据徐张健等，2007)

中国黄土分布的海拔高度，自西到东从 3 000m 降到数十米；新疆个别山地黄土可出现在海拔 4 000 多米高处。黄土分布亦受坡向影响，西北坡或北坡黄土堆积较厚，在南坡或东南坡黄土或缺失或堆积厚度不大。

2. 黄土厚度

黄土的厚度各地不一。我国黄土最厚的达 180～200m，分布在陕西省泾河与洛河流域的中下游地区，其他地区从十几米到几十米不等。根据黄土地层来看，在几十米到 100～200m 的黄土中，可划分为早更新世的午城黄土、中更新世的离石黄土和晚更新世的马兰黄土。

晚更新世黄土的厚度较早更新世和中更新世的薄，位于六盘山以西的渭河上游和祖厉河上游以及六盘山以东的泾河上游，厚度为 30～50m，其他地区只有 10～20m。中更新世黄土和早更新世黄土在陕西径河和洛河流域厚度可达 175m，在延安、靖边一带，厚 100～125m，山西西部也有近百米厚的黄土，其他地区只有数十米。巨厚的黄土为黄土地貌发育奠定了物质基础。

二、黄土的性质

(一) 黄土的成分

黄土物质成分(mass composition of loess)是指组成黄土的物质种类及数量。一般包括黄土的颗粒(或称粒度)成分、矿物成分、化学成分。其中化学成分还包括可溶盐类成分和有机质成分。

1. 黄土的粒度成分

黄土颗粒成分是指组成黄土的各种大小颗粒的含量。通常以某种粒径的颗粒质量占土样总质量的百分比来表示。组成黄土的颗粒成分以粉砂为主,这是黄土的重要特征之一。在黄土中粉砂(粒径 0.005～0.05mm)含量占 40%～60%,细粉砂(0.005～0.01mm)的含量一般仅占 5%～10%,最多不超过 15%。黄土中普遍含有砂粒,但以极细砂(0.05～0.1mm)居多,细砂(0.1～0.25mm)的含量很少,而颗粒大于 0.25mm 的砂粒通常是没有的。黏土(＜0.005mm)的含量一般在 20%左右。

不同区段、不同地貌单元以及不同时代、不同成因的地层,甚至不同层位的黄土,其形成的地质环境存在不同程度的差异,其颗粒组分亦有差异。从水平分布来看,自北而南,自西向东,颗粒由粗变细(表 7-3)。从垂直剖面来看,从下部老黄土到上部新黄土粒度由细变粗(表 7-4)。

表 7-3 马兰黄土粒度成分平均值的空间变化

粒径 / 粒级含量(%) / 地区	＞0.05mm	0.005～0.05mm	＜0.005mm
山东	8.95	64.70	25.70
山西	27.20	53.56	19.09
陕西	30.29	52.61	17.00
甘肃	24.97	56.36	18.59
青海柴达木	41.93	41.25	16.81

注:据刘东生等,1954。

表 7-4 不同地区黄土粒度百分比 (%)

地区	粒径＞0.05mm		粒径 0.005～0.05mm		粒径＜0.005mm	
	马兰黄土	午城黄土	马兰黄土	午城黄土	马兰黄土	午城黄土
山西	27.20	32.16	53.56	41.25	19.09	26.68
陕西	30.29	22.09	52.61	53.49	17.00	24.47
甘肃	23.67	14.11	60.09	62.82	15.69	23.04

注:据刘东生等,1954。

2. 黄土的矿物成分

黄土的矿物成分是指组成黄土土壤的矿物种类及其含量。已知的中国黄土矿物成分约有 60 多种,其中碎屑矿物中以轻矿物(密度＜2.9)为主,主要是石英(50%以上),其次是长石(29%～43%)、碳酸盐矿物(10%～15%)和云母(＞2.5%);重矿物(相对密度＞2.9)仅占 4%～7%,主要有不透明金属矿物(如磁铁矿、赤铁矿等)、绿帘石类、角闪石类、辉石类和其他硅酸盐矿物,重矿物主要集中在 0.01～0.05mm 级的颗粒中。

3. 黄土的化学成分

黄土化学成分是指组成黄土土壤的化学组分的种类及数量。化学成分依赖于其主要矿物成分和风化程度，根据陕西洛川黄土化学分析资料，黄土的主要化学成分以 SiO_2(50%)占优势，其次是 Al_2O_3(>10%)、CaO(7.5%～10.5%)，再次为 Fe_2O_3(3%～6%)、MgO(1.5%～5%)、K_2O(1.5%～2.5%)、Na_2O(1.2%～2.3%)、FeO(0.4%～1.5%)。此外还发现黄土中有多种微量元素(Be、Pb、Mn、Cr、Ni、V、Cu、Zr、B、Co、Ba、Sr、Se、Y、Ag)，某些黄土区地下水中富含 F。微量元素主要来自锆石、电气石、磷灰石等矿物。

黄土主要化学成分在空间上的变化，是因黄土颗粒从北西往南东方向逐渐变化，石英、长石含量随之相应减少，气候由半干旱过渡为较湿润；因此，黄土主要化学成分从北西往南东方向，Al_2O_3、和 Fe_2O_3的含量明显增加，SiO_2、FeO、CaO、NaO、K_2O 的含量相应减少。由于黄土中易溶的化学成分含量很高，对黄土地貌发育有很重要的影响。

黄土盐类成分是指黄土中能溶于水的化学组分。黄土盐类按溶解于水的难易程度可分为易溶解性盐类、中等溶解性盐类和难溶解性盐类。其中易溶解性盐类主要包括重碳酸盐、氯化物和硫酸盐，如芒硝等，后者含量较少；中等溶解性盐类主要为石膏，它的含量没有碳酸盐类多；难溶解性盐类以石灰质(碳酸钙)为主。黄土盐类成分的平均含量一般不超过总含量的 3%。

(二) 黄土的结构

黄土结构指黄土粗细颗粒的分布及有关孔隙的空间排列。黄土一般具有粒状微结构(偏光显微镜下观察)，碎屑组成骨骼颗粒[图 7-23(a)]，由空隙相连。显著风化的黄土与古土壤一般为斑状结构[图 7-23(b)]，粗粒物质之间由细粒物质相连接，细粒物质浓密，骨骼颗粒似被细粒物质包埋，粒度空隙变小，骨骼颗粒呈斑晶状分布于细粒物质之中，相当于基底式胶结类型。随着风化程度加深，黏土质细粒物质增加，骨骼斑晶粒度似被黏土胶溶物质所嵌埋，黏粒胶膜大量出现时，呈现胶斑状结构[图 7-23(c)]。

黄土孔隙率高达 40%～50%，吸水能力强，透水性高，除粒间小孔外，还发育各种特有的大孔，如节理、虫孔、放射状孔和植物根孔。随着黄土地层时代的变老，孔隙率降低。

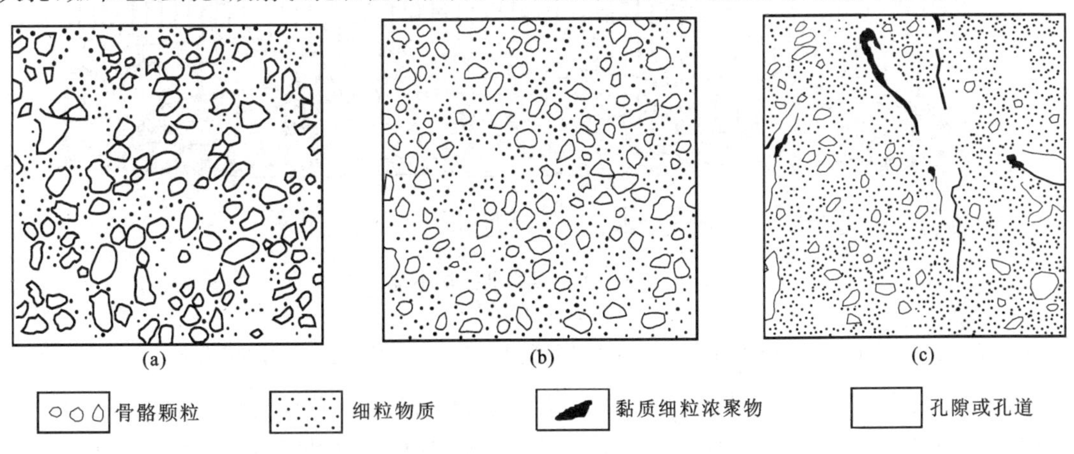

图 7-23 黄土、古土壤的微结构类型图

(据刘东生等，1985)

(a)粒状结构；(b)斑状结构；(c)胶斑状结构

黄土的物理性质和黄土地貌发育的关系极为密切。黄土以粉砂为主，颗粒之间结合得不紧密，有许多孔隙，黄土中的孔隙度一般为40%～50%，吸水能力强，适水性高。黄土中的水分沿着孔隙向下运动，可溶盐类和细粒粉砂被水分溶解与移动使孔隙逐渐扩大。由于黄土疏松、多孔隙、垂直节理发育、极易渗水和含有可溶性物质等特点，很容易被流水侵蚀形成沟谷，也易造成沉陷和崩塌，形成一些黄土柱或黄土陡壁和陷穴等各种地貌。

中国黄土粒度成分以粉砂为主，并且粗粉砂的含量大于细粉砂；黄土矿物成分复杂，以石英、长石为主，其他矿物少量；化学成分中 SiO_2 含量通常大于50%，Al_2O_3 占10%左右，CaO 占8%左右，Fe_2O_3 占4%左右。

三、黄土中的气候旋回记录

黄土分布广，沉积较连续，堆积时间长，含有较丰富的气候与环境变化记录。根据年代学资料，黄土中气候变化旋回可以与深海沉积物氧同位素阶段、湖泊沉积物和冰岩芯中的气候旋回对比，这是探讨全球气候与环境变化的一个重要方面。鉴别这些事件不仅对第四纪成壤理论有重要意义，而且对理解古气候的内外动力作用、分析不同区域对气候驱动因子响应过程中的复杂性和敏感性、区域和远距离地层对比等都有十分重要的意义。

黄土中的气候旋回有多级变化，一级旋回由干冷期堆积的黄土-古土壤层和温湿期发育的区域性的侵蚀面在垂直剖面上的交替出现反映出来。侵蚀面所反映的气候往潮湿方向转变和流水切割程度比古土壤形成时更为强烈。当剥蚀区形成区域性侵蚀面时，相邻堆积区则堆积了与剥蚀期同时的河湖相相关沉积物。刘东生等(1964)根据中国黄土中存在的区域性侵蚀面，侵蚀面上下黄土岩性及古土壤层性质和哺乳动物化石，把中国更新世黄土分为3套：早更新世午城黄土、中更新世离石黄土(又据侵蚀面分为上部和下部)和晚更新世马兰黄土。反映了中国黄土堆积过程中由暖→冷的4个一级气候变化旋回(图7-24)。

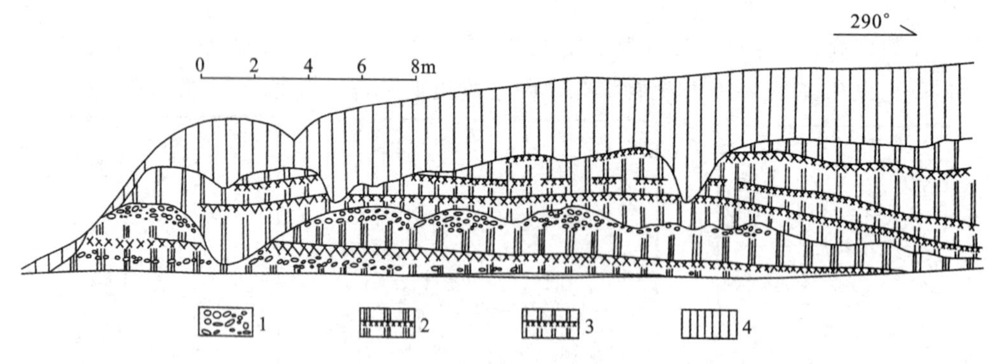

图7-24 山西沁水刘家窑黄土层不整合关系

(据刘东生等，1964)

1.石灰质结合层；2.离石黄土下部及埋藏图；3.离石黄土上部及埋藏土；4.马兰黄土

黄土-古土壤层系内黄土性质、古土壤类型、厚度、组合特征及间距是研究黄土中二级气候旋回的重要标志。如陕西洛川剖面 L_9 层砂质黄土反映0.8Ma的严寒气候。安芷生对洛川剖面进行了第二、第三级土壤地层划分并简单讨论了相应级别的气候旋回。

黄土粒度、矿物、黏土化学成分及孢粉组合和磁化率等的变化反映出更为次级的气候变

化，如晚更新世马兰黄土的粒度和磁化率沿剖面的变化是研究 0.13Ma 以来气候变化的重要内容。

四、黄土的成因

黄土成因的研究早在 19 世纪中叶就已经开始，至今未有统一的结论。黄土成因有以风营力为主的风成说、以流水为营力的水成说（冲积、洪积、冰成说）、以机械风化营力为主体的残积说等，以风成说占优势，风成说历史长、影响大、拥护者最多。

风成说：最早由德国人李希霍芬（1882）提出，俄国人奥布鲁契夫发展了这一学说；现代黄土风成说，代表人物有刘东生、库克拉（Kukla），他们把黄土的物源、搬运方式、堆积过程、黄土性质和古土壤发育等与第四纪全球性冰期旋回和大气环流联系起来，并以现代大气环流-尘暴动态作为认识过去黄土形成过程将之论古的参照系统。刘东生等（1985）把黄土成因分为黄土形成与黄土演化两个阶段（图 7-25）。

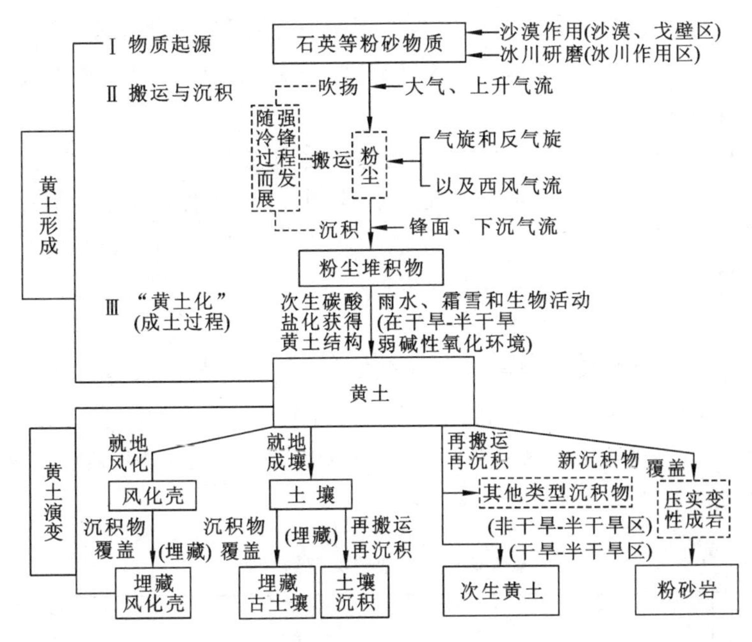

图 7-25　黄土形成过程和黄土演变示意图

（据刘东生等，1985）

对于中国黄土，其物源（粉砂级石英、长石、方解石等）产生在物理风化强烈的西北区沙漠和戈壁（可能部分来自中亚沙漠），粉尘在高空西风气流和近地面风共同作用下，以尘暴形式被风从西北往东南方向悬移，运途中粉尘因气流下降和按颗粒大小分异沉降（图 7-26）。黄土形成后，在原地暴露于地表时，受物理、化学和生物风化作用，引起黄土不同程度的改变。最强烈的改变发生在相对湿度、粉尘沉积缓慢或中断的气候阶段，生物风化作用增强形成一定类型的土壤；较微的改变则形成风化层；被后期沉积物埋藏，即古土壤和埋藏风化层。一系列冷暖气候波动形成黄土—古土壤层序列。而风积黄土经流水改造后形成次生黄土，也有少量黄土是在原地残积而成。

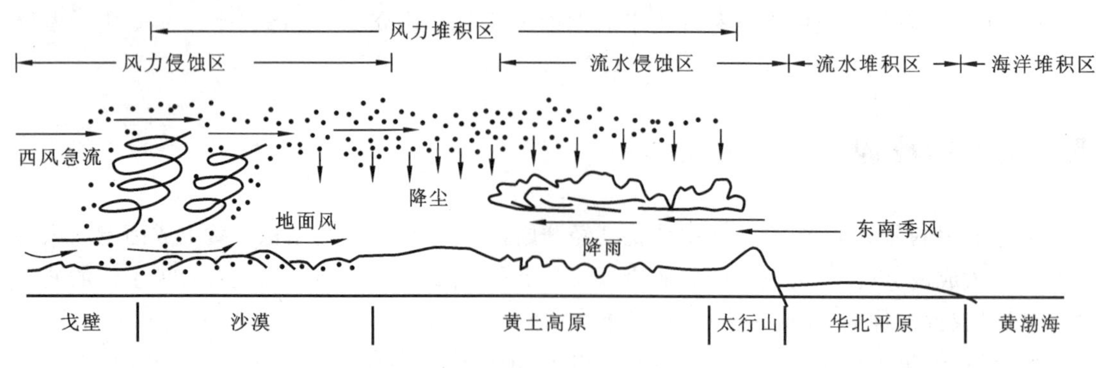

图 7-26　黄土粉尘搬运、堆积示意图
(据曾克峰等,2013)

水成说:19 世纪末,由莱伊尔(Lyell)等提出,认为成土物质主要来源于附近,主要为流水搬运,少数为风力搬运而来。张宗佑(1959)等经过对我国黄土的系统研究认为,在一定的地质、地理环境下,黄土物质为各种形式的流水作用所搬运堆积(包括坡积、洪积、冲积等),经黄土化作用形成,并不都是由于西北部的沙漠沙被吹扬堆积而成,因为这些沙漠形成时代较晚,多是晚更新世或后期形成的。

残积说:认为黄土是在干燥气候条件下,通过风化和成土作用过程使当地的多种岩石改造成黄土,而不是从外地搬运而来。黄土的成因不同,其水文、工程地质条件也有差异。

五、黄土地貌

黄土地貌是在特定的气候与构造环境中发育起来的。它是由水力、重力、风力塑造而成,近代黄土地貌发育的过程中,人类活动也起了很大的作用。黄土地貌主要分布在中国半干旱区。按主导地质营力可将黄土地貌分为黄土堆积地貌、黄土侵蚀地貌、黄土潜蚀地貌和黄土重力地貌 4 种类型(表 7-5)。

表 7-5　黄土地貌类型划分表

<table>
<tr><th>类</th><th>小类</th><th>型</th><th>典型代表地貌</th></tr>
<tr><td rowspan="4">黄土堆积地貌</td><td rowspan="3">黄土高原</td><td>黄土塬</td><td>白草塬、董志塬、洛川塬</td></tr>
<tr><td>黄土墚</td><td>山西柳林</td></tr>
<tr><td>黄土峁</td><td>陕北</td></tr>
<tr><td>黄土平原、丘陵</td><td colspan="2">渭河平原、宁夏西吉墚峁丘陵沟壑区</td></tr>
<tr><td rowspan="2">黄土侵蚀地貌</td><td colspan="2">黄土区大型河谷地貌</td><td>黄河、渭河、洛河、泾河</td></tr>
<tr><td>黄土沟谷地貌</td><td colspan="2">纹沟、细沟、切沟、冲沟</td></tr>
<tr><td rowspan="4">黄土潜蚀地貌</td><td colspan="2">黄土碟</td><td>圆形、椭圆形</td></tr>
<tr><td colspan="2">黄土陷穴</td><td>漏斗状、竖井状、串珠状</td></tr>
<tr><td colspan="2">黄土桥</td><td>洛川地质公园黄土桥</td></tr>
<tr><td colspan="2">黄土柱</td><td>柱状、尖塔形</td></tr>
<tr><td>黄土重力地貌</td><td colspan="3">泻溜、崩塌、滑坡、湫地</td></tr>
</table>

(一) 黄土堆积地貌

大型黄土堆积地貌有黄土高原和黄土平原。黄土高原分布于新构造运动的上升区,如陕北、陇东和山西高原,是由黄土堆积形成的高而平坦的地面。塬、墚、茆(图 7-27)是黄土高原黄土堆积的原始地面经流水切割侵蚀后的残留部分。它们的形成和黄土堆积前的地形起伏及黄土堆积后的流水侵蚀都有关。

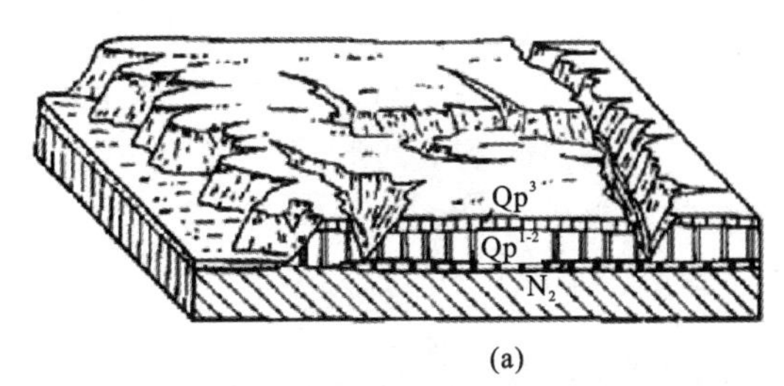

(a)

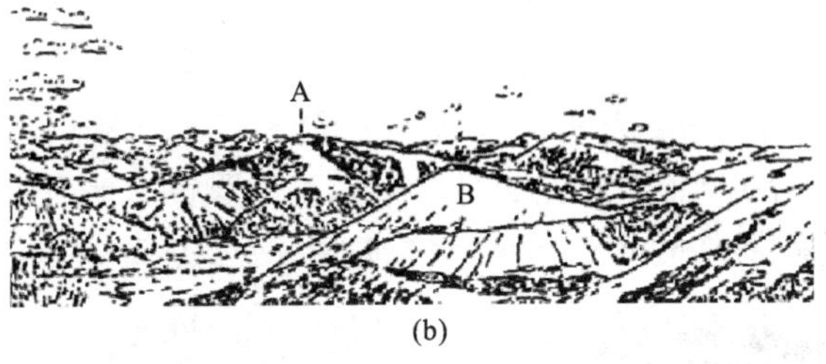

(b)

图 7-27　黄土主要地貌

(a)黄土塬(为黄土谷沟切割)(引自北京大学,1978);

(b)黄土墚(A)、峁(B)及黄土沟谷和丘陵(据原北京地质学院,1959);

N_2.上新世三趾马红土;Qp^{1-2}.午城黄土、离石黄土;Qp^3.马兰黄土

1. 黄土塬

黄土塬是指在第四纪以前的山间盆地的基础上,被厚层黄土覆盖,面积较大、顶面平坦、侵蚀较弱、周围被沟谷切割的台地。主要分布于陕甘宁盆地南部与西部,以及陇西盆地北部。洛川塬、长武塬、董志塬和白草塬,是我国目前保存较完整的黄土塬,塬面宽展平坦,坡度一般小于 3°,沟壑密度为 1～2km/km^2,黄土厚 100～200m,作为黄土高原的地貌特征颇具代表性。黄土塬区居民常沿切割塬的沟边修建窑洞,这是一种良好的民间传统地下建筑。

2. 黄土墚

黄土墚是平行沟谷的长条状高地,长可达几百米、几千米到几十千米,宽仅几十米到几百米,顶面平坦或微有起伏。墚主要是黄土覆盖在墚状古地貌上,又受近代流水等作用形成的。

3. 黄土峁

黄土峁是顶部浑圆、斜坡较陡的黄土小丘,大多数是由黄土墚进一步切割而成,少数为晚期黄土覆盖在古丘状高地而成,常成群分布。黄土墚、峁经常与谷沟同时并存,组成黄土丘陵。黄土丘陵比黄土塬分布广泛,水土流失严重,重力滑坡造成的地质灾害时有发生。

黄土平原则分布于新构造下降区,如渭河平原,是由黄土沉积形成的低平原,只在局部倾斜地面上发育沟谷系统。

(二) 黄土侵蚀地貌

该地貌可分为黄土区大型河谷和黄土区沟谷地貌。黄土大型河谷地貌是长期发展的结果,如黄河、渭河、洛河、泾河,其形成发展与一般侵蚀河谷相似,但由于有风积黄土堆积,晚期黄土覆盖早期河谷阶地的情况经常可见。黄土区千沟万壑,地面被切割得支离破碎,根据黄土沟谷形成的部位、沟谷的发育阶段和形态特征,可将黄土沟谷分为细沟、浅沟、切沟、悬沟、冲沟、坳沟(干沟)和河沟 7 类。前 4 类是现代侵蚀沟;后 2 类为古代侵蚀沟;冲沟有的属于现代侵蚀沟,有的属于古代侵蚀沟,时间的分界线大致是中全新世(距今 3 000～7 000a)。

1. 纹沟

在黄土坡面上，降雨时常形成很薄的片状水流，由于原始坡面上的微小起伏和石块、植物根系、草丛的阻碍，水流可能分异，聚成许多条细小的股流，侵蚀土层，即形成细小的纹沟。彼此穿插、相互交织。纹沟的重要标志是没有沟缘线，沟底纵剖面与斜坡面的坡度一致，经耕犁就立即消失(图 7-28)。

2. 细沟与浅沟

坡面水流增大时，片流就逐渐汇集成股流，侵蚀成大致平行的细沟。其宽度一般不超过0.5m，深度为0.1～0.4m，长数米到数十米。细沟的谷底纵剖面呈上凸形，下游开始出现跌水，横剖面呈宽浅的“V”字形，沟坡与黄土地面有明显的转折(图 7-29)。浅沟深0.5～1.0m，宽2～3m。纵比降略大于所在斜坡的坡降，横剖面呈倒“人”字形。

图 7-28　纹沟

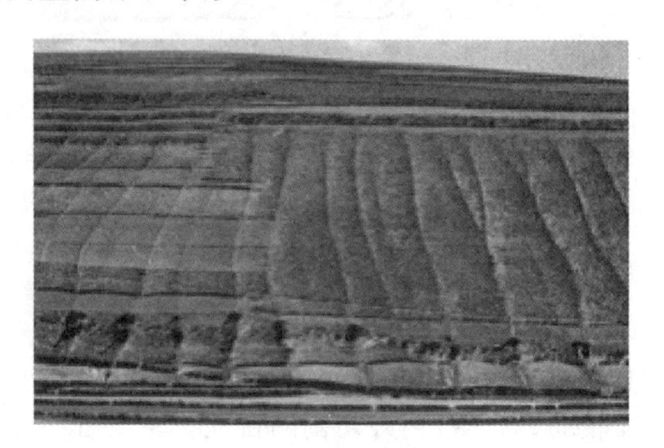

图 7-29　细沟

3. 切沟与悬沟

细沟进一步发展，下切加深，切过耕作土层，形成切沟(图 7-30)。切沟的深度和宽度均可达1～2m，长度可超过几十米。切沟的纵剖面坡度与斜坡坡面坡度不一致，沟床多陡坎。横剖面有明显的谷缘。如果浅沟的汇水面积较小，未能发育为切沟，汇集于浅沟中到水流汇入沟谷地时，常在谷缘线下方陡崖上侵蚀成半圆筒形直立状沟，称为悬沟。

4. 冲沟

冲沟为切沟进一步下切侵蚀形成。规模较大，长度可达数千米或数十千米，深度达数十米至百米，常下切到早、中更新世黄土层或上新世红土层。冲沟纵剖面呈下凹的曲线，与斜坡凸形纵剖面完全不同。黄土冲沟的沟头和沟壁都较陡，沟头上方或沟床中常有一些很深的陷穴，它是由于下渗的水流对黄土中的钙进行溶蚀，并把一些不溶的细小颗粒带走，使地表发生下陷而形成。之后，进一步促使沟头向源增长，冲沟增长，沟床加深。冲沟两侧的沟壁常发生崩塌，使沟槽不断加宽。黄土区冲沟系统发展快，具有继承性，部分现代黄土沟谷重叠发育在老沟谷之上(图 7-31)。

5. 坳沟与河沟

坳沟又称干沟。它和河沟是古代侵蚀沟在现代条件下的侵蚀发展。它们的纵剖面都呈上凹形，横剖面为箱形，谷底有近代流水下切生成的“V”字形沟槽。坳沟和河沟的区别是：前者仅在暴雨期有洪水水流，一般没有沟阶地；后者多数已切入地下水面，沟床有季节性或常年性流水，有沟阶地断续分布。

图 7-30 切沟

图 7-31 冲沟

(三) 黄土潜蚀地貌

地表水沿黄土中的裂隙或空隙下渗，对黄土进行溶蚀和侵蚀，称为潜蚀。潜蚀后，黄土中形成大的空隙和空洞，引起黄土的陷落而形成的地貌，称之黄土潜蚀地貌。主要包括以下几种地貌。

黄土碟：是一种直径数米至数十米、深数米的碟形凹地。由于流水聚集凹地内，沿黄土裂隙与空隙下渗、浸润，当潜水面上黄土底部充分含水之后，黄土在重力影响下陷落形成黄土碟。

黄土陷穴：是黄土区地表的穴状洼地，向下延伸可达 10～20m，常发育在地表水容易汇集的沟间地或谷坡上部和墚峁的边缘地带，由于地表水下渗进行潜蚀作用使黄土陷落而成。按照形态可分为竖井状陷穴、漏斗状陷穴和串珠状陷穴。串珠状陷穴，下部有通道相连，常见于冲沟沟床上。

黄土井：黄土陷穴向下发展，形成深度大于宽度若干倍的陷井，称为黄土井。

黄土桥：两个陷穴之间或从沟顶陷穴到沟壁之间，由于地下水作用使它们沟通，并不断扩大其间的地下孔道，在陷穴间或陷穴到沟床间地面顶部的残留土体形似土桥，称之黄土桥(图 7-32)。

黄土柱：是分布在沟边的柱状残土体。它的形成是由于流水不断地沿黄土垂直节理进行侵蚀和潜蚀，以及黄土的崩塌作用，形成的残留土体。黄土柱有柱状和尖塔形，其高度一般为几米到十几米(图 7-33)。

图 7-32 黄土桥
(据 www.hudong.com)

图 7-33 黄土柱
(据 www.foto8.net)

(四) 黄土重力地貌

黄土谷坡的物质在重力作用和流水作用影响下，常发生移动，形成泻溜、崩塌、滑坡等重力地貌。

1. 泻溜

黄土谷坡表面的土体受干湿和冷热等变化影响，引起物体的胀缩而发生碎裂，形成碎土和岩屑，在重力作用下，顺坡而下称为泻溜。

2. 崩塌

在黄土的谷坡上，由于雨水或径流沿黄土的垂直节理下渗，水流在地下进行溶蚀作用，并把一些不溶的细小颗粒带走，使节理不断扩大，谷坡土体失去稳定而发生崩塌。另外，如沟床河流侵蚀岸坡基部或因雨水浸湿陡崖基部而使上坡失去稳定，也能发生崩塌。

3. 滑坡

黄土沟谷的滑坡常在不同时代的黄土接触面之间或黄土与基岩之间产生滑动。地震时，黄土丘陵区的大型滑坡常能阻塞沟谷而成湖池，湖池淤满后，积水排干而成平整的低洼地，叫湫地。

第三节 黄土地貌发育过程

黄土地貌发育阶段可以分为两个阶段，黄土堆积时期的地貌发育阶段和黄土堆积后的地貌发育阶段。黄土堆积形状与古地形关系密切。总的来说，在一些山区，黄土堆积较薄，突起的山峰常露在黄土之上，如山西西北部的河曲、神池的黄土耸立许多基岩山地；在古盆地或倾斜平原上黄土堆积较厚，有时可达 100 多米，形成宽广的黄土塬(如董志塬)。黄土堆积如与河流发育同时，不同时代黄土将堆积在河流谷坡和不同时代的阶地上，时代较老的高阶地上有早期黄土堆积，也有较近期的黄土堆积，低阶地上只有较新的黄土堆积。因此，可通过黄土时代推算河流阶地形成的时代(图 7-34)。

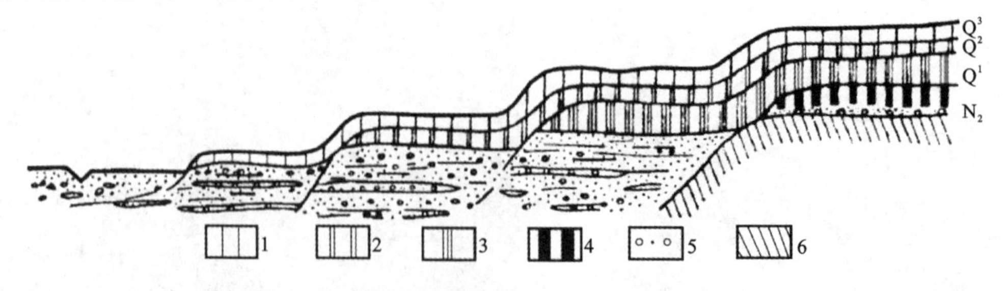

图 7-34 陕西渭北河流阶地与黄土沉积结构关系
(引自杨景春，2005)
1. 马兰黄土；2. 离石黄土；3. 午城黄土；4. 红土；5. 砂砾石；6. 基岩

黄土是在更新世长期的风力作用下堆积形成的,它在堆积过程中由于气候变化而有间断。当气候干冷时,西伯利亚冷高气压团南移,中国北部气流扰动加剧,风力增强,黄土堆积速率加大,同时降水较少,地表侵蚀相对微弱,有利于黄土堆积;当气候转为温湿时,西伯利亚冷高压气团北移,中国北部气流扰动减弱,黄土堆积速率减小,同时雨量增加,地表侵蚀加剧,形成冲沟,地表发育土壤。当下一个干冷期到来时,冲沟发育减缓或停止,地面和冲沟的谷坡上堆积了一层黄土,土壤层也被黄土覆盖。气候再次转为温暖时,沿原来的冲沟再次加剧侵蚀,地面又发育一层土壤,所以在黄土沉积层中常留下许多层古土壤和不同时期的侵蚀面。

黄土层中的古土壤在剖面中呈红色,又称埋藏古土壤层(图 7-35)。它是由质地黏重的土层组成,上部有时见到淡灰黑色的腐殖质层,下部有白色钙质层。黄土中埋藏的古土壤层是代表黄土堆积的间断时期的古地面。在面积广大的塬、梁、峁地区,古土壤层的起伏与今天黄土地面形态大体相似,在塬区古土壤层比较平坦,在梁峁区则向邻近大沟谷方向倾斜。说明在黄土开始堆积时,原始地面起伏和黄土堆积过程中的地形形态以及今天黄土地面起伏大体一致。在黄土的多次堆积过程中,只有岭谷之间的地形相对高差较小,一些较小的沟谷可能被填满,但较大的河谷仍一直延续至今。

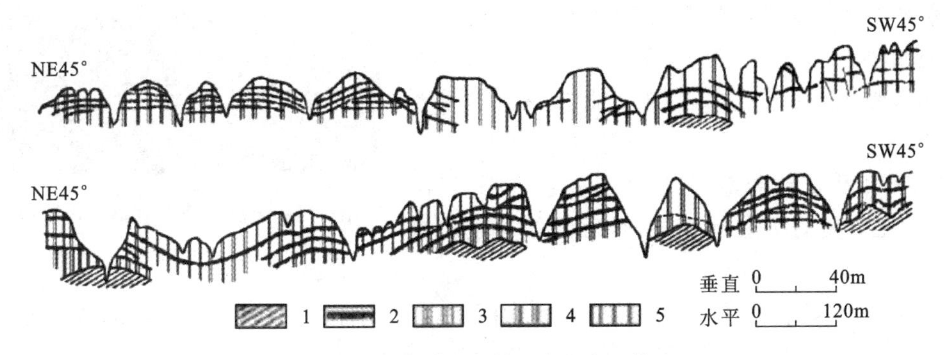

图 7-35 陕西洛川黄土中的古土壤

(引自杨景春,2005)

1.基岩;2.埋藏土;3.午城黄土;4.离石黄土下部;5.离石黄土上部

黄土堆积后的地貌发育,是全新世以来,黄土区受外力(主要是地表流水的侵蚀切割)改造作用,形成形态各异的黄土地貌类型。根据古冲沟中堆积的黄土和古土壤层以及冲沟侵蚀面可以确定古冲沟的时代。陕西洛川黄土塬区 20 万年以来至少有 4 次较强烈的侵蚀期及其间的堆积期。

第四节 风力和黄土地貌研究的实际意义

土地沙漠化、风沙流运动和沙丘移动会对农田、牧场、交通(铁路、公路)和居民点造成危害,必须研究其发生、发展规律,采取各种措施加以防治。因此,研究风力、黄土地貌对国民经济和环境保护等有重要的理论和实际价值。

一、资源开发利用

干旱区和半干旱区水资源严重不足，开发地下水资源是一项重要的任务。这些地区地下水源主要有两种：一是沙漠、黄土区周边山区山地冰雪融水补给；二是地质时期气候湿润时在当地形成的沟谷系统（现被流沙、黄土掩埋）中保存的古地下水。因此，研究干旱、半干旱区流沙与黄土覆盖之下的古地形，以及第四纪该区气候干湿变化的规律意义重大。

沙漠和黄土区地下常赋存有油、气等资源，面沙本身也是一种资源。

此外，干旱区、半干旱区（及其他风力作用强烈地区）的风力是可开发利用的清洁能源。

二、水土保持、治沙与工程建筑

干旱、半干旱区主要环境工程问题是水土保持（尤其是黄土区）和治沙。为了减轻沙害和保持水土，必须对流沙和水土流失进行长期调查、观察和实验，研究治沙与水土保持的方法，如采取种草造林（图 7-36），严禁滥采滥挖，以及制定相应法规等一系列重要措施（图 7-37）。虽然中国近几十年来，水土保持与治沙工程成绩斐然，已居世界先进水平，但面临严峻的荒漠化的扩大化趋势，今后的任务是很繁重的。

图 7-36　宁夏白芨滩麦草方格治沙技术

（据 http://env. people. com. cn）

黄土湿陷性是黄土区工程建筑中的一大问题，而湿陷性与黄土岩性、成因、碳酸盐含量及时代有关。同一成因的黄土，粒度越粗，碳酸盐含量越高，时代越新，湿陷性越明显。

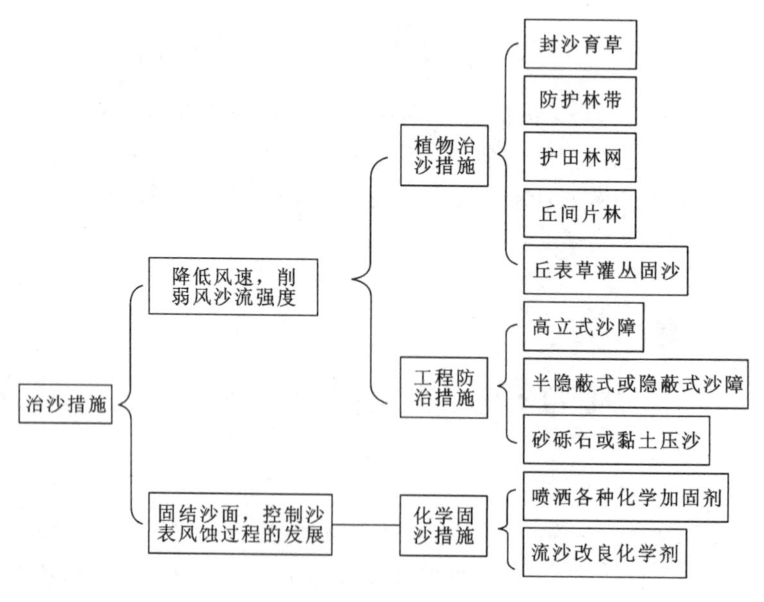

图 7-37　治沙措施

（据吴正，2003）

三、环境研究

1. 大气气溶胶研究

大气气溶胶主要来源有自然源(尘暴、火山灰、微量气体)和人工源[工业废气在大气中的非均匀转化及工农业直接排放的微粒(2μm)],有矿物气溶胶、有害元素、温室气体、碳酸盐与烟雾等。大气气溶胶随地球风系运动,对环境产生重要影响,如污染空气、食物、水源、影响大气能见度、损害弱小植物、干扰无线电波、损害精密仪器和传播疾病。

2. 荒漠化研究

当前干旱与半干旱区环境发展趋势的主要问题是荒漠化范围的不断扩大。根据中国国家林业局于2006年6月17日的公布,中国沙漠化土地达到 $173.97\times10^4 km^2$,占国土面积的18%以上,影响全国30个一级行政区。目前全国荒漠化土地面积超过 $262.2\times10^4 km^2$,占国土总面积的27.3%,其中沙化土地面积为 $168.9\times10^4 km^2$,主要分布在西北、华北、东北13个省区市。荒漠化是干旱、半干旱区在全球气候变暖与人为不合理活动(破坏植被、采矿等)的影响下,使沙漠扩大、水土严重流失、土地与草原退化和植被衰退的现象,比单纯沙漠化还严重。据研究,现在全球荒漠化速度达到每年 $(6\sim7)\times10^4 km^2$(中国每年为约2 000多平方千米),世界有1/6的面积($3\ 600\times10^4 km^2$)不同程度地受到荒漠化影响。通过对干旱与半干旱区沙漠边界扩缩、黄土堆积强弱、湖泊水位(或面积)变化、植被兴衰、盐湖水咸淡变化等的研究,有助于了解过去的气候干湿变化规律与现代荒漠化的发展趋势。

思考题

一、名词解释

风力作用;风蚀蘑菇;风蚀柱;风蚀穴;雅丹;新月形沙丘;抛物线沙丘;纵向沙垄;横向沙垄;黄土;黄土塬;黄土墚;黄土峁;荒漠;风成沙。

二、简述

1. 风成地貌有哪些类型?各类型有何特征?
2. 简述新月形沙丘的形态特征、形成过程和演化规律。
3. 黄土成因学说主要有哪几种?各种学说的主要观点是什么?
4. 简述黄土分布特征及性质。
5. 什么是黄土地貌?黄土地貌有哪些类型?有何特征?
6. 简述黄土地貌发育阶段。
7. 黄土研究对于资源开发、水土保持与环境治理有什么意义?
8. 为何我国西北黄土区易于发生滑坡和坍塌?
9. 怎样认识黄土区的潜蚀作用及其危害?

三、对比题

风蚀谷与冰川谷;风积物与冰碛物;黄土与黄土状岩石;黄土平原与冲积平原;黄土陷穴与岩溶漏斗。

第八章 海岸地貌

海岸带是地球上大气圈、水圈、岩石圈和生物圈最紧密接触的部分，又是响应全球变化和陆-海各种动力作用最迅速、最敏感的地区，同时海岸带作为人类利用和开发海洋的前沿基地又具有非常重要的地位。据统计，全球有40%的人口居住在离海岸100km以内的范围内，世界大约30%的海岸被开发成城市、工业场地、农业用地和旅游用地。但是，目前人类活动使陆地到海岸的物质传输迅速变化，过度捕捞、污染以及沿海和外流河流的不合理开发是海岸带生态系统正在遭受缓慢持续的破坏。海岸带环境、资源与灾害对沿海地区经济发展及人口生存影响极大。

第一节 海岸地貌成因及类型

一、海岸

海岸带是海洋和陆地之间相互作用的地带，也就是每天受潮汐涨落海水影响的潮间带及其两侧一定范围的陆地和浅海的海陆过渡地带。它是陆地和海洋的分界线。

第四纪时期冰期和间冰期的更迭，引起海平面大幅度的升降和海进、海退，导致海岸处于不断的变化之中。距今6 000～7 000a前，海平面上升到相当于现代海平面的高度，构成现代海岸的基本轮廓。现代海岸带由海岸、潮间带及水下岸坡3部分组成。海岸带的3个组成部分，在其发展演化的过程中是相互联系统一的整体。

海岸指高潮线以上狭窄的陆上地带，其陆上界线是波浪作用的上限。

潮间带是高、底潮海面之间的地带。高潮时被海水淹没，低潮时则露出为陆地（滩涂）。

水下岸坡为低潮线以下，至波浪有效作用于海底的下限地带。其下界约相当于1/2波长的水深处。

二、海岸类型

虽然在多因素影响下,海岸形态多种多样,类型繁多,但常见的海岸类型主要有 8 种,如图 8-1 所示的 7 种,还有一种是热带和亚热带红树林与沼泽发育的海岸。

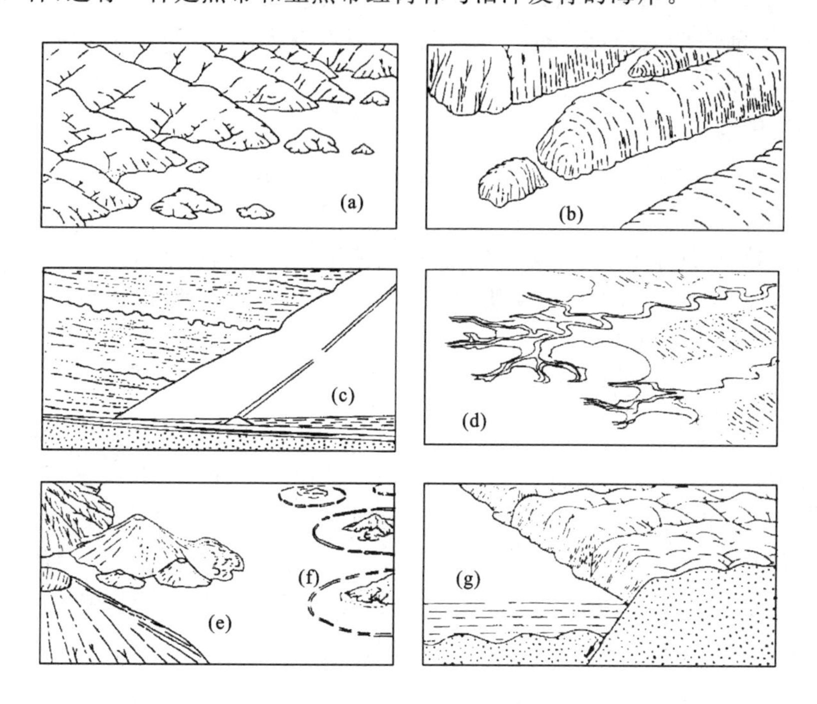

图 8-1 海岸主要类型示意图

(据 Strahler 等,1978)

(a)里亚式海岸(下沉岸);(b)峡湾式海岸;(c)堤障沙岛海岸;(d)三角洲海岸;(e)火山海岸;(f)珊礁海岸;(g)断层海岸

三、海岸地貌的影响因素

由于第四纪时期冰期和间冰期的更迭,引起海平面的变动,导致海岸的相对升降,引起海岸线的进退,进而影响海岸侵蚀和沉积过程以及海岸地貌的发育。对现代海岸地貌影响最深刻的海平面变动是全新世海平面的变动。末次冰期以后,随着气候转暖,大量冰川融化,世界海面迅速上升,使海岸向陆地不断推移,现今海岸就是 6 000a 以来发育起来的。

海岸地貌的主要影响因素如下几种。

1. 海岸动力作用

海岸动力作用有波浪、潮汐、海流和河流等。其中以波浪作用为主,波浪的能量是控制海岸发育与演化的主要因素之一;潮汐作用只在有潮汐海岸处对地貌起塑造作用,海流对海岸地貌的影响稍弱,河流作用只局限在河口地带。此外,海啸带来的巨大波浪对海岸地貌有一定的破坏作用。

2. 岩性与岩层产状控制

岩性影响波浪对海岸的侵蚀速度以及由此产生的碎屑物质的多寡。坚硬而少裂缝的岩石遭受磨蚀程度最轻，常呈现为突出的岬角。岩性强度中等的沉积岩，海蚀崖外常发育海蚀平台，平台外和岸边有疏松沉积物堆积。结构疏松的岩层组成的海岸，岸坡缓斜，海蚀崖不发育，岸外有疏松沉积物堆积，如松软岩层两侧为坚硬岩层组成的海岸，由于海岸蚀退相应较快，形成向陆内凹的海湾。此外，岩层向海倾斜较大时，在岸坡上还可发育阶梯状的海蚀平台。

3. 地质构造影响

地质构造的性质和构造线延伸的方向与海岸的形态和性质关系极大，是海岸分类的重要依据。根据地质构造方向，可把海岸分为纵向海岸、横向海岸和斜向海岸。纵向海岸方向与构造线方向大致一致，岸线平直，少港湾和半岛；横向海岸方向与构造线方向近于垂直，特别当不同岩性频繁交替时，岸线呈曲折的锯齿状，多岬角、港湾状；斜向海岸则常发育不对称的呈雁状的曲折岸线。

4. 地壳运动与海平面变动的影响

海岸地区的地壳垂直运动，必然造成海面的相对升降和地势的高低变化，因此它在海岸地貌的发育演化方面起着极为重要的影响。一般来说，海岸的上升会引起水下岸坡的变迁，而大大促进沉积作用，多级古海成阶地的存在往往是该地区地壳上升的结果，同时也反映了古海岸线的变迁。当海岸下沉时，水下岸坡变深，使波浪到到达海崖前保存着巨大能量，后来才消耗在对陡崖的冲蚀中。在下沉过程中还形成各种埋藏地貌。海岸地区的地壳运动也影响入海河流河口地带地貌的发育，如在缓慢下沉的河口段常发育三角洲，黄河三角洲的形成就是如此。

四、海岸地貌

波浪、横向流和沿岸流在海岸带形成一系列海岸地貌。根据海岸地貌的基本特征，可将海岸地貌分为海岸侵蚀地貌和海岸堆积地貌两大类。具体海岸地貌类型划分见表 8-1。

表 8-1 海岸地貌类型划分

类型		主要特征或典型景观
海蚀地貌	海蚀穴(海蚀洞)	凹坑，浙江普陀山的潮音洞、梵音洞、落伽洞等
	海蚀崖	陡崖状，北起大连，南至海南岛鹿回头和广西涠洲岛广泛分布
	海蚀拱桥	拱桥状，北戴河的南天门
	海蚀柱	大连的黑石礁、北戴河鹰角石、山东烟墩及青岛石老人等
	海蚀平台	崖脚处形成的缓缓向海倾斜的基岩平台，如广西北海涠洲岛
	海蚀沟	崖壁上凹陷沟槽，如北戴河鸽子窝

续表 8-1

类型			主要特征或典型景观
海积地貌	泥沙横向移动形成	水下堆积阶地	中立带以下向海移动的泥沙在水下岸坡的坡脚堆积而成，如辽东湾的二级阶地
		水下沙坝	未出露海面的与海岸略成平行的长条形水下堆积体，如河北昌黎黄金海岸
		离岸堤	离岸一定距离高出海面的沙堤，如日本皆生海岸离岸堤
		沿岸堤	沿岸线堆积的垄岗状沙堤，如山东东营贝壳堤
		海滩	海岸边缘的沙砾堆积体，如厦门鼓浪屿
		潟湖	由离岸堤或沙嘴将滨海海湾与外海隔离的水域，如台湾的七股潟湖
	泥沙纵向运动形成	湾顶滩	海湾湾顶的泥沙堆积体，如渤海湾湾顶
		沙嘴和拦湾坝	一端与陆地相连，另一端向海伸出的泥沙堆积体，如渤海黄河口沙嘴
		连岛坝	一端连接陆地，另一端连接岛屿的沙坝，如山东芝罘岛

注：引自曾克峰等，2013。

（一）海蚀地貌

1. 海蚀崖

当波浪冲击海崖时，造成海崖的侵蚀与后退。这种后退可能相当迅速，一个人在一生当中就能很容易地看到这种变化。基岩海岸受海蚀及重力崩落作用，常沿断层节理或层理面形成的陡壁悬崖，称为海蚀崖(sea cliff)。波浪对海蚀崖的侵蚀作用主要是通过波浪冲击所施加的水压力来完成的。这种水压力可以达到很大的量值。另外，波浪携带岩石碎屑或砂砾石在悬崖上剧烈击打产生磨蚀作用作用于陡崖，崖脚常形成海蚀穴，经拍岸浪不断冲刷、掏蚀，凹穴不断向里伸进，规模逐渐扩大，最后导致上部岩石崩塌，形成陡峭崖壁；继续冲刷、掏蚀、崩塌，海岸则进一步后退。

2. 海蚀穴与海蚀洞

海水巨大的冲击力对海岸附近的岩石进行冲蚀、磨蚀，使海面附近的岩石逐渐被冲蚀、磨蚀形成凹槽，称为海蚀穴。在岩石较软或节理、裂隙发育的地方，海蚀穴慢慢扩大形成海蚀洞。

3. 海蚀拱桥与海蚀柱

波浪从岬角的两侧进行冲蚀、磨蚀，在岬角两侧形成海蚀穴，两边海蚀穴逐渐扩大，最终相互贯通，形成拱桥状地貌，称为海蚀拱桥，又称海蚀穹(sea arch)。海蚀拱桥继续扩大，导致拱顶塌落，残留的部分柱状岩石形成突出的石柱或孤峰称为海蚀柱(sea stack)。

4. 海蚀平台

海蚀崖在波浪的长期作用下侵蚀后退，留下一个缓缓倾斜的岩石平台，称为海蚀平台，也称为浪蚀台地(wave-cut platform)，它是在近水面处由波浪切削夷平而形成的。我国海蚀平台发育广泛，如山东半岛庙岛列岛一带，有宽达 150 多米的海蚀平台，其上还有壮观的海蚀柱。广西北海市涠洲岛地质公园内的海蚀平台平坦而宽阔，退潮时可见宽达几十米至百米的平台面，令人感叹！

海蚀平台的形成和发育要求岩石抗蚀强度和海蚀强度之间保持一定的平衡，岩石抗蚀力过强或过弱均不利于它的充分发育。海蚀平台的成因有不少解释。约翰逊(Johnson,1919)认为海蚀平台是海蚀崖不断后退的结果(图 8-2);巴特勒姆(Bartrum,1962)认为是潮间带频繁交替的干湿风化作用和海浪将风化物质搬走而使海岸后退的结果(图 8-3);帕拉特(Pratt,1968)认为海蚀平台可分为高潮台地、潮间带台地和低潮台地 3 类。高潮台地主要由干湿风化作用与海浪搬运作用形成,潮间带台地是波浪磨蚀作用的结果,高潮台地的前缘如不断受波浪磨蚀亦向潮间带台地演化。低潮台地是灰岩地区的溶蚀作用所致。

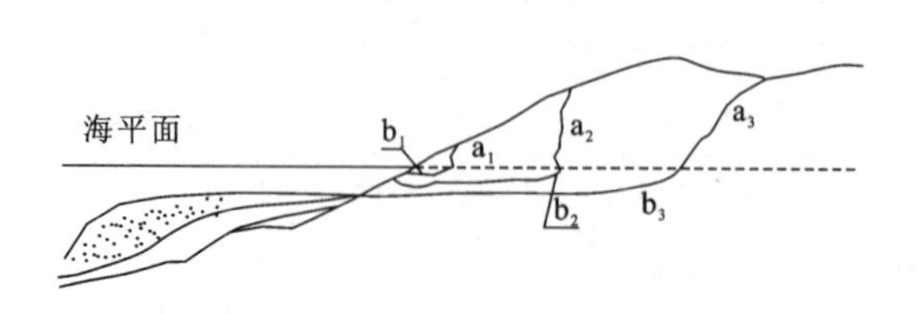

图 8-2　海崖海岸纵剖面的发育过程
(据 Johnson,1919)
a_1、a_2、a_3. 代表海蚀崖;b_1、b_2、b_3. 代表海蚀平台

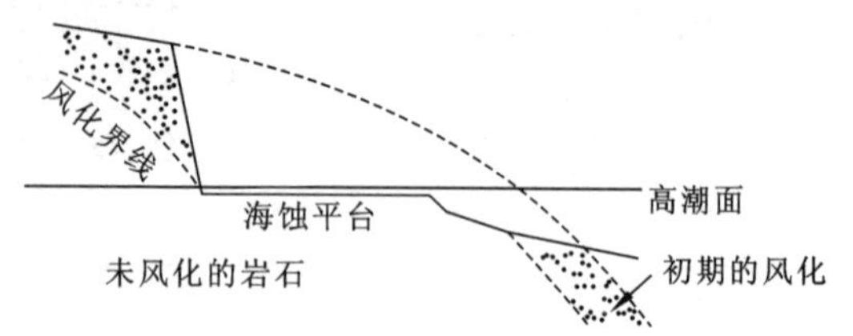

图 8-3　海蚀平台的形成
(据 Bartrum,1962)

5. 海蚀沟与海蚀窗

海蚀沟(槽,sea groove)是基岩海岸在波浪的机械性撞击和冲刷作用下,形成深浅不一的不规则沟(槽)。海蚀沟(槽)一般沿断裂破碎带或岩脉等薄弱地质结构部位发育。

海蚀窗是比较独特罕见的海蚀地貌,它是海蚀作用使海蚀崖上部地面穿通岩层直抵海水的一种接近竖直的洞穴;抑或是波浪继续掏蚀、上冲海蚀洞,并压缩洞内空气,使洞顶裂隙扩张,最后击穿洞顶,形成与海蚀崖上部地面沟通的天窗。

(二) 海积地貌

海积地貌是近岸物质在波浪、潮流和风的搬运下,沉积形成的各种地貌。包括泥沙横向移动形成的堆积地貌和泥沙纵向移动形成的堆积地貌。

1. 泥沙横向移动形成的堆积地貌

在水下岸坡上,每一泥沙颗粒的运动均受两种力的作用,即波力和重力分力,若波向线与海岸线正交,波浪作用力和重力同处于岸线的法线方向,这时若海岸带泥沙发生运动,仅仅在垂直于海岸方向上进行,称为泥沙横向运动。泥沙横向移动形成的堆积地貌主要有水下堆积阶地、水下沙坝、离岸堤、沿岸堤、海滩和潟湖等。

1) 水下堆积阶地

该阶地分布在水下岸坡的坡脚,由中立带以下向海移动的泥沙堆积而成。在粗颗粒组成的陡坡海岸,水下堆积阶地比较发育。

2) 水下沙坝

该阶地是一种大致与岸线平形的长条形水下堆积体。当变形的浅水波发生破碎时,能量消耗,同时倾翻的水体又能强烈冲掏海底,被掏起的泥沙和向岸搬运的泥沙堆积在波浪破碎点附近,形成水下沙坝。水下沙坝分布在水下岸坡的上部。在细颗粒的缓坡海岸,浅水波变形强烈,常形成一系列水下沙坝,沙坝的规模和间距向岸逐渐减小。在粗颗粒的陡坡海岸,水下沙坝条数少,一般仅有 1～2 条(图 8-4)。不同季节的风浪规模不一样而使碎浪位置发生变化,水下沙坝的位置常发生迁移,风浪大的季节,沙坝向海方向移动,风浪小的季节,沙坝向陆方向移动。

3）离岸堤和潟湖

离岸堤是离岸一定距离高出海面的沙堤，又称岛状坝。它的长度一般由几千米至几十千米不等，宽度几十米至几百米。海面下降可以使水下沙坝出露海面形成离岸堤，也可能在一次大风暴海面高涨时形成水下沙坝，风暴过后，海面水位迅速退到原来位置，水下沙坝露出海面形成离岸堤。

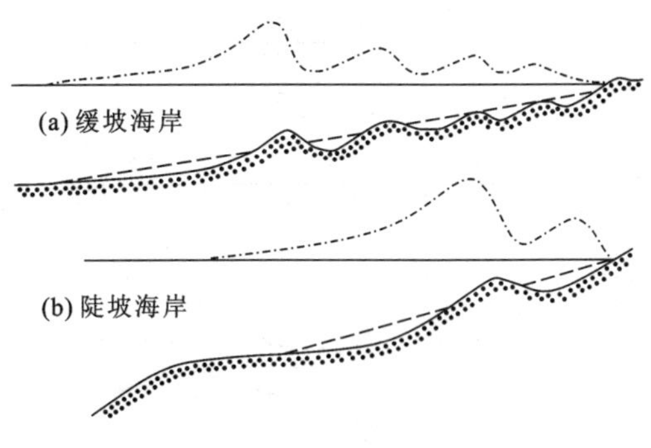

图 8-4 水下沙坝与岸坡坡度的关系

（引自曹伯勋，1995）

由离岸堤或沙嘴将滨海海湾与外海隔离的水域称潟湖。潟湖有通道与外海相连，并有内陆河流注入，但也有些潟湖与外海完全隔离封闭，或只在高潮时海水进入潟湖。随着海水和河水进出潟湖的比例变化，潟湖湖水可淡化也可咸化。

4）沿岸堤和海滩

沿岸堤是沿岸线堆积的垄岗状沙堤，由波浪将外海泥沙搬运到岸边堆积而成，或是由水下沙坝演化形成。沿岸堤的高度一般只有几米，宽数米，常呈多条分布，每一条沿岸堤的位置代表它形成时的岸线位置，它的高度表明形成时的海面高度。淤积海滩上的多列沙脊可能由连续的风暴形成，每一次风暴都形成一条与岸线平行的沙脊。在某些地区，这种类型的滩脊或风暴脊由贝壳组成。

海滩是在激浪流作用下，在海岸边缘的砂砾堆积体，其范围从波浪破碎处开始到滨海陆地。按海滩剖面可分为滩脊海滩（双坡形）和背叠海滩（单坡形）两种（图 8-5）。

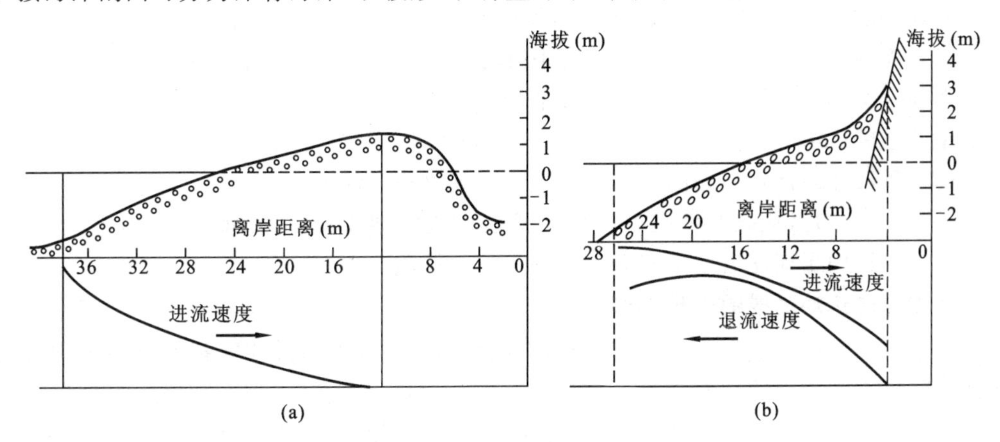

图 8-5 海滩横剖面类型

（引自曾克峰，2013）

（a）双坡形海滩（滩脊海滩）；（b）单坡形海滩（背叠海滩）

海滩（beach）是一种松散沉积物（砂、砂砾和卵石等）的堆积体，其范围从平均低潮线向陆延展到某些自然地理特征变化的地带，例如海蚀崖或沙丘地带，或者到能生长永久性植物的地方。海滩作为海岸带上一种最具代表性的堆积地貌，约占全球海岸的 30％。如图 8-6 所示用来描述海滩剖面的术语。

后滨（backshore）是海滩剖面中的一个地带，其范围从倾斜的前滨向陆延展到生长植物或自然地理特征改变的地方。

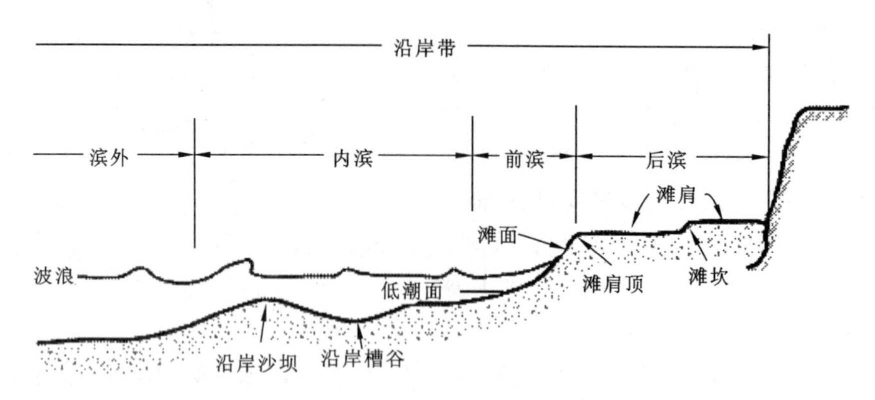

图 8-6　用来描述海滩剖面的术语
（转引自曾克峰，2013）

滩面（beach face）是滩肩以下、经常受到波浪冲溅作用的海滩剖面倾斜段。

滩坎（beach scarp）是由于波浪侵蚀，在海滩剖面上切割而成的垂直的陡崖。其高度通常小于 1m，不过也有高于 1m 的。

滩肩（beach berm）是海滩上近乎水平的部分，或在退浪作用下沉积物堆积而成的后滨。有些海滩具有一个以上的滩肩，而也有一些海滩没有滩肩。

滩肩顶（berm crest）或滩肩外缘（berm edge）是滩肩的向海界线。

前滨（foreshore）是滩肩顶（或在没有滩肩顶的情况下，高潮时波浪冲溅的上界）和低潮时波浪冲溅回卷流（backrush）作用到的低水线之间的海滩剖面的斜坡部分。这个术语往往与“滩面”近乎同义，但通常其范围更广，前滨海包括滩面以下海滩剖面的某一平坦部分。

内滨（inshore）是从前滨向海伸展到刚刚超出破波带的海滩剖面部分。

沿岸沙坝（longshore bar）是大致平行于岸线延伸的沙脊。它可能于低潮时出露。有时可能有一系列这类相互平行但处于不同水深的沙脊。

沿岸槽谷（longshore trough）是一种平行于沿岸延伸的和在任何发育着沿岸沙坝的地方而出现的长条形洼地。在不同的水深可能有一系列这样的洼地。

滨外（offshore）是从破波带（内滨）外侧延展到大陆架边缘的，海滩剖面中相当平坦的部分。该术语也适用于描述近岸带向海一侧的水体和波浪。

2. 泥沙纵向运动形成的堆积地貌

当波浪从外海进入浅水区到达海岸时，它的传播方向和海岸线往往是斜交，海岸带泥沙所受的波浪作用力和重力的切向分力不在一条直线上，形成垂直海岸和平行海岸的两个分力，当通过一个波后，泥沙颗粒在垂直海岸和平行海岸方向上都有了位移，这种运动称为泥沙纵向移动。其形成的主要堆积地貌有湾顶滩、沙嘴、连岛坝和拦湾坝等。

1）湾顶滩（凹岸填充）

湾顶滩是海湾内泥沙流受波浪折射的影响，能力降低，泥沙在湾顶堆积而成的地形。在海岸带建造坝或连岸防波堤，也会在迎泥沙流来向一侧引起类似上述的堆积[图 8-7(a)]。

2）沙嘴和拦湾坝

在凸形海岸转折处发生堆积并不断向前伸长，形成一端与陆地相连，另一端向海伸出的泥沙堆积体，叫沙嘴[图 8-7(b)]。沙嘴若堆积在湾口可形成拦湾坝。如在海湾内由于波浪折射，形成湾内沙嘴，则称湾中坝。

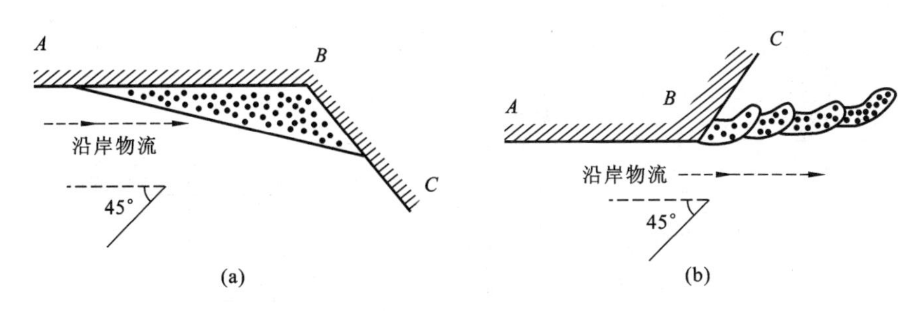

图 8-7 湾顶滩和沙嘴

(据曾克峰,2013)

(a)凹形海岸堆积的海滩;(b)凸形海岸堆积的沙嘴

3) 连岛坝与陆连岛

当岸外存在岛屿时,受岛屿遮蔽的岸段形成波影区,外海波浪遇到岛屿时发生折射或绕射,进入波影区后因波能减弱,泥沙流容量降低,沿岸移动的部分泥沙在岸边堆积下来形成向岛屿伸出去的沙嘴。与此同时,在岛屿的向陆侧也会发育沙嘴,由岛向陆延伸。当两个方向发育的沙嘴相连接时就形成连岛坝[如山东半岛北岸连接芝罘岛的连岛坝(图 8-8),海南三亚市的鹿回头连岛坝],岛屿与陆地连成一体,便成为陆连岛。

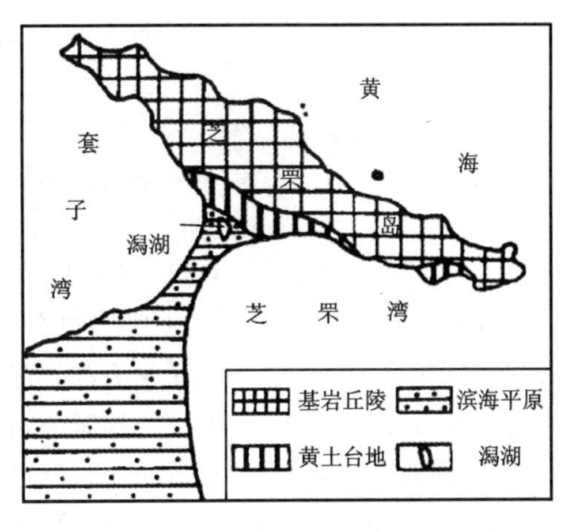

图 8-8 芝罘岛

(据张振克,1996)

4) 海岸沙丘

在风力作用下,砂质海滩后侧可以形成波状起伏的沙丘,称为海岸沙丘(coastal dune),属于海滩沙质物质受风的作用在海岸形成的风积地貌。海岸沙丘排列方向常与风向垂直,迎风面比较平缓坚实,背风坡比较陡峭而松散。

实际上,由于海岸的形状和波浪运动的情况是多种多样的,海蚀和海积地形在海岸的不同地段也是多种多样的。

在海岸带的水动力作用下,海岸不断发生侵蚀作用和堆积作用,岬角遭受侵蚀后退,海湾则接受沉积填充,在海平面稳定的情况下,海岸发展的总趋势是:由曲折海岸向平直或缓弯曲的海岸方向发展。但是由于海面变动、地质构造、海岸岩性与地形、新构造运动或气候波动,以及入海河流、海水动力状况等因地而异,因而使各地形成复杂多样的海岸形态,构成不同的海岸类型。

(三) 大陆边缘地貌

海底和陆地一样是起伏不平的,有高山、深谷,也有广阔的平原和盆地。海底靠近大陆并作为大陆与大洋盆地之间过渡地带的区域成为大陆边缘。在构造上大陆边缘是大陆的组成部分。大陆边缘主要包括大陆架、大陆坡和大陆隆 3 个地貌类型(图 8-9)。

大陆架是大陆的水下延伸部分,广泛分布于大陆周围,平均坡度只有 0.1°,其深度在低纬区一般不超过 200m,在两极可达 600m。宽度差别很大,在多山海岸如佛罗里达东南岸外,几

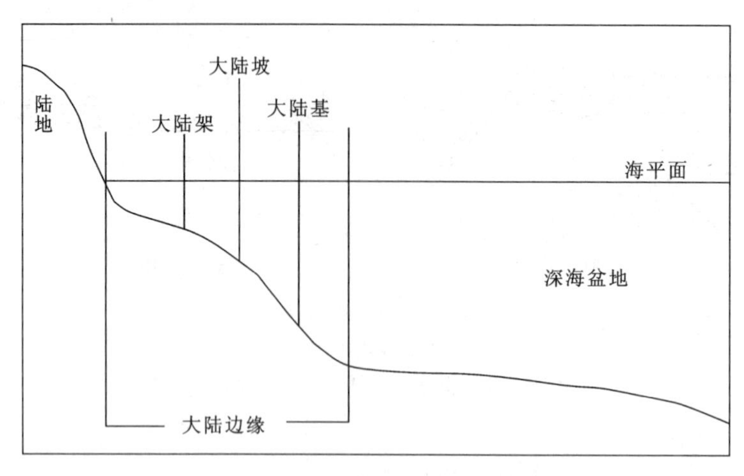

图 8-9　大陆边缘地貌示意图

（据曾克峰等，2013）

乎没有大陆架；而在另一些地区，如西伯利亚岸外的北冰洋大陆架、阿拉斯加岸外的白令海大陆架及我国东海大陆架等，宽度却可达数百千米至 1 000km 以上。可见，大陆架是一个广阔平坦的浅海区。大陆架主要由第四纪冰川性海面变动与地壳运动相互作用造成。断层、单斜构造、准平原沉陷于海底，也可以形成大陆架。

在《联合国海洋法公约》（以下简称《公约》）制度下，大陆架的概念包含两层有关联而又不同的含义，即科学概念上的地貌学大陆架与《公约》定义下法律概念的大陆架。科学概念的大陆架范围指自海岸线起，向海洋方面延伸，直到海底坡度显著增加的大陆坡折处；而《公约》中规定的法律概念的大陆架，远远超出科学概念大陆架的含义和范围，是指大陆边缘，它包括了科学概念的陆架、陆坡和陆基三部分。科学概念的大陆坡位于大陆架和深海沟之间，它是大陆和海洋在构造上的边界，宽 15～100km，深度最大可至 3 200m 或更深，坡度为 3°～6°，坡面上常有海底峡谷，故地表比较破碎；大陆坡下部与深海底之间，坡度转缓后形成的平缓隆起地带称为大陆基（大陆隆），水深 2 000～5 000m，因地而异，宽度也变化很大，由 80～1 000km 不等，其面积约占海底总面积的 5%（图 8-9）。

《公约》中规定，沿海国的大陆架包括陆地领土的全部自然延伸，其范围扩展到大陆边缘的外缘海底区域。沿海国扩展延伸大陆架，如果从领海基线量起，大陆架宽度不足 200 海里（1 海里＝1 852m）可扩展到 200 海里；如果超过 200 海里，在符合特定的地质、地形条件下，则可以主张 200 海里以外的大陆架（以下简称外大陆架）最多到 350 海里（650km）的大陆架，或不超过 2 500m 等深线 100 海里。所谓“外大陆架”即是指从测算领海宽度的基线量起超过 200 海里部分的大陆架，而 200 海里以内部分的大陆架，则可称为“内大陆架”。

如果沿海国仅要求 200 海里以内的大陆架，则无需向任何机构提出大陆架的划界申请。外大陆架外部界限的划定程序则更为严格，沿海国应编写 200 海里以外大陆架划界申请案，将能够证明其陆地领土的自然延伸超过 200 海里的科学和技术资料提交给大陆架界限委员会，并在大陆架界限委员会以书面形式提出建议的基础上划定大陆架外部界限。

我国也面临外大陆架申请的问题，从地质地理的角度看，我国在东海、南海部分大陆架可以扩展到 200 海里以外。但由于东海、南海都是半封闭的海域，我国与日本、韩国、菲律宾、越

南、马来西亚、文莱等国都可能存在海域划界争端。如日本是我国海洋邻国中第一个提出200海里以外大陆架申请的国家，主张约 $74\times10^4\mathrm{km}^2$ 的外大陆架。日本为了尽量避免与中国及韩国产生争议，其外大陆架申请中未涉及东海部分。而为了获得尽可能多的大陆架，日本把一些水下岩礁如“冲之鸟礁”当作岛屿来主张权利。对此，中国、韩国等国家都通过照会提出了异议。《公约》第一百二十一条第三款规定：不能维持人类居住或其本身的经济生活的岩礁，不应有专属经济区或大陆架。“冲之鸟礁”作为此种岩礁不具备拥有任何范围大陆架的权利基础，日本划界案中以“冲之鸟礁”为基点划出的200海里以内及以外的部分均超出了《公约》有关委员会作出建议的授权，因此中国政府要求委员会不对上述部分采取任何行动。

第二节 海岸地貌的研究意义

海洋是人类所需资源的宝库，在环保前提下合理地开发利用海洋资源，对人类今后的生存和经济发展极为重要。本节只讲海岸地带研究的实际价值方面。

一、海岸砂矿

现代海岸和升降的古海岸是砂金、金刚石、锡石、锆石和独居石等砂矿的重要产地（图8-10）。

海岸砂矿是在海岸与河口附近主要受海浪（其次为潮流、海流）作用形成的砂矿，一般沿海岸分布，规模大小不一，长度几千米至几十千米或更大。已探明最具工业价值的矿种中储量最多、意义最大的是金属矿产中的钛铁矿、金红石、磁铁矿-钛磁铁矿；有色金属矿产中的锡石；稀有-稀土矿产中的锆石、独居石、磷钇矿、铌钽铁矿；贵金属矿产中的金、铂；非金属和宝石矿产中的石英砂、砾石、贝壳、金刚石和琥珀等。

1. 海岸类型与滨海砂矿的成矿关系

平直海岸若有矿源的不断补给并受稳定的波浪作用力，沿岸流可以把含矿岩屑搬运上百千米或更远，形成大规模砂矿，并表现出搬运越远砂矿粒度越细的现象。在锯齿状海岸，由于海岬和海湾的波能差异，当沿岸流从海岬转向海湾时，在高能区末端的小海湾中因波能降低而使砂矿形成在海滩、沙堤和沙嘴地带（图8-11）。海岸砂矿抬升后称海成阶地砂矿，下降或被掩埋形成埋没砂矿。世界上最著名的海滨砂矿是阿拉斯加诺姆海滨砂金矿，它是一个经长期海浪作用形成的多期高品位砂金矿床。

在大陆架上，由于冰期海平面下降，在露出水面的陆架上，因河流延伸可以形成冲击砂矿。间冰期海平面回升，这类砂矿被海水淹没或被波浪改造。

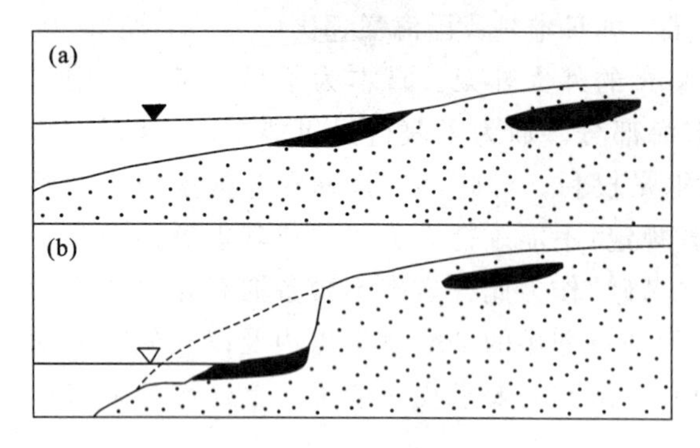

图 8-10　滨海平原和阶地滨岸海成砂矿示意图

(据毕利宾，1956)

(a)沿岸堆积或海面上升为主的地区；

(b)沿岸冲蚀或海面下降为主的地区

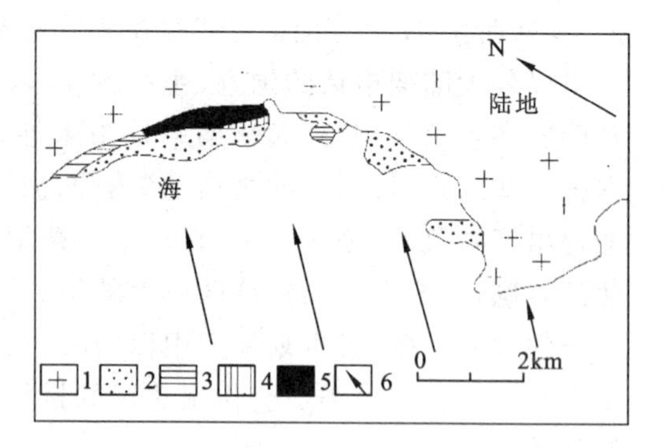

图 8-11　南非亚历山大湾附近上升 25m 高海岸上的古海湾中的金刚石沉积带示意图

(据 Silvester，1974)

1. 古海岸；2～5. 金刚石产地和含矿量由少到多；6. 主要波浪活动方向

(二) 地貌形态与砂矿的成矿关系

砂矿的形成和富集受地貌形态的一定部位控制(图 8-12、图 8-13)。总体来看，沙嘴、沙堤、连岛沙堤的根部，海滩的高潮线附近以及与沿岸沙堤接触的部位，海积小平原的中上部，水下沙堤的堤顶和向海坡的上部，河谷由宽变窄、由陡变缓及河流转弯处，河漫滩迎水部位及有障碍物的地段，冲积阶地下部边缘的松散沉积物中和基岩接触面上，潟湖边缘等地貌部位均易于砂矿体的形成和富集。

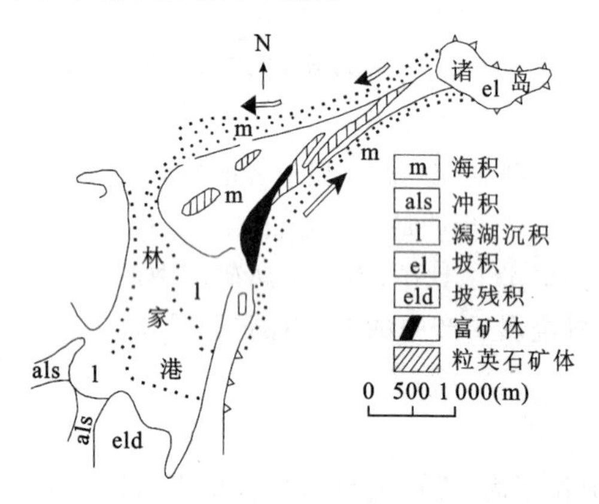

图 8-12　诸岛连岛沙堤砂矿体富集规律

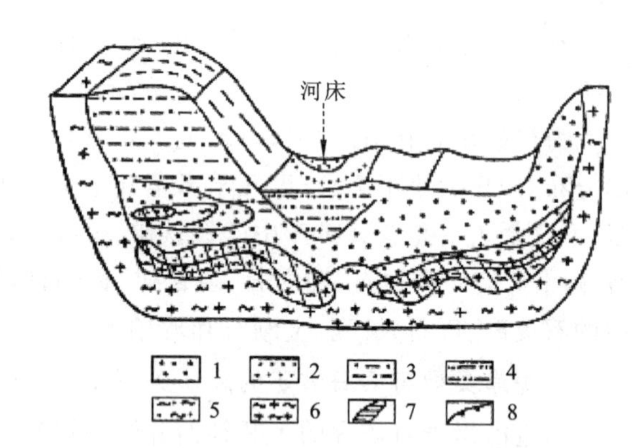

图 8-13　掖县诸流河冲积砂金矿体富集规律

(据孙岩等，1986)

1. 粗砂；2. 中粗砂；3. 含泥质粉砂；4. 含泥质细粉砂；5. 粉砂质泥；6. 黄冈片麻岩；7. 砂矿体；8. 裂隙

以山东半岛滨海为例，境内砂矿资源较为丰富，已发现有工业价值的矿种有砂金、锆英石以及可资利用的金红石、钛铁矿等十几种。已查明的工业矿床 13 处，目前已被地方和民采利用的有 6 处。这些矿床(点)的形成除受含矿基岩、海平面变化、新构造运动及水动力因素控制外，与滨海地貌条件也极为密切。区内与砂矿成矿有关的地貌形态有海积的、冲积的、风积的、残积的、潟湖的、古海积的及混合的几种类型。其中以海积中的沙嘴、沙堤、海积小平

原、冲积阶地、现代河谷及风成砂丘等地貌单元成矿的工业意义较大；潟湖的、残积的只能形成小矿。

二、海岸工程

海岸工程是人类从陆地向海洋发展的前沿阵地，是通向海洋的桥梁和纽带，也是防御海洋风暴灾害的屏障；海岸工程涉及沿海各行各业和城乡地域，事业庞大、区域广阔，并为它们提供安全保障和发展条件。

随着改革开放的深入和海洋开发的进展，我国沿海地区发展了大量的海洋工程和海岸工程。海平面上升的结果，使沿海的海洋环境状况发生了改变，不仅水深增加，发生海侵，而且，巨浪、风暴潮等自然灾害将会加剧，从而又影响工程设计所需的水位、波浪等水文要素的分析计算结果；海平面上升后，对海洋环境的影响如图 8-14 所示。

为了在海岸地带建港、采矿、筑堤、填海造地、利用潮汐发电、修造建筑物和防止海水入侵大陆、利用海岸滩涂养殖水产和开发三角洲与海岸旅游资源等，都必须研究海岸带地质、地貌、沉积物、内外动力作用过程和海平面升降等。防灾减灾和人类活动对环境的影响是近年来海岸工程研究的热点。

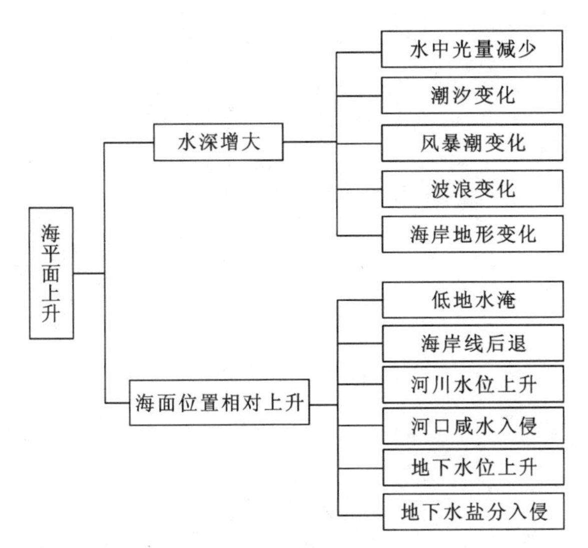

图 8-14　海平面上升对海洋环境的影响

（据陈奇礼等，1995）

三、海岸工业

海岸具有特殊的自然条件和资源条件，可发展与其相关的工业：盐及盐化工、海岸及海上石油业、石化工业、海产品生产加工业、工厂化的养殖业以及沿海核电工业等。在沿海也很适宜修建火电厂、化工厂、冶炼和钢铁厂等。但这些与海岸相关工业开展的前提都是要全面了解海岸类型、地貌形态等，从而分析其对海岸相关工业开展的利弊。

思考题

一、名词解释

海蚀崖；海蚀穴；海蚀拱桥；海蚀柱；海蚀平台；海蚀沟；大陆架；大陆坡；大陆隆；连岛坝与陆连岛；沙嘴和拦湾坝；湾顶滩；离岸堤和潟湖；水下沙坝；海滩。

二、简述

1. 海岸地貌的影响因素有哪些？
2. 海蚀地貌包括哪些地貌？其形成条件有什么？
3. 研究海岸地貌及沉积物对于现实生活的重要性是什么？
4. 在海港建设和防护中，应怎样预防沿岸物质运动产生的不良影响？
5. 研究海洋地貌对认识第四纪环境演变有何作用？
6. 从平原海岸的发展过程，试分析海岸环境的演变及治理途径。
7. 试述三角洲形成的基本条件，并分析影响三角洲发育的主要因素。
8. 河流阶地、海成阶地和湖成阶地有何异同？

三、对比题

海岸与海岸带；湾口坝与连岛砂坝；砂嘴与砂坝；岩滩与海滩；海积夷平岸与平原海岸；海积均衡剖面与海蚀平衡剖面。

第九章
地貌与人类活动

第一节
地貌环境与人工地貌

地貌是地球表面形形色色的各种空间实体，是自然环境的重要组成部分。在人类出现以前，地貌的形成发育由岩石构造、内外地质营力和时间3个因素所决定。在过去漫长的岁月里，不同岩性的岩石在各自的地质构造中，受到自然界内外营力的作用，形成了如今的地球面貌。各种地貌形成后，对自然环境（比如气候、水文、土壤等）也产生了一定的影响。当人类出现后，他们会选择一些适合居住的地貌环境生活。随着人类社会的迅猛发展，人类活动对地貌的影响日益强烈，并且形成了诸如楼房、高速公路、水坝、梯田等的人工地貌。

一、地貌环境评价

地貌环境包括地貌组成物质、地貌形态和大地貌格局分异。本章主要强调地貌与人类活动的关系，本小节只讨论地貌环境对自然环境以及人类居住适宜性的影响。

1. 地貌与自然环境

地貌类型和发育阶段的不同使地表次生物质、光、热、水、气都会发生再分配作用，这就必然使环境因素发生变化，生态环境产生变异。例如贵州岩溶地貌，由分水岭到深切峡谷其地貌类型变化过程是：峰林盆地、残林坡地→峰林谷地、峰林洼地→洼丛浅地→峰丛峡谷（图9-1）。

这实际上是由岩溶继承发育的高原区向岩溶叠置发育和向深发育的峡谷区变化，即二者交界的河流裂点上、下游完全处于不同的地貌发育阶段，前者（即高原区）处于地貌溯源侵蚀尚未波及的滞后发育阶段，后者（峡谷区）是溯源侵蚀已波及地区而且是处于旺盛下切侵蚀阶段，这就造成了因地貌类型变化而导致的地表次生物质（风化物、残、坡积、冲积等）、营力的强度、地形起伏度、地貌形态特征、河系发育状况、径流特征、地下水埋深、赋存特点和富集状况以及土壤、植被、光、热、水、气的变化，同时也使土地利用类型发生了明显的差异。现仅以峰林盆地（代表高原分水岭区）和峰丛洼地（代表深切峡谷区）作环境质量差异的比较（表9-1）。

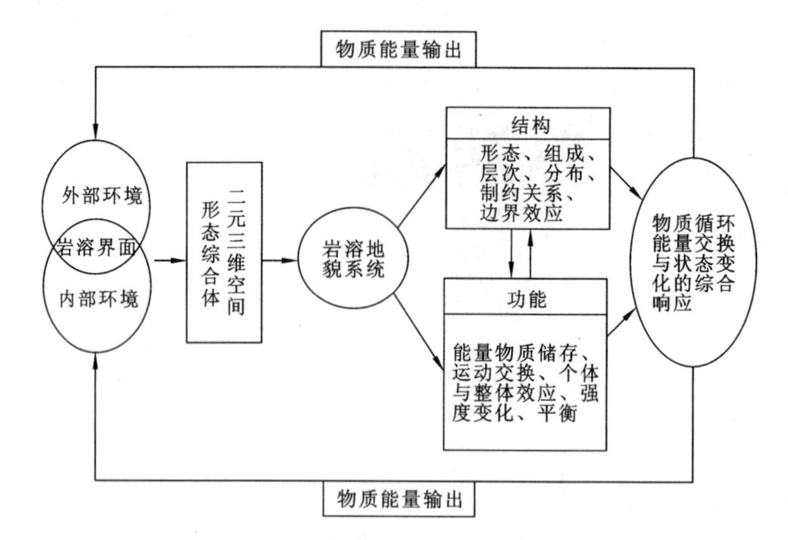

图 9-1 岩溶地貌系统—范围内容简介

（据杨明德，1983）

表 9-1 峰林盆地和峰丛洼地环境质量差异比较

环境质量要素	峰林盆地	峰丛洼地
地貌部位	河流上游分水岭区（高原区）	河流中、下游峡谷区
岩溶发育特征	继承性发育	向深性发育区
河网特征	河网密度大于 0.25km/km^2	河网密度小于 0.25km/km^2
地形高差（m）	地面平缓、比高小于 150m	地面起伏大、常达 300m 以上
地面覆盖状况	地面有较厚的松散覆盖层	多光岩裸露，仅在洼地中有松散覆盖层
岩溶地下水埋藏状况	地下水力联系较好；岩溶水相对均一；埋深 0～20m；常有易开采的岩溶富水面	孤立管道流突出；岩溶地下水极不均一；埋深常达 40～280m；仅有富集带；利用条件困难
光、热条件	地形开阔、获光条件好，光温积相对较高	地形起伏大，深陷洼地光照时间短。地形辐射（散）热效应明显，昼夜温差大，光温积相对较低
水分条件	水分条件较好，地表、地下水均利用便利	地表、地下水均利用困难，岩溶性旱涝突出
土壤类型	碳酸盐风化壳上发育了地带性土壤（如红壤、黄壤、黄棕壤等）	典型的隐藏性石灰土（如黑色石灰土、棕色石灰土、黄色石灰土等）
植被状况	地带性植被为主	典型的石灰岩植被群落
土地类型	亚热带溶岩丘坝	亚热带石山洼地
耕地类型	坝田、坝土、梯土（田）为主	旱地、坡土、梯坡土、石卡拉土为主

注：据杨明德资料整理。

2. 人居环境评价

人居环境(即人类居住区)指的是人类活动的整个过程(all human activity process),包括居住、工作、教育、卫生、文化娱乐等,以及为维护这些活动而进行的实体结构的有机结合。地貌类型和发育阶段的不同会对自然环境中的地表次生物质、光、热、水、气等产生影响,人居环境也会随之不同。人居环境中的自然基础和生态背景,不仅直接关系到人的身心健康和生活质量,而且影响人类发展水平与社会进步。科学度量人居环境自然适宜性空间格局,对于界定主体功能区、引导人口合理分布与流动,促进人口与资源环境协调发展具有重要意义。

人居环境是一个复杂而庞大的系统。评价一种人居环境是否宜居,不仅需要对其进行定性描述,还需要进行定量的分析。因此,构建一个能充分反映自然环境和人文环境等高度和谐的综合性评价指标体系,对客观评价人居环境状况十分必要。

1) 人居环境评价指标体系的类型

现在,我国不少学者对人居环境评价指标体系的研究主要有城市和乡村两个层面,也有从可持续发展、满意度、环境与社会经济发展关系等层面对人居环境进行量化评价。下面主要从城市和乡村两个层面就其评价指标体系予以阐述。

(1) 城市人居环境评价指标体系。城市以其强大的经济活力在国民经济体系中起着重要的作用,城市人居环境的优化研究对整个人居环境体系的改善有着良好的促进和示范作用。

(2) 乡村人居环境评价指标体系。乡村人居环境是乡镇、村庄及维护居民生存所需物质和非物质结构的有机体。这涉及到农民生产生活的各个方面,直接关系到我国亿万农民生活质量的提高和生产条件的改善。

2) 人居环境评价指标体系的设计原则

作为衡量人居环境质量的评价指标体系,它的建立应该从不同区域的实际情况出发,充分反映各地区的特征。而人居环境的评价指标则是基于一定指标设计原则确立的,指标设计原则取决于人居环境建设原则。基于中国国情的现实特点,我国理想的人居环境评价指标体系的设计原则应该包括以下几个方面。

(1) 以人为本原则。人居环境的评价指标应该强调以"人"为核心。不论是一级指标的设定还是二级指标、三级指标的选择都要围绕人生活的环境,以建设一个优美、人与自然和谐相处的居住环境,充分反映居民对人居环境的评价和需求。

(2) 层次性原则。选取的评价指标应尽可能地有层次上的差异,不仅有宏观指标与微观指标的差异性,也要有微观(即三级指标)指标间的层次梯度。

(3) 动态性原则。社会是不断变化发展的,在设计评价指标时,应该全面考虑我国人口、社会结构的动态变化,使选择的指标体系具有一定的弹性空间。

(4) 实践性原则。以行动为导向,面向生产生活实践,尽可能选择那些具有实践性的评价指标,增加其现实应用中的可操作性。

(5) 综合性原则。注意定性与定量指标的结合,既有状态方面的指标,又不失行为方面的指标;既有反映现状的指标,又有事后的指标。

(6) 环境友好型。最终选择的指标应该体现自然与人文环境的健康,符合可持续发展原则。既要能够体现经济的可持续性,也要符合社会、环境的可持续性。

3) 人居环境评价指标体系的内容

人居环境评价指标体系是描述、评价一个地区人居环境是否宜居和可持续发展的可量度参数的集合。建立人居环境评价指标体系是为人居环境可持续发展的优化调控服务的，是综合评价地区人居环境发展阶段、发展程度和发展质量的重要依据。关于人居环境评价指标层的内容较多，但是，目前关于人居环境指标体系的内容参差不齐，比较繁杂。指标体系应该力求体现责任清晰，传统和现代兼并，普遍和特殊兼并(既要国际标准，也要国家标准、地方标准；二级指标的统一性和三级指标的灵活性等)。综合国际经验和国内实践，拟定了 5 个一级指标和 22 个二级指标体系(表 9-2)。

表 9-2 理想人居环境评价指标体系

系统层	分类层	指标层
理想人居环境评价指标体系	自然环境	气候条件 水环境质量 空气质量 植被覆盖率 自然灾害和保障*
	生活必需品	生活用水 电力供应 食品安全* 就业机会
	基础设施	建筑布局* 交通条件和风险 垃圾处理 污水处理 娱乐休闲条件
	社会环境	治安状况* 公众参与* 社区信息公开* 地域文化保护*
	社会保障	住房条件和保障 教育条件和保障 医疗条件和保险 养老条件和保险*

注：据邓玲等，2011；带“＊”号的为定性和定量相结合的综合指标。

4) 人居环境评价指标体系的方法

评价的方法有很多，按学科的角度分为生态学的、系统学的、数学的(层次分析、模糊评判、遗传算法等)、地学的(遥感、GIS 等)，但总体来看，从地学角度出发，利用遥感、GIS 等技术手段对区域尺度人居环境自然适宜性评价方面的研究还不多见。

国内人居环境研究起步相对较晚，目前主要是借鉴国外的研究成果。我国的人居环境建设事业已取得了一定的成绩，但还存在许多不足之处。中国古代已经提出了“天人合一”的人居环境思想，但是，在近现代时期，并没有取得与时俱进的发展。总体来看，国内现有的人居环

境评价指标体系研究的特点是:理论散、逻辑乱、对象杂、内容空(脱离实践)、方法弱,对于整个人居环境评价系统还没有系统研究和设计。为达到理想人居环境的建设目标,今后我国人居环境的研究应该朝着以下几个方向继续努力,深化对理想人居环境理论的创新研究。

二、人工地貌

人类在地球上生活了200万年,到近100a以来,对地球表面的改造规模空前巨大,地面上的城市、道路、水库、渠道、隧道等更是处处可见。更为重要的是水下的建筑,技术水平也提高得很快。所有这些人工地貌现象,实际上也是人类社会的基础设施,与自然地貌在地球表面几乎掺半,当今的人类主要是生活在人工环境之中,因此有必要讨论人工地貌,特别是地貌环境与人工地貌的融合问题。

(一) 人类参与地貌过程

人工地貌是指因人类作用形成的地球表面的起伏形态、物质结构(亦称人工地貌体)。人类活动形成的地貌包括人类活动直接形成的地貌和人类影响地表过程而形成的地貌。人类活动对地貌形态和过程的影响范围非常广泛(表9-3)。人类直接活动,包括挖掘(侵蚀)和建造(堆积),可以产生特殊的地貌。人类活动也可以间接地影响侵蚀与堆积过程,引起地基下沉和触发坡地过程等。

表9-3 人类地貌过程分类

直接人工过程	间接人工过程
1. 挖掘(侵蚀)过程 挖掘、削切、采矿、爆破、弹坑。 2. 建造(堆积)过程 垃圾倾倒:松散、固化、熔化垃圾堆放; 平整作用:耕种、修造梯田。 3. 影响水文的过程 洪水、筑坝、修建运河,疏浚与河道整治,排水;海岸保护。	1. 加速沉积与侵蚀 农业活动和植被破坏; 工程建设,尤其是道路建设和城市化; 改变水文状态。 2. 地基沉陷 崩塌、沉降; 采矿; 水文; 假喀斯特。 3. 坡地失稳 滑坡、泥石流、崩塌、蠕滑加速; 载荷增加; 基部切割; 震动; 润滑作用。

注:据Goudie,1986。

(二) 人类活动直接地貌过程

1. 挖掘过程

人类挖掘过程包括挖掘、削切、采矿、爆破、弹坑等。人工挖掘活动直接形成了城市地貌、交通线，有些已成为著名的古迹，如新石器时期英国东部的人们曾用鹿角和其他工具在白垩系地层中挖掘高质量、抗冻裂的燧石用来制造石器，留下许多深坑。现在这些人工坑积水成湖，大都具有平直的岸线和很陡的岸坡。

采矿是挖掘过程中影响最大的活动，尤其是露天采矿对环境的破坏非常强烈。采矿造成了大面积的工矿荒漠化土地，亦造成部分地面塌陷。大冶铁矿露天采场矿体自20世纪60年至80年代相继开采完毕并转入地下开采，目前除局部的挂帮矿回采外，主要为地下开采。由于长期的大量地下开采铁矿层，形成大面积采空区，据黄石市地质灾害调查与区划资料，矿区采空区将近4km²，采空区高度10～25m，最大达40余米，导致其围岩应力发生改变，岩体完整性遭到破坏，采空区顶板塌落，波及地面引起不均匀沉降与大面积的塌陷。

2. 建造过程

建造过程包括城市建设、修筑道路、倾倒废弃物、平整土地等。

采矿、筑路、建坝、建房、开挖、开荒是造成固体物质移动的主要动因。全世界河流每年从大陆向海洋输送泥沙9×10^9t，其中70%是由人类活动引起的；全球农田表土的过度侵蚀量是2.27×10^{10}t，超过新土壤的生成量。

废弃物堆积形成了最主要的人工堆积地貌，比如人工开采矿山带来的尾矿堆积，我国尾矿堆积存量约9×10^9t，占地2 300多万亩，不仅占用大量土地资源，还会带来环境污染和安全隐患。而且矿山废石的排放量相当大，这不仅严重影响对矿产资源的充分利用，并极有可能造成堆积坝的滑坡，带来重大事故。此外，人类废弃物的增加也影响到海岸带地貌。

填海造陆和围垦造田是重要的人类建造地貌过程。人口密集地区常位于浩瀚水域附近，全球400万以上人口的城市有3/4位于海滨和湖滨，许多城市通过围垦寻求发展空间(例如香港和阿姆斯特丹)。湖泊周围地区因围垦使湖泊面积减少甚至消失，例如1949年以来围垦使鄱阳湖的面积减少了1/3，一些小的湖泊业已消失，虽大大增加了耕地的面积，但也降低了汛期蓄洪能力。

3. 河道工程

筑坝、修建、疏浚河道、建设排水等工程都影响河流的水文过程和侵蚀沉积过程，都会改变河流地貌，影响流域生态。古代水利建设工程在很大程度上缓解了洪涝灾害对人们的影响，提高灌溉覆盖程度，促进了区域农业的发展，如李冰父子修建的都江堰工程、西汉朔方郡的美利渠、秦代的秦惠渠。现代人类影响最大的是水电工程，如我国的长江三峡水电站，装机总容量$1\,768\times10^4$kW，装机26台，是目前世界上最大的水电站。水力学家认为三峡水电站建设有利有弊，但起主导作用的是对长江中下游防洪上的关键作用；生态学家认为，可能加剧库区人地矛盾，产生新的水土流失，导致上游泥沙淤积、下游河道冲刷，诱发地震、地质灾害、水质污染、水生生物链断裂等问题。

(三) 人类活动间接地貌过程

1. 侵蚀作用

人类对地貌的侵蚀作用主要是植被的破坏和进行耕作，人类的行为激发了活动区域内的天然侵蚀能力，使自然过程中的"激励—响应"效应得以放大，从而人为地加速了侵蚀效应。据估计，美国地表径流每年携带4.0×10^6t泥沙进入河流，3/4来自于农田，1/4来自于风蚀。

2. 风沙过程

人类活动给区域植被造成了巨大的压力，植被的破坏加速了土壤风蚀过程，沙尘暴和沙漠化加速。人们通过植树、种草来固化土地从而缓解这一作用，除此之外，建立防沙栏也获得了成功。

3. 风化作用

人类活动（如工业活动）导致的空气污染，可以影响风化的性质和速率。燃烧化石燃料释放大量的氧化硫气体，上升至云层以酸雨的形式返回地面，与岩石反应加速了岩石的化学风化，反应产生的硫酸钙和硫酸镁等盐类会加速岩石的物理风化。

4. 河流过程

城市化会引起河流洪水的强度和频率的增加，河流会侵蚀河岸而展宽，并引起河岸崩塌和建筑物基础遭受侵蚀。

修建大坝引起的河流泥沙量的变化可以造成上游河道的加积和下游河道的下切。如1954 年被选定为新中国成立后治黄第一期工程坝址的黄河三门峡水库。三门峡水库控制流域面积 $68.88\times10^4 km^2$，占黄河流域总面积的 92%，控制流域来水量 89%，来沙量 98%。仅一年多时间就淤积泥沙 15.3×10^8 t，库尾潼关高程（1 000m^3/s 流量时的水位）急剧抬升 4.31m，在渭河口形成拦门沙，入库水流受阻，淤积末端上延，致使渭河出现阻塞型洪水，造成严重损失。从那时起，渭河也因淤积成为地上悬河，河床高出两岸地面，水灾频繁。又过了一年多，库区淤积达到 5×10^9 t，淤积末端逼近陕西省西安市。

5. 地基沉陷

大中型城市作为人类经济、社会活动的中心，多选在接近水源的地方。这些地区沉积物厚度巨大，地下水储量丰富，开采利用方便。但随着城市人口急剧增多，工业化规模扩大，对地下水的开采量剧增。随着时间的推移，漏斗区不断加深扩大，导致地面沉降。

6. 海岸过程

随着人类居住的海岸带城市化的发展，海岸沉积和侵蚀的平衡被打破，造成海岸侵蚀加深。中国海岸侵蚀主要出现于废弃三角洲前缘地带和现代三角洲局部地区。如江苏废黄河口附近，1855—1970 年岸线以平均每年 147m 的速度后退，20 世纪 70 年代以来，岸线后退速率仍达 20～40m/a。

7. 坡地过程

人类活动引起滑坡、崩塌、泥石流、土屑蠕动等地貌过程。许多自然地区都处于极限平衡状态，人类工程建设或多或少存在边坡开挖、堆砌土石、改变斜坡形态等问题。容易导致坡脚物质被切割，造成坡地失稳而发生滑坡和崩塌；切割的物质堆到下方的斜坡上以增加路面的宽度，降水渗入其中和路面载荷常常容易造成松散堆积物滑坡与崩塌。

（四）主要人工地貌

工业的发展和现代化的建设，使得全球的人工地貌趋于同化，主要是以理性思维为核心的建设。按照现代化的建设，人工地貌主要分为：城镇地貌、矿山地貌、油田地貌；公路、铁路、地铁、港口、机场、航天发射场；水库、水渠、运河；农田、果园等。这里列举一些常见的人工地貌，进行具体的分析。

1. 城镇人工地貌

因地制宜的城市建设，促进了城市规划的研究，不同的城市具有不同的地貌效应。城市人工地貌主要研究建筑的地基和城市地貌的效应两个方面。

城市的楼房、道路、管道等的建设，都需要考虑地基问题。地基分两类：一类是从地表向下挖掘的地基，影响其稳定性的因素主要有建筑物荷载的大小和性质，岩、土体的类型及其空间分布，地下水的状况，以及地质灾害情况等；另一类是地下隧道的类型，现代城市地下工程施工的主要施工方法是盾构法，隧道地基稳定性研究大部分为经验的稳定系数法。

从城市物质组成与形态两方面来考虑，城市地貌效应有以下两种。

城市热岛效应(heat island effect)：主要是指城市的建材(城市地貌的组成物质)与周边农村的土壤、植被不同，吸收了大量的太阳辐射，使得地温增高，比周边农村地温高出20～35℃，气温高出3～5℃，从而称为“城市热岛”(图9-2)。而引发城市增热的原因还有很多，例如，汽车尾气排污、排热，夏季空调排热，工厂排污、排热，冬季取暖锅炉排污、排热等。实际上城市热岛效应，一年四季是有变化的。城市热岛效应会带来局部区域的强对流天气，如城市的暴雨、冰雹、城市洪水、城市火灾、城市疾病等。

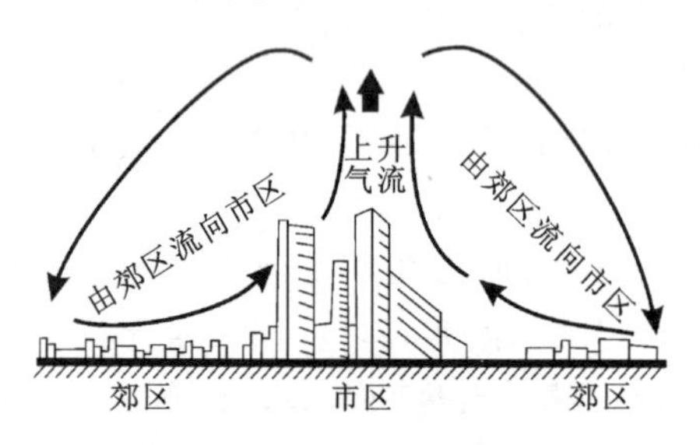

图9-2 城市热岛效应示意图

街区街道效应：是指城市形态的效应，大城市的高楼群集中，造成整个街区形如“一座山”，一条街高低错落的楼群连成“山脉”，孤立的高楼形成“孤峰”；而街道则构成“山谷”，不过在城市“山谷”中不是“奔腾的河流”，而是“车水马龙”的汽车长龙。城市的“山脉”与“山谷”同样具有局地小气候的变化，大风会顺着街道加大风速，汽车尾气浓度集中在街道上空徘徊等。

2. 人工交通地貌

当今的交通主要是高速公路(图9-3)、港口、机场(图9-4)和空间发射场，高速铁路在大国以及跨国之间是重要的交通工具。人工交通地貌大部分是线性地貌，犹如河流一样，只是运送的是物流和人流。湖泊具有吞吐水量、调节河流水量的功能；同样地，交通要道中，也有仓库、转运站、编组站、机场、车站、码头、歇息处等调节物流与人流。

图9-3 高速公路

图9-4 上海浦东国际机场

3. 水利工程地貌

水利工程主要是建设水库与渠道，与自然河流、湖泊比较，水库好比是湖泊，渠道好比是河流。1931—1935年间，美国建造了胡佛大坝(图9-5)，是世界上早期建设的大坝之一。

水利枢纽的地基包括坝肩、坝基、库底、库岸边坡等部分。一旦水库建成，提高了局部河流的侵蚀基准面，等于人工建造了一个“湖泊”，调节了河流的流量。随着水库的淤积、消亡，河流

将会再一次下切，水坝将形成人工跌水和瀑布，库区两岸将形成人工阶地。水利工程从本质上看，实际上延缓了洪水与泥沙入海的速度，也延缓了地貌的夷平作用，从中人类得到了水资源与土资源的利用。

我国的水利工程也是举世瞩目的，众所周知，三峡工程(图 9-6)是开发和治理长江的关键性骨干工程，建成后防洪、发电、航运等综合效益巨大，对生态与环境的影响广泛而深远。但历来宣传较少的是，三峡工程同时具有巨大的生态与环境效益，并随着三峡工程蓄水、发电的进程逐步得以发挥。三峡水库正常蓄水位 175m，有防洪库容 2.215×10^{10} m^3，可对长江上游洪水进行控制和调节，减小长江中、下游洪水的威胁，防止荆江河段发生毁灭性灾害，延缓洞庭湖的淤积，是长江中、下游防洪体系中不可替代的重要组成部分。三峡电站共安装 32 台机组，总装机容量 2.24×10^7 kW，年发电近 9×10^{10} kWh。每年可减少原煤消耗约 5×10^7 t，少排放二氧化硫约 10^6 t，二氧化碳约 10^8 t，一氧化碳约 10^4 t，氮氧化物约 10^5 t，并减少大量的飘尘、降尘等。

图 9-5 美国胡佛大坝

图 9-6 三峡大坝

水渠的地基主要是挖方与填方，如中国的南水北调，美国从科罗拉多河 Empire Dam 引水到加利福尼亚州的 Salt Sea 灌溉农田的全美运河。

4. 农田人工地貌

如果说城市、水库是“点性”地貌，交通是“线性”地貌，那么广袤的农田就是“面性”地貌现象了。平原上的农田，依然是平原，只是在平原上被划分成整齐的格网，田块与渠道相间。在人少地多的条件下，为灌溉的方便，中心打井，以喷水管为半径，构成圆形的农田。而山地农田大部分建成了梯田，黄土高原在“塬”“峁”上创造了川台化的“小平原”，淤地坝在沟谷中修建了“小平原”。

梯田在我国东部丘陵、黄土高原、云贵高原地区广泛分布，其中位于云南省红河哈尼彝族自治州境内的“哈尼梯田”堪称世界梯田奇观(图 9-7)，约 4.7 万公顷(1 公顷＝10 000m^2)，全部镶嵌在海拔 600～2 000m 之间的山坡上，时隐时现，规模宏大。山高谷深，多为深切割中山地类型，地形呈“V”字形发育，从江边河坝到高山峻岭，海拔落差极大，梯田也因势就坡，坡大坡缓开大田，坡小坡陡开小田，大到十几亩，小到如桌面大小。以一坡而论，少则上百级，最高级数达 3 000～5 000 级，一层一层朝着天际陈铺。这里亿万年来受元江、藤条江水系深度切割，中部凸起两侧低下，山地连绵，地形呈“V”字形发育，不易耕作。为了生产粮食，必须对当地地形进行改造，这是哈尼梯田形成的重要基础。

图 9-7 哈尼梯田

第二节 地貌与工农业生产

不同的自然地貌条件有着不同的光照、温度、降水、气流、生物等，对工农业的布局和生产具有重要的影响，是人类利用大自然来发展自身的基础，而人类工农业的发展也在不断地改造着自然地貌。

一、地貌与农业生产

1. 地貌类型影响农业布局

不同级别、不同类型的地貌不同程度地影响着区域气候和不同农业生物的分布和生长发育。

平原地区的优势是易于灌溉和机耕，所以平原一直是农业生产的重要基地，但是平原地区易受洪涝、盐碱化灾害的影响。丘陵地区适宜农垦和经济林种植，但主要问题是机耕困难，水土流失严重，引水灌溉困难。山地农垦地面积小，且零散，易于发展林业和牧业。对于高原来讲，因为地理位置和气候条件的差异，农业利用条件也相差比较大。如黄土高原地区理想的耕地是塬、墚、峁的顶部和沟谷底部，而位于斜坡上的耕地则水土流失严重；云贵高原农业基地主要位于山间盆地，盆地间的山地更有利于发展林业。

2. 海拔高度对农业生产的影响

海拔高度对农业生产的影响主要表现在对农作物生长环境要素中的水热条件的影响。在

一定的垂直高度范围内，海拔高度每升高 100m，气温下降约 0.6℃，于是从山麓到山顶就出现了垂直温度带；随着海拔的升高，气温逐渐降低，降水也呈现出一定的变化，潮湿气流在遇山体而被抬升的过程中，由于温度的降低，气流中所含的水汽一旦达到饱和，即可成云致雨，降水量一般随高度的增高而增多。不同的海拔高度有着明显的水热差异，通过对温度和降水的影响形成垂直气候带（图 9-8）和相应的生物、土壤带，导致了气候、植被、土壤呈现出垂直方向上的带状分布与变化，从而影响到作物布局和土地利用方式（表 9-4）。通常情况下海拔越高，积温越少，农作物的生长期越短，在海拔较高的山区，温度偏低，适宜发展畜牧业、林业；海拔较低的中低纬度平原地区，水热条件好，适宜发展种植业；起伏较大的山区，如中国云南、四川西部和青藏高原等地，其种植业一般分布于谷地，畜牧业分布在山坡的草地上，其农业生产具有显著的垂直分布特点。

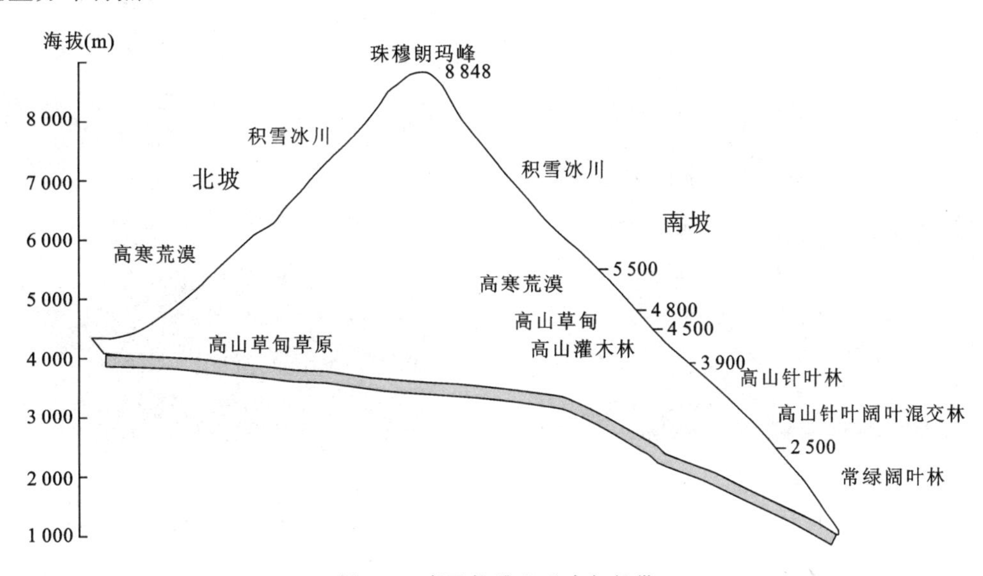

图 9-8 喜马拉雅山垂直气候带

表 9-4 海拔与农业类型关系

海拔分区		农业类型	实例地区
海拔较低	湿润区	种植业	东北、华北、长江中下游平原、四川盆地
	干旱区	畜牧业	塔里木盆地、澳大利亚南部沿海地区、中亚平原
海拔较高	山地	林业	长白山、兴安岭
	高原	高寒作物、高原畜牧业	青藏高原

3. 坡度、坡向对农业生产的影响

平原地区坡度小，有利于机械作业，发展规模种植业；丘陵、山区坡度大，适宜多种经营（图 9-9、图 9-10），如山东、辽东丘陵是我国重要的水果基地；江南丘陵是我国主要的茶叶种植区。农业用地方式必须考虑坡度的大小，对于农耕用地一般要求坡度在 15°以内，15°～20°为修筑梯田的坡度范围，25°以上的坡地应作为林、牧用地。地面坡度还会直接影响农业机械化，一般坡度在 8°以下，机械引犁可以工作，坡度增大，耗油量增加，耕作质量下降，一般认为坡度 15°是机耕的上限。

(a)

(b)

图 9-9 东北平原(a)与江南丘陵(b)

(a)

(b)

图 9-10 云贵高原(a)与青藏高原(b)

另外坡度还会直接影响排灌水平和工程设计。当坡度大于 2°时，进行地面灌溉就比较困难；坡度在 3°以下就要注意修建排水系统以防止涝害。对引水渠的修建也必须考虑地形坡度的变化，例如主干渠的延伸方向应该与大范围内坡度一致，其位置应该考虑使水流能够自动供给支渠。

坡度与水土流失和作物产量也有密切的关系，坡度大，水土流失量大，土壤平均含水量低，产量降低(表 9-5)。

表 9-5 坡度与水土流失、土壤养分和作物产量的关系

坡度	水土流失量		土壤养分		红薯产量	
	流失量(m^3/hm^2)	比率(%)	平均含水量(m^3/hm^3)	比率(%)	产量(kg/hm^2)	比率(%)
5°	631.5	100.0	18.5	100.0	20 145	100.0
10°	1 021.5	161.8	17.1	92.4	12 675	62.9
15°	1 374.0	217.8	16.5	89.2	12 990	64.5

坡向不同会导致地面接收的光、热、风不同，从而影响农业生态环境。向阳坡阳光和热量

条件好，但蒸发强，水分条件差；背阴坡恰恰相反，水分多但光热少。

不同坡度和坡长经受剥蚀的方式和强度有别，土壤的理化性质和肥力各异，土地利用的方式和农业生产结构都会有很大差异。坡度是影响土壤侵蚀的最主要地形因子，土壤侵蚀量随着坡度的增大而增加，坡度不仅影响土壤的侵蚀程度，而且还影响土壤的侵蚀方式，随着坡度的增加，土壤侵蚀将由面蚀逐渐向沟蚀、滑坡、崩塌方向发展，坡度对土壤侵蚀的影响有一个临界性，一般限定坡度在 25°。坡长与坡度一样，也是影响土壤侵蚀的重要地形因子之一。在坡度相同时，随着坡长的增加，地表径流增强，土壤侵蚀量增大。

4. 地表松散物质对农业生产的影响

1）不同地貌部位的地表松散物质具有差异

在不同的地貌部位，外力作用的方式和强度不等，地表松散物质的厚薄和理化性质差异很大，这些因素控制着土壤种类、土壤各层次的厚度，从而制约农业生产。冲积平原和三角洲，土壤颗粒较细，土壤肥沃，有利于农业生产；黄土地貌土层深厚、疏松，持水性好，富含钙、磷等矿物质，有利于农业耕作，但由于黄土多孔，又是垂直节理发育，水土流失严重，对农业生产影响很大；喀斯特地貌土层薄、肥力低，不利于农业生产。

2）不同基岩形成的土壤不同

不同基岩区风化残积物形成的土壤性状各异。花岗岩区发育的土壤偏酸性，钾含量比较高，透水性强，一般利于喜酸性、喜沙性和耐旱的植物生长；紫红色的粉砂岩、泥岩和页岩在四川丘陵区主要发育为紫色土，肥力高，如果土层较厚则适宜多种作物生长；碳酸盐岩地区，仅在溶蚀洼地和溶蚀谷地等处有土壤发育，土壤多为灰褐色黏性土，适宜种油桐、板栗等；变质岩区发育的土壤一般养分丰富，黏性适中，土层较厚，多呈中酸性反应，透气性和“三保”性好，是发展林木基地的理想场所。

5. 现代地貌过程对农业的影响

现代地貌过程是指在内、外动力及人类活动的作用下，由流水、风力、海洋、重力等引起的侵蚀和堆积过程。这些地貌过程改变了地貌的演化方式、强度及演化规律，使得地表的松散碎屑物质、矿物养分和有机质发生了迁移，影响农业生产的布局（表 9-6）。因此在农业地貌区划时，需要指出区域内地貌发育的阶段和主要营力的作用与强度。现代地貌过程是动态变化的，对农业的影响也是动态的，是今后农业地貌研究的一个重点。

表 9-6　对农业不利的地貌过程

类别	主导营力	对农业可能产生不利影响的地貌过程
外营力	流水	沟谷的溯源侵蚀，河流侧蚀，泥石流，水土流失，洪水灾害
	风力	风蚀、沙丘移动
	重力	崩塌、滑坡
	海浪、潮汐	海岸侵蚀后退
内营力		火山喷发、地壳缓慢升降等

二、地貌与工业布局

不同的地貌区域会有不同的资源禀赋条件、自然条件和交通条件，从而影响工业布局。影响工业布局的地貌因素主要有自然资源与自然条件，它们是影响工业生产发展与布局的物质基础和重要的外部条件。前者包括矿产、土地、水与生物资源等；后者主要有水文地质、地形、气候、陆地水文、自然灾害(如地震、滑坡与泥石流)、生态环境条件等。

1. 自然资源与工业布局

资源密集型工业在生产过程中需要消耗大量原材料及燃料，其布局要求接近原材料容易获取的地貌区域。主要包括：①单位产品要消耗大量原材料的工业部门，且原材料中含有的有效成分较低，失重比大，如有色金属冶炼及钢铁工业等；②在生产过程中大量耗用电力或其他燃料的工业，如炼铝工业等；③原材料不宜长途运输的工业，如制糖、茶叶初加工等。

2. 地表形态与工业布局

地貌条件的情况直接关系到建厂工程量的大小、基建投资的多少和建设进度快慢，有的甚至影响到企业建成投资后的多项经济技术指标的优势。海拔较高的地区，地形崎岖，自然条件恶劣，生态环境脆弱，工程建设比较艰难，厂区所占用的面积、坡度、地面切割程度和松散堆积层等地貌因子，以及如洪涝、滑坡、崩塌、泥石流和坍塌等地貌灾害的分布数量和频度都是厂址选择需要考虑的地貌因素。

3. 地质基础与工业布局

水库大坝、高层建筑、铁路、公路等工程选址要选在地质坚硬的地区，平原地区土层深厚，地基松软，多流沙层，因此地基需加固、防水。喀斯特地貌区岩层的渗水性强，地下多溶洞，选址不当容易出现水库渗水、大坝开裂等问题。

三、地貌与城市规划

地貌是自然环境的重要组成要素，是地球表层系统的固体下垫面，是城市建设发展的基盆。城市的形成与发展，一方面得益于自然地貌，例如，海滨、湖滨、沙土平原、冲积扇，土地连片开阔，交通方便，是城市开发建设的好场地。这些地方常常是聚落的发源地，有利于城市的形成；另一方面自然地貌又影响城市的选址和布局，城市建设也会改变区域原有的地形地貌，甚至人为地形成新的地貌景观。进行城市规划时，首先应该了解城市地貌，以便为城市开发、土地利用、建筑设计、工矿企业设置、交通道路修建提供下垫面的科学依据。

1. 城市化引起的地貌过程变化

城市化引起的地貌过程包括流水作用过程的变化、重力作用过程的变化、喀斯特地貌过程的变化等，例如城市化影响降水、地表流水的流动方式和下渗状况，改变城市的水文过程，使城市流水侵蚀与沉积的地貌作用过程发生变异。

2. 地貌对城市布局的影响

地貌环境影响城市的分布格局，城市位置往往选择在河流交汇处、高河漫滩、阶地、平原、山间盆地、冲积扇顶部等，土地面积必须广大，足以提供现在和未来的城市发展需要。中国的

城市分布，绝大部分城市分布于平原、河谷、山间盆地和山麓绿洲等海拔较低，地形平坦的地带，地势起伏大的高原、山区城市布局较少。城市分布的主要地貌部位包括河流汇合处、河谷阶地、平原或盆地底部、海滨、岛屿、两大地貌单元的分界处。

3. 地面组成物质对城市建设的影响

地面组成物质对城市建设和交通都有影响，城市是一个物质实体，由坐落在地上的各种建筑物组成，地面组成物质构成各种建筑物的地基基础，基础的稳定性直接影响到建筑物的寿命和造价。地面组成物质不同，承载能力有很大差异，基岩的露头分布、岩性、埋藏深度、走向、倾角、剪切方向、风化层厚度和岩层组合等，都与城市建设密切相关。高层建筑和工矿建设要考虑地面组成物质的性质，道路位置、机场位置的选择等都要考虑地面组成物质。在城市开发建设时需要对各类建筑物坐落的基础有所了解，尤其是在一些特殊土类上建造建筑物时必须采取专门的措施，以保证地基基础的稳定性。

4. 地形坡度与城市开发建设

从城市的形成与发展过程来看，平缓地形是最有利于城市建设发展的外部条件之一；从城市内部的空间结构布局来看，平缓地形也最有利于布局；从城市的整体建设角度来看，平缓地形对城建也极为有利，丘陵地区施工较困难，山地地区的城建则需要更大的经济投资和工程措施，同时城市发展往往也受到限制。

城市用地的理性坡度是0.3%～2%，坡度太小，不利于场地排水；坡度过大，建筑物和交通的布置将受到限制。如在8%～12%的坡度上建造住宅，要相应增加建设投资4%～7%，经营管理费用增加5%～10%。坡度大的区域，建筑施工难度大，若进行大规模高填深挖，则需要做大规模的护坡以防塌方。工程实施后对地形影响大，地下水的自然渗透被截断，对坡地的连续度有很大影响，因此坡度越大，越不适宜建设(表9-7)。

表9-7　地形坡度与城市建设关系

土地类型	坡度(%)	对土地利用的影响及对应措施
地平地	<0.3	地势过于低平，排水不良，需采取机械提升措施排水
平地	0.3～2	是城市建设的理想坡地，各项建筑、道路可自由布置
平坡度	2～5	铁路需要有坡降，工厂及大型公共建筑布置不受地形影响，但需要适当平整土地
缓坡地	5～10	建筑群及主要道路应平行等高线布置，次要道路不受坡度限制，无需设置人行堤道
中坡地	10～25	建筑群布置受一定限制，宜采取阶梯式布局。车道不宜垂直等高线，一般要设人行堤道
陡坡地	25～50	坡度过陡，除了园林绿化外，不宜作建筑用地，道路需要与等高线锐角斜交布置，应设人行堤道

注：据刘卫东，1994。

我国《城市用地竖向规划规范》(CJJ 83—99)明确规定，城市建设各类用地最大坡度不超过25%，详见表9-8。

表 9-8 城市主要建设用地适宜规划坡度

用地名称	最小坡度(%)	最大坡度(%)
工业用地	0.2	10
仓储用地	0.2	10
铁路用地	0	2
港口用地	0.2	5
城市道路用地	0.2	8
居住用地	0.2	25
公共建设用地	0.2	20
其他	—	—

资料来源:《城市用地竖向规划规范》(CJJ 83—99)。

第三节 地貌与旅游资源 >>>

自然地貌、地质遗迹景观是大自然的宝贵馈赠,以其为基础诞生了许许多多的风景名胜区、旅游景区、森林公园、地质公园、矿山公园、湿地公园、海洋公园,极大地促进和繁荣了我国旅游业的发展。以地质遗迹为基础的国家地质公园为例,2000 年以来,我国分 7 批次申报和建设了 241 家国家地质公园,在保护地质遗迹的同时极大地带动了区域旅游经济和社会经济的发展。

一、景观地貌资源

景观地貌,是地质之美的外在体现,也是地质遗迹科学之美的集中承载。我国国土辽阔、地形复杂,孕育了无数多姿多彩的地貌景观,如闻名于世的黄山、秀甲天下的桂林山水、风情独具的张家界等,它们既是我们认识神奇自然的窗口,也是我们陶冶情操的胜地。

1. 景观地貌资源的特性与分类

1) 景观地貌的特性

景观(landscape),无论在西方还是在中国都是一个美丽而难以说清的概念,泛指具有审美特征的自然和人工的地表景色。构成景观(风景)的骨架是地貌,但不是所有的地貌类型都具有观赏价值,景观地貌是那些具有观赏价值和一定吸引功能的地貌总称。也就是说旅游地貌资源是指那些能成为旅游吸引物的部分。一般具有雄、险、奇、秀、幽、旷、名、珍等特性,能为旅游者提供游览、观赏、知识、乐趣以及考察、研究、健身、疗养等场所。此外,它还具有一些特殊属性。

(1) 相对稀有性。景观地貌资源相对于一般地貌而言,较为难得一见,比较稀缺独特。例如,火山熔岩地貌并非随处可见,风蚀魔鬼城只在西北干旱特殊地区才有;黄山的怪石、云海,陕西翠华山的山崩石海,路南的石林等均是独特罕见的,有着特殊的地质条件和地貌孕育过程。

(2) 不可再生性。地貌景观的宝贵不仅在于其稀缺,更在于其不可再生。一旦其遭受破坏,难以再生成同样的景观。因此,在旅游火热的一些景区,尤其要注重地貌景观资源的保护,做到持续利用。

(3) 不可移动性。旅游地貌是特定时空背景下的产物,所以它是不可移动的,难以完全复制的。因此,无论是谁想要一睹其真容面貌,必须得身临其境,图片、影像资料当然可以作为辅助游览手段,但是"无限风光在险峰"的真切感,只能缘于此山中。

2) 景观地貌与地质遗迹

景观地貌是地质遗迹的一种类型。

地质遗迹是指在地球演化的漫长地质历史时期,由于内外力的地质作用,形成、发展并遗留下来的珍贵的、不可再生的地质自然遗产。重要的地质遗迹是宝贵的自然资源,是人类的财富,是自然生态环境的重要组成部分。依据《国家地质公园规划编制技术要求》2010[89]号文件的地质遗迹类型划分标准,可以分为地质剖面、地质构造、古生物、矿物矿床、地貌景观、水体景观、环境地质遗迹景观七大类。

景观地貌是地球内力(地壳运动、火山喷发、地震等)和外力(流水、风、冰川等)共同作用下形成的地表形态各异的高低起伏,是地质遗迹中那些能给人以直观美感的地貌景观,属于地质遗迹的一种。从这个角度来看,景观地貌主要包括上述地质遗迹划分中的地貌景观大类和水体景观大类。当然典型地质剖面、构造形迹、矿物矿床、古生物化石以及地质灾害遗迹等同样具有一定的观赏价值,但它们强调的重点已经不是"景"了,而是剖面、形迹、矿物、化石、灾害等非景观特质。因此,我们把景观地貌与其他5类地质遗迹区分开来。

3) 景观地貌的类型划分

景观地貌在旅游资源中占有十分重要的作用。我国幅员辽阔,多样性的地质地理条件形成了种类繁多、形态各异的地貌景观。由于地貌成因的复杂性,目前尚没有统一规范的景观地貌类型划分方案。参看《国家地质公园规划编制技术要求》中的地质遗迹类型划分方案,结合地貌的成因、特征等规律,将景观地貌类型作如下划分,见表9-9。

表9-9 景观地貌类型划分

类	亚类	型
岩石地貌	花岗岩地貌	黄山型、华山型、嵖岈山型、鼓浪屿型、平潭型等
	碎屑岩地貌	丹霞型、张家界型、障石岩型
	喀斯特地貌	峰林、峰丛、石芽、溶沟、天坑、溶洞、钙华
	风成黄土地貌	风蚀(雅丹)地貌、风积地貌、黄土地貌
火山地貌	火山机构地貌	火山锥、火山口、破火山口、火口塞
	火山熔岩地貌	熔岩穹丘、熔岩台地、熔岩隧道、喷气锥、熔岩流
	火山碎屑堆积地貌	火山碎屑岩台地、火山碎屑岩柱

续表 9-9

类	亚类	型
冰川地貌	冰川刨蚀地貌	角峰、刃脊、冰斗、冰川、"U"形谷、刻痕、羊背石
	冰川堆积地貌	侧碛垄、中碛垄、终碛垄、漂砾、蛇形丘、鼓丘
	冰缘地貌	冰楔、冰锥、冻胀丘、石海、石环
流水地貌	流水侵蚀地貌	宽谷、峡谷、嶂谷、隘谷、壶穴、侵蚀阶地
	流水堆积地貌	心滩、沉积阶地、冲积扇、河口三角洲、堆积岛
海岸地貌	海蚀地貌	海蚀崖、柱、穴、海蚀台地、海蚀刻槽岬角
	海积地貌	海积沙滩、卵石滩、三角洲、沙嘴、连岛沙坝等
构造地貌	构造地貌	断层崖、断层三角面、单面山、断块山、褶皱山
水体景观	泉瀑景观地貌	温泉、热泉、冷泉、瀑布(山岳、河道型)
	湖泊沼泽地貌	断陷湖、堰塞湖、牛轭湖、潟湖、沼泽湿地

2. 景观地貌资源的价值

1）景观地貌是一种重要的旅游资源(美学价值)

作为一种重要的地质旅游资源，景观地貌是地球在漫长的时间内形成的珍贵地质遗迹，有着极高的美学欣赏价值。在我国的地质遗迹资源中，景观地貌分布广泛、类型多样、形态奇特，是一种不可多得的宝贵财富。它可以使游客获取知识，开阔眼界，感受独特的视觉盛宴；也可以陶冶情操，安定情绪，激发灵感，丰富人们的精神生活。

在我国目前的旅游业状况下，游客中的大多数仍是大众旅游者，观光旅游是他们的首要选择，景观地貌独特秀丽的山水风光，正迎合了游客这一旅游心理。

2）景观地貌是一种重要的科教资源(科研科普价值)

景观地貌是地质、地貌、地理知识和自然景观完美的结合体。景观地貌不仅弥补了地质遗迹中非景观地貌的、纯地质构造运动演变的枯燥乏味，又蕴含着丰富的地学基础知识。使得景观地貌区成为欣赏美景的良好场所，又是理想的天然科普科研基地。通过对典型景观地貌的形态特征、分布、成因、发育机制等的研究，可以促进相关学科的发展、科学内涵的提升。

3）景观地貌还是旅游产品开发的重要素材(社会经济价值)

通过对景观地貌旅游产品路线的设计开发，可以直接带动景区及周边社会居民的就业和经济的快速发展。此外，以典型地貌景观为背景，进行旅游工艺品的制造与销售，比如制造火山模型、山岳模型等；再比如将景观地貌作为摄影、文学作品等素材来源，成为旅游宣传品的重要原材料。

因此，人们常常将这些地貌景观的集中区域划分出来作为自然保护区或旅游风景区、主题公园进行开发利用和保护。

二、地貌与旅游资源开发保护

大自然用其鬼斧神工的刀笔，将地球表面雕塑成一幅幅独特而壮观的景观地貌。我们不仅可以感受神秀之美、陶冶心灵情操，还可以学习到丰富的科学知识，从中获得解读地球奥秘之匙。因此，出于不同的保护对象和开发利用目的，则会有不同的景观地貌开发利用模式，如自然保护区、风景名胜区、世界遗产地、地质公园、矿山公园、湿地公园、水利风景区等。

1. 设立自然保护区

重要的旅游地貌景观资源，首先可以通过设立自然保护区的形式进行保护，如山东的山旺自然保护区、湖南张家界自然保护区和黑龙江的五大连池保护区。自然保护区是指对有代表性的自然生态系统、珍稀濒危野生生物种群的天然生境地集中分布区、有特殊意义的自然遗迹等保护对象所在的陆地、陆地水体或者海域，依法划出一定面积予以特殊保护和管理的区域(据中华人民共和国自然保护区条例)。从级别划分上来看，有国家级、省级和市级自然保护区之分，各个级别的保护区主管部门主要有环保、林业、农业、国土、城建、水利等。

自然保护区具有保护自然本底、储备物种、开辟科研和教育基地、保护自然界的美学价值等重要意义。自然保护区在全球范围的广泛建立，是当代自然资源保护和管理中的一件大事，也是一个国家、社会文明与进步的象征。

我国人口众多、自然植被少，保护区不能像某些国家采用原封不动、任其自然发展的纯保护方式，而应采取保护、科研教育、生产相结合的方式，而且在不影响保护区的自然环境和保护对象的前提下，还可以与旅游业相结合。因此，中国的自然保护区内部大多划分成核心区、缓冲区和外围区 3 个部分。核心区是保护区内未经或很少经人为干扰过的自然生态系统的所在，严禁一切外来干扰；缓冲区环绕核心区的周围，只准进入从事科学研究观测活动；外围区位于缓冲区周围，是一个多用途的地区。

由于建立的目的、要求和本身所具备的条件不同，自然保护区有多种类型划分。按照保护的主要对象来划分，自然保护区可以分为生态系统类型保护区、生物物种保护区和自然遗迹保护区 3 类，进一步细分则有森林生态、草原草甸、荒漠生态、内陆湿地、海洋海岸、野生动物、野生植物、地质遗迹和古生物遗迹九大类，见表 9-10。

表 9-10　中国国家自然保护区的分类

类型	典型例子	主要保护对象	总面积(hm^2)	始建时间(年)
森林生态	广东肇庆鼎湖山	南亚热带常绿阔叶、珍稀动植物	1 133	1956
	黑龙江大兴安岭呼中	寒温带针叶林及野生动植物	167 213	1984
草原草甸	内蒙古锡林郭勒草原	草甸草原、沙地疏林	580 000	1985
荒漠生态	西藏羌塘	高原荒漠生态系统及藏羚羊等	2.98×10^7	1999
内陆湿地	四川若尔盖湿地	高寒沼泽湿地及黑颈鹤等动物	166 571	1994
海洋海岸	天津古海岸与湿地	贝壳堤、牡蛎礁、滨海湿地	35 913	1984
野生动物	湖北石首长江天鹅洲	白鳍豚、江豚及其生境	2 000	1990
野生植物	浙江临安天目山	银杏、连香树、金钱树珍稀植物	4 284	1986
地质遗迹	山东即墨市马上	柱状节理石柱、硅化木等	774	1993
古生物遗迹	湖北郧县青龙山	恐龙蛋化石	205	1997

本书重点研究的地貌、景观地貌主要属于自然遗迹保护区，主要保护对象是有科研、教育和旅游价值的珍稀地质地貌景观，如化石和孢粉产地、火山类景观遗迹、岩溶地貌、砂岩峰林地貌、地质剖面等。

1956 年在广东省肇庆市建立了以保护南亚热带季雨林为主的中国第一个自然保护区——鼎湖山自然保护区。到 1993 年，中国已建成保护区 700 多处，其中国家级自然保护区 80 多处；截至 2010 年 2 月，国家级自然保护区为 327 个(表 9-11)。

表 9-11　中国的国家级自然保护区分省分类

大区	省(区)名	数量	大区	省(区)名	数量	大区	省(区)名	数量
华北地区(44)	北京	2	西北地区(49)	陕西	14	华东地区	江西	8
	天津	3		宁夏	6	西南地区(62)	四川	23
	河北	11		甘肃	15		云南	17
	山西	5		新疆	9		贵州	9
	内蒙古	23		青海	5		重庆	4
东北地区(48)	辽宁	12	华东地区(48)	山东	7		西藏	9
	吉林	13		安徽	6	华南地区(36)	广东	11
	黑龙江	23		江苏	3		广西	16
华中地区(40)	河南	11		上海	2		海南	9
	湖北	12		浙江	10	总计:327(个)		
	湖南	17		福建	12	港澳台地区未统计在内		

注:截至 2009 年底,据环保部官网。

2. 申请世界遗产地

世界遗产地是被联合国教科文组织和世界遗产委员会确认的具有普遍价值、人类罕见、无法替代的文化和自然财富。为了保护世界文化和自然遗产,联合国教科文组织于 1972 年 11 月 16 日正式通过了《保护世界文化和自然遗产公约》(简称为《公约》),到 2008 年 3 月,该《公约》的签约国家共有 185 个;1976 年世界遗产委员会成立,并建立了《世界遗产名录》。被列入《世界遗产名录》的地方,将成为世界级的名胜,可接受世界遗产基金的援助,还可由有关单位组织游客进行游览。

中国作为这些世界遗产的所有国,有权利也有义务对这些遗产采取必要的保护措施。我国于 1985 年 12 月 12 日加入《世界遗产公约》,成为缔约国之一,1986 年起陆续向联合国教科文组织申报世界遗产。截至 2012 年 7 月中国已有 43 项世界遗产(表 9-12),位列世界第三,仅次于意大利(46 处)和西班牙(44 处)。此外,我国已成为唯一连续十年"申遗"成功的国家。同时,我国已建立起较为完备的文物保护法律制度体系,截至 2012 年,我国现行有效的文物保护规范性文件达 500 余件。

表 9-12　中国的世界遗产名录简表

自然遗产(9)	文化遗产(27)	文化景观(3)	双重遗产(4)
1. 九寨沟;2. 黄龙;3. 武陵源;4. 三江并流;5. 大熊猫栖息地;6. 中国南方喀斯特;7. 三清山;8. 中国丹霞;9. 澄江化石	1. 周口店北京猿人遗址;2. 长城;3. 敦煌莫高窟;4. 明清皇宫;5. 秦始皇陵及兵马俑;6. 曲阜孔府、孔庙、孔林;7. 承德避暑山庄及周围寺庙;8. 武当山古建筑群;9. 布达拉宫;10. 丽江古城;11. 平遥古城;12. 苏州古典园林;13. 颐和园;14. 天坛;15. 大足石刻;16. 明清皇家陵寝;17. 皖南古村落;18. 龙门石窟;19. 都江堰-青城山;20. 云冈石窟;21. 中国高句丽王城;22. 澳门历史城区;23. 安阳殷墟;24. 开平雕镂与古村落;25. 福建土楼;26. 登封天地之中历史建筑群;27. 内蒙古元上都遗址	1. 庐山; 2. 五台山; 3. 西湖	1. 泰山; 2. 黄山; 3. 峨眉山-乐山大佛; 4. 武夷山

注:据百度百科整理。

世界遗产地中的自然遗产、文化景观以及双重遗产地和部分文化遗产都有珍贵的地

貌景观表现，在旅游活动开展的同时，我们必须清楚地认识到世界自然遗产是大自然创造的瑰宝，做好其保护与利用工作，有利于实现人与自然和谐发展，是一项功在当代、利在千秋的事业。

3. 申报地质公园

地质公园（Geopark）是以具有特殊科学意义，稀有的自然属性，较高的美学价值，具有一定规模和分布范围的、具有代表性意义的地质遗迹为主体，并融合其他自然景观或人文景观而构成的特定区域，是保护地质遗迹、普及地球科学知识、可供旅游开发的一片自然区域综合体。在我国按照审查批准的行政级别可以分为国家地质公园、省级地质公园和县市级地质公园。另外，还有由联合国教科文组织评选出的世界地质公园。

地质公园是我国当前开展的地质遗迹保护、景观地貌开发利用的一种特殊形式，是当前社会、学界普遍关注的一个焦点。地质公园的建设主要有三大目的：提高民众保护意识，促进地质遗迹的有效保护；普及地学知识，有助于公民文化素质的提高；带动就业和促进地方经济的可持续发展。同时，通过地质公园的建设，可以带动区域第三产业的发展，可以推动区域产业结构调整和升级，实现社会、经济、生态环境的和谐发展。

另外，地质公园的建设还有益于人体健康，由于大部分地质公园都处在植被茂密的地区，绿色覆盖率非常高，环境幽雅，可以满足人体所需的呼吸、听觉、嗅觉、视觉、皮肤“五大营养”。

我国地学界早在1985年就提出了建立国家地质公园的设想。1999年12月国土资源部在山东威海召开了“全国地质地貌景观保护工作会议”，确定了以建设国家级和省级地质公园的形式，来推动地质遗迹的保护工作。而国家地质公园从2000年面世以来，已获得突飞猛进的发展，迄今共分7批次，已建设有国家地质公园240处，如果包括香港国家地质公园，一共有241处。具体每批申报年份及公园数量见图9-11。

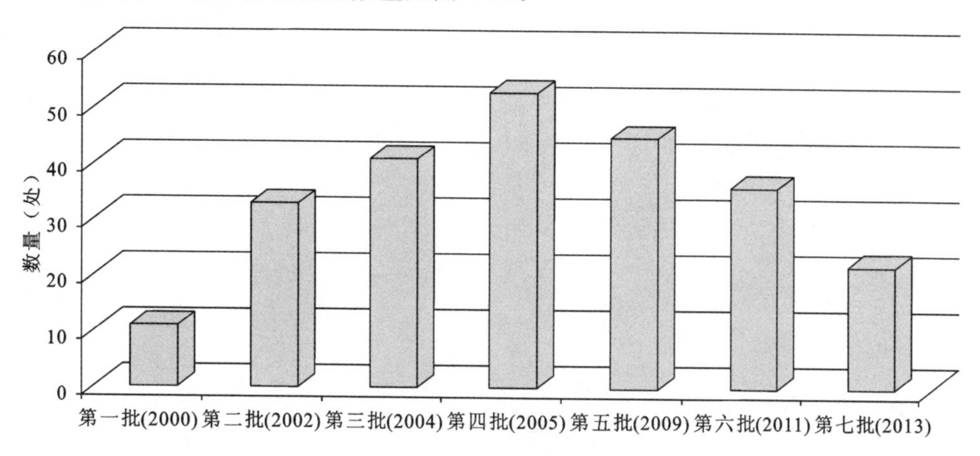

图9-11 国家地质公园各批次的数量

目前，中国地质公园体系已具备较大规模。地质公园事业的发展使得我国地质遗迹保护事业进入了一个全新的发展阶段，依托地质公园建设，很好地带动了公园所在地区的社会、经济、生态可持续发展。在国内各省市，地质公园申报建设工作依然在如火如荼地展开。

随着中国国家地质公园的申报、建设有序开展，中国也正积极投入到世界地质公园的建设和发展中去。目前，中国已经共分8批次（2004年、2005年、2006年、2008年、2009年、2010年、2011年、2012年），成功申报和建设了29处世界地质公园（图9-12），成为世界地质公园数量最多的国家。

思考题

一、名词解释

地貌环境;地貌环境评价;人工地貌;景观地貌。

二、简述

1. 人工地貌包括哪些类型?
2. 地貌环境评价应该包括哪些内容?
3. 人工哪些活动影响地貌发育过程?
4. 地貌类型如何影响农业生产布局?
5. 城市化如何改变地貌?
6. 地貌能否成为旅游资源?不同地貌类型作为景观开发时要注意哪些问题?
7. 景观地貌的价值主要体现在哪些方面?
8. 目前对于景观地貌的旅游开发主要有哪些形式?
9. 地貌特征会不会影响旅游线路的设计?

第十章
第四纪基础知识

由于第四纪与人类起源的密切关系，所以对其研究就显得相当重要与严谨，其中包括第四纪的分期、成因，第四纪的沉积物，第四纪地球变化等。同时第四纪地层在矿产普查勘探、环境地质、环境地貌等方面也有很重要的意义。

第一节 第四纪与第四纪分期

一、第四纪

6 500 万年前生物大灭绝后，地球进入到了新生代。新生代是地球历史的最新阶段，而第四纪是新生代的最后一个纪。关于其下限一直存在争议，支持较多的有 1.8Ma 和 2.6Ma。虽然国际地层委员会推荐的第四纪下界年龄为 1.8Ma，但是由于 2.6(开始认为是 2.48)Ma 是黄土开始沉积的年龄，因而我国地质学家，尤其是第四纪地质学家基本都采用后者。

第四纪(Quaternary)一词是法国学者 Desnyers 于 1829 年提出的。他按当时科学水平把地球历史分为 4 个时期，第四纪是地球发展最近的一个时期。1839 年莱伊尔(Lyell)把海相地层中含无脊椎动物化石现生种类达 90%和陆相地层有人类活动遗迹的沉积物划归第四纪，并把第四纪分为更新世(Pleistocene)和近代(Recent)。1869 年基尔瓦斯(Gerivais)提出全新世(Holocene)一词。1881 年第二届国际地质学会正式采用第四纪一词。

由于更新世地球上发生过多次大规模冰川活动，故又称“冰河期”或“冰期更新世”。也有研究者鉴于第四纪是人类出现与发展的时代，建议把第四纪称为“人类纪”。

现代第四纪的概念是综合性的，第四纪是约 2.6Ma 以来地球发展的最新阶段。第四纪的特点是：在短暂的地质时期内发生过多次急剧的寒暖气候变化和大规模的冰川活动；人类及其物质文明的形成发展；显著的地壳运动；广泛堆积沉积物和矿产；急剧和缓慢发生的各种灾害不断改变人类生存环境；人类活动的范围和强度与日俱增。第四纪是自然与人类相互作用的时代，它的过去、现在和未来变化都与人类的生存及发展息息相关。因此，第四纪研究在科学的理论和实践中有特殊重要的地位。

我国第四纪沉积物的主要类型有：陕甘宁晋的黄土堆积；青藏高原的冰川、冰水沉积；东部地区大小平原盆地中的河湖相及冰川沉积；沿海平原地区的海陆过渡相沉积，南海诸岛、台湾附近岛屿的珊瑚礁及磷灰岩沉积和鸟粪堆积。

二、第四纪分期

长期以来，人们一直在努力寻求放之四海而皆准的第四纪的标准地层，但是没有能够实现。因为第四纪的沉积物具有很强的区域性，同一时期，在不同的自然环境里和不同的地貌单元上，可以形成各不相同的地层；不同时期，在相似的自然环境里和同样的地貌单元上，可以形成彼此相似的地层。因此，不可能单纯依据岩石本身的性质来划分第四纪地层。

按照第四纪生物演变和气候变化，通常把第四纪分成4个时间尺度不等的时期：早更新世（Qp^1）、中更新世（Qp^2）、晚更新世（Qp^3）和全新世（Qh）。相应的地层分别称为下更新统（Qp^1）、中更新统（Qp^2）、上更新统（Qp^3）和全新统（Qh）。第四纪分期详见表10-1。我国传统上还将第四纪（系）二分为：更新世（统）（Qp）和全新世（统）（Qh）。

表10-1　中国第四纪的划分

地质时代	极性时	分期及分界年龄 (ka B P)
第四纪	布容	全新世(Qh)
		11
		晚更新世(Qp^3)
		130
		中更新世(Qp^2)
		730
	松山	早更新世(Qp^1)
		2 430
第三纪	高斯	上新世(N_2)
	吉尔伯特	

注：据曹伯勋，1995。

按照第四纪生物演变和气候变化，第四纪按相应的地层分别称为下更新统（Qp^1）、中更新统（Qp^2）、上更新统（Qp^3）和全新统（Qh），其时代分别与第四纪的早更新世（Qp^1）、中更新世（Qp^2）、晚更新世（Qp^3）和全新世（Qh）各阶段相对应。本书采用大多数研究的意见，把古地磁极性布容时/松山时两极性时的分界年龄0.73Ma（距今73万年）作为中、早更新世年龄；晚更新世是以末次间冰期开始为界，其年龄约为130ka B P（或150ka B P）。全新世一般都以11ka B P或12ka B P为始期，中国目前用三分法：全新世早期（12～7.5ka B P）和全新世晚期（2.5ka B P至现在）。国际上常用七分的布列特方案，也有人将全新世四分。第四纪分期研究有利于底层划分对比，其年龄的测定除具地层学意义外，对环境研究也很重要。

第二节 第四纪沉积物及其成因

第四纪沉积物是指第四纪时期因地质作用所沉积的物质，一般呈松散状态。在第四纪连续下沉地区，其最大厚度可达 1 000m。第四纪沉积物形成以后又受着各种自然因素和人类活动的作用与改造，留下了许多环境历史和环境变化的遗迹，记录着这许多自然过程。对其研究对于恢复和重建第四纪地质时期的地球发展史可提供丰富的科学史料。同时对于探索前第四纪地质历史时期地壳演化规律，阐明某些古老的地质作用和地质规律具有普遍意义，也为将来自然变动的预测和现代环境的保持、改善和利用提供宝贵线索。

第四纪沉积物是人类赖以生存的基础之一，人类生活和生产活动的主要场所是在第四纪沉积物上进行的，例如农业生产基地的规划和布局，大规模水利工程的修建，大型厂矿和城市建设，现代国防工程建设，铁路、公路和港口的建筑，地下水的寻找和利用以及某些矿产资源（砂金、金刚石、锡、盐、硼等）和建筑材料（土、砂、砾石）的开发利用等，都与这套地壳表层的松散沉积物密切相关，因此，研究第四纪沉积物对于认识和解决经济建设或军事工程实践方面的地质课题，也有着重大的理论和实际意义。

一、第四纪沉积物基本特征

第四纪形成的松散岩石一般称为“堆积物”“沉积物”或“沉积层”，如河流形成的“冲积物”或“冲积层”，洪流形成的“洪积物”或“洪积层”等。有的研究者认为对外动力搬运、分选和成层构造者才称为“堆积物”如“残积物”“重力堆积物”“地震堆积物”“人工堆积物”等。主要特征如下。

1. 岩性松散

第四纪沉积物一般是形成不久或正在形成，成岩作用微弱，绝大部分岩性松散，少数半固结，绝少数硬结成岩。这一特点有利于将反应形成时的古气候、古环境信息保存下来，并易于进入沉积物内研究，采矿、施工易于进行，但也因此易于发生灾害。对第四纪沉积物露头要及时摄影、测剖面和采样。

2. 成因多样

由于第四纪气候、外动力和地貌多种多样，由此而形成多种多样的大陆沉积物和海洋沉积物。各种成因的沉积物具有不同的岩性、岩相、结构、构造和物理化学性质与地震效应。因此，要求尽可能在野外对开挖出的原始剖面进行详细描述，并统计分析各种成因的堆积物。

3. 岩性岩相变化快

即使同一种成因的陆相第四纪沉积物，由于形成时动力和地貌环境变化大，因此沉积物的岩性岩相变化也大。第四纪海相沉积物则远较陆相沉积物岩性、岩相稳定。

4. 厚度差异大

剥蚀区第四纪陆相沉积厚度相对小，从几十厘米到十几米，堆积区（山前、盆地、平原、断裂谷地）可达几十米到几百米。沉积厚度大的、沉积连续的地区，采用钻探或物探可获得丰富的第四纪资料。

5. 风化程度不同

陆相沉积物大多出露在地表，受到冷暖气候交替变化的影响，时代越老，风化越深。例如，早更新世——全风化到半风化；中更新世——半风化；晚更新世——薄的风化皮；全新世——未风化。研究地表不同时代沉积物的风化程度，对地层划分对比和工程建筑都有好处。但要注意同一时代沉积物地表和地下掩埋部分的风化程度不同。

6. 含有化石及古文化遗存

有些第四纪陆相堆积物中，含有大型和小型哺乳动物化石、古人类化石、石器和陶器、用火遗迹（如灰烬和炭屑）及村舍遗迹等。

二、第四纪沉积物岩性

第四纪积物的岩性有碎屑沉积物、化学沉积物、生物沉积物、火山堆积物、人工堆积物。其中碎屑沉积物广泛分布在大陆和浅海地带，是工作中经常研究的对象，要求野外观察和室内分析相结合。

第四纪碎屑沉积物的粒级划分（表 10-2）：砾石粒径＞2mm；砂粒径 0.062 5～2mm；粉砂粒径 0.003 9～0.062 5mm；黏土粒径＜0.003 9mm。

表 10-2　碎屑粒级分类（温德华分类）与 ϕ 值关系

粒级名称		粒径(mm)	对应的 ϕ 值*
砾石	巨砾		
		250	−8
	粗砾		
		64	6
	中砾		
		4	−2
	细砾		
		2	1
砂	极粗砂		
		1	0
	粗砂		
		0.5	1
	中砂		
		0.25	2
	细砂		
		0.125	3
	极细砂		
		0.062 5	4
粉砂	粗粉砂		
		0.031	5
	中粉砂		
		0.015 6	6
	细粉砂		
		0.007 8	7
	极细粉砂		
		0.003 9	8
黏土	黏土	0.002 0.001 0.000 5	9 10 11

* 为 $\phi=-\log_2 D$ 或 $\phi=-(\log_{10} D/\log_2 10)$，（$D$ 为粒径，单位为 mm）。

第四纪碎屑沉积物的命名法有二元命名法和三元命名法。砂砾沉积物二元命名法以砂(0.02～2mm)、砾(>2mm)的含量(%)为依据(表10-3)命名，例如：根据砂和黏土的含量划分砂、亚砂土、亚黏土、黏土。三元命名以砂粒(0.02～2mm)、粉砂粒(0.002～0.02mm)、黏粒[1](<0.002mm)的含量(%)为依据，按表10-4分类命名；或以砂粒、粉砂粒和黏粒100%含量为端元，制成三角图，样品按上述3个粒级含量的(%)投到三角图上的各区命名(图10-1)。

表10-3 第四纪沉积物的二元命名

含量 名称	砾石	含砂砾	砂质砾	砂质砾	含砾砂	砂
		(一般称为砂砾)				
砾石(%)	>95	75～95	50～75	25～50	5～25	<5
砂(%)	<5	5～25	25～50	50～75	75～95	>95

注：据曹伯勋，1995。

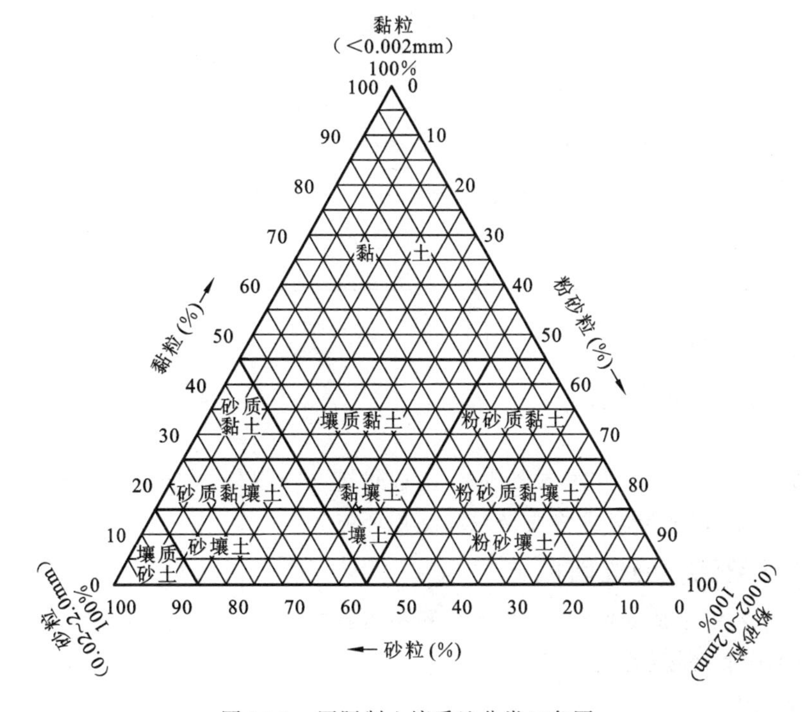

图10-1 国际制土壤质地分类三角图

(据曹伯勋，1995)

沉积物颗粒粒径主要在0.25mm以上时，肉眼容易识别，采用二元分类法比较方便，可根据砾和砂的相对体积含量命名；当沉积物主要由细颗粒(粒径<0.25mm)组成时采用黏粒、粉砂粒、砂粒相对含量(体积)的三元分类法。黏粒的相对含量是三元分类法的主线：黏粒含量>50%时称黏土，黏粒含量为10%～50%时称亚黏土，亚黏土中砂粒含量占多数时称砂质亚黏土，粉砂粒占多数时称粉质黏土、粉砂质亚黏土。在实际工作中常出现一些过渡类型和特殊类型，这时应视情况命名。如黏土中常含较多砾石，可以命名为含砾石黏土。

---

[1] 黏粒的大小尚无统一方案，有<0.001mm、<0.002mm、<0.005mm三种意见。黏粒不等于黏土，黏土是不同细粒的混合物。

第四纪有机沉积物、化学沉积物和火山堆积物依据沉积岩石学方法命名。人工堆积物以堆积物性质命名，如回填砂石、垃圾、碎石、金属物等。地震堆积直接以地震命名。

表 10-4　中国制土壤颗粒分级及质地分类表

<table>
<tr><th colspan="2">土壤颗粒分级</th><th colspan="5">土壤质地分类标准</th></tr>
<tr><th rowspan="2">颗粒直径
(mm)</th><th rowspan="2">粒组名称</th><th colspan="2" rowspan="2">质地名称</th><th colspan="3">所含各组的百分数(%)</th></tr>
<tr><th>砂砾 0.05～1mm</th><th>粗粉粒 0.01～0.05mm</th><th>黏粒<0.001mm</th></tr>
<tr><td>>10</td><td>石块</td><td rowspan="3">砂土类</td><td>粗砂砾</td><td>>70</td><td>—</td><td rowspan="3"><30</td></tr>
<tr><td>3～10</td><td>粗砾</td><td>细砂土</td><td>60～70</td><td>—</td></tr>
<tr><td>1～3</td><td>细砾</td><td>面砂土</td><td>50～60</td><td>—</td></tr>
<tr><td rowspan="2">0.25～1</td><td rowspan="2">粗砂粒</td><td rowspan="5">壤土类</td><td>粉砂土</td><td>>20</td><td rowspan="2">>40</td><td rowspan="2"><30</td></tr>
<tr><td>粉土</td><td><20</td></tr>
<tr><td rowspan="3">0.05～0.25</td><td rowspan="3">细砂粒</td><td>粉壤土</td><td>>20</td><td rowspan="2"><40</td><td rowspan="2"><30</td></tr>
<tr><td>黏壤土</td><td><20</td></tr>
<tr><td>砂黏土</td><td>>50</td><td>—</td><td>>30</td></tr>
<tr><td>0.01～0.05
0.005～0.01</td><td>粗粉粒
细粉粒</td><td rowspan="2">黏土类</td><td rowspan="2">粉黏土
壤黏土
黏　土</td><td colspan="2" rowspan="2">—
—
—</td><td rowspan="2">30～50
35～40
>40</td></tr>
<tr><td>0.001～0.005
<0.001</td><td>粗黏粒
细黏粒</td></tr>
</table>

注：据曹伯勋，1995。

三、第四纪沉积物成因

第四纪沉积物的成因研究对水文地质、工程建筑、砂矿和环境分析都很重要。沉积成因研究从成因标志入手，同时要考虑物质来源和沉积环境。

（一）第四纪沉积物成因标志

第四纪沉积物的形成受地质营力、地貌和环境影响，因此沉积物的成因标志有 3 类：沉积学标志、地貌标志和环境标志。

1. 沉积学标志

沉积学标志包括第四纪沉积物的岩性、结构、构造、产状和沉积体形状等特征，这一类标志能提供沉积物形成过程的外动力类型与沉积环境方面的许多重要信息。

1）岩性

第四纪碎屑沉积物的岩性研究，除运用沉积岩石学的方法和经验之外，针对第四纪沉积物松散、成熟度低、易风化和成岩作用微弱等特点，应注意下列几方面的综合研究。

(1) 砾石。对大于 2mm 的砾石（或角砾）应尽量在野外统计研究其砾性、砾径、砾向、砾态、表面特征和风化程度，并根据统计数据制成相应图件（图 10-2），这些资料能提供许多重要的宏观沉积学与环境特征。统计工作一般选在重要的层位或重要地点进行，在大约 $1m^2$ 面积新鲜露头上挂 10cm×10cm 线网，按网格逐个以下列顺序测量每个砾石的砾向、砾径、表面特征，最后打碎砾石研究其岩性和风化程度。

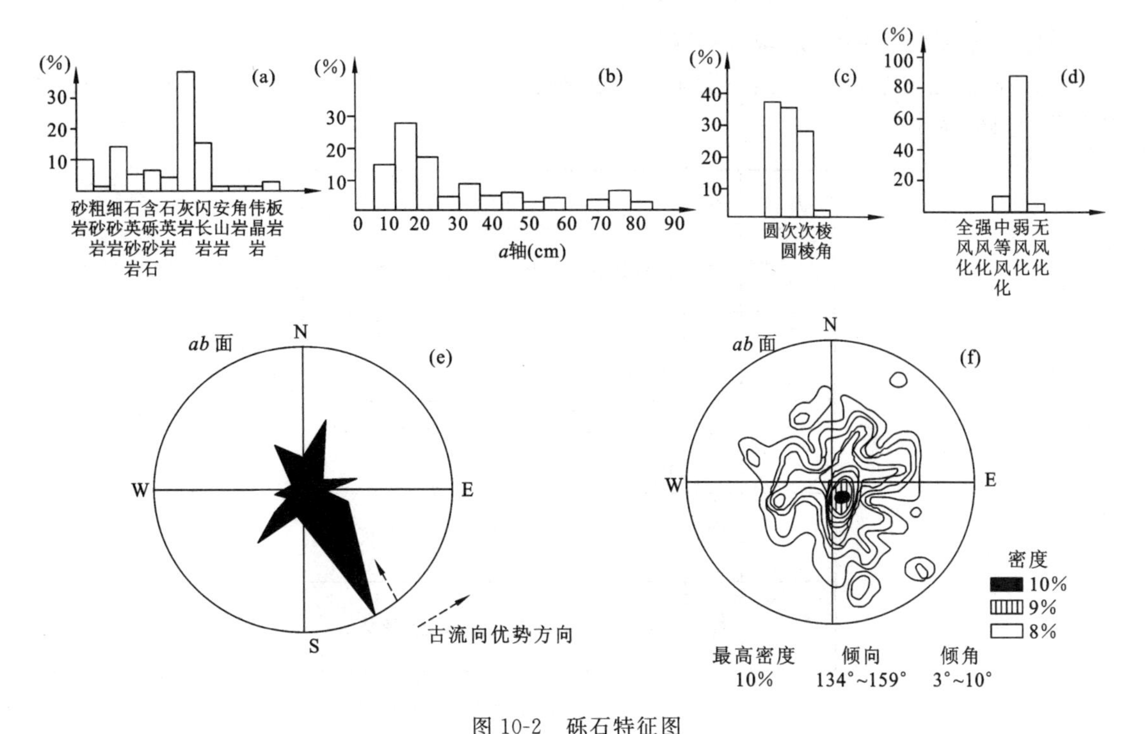

图 10-2 砾石特征图

(据曹伯勋,1995)

(a)砾性;(b)砾径;(c)砾向;(d)砾态;(e)古流向;(f)砾向(ab 面)密度图。

(a)～(d)的纵坐标分别为砾石中不同砾性、砾径、砾向、砾态、风化程度所占百分比

① 砾性:组成砂砾石岩性的单一性与复杂性、可溶性岩的数量,抗蚀岩性的比例及近源和远源岩石等。

② 砾径:要测量其长轴(a 轴)、中等轴(b 轴)、和短轴(c 轴)(三轴大小以 mm 为单位)。可以等球体直径 D 或 a 轴大小表示砾石大小。测量时少数巨砾可不计在内,巨砾间填充的细砾也不统计。

③ 砾向:包括砾石扁平面(ab 面)和长轴(a 轴)的产状要素(砾石组构)。砾石扁平面的叠瓦式排列是一种较普遍的现象,大多数情况下 ab 面的优势倾向与流动介质[河流、洪流泥石流、冰川、海(湖)浪]运动方向相反(图 10-3),其倾角值则是区别不同运动介质的一个重要参数。砾石长轴在河流主流区顺流排列。

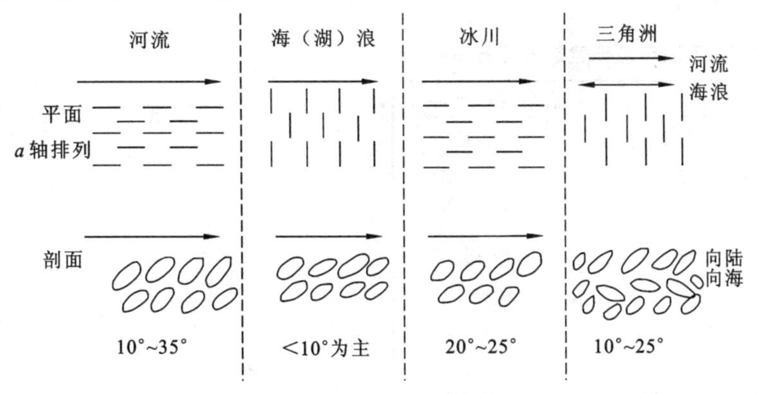

图 10-3 几种动力环境中砾石的 ab 面及其倾角和 a 轴的排列现象

(据哈巴科夫,1963 年补充)

④ 砾态：指砾石的圆度、球度和扁平度。

(a) 圆度是一个常用指标，它是砾石的磨圆程度。一般野外定性分五级：棱角、次棱、次圆、圆、极圆(图 10-4)。

形态	分级	特征
	棱角	棱角分明，凹边为主，形状原始
	次棱	棱角稍钝，直边为主，少许凹边，形状无明显变化
	次圆	棱角全钝化，多直边，见凸边，原形状尚保持
	圆	棱角消失，凸边为主，圆形转部可辨认
	极圆	全部浑圆化，原始形状已不可辨认

图 10-4　砾石的圆度定性分级特征

(据曹伯勋，1995)

(b) 球度。按克鲁姆(Krumbein)球度为 $\sqrt[3]{\frac{b \cdot c}{a^2}}$。球度变化在 0～1 之间。

(c) 扁平度 $(a+b)/c$。凯越(Cayeux)计算出不同环境下碳酸盐岩砾石的扁平度，提供判别古环境的参考标志(表 10-5)。一般来说，个别砾石的砾态意义可能不大，但大面积的砾石统计与计算机分析则能提供砾态变化方向趋势与动力之间联系的重要信息。砾径、圆度和球度都随搬运距离而变化，其中砾径变化较为均匀，球度和圆度离源区较近时变化较为明显，以后逐渐稳定(图 10-5)。但在第四纪沉积环境中，如冰下强制水流、河床壶穴中砾石受强冲刷和灰岩砾石受到溶解，它们的砾径变小、圆度和球度提高与搬运距离关系不大，此外冰川作用使砾石趋向熨斗化，洪流作用使砾石趋向球形化，河流和海(海)浪则使砾石趋于扁平化。但砾态也受原始岩块影响。

表 10-5　不同环境碳酸盐岩砾石扁平度

环境	扁平度 $(a+b)/c$
河道残留砾石	1.2～1.6
冰河底碛砾石	1.6～1.8
冰水砾石	1.7～2.0
海滩砾石	2.3～3.8
湖岸(日内瓦湖)砾石	2.0～3.1
冻裂块砾	2.3～4.4
温带河流砾石	2.5～3.5

注：据曹伯勋，1995。

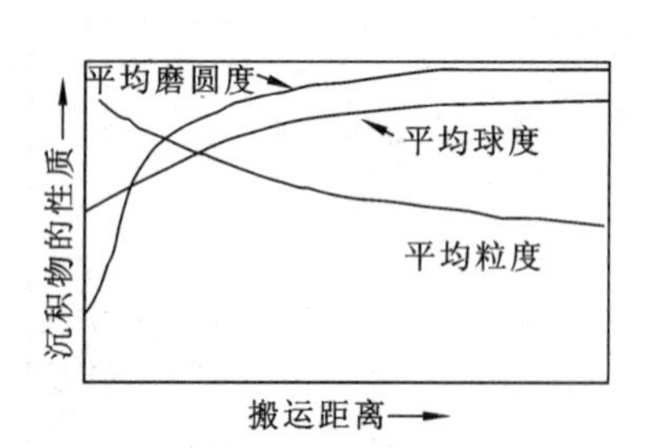

图 10-5　砾石在搬运过程中的变化特征

(据 Krumbein，1959)

⑤ 表面特征：冰川作用在砾石表面有时留下许多细长冰川擦痕及新月形擦口和圆形抗压坑，而泥石流中砾石相碰产生纺锤状撞痕，崩塌岩块上则有砸痕。

⑥ 风化程度：砾石风化程度定性分为三级：全风化（一触即碎）、半风化（中心未风化）和未风化。应该选择相似岩性（最好是含铁或铁质胶结）的砾石比较风化程度，也可选用含铁岩石的砾石（30 个左右）锯开统计其风化皮厚度平均值与标准差作风化程度比较。

（2）砂和黏土。小于 2mm 砂土在野外根据其外貌和物理特性可分为砂、亚砂土、亚黏土和黏土（或含砾的各种上述土）。应采集部分标本，通过室内粒度分析对野外命名补充修正。用粒度分析资料作出正态概率、频率和累积曲线（图 10-6）。

① 粒度特征：第四纪沉积物一般搬运距离短，成熟低，分选差，其正态概率曲线多种多样。据希斯（Sheas，1974）对 1 100 个粒度分析资料指出正态概率曲线有 4ϕ、3ϕ、0ϕ 三个切点，他认为曲线斜率和切点是受母岩物质的粒度分布及物质经受长期磨损效应的方式所控制。可以 3ϕ（粒径 $d=0.125$mm，细砂的下限）为分界，正态概率曲线第一个切点所对应粒径小于 3ϕ 且砂砾含量大于 50％的称粗粒型，有粗一段型、粗二段型和粗三段型；第一切点大于 3ϕ 且以粉砂黏土为主的称细粒型，有细一段型、细二段型；此外还有多段型（图 10-7）。粗三段型是河流成因，粗二段型是河流、洪湖、风力或海浪成因，细一段型和细二段型一般为片流成因，多段型成因比较复杂。

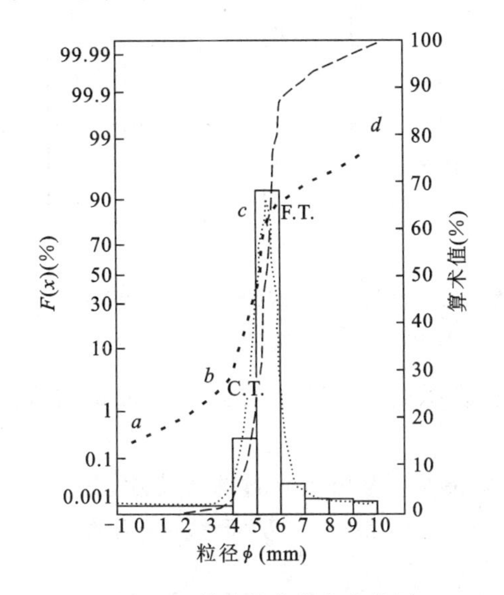

图 10-6 样品粒度分布曲线图

（据曹伯勋，1995）

正态概率曲线（黑粗虚线）和粗（C. T.）、细（F. T.）切点；索引总体（$a\sim b$）、跃移总体（$b\sim c$）、悬疑总体（$c\sim d$）。点线为频率曲线，段线为累积曲线，长方柱为粒级直方图

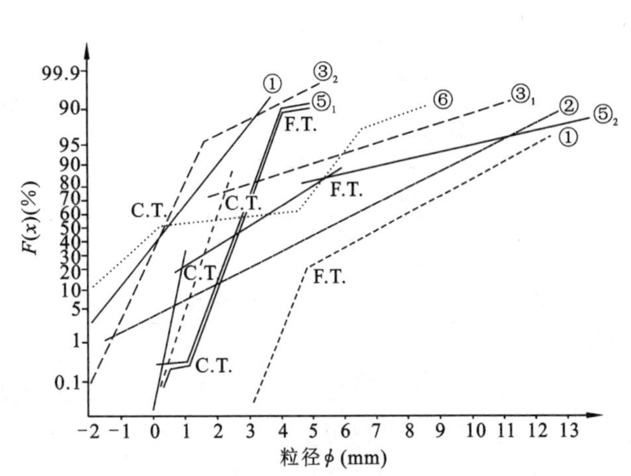

图 10-7 第四纪沉积物的几种主要正态概率曲线图

（⑤$_1$据原成都地质学院，1980；

①～④、⑤$_2$据谢又予资料，1985）

①粗一段型；②细一段型；③$_1$、③$_2$粗二段型；④细二段型；

⑤$_1$、⑤$_2$粗三段型；⑥多段型

根据正态概率曲线用福克和沃德方法从图上计算出的粒度参数，在沉积物成因和形成环境中有一定价值：

$$平均值(M_Z)=\frac{\phi_{16}+\phi_{50}+\phi_{84}}{3} \tag{10-1}$$

$$标准差(\sigma_I)=\frac{\phi_{84}-\phi_{16}}{4}+\frac{\phi_{95}-\phi_5}{6.6} \tag{10-2}$$

$$偏态(S_K)=\frac{\phi_{16}-2\phi_{50}+\phi_{84}}{2(\phi_{84}-\phi_{16})}+\frac{\phi_{95}-2\phi_{50}+\phi_5}{2(\phi_{95}-\phi_5)} \tag{10-3}$$

$$峰态(K_G)=\frac{\phi_{95}-\phi_5}{2.44(\phi_{75}-\phi_{25})} \tag{10-4}$$

以上各式中 ϕ_x 称百分位数，是概率在 $x\%$ 处所对应的粒径（ϕ 值），如 ϕ_{50} 指概率 50% 所对应的粒径 ϕ 值大小。标准差（σ_I）反应沉积物分选程度（表 10-6）。峰态（K_G）变化在 0.67～3（或大于 3）之间，数值越大反映其频率曲线的中央峰越窄。偏态（S_K）有正偏（偏粗）、正常、负偏（偏细），反应频率曲线峰的形态。利用上述 4 个粒度参数的两两相关性可以帮助区别不同成因与环境堆积物（图 10-8），有时还利用 CM 图和罗辛概率曲线区别如泥石流和冰川堆积物等。

表 10-6　σ_I 分类及其分选性

分选程度	σ_I
分选极好	<0.35
分选好	0.35～0.50
分选较好	0.50～0.71
分选中等	0.71～1.00
分选差	1.00～2.00
分选很差	2.00～4.00
分选极差	>4.00

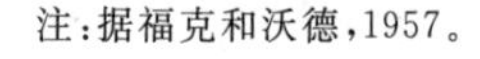
注：据福克和沃德，1957。

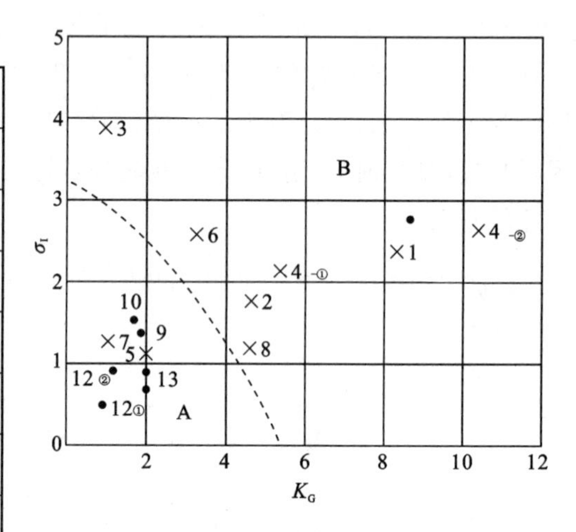

图 10-8　两类 14 个样品的 σ_I 与 K_G 相关图

A. 洞穴琥珀成因；B. 沟谷和片流成因

频率正态曲线形态及其峰值粒径（ϕ 值）大小和累积曲线形态都可以用于沉积物成因分析。

② 颗粒表面电子显微镜扫描特征：利用电子显微镜对用强酸处理过的石英砂（有时用石榴石、锆石）扫描，可以提供一系列动力作用的微观特征，如海浪作用“V”形坑、风力吹蚀圆形洼、冰川作用擦痕和锐脊形态等。

2）沉积结构

沉积物结构（或组构）有大、中、小不同尺度特征。大尺度结构指沉积物变形变位和接触关系；中尺度砾石和砂的排列特征；小尺度则指镜下沉积颗粒的排列和颗粒间的关系等。本节讲的是中尺度结构，由于第四纪沉积物松散，难以采集结构、构造标本，故野外研究尤为重要。第四纪沉积物结构分流动介质和非流动介质类型，每一类型中又可分为定向结构和非定向结构。

（1）流动营力结构：

① 定向结构。

叠瓦式排列[图 10-9(a)]，即前述砾石向砾的扁平面（ab 面）逆指上游的叠瓦式排列，不再赘述。

② 非定向结构。

离散式[图 10-9(b)],砾石扁平面在砂土中无优势方位,ab 面倾角大小不一,属急流快速堆积。

弥散式[图 10-9(c)],无数细小角砾弥散分布在砂土中,如片流沉积物。

充填式[图 10-9(d)],巨砾间充填无数后续水流的细砾,多见于洪流和河流堆积物中。

(2) 非流动营力结构:

① 定向结构。

冰楔式[图 10-9(e)],砾石排列在楔状体两壁或 a 轴直插在楔体沉积物种,为永久冻土中古冰楔沉积物受冻融作用挤压形成。

多边形式[图 10-9(f)],平面上砾石排列成多边形或环形,为永久冻土区因冻融作用的上升与水平挤压作用形成。多边形结构有时与冰楔结构一致。

② 非定向结构。

架堆式[图 10-9(g)],重力崩塌的岩块以点接触,彼此重叠不规则堆积,多空隙或部分空隙为细粒充填。

层间式(假层理)[图 10-9(h)],残积物的上部细土被风或水吹走后,露出的粗粒再风化成细粒,部分难分化粗角砾夹存在细粒间形成的结构。

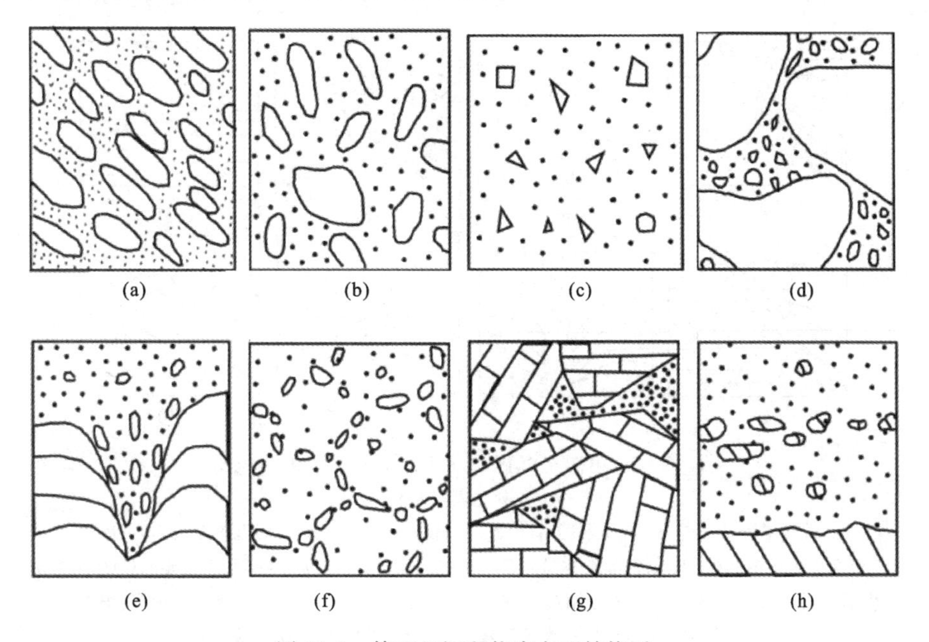

图 10-9 第四纪沉积物中主要结构图

(据曹伯勋,1995)

(a)叠瓦式;(b)离散式;(c)弥散式;(d)充填式;(e)冰楔式;(f)多边形式;(g)架堆式;(h)层间式

3) 沉积构造

(1) 层理。各种动力环境下形成的原生层理如图 10-10 所示。测量统计斜层理的二维或三维产状要素,可以获得古流向资料。

(2) 楔状体。第四纪沉积物中保存有多种原因形成的楔状体沉积,如古冰楔、古泥裂、地震楔、重力楔、侵蚀楔、溶蚀楔等,它们可以提供沉积物成因、古气候和古环境信息(图 10-11)。

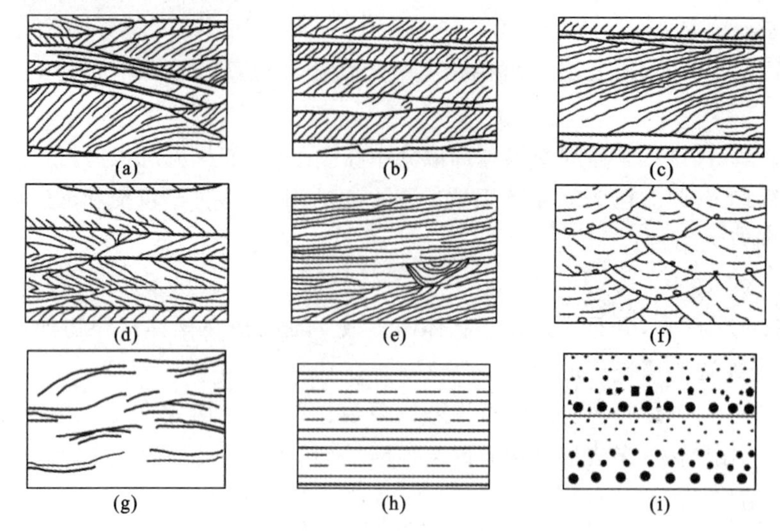

图 10-10　第四纪沉积物的不同成因层理图

(据曹伯勋,1995)

(a)沙丘沙纹层理;(b)周期性洪流的砂砾斜层理与水平砂土层理;(c)大河流砂砾的斜层理;(d)三角洲砂层斜层理;(e)滨海砂缓倾斜层理;(f)辫状河的砂、砾槽状层理;(g)波状层理;(h)粉细砂与黏土交互平行层理(g、h 多见于河漫滩相和湖相);(i)粒序层(上部有混入物,下部无混入物)

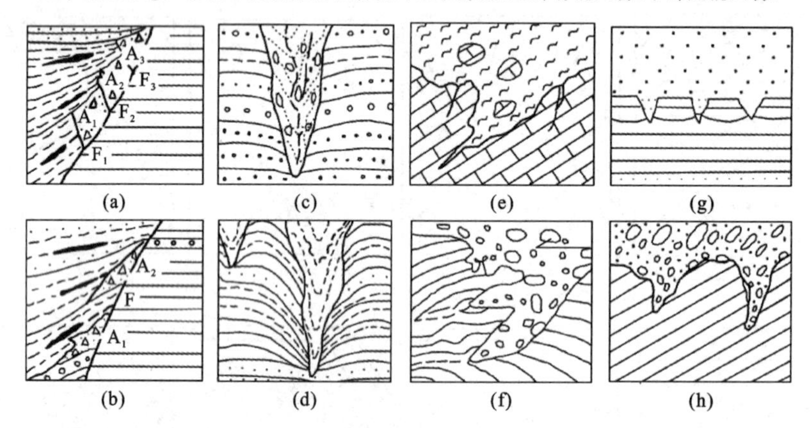

图 10-11　第四纪沉积物中几种主要楔状体沉积图

(据曹伯勋,1995)

(a)古地震楔(F_1、F_2、F_3 为小断层);(b)断层崩积楔(A_1、A_2、A_3 为断层角砾);(c)古冰楔(发育在砂砾层中);(d)古冰楔(发育在粉砂黏土层中);(e)溶蚀楔(灰岩中,填有红土);(f)冰川犁楔(箭头示冰川运动方向,楔体前方有小褶曲、断层);(g)泥裂(中填风成沙);(h)流水侵蚀楔,中填冲积砂砾;(a)、(b)图中黑色透镜体为泥炭,可供^{14}C测定年龄

(3) 结核。是第四纪沉积物常见的构造,多为次生,如黄土中的钙质结核。按结核与层的关系分别有顺层结核、穿层结核、含层结核和他形结核等(图 10-12)。前两种反映地下水沿层间或垂直裂隙流动而沉淀碳酸钙,含层结核则是碳酸钙溶液不均匀浸泡沉积物的结果,他形结核则是土层中饱和的碳酸钙水溶液凝结而成。钙质结核的化学成分和矿物成分及其结晶特征有一定的环境研究价值。结核的中心或空心或偶含化石。

(4) 网纹构造。又称蠕虫构造,是中国南方亚热带第四纪红土中的一种普遍次生构造。其特征是白色黏土条穿插于红土中,条带长从不足 1cm 到十几厘米,横径为 1～2cm,呈无定向或陡倾斜排列,剖面上游大小疏密变化。

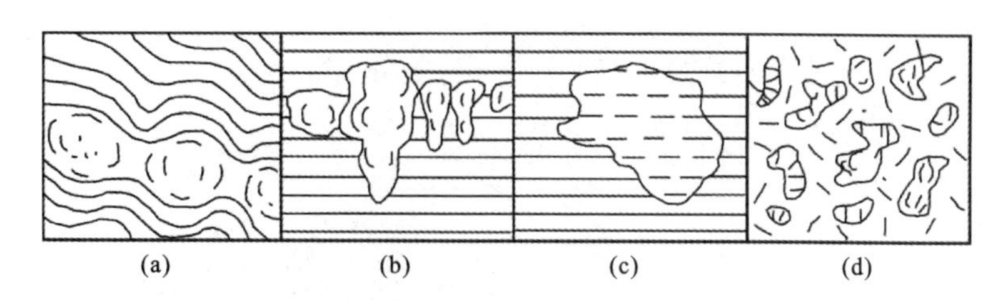

图 10-12　几种钙质结核的产状物

(据曹伯勋,1995)

(a)顺层结核;(b)穿层结核;(c)含层结核;(d)它形结核(产于红土中)

网纹红土(蠕虫状红土)是亚热带湿热气候(间冰期)条件下强氧化的湿热化作用形成的,其成因初步确定为风成、水成或风、水综合作用的多成因说,其母岩一般早于网纹形成。

乔彦松等(2003)认为南方网纹红土主要来自近源的长江干河谷,次要来自北方的风尘堆积,邵家骥(1999)认为主要来自西北,由风力搬运至本区堆积,属风源物质经流水改造后形成的,具风坡积、坡冲积、冲积、洪冲积、洪积、湖积、湖冲积相等。网纹红土粒度的研究表明:网纹层至少有部分为风成或风积,部分区域的网纹红土则显示为水成。胡雪峰(1993)按粒度特征将网纹红土分为:①粒度均匀而细小,不含大于 2mm 的砾石,大于 63mm 的细砂粒的平均含量很低,10～50mm 粒组明显富集,红土石英颗粒粒度频率分布曲线与北方黄土和下蜀黄土有很好的可比性,具风成特性,如宣城和九江的网纹红土;②各粒级组分在层次间变化明显,10～50mm 粒组富集不明显,表现出明显的冲、洪积相特征,如泰和、赣州的网纹红土,粗颗粒含量较高。乔彦松等(2003)对安徽宣城剖面的研究同时发现了风尘和河流沉积的粒度证据:网纹红土中、上部粒度曲线具双峰的特点,是典型风尘沉积所具有的特征;中下部的粗颗粒主要由次棱角状至次圆状的、粒径分布于 50～300μm 的石英颗粒组成,粒度曲线具多峰的特点,是河流沉积的特征。

2. 地貌标志

地质营力在剥蚀的同时在其附近又形成堆积物,地貌学在某种意义上,就是研究地表的剥蚀和堆积关系的科学。所以剥蚀和堆积地貌是第四纪沉积物成因研究的一种特有标志。

1) 直接地貌标志

根据堆积地貌的形态可以判别堆积物的成因,如洪积扇、河流阶地分别指示其组成物属于洪流成因和河流成因。但若堆积地貌破坏严重,则要先恢复其形态特征。

2) 间接地貌标志

利用剥蚀地貌推断其相关沉积物的成因和时代。相关沉积物是指外力作用在剥蚀区塑造剥蚀地貌的同时,将破坏下来的岩屑搬运到相邻地区堆积,这种堆积物就是剥蚀区地貌的相关沉积物。相关沉积一词指出地貌与堆积物的时、空联系,两者成因相关,同时形成。在很小范围内,如沟口冲出锥是冲沟的相关沉积物;较大范围内,谷口冰碛、冰水沉积物是山地冰川剥蚀地形相关沉积物。广而言之,平原(或盆地)堆积物是山地剥蚀地形的相关沉积物。在后一种情况下判定相关沉积物,必须研究平原区地下松散沉积物成分与剥蚀(物源)区基岩的联系,以及松散沉积物粒度垂向上从粗→细的韵律性变化所反映的山地从陡峻强烈切割到逐渐夷平的过程(图 10-13)。

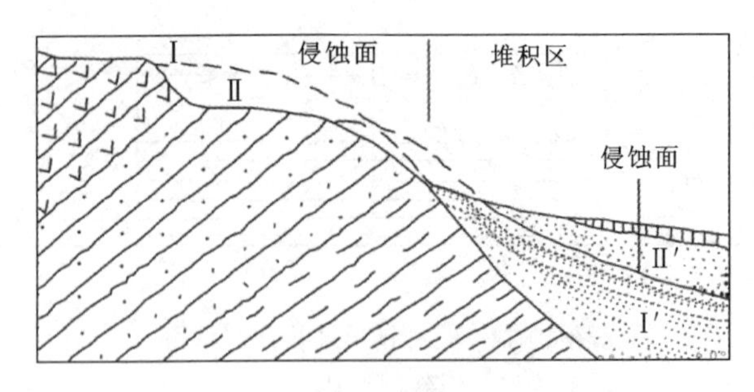

图 10-13　相关沉积分析图示

(据曹伯勋,1995)

Ⅰ、Ⅱ代表山区剥蚀地形(如古冰川地形、夷平面等)形成两个阶段。Ⅰ′、Ⅱ′代表山前(或盆地)分别与Ⅰ和Ⅱ时代相同、成因有关的相关沉积物(呈从粗→细粒度变化,反映山地的夷平过程)

3. 环境标志

环境标志有物理、化学和生物 3 类环境标志。

1) 物理环境标志

包括对沉积形成有重要影响的气温、降水、外动力作用类型、强度及其方向、古地磁环境参数等。

2) 化学环境标志

指与沉积物有关的水体、大气、土壤和地下水等的化学成分与区域地球化学性质。

3) 生物环境标志

指与沉积物形成有关的指示性动植物化石和遗迹。

对上述各类沉积物成因标志进行综合分析,并根据实际情况有所侧重,是研究第四纪沉积物成因的基本要求。

(二) 第四纪沉积成因类型

一种地质营力可以出现不同的气候带或地貌单元。以河流为例,按气候带有寒带、温带、干旱带、亚热带和热带河流;按大型地貌单元有山地河流和平原河流;按形态单元则有曲流河、辫状河等。

沉积物成因类型分析是以研究某一地质营力在不同环境所形成的沉积物的共同特征为主,并以这种共同特征指导区域和单元形态的沉积物成因研究。但应注意地质过程的复杂性,如温带平原曲流河所形成的冲积物,被视为河流沉积物的典型,而其亚型则多种多样。

第四纪沉积物成因类型分析是第四纪地质研究工作中的一项重要的基本工作,贯穿在野外到室内工作的全过程,其分析步骤如图 10-14 所示。

第四纪沉积物成因类型与岩相两者含义既有联系又有区别。岩相是具有相同岩石学和古生物学特征的岩石单位,与较长地质时期(一般大于 1Ma)内地质作用平均总和的沉积环境相对应,其结论用于矿产的价值比用于环境的价值大,第四纪沉积物成因类型研究是以 2.4Ma 以来的动力、地貌、古气候、古环境和灾害形成的沉积物为主要研究对象,其解析程度可以达到 10ka、1ka、100a 甚至 1a,其结论除用于第四纪矿产和水文、工程地质外,还可用于环境与灾害研究和变化预测。两者的共同点在于方法学上有若干相似之处,如都以现代沉积物为参照。张可迁(1993)在分析第四纪沉积物的沉积相和成因类型时,指出:沉积物的成因类型与岩相不是补充或相互补充的关系,而是从属关系;成因类型和相是两个不同的系统,服从于不同的规律,两者的分布范围是交叉的。

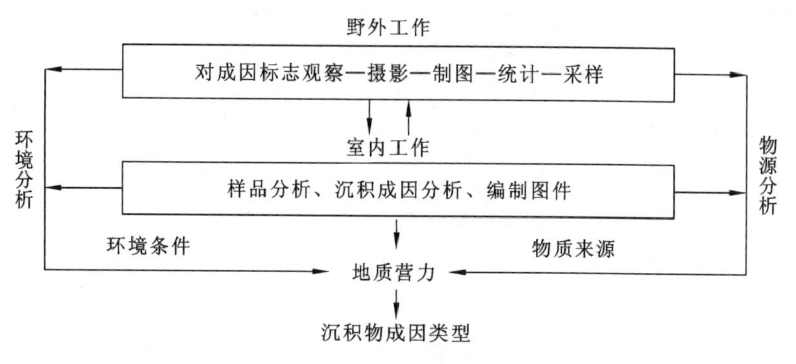

图 10-14 沉积物成因类型

(据曹伯勋,1995)

最早提出成因分类和"成因类型"这一术语的是巴甫洛夫(1888)。一般采用成因分类,但成因分类的原则至今尚无统一定论,有的学者分得比较笼统,只有一个等级,十几种类型;有的学者将系统分得比较复杂,如向尼古拉耶夫(1946)、桑采尔(1948)、雅克甫列夫(1954)。以上分类体系存在的不足是:①划分成因等级的原则不明确,有时有自相矛盾之处;②某些成因等级运用了不恰当的分类指标,因而破坏了第四纪沉积物分类的公正性;③引用了某些尚无统一概念的术语,使成因类型更加混乱。

划分第四纪沉积物成因类型的原则是根据沉积物形成的主要动力条件,凡以一种地质营力为主形成的沉积物划分为单一沉积物成因类型,如河流冲积层、湖积层、洪积层等;以两种地质营力为主形成的沉积物为混合成因类型,如冲洪积层(洪积为主)、洪冲积层(冲积为主)等。不应划分出多于两种以上的地质营力的混合类型,以免增加成因类型的模糊性。普遍常见的成因类型是残积物、坡积物、洪积物、冲积物、湖积物及它们组成的有关混合类型。

根据沉积物的成因一般将沉积物划分为残积物、重力堆积物、坡积物、洪积物、冲积物、湖泊沉积物、沼泽沉积物、海洋沉积物、地下水沉积物、冰川沉积物、风成沉积物、生物沉积物、人工堆积物等类型,火山碎屑沉积物是一种特殊的成因类型。每一种成因类型可根据不同的情况划分为不同亚类,如湖泊沉积物根据湖水的矿化度可划分为淡水湖沉积物与咸水湖沉积物。不同的成因类型间还有一些中间类型或过渡类型,如三角洲沉积物是一种冲积湖泊沉积物或冲积海洋沉积物,冰水沉积物是一种冰川河流沉积物等。

本书所推荐的分类如表 10-7 所示,首先按大陆、海洋和过渡环境分出三大类沉积物系统。陆地沉积物系统按地质营力的类同和沉积物在剖面上的组合又分若干沉积物成因组。在成因组之下按地质营力的个别特征分为若干沉积物成因类型。成因类型按岩性结构特征或亚环境中营力特点又可分为亚类。

在不同气候带和不同的新构造单元,外力作用的组合不同(图 10-15),因而有不同的沉积物成因类型组合。上升区发育重力堆积、冰川堆积;断块山前发育大规模洪积物;下降区湖相河流相很厚。因此沉积物成因类型组合可以反映古气候带变化与新构造运动的状况。

表 10-7 第四纪沉积物成因分类

大类	成因组	成因类型		成因亚类举例
大陆沉积系统	残积组	残积物	(el)	各种风化壳
		土壤	(pd)	现代土壤、古土壤
	斜坡(重力)组	崩积物	(col)	
		滑积物	(dp)	
		土流堆积物	(sl)	
		坡积物	(dl)	
	流水组	洪积物	(pl)	扇顶相、扇形相、边缘相
		冲积物	(al)	河床相、河漫相、牛轭湖相等
		泥石流堆积物	(df)	
	地下水组	溶洞堆积物	(ca)	化学堆积、角砾、骨化石、角砾等
		泉华	(cas)	
		地下河堆积物	(call)	
		地下湖堆积物	(cal)	
	潮沼组	湖积物	(l)	淡水湖积物,咸水湖积物
		沼泽堆积物	(fl)	
	冰川冻土组	冰川堆积物	(gl)	终碛、侧碛、底碛等
		冰水堆积物	(gfl)	
		冰湖堆积物	(lgl)	
		融冻堆积物	(ts)	融冻泥石流、冻土、石海
	风力组	风积物	(eol)	
		风成黄土	(eol-ls)	
	混合成因	残坡积物	(eld)	
		坡冲积物	(dal)	
		冲洪积物	(alp)	
		冲湖积物	(all)	
海陆过渡沉积系统	海陆交互组	河口堆积物	(mcm)	
		潟湖堆积物	(mcl)	
		三角洲堆积物	(dlt)	
海洋沉积系统	海洋沉积组	滨岸堆积物	(mc)	
		海岸生物堆积物	(mr)	
		浅海堆积物	(ms)	
		深海堆积物	(md)	
其他		成因不明的堆积物(pr)		
		内力作用堆积物[火山作用(vl)、古地震堆积物等]		
		人工堆积物(e)、生物堆积物(b)、化学堆积物(ch)		

注:据曹伯勋,1995。

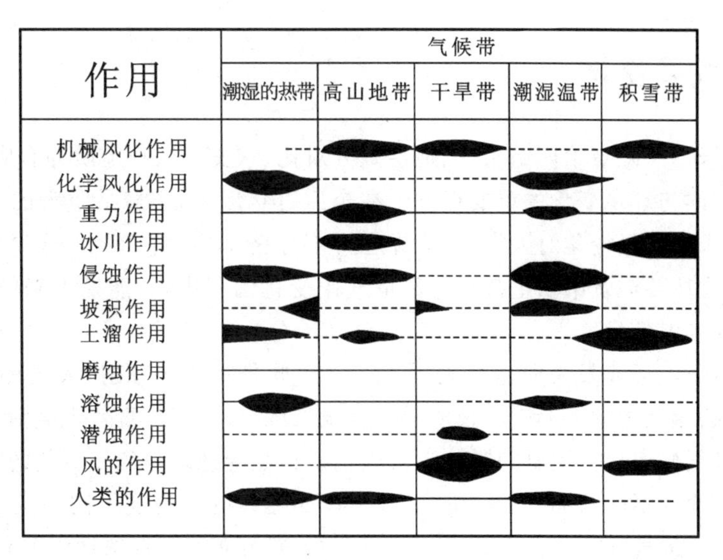

图 10-15 不同气候带的外营力组合

（据尼古拉耶夫，1957，修改）

第三节 第四纪地球环境变化

引起第四纪地球环境变化的主要动因是气候变化和新构造运动，而人类活动加剧了对现在和未来环境的影响。不同时间与强度尺度的气候变化和地壳新构造运动导致地表各地物理要素［气温、降水、蒸发、地形（包括海湖面）及其高度、外动力、沉积作用、地应力、重力、地下流体和地磁要素等］、化学要素（大气、地表水、地下水、土壤水和沉积物化学成分等）和生态要素（动植物种类、生物产量等）发生不同程度的相应变化，使地表物理、化学和生态环境的相对平衡受到破坏与再造，从而使地表自然环境不断改变，并不同程度地引发渐进的和急剧的自然灾害。

人类在第四纪形成演化过程中经历过多次相对极端的严寒和高温（或干冷与暖温）的环境互变，并通过自身的改变（如身高、四肢长度和脑量变化等）和适应环境的能力，承受过多次环境转换带来的冲击，才发展成今天的人类。现代人类社会今后要保持与生存环境和谐并持续发展，必须了解过去，尤其是第四纪自然环境变化的历史规律与古环境和现代自然环境的特点，并对未来自然环境的演化趋势进行预测研究。现代环境在自然力和人类活动加剧的负面影响叠加作用下，未来的发展趋势及其可能发生潜在的超级灾害已成为全球关心的重大问题。

一、第四纪气候变化

第四纪气候研究，除对第四纪矿产、地层划分对比、水文及工程地质等有应用价值外，它还负有探索未来气候与环境变化的重要任务。在今后百年以内，全球最重大的环境问题是地球的气候变化，而未来气候变化对人类、生物界和许多经济部门，将产生十分深远的影响。研究未来气候变化，往往要涉及第四纪甚至上新世气候变化的历史，它能给未来气候变化的研究，提供最有价值的参考信息。

气候是自然环境形成发展的主要动因之一。气候是在太阳辐射、大气环流和下垫层（山岳、平原、海洋）的相互影响下形成的长期天气状况的综合。此外，现代人类活动造成的大气污染对现代和未来气候变化有重要的影响。太阳辐射传热给地球是气候变化的主因。大气环流把水和热输送到地球不同的部分（见图 7-2），两者都随纬度和高度不同而变化。下垫层性质不同使同一纬度带的气候类型也不相同。季风使水、热分布和气候的地区差异更为明显。

现代地球气候在上述自然因素影响下呈现纬度、高度与区域地带性和多种气候类型（见图 7-2，表 10-8）。全球南北极圈内是寒带，南北回归线之间为热带，寒带与热带之间是温带。通常把寒带与温带之间的过渡带称为亚寒带，温带和热带之间的过渡带称亚热带。由于影响气候的因素具多样性，因此各纬向气候带并不完全与纬度平行。山地海拔 5 000m 以上的气候为相当于寒带极地气候的高山气候，以下依次相当于亚寒带、温带、亚热带气候，其下部基带气候取决于山地所在的纬度气候带。北半球欧亚大陆和北美大陆东部季风区与西部气候有显著的差异。上述现代地球气候格局是研究第四纪气候变化的参照系统。在地球历史上，引起太阳辐射、大气环流结构和下垫层性质改变的因素多次出现，都曾导致出现过不同的气候格局。第四纪、现在和未来的气候格局变化对人类的影响最大（图 10-16）。

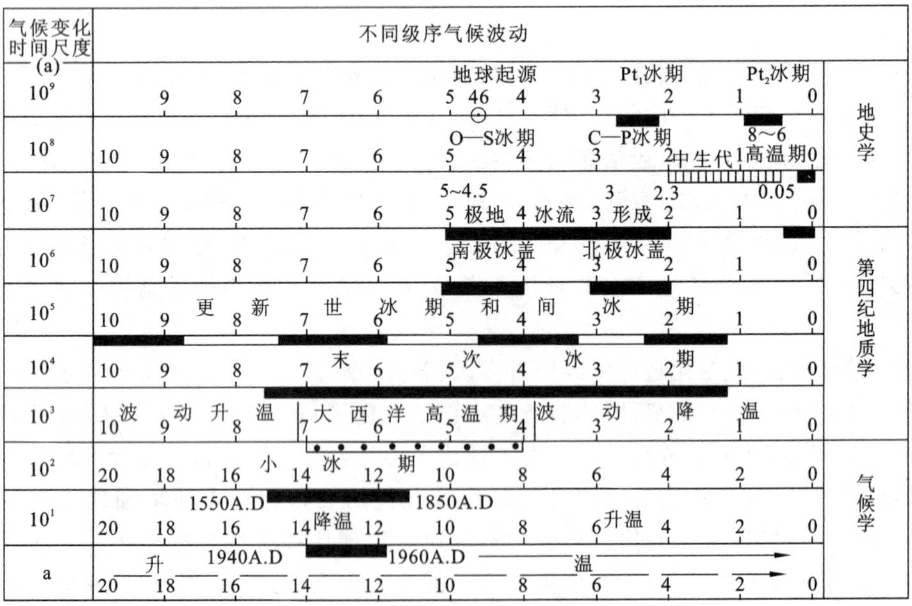

气候变化时间尺度(a)	不同级序气候波动	
10^9	地球起源　Pt₁冰期　Pt₂冰期 9　8　7　6　5　46　4　3　2　1　0	地史学
10^8	O—S冰期　C—P冰期　8~6　中生代　高温期 10　9　8　7　6　5　4　3　2　1　0	
10^7	5~4.5　3　2.3　0.05 10　9　8　7　6　5 极地 4 冰流 3 形成 2　1　0	
10^6	南极冰盖　北极冰盖 10　9　8　7　6　5　4　3　2　1　0	第四纪地质学
10^5	更新世冰期和间冰期 10　9　8　7　6　5　4　3　2　1　0	
10^4	末次冰期 10　9　8　7　6　5　4　3　2　1　0	
10^3	波动升温　大西洋高温期　波动降温 10　9　8　7　6　5　4　3　2　1　0	
10^2	小冰期 20　18　16　14　12　10　8　6　4　2　0	气候学
10^1	1550A.D　1850A.D　降温　升温 20　18　16　14　12　10　8　6　4　2　0	
a	升　1940A.D　1960A.D　温 20　18　16　14　12　10　8　6　4　2　0	

图 10-16　地球气候变化的时间级序图

（据曹伯勋，1995）

表 10-8 现代地球自然带与主要气候类型

气候带	纬度	气候类型	分布地区	气候特征
热带	大致在南北纬度30°之间	热带雨林气候	大致在南北纬度10°之间，主要位于非洲刚果河流域，南美亚马逊河流域，亚洲印度尼西亚等地	处于赤道低压带控制下，盛行赤道气团，高温多雨。全年皆夏，年平均气温在26°C左右；年降水量大都在2 000mm以上，且全年分配比较均匀
		热带草原气候	大致在南北纬度10°至南北回归线之间，如非洲中部大部分地区，澳大利亚大陆北部和东部，南美巴西等地	处在赤道低压带和信风带交替控制地区，干季、湿季明显交替。当赤道低压带控制时，盛行赤道气团，形成闷热多雨的湿季；信风控制时，盛行热带大陆气团，形成干旱少雨的干季。全年降水量在750～1 000mm之间
		热带季风气候	大致在南北纬度10°至南北回归线之间的大陆东岸，以亚洲中南半岛、印度半岛最为显著	在一年中风向随季节转变非常明显。夏季风来临，赤道气团带来大量降水；冬季风来临，降水明显减少。全年气温高，年平均气温在20℃以上，年降水量大都在1 500～2 000mm
		热带沙漠气候	大致在南北回归线至南北纬度30°之间的大陆内部和西岸，如非洲北部大沙漠区，亚洲阿拉伯半岛和澳大利亚大沙漠区	在副热带高压或信风带控制下，盛行热带大陆气团，常年干旱少雨，年降水量不足125mm，日照强烈，气温极高
亚热带	大致在南纬度或北纬度30°～40°之间	亚热带季风和季风性湿润气候	主要位于大陆东岸，如我国秦岭以南，北美大陆，南美大陆和澳大利亚大陆东南部等地	前者夏热冬温，季节变化明显。夏季风时，热带海洋气团带来大量降水；冬季风时，受极地大陆气团影响，降水减少。后者冬夏温差比前者小，一年中降水分配也较前者均匀
		地中海气候	主要位于大陆西岸，如地中海沿岸，南北美纬度30°～40°之间的大陆西岸，澳大利亚大陆和非洲大陆西南角等地	就北半球而言，夏季因副热带高压带北移控制这里，受热带大陆气团影响，干旱炎热；冬季受西风带控制，多气旋活动，暖湿多雨。年降水量在300～1 000mm
温带	大致在南纬度或北纬度40°～60°之间	温带季风气候	主要分布于亚洲大陆东部，如我国华北、东北、俄罗斯远东地区，日本和朝鲜半岛	冬、夏风向明显交替。冬季风时，受极地大陆气团控制，寒冷干燥；夏季风时，受极地海洋气团或热带海洋气团影响，暖热多雨。年降水量在500～600mm之间
		温带大陆性气候	主要分布于亚欧大陆和北美大陆的内陆地区	终年受大陆气团控制，干旱少雨。冬季严寒，夏季炎热，气温年变化很大
		温带海洋性气候	主要分布在西欧、北美和南美大陆西海岸狭长地带	终年盛行西风，受海洋气团影响，终年湿润，冬雨较多，冬不冷、夏不热，气温年变化较小。年降水量一般在700～1 000mm之间

续表 10-8

气候带	纬度	气候类型	分布地区	气候特征
亚寒带	南北极圈附近	亚寒带大陆性气候	主要分布在欧洲、亚洲大陆和北美大陆的北部	主要受极地大陆气团和极地海洋气团控制。冬季漫长而严寒，暖季短促；降水量少，而且集中在夏季
寒带	极地附近	苔原气候	主要分布在亚欧大陆和北美大陆的北冰洋沿岸	全年严寒，皆为冬季。最热月气温仅达 1～5℃。降水少，多云雾，蒸发极弱
		冰原气候	主要分布于南极大陆和格陵内陆地区	全年酷寒，各月气温皆在 0℃以下，是全球年平均气温最低的地区。南极大陆年平均气温为 －35～－29℃，北极地区在－22℃以下
高原气候和山地气候			主要分布在高大的山地、高原地区，青藏高原、南美安第斯山等	随着高度增加，气候垂直变化非常明显，如气温随高度增加而降低。日照强，风力也大

注：据曹伯勋，1995。

地球气候变化是由不同原因引起的不同时间尺度变化叠加的复杂变化系统。据多学科研究，它包括 1Ga～1a 时间尺度变化，其中 1Ga～10Ma 的气候变化记录保存在前第四纪地层中，如元古宙、古生代冰期，主要属于地史学研究范围。1Ma～1ka 级的最近气候变化历史主要记录在第四纪沉积物和相关地貌中，属于第四纪研究范围。最近 10^2a 级以下的气候变化历史主要保存在历史记载、物候和仪器记录档案中，是气候学研究的主要对象。不同时间尺度的气候变化研究可以相互补充与验证。

第四纪气候变化的基本特征是冰川性冷暖交替及与其相关的干湿交替变化。其中 10Ma—10ka 级的气候变化在高纬高山区表现为冰期与间冰期交替，冰流周期性规模不等的扩大与缩小；在广大的中低纬区则主要表现为受高纬冰期和间冰期气候影响的干(冷)湿(暖)气候交替变化。这一时间尺度气候变化的环境效应十分明显，主要是引起全球性大规模气候带的纬向(南北)与垂向(上、下)往返移动和宽窄变化、气温和降水大幅度增减、海平面大幅度升降、动植物群的极向和赤向迁移(或山地上下迁移)与改组，以及沉积物和地貌形态的明显转变等。上述各种变化中除海平面变化外，其他的变化都从高纬(或高山)往赤道(或山下)方向趋于变小，且也存在地区差异。10^3—10^2a 级的气候变化主要表现为较小规模的冰川进退与气温和降水量的变化，其环境效应主要反映在气候的干冷与暖湿交替、较小幅度的海平面升降、植物演替、动物迁移、土壤类型变化、地下水面升降等。10a 级以下的气候变化对气温、降水量、冰雪线与林线位置、冻土边界和地下水位等的变化有重要影响，由此引发的重力与旱涝风雪灾害频率与强度变化对工农业生产有重要影响。气候变化的方式既有周期性的长期渐进的变化，也有短期的急剧变化。寒暖(或干湿)气候互变的阶段和短期急剧的变化对生物界产生的环境冲击最大，这在全球或区域相对立的气候类型频繁交替变化的气候敏感带尤为明显。

二、新构造运动

新构造运动指新近纪(中新世开始)以来发生的地壳运动，相应的时代称新构造时期。新构造运动有水平运动(板块运动)、垂直运动、断裂活动、火山活动和地震等。新构造运动是引

起第四纪自然环境变化的另一个主要因素，这一内力作用也引起一系列环境效应并影响地壳的稳定性。新构造运动的时间尺度为10Ma～s。10—0.1Ma级的新构造运动的作用积累效应造成大面积和大幅度地壳升降，可以改变部分下垫层性质，并对大气环流产生影响，对气候和环境变化有重要作用。如青藏高原由于印度板块向欧亚板块俯冲，使该区地壳从新近纪以来加速隆升，发展成世界屋脊(称为世界第三级)，破坏了中国西部气候的纬向分带而代之以垂直分带，成为影响中国和东亚气候与环境的重要因素。10—1ka级新构造运动造成较小地区和幅度的地壳升降、活动断层和水系变化等。但是小区域频繁而强烈的垂直运动或水平运动，对该区地壳稳定性影响很大。10^2a级以下的新构造运动除活动断层外，还表现为地应力、地形变、地倾斜、地下流体与气体、地电、地热变化、构造性地面沉降、地裂缝、火山活动和地震等[地震活动以秒(s)计]，这些(尤其为活动断层、地震和火山活动)是影响区域和局部地壳稳定性及激发地灾的重要原因。地震危害仅次于洪灾。一般来说，短时间尺度(尤其是50ka B P以来)地壳运动是在该区长时间尺度地壳运动的基础上发展而来的，所以评价地区地壳稳定性后者是前者的背景，前者对大型地上、地下工程和地质灾害有直接影响。非构造性地壳活动，如冰盖区消冰后地壳的均衡补偿上升，岩溶引起的地陷；人为活动如水库蓄水诱发地震，抽水和地下施工引起地面沉降等，虽成因与新构造运动不同，但对工程的危害相当显著(图10-17)。

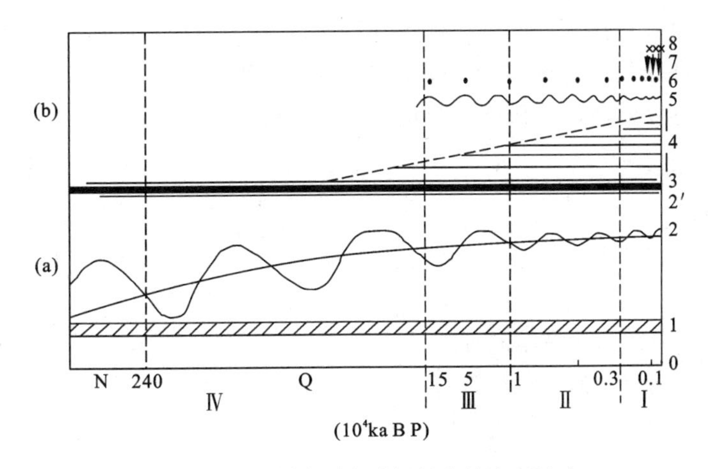

图10-17 不同成因和时间尺度的地壳运动

(据曹伯勋，1995)

(a)对全球和大区域环境有重要影响的地壳运动：1.板块活动；2.新近纪以来大陆上升及叠加其上的次级升降运动；2′.大陆冰盖区消冰后的地壳平衡补偿上升；3.大型走滑断层(或深大断裂)。(b)对区域或局部地壳稳定有重要影响的地壳活动：4.不同规模的活动时间尺度的活动断裂(包括发震断层)；5.古地震与现代地震；6.古火山活动和现代火山活动；7.自然和人为地陷(或地面沉降)；8.近代构造性或人为地裂缝；(b)类是由(a)类引起的。Ⅰ.历史和现代地壳运动，危害性最大；Ⅱ.全新世地壳活动，危害性大；Ⅲ.晚更新世(尤其50ka B P以来)地壳活动，有危害性；Ⅳ.晚更新世以前的新构造运动，是评价前三类危害性的背景

三、人类活动影响

人类社会在短短的3ka内，从原始社会发展到农业社会、工业社会，在取得重大物质文明成就的同时，也逐渐形成对环境的压力，尤其是在1760年前后的工业革命以来，由于经济发

展、人口增加和人为活动加剧，在地球各圈已出现了严重问题：

大气圈——空气污染，酸雨，臭氧层出现空洞、CO_2等温室效应气体增加使全球气候变暖，不时出现旱、涝和风雪灾害，尤以洪灾损失最大。

水圈——淡水资源匮乏，江河湖海水质污染严重，海平面有所上升，地下水面不断下降。

生物圈——毁林和物种消失的趋势在发展，人口不断高速增长，生态环境恶化。

岩石圈——能源（石油、煤、天然气）日益消耗减少，人为激发的地灾不断，荒漠化和草原退化趋势在发展，水土流失严重，土地资源不断丧失。

人为活动造成的地球各圈层恶化趋势，既在一定程度上干扰和破坏了自然变化的过程，又对人类社会构成环境、生态、资源和人口压力。因此，研究未来全球气候与环境变化发展的趋势对于人类社会与环境的协调持续发展意义重大。

现代环境是由第四纪环境演变而来，将来的环境是现代环境在自然力和人为活动共同影响下的发展。鉴古知今，古今结合论未来是研究环境发展的重要思路。所以在全球多学科交叉的“地圈与生物圈计划（IGRP）”及其核心计划之一的“古全球变化（PAGES）计划”，要求对2ka B P、10ka B P和0.13Ma B P及第四纪乃至上新世末的古气候与古环境进行研究。把古气候历史和古环境再造研究与建立气候预测模型结合起来，探讨和预测未来全球与区域气候及环境变化趋势，是一个重要途径。南北极与青藏高原地区、深海、大湖沼、冰岩钻孔岩芯、黄土、岩溶洞穴堆积物、孢粉组合、古树、珊瑚和历史考古资料等从不同地区与角度提供了最丰富与最完全的最近地球历史时期的气候与环境变化记录，开发和利用这些自然记录、仪器记录和模拟实验相结合，可以促进与深化全球变化研究和提高预测的可信度。

思考题

一、名词解释

第四纪；第四纪沉积物；第四纪气候；新构造运动；沉积结构；沉积构造。

二、简述

1. 简述第四纪沉积物的基本特征及其原因。
2. 简述第四纪沉积物的旋回性及特征。
3. 第四纪沉积物成因判定标志有哪些？
4. 划分第四纪沉积物成因类型的原则和方法有哪些？
5. 试述第四纪沉积物与地貌的相关性。
6. 简述第四纪沉积物的命名原则。
7. 简述第四纪沉积物的研究意义。
8. 第四纪地球环境变化的动因有哪些？

第十一章 第四纪地层与年代学

第一节 第四纪地层划分对比原则与方法

第四纪地层是第四纪地壳发展过程中各种事件的综合记录。有关第四纪的各种理论和实践活动，都应该以地层作为基础。由于第四纪时间相对短暂，地球气候、沉积过程、地壳新构造运动及与此相关的地球表层物理环境、化学环境和生态环境有一定的特殊性，所以在第四纪地层划分对比研究工作中，既沿用一些前第四纪地层学方法，也要注意第四纪地层的形成特点，应该使用适合第四纪地层学方法和加强年代学方法的应用。对记录丰富、沉积较厚和连续性较好的剖面要深入研究。

地层划分是对同一条剖面或同一个地区的地层进行异时性分析和综合研究，划分出不同的时段来；地层对比是对不同地区不同剖面或同一地区不同剖面进行同时性研究，将研究区第四纪地层与其他地区研究程度较深的标准剖面进行比较研究，确定出不同剖面同一时期的地层来。

第四纪地层划分对比的原则与方法相同，都是在一定的范围内（地区性、半球性或全球性），根据第四纪主要发生的事件，如哺乳动物演化、气候变化、人类及其文化形成发展、区域地貌历史和新构造运动幕等的相似与差异，并配合年代学数据，对地层进行不同时间尺度的异时性（划分）和同时性（对比）分析的综合性研究，确定研究区第四纪地层的地质时代，并与研究较深的标准剖面或邻区对比。

第四纪地层划分对比时应该注意两点：①同一时代地层可能包括若干不同的沉积物成因类型；②一种沉积物成因类型可能划分为不同时代地层。现代第四纪地层研究必须要有年代学数据，以提高地层的时间精度，以便和半球或全球事件接轨。另外，典型剖面应以出露的地表剖面为准，钻孔岩芯有局限性，不能作为标准地层剖面。

第四纪地层形成序列的建立，需经过：野外→野外与室内→室内 3 个阶段，分别完成 3 个层次的地层划分：地层相对顺序的建立→地层地质时代序列→地层地质年龄序列。

一、地层相对顺序的建立

第四纪地层形成先后序列的建立，主要靠野外资料收集确定，然后根据区域地层的特点，选择拟定地层相对顺序的方法：比较岩石学法、地层接触关系（构造地质）法、地貌标志法、特殊标志层对比法。

（一）比较岩石学法

利用第四纪沉积物的颜色、岩性、粒度、风化程度、磨圆度、镜下特征、结构面（不整合面）等的差异划分地层的方法称为比较岩石学方法。岩石地层学方法是根据堆积物形成的气候时间不同、沉积物的上述特征不同（第四纪沉积物的自然分层）的原则划分对比地层的，具体方法是综合研究下列岩性地层标志。

1. 颜色

第四纪沉积物颜色受粒度、有机质、氧化物、钙质、沉积环境、古气候和时间等因素影响。在同一地区内地表露头的颜色如果主要受风化和时间因素影响，则随其表生游离氧化铁由多至少（图 11-1），表现为从深红→红色→红黄→黄色，具有从老→新的地层意义，但对埋藏在地下未受风化部分则不适用。

2. 砾石风化程度

同一岩性或岩性相似的砾石风化程度（百分比）或砾石风化圈（皮）厚度平均值与标准差，均可作为地层划分依据（图 11-2）。

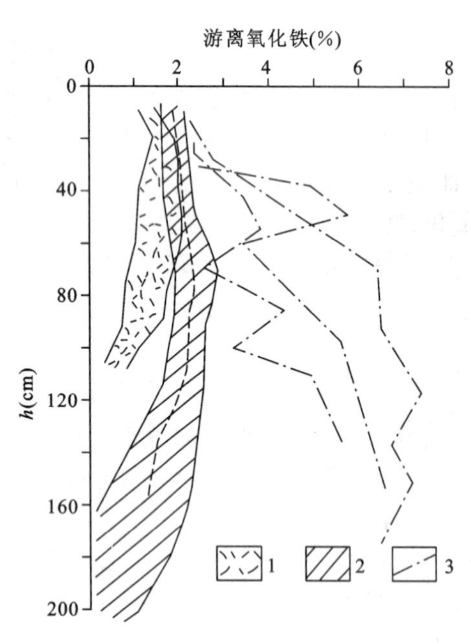

图 11-1　发育在不同冰碛层上土壤中游离氧化铁含量图

（据 Willam et al.，1976）

1～3. 表示从新到老冰碛层上发育的土壤中游离氧化铁含量

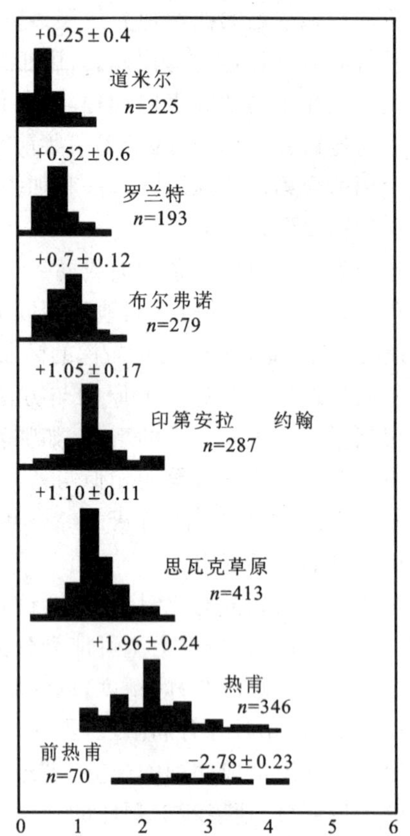

图 11-2　不同时期冰碛中玄武岩碎屑风化皮平均值和标准差图

（据 Cpepheu et al.，1975）

n. 砾石个数，数字为平均风化皮厚度（mm）

3. 重矿物组合风化系数(K)

第四纪沉积物中相对密度大于 2.9 的重矿物按其抗风化能力分为最稳定矿物、稳定矿物、较稳定矿物和不稳定矿物(表 11-1),并以各自百分含量表示,其相互之间的数量变化,可以反映沉积物重矿物组合的总体风化特征。可用风化系数(K)重矿物组合风化程度,计算方法之一为:

$$K=\frac{\text{最稳定矿物(\%)}+\text{稳定矿物(\%)}}{\text{不稳定矿物(\%)}+\text{较稳定矿物(\%)}}$$

式中:K 值越大,重矿物组合风化程度越高。

表 11-1 常见碎屑沉积物中重矿物抗风化能力分类

最稳定矿物	稳定矿物	较稳定矿物	不稳定矿物
锆石、金红石、电气石、尖晶石、褐铁矿、黄玉、白铁矿、锐钛矿、锡石、独居石、刚玉、石英、高岭石、石榴石	磁铁矿、赤铁矿、钛铁矿、符山石、榍石	透辉石、透闪石、白云母、绿泥石、黝帘石、褐帘石、绿帘石、金云母、硬石膏、硬绿泥石、矽线石、钾长石、酸性斜长石	辉石类、普通角闪石、蓝闪石、硅灰石、橄榄石、基性斜长石、黑云母、钠长石

注:据曹伯勋,1995。

4. 沉积物风化标志层结构构造特征

古土壤层类型及其厚度和间距、网纹构造、大小河风化侵蚀面等可以作为岩石地层划分依据(表 11-2)。沿沉积物中标志层[古土壤层、泥炭层、风化层面、含水层、隔水层、火山灰层和海(湖)相夹层]追溯,是野外和钻孔岩芯划分对比地层的重要岩石地层学方法。

表 11-2 第四纪岩石地层单位划分对比实例表

时代	组	段	安徽省巢湖市槐林嘴	安徽省枞阳县戚家矶
中更新世	望城岗组	上段	上部:浅棕色重黏土(上网纹红土) 下部:棕红色、浅棕红色含细粒的砾石(粗泥砾)	红色黏土泥砾上段: 上部:红色粉质轻黏土 下部:棕红色砾卵石
		下段	上部:棕红色含砂重黏土,具浅灰绿色斑纹(下网纹红土) 下部:浅棕红色含砾砂的轻黏土(细泥砾)	红色黏土泥砾下段 红色蠕虫状含砾重黏土

注:据曹伯勋,1995。

自然分层只能在野外进行,对剖面的仔细观察和详细描述是非常重要的,它是今后一切综合研究的基础,室内综合研究时可根据野外分层进行适当的合并(组合层)。

(二) 地层接触关系(构造地质)法

在新构造运动强烈地区,新构造运动的强弱变化可以作为第四纪地层划分的原则。构造运动面(不整合面)和构造事件面/层(大规模的地震与火山沉积层)是构造地质法重点研究的内容。具体方法与老地层划分一样,主要利用新老地层的不整合和假整合接触关系与断裂切过老地层而被新地层覆盖等事件判断新老关系。

在研究一个地区的第四纪地层时,首先要按沉积层接触关系、地貌位置高低和风化程度等拟定区域地层形成先后的相对顺序。地层接触关系通常分为两大类(图 11-3)：①整合接触(连续沉积)，上、下地层之间没有发生过长时期沉积中断或地层缺失；②不整合接触(侵蚀切割)，上、下地层之间有过长时期沉积中断，出现地层缺失，包括平行不整合(假整合)和角度不整合。只有在研究沉积层接触关系和弄清楚各层形成先后相对顺序之后，才能为进一步进行地层划分对比打下基础。

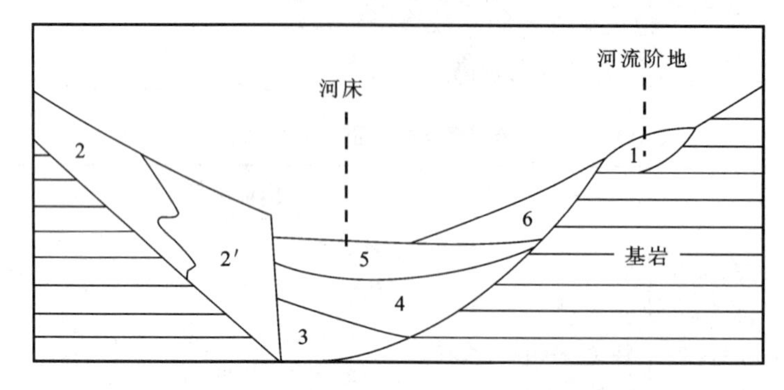

图 11-3　第四纪沉积层接触关系和地貌位置及相对顺序示意图

(据曹伯勋，1995)

从老到新：1. 强烈风化的高阶地冲积层；2. 被切割的风化洪积层，2 及 2′为同时异相沉积；3～5. 连续沉积层；6. 未风化的最新沉积物

(三) 地貌标志法

各种层状地貌，如多级河流和海(湖)阶地、多级溶洞与多级山地夷平面，是内外地质营力相互作用的产物，按照不同时期内外营力差异沉积环境不同的原则，层状地貌与其上的沉积物特征研究相结合，可用以划分第四纪地层。

图 11-4 是利用河流阶地高度和冲积物岩性、结构、构造和风化程度结合划分地层的例子。在利用不同高度洞穴堆积物划分地层时，要注意可能出现洞穴高度与其中堆积物时代不协调和沉积间断现象，前一种情况表明洞穴形成后未完全封闭或经后期破坏，晚期生物和堆积物得以混入，出现高处洞穴堆积物时代晚于低处洞穴时期现象。

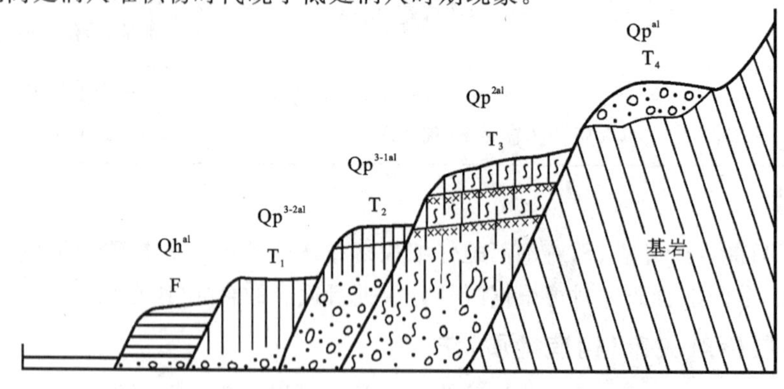

图 11-4　用河流阶地结合沉积物特征划分第四纪地层略图

(据曹伯勋，1995)

F. Qh^{al}未风化的冲积物组成河漫滩；T_1. Qp^{3-2al}黄色厚层亚黏土与砂砾组成的 T_1 阶地；T_2. Qp^{3-1al}薄层黄色亚黏土(含一层灰色古土壤)和砂砾组成的 T_2 阶地；T_3. Qp^{2al}棕红色亚黏土(含两层红色古土壤，有网纹构造)及半风化砂砾层组成 T_3 阶地，含有中更新世哺乳动物化石；T_4. Qp^{al}强烈风化的红色砂砾层

地貌标志法适用于构造升降活动明显的地区，如河谷区、海湖岸、山前洪积区等。在构造上升区，地层越高时代越老；在构造沉降区，地层越低时代越老。

(四) 特殊标志层对比法

第四纪时期无论构造运动还是气候环境变化都十分强烈，由构造、气候、生物、天体、地磁等自然事件而形成的特殊沉积层，可作为地层对比的基础。例如南沙海区自下而上的 8 个火山灰层，记录了 8 次明显的火山活动，年龄从 0.135Ma 到 1.34Ma，化学成分的分析显示这些火山灰可能来自南沙海区南面的其他火山带，这些火山灰层具有时间标志作用，可以作为一种有效的地层划分和对比的工具(王汝建，2007)。

地层对比常用特殊沉积夹层有古土壤层、火山灰层、盐类沉积层、冰川沉积层、风沙沉积层、海岸沉积层等。

二、地层地质时代序列

以地层的地质时代为依据建立的地层序列，可采用以下两种方法：气候地层学方法，根据地层中古气候旋回变化的标志确定地层的地质时代；生物地层学法，根据地层中所含化石的动物群组合确定地层的地质时代；古人类和考古学方法，根据地层中人类物质和文化遗存特征的人类发展阶段归属，确定地层的地质时代。

(一) 气候地层学方法

第四纪全球性或大区域性气候的冷暖(或干湿)旋回变化既有时间的先后顺序，又有一定的发展趋势特征，因此可以作为第四纪地层划分对比的原则。具体方法是，在沉积剖面中利用多种冷暖(或干湿)气候标志(见第十三章)的交替出现划分气候地层，或者利用冰川谷与河谷组成的谷中谷地貌、终碛堤的排列与破坏情况划分地层。第四纪植物孢粉组合，可以作为所划分气候地层的主要辅助证据。

第四纪全球性气候波动的重要特征是冷与暖、潮湿与干旱的多次节奏性的波动变化。这种气候的波动可以引起植物群的迁徙和古地理沉积环境的巨大变化。环境的改变和自然界一系列环境因素的连锁反应，在第四纪地层中留下了诸多气候因素的烙印，因此利用气候标志划分第四纪地层既可行又可信。

1. 冰期、间冰期地层的划分

通常根据地貌和沉积物之间变化的关系来划分。例如：利用冰川谷中的谷中谷地貌、冰水沉积物的排列与破坏情况以及不同地貌单元中沉积物的特征划分地层。以沉积物、生物化石为主要证据，地貌为主要的引证。

2. 气候地层——干、湿气候地层的划分

通常根据植物化石、沉积物和化学元素等的种类变化来划分。例如：植物化石中，草本植物代表干旱气候，木本植物代表潮湿、温暖气候；沉积物中，风成黄土代表干旱气候，红土风化壳、石钟乳、冲积层代表潮湿气候；化学元素中，$CaCO_3$ 含量高代表气候干旱，含量低代表潮湿。

(二) 生物地层学方法

第四纪哺乳动物群的演化和哺乳动物群组成随时代而变化，是第四纪古生物地层划分对

比的主要原则，其他生物化石只能作为地层划分辅助手段(见第十三章)。哺乳动物法在实际应用中的困难，往往在于一个地区难于找到一定数量有鉴定价值的化石，因此，熟悉中国在这方面的研究成果有一定的帮助。

(三) 古人类和考古学方法

古人类演化、古文化进展和历史所记录的变化都可以作为具备这类物证地区的第四纪地层划分的主要原则。由于人类发展在地球各大陆大体相似，石器演化明显，分布广泛，研究程度较高，故古人类和考古学资料可用以帮助对比第四纪地层，具体方法可利用新旧石器时代古文化遗存及历史考古资料等(见第十三章)。

三、第四纪年代学(地层地质年龄的确定)

在野外相对地层顺序研究和地层地质时代研究的基础上，通过样品的年代学测定，根据其年龄值建立地层序列。利用各种年代学方法可以直接划分年代地层，这是目前国际上广泛应用的一种方法，国内也力求往这方面发展。

第四纪是地球发展史上最短最新的一个地质时期，为了能准确认识这一时期发生的重大地质事件，科学家通过不断探索，发展了众多地质定年方法，总结起来可归纳出至少27种定年方法能够应用于第四纪地质年代学的研究。按照这些方法的特性，可将它们划分为三大类，即数值定年法、相对定年法和校正定年法，而每大类方法还可进一步分出若干种类(表11-3)。其中，古地磁法作为一种校正法，在较连续、厚度较大的沉积物测年时，也可以用作一种物理年代学方法测定沉积物年龄。

数值定年法是建立地层或事件年代标尺的最直接方法，所获得的是地层或者事件的绝对年龄，它是用某种方法测得的迄止于1950年的年龄值。在文献中常在年龄值前冠以方法名称，如^{14}C(26±1.30)ka B P①、古地磁年龄0.73Ma B P等。

相对定年法主要应用于对年代不同的区域地层沉积序列进行相对时序划分，如对不同冰期形成的冰川沉积或多期冲积阶地序列进行相对时序的划分，这一方法可为地层单元间的形成时间相对先后差异提供重要信息。标准化后的相对定年法能够用于对数值定年结果进行评估，但通常需要特定的时间标尺作为衡量依据。

校正定年法不直接给出数值年龄，但如果地质体的某一特征可通过一个已知年龄的事件(如一次火山灰喷发事件或一次古地磁倒转事件)进行校正，就能获取相对精确的年龄标尺。

在表11-3中列举的27种第四纪定年方法中，较为常用的方法有放射性C法、释光法、U系法、K-Ar法、裂变径迹(FT)与(U-Th)/He法、电子自旋共振法(ESR)、宇宙成因核素(如^{10}Be、^{26}Al)法以及古地磁法等，这些大多都属于绝对定年方法，只有古地磁测年属于校正定年法，而且相对定年法和校正定年法的内容也将在本书第十三章进行介绍，因此本章主要介绍最常用的沉积物年龄测量方法——数值定年法，包括物理年代法、同位素年代法和其他方法。

---

① ^{14}C(26±1.30)ka B P，正负号数值为误差。

表 11-3　第四纪地质年代学方法

分类		方法	适用性	测年范围和最佳分辨率				
				10^2 a	10^3 a	10^4 a	10^5 a	10^6 a
数值定年法	物理年代学方法	热释光(TL) 光释光(OSL)	XXXX	～～～・・--------・・				
		电子自旋共振法(ESR)	XXXX	～～～・・--------・・				
		裂变径迹	X	・・---+++				
	放射性同位素定年	^{14}C	X—XXX	～・+++++?				
		铀系	XX	・------++++				
		K-Ar	X	・・---+++++++				
		除^{14}C的宇宙成因同位素 (^{10}Be、^{36}Cl、^{26}Al等)	X	???????????????????				
		铀定向	XXXX	～～～～・------・				
	其他方法	历史记录	X—XXX					
		年轮年代学	XX					
		纹泥年代学	X	++++				
相对定年法	简单进程	氨基酸消旋	XX	・・・・・・・・・・・---------・・				
		黑曜岩水化	X	----------------------・・				
		火山灰水化	X	～～～～～～・・・・・・・				
		地衣测量年代法	X—XXX	-----・・・				
校正定年法	复杂进程	土壤发育	XXXX	～～～・・・・・----------・				
		岩石风化	XX	～～～～・・・・------------・・				
		地形地貌的改造程度	XXX	～～～～～～～・・・・・・・・～～				
		沉积速率	XX	-----? -----? -----? -----? -----? ----?				
		地貌部位和下切速度	XXX	～～～～～～～・・・・・・・・-? --? --?				
		变形率	XXX	・? ・? ・? ・? ・? ・? ・?				
	校正法	地层	XXXX	取决于特征识别和对特征定年的精确度				
		火山灰年代学	X					
		古地磁	XX					
		化石和石器	XX					
		稳定同位素	X					
		玻璃陨石 微璃陨石	XX					

注:据田婷婷等,2013。适用性:XXXX.普遍使用;XXX.经常使用;XX.较长使用;X.极少使用。最佳分辨率:“══”—<2%;“++++”.2%～8%;“------”.8%～25%;“・・・・・”.25%～75%;“～～～～”.75%～100%;“?????”.不确定。

(一) 物理年代学方法

物理年代学方法是利用矿物岩石的物理性质(如磁性、发光性等)测量沉积物年龄,是物理年代地层学研究的主要内容。在第四纪研究中使用的物理年代学方法有下列几种。

1. 古地磁学方法

古地磁学方法是利用岩石天然剩余磁性的极性正反方向变化,与标准极性年表对比,间接测量岩石年龄的方法。地球是一均匀磁化球体,其磁场相当于放在地心的一个磁偶极子的磁场。磁偶极子的磁轴与地轴的交角为 11.5°(图 11-5)。磁轴的延长线与地面相交于两点,分别称地磁北极(N 极,正极)和地磁南极(S 极,负极)。火成岩温度达到居里点时(一般为 500～650℃)便获得磁性,沉积岩和变质岩中含有铁磁性矿物颗粒,三类岩石都会受到形成时的地磁场的作用而磁化,磁化方向与当时地磁场方向一致,这是一种全球现象。地球上任何一点的总磁场强度(T)是一个矢量(图 11-6),它可以分解为磁偏角(D)、磁倾角(I)、水平磁场强度(H)、东向水平磁场强度(Y)、北向水平磁场强度(X)和垂直磁场强度(Z)6 个变量,其中只要知道 X、Y、Z 或 H、D、I 三个矢量便可以求出另外 3 个。从标本中测得的天然剩余磁场要素,便获得古地磁的基本资料。

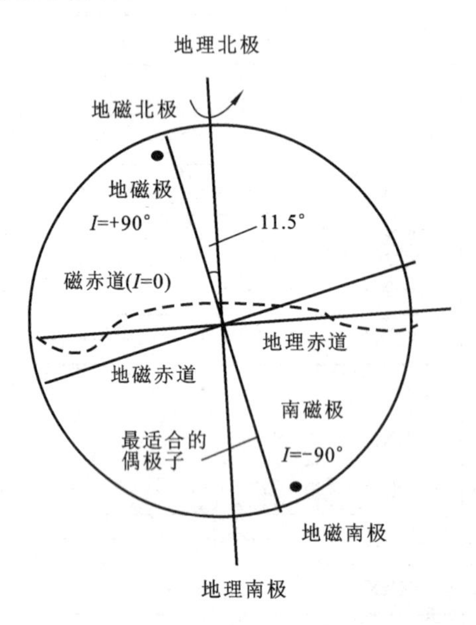

图 11-5 地理极、地磁极及地理赤道、地磁赤道图

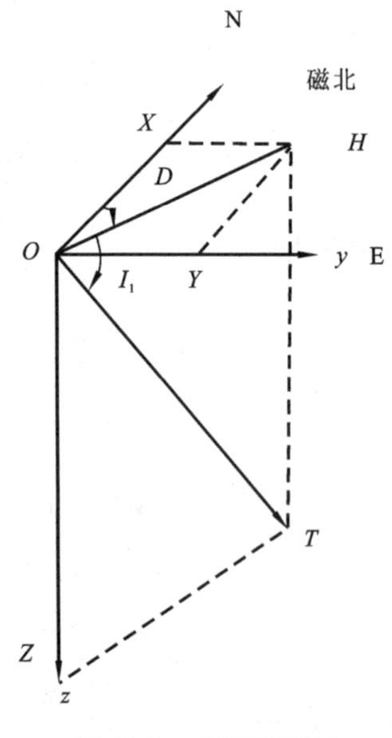

图 11-6 地磁要素图

古地磁极性年表是根据一系列主要用 K-Ar 法测定年龄的不同时间尺度的极性变化事件编制的地球极性时间表,目前用于第四纪研究的极性年表是 Cox 等 1969 年根据陆地和大洋已有的 140 多个数据拟定的 5Ma 以来的地磁极性时间表,后经许多研究者补充修正,综合成图 11-7。该图使用两级时间单位:极性时(过去称世或期)和极性亚时(过去称事件)。极性时是指以某种极性占优势持续时间较长的时间单位;极性亚时是极性时中短暂(1 万年至十几万年)极性倒转时期。该图把约 5Ma 以来极性时变化从早至晚分为吉尔伯特反极性时、高斯正极性时、松山反极性时和布容正极性时,每个极性时中各包含若干个极性反方向变化亚时①。

① 古地磁极性时以对古地磁研究著名学者命名,亚时以标准地点命名。

古地磁学方法在第四纪测定年龄中应用广泛，主要用于沉积较连续、厚度较大的剖面或钻孔岩芯。虽然古地磁极性变化的全球性使方法具有相对的独立性，但也有不足之处，如难以判断不同层位相同极性所属时代。但本方法与古生物地层学和其他年代学方法相结合，就能扬长避短发挥其优势。古地磁法要求选择连续厚度较大的细粒沉积层进行连续定向取样。用铜制工具在露头上先开出平行层面小平台，把 2cm×2cm×2cm 塑料盒扣在层面上(盒子上的直线对准正北，小圆孔置于东侧)轻轻按下即可取样；若钻孔岩芯取样则要保持岩芯上下层面不要颠倒，并在样品盒一侧用箭头标出上下层位。每一取样层中同一高度取两个样。取样层垂直间距不大于 1m(或酌情放宽)。取样对象是细粒沉积物(亚黏土、黏土)，不要在松散沙和砾石中取样。垂向连续取样的数量多，则可比性强。样品送有关实验室用磁力仪或超导磁力仪测算出磁倾角(I)、磁偏角(D)等。根据前两项测算资料，尤其是利用反映明显的磁倾角制成极性柱，然后与图 11-7 的标准极性年表对比可间接推断沉积物年龄；若剖面上找到少量哺乳动物化石或有一些其他年代学数据，则效果更好。古地磁学方法在黄土、湖沼沉积物、大陆架和平原钻孔岩芯研究中广泛应用(图 11-8)。

极性时年代(ka B P)	极性柱	极性亚时（事件）K-Ar 年代(ka)
布容正极性(B) 730		哥德堡(Gothenbulg) 10～12.4 蒙戈(Mungo)20~30 拉尚(Lashamp)30~60 布莱克(Blake)100~120 牙麦加(Jamalca)182 琵琶湖D(BawiD)290
松山反极性(B) 2 470		贾拉米洛(Jaramillo)900~970 奥都威(Olduvai)1 670~1 870 留泥汪(Reunion)2 020
高斯正极性(B) 3 400		凯纳(Kaena)2 920~3 010 马莫斯(Manmmoth)3 050~3 150
吉尔伯特反极性		科奇蒂(Cochiti)3 700~3 920 奴泥瓦克(Nunivak)4 050~4 250

图 11-7　用于第四纪的古地磁极性年表

(据考克斯，1969 等资料综合)

黑色为正极性；白色为反极性

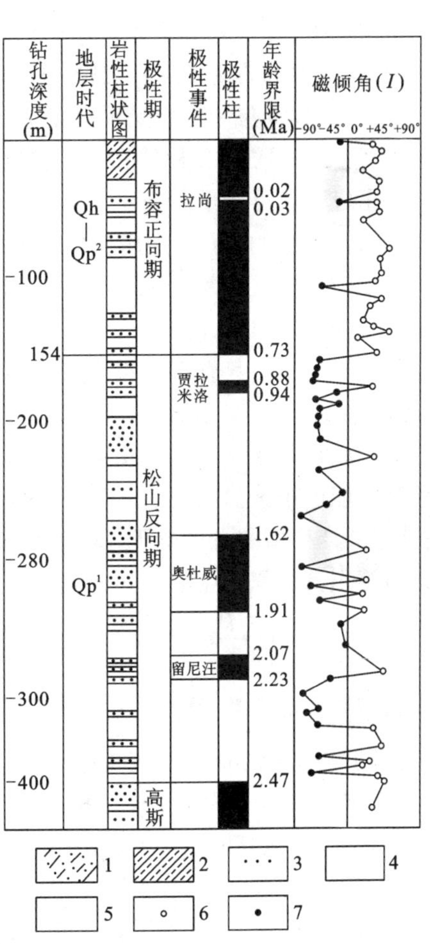

图 11-8　河北平原肃宁县东官亭村一个厚达 500m 第四纪沉积物的古地磁极性变化

1. 亚砂土；2. 亚黏土；3. 砂层；4. 正向极性；5. 反向极性；6. 正向倾角；7. 反向倾角

2. 热发光(TL)、光释光(OSL)和电子自旋共振(FT)测年法

这是基本原理相似而测试对象不同的3种方法，三者都根据从沉积物堆积之日起，其中的破碎绝缘矿物晶体(如石英、长石)所接受的周围地层中放射性物质的辐射总剂量(TD)、年均吸收剂量(AD)和矿物移至沉积地点之前的初始剂量(ID)关系计算沉积物年龄(t)：

$$t=\frac{(\mathrm{TD})-(\mathrm{ID})}{\mathrm{AD}} \tag{11-1}$$

1) 热发光法(热释光法)(TL)

一般非金属破碎绝缘矿物(如石英)具有受激发光现象，其发光强度与矿物以前吸收的辐射能量成正比，而辐射量的积累是时间的函数，因此通过测量材料的发光强度可以推算其年龄。热发光法现象有3个阶段：①储集阶段，有缺陷的石英受到来自地层中的铀、钍作用产生自由电子，这些处在亚稳态的电子具有一定寿命保存在石英晶格中(又称贮能电子)，其数量与矿物所受辐射量成正比；②发光阶段，对取自沉积物的石英加热时，使亚稳态电子获得能量而处于受激状态，一旦加热超过晶陷对电子的束缚力时，亚稳态电子产生跃迁与空穴复合，并以发光(辉光)形式释放能量，使自由电子数目减少。③石英不再受激发光，只有石英再次获得辐射能量后才能再度发光。埋藏在第四纪沉积物中的石英晶体来源复杂，年龄各异，不同程度受到辐射，具有相当数量的自由电子(图11-9中直线 OA 所对应的 Nt_0 数)。但在 A 点之后石英在被搬运过程中受阳光照射即光退作用(相当于加热)使其贮能电子减少到一定数量(B 对应的 N_0 数)。石英被埋藏后从周围沉积物中重新获得辐射能量并产生新的自由电子(BC 直线对应的 Nt 数)。测量石英埋藏阶段(t_0-t)的发光强度，即可算出其沉积物年龄。如下式：

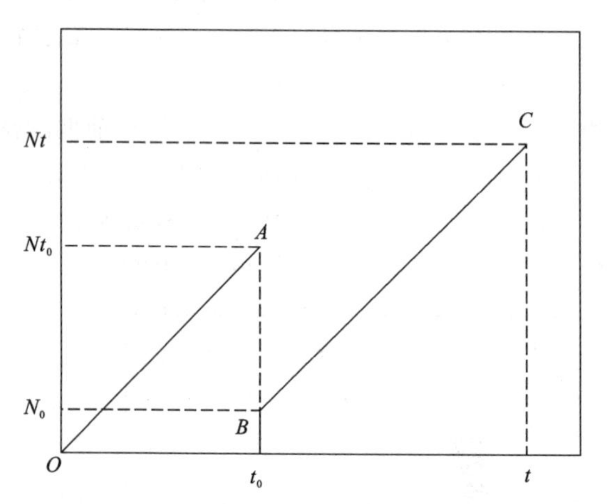

图 11-9 储能电子在石英中的变化
(说明见正文)
(引自孙建忠等，1991)

$$A=\frac{P}{\dot{D}}=P/(a\dot{D}_\alpha+b\dot{D}_\beta+\dot{D}_\gamma+\dot{D}_c) \tag{11-2}$$

式中：A 为被测样品年龄；P 为样品吸收的古剂量(即产生天然积存热发光所需的辐射剂量)；$\dot{D}$ 为环境辐射提供给样品的年剂量率；$\dot{D}_\alpha$、$\dot{D}_\beta$、$\dot{D}_\gamma$ 和 $\dot{D}_c$ 分别为环境中 α、β、γ 和宇宙射线提供给样品的年剂量率；a、b 为 α、β 辐射相对于 γ 辐射产生热发光的效率，与所测矿物粒径和密度有关，粗粒矿物(90～125μm)$a=0$，$b=0.9$，中细粒矿物(2～8μm或4～11μm)a 变化范围为0.5～0.14，$b=1$。

热发光法所用样品主要为破碎石英、钾长石、锆石、磷灰石、古陶片、古砖瓦和断层泥(断层活动相当于一次热事件，断层泥中石英记录了断层活动后所受辐射剂量)。一般在黄土、风成沙或冲积沙中取样时要开挖一新鲜露头，用约10cm×10cm×10cm铝盆扣下取一块即可。样品要及时包好，避免阳光照晒(晒几十小时后热发光强度衰减达90%)。

热发光法常用于约1Ma内的黄土、沙丘沙、海滨沙、冲积沙、考古材料和晚更新世以来活

动断层等的年龄研究。不同类型样品的热发光年龄的计时起点不同，人为烧制的古陶片、砖瓦、烧土等的热发光年龄起点是以最后一次加热作为起点(TL=0)，所测年龄是从最后一次加热后埋藏至今所经历的时间。地层中石英等热发光计时是从最后一次被阳光照晒后作起点(TL≠0)，所测年龄值是最后一次阳光照晒后埋藏之日起至测量之日所经历的时间。

2）光释光法(OSL)

石英等矿物晶体里存在着“光敏陷阱”，当矿物受到电离辐射而产生的激发态电子被其捕获时就成“光敏陷获电子”，它们可以再次被光激发逃逸出“光敏陷阱”，重新与发光中心结合再发射出光，这种光就是光释光信号(OSL)；利用这种信号进行测年的技术即光释光法。光释光法是1985年由Huntley等提出和建立的一种新的第四纪沉积物年龄测定方法，它是在热释光基础上建立起来的，近年来获得迅猛发展。不少专家认为，光释光法进一步发展可能成为一种可与^{14}C法媲美的第四纪测年方法。我国是1990年由中科院地质所卢演俦开始做工作，1994年建立实验室。

OSL产生过程有两种动力学机制，即光激机制和光-热联合激发机制。前者是“光敏陷获电子”被光激发，逃离陷井，直接进入导带，而后与发光中心重新结合，发射光即OSL信号；后者是“光敏陷获电子”被光激发，从较深的陷井转移到较浅的陷井，再由热激发，逃离陷井，进入导带，与发光中心重新结合，发射光即OSL信号。

在原理上，OSL测年与TL测年类似，都是建立在矿物的OSL信号强度与矿物所接收到的电离辐射剂量的函数关系上的。与沉积物的TL测年相似，利用OSL信号来测定沉积地层年龄时，样品应满足下列条件：①沉积物中的石英等碎屑矿物在搬运、沉积过程中曾暴露在阳光之下，即使暴露的时间很短暂；②这些石英等碎屑矿物的OSL信号具有足够高的热稳定性，即在常温下不发生衰减；③沉积层沉积埋藏以来，这些石英等碎屑矿物处在恒定的电离辐射场里，它们所接收辐射剂量率为常数，这要求沉积层基本上处于铀、钍封闭体系。满足这3项条件的样品，其石英等碎屑矿物天然积存的OSL信号强度就是样品所在沉积层的沉积年龄的测量值，并有如图11-10所示的测年模型。

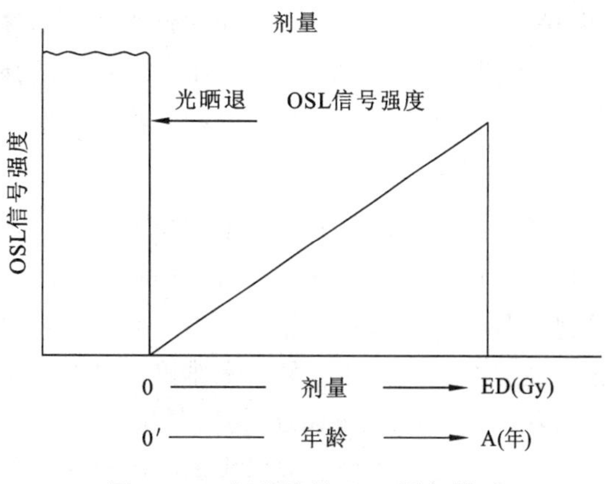

图11-10 沉积物的OSL测年模型
(据卢演俦，1990)

OSL测年的原理和程序与TL测年类似，用石英和钾长石作测样，OSL测年的测程约为10^3—10^6a或2×10^3—6×10^5a。适用于OSL测年的地质体为各种风积物、各种水流悬浮搬运的沉积物以及一些曾在沉积、搬运过程中短期暴露的沉积物。OSL测年比TL测年优越之处为：①OSL测年可以不考虑残留的OSL信号，因而较为准确；②样品的OSL信号测量比TL信号测量容易、简便而准确；③可以对一些难得的、珍贵的小样品进行OSL测年，而TL测年则不行。

3）电子自旋共振法(ESR)

这是近十几年来发展起来的一种有前途的测年方法。其根据是含有铝、铁、锰等杂质的有缺陷的石英晶体，在放射线作用下容易形成电离损伤，从而在晶体中形成不配对电子，称顺磁中心(即杂质心)。另外，放射线也会使石英硅氧四面体的一个 Si-O 键断裂，在 Si 悬键上有一个电子定向自旋，构成另一种顺磁中心即自由电子中心[图 11-11(a)]。上述两种顺磁中心在样品中的密度都与其吸收的放射性剂量成正比。含有上述两种配对电子顺磁中心的样品，可用顺磁共振波谱仪测出其在某一特定磁场下贮能电子从高频磁场吸收能量后由低能级向高能级跃迁时产生的共振吸收效应，即所检测到样品的 ESR 信号累积强度[图 11-11(b)][①]，其大小与样品所吸收的放射剂量成正比。从样品所测 ESR 信号强度可求得样品的总吸收剂量(TD)。通过在采样地点埋藏剂量片或分析采样地点周围沉积物中放射性元素(U、Th、K 等)含量，可算出样品的年剂量(AD)。采用模拟初始条件的方法确定样品的初始式剂量(ID)。按式 11-1 求出样品的年龄。

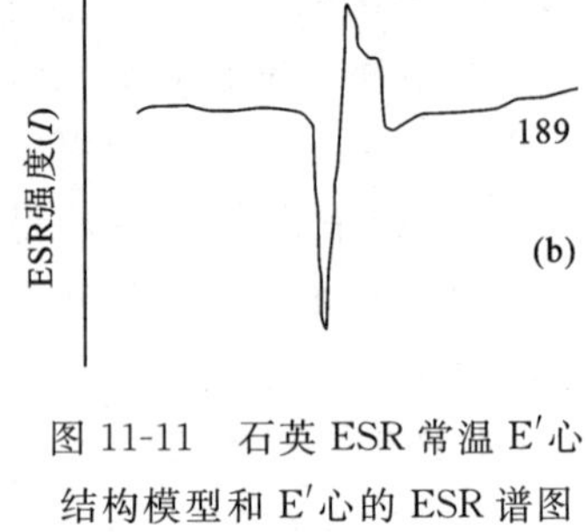

图 11-11　石英 ESR 常温 E′心结构模型和 E′心的 ESR 谱图
(a)据 Ruffa，1991；
(b)引自孙建忠等，1991

电子自旋共振法(ESR)应用条件与热发光法相同，但样品(含 90%石英)可以重复使用。

ESR 法在第四纪沉积物定年方面具有极大的发展潜力，其测年物质主要为含石英沉积物、碳酸盐类和断层物质等，这些物质在自然界表层沉积物中分布十分广泛，且所需样品量不多，加之测年范围较宽(距今 2Ma 以来)(尹功明，2005)，因此应用也比较广泛。目前最成功的应用主要是对牙齿和碳酸盐等盐类物质的定年，解决了一系列考古和地质事件的测年问题。

3. 裂变径迹法(FT)

矿物中含有微量的天然重同位素铀(^{238}U)自行裂变，它的一个原子核分裂成 2 个中等质量的原子核碎片(中子碎片)，这种高能碎片在通过绝缘物质(云母、玻璃等)时，产生一条损伤径迹，即留下一条裂变径迹，这种裂变径迹可以用化学试剂处理后显露出来，并可用光学显微镜观察。在大块样品上易于和难以测量的径迹密度分别为每平方厘米平面上几百条到几条；而粒状(0.05～0.03mm)矿物则是从每颗平面上几条到十几个颗粒平面上只有一条。矿物中裂变径迹密度与矿物形成以来的时间呈函数关系，故通过测量矿物中的裂变径迹量可以计算出地质体和部分考古材料的年龄。中间不退火自探测器法计算年龄(t)公式如下：

$$t=\frac{1}{\lambda_F}\cdot\frac{^{235}C}{^{238}C}\cdot\hat{\sigma}\cdot\phi_0\cdot\frac{\rho_s}{\rho_i}\cdot\frac{[gR_i\cos^2\theta_{ci}+L_i(1-\sin\theta_{ci})]}{[R_s\cos^2\theta_{ci}+L_s(1-\sin\theta_{ci})]}\tag{11-3}$$

式中：^{235}C 和 ^{238}C 分别为 ^{235}U 和 ^{238}U 同位素丰度；λ_F 为 ^{238}U 的自发裂变衰变常数；ρ_s 为矿物内表面的自发裂变径迹密度；ρ_i 为矿物或外探测器平面记录的反应堆热中子引起矿物中 ^{235}U 人工诱发裂变径迹密度；$\hat{\sigma}$ 为 ^{235}U 裂变得有效截面积；ϕ_0 为等效于 2 200m/s 的中子积分通量；R 为裂变碎片在矿物中的蚀刻射程；θ_c 为矿物记录裂变碎片径迹的临界角；L 为样品表面被刻蚀厚度；下标“s”和“i”分别表示这些量来自自发裂变和人工引发裂变，g 为几何因子，用探测器法时 $g=0.5$。

① 石英的 ESR 信号有低温杂质心(如 Al 和 Ge 心等)和常温 E′心两类。

理论上，采用裂变径迹法可以测量年代的范围从1a至几十亿年(图11-12)，尤其宜用于测1Ma以来事件。测年对象主要有磷灰石、锆石、榍石、云母、方解石、火山玻璃和陨石等，本法优点是样品用量少，对研究第四纪火山活动和地热历史信息最佳。

铀含量	各种矿物的铀含量	大块样品		细颗粒样品	
		易于测量的最小年龄(a)	难以测量的最小年龄(a)	易于测量的最小年龄(a)	难以测量的最小年龄(a)
10^{-10}	石英、云母、透辉石、长石、橄榄石、直辉石、铁锂云母、玄武岩玻璃、石榴石、天然玻璃、黑曜石、角闪石、磷灰石、绿帘石、褐帘石、榍石、独居石、锆石、人造玻璃、铀玻璃	3×10^{9}	8×10^{7}		
10^{-9}		3×10^{8}	8×10^{6}		5×10^{8}
10^{-8}		3×10^{7}	8×10^{5}	2×10^{9}	5×10^{7}
10^{-7}		3×10^{6}	8×10^{4}	2×10^{8}	5×10^{6}
10^{-6}		3×10^{5}	8×10^{3}	2×10^{7}	5×10^{5}
10^{-5}		3×10^{4}	8×10^{2}	2×10^{6}	5×10^{4}
10^{-4}		3×10^{3}	8×10^{1}	2×10^{5}	5×10^{3}
10^{-3}		3×10^{2}	8	2×10^{4}	5×10^{2}
10^{-2}		3×10^{1}	0.8	2×10^{3}	5×10^{1}
10^{-1}		3	0.08	2×10^{2}	5
1		0.3			

图11-12　各种矿物和玻璃的铀含量和可测的年代范围

(据郭世伦，1982)

(二) 放射性同位素年代学(核地质年代学)法

这是利用矿物岩石和化石中含有微量放射性同位素(U、Th、K、Ra、^{14}C等)的自行衰变计算年龄的一大类方法。各种同位素的自行衰变都服从以下两式：

$$N=N_0 e^{-\lambda t} \tag{11-4}$$

$$\dot{D}=N_0(1-e^{-\lambda t}) \tag{11-5}$$

式中：N为样品中现在放射性元素浓度；N_0为该样品初始放射性元素浓度；λ为该元素的放射性衰变常数；t为样品年龄；e为自然对数；$\dot{D}$为任何时间内恒定的母核衰变产生的子核原子数。

按放射性同位素来源不同这一大类方法又分为3类：宇宙成因同位素法、铀系放射性同位素法和人工核放射性沉降法。

1. 宇宙成因放射性同位素法

这一类方法是据宇宙成因同位素衰变测定年龄，有放射性碳法(^{14}C)、放射性铍法(^{10}Be)等(表11-4)，以^{14}C法最常用。以^{14}C法为例，自然界有3种碳：^{13}C(98.8%)、^{12}C(1.08%)、^{14}C(1.2×10^{-10}%)，前两种是稳定同位素，^{14}C是放射性同位素。^{14}C是在12～18km高空的氮(^{14}N)受宇宙射线的热中子流(n)轰击，从^{14}N中打出一个质子(p)，使^{14}N变成^{14}C：

$$^{14}N+n\rightarrow{}^{14}C+p$$

而^{14}C借助β蜕变失去一个电子(e)便成^{14}N：

$$^{14}C-e\rightarrow{}^{14}N$$

当宇宙射线衡定时两者处于动力平衡状况。^{14}C蜕变常数为1.2×10^{-4}a。

^{14}C在高空形成后便与氧结合成$^{14}CO_2$，大气环流运动使其均匀混合在大气中，通过降水方式^{14}C进入江河湖海水域，并被水中碳酸盐建壳生物吸收；通过光合作用^{14}C进入植物体；动物食用植物使^{14}C进入动物骨骼。活的有机体中的^{14}C与大气中^{14}C保持平衡，生物死亡后并

被立即埋藏，生物遗体中的^{14}C与大气中的^{14}C停止交换，在封闭系统中按指数规律(式 11-4)自行衰减。半衰期为 5 730a，即化石中^{14}C每隔 5 730a 减半，大约 50ka 后化石中^{14}C含量甚微(仅有 1/1 000)，仪器难以测量。

根据式(11-4)积分得^{14}C年龄计算式：

$$样品年龄(t)=\lg \frac{I_0}{I}\times 18.5\times 10^3(a) \tag{11-6}$$

式中：I_0为样品初始^{14}C浓度；I为样品现在所测^{14}C浓度。

据利贝等(1949)研究，近几万年来宇宙射线强度不变，^{14}C的生产率一定，^{14}C的形成和衰减达到平衡，供交换的^{14}C总量不变，因此，可以用现代碳样品的放射碳浓度代替样品的初始浓度(I_0)。I_0以美国国家标准局的草酸为标准，我国用“中国糖碳”作标准，与现代国际碳标准比值为 1.362。

表 11-4　宇宙成因同位素测定年龄表

方法	同位素	半衰期(ka B P)	测量范围(ka B P)	测量材料	主要应用	其他
放射性碳法	^{14}C	5.73	≤70(40～50)	木材、泥炭、贝壳、骨、角(或化石骨、角)、淤泥、土壤、有机质碳酸盐	海、陆相沉积年代，沉积率、海、湖面升降，冰川、考古、洋流和土壤形成的年代	研究成果可靠广泛应用
放射性硅法	^{32}Si	0.65	2～7	海、湖相淤泥	近代海、湖沉积物沉积率及年龄，地下水年龄	探索
放射性铍法	^{10}Be	2 500	8 000～10 000	深海红黏土、富含有机质或铁质的陆相沉积	深海沉积物沉积率及年龄古土壤、泥炭层年龄	探索
放射性氯气	^{35}Cl	310	<3 000	盐湖沉积、火成岩、风化壳	高原盐湖沉积率及年龄，冰川作用时间	探索

注：据曹伯勋，《地貌学及第四纪地质学》，1995。

采集^{14}C样品时应注意两点：①不要采集受污染的样品，要避开在地表水、地下水、裂隙、生物尸体和草皮等受污染地带取样，要在清除表土后的新鲜露头上取样；②不要让样品受污染，可用新双层塑料装样，并连同标签一起封好样置于阴凉处，及时送实验室测试。取^{14}C样的要求如下：

木炭	30～90g
干燥木头和其他植物遗体	60g
干燥泥炭、古树根、草、皮、毛、蹄	150～300g
鹿或其他动物的角	500～2 200g
火烧骨	2 200g
贝壳	2 200g

试样经处理后得到β源，大都用液体闪烁计数法测量试样中浓度很小的^{14}C。

放射性碳(^{14}C)法是在第四纪测定年龄方法中测量精度最高、用途最广和最成熟的方法，近年来，加速器质谱(AMS)技术的应用，进一步扩大了^{14}C法的测年范围，使得大于 50ka B P

(理论上最大的测年范围可达 70ka B P)的定年也成为可能，广泛用于 50ka B P(晚更新世晚期—全新世)以来的地质、环境和考古研究。从 1954 年以来，召开过十几次国际^{14}C 学术会议，出版有“放射性碳”专刊，全球有 130 多个^{14}C 实验室，发表了四五万个测试数据。中国于 1966 年在科学院建成^{14}C 年代测量实验室，以后有关研究所和高等院校也相继成立^{14}C 实验室，至今已发表数据 1 000 多个。

2. 铀系放射性同位素年代法

1950 年以前放射性同位素年代法主要解决老地层年代问题，开发了 U-Pb 法、K-Ar 法、Rb-Sr 法等，解决了 1Ma～1Ga B P 的矿物岩石年龄测量问题。1950 年以来，除^{14}C 法外，还发展了铀系法(又称铀系不平衡法)以解决 1Ma 内的地质体年龄测量问题。

铀系法是对^{234}U-^{238}U 法、^{230}Th-^{234}U 法、^{232}Th 法、^{226}Ra 法和^{230}Pb 法的总称。这类方法是利用沉积物中所含有的少量放射性元素衰变系列中母核与子核放射性比的不平衡性来计算地质体的年龄。母核与子核的放射性比大于 1 为过剩，放射性比小于 1 为不足，由此而有不同的方法。

自然界有 3 个自然放射性系列：^{238}U、^{234}U 和^{232}Th 系列(表 11-5)，有关元素的衰变常数如表 11-6 所列，其衰变过程服从式(11-4)与式(11-5)。每个放射性系列产生一系列中间子核，这一过程有放射性积累和放射性衰减两种情况：所谓放射性积累指沉积物中不含(或含很微量)^{231}Pa 和^{230}Th，但含有一定数量的^{238}U 作为母核，由于^{238}U 的衰变产生中间子核^{230}Th 和^{231}Pa的积累，从而引起沉积物中^{230}Th/^{234}U 和^{231}Pa/^{235}U 放射性比变化。所谓放射性衰减，指沉积物中含有过剩的^{234}U、^{230}U、^{230}Th 和^{231}Pa 等作为母核，由于母核元素的衰减引起沉积物中(由^{234}U 衰减)、^{226}Ra/^{230}Th 或^{230}Th/^{232}Th 或^{231}Pa/^{230}Th(由^{226}Ra、^{230}Th、^{231}Pa 衰减)放射性比值变化。由此而把铀系法分为中间产物积累法与中间产物衰减法。

表 11-5 用于更新世断代的铀系同位素表

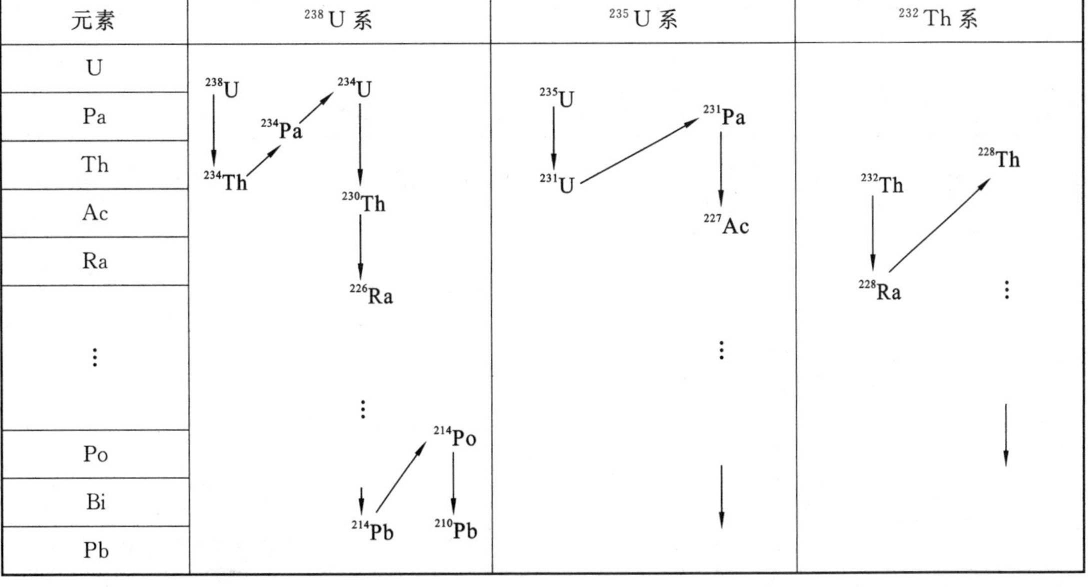

注：据曹伯勋，1995。

铀系法测定年龄的范围、样品与应用方面见表 11-7，以^{230}Th-^{234}U 法为例可以了解铀系法的一般情况。

^{230}Th-^{234}U法是利用沉积物中母核^{238}U放射衰变系列中^{234}U过剩和^{238}U及$^{234}U/^{238}U$与$^{230}Th/^{234}U$放射性不平衡来计算样品年龄。应用前提是样品初始不含^{230}Th，保持$^{238}U\rightarrow^{230}Th$衰变为封闭系统(用纯碳酸样)。$^{238}U$的衰变系列为：

衰变链	$^{238}U\xrightarrow{\alpha}$	$^{234}Th\xrightarrow{\beta}$	$^{234}Pa\xrightarrow{\beta}$	$^{234}U\xrightarrow{\alpha}$	^{230}Th
半衰期	4.49Ga	24.1d	1.18min	2.48×10^5a	75ka

用中间产物中半衰期不太长也不过于短的^{234}U与^{230}Th年龄：

$$\left(\frac{^{230}Th}{^{234}U}\right)_{样}=\left(\frac{^{238}U}{^{234}U}\right)_{样}\times(1-e^{\lambda_{230}t})+\left(1-\frac{^{238}U}{^{234}U}\right)_{样}\times\frac{\lambda_{230}}{\lambda_{230}-\lambda_{234}}[1-e^{-(\lambda_{230}-\lambda_{234})t}] \quad (11\text{-}7)$$

式中：标有样字的是测试数据；λ_{230}与λ_{234}分别是^{230}Th和^{234}U衰变常数(可从表11-4查得)；t为样品年龄。式(11-7)是根据式(11-4)与式(11-5)推导出来的。如已测得样品的$^{234}U/^{238}U=1.472\pm0.04$，$^{230}Th/^{234}U=0.55\pm0.02$；简单计算得知$^{238}U/^{234}U=1/1.472=0.6793$，$1-{^{238}U}/{^{234}U}=0.3207$，$\lambda_{230}$与$\lambda_{234}$查表11-6分别得$9.217\times10^{-6}a^{-1}$和$2.794\times10^{-6}a^{-1}$。将上列数据代入式(11-7)，求得$t=(82\pm4)$ka①。

表 11-6　常用铀系子核的半衰期和衰变常数表

元素	半衰期($t/2$)(a)	衰变常数(λ)(a^{-1})
^{234}U	2.48×10^5	2.749×10^{-4}
^{230}Th	7.52×10^4	9.217×10^{-6}
^{226}Ra	1.622×10^3	4.272×10^{-4}
^{210}Pb	22.26	3.110×10^{-2}
^{231}Pa	3.248×10^4	2.134×10^{-5}

注：据曹伯勋，1995。

表 11-7　铀系发(不平衡铀系法)类型表

方法		同位素	半衰期(ka B P)	测量范围(ka B P)	测量材料	主要应用	其他
累积法	钍-铀 *(^{230}Th-^{234}U)	^{230}Th	75.2	≤400	珊瑚、鲕石、石灰华、石笋、流石、骨化石	海相生物碳酸盐沉积物年龄，海面升降，河、湖阶地年龄、沉积率	应用广泛
	镤	^{231}Pa	32.5	≤180	同上	同上	应用
	镤-钍	^{231}Pa ^{230}Th	32.5 及 80	≤400	同上	同上	应用
	镭	^{226}Ra	1.60	0.5～10	铀矿物	次生铀矿床年龄	

① 据赵树森，《铀系年代学及其在洞穴研究中的应用》，1984。

续表 11-7

方法		同位素	半衰期(ka B P)	测量范围(ka B P)	测量材料	主要应用	其他
衰减法	铀 *（^{234}U-^{238}U）	^{234}U	247	50～1 500	珊瑚、鲕石、石灰华、洞穴碳酸盐	同钍累积法	应用
	镭 *	^{226}Ra	1.60	＜10	海泥、洋底锰结核、天然水	浅海沉积速率、锰结核年龄	
	镭-钍	^{226}Ra ^{230}Th	1.60及80	＜400	海泥	浅海和深海沉积率及年龄	应用
	钍(Io) *（^{230}Th-^{232}Th）	^{230}Th	80	＜400	海泥、锰结核、贝壳	同上	应用
	钍-钍	^{230}Th ^{232}Th	80～1 410 000	＜500	海泥（不含陆源碎屑）	同上	应用
	镤 *	^{231}Pa	32.5	＜180	深海抱球虫海泥、骨化石	深海沉积物年龄及沉积速率	应用
	镤-钍	^{231}Pa ^{230}Th	58～80	＜400（≤320）	深海抱球虫海泥及某些陆相沉积物	深海沉积物年龄和沉积速率；黄土、古土壤等陆相地层对比	广泛应用

注：* 常用方法，据曹伯勋，1995。

3. 人工核爆炸放射性沉降法

这类方法的原理与放射性同位素法相同，测试对象为近几十年来人工核爆炸后降到海、湖、冰雪上的核沉降物。这类放射性物质的半衰期短，可用于测年小于 100a 的环境污染和沉积率等(表 11-8)。如^{210}Pb法的年龄计算式为：

$$沉积物年龄(t)=\frac{2.303}{\lambda_{210}}\lg\left(\frac{^{210}Pb_0}{^{210}Pb_h}\right) \tag{11-8}$$

式中：λ_{210}为^{210}Pb的衰变常数(表 11-6)；$^{210}Pb_0$和$^{210}Pb_h$分别为沉积物表面和深度 h 的样品中的^{210}Pb含量，^{210}Pb用低本底放射性测量设备分析测定。

表 11-8 人工核爆炸放射性沉降法

方法	同位素	半衰期(ka B P)	测量范围(ka B P)	测量材料	主要应用	其他
放射性铯	^{127}Cs	30	＜0.1	海、湖相淤泥，天然水	近代湖泊沉积率，环境污染	探索
放射性铁硅法	^{55}Fe	2.6	≤0.01			探索
放射性硅	^{32}Si	0.5	≤2.0			探索
放射性铅	^{210}Pb	21	≤0.1	滨海、湖相淤泥、冰雪、天然水	极低和高山冰盖年龄，积雪速率；现代海、湖沉积物和速率	探索

注：据郑洪汉等，1979。

利用^{210}Pb可测算海、湖沉积速率(v)

$$m=-\frac{\lambda_{210}}{2.303v} \tag{11-9}$$

式中：m为不同取样深度h处样品的$\lg(^{210}Pb)_h$和取样深度h处坐标的斜率；λ_{210}为^{210}Pb的衰变常数，同一岩芯不同深度可取3～10个样品(10个最好)，分别测出^{210}Pb含量绘成图即可求出m值，代入式(11-9)，求沉积速率(v)。

4. K-Ar法

自然界有种3钾(K)：^{39}K、^{40}K和^{41}K，^{40}K为放射性同位素。^{40}K通过K层电子俘获衰变和β蜕变成为^{40}Ar。地质体中的^{40}Ar绝大部分来自^{40}K的衰变。在^{40}Ar无泄漏情况下的封闭系统中，通过测量^{40}K和^{40}Ar的比值，用下式计算地质体年龄(t)：

$$t=\frac{1}{\lambda_k+\lambda_\beta}\ln\left(1+\frac{\lambda_k+\lambda_\beta}{\lambda_k}\times\frac{^{40}Ar}{^{40}K}\right) \tag{11-10}$$

式中：λ_k和λ_β分别为K层电子俘获常数和β^{-1}常数；^{40}K和^{40}Ar分别为样品中的^{40}K和^{40}Ar含量。过去由于运用此法的难度大，一般用于测量老地层的年龄，限制了此法在第四纪研究中的应用。1965年Merrihue提出活化中子法即用快速中子照射样品，使^{39}K反应形成^{39}Ar，$^{39}Ar=J\cdot{}^{40}K$(J为系数)。这样^{40}Ar/^{40}K就可以用^{40}Ar/^{39}Ar来测定(称^{39}Ar-^{40}Ar法)。改进后K-Ar可测小于1Ma内岩石年龄，主要用于火山岩测年。古地磁极性年表的极性时变化年界主要是用K-Ar法标定的。

^{40}K-^{39}Ar同位素定年法是最早用于测定岩石、矿物年龄的方法之一，主要用于10^4～10^9 a年龄范围内的火山岩、侵入岩及其他含钾矿物和岩石的定年，也可用于10 000a左右甚至更年轻富钾矿物的定年。但使用^{40}K-^{39}Ar法有一个前提，即样品在形成时不含^{39}Ar以及在样品形成后定量地保存了该样品产生的放射性成因的^{39}Ar。另外，在远远低于熔点时，^{39}Ar可能通过扩散而丢失，并且^{40}K-^{39}Ar法对样品的需求量较大，样品中的^{39}Ar含量常难以准确测定。为解决上述问题，在^{40}K-^{39}Ar定年的基础上，梅里修和特纳于1966年提出了^{40}Ar-^{39}Ar同位素定年法。

以上各种放射性测定年龄方法的前提是把岩石矿物中的物理过程和化学过程作为封闭体系看待，但地壳的各种物理-化学作用过程经常引起元素的迁移和某些物理因素的变化，这些作用过程的后果可能会破坏方法的前提条件。因此论证方法前提的合理性、测定年龄样品的适应代表性以及研究元素地球化学性质和元素的迁移富集过程等，是每种放射性测定年龄方法研究的必不可少的部分。各种测定年龄方法数据的应用应以地层层序律为基础，并尽可能与古生物学、古气候学、新构造运动学和古人类学等研究成果结合应用，才能取得较好的结果。评价各种测定年龄结果的可靠性时，凡两种以上测定年龄方法的结果接近并符合地层层序律，谓之可信；只有1种年代学数据符合地层层序律，数据可供参考；若只有1种年代学数据且违反地层层序律，则数据不可信。不可信问题产生的原因可能是方法本身不成熟或方法成熟但操作有误，另一个原因是标本受污染或无代表性。

(三) 其他方法

利用历史考古法、沉积学法和树木年轮法等，在具备条件时对测定10～0.1ka B P沉积物年龄推断有重要的价值。

树木年轮法是通过对古树和现代树的年轮数目及宽窄变化研究，推断8ka B P以来沉积物年龄和严重的干湿气候与环境变化历史。树木春生秋止，春材木质细胞壁薄、形大、排列疏

松,秋材木质细胞壁厚、排列致密,春秋材合计 1a。年轮宽反映该年气候暖湿,降水充沛,反之年轮就窄;同一地区树木年轮宽窄变化相同。利用不同树木相同时期的年轮重叠逐段连接(图 11-13),可以得到长时期年轮记录(至今已可推到 8ka B P 左右)①。

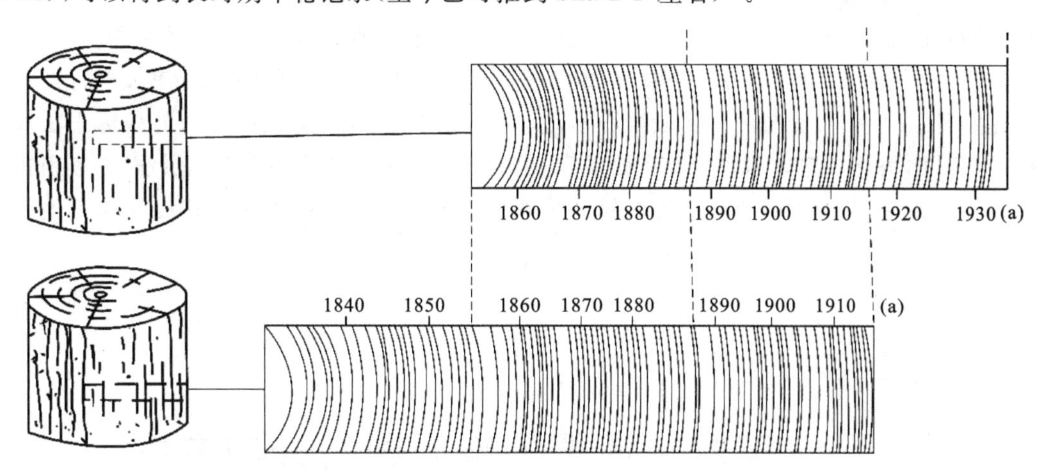

图 11-13　弗里特树木年轮计算法图

(据何娟华,1979)

生长在远离人群高地上的白皮松、马尾松、扁柏、桧树和银杏树等靠近基部的圆盘标本最理想。树木年轮宽度变化与年降水量记录的相关性明显(图 11-14),这为那些没有气象记录的年代和地区的古气候研究提供了良好的材料,并可为旱涝灾害、冰川进退、太阳黑子活动和大气中^{14}C 生产率校正与对比提供基础。

以上各种确定第四纪沉积物年代方法的时间范围和各时段可所供选择的方法组合如图 11-15 所示。

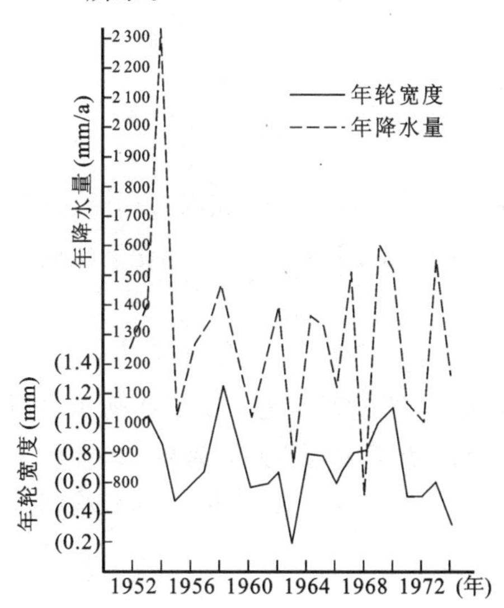

图 11-14　湖南岳阳树轮宽度变化与降水量逐年变化图

(据何娟华,1979)

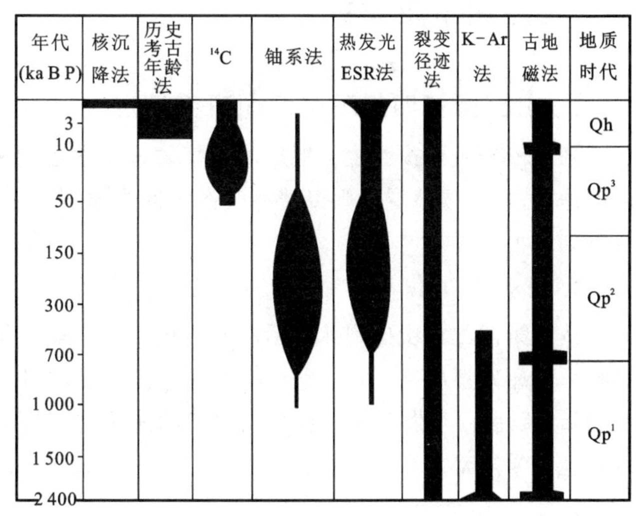

图 11-15　第四纪测定年龄方法的时间范围和各时段方法组合选择图

(据曹伯勋,1995)

① 对不知年代的树木用年轮的^{14}C 年龄标定。

第四纪地球大气圈、水圈、岩石圈和生物圈的重大变化事件都具有一定程度的内在联系，因此综合性多重地层划分对比可以揭示上述各圈层演化历史之间的关系。综合-多重地层划分以岩性(宏、微观的)记录为基础，以多种年代学方法为必要条件，古气候、古环境与古生物(哺乳动物、软体动物、植物孢粉组合等)事件不可缺少(事件地层)，其余视具体剖面材料决定。综合多重地层剖面上各种事件分界的一致或不一致，可以反映各种事件的同时、超前或滞后关系。

在实际工作中，应充分利用比较岩石学法、地层接触关系(构造地质)法、地貌标志法和特殊标志层对比法建立起局部地区的有效层序，再利用气候地层学法和生物地层法，并参考古人类和考古学成果，同时通过年代学方法较准确地确定第四纪地层的地质年代以及与其他地区地层的对比关系。

第二节 第四纪地层下限问题与分期方案

第四纪下限问题即上新世(统)与更新世(统)的分界(N/Q)问题，这是第四纪研究中一个长期未能完全解决的基本问题。众多的研究者都力图用一种全球性事件(如气候或生物)的等时线来定义第四纪下限，但由于这些事件在地球上各部分出现的穿时和时差现象，因而至今国际上关于上新世与更新世分界问题尚未取得一致的意见。传统上地层分界的划定是以海相地层为基础的，但对于陆相地层发育的第四纪下限问题，研究海陆地层记录时都应该重视。

一、第四纪下限问题

(一) 国际第四纪下限问题研究情况

划分依据主要按照生物地层学和气候地层学原则来划分。生物地层学原则包括海、陆相生物地层；古气候地层学则以暖冷气候旋回为原则。研究者的依据不同，有关第四纪下限问题有下列 4 种意见。

1. 0.8～0.7Ma

按照第四纪首次出现冰川活动作为第四纪开始的原则，早期把第四纪下限划在阿尔卑斯贡兹冰期冰碛层底部，其古地磁年龄为 0.73Ma，或以欧洲“克罗麦层”底部为界，其年代为 0.8Ma。以后由于发现比贡兹冰期更老的冰碛物，现在除少数人持这一观点外，大部分第四纪冰川地质学家都放弃这一观点。

2. 1.8Ma 左右

1948 年在国际地质大会伦敦会议上，按气候-生物地层原则提出，第四纪下限在海相地层中，以意大利地中海沿岸卡拉布里层底部含有北方型喜冷软体动物化石北极冰岛蛤(*Artica islandica*)和喜冷有孔虫饰带透明虫(*Hyalina balthica*)出现为标志，即 N/Q 分界划在卡拉布里层底部，其下为上新世阿斯蒂层。陆相地层则划在含有最早出现象、马、牛化石的维拉坊组

河湖相层底部。1982 年国际第四纪联合会的 N/Q 界线小组委员会根据对意大利地中海沿岸另一地点海相地层弗利卡剖面的研究，建议以喜冷底栖有孔虫波罗的饰带透明虫（*Hyalina balthica*）、浮游有孔虫厚壁新方抱球虫（左旋）与可可石类的大洋桥石（*Gephyrocapsa oceanica*）等的大量涌现和超微钙质化石盘星藻（*Discoasder*）类的大量绝灭层位作为 N/Q 分界，此分界位于古地磁极性的奥都维亚时附近，为 1.8～1.7Ma。陆相地层中据对维拉坊哺乳动物群研究，维拉坊组地层可以三分，中维拉坊组哺乳动物群中含有喜冷的化石如披毛犀反映气候有所变冷，N/Q 分界可以划在中维拉坊组底部。

3. 2.4Ma

据对欧洲和俄罗斯地台的植物群研究，在 2.4Ma（斯堪的纳维亚大冰盖形成之前）植物群发生过重要的变化，喜暖的东亚或北美种类大量减少，而欧亚针叶树种和草本大量涌现，标志一次气候显著变冷，提出可以此为 N/Q 分界，大约与古地极性的布容/松山分界相当。

4. 3.5～3Ma

在阿拉斯加发现 3.5Ma（甚至有更早的）的冰碛物，亚洲北部喜暖植物成分（如银杏、枫杨）减少，非洲出现较原始的古人类（如肯利亚 1470 号人头骨化石下伏图鲁博尔火山灰年龄为 3.18Ma）。尤其是古冰碛的发现，可作为 Q 的底界，冰川地质研究者大多支持这一意见。

以上几种第四纪下限方案存在着一系列问题，比如并列的统的时间尺度相差很大、无年代学数据、未反映气候的多波动性、仅反映了 Q/N 下限为 0.8～0.7Ma 的冰期方案。这些方案虽未能解决 N/Q 分界的统一下限问题，但都揭示出第四纪地壳发展中的重大客观事实，把第四纪下限问题的研究推进了一大步。

（二）中国第四纪下限问题研究情况

1948 年，中国采纳伦敦会议方案，把第四纪下限放在含有性质上与欧洲维拉坊动物群相似的泥河湾动物群的河湖相泥河湾层底部。1959 年全国地层会议肯定了这一意见。

近些年来，随着国际国内第四纪下限问题研究的深入，中国第四纪下限出现了上提和下移两种趋向：①北方的早更新统泥河湾组（Qp^1）、三门组（Qp^1）和南方的元谋组（Qp^1）一分为二，并把 N/Q 分界上提到早更新世地层中部，其依据是哺乳动物群或古地磁年龄。②第四纪冰川地质工作者则提出把 N/Q 分界下移，其依据是发现约 3Ma 冰碛，认为这是中国第四纪最老的冰期。此外，南京雨花台组中发现上新世植物化石，而认为整个雨花台组应划入上新世。总的来说，中国第四纪下限问题的研究与 1958 年前相比有了一定的进展（表 11-9），但亦未取得统一意见。

二、第四纪地层分期方案

1932 年国际第四纪研究联合会（INQUA）提出一个以古生物地层与古气候地层并举的第四纪地层划分方案（表 11-10）。该方案的古生物地层学原则上应理解为包括海、陆相生物地层；古气候学则以从暖到冷的冰期旋回为原则。其中晚更新世—全新世部分，即包括晚更新世的末次间冰期、末次冰期和冰后期，一直沿用至今。

上列方案历时甚久，不足之处明显，如并列的统的时间尺度相差很大，阿尔卑斯地区贡兹冰碛古地磁年龄不大于 0.73Ma，而表中仅反映了 N/Q 分界的 0.8～0.7Ma 方案，没有年代学数据和未反映气候变化的多波动性等，是方案固有的和以后研究进展反映出的种种不足之处。

表 11-9　中国第四纪下限研究简况表

地质时代	极性(Ma)	河湖相生物地层 北方		河湖相生物地层 南方		北方洞穴	气候岩石地层 北方	气候岩石地层 南方		平原	冰期
早更新世(Qp^1)	松山 (2.47)	泥河湾组 Q	上(黄)泥河湾组 Q N 下(绿)泥河湾组	元谋组(4个段) Q	元谋组(三、四段) Q N 沙沟组(一、二段)	12地点 18地点 Q	午城黄土 Q	雨花台组 Q	Q	夏垫组 Q	红崖冰期
上新世(N_2)	高斯(3.4) 吉尔伯特	N	酒河组			N 顶盖层 14地点	N 静乐红土 保德红土	N	N 雨花台组	N 顺义组	Q N

但在新方案提出之前对这一国际方案还应有所了解。

关于第四纪地层单位问题，国外第四纪沉积物年龄测量技术运用较广，一般多用古地磁极性配合其他年龄值作沉积物或第四纪重要事件的年龄标尺。我国广大平原区钻孔剖面的第四纪地层划分，一般按1990年颁布的《中国地层指南及中国地层指南说明书》建立岩石地层单位“组”，再配合以古地磁极性和其他年龄值。在实用中，常可在分统基础上划分出若干(三分或二分)次级单位，如全新统(Qh)可分为早期(Qh^1)、中期(Qh^2)和晚期(Qh^3)各段等。

表 11-10　国际第四纪划分方案表

地质时代			国际第四纪地层划分方案 生物地层学方案	国际第四纪地层划分方案 古气候学方案
新生代	第四纪(Q)		全新世或全新统(Qh)	冰后期
		更新世	晚更新世或上更新统(Qp^3)	武木冰期(W) 里斯-武木间冰期(R-W)
			中更新世或中更新统(Qp^2)	里斯冰期(R) 民德-里斯间冰期(M-R)
			早更新世或下更新统(Qp^1)	民德冰期(M) 贡兹-民德间冰期(G-M) 贡兹冰期(G)

注：据曹伯勋，1995。

第三节 中国第四纪地层

一、中国第四纪地层区域特征

中国地域广阔，地貌复杂多样，气候具有明显的地带性，新构造运动活跃，使中国第四纪地层具有下列特征。

1. 第四纪地层的分布、厚度、沉积类型和旋回性受新构造运动制约

新近纪末期以来，青藏高原的强烈隆升，形成我国从西至东的阶梯状大地形与北东向、东西向平原和盆地沉积区，沉积厚度一般达几百米。在继承性沉降堆积区，第四纪沉积常继承新近纪堆积作用，形成相似的沉积类型。这一类盆地第四纪沉积的正旋回粒度韵律与新构造间歇性运动有关。

2. 第四纪地层的特点受气候控制

中国地貌和气候的纬向及经向变化特点，形成了中国第四纪地层的区域性（或地带性）特征。西部强烈上升的气候干燥和干冷区主要以冰川、冰水、洪积、风积和盐湖沉积为主；东部华北半干旱区黄土极为发育，华南区则随处可见亚热带红土和受亚热带气候湿热化的红土砾石，东北河湖沉积普遍，沿海地带不同程度地沉积了第四纪海相地层。有所谓东蓝（海洋）西白（冰川）南红（红土）北黄（黄土）和东北黑（沼泽土）的区域沉积优势特征。

3. 沉积物成因类型复杂多样

中国第四纪沉积物有海相、陆相、海陆过渡相、构造成因、火山成因和人工堆积 6 个系列，其中以陆相沉积物分布最广泛；每个系列中又包含若干个沉积物成因类型。在不同的地质、地理环境中有不同的优势沉积物成因组合：平原（山间盆地或断陷谷）沉降区河流、湖泊和沼泽成因堆积物最为常见；低山丘陵区风化、片流和重力堆积物占优势；上升的剥蚀山地区冰川、冰水、洪流、泥石流和重力堆积物极为常见；沿海和陆架则有过渡相和海相沉积物。我国第四纪火山堆积主要见于东北、西南或断裂带，而东部则人工堆积物很普遍。

二、中国第四纪区域地层简述

近 20 多年来，中国第四纪地层研究的主要进展表现在：黄土地层研究达到国际先进水平；平原区第四纪地层划分对比应用了年代学（尤其是古地磁学）和孢粉资料，提出了若干以钻孔资料为基础的地区性年代-气候地层单位；部分地区代表性剖面由于有了年代学数据，提高了地层单位的时间精度；由于新的哺乳动物化石的发现，一些地层的划分有重要变化；第四纪海相和海陆过渡相地层研究取得了新进展。

按中国第四纪地层区域特征分为华北区、东北区、西北-青藏区、西南区、华南-东南区、东部平原区和邻近海域7个主要地层分区。以下对每个地层区的主要地层特征加以简述，并列出该区内扼要对比关系（主要为堆积区）。

（一）华北区

本区包括豫、冀、晋、陕和陇东地区，其中有黄土高原和汾渭谷地等主要第四纪地层堆积区。以黄土、河湖相地层为主，部分地区洞穴地层发育。

河北平原第四纪地层沉积厚度大，分布广泛，成因类型主要有冲洪积、湖沼沉积、海积、残积以及风积和火山堆积等（表11-11）。半个世纪以来，河北省第四纪地质研究不断深入。第四系下限差异较大，河北平原以3.06Ma为第四系下限，而山东以1.80Ma为第四系下限，北京、河南、天津以2.48Ma为第四系下限；第四纪地层内分也存在差异：河北平原上更新统代表地层组——欧庄组，实际上包括中更新统、上更新统地层组，河北平原杨柳青组实际是下更新统地层的一部分。

表11-11 河北平原古地磁极性柱解译

孔号	B/M界线(m)	评价	M/J界限(m)	评价	下伏地层
南堡傍5	171.0	可用	493.0	可用	368.5～6 379.8m为棕红色泥 371.17～375.00m为深棕色、紫红色黏土 320.00～323.20m为棕红色杂有灰绿色黏土
固安固2	97.5		323.6	可用	
鸡泽Ⅲ-5	107.4		367.9	可用	
临西Ⅲ-9	146.1	可用	320.0	可用	
海兴仓13	90.0		323.0	可用	
海兴7-17-1	100.0		319.0	可用	
饶阳6	140.0	可用	456.0	可用	
肃宁肃开5	154.0	可用	456.0	可用	
肃宁肃开10	140.0	可用	473.0	可用	
沧州沧补	138.0		473.0	可用	

注：据刘立军，2010。

在以往研究的基础上对河北平原第四纪地层划分的一次探讨，由于一些小区缺乏古地磁测年资料，而标志层、沉积物颜色特征界限又不明显，故影响了第四系下限和各统底界划分精度。通过对以往地层岩性、成因类型、结构、标志层、^{14}C、古地磁、钻孔等资料的重新分析与对比，依照《中国地层指南》对河北平原第四纪地层进行了重新划分和修订。以2.58Ma为第四系下限，以0.78Ma为中更新统底界，以相当深海氧同位素5阶段开始的0.128Ma为上更新统底界，以大体相当深海氧同位素1阶段开始的0.01Ma为全新统底界，修订后的河北平原第四系厚度减小40～220m。

1. 第四系下限（N/Q界限）

根据河北平原10个典型钻孔古地磁测试资料分析如下：

河北省鸡泽县Ⅲ25孔M/G界线在367.90m、371.17～375.00m出现深棕色、紫红色黏土，492.57m以下出现20小层紫红色、5层棕红色粉质黏土。河北省临西县Ⅲ29孔M/G界线在320.00m，该界线之上仅119.70～122.30m为棕红色黏土，308.70～314.40m层段上部为棕红色黏土，下部为灰黄色、锈黄色黏土；M/G界线之下的320.00～323.20m为棕红色（偶

有灰绿色黏土),至 473.00m 深度共有 14 层棕红色黏土,473.00～489.00m 层段上部为棕红色黏土,下部为紫红色黏土,489.00m 之下为 12 层棕红色、紫红色黏土。由于固 2 孔、Ⅲ25 孔、Ⅲ29 孔皆为 M/G 界线下即见厚层棕红色黏土,符合进入第四纪气候突然转型的古气候背景,故采用厚层棕红色黏土最高出现层位。

沧州市区基本坐落在沧县隆起处,理论上 M/G 和 B/M 界线应浅些,但沧补 12 孔这两条界线较深。认为 B/M 界线确定在 190m 左右较好,现在确定的 M/G 界线之上依然出现厚层状棕红色黏土,是全区进行古地磁测试钻孔的特例(图 11-16)。

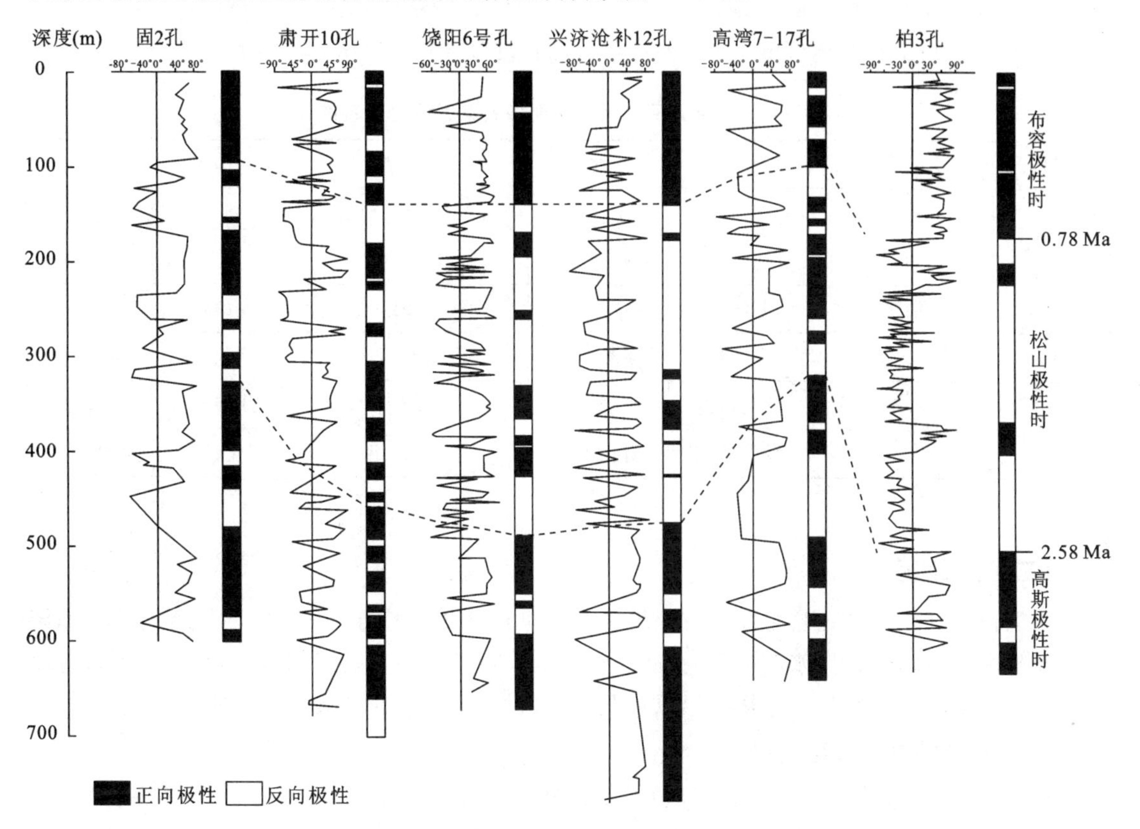

图 11-16 河北平原部分钻孔古地磁极性柱对比

(据刘立军,2010)

2. 中更新统

根据南堡傒 5 号孔、临西Ⅲ-9 号孔、饶阳 6 号孔、肃宁肃开 5 号孔、肃宁肃开 10 号孔等古地磁解译结果,参考固安固 2 号孔、鸡泽Ⅲ-5 号孔、海兴沧 13 号孔、海兴 7-17-1 号孔、沧州沧补 12 号孔等古地磁解译结果,同时考虑凹陷和隆起构造单元的影响,综合确定中更新统底界为 50～180m。

3. 上更新统

晚更新世以来滨海地带 3 次大海侵始自末次间冰期,即深海氧同位素 5 期的年龄值 0.128Ma,上更新统底界在 60m 左右。3 次海侵层岩石地层特点明显,皆呈灰色,且 3 个海侵层底几乎皆可见基底泥炭或相近的富有机质黏土。一般在第三海侵层下是垂向地层中杂色黏土或较大钙质结核、棕红色黏土的最后出现层位。山前以 S1 古土壤为底界,中部平原以 50～60m 深度的淋滤淀积层为底界,没有此淋滤淀积层者,大体以 60m 左右的砂层为底界。

4. 全新统

在沿海地带，以 0.01Ma 为全新世开始时间，大体在基底泥炭之下。由海向陆方向，由于海水逐渐淹没陆地，这一层序界面不等时，从这个角度分析，不能在远离沿海地带据泥炭层^{14}C 测年资料盲目下推一段以与 0.01Ma 年数值吻合。由于晚更新世末次盛冰期是第四纪中最冷的阶段，即使是泥质沉积物亦普遍因海平面下降、地下水位下降遭受氧化，应将此界线放在末次盛冰期砂层之上的锈黄色黏性土和无锈黄色黏性土之间。全新统底界大致在 20m 左右。

修订后的河北平原第四纪地层组（表 11-12）为：下更新统（Qp^{1}）—杨柳青组；中更新统（Qp^{2}）—欧庄组；上更新统（Qp^{3}）—杨家寺组；全新统（Qh）—歧口组、高湾组。

表 11-12　修订后的河北平原各省第四纪地层系统

地层代号	底界年代(Ma)	天津市	河北省	山东省	河南省	北京市
Qh	0.01	天津组	歧口组 高湾组	小沙组、黄金寨组、 下河组	濮阳组	
Qp^{3}	0.128	塘沽组	欧庄组 （杨家寺组）	惠民组	太康组	
Qp^{2}	0.78	佟楼组		临清组	开封组	翟里组
Qp^{1}	2.58	马棚口组	杨柳青组	无棣组	武陟组	夏垫祖
N$_{2}$	5.50	明化镇组	明化镇组	明化镇组	明化镇组	明化镇组

注：据刘立军，2010。

（二）东北区

本区包括辽宁、吉林、黑龙江 3 省。地表全新世沼泽堆积广布，平原地下更新世冲积和湖积堆积较厚，山地有冰川、冰水沉积，玄武岩喷发从上新世末一直延续到现代，临海大河口有海陆过渡相沉积。本区部分古生物地层以华北区为依据，但地层的区域性分异明显。

1. 下更新统白土山组（Qp^{1}）

该组上部为棕褐色砂土，下部为红色及白色砂砾，分选差，含冰川砾石。上下总厚度为 5～30m 或更厚。在大小兴安岭山麓组成二级阶地，往平原变为冲积、湖积物，伏于平原下 40～50m 或更深。

2. 中更新统（Qp^{2}）

东北区中更新统是平原区主要含水层，一般地面出露零星，多埋于地下 10～30m，各地建组命名不同。

荒山组分布在松嫩平原东部，可二分：上荒山组（Qp$^{2-2}$）为灰黄—棕黄色黄土状亚黏土，厚 4～18m，热发光年龄为 0.4～0.2Ma；下荒山组（Qp$^{2-1}$）为黄绿色、灰白色冲积砂砾层，厚 10～25m，属布容正极性时。

林甸组分布于松嫩平原西部地下 25～30m，东部为灰白—灰黄色冲积砂砾层；往西变为常含钙质条带及结核，有机质含量较高的黑绿色湖相砂质黏土。

在下辽河平原，中更新统称郑家店组，为冲积、洪积砂砾、含砾砂与亚黏土，夹薄层海相层，总厚度达百余米，埋深达 150～250m。三江平原区中更新统称向阳川组，上部为黄土状亚黏土，含铁锰质结核；下部为灰褐—灰黑色砂层及砂砾层，厚度为 40～80m，最厚达 100 多米。

3. 上更新统（Qp^3）

上更新统东北区发育顾乡屯组和榆树组。顾乡屯组是东北区著名上更新统地层，总厚一般为20～50m。松嫩平原顾乡屯组可三分：上部黄土状亚砂土、亚黏土，含钙质结核，厚度为1～5m；中部灰黑色淤泥质亚黏土，厚度为2～6m，中层顶部^{14}C及热发光年龄为23ka B P；下部砂及砂砾层，厚度为5～10m，其顶部热发光年龄为50ka B P左右。顾乡屯组中、下部含有著名的猛犸象-披毛犀动物群化石（第十二章）。榆树组分布在下辽河平原，厚度约70m，埋在地下约30m处，为灰色、灰绿色细粒沉积，夹两层海相层。

4. 全新统（Qh）

平原区地表主要为冲积和湖积砂砾、砂、亚黏土和泥炭、淤泥；在辽河口为海陆相互层。山区有块状熔岩堆积，最晚的老黑山玄武岩喷发活动发生在1 721～1 719a A D。

东北区第四纪地层对比如表11-13所示。

表11-13 东北地区第四纪地层分区对比简表

<table>
<tr><th colspan="3">地质时代</th><th>小兴安岭</th><th colspan="2">松嫩平原</th><th>下辽河平原</th><th>三江平原</th><th>长白山</th></tr>
<tr><td rowspan="3">全新世</td><td rowspan="3">Qh</td><td>Qh^3</td><td>老黑山玄武岩</td><td colspan="2">冲积层</td><td>冲海积层</td><td>冲积砂砾层</td><td>冲积层</td></tr>
<tr><td>Qh^2</td><td>冲积层</td><td colspan="2">昂昂溪文化层</td><td>海积层</td><td>新石器遗迹亚砂土层</td><td>冲湖积层</td></tr>
<tr><td>Qh^1</td><td>龙门山玄武岩</td><td colspan="2">温泉河组</td><td>冲海积层</td><td>冰场组</td><td>湖积层</td></tr>
<tr><td rowspan="8">更新世</td><td colspan="2" rowspan="3">Qp^3</td><td>尾山玄武岩</td><td colspan="2">顾乡屯组</td><td rowspan="3">榆树组</td><td rowspan="3">别拉洪河组</td><td rowspan="3">明月镇洞穴堆积
南坪玄武岩二道岗冰碛层冲积层</td></tr>
<tr><td>冲积层</td><td colspan="2" rowspan="2">哈尔滨组</td></tr>
<tr><td>五大连池旧期玄武岩</td></tr>
<tr><td colspan="2" rowspan="3">Qp^2</td><td>药泉山玄武岩</td><td rowspan="3">荒山组</td><td rowspan="3">林甸组</td><td rowspan="3">郑家店组</td><td rowspan="3">向阳川组</td><td rowspan="2">白头山粗面岩
上老黄土</td></tr>
<tr><td>冲积层</td></tr>
<tr><td>东焦德布山玄武岩</td><td>老布克冰碛层</td></tr>
<tr><td colspan="2" rowspan="2">Qp^1</td><td colspan="3" rowspan="2">白土山组</td><td rowspan="2">田庄台组</td><td rowspan="2">山前砂砾石层</td><td>军舰山玄武岩
（岗头组）</td></tr>
<tr><td>四等房冰碛层</td></tr>
<tr><td>上新世</td><td colspan="2">N_2</td><td colspan="2">东华组</td><td>泰康组</td><td>明化镇组</td><td colspan="2">玄武岩</td></tr>
</table>

注：据曹伯勋，1998。

（三）西北-青藏区

本区包括新疆、青海、甘肃西部和西藏，从新近纪以来地壳一直强烈上升，造成巨型隆起的青藏高原和载雪高山与封闭盆地对峙的祁连山-天山山地。气候随地壳上升不断向干冷方向发展，动植物界每况愈下。本区是中国现代和第四纪冰川与冻土最发育的部分，山地和山前第四纪冰川和冰水沉积物广泛发育。盆地内则以洪积、冲积、冰水沉积、风积和盐湖积地层为主。

1. 山地冰川地层

天山、昆仑山、阿尔泰山和祁连山等高山区，第四纪一般至少有4～5次冰川扩展阶段，形

成3～5期冰碛层及其间的间冰期地层(通常晚更新世冰碛层均可分为两期),以东昆仑山为例:

(1) 下更新统(Qp^1)惊仙冰碛层。主要为冰碛砂砾和冰水砂堆积,最大漂砾直径可达1～2m;上覆的羌塘组灰色与灰黄色河湖相砂砾及砂层和亚黏土层为间冰期沉积物。

(2) 中更新统(Qp^2)纳赤台冰碛及冰水砂层。岩性松散,厚度达1 000m,分布很广。

(3) 上更新统(Qp^3)冰碛层。分为两期:早期称西大滩冰碛、冰水砂砾层;晚期称本头山冰碛,为冰碛碎石与黄土;二者间的间冰期沉积物为喜水性芦苇化石层。

(4) 全新统(Qh)冰川沉积物。如昆仑山小冰期冰川扩展形成的3道终碛,高差从10～20m至100～200m。

天山与上述情况类似。

2. 盆地

青藏高原以北一系列近东西向或北西向盆地中堆积了较厚的第四纪沉积物。在以断裂地貌为界的受新构造差异控制的山前(或盆地边缘)发育很厚的粗粒沉积物,而且更新统地层之间多以角度不整合接触,或更新统地层有构造变动。

(1) 下更新统西域砾石层(Qp^1)。为黄褐色砾石层,普遍出露在准噶尔南缘,厚达2 000m,其中曾发现三门马化石(*Egunas sanmenienses*)。西域砾石层与上覆早更新世晚期"五梁司层""玉门砾石层及其上覆更新统""酒泉砾石层"均呈不整合接触。

(2) 中更新统(Qp^2)。一般在山前(或盆地边缘)为洪积、冲积砂砾层(有的地方与冰碛层过渡),往盆地中部过渡为河湖相细砂夹黏土层,厚度在50m以下。在准噶尔南缘的中更新统乌苏群(Qp^2)亚黏土层中,发育微红色土壤层,采集到纳玛象化石。

(3) 上更新统(Qp^3)。新疆群为黄土、风成沙、砂砾层与灰黑色砾石层,后者是构成戈壁滩的基础(旧称戈壁组)。在有些地点的砾石层和黄土中有石膏;在东天山北麓乌鲁木齐附近上更新统(Qp^3)仓房沟组河湖相砂层中采集到猛犸象、披毛犀、古菱齿象和普氏野马等化石。全新统有风成沙、冲积层、洪积层和湖积层。

3. 青藏高原

青藏高原平均海拔4 500m以上,普遍发育冻土,周边山地现代冰川发育。第四纪本区以冰川冰水地层和湖相地层为主;高原东缘为南北向深切峡谷系,主要有少量冲积层和洪积层。本区近些年来发现为数不多的中—晚更新世哺乳动物化石。

1) 藏北地区

第四纪湖积、洪积和寒冻风化沉积层发育,前者厚度达几十米至100多米。以色林错—班戈错一带为例:

(1) 下更新统猪头山组(Qp^1)。为浅棕色黏土与红色钙质胶结的砂砾岩,厚度为10～65m。下伏上新统丁青组(N_2)砂岩与黏土互层。

(2) 中更新统夏穷错组(Qp^2)。红色砂砾与砂层夹粉砂黏土,厚度为10～120m。

(3) 上更新统同旧藏布组(Qp^3)。黄土状亚黏土,产马、软体、介形类及硅藻化石,厚度为10～30m。

(4) 全新统班戈组(Qh)。灰绿色碳酸盐黏土或文石水菱铁矿堆积,间夹棕色黏土,厚度为数米至10余米。

在扎文部地区有14级湖阶地砂砾层,分属下更新统(十一～十四级)、中更新统(七～十

级）、上更新统（四～六级）和全新统（一～三级）。

2）藏南地区

第四纪堆积物零星，主要为冰碛、冰水沉积、冲洪积及洪积。以帕里盆地为例：

（1）下更新统—上新统贡巴砾岩（Qp^1—N_2）为灰褐色砾石层，夹蓝灰色粉砂及砂。砾径一般小于 10cm。厚度大于 200m。属高斯正极性时。

（2）中更新统聂拉木冰碛层（Qp^{2-1}）为风化较深的巨砾和漂砾为主组成的冰碛层；顶部为棕黄色砂土夹石块。

（3）上更新统冰碛层，在海拔 4 300～4 400m 处称基隆寺冰碛层（Qp^{3-1}）；海拔 4 600～4 700m称绒布寺冰碛层（Qp^{3-2}）；两者间有棕黄色砂土沉积，土中有时夹有机质。

（4）全新统冰碛（Qh）分布于现代山地冰川外围。

西北-青藏区主要地区第四纪地层对比如表 11-14 所示。

表 11-14 西北-青藏区主要第四纪地层对比表

<table>
<tr><th rowspan="2">分区
地层
时代</th><th rowspan="2">昆仑山</th><th rowspan="2" colspan="2">准噶尔盆地</th><th colspan="2">藏北</th><th>藏南</th><th rowspan="2">河西走廊</th><th rowspan="2" colspan="2">青海湖—共和盆地</th></tr>
<tr><th>色林错-班戈错</th><th>申扎-文部</th><th>帕里盆地</th></tr>
<tr><td rowspan="3">全新世（Qh）</td><td rowspan="3">现代冰川
昆仑冰期
间冰期</td><td rowspan="3" colspan="2">冲积层
洪积层
湖积层
风积层
泥火山沉积层</td><td rowspan="3">班戈组</td><td>湖积层（一级阶地）</td><td rowspan="3">冲洪积层
冰积层</td><td rowspan="3">冲积层
洪积层
风积层
湖积层</td><td rowspan="3" colspan="2">布哈河组</td></tr>
<tr><td>湖积层（二、三级阶地）</td></tr>
<tr><td>湖积层（四级阶地）</td></tr>
<tr><td rowspan="3">晚更新世（Qp^3）</td><td rowspan="3">本头山冰期
间冰期
西大滩冰期</td><td rowspan="3">新疆群</td><td rowspan="3">仓房沟组
黄土</td><td rowspan="3">同旧藏布组</td><td></td><td>绒布寺冰碛层</td><td rowspan="3">戈壁组</td><td rowspan="3">二郎尖组</td><td rowspan="3">马兰组</td></tr>
<tr><td>湖积层（五级阶地）</td><td>间冰期（古土壤）</td></tr>
<tr><td>湖积层（六级阶地）</td><td>基龙寺冰碛层</td></tr>
<tr><td rowspan="2">中更新世（Qp^2）</td><td rowspan="2">间冰期
（强烈侵蚀期）
纳赤台冰期</td><td rowspan="2">乌苏群</td><td rowspan="2">宁家河组（?）</td><td rowspan="2">夏穷错组</td><td rowspan="2">湖积层（七～十级阶地）</td><td>间冰期</td><td rowspan="2">榆林组</td><td rowspan="3">共和组</td><td rowspan="2">离石组</td></tr>
<tr><td>聂拉木冰碛层</td></tr>
<tr><td rowspan="2">早更新世（Qp^1）</td><td rowspan="2">羌塘组
惊仙冰期(?)</td><td colspan="2">王梁司组</td><td rowspan="2">猪头山组</td><td rowspan="2">湖积层（十一～十四级阶地）</td><td rowspan="2">贡巴砾岩</td><td rowspan="2">玉门组</td><td></td></tr>
<tr><td colspan="2">西域组</td><td colspan="2">五泉山组</td></tr>
<tr><td>上新世（N_2）</td><td>红石梁组</td><td colspan="2">独山子组</td><td>丁青组</td><td></td><td>湖相泥岩</td><td>疏勒河组</td><td colspan="2">贵德群</td></tr>
</table>

注：据曹伯勋，1995。

（四）西南区

本区包括云南、贵州、广西及四川等地。除丽江盆地有第四纪冰碛层外，本区以冲积、洪积和湖积地层为主，广西和四川东部有第四纪不同时期的洞穴堆积。云南腾冲有多期第四纪火山喷发。洞穴地层划分以含哺乳动物化石洞穴为标准，洞外堆积根据岩性和地貌与洞穴地层对比确定时代。

1. 西南与华中洞穴及湖相生物地层

（1）下更新统元谋组（Qp^1），标准地点在云南元谋盆地龙江以东的东山山前地带。

（2）早期研究者把元谋盆地一套厚度为695m的河湖相砂砾、砂与黏土互层岩系，分为4段28层，根据其中的元谋动物群化石，划归下更新统，建立了元谋组（广义）。后续研究者趋向于把含元谋人门齿化石和云南马化石的上部第三、第四段重定为元谋组（狭义），其下第一、第二段划入上新统（N_2）。第三段和第二段分界的古地磁年龄在2.48Ma左右。

2. 广西柳江地区

广西柳江地区，沿江不同河拔高度的洞穴堆积与河流阶地冲积层有下述对比关系：

（1）下更新统（Qp^1）。含柳城巨猿动物群的洞穴红色含角砾砂土，可与柳江第五级阶地冲积层对比。

（2）中更新统（Qp^2）。含笔架山动物群的洞穴堆积与柳江第三级、第四级阶地红色冲积砂砾和网纹红土时代相当。

（3）上更新统（Qp^3）。含晚期古人类-柳江人和哺乳动物化石的柳江洞穴堆积灰褐色砂质黏土，与柳江第二级阶地黄色冲积砂砾属同期地层。

（4）全新统（Qh）。有来宾巴拉洞六堆积与第一级阶地冲积层对应。

3. 四川盆地

四川盆地是西南区最大的堆积区，以冲积砂砾堆积为主。

（1）上新统—下更新统（N_2—Qp^1）。有大邑砾石层和昔格达群，前者为广布于川西山前地带的冲、洪积砂砾层；后者为安宁河谷断陷河湖相沉积。二者厚度都在500m左右，均受构造变动，代表盆地周边上新世—早更新世末构造活动期。

（2）中更新统雅安砾石层（Qp^2）。上部有网纹结构，产东方剑齿象化石，广泛分布在盆地主河高阶地区。

（3）上更新统广汉组（Qp^3）。黄色冲积砂砾、粉砂层和“成都黏土”，均富含钙质结核，前者^{14}C年龄为30ka B P左右，后者^{14}C年龄为23～16ka B P。

（4）全新统（Qh）。为大河第一阶地冲积层，在资阳黄鳝溪沱江一级阶地冲积层中发现过6.55ka B P左右的资阳人化石。

洞穴地层以四川盐井沟洞和湖北西部长阳滴堆积为代表。

西南区主要第四纪地层对比如表11-15所示。

（五）华南-东南区

本区包括鄂、湘、赣、皖、苏、闽、浙、粤、台湾及海南等省区，地处中国大地貌上的第三阶梯丘陵区，属北亚热带—热带气候。

表 11-15　西南区主要第四纪地层对比表

<table>
<tr><td>分区
地层
时代</td><td colspan="3">洞穴与湖相生物地层</td><td>四川盆地</td><td>川东南-黔东</td><td colspan="2">丽江盆地</td><td>腾冲盆地</td></tr>
<tr><td>全新世
（Qh）</td><td colspan="3">来宾迁江巴拉
洞穴堆积物</td><td>冲积层</td><td>冲积层
（一级阶地）</td><td colspan="2">现代冰碛物</td><td>安山岩</td></tr>
<tr><td rowspan="3">晚更新世
（Qp^3）</td><td rowspan="3" colspan="2">长阳洞
穴堆积</td><td rowspan="3">柳江洞
穴堆积</td><td>“成都黏土”</td><td rowspan="3">冲积层
（二级阶地）</td><td colspan="2">大理冰碛层</td><td rowspan="3">安山质玄武岩
玄武岩</td></tr>
<tr><td rowspan="2">广汉组</td><td colspan="2">木坚桥间冰期
堆积</td></tr>
<tr><td colspan="2">丽江冰碛层</td></tr>
<tr><td rowspan="2">中更新世
（Qp^2）</td><td rowspan="2" colspan="2">盐开沟洞
穴堆积</td><td rowspan="2">笔架山洞
穴堆积</td><td rowspan="2">雅安砾石层</td><td rowspan="2">冲积层
（三、四级阶地）</td><td colspan="2">大具间冰期堆积</td><td rowspan="2"></td></tr>
<tr><td colspan="2">金江冰碛层</td></tr>
<tr><td>早更新世
（Qp^1）</td><td rowspan="2">元谋组（广义）</td><td>四段
三段</td><td>柳城巨猿
洞穴堆积</td><td rowspan="2">大邑砾石层</td><td>冲积层
（五级阶地）</td><td>松毛
坡组</td><td>蛇山组</td><td>英安山岩</td></tr>
<tr><td>上新世
（N_2）</td><td colspan="2">二段
一段</td><td></td><td colspan="2"></td><td></td></tr>
</table>

注：据曹伯勋，1995。

洞庭盆地位于湖南省北部，是荆江以南，湘资沅澧四水尾闾（包括湘江的乔口、资水的益阳、沅江的德山、澧水的小渡口，以及新墙河、汨罗江、汐水等河口）以下河湖平原。洞庭盆地第四纪沉积物覆盖了绝大部分地区，分布面积达 $1.97\times10^4 km^2$。在漫长的地质年代演化过程中，洞庭盆地处于不均衡地壳沉降中，发育多个沉降中心，沉积厚度各处不一，盆中残丘有前第四纪地层出露。沉积厚度总的变化趋势是湖盆周边较薄，中心部位较厚，一般边缘区厚 5～20m，盆地中心为 200～300m，全区平均厚度为 117m，最大厚度位置为汉寿西港辰护 ZK149 孔，达 334.05m。

洞庭盆地是长江中游最大的第四纪沉积盆地之一，沉积物分别来自于湘江、资水、沅江、澧水和长江等多个河流，且洞庭盆地又由多个次级凹陷组成，沉积物成分、成因、沉积相和沉积环境复杂、多变。其形成与演化对长江中游乃至中国中部的地质环境变迁具有重要的理论意义，同时对长江防洪、水土资源等具有重要的实际意义。

1. 洞庭盆地第四纪岩石地层划分

根据岩石地层分布特点和出露的地貌特点可划分为露头区及覆盖区。

露头区第四纪地层主要是指洞庭盆地周缘丘岗发育的第四纪堆积，多有天然或人工第四系露头剖面，并常见前第四纪基岩或基座出露，地层厚度一般不大。露头区第四纪沉积的成因类型以冲积为主。覆盖区第四纪地层主要位于持续沉降区，多为现代河湖冲积平原覆盖的井下地层系统，涵盖有湖相、河流相及河湖相多种沉积类型。地层划分见表 11-16。

表 11-16　洞庭盆地第四纪地层划分

地层		露头区	覆盖区
全新统	上全新统	全新统冲积层(Qh)	赤沙组(Qh^3c)
	中全新统		团洲组(Qh^2t)
	早全新统		沅江组(Qh^1y)
更新统	上更新统	白水江组(Qp^3b)	坡头组(Qp^3p)
	中更新统	马王堆组(Qp^2m)	洞庭湖组(Qp^2d)
		白沙井组(Qp^2b)	
		新开铺组(Qp^2x)	
	早更新统	汨罗组(Qp^1m)	
		华田组(Qp^1h)	

注:据柏道远,2010。

2. 洞庭盆地覆盖区地层序列

1) 华田组(Qp^1h)

华田组主要为一套黏土夹砂、砾沉积,俗称杂色黏土。本组地层厚度变化大,在沉积中心为70～100m,最大厚度在汉寿辰护ZK149孔,厚156.46m。据其岩性可分为上、下两段。下段一般沉积厚度为20～50 m。下部为一套灰—灰黄色砾石层、砂砾层,夹少量砂层。砾石成分主要为硅质岩、脉石英和石英砂岩等。砾径为3～8cm,总体下粗上细,显示正粒序结构。中、上部总体为一套杂色黏土(其中下部为含粉砂黏土),仅局部夹很薄的粉砂层。黏土颜色有黄绿、灰绿、橘黄、灰黄、浅黄、绛红、桃红等色,不同颜色者常相间、交错而形成条带状、团块状、环状、晕状等构造。

上段一般沉积厚度为30～50m。沉积物由砂—粉砂(含粉砂质)与杂色黏土组成多个下粗上细的韵律结构层,韵律结构层自下而上有增厚趋势。其中砂、粉砂呈灰黄色、灰绿色、黄绿色,约占总厚度的35%。杂色黏土及少量含粉砂质黏土为本段主体,颜色有青灰、黄白、黄绿、灰绿、橘黄、棕黄、灰黄、浅黄、绛红等色,不同颜色的黏土常相间或交错而形成条带状、团块状、晕状等构造。

2) 汨罗组(Qp^1m)

汨罗组伏于更新统洞庭湖组及其他上部地层之下,与下伏华田组整合接触。一般厚度40～80m,最大厚度在汨罗白塘ZK239孔,厚达127.64m。岩性为以灰黄色、灰白色为主夹有棕黄色、棕灰色的砂层,砂砾层和黏土质砂层,砂质黏土层及黏土层,构成多个向上变细的韵律层。局部含铁锰质结核。黏土层中多见水平层理,黏土层顶面与粗碎屑沉积物接触,多呈凹凸不平的冲刷面。

3) 洞庭湖组(Qp^2d)

洞庭湖组伏于上更新统坡头组之下,与下伏汨罗组假整合接触,为一套以砂砾沉积夹黏土的河湖相沉积。本组岩性变化较大,横向可对比性较差。据岩性组合可分3段。

下段岩性主要为灰色、灰褐色、灰白色黏土,砂质黏土,粉砂,砂及砂砾石,组成下粗上细的正粒序韵律结构,多时可达3～4个组合。在湖盆腹地岩性主要为灰色、灰褐色、灰白色黏土,

砂质黏土，粉砂，中—细砂及砾石。砾石成分主要为脉石英、硅质岩和石英砂岩，砾径一般小于1cm。本段地层厚度在盆地中心一般为20～40m，最大厚度为91.18m；中段岩性主要由上部的黏土、粉砂质黏土与下部的砂、粉砂、砂砾石层组成，一般可见1～2个韵律层。黏土层结构紧密。总体上砾石砾径较大，磨圆度较好，其成分以脉石英为主，次为石英岩、硅质岩、变质砂岩等。沉积地层厚度在盆地中心一般为20～40m，最大沉积厚度达87m；上段埋藏于坡头组及上部地层之下，岩性上部为黏土、粉砂质黏土，下部为砂、砂砾石，最大厚度为73m。

4）坡头组（Qp^3p）

本组在湖盆中呈小土包状零星散布，盆地中部多为全新统地层所覆盖，部分被现代河流切割出露。主要岩性上部为灰色、灰白色、灰黄色黏土，具似网纹状构造，黏土黏性好，结构紧密，含较多的铁锰质结核；下部为黄色砂、细砂、粉砂、含砾砂，极少砂砾石，局部发育古土壤层。一般厚度在几米至十几米，最大厚度为25m。

5）沅江组（Qh^1y）

沅江组为灰黑色、灰绿色含粉砂黏土，粉砂质黏土，黏土质粉砂，粉细砂等，极少量砂、砂砾石。黏土矿物成分主要为伊利石、绿泥石、高岭石。沉积厚度一般小于10m，最大厚度为34.73m。

6）团洲组（Qh^2t）

团洲组为黑灰色、灰黑色、灰色、灰棕色、灰褐色黏土，粉砂质黏土，淤泥，黏土质粉砂，粉细砂，少量含砾粉细砂，结构松散，多具微层理，砂—黏土韵律结构发育。沉积物中普遍见螺蚌壳化石及残片，个别地段为螺蚌壳化石层，含腐殖物残骸、炭化木。沉积厚度一般小于10m，最大厚度为26.20m。

7）赤沙组（Qh^3c）

赤沙组沉积物广泛出露于低平原区及现代河、湖沉积表层，岩性为褐色、深灰色、棕灰色、褐黄色黏土，部分为褐红色黏土，偶见灰黑色、黑褐色黏土，粉砂质黏土，淤泥，淤泥质粉砂，黏土质粉砂，沉积物中普遍含螺蚌壳残体、腐烂植物层等。沉积厚度一般小于5m，最大厚度为21.43m。

3. 洞庭盆地露头区地层序列

1）华田组（Qp^1h）

华田组岩性组合与覆盖区基本一致，仅因构造抬升出露地表。可分为上、下两段。

下段仅见于常德黄土山。岩性为黄色、灰白色高岭石质黏土，中有较薄的砂、砂砾石夹层。在黏土层中见有已炭化的木块，外表风化为棕黄色（铁质浸染）。厚3～5m。上段出露在澧县伍家峪石膏矿、常德黄土山一带，在其他地方均埋藏于汨罗组之下，上部为紫红、灰褐、灰白、黄白等杂色黏土，含少量砂质，厚0.6～3.0m不等，底界不平整。下部为棕黄色砂、砂砾石层，含铁质胶结层，砂为中粗砂，呈透镜状；该层以砂砾石为主，砾石成分主要为脉石英、硅质岩、变质砂岩，结构紧密，砾径一般为2～3cm，个别达5～8cm，砾石磨圆度以圆、次圆为主。局部具斜交层理。厚9.60m。

2）汨罗组（Qp^1m）

汨罗组主要出现在洞庭湖东部岳阳荣家湾至长沙铜官一带。湖盆南部毓德铺、沅江、赤山，西部常德黄土山，津市棠华、临澧杨板桥等丘岗地区也有零星出现。上部为粉砂质黏土、高岭石质黏土、棕红色网纹状黏土，中上部为浅灰白色、灰白色花岗质砂砾层—含砾砂层—砂层与灰白色、灰绿色、灰黄色砂质黏土—粉砂质黏土—黏土呈旋回式韵律结构，偶夹透镜状泥炭层。下部为粉砂、中细砂、砂砾石。发育水平层理和板斜交错层理构造。

3）新开铺组(Qp^2x)

新开铺组主要分布于盆地周边的高阶地，主要为河流冲积相地层，其次为河湖相，地貌上构成T_4阶地。一般发育砾—黏土韵律结构：上部为棕红色粗大网纹状黏土，厚5～8m；下部为砂、砂砾石，砂砾石层中砾石含量相对较少，砾径也较小(2～3cm)，成分与物源相关，厚10～15m。

4）白沙井组(Qp^2b)

该组地层在地表分布于洞庭湖周边丘岗地区的Ⅲ级阶地，厚4.5～36.6m。一般具砾—黏土二元结构层特点，在岳阳陈家嘴、临澧孟家桥、津市窑坡、汉寿王才坝等地具有两个二元结构韵律层。上部为棕黄红色网纹状黏土，网纹清晰均匀。下部砂层及砂砾石层均见有红土化作用，有部分砾石亦可见风化环，总体上砾石砾径较大，以次圆—圆为主。砾石受湿热红土化作用而发育网纹化，普遍发育有铁壳。含砾砂层、砂层中多具有板斜层理及水平层理。

5）马王堆组(Qp^2m)

该组分布位于湖盆周边的低阶地，具砾—黏土二元结构，上部为具网状斑块的砂质黏土，多为浅黄棕色，其网纹较粗大，界线不清，但黏土结构紧密，含有铁锰质结核；下部为黄色砂砾石层，砂砾石成分较复杂，砾石成分与该地物源极为相关，砾径以2～5cm为主，个别达10cm，磨圆度以次圆为主。红壤化较强。上部黏土层厚3～5m，砂砾石层厚8～10m。

6）白水江组(Qp^3b)

该组主要出露于湖盆边缘的低阶地及现代河流两侧的低阶地，岩性为灰黄色、黄褐色砾石和亚黏土构成的二元结构层，上部黏土层发育有不清晰的网纹构造。

全新统主要出露于盆地周缘，厚度一般小于3m，个别可达5m，由现代河流的冲积、冲洪积砂砾石及上部的砂质黏土组成。

(六) 东部平原区

东部平原区包括海河—黄河平原、淮北平原、苏北平原和杭嘉泸平原，是中国东部第四纪主要堆积区。山前广布不同时期洪积层，中部为各大河流冲积层与湖沼沉积，沿海地带有海相和海陆交互相沉积。堆积厚度一般为200～300m，较厚者达300～400m，最厚约为500m。在研究黄、淮、海平原(即除杭嘉湖平原南部以外的本区)时，常用岩石地层学、年代地层学、气候地层学(孢粉组合)、生物地层学综合方法，对专门用以第四纪地质研究的钻孔岩芯和尚存有干缩样品的钻孔岩芯进行研究，并利用标志层(淋溶淀积层、混粒结构、铁锰结核、土层色序、海相层，火山堆积层和紫色层等)对平原第四纪地层进行大区和小区分层对比，提出了研究区第四纪地层的划分方案和地层层序对比。在上述以钻孔资料为基础的第四纪地层划分对比方法中，古地磁学方法用以确定N/Q和Qp^1/Qp^2分界，采用^{14}C法和热发光法确定Qp^3和Qh地层分界，孢粉分析对每个时期气候地层的进一步划分必不可少。

(七) 中国海域第四纪地层

中国海域盆地形成于中新生代，发育在华北、扬子和华南3个不同大地构造单元上。中国海域盆地沉积有巨厚的中新生代地层，以新生代沉积为主，其地层层序从北到南，依据古生物、岩性、地震相等资料，可进行区域性地层对比。由于各地区所经历的构造运动不同，以及所遭受的侵蚀程度不同，出现层序间的地层缺失，给区域性的地层对比带来了困难。

1. 渤海

新生界地层是在老地层之上发育的一套近万米厚的新生界沉积岩，其产状平缓，与下伏岩层呈明显的区域不整合接触。这一套地层自下而上可划分为3组。

第1组为始新统孔店组，它以充填式形式沉积在各断陷沉积区的底部，与上覆地层呈角度不整合，厚2 000～3 000m，主要为深灰色、灰绿色与紫褐色的泥岩层夹砂岩，为河湖相沉积。

第2组为渐新统，包括东营组和沙河街组，广泛分布于各坳陷中，自下而上逐渐超覆于各老地层之上，厚3 000～5 000m。

第3组产状平坦，广布于渤海，包括中新统馆陶组，上新统明化镇组和第四系平原组。

2. 黄海

北黄海盆地东部坳陷的形成经历了晚中生代初始裂陷、早新生代断拗及晚新生代区域沉降3个阶段，最大沉积厚度达8 000m。晚侏罗世—白垩纪沉积为河湖相砂泥岩，最厚可达6 000m，是坳陷中主要的烃源岩和储集岩；古近系为河流相及浅湖-半深湖相沉积，夹储集层；新近纪以来为稳定的湖相、河流三角洲相和海相地层。

南黄海盆地北部坳陷中部有一呈北东东向断续分布的隆起带，将其分隔成几个凹陷，各凹陷中生界沉积的时代和岩相有所不同。20世纪70年代在隆起上所钻黄2井，于1 687m以下见含有变质岩砾石的地层，据此该隆起曾被认为是变质岩凸起。经对新地震剖面解释后，冯志强等学者认为这个前人所谓的“变质岩凸起”应是由古生代地层构成的断块，其上覆有底砾岩的中、新生界盖层。如果两侧存在具有较厚中、新生界沉积的凹陷而盖层条件又较好，则该凸起不失为寻找潜山型油藏的远景区。勿南沙隆起区中、古生代海相地层发育，构造面貌较苏南陆区相对稳定，主要以断块及缓倾背斜为主。印支运动后该区全面隆升，仅局部有古近纪小断陷，厚约1 000m的新近纪地层平覆其上。上新世，随着冲绳海槽的迅速扩张，东海逐渐被海水淹没。上新世末期东海陆架，海水超过浙闽隆起进入南黄海盆地。第四纪以来海水不断入侵，为海陆交互相沉积。

3. 东海

盆地南部为海相，北部以陆相为主。始新统在东海分布广、厚度大，下部称瓯江组，厚850m，分布于南部，属海相；上部平湖组厚1 700m，分布于北部，为夹海相层的湖相沉积；渐新统花港组呈北东—北北东向带状分布于盆地东部坳陷之中，中心厚度大(1 000～2 000m)，边缘小(数百米)，以陆相沉积为主。中新统分布广、厚度大。自下而上为龙井组、玉泉组和柳浪组。中新世早期至中期为沉积范围不断向西扩展的过程，晚期盆地开始萎缩。中新统在北部曾受明显的构造变动，伴随挤压出现褶皱及逆冲断层，厚度由数百米到7 000m。北部以陆相为主，偶夹海相；南部为海陆过渡相到海相；上新统三潭组在东海广泛发育，产状平缓，层位稳定，厚度由西部的300～500m向东增至1 000～1 500m，下部为陆相，往上变为海陆过渡相。第四系东海群为遍布全区的披盖式沉积，产状近水平，厚度稳定，一般为200～300m。

冲绳海槽中新世起接受沉积，最大厚度达10 000～11 000m。中新世主要分布于北部，呈北北东—北东向展布。吐噶喇一井揭示下冲绳盆地厚1 558m，为大陆-浅海-半深海相碎屑沉积。上新统分布广泛，厚度为5 500m，吐噶喇一井揭示上冲绳盆地厚771m，为浅海-半深海相碎屑岩。第四系最大厚度达3 000 m，为现代浅海相沉积。

4. 南海

珠江口盆地是南海北部陆缘上最大的以新生代沉积为主的中新生代沉积盆地。新生界厚度达 10 000m，其中古近系超过 6 000m，古新统—始新统属河湖相沉积。新近系厚度为 3 500m，中中新统属滨岸三角洲沉积，上中新统—上新统属海相沉积。琼东南盆地东接珠江口盆地。

新生界厚度达 10 000m 以上，钻井中见到寒武系基地变质岩、碳酸盐岩和中生代花岗岩等。

北部湾盆地为以新生代沉积为主的陆内中新生代盆地。古近系主要为陆相沉积环境，厚 4 777m；新近系为浅海相沉积，厚 2 300m。曾母盆地是南沙西南陆架海区的复杂构造带，各种方向的构造在这里交合，形成北东—东西—北西向的弧形构造，断裂多是北西向的张扭正断层。新生界沉积厚度可达 8～9km，为三角洲相和海陆交互相的砂页岩及浅海相的碳酸盐岩沉积。基底为古南海的残留洋碎块、古新统和始新统的拉让群。

近 40 多年来，新技术、新方法的应用在第四纪研究中有了明显的进展，除开发出多种沉积物测定年龄的方法外，对古环境参数（如古温度）也进行了研究，定性和定量方法的结合提高了第四纪研究的精度。虽然每种研究方法都具有很强的专业性，但从事第四纪研究的工作者了解主要的第四纪测定年龄方法和古环境参数研究方法的基本原理和应用条件，有助于提高工作质量和与国际研究接轨。

思考题

一、名词解释

同时异相；全新世；泥河湾组；周口店组；萨拉乌苏组；元谋组；三门组；雨花台组；资阳组；元谋运动；三门运动。

二、简述

1. 简述第四纪地层划分的原则和方法。
2. 简述第四纪下限研究的主要观点和依据。
3. 简述我国第四纪划分方案。
4. 简述第四纪测年的基本方法。
5. 简述热释光（TL）和光释光（OSL）测年法的区别与联系。
6. 简述 ^{14}C 测年的基本原理、适用范围和优缺点。
7. 简述年轮数目和宽窄是如何指示干湿气候及环境变化历史的。
8. 古土壤在黄土地层划分中有何意义？
9. 试述我国第四纪地层的区域性特点。
10. 试述地文期的划分对我国北方区域第四纪地层划分对比的意义。
11. 我国西南、西北地区第四纪地层的基本特征有何不同？
12. 试述我国华南地区第四纪地层的区域性特点。
13. 长江中下游地区的第四纪地层是根据什么原则划分的？

第十二章
第四纪主要沉积物

第四纪沉积物分布极广，除岩石裸露的陡峻山坡外，全球几乎到处被第四纪沉积物覆盖。第四纪沉积物形成较晚，大多未胶结，保存比较完整。第四纪沉积主要有冰川沉积、河流沉积、湖相沉积、风成沉积、洞穴沉积和海相沉积等，其次为冰水沉积、残积、坡积、洪积、生物沉积和火山沉积等。

第四纪沉积物中最常见的化石有哺乳动物、软体动物、有孔虫、介形虫及植物的孢粉。这些化石，有助于确定第四纪沉积物的时代和成因。

第一节 洪积物、坡积物、冲积物

一、洪积物

暴雨或冰雪消融的季节，含有大量砂石高速运动的浊水流，分散成多股槽流或者槽流连接成面状洪流，从山地流出山口或流入主流河谷，由此堆积形成的扇形堆积物称洪积物。洪积物的岩性主要是砾石、砂、黏土混合物，很少发现化学沉积物。

洪积物的主要鉴别标志是：洪积物具有明显的相变，但比较粗略，各带之间没有截然的界线；具有明显的地域性，物质成分较单一，不同地点的洪积物岩性差别较大；分选性差；磨圆度较低；层理不发育；在剖面上呈现多元结构(图 12-1)。

二、坡积物和坡积裙

(一) 坡积物

坡积物是片流和重力共向作用下，在斜坡地带堆积的沉积物，其中有时夹有冲沟和重力的粗粒堆积物。

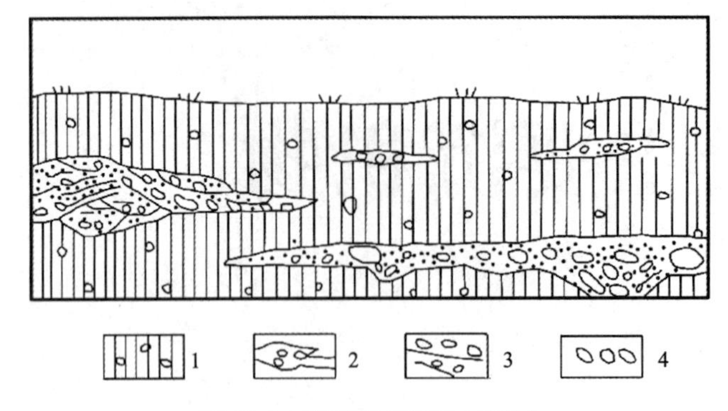

图 12-1 洪积物的“多元结构”

1. 漫洪相含砾亚砂土、亚黏土，有细微层理；2. 槽洪相砂砾透镜体，底部有冲坑；3. 砂砾组成的斜层理或交错层；4. 砾石呈盖瓦状排列

1. 岩性

坡积物岩性以片流搬运的砂、粉砂和亚黏土为主，其正态概率曲率为细一段式。通常基岩斜坡的坡积物中含有短距离搬运的角砾(甚至含有坡上老的阶地冲积砾石)，角砾以棱角—次棱角为主，岩性与斜坡上基岩一致。坡积物往坡下移动，使岩屑在混合过程中，角砾被磨损、风化和破碎，可再次释出重矿物。混合移动中轻、重矿物在重力与介质阻力作用下分异，轻粒在上层，运动较快，重粒下沉且运动较慢并滞后(图 12-2)，结果形成轻、重矿物在水平方向和垂向上的分异，即重矿物沉底滞后现象，使重矿物在底层基岩凹地中聚集成坡积砂矿。坡积砂矿矿物中连生体(如含锡石的石英脉)破坏程度比残积物要高。

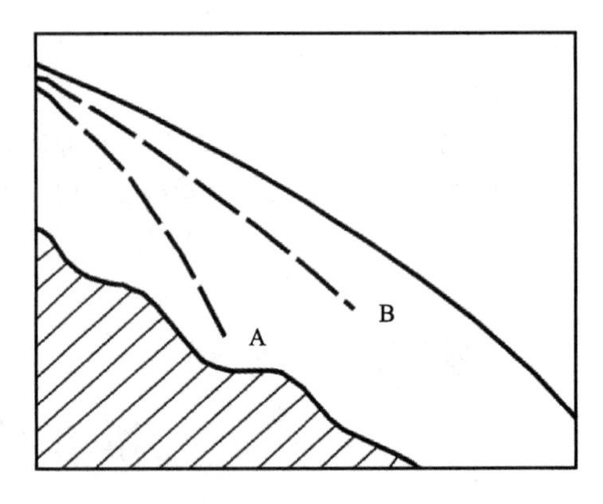

图 12-2 坡积物移动中的轻、重矿物轨迹示意图

(引自张成喜，1985，修改)

A. 重矿物；B. 轻矿物；空白为坡积物；斜线为基岩

2. 坡积物结构、构造

由于片流往坡下运动速度逐渐变慢，在斜坡与谷地(河漫滩面或阶面)间堆积物呈现水平与垂直方向粒度变化，近坡部分以粗粒为主，夹细粒碎石砂土质透镜体，宽度和厚度不大。中部以亚砂土或亚黏土为主，夹少量碎石透镜体，宽度与厚度最大。近谷底部为亚黏土，厚度不大；有时过渡为坡积-冲积层。由于片流作用强度随季节和年变化，各带位置时有变化，在剖面中下部形成由碎石—亚砂土—亚黏土构成的韵律层。坡积物层理与坡面倾向倾角大体一致，岩屑扁平面多顺坡向排列，长轴与坡向近垂直。片流作用间隙期长时，坡积物表面发育古土壤层。随坡度降低，洗刷带上移，坡积物分布上限不断往坡上移动，并常过渡为残积-坡积层。

3. 坡积物厚度

坡积物厚度与斜坡形态和坡面流速有关(图 12-3)，在找坡积砂矿和开挖工程时应予注意。

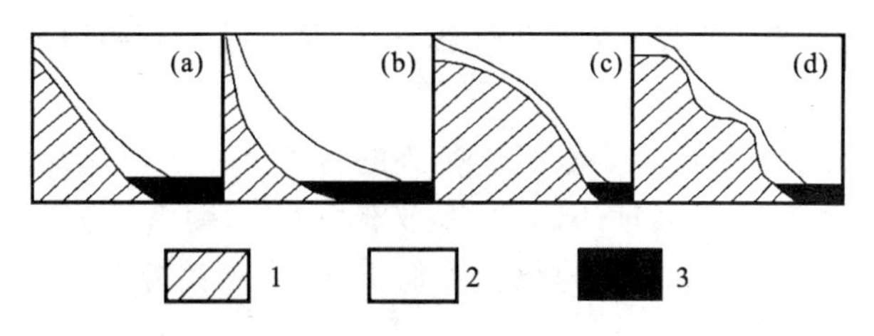

图 12-3　不同形态斜坡与坡积物厚度关系图

(据毕利宾,1956)

(a)直线坡;(b)凹形破;(c)凸形坡;(d)复合(凸-凹形)坡。1.基岩;2.坡积物;3.冲积物

(二) 坡积裙

坡积裙是坡积物围绕山坡下部形成的裙边状堆积地形。其宽度在山坡较陡处窄,缓坡地带则较宽。在平缓丘陵区坡积裙规模较大。要注意从坡面坡度、沉积物成因等方面把坡积裙与倒石锥群区别开来。

斜坡经过一系列重力作用后,从高而陡的不稳定坡逐渐演化成低而缓的稳定坡。关于斜坡上述演化过程有两种基本观点:戴维斯平行下降说,此说认为在面流水作用下,斜坡按下凹形剖面平行降低其高度与坡度,最终形成有圆顶残丘的和缓地形。彭克则认为改造斜坡的动力为重力作用,在斜坡演化过程中上部重力作用不断进行,使陡坡不断平行后退.最终形成有尖顶残丘和山足剥蚀面的和缓地形,称平行后退说,按彭克的观点斜坡即使发展到晚期仍有崩塌、错落之类的重力作用发生。实际情况斜坡演化受岩性、地质构造、气候、植被和人为活动影响,演变过程复杂、既有平行下降为主地区(湿润气候区),也有平行后退为主地区(干燥区),甚至同一地区平行下降和平行后退交替进行。

三、冲积物与冲积平原

1. 冲积物在河流中的沉积

当河流能量降低,不再有足够的能力来搬运其原来所搬运的泥沙时,就要发生泥沙的沉积。首先停止运动沉积下来的是推移质中的大颗粒,随着能量进一步减小,推移质将按体积和重量大小依次停积。而悬移质将渐次转化为推移质,继而在河床上停积。引起河流搬运能力降低的因素很多,主要有河床坡度降低,河流流量减少,以及人工筑坝拦水等。

河流的侵蚀搬运和沉积作用是同时进行的。但在不同河段作用性质和强度是有差别的,一般情况下,在河流上游以侵蚀作用为主,下游以堆积作用为主,曲流河段内凹岸侵蚀,凸岸堆积。

冲积物的主要鉴别标志是:砾石成分复杂,往往具叠瓦状排列。砂和粉砂的矿物成分中不稳定组分较多;碎屑物质的分选性较好;碎屑颗粒的磨圆度较高;冲积物层理发育,类型丰富,层理一般倾向河流下游;冲积物常呈透镜状或豆荚状,少数呈板片状;冲积物往往具有二元结构,下部为河床沉积,上部为河漫滩沉积。

2. 冲积平原

冲积平原是在构造沉降区由河流带来大量冲积物堆积而成的平原。它可由一条或几条河流形成。冲积平原多发生在地壳下沉的地区,这里地势平坦,有深厚的沉积层。例如江淮平原第四纪松散沉积物的厚度达数百米,组成物质主要为冲积物,表层大多为亚黏土及黏土。下部为砾石、砂及粉砂。密西西比平原、西西伯利亚平原、亚马逊平原和恒河平原等都是世界有名的大冲积平原。

冲积平原的形态与物质结构主要取决于河流的特性。由于河流泛滥，粗粒物质首先在沿河地带堆积，而较细物质被带至较远的地方，慢慢堆积下来，使沿河两岸往往形成由砂、粉砂构成的略微高起的天然堤。而河间地带地势相对低下，常有湖沼分布，组成物质多为亚黏土、黏土和湖沼的沉积物。

规模较大的冲积平原根据形成部位主要分为3类：一种是山前平原，属冲积-洪积型，由洪积扇的合并或大冲积扇构成，如黄河出孟津形成的大冲积扇；另一种是中部平原，即广阔的河漫滩平原，一般分布在河流中下游或山间盆地，主要由冲积物组成，如长江中游平原（江汉平原）；再一种为滨海平原，属于冲积-海积型，沉积物质颗粒较细，泛滥带与河间低地地势高差很小，沼泽面积较大，海面升降或周期性海潮入侵，造成海积层与冲积层相互交替的现象。它主要分布在沿海地区以及太湖湖滨地带。华北平原主要就是由黄河和海河等三角洲不断向海滩推进而形成的冲积平原。在沿底湖西部，有宽广的湖成三角洲平原。

根据形状也可分为3类：一是积扇平原，大量泥沙堆积在山地河流出山口处所形成扇形的平原；二是泛滥平原，沿河搬运的泥沙在洪水期经常泛滥、堆积在河床两侧的河浸滩上，沿河呈带状分布的平原，为大型的河漫滩；三是三角洲平原，河口区的泥沙所形成的三角洲，进一步发展而成的平原。

冲积平原的结构与它的形成过程有关，山前平原主要是较粗颗粒的洪积物和河流冲积物。中部平原以河流堆积物为主，由于中部平原的河流常有变化，故在结构上较为复杂，当构造下沉而且河流摆动范围不大时，河流沉积的砂层一层层叠加起来，形成厚层河床沉积砂体，横向过渡为河间地沉积。河间洼地常发育湖沼，在剖面中呈透镜体状。如果河流改道，放弃原来河床，在地势较低的河间地形成新河床，在剖面中就形成一些孤立分散的河床沙透镜体沉积。决口扇在平面上呈舌状分布，在剖面中呈透镜体状。中部平原沉积层中常有海相夹层，这是短期海侵作用形成的。滨海平原是由海相和河流相共同组成，不同类型的沉积物呈水平相变。如果陆源物质增多，陆地向海方向增长，河流相沉积在海相之上；如果陆源物质减少，海水伸入陆地，海相沉积又超覆在河流相沉积之上。

四、冲积物、洪积物和坡积物的区别与联系

冲积物、洪积物和坡积物都是第四系的流水作用形成的，但是由于搬运介质的动能大小不一、搬运距离和路径不同等原因，使得三者在分选、磨圆、层理、结构等方面有所不同（表12-1）。

表12-1 冲积物、洪积物和坡积物的区别

冲积物	洪积物	坡积物
冲积物具有明显的相变	洪积物具有明显的相变，但比较粗略，各带之间没有截然的界线	不具分带现象
砾石成分复杂，往往具叠瓦状排列，砂和粉砂的矿物成分中不稳定组分较多	具有明显的地域性，物质成分较单一，不同地点的洪积物岩性差别较大	坡积物来自附近山坡，一般比洪积物成分更单纯，砾石少，碎屑多，而洪积物砾石丰富
分选性较好	分选性差	分选性比洪积物差

续表 12-1

冲积物	洪积物	坡积物
磨圆度较高	磨圆度较低	磨圆度比洪积物低
层理发育,类型丰富,层理一般倾向下游	层理不发育	略显层状
往往具有二元结构,下部为河床沉积,上部为河漫滩沉积	在剖面上呈现多元结构	颗粒大小混杂,无明显结构

第二节 湖相与沼泽沉积物

湖泊与沼泽是大陆上的重要沉积场所,也具有调节气候与洪水的重要作用。湖沼堆积物是良好的第四纪气候与古环境变化记录之一。

一、湖相沉积物

湖泊按其含盐量有淡水湖(盐度<0.3‰)、微咸水湖(盐度 0.3‰～27.4‰)、咸水湖(盐度>27.4‰)和盐湖(含盐饱和结晶)。湖泊的优势沉积物与其所处的自然地理环境有关。湖泊沉积物类型主要有淡水湖和盐湖沉积两大类(前者包括微咸水湖),淡水湖多发育在潮湿气候区,不同季节水位有变化,一般为泄水湖;咸水湖发育在干旱气候区,一般为不泄水湖。

(一) 淡水湖沉积物

淡水湖沉积物以碎屑沉积物为主,化学、生物和有机沉积物次之。

1. 淡水湖碎屑沉积物

湖泊碎屑沉积受湖泊规模、湖浪冲蚀、波浪作用和湖水位变化影响。物源主要为地面流水搬运的碎屑物质,其次为湖浪冲蚀湖岸岩石的碎屑,此外还有风和冰川搬运的碎屑物。湖泊的动力与沉积环境分带,导致湖泊沉积物的环带状分布(图 12-4),分选作用由湖滨至湖心,沉积物粒度由粗到细,经过湖浪反复作用,磨圆性好,不泄水湖为同心环带状沉积物。

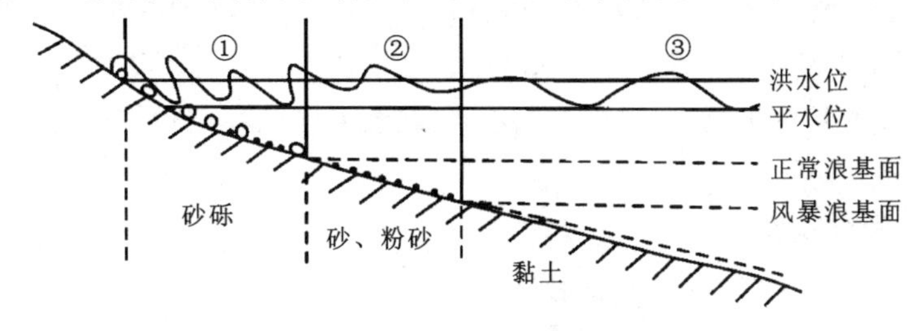

图 12-4 湖泊动力与沉积环境分带

(据曹伯勋,1995)

①湖滨带;②过渡带;③湖心带

1）湖滨带

受湖浪冲蚀与波浪作用的动能较高地带，深度近于浪基面。如江西鄱阳湖最大波长 15m，波高 1.5m，浪基面深约 20m。此带宽度取决于湖岸水下坡度。此带以粗粒堆积为主，在岩岸和河流入湖地段，主要为砂与砂砾堆积，有时为砾石层。砾径一般以 2～5cm 为主，砾性取决于入湖河流砾石与湖岸基岩。砾石圆度与分选良好，扁平面呈叠瓦式排列，倾向湖心方向，倾角以小于 10°为主，砂砾层理的倾向、倾角亦具有与砾石相似产状。在河流入湖地段，由于发洪水时河水密度大于湖水，水下泥沙流以 10～50cm/s（最大 200cm/s）流速沿水下岸坡往湖心方向运动，在河流入湖稍远处形成水下扇三角洲砂质堆积体，具有与三角洲相似结构。沿岸无河地段的缓坡沙岸，以砂质堆积为主，受波浪影响发育有不对称波痕。浅水处形成浅滩、沙洲，较陡岩岸则有砾石堆积，隐蔽处有淤泥堆积。

2）过渡带

位于湖滨带与湖心带之间，是受湖水位变化影响的主要地带。洪水季节此带近湖滨带一侧水流紊动强，细粒大部分被搬向湖心带，只有较粗的粉细砂或亚砂土沉积下来；平水期水流紊动弱，沉积物质较细，由此而组成粗、细粒沉积物构成的薄层水平层理，成为湖积物典型结构、构造特征。在强风浪时，此带亦受波浪扰动，形成具有波痕的砂层。

3）湖心带

位于湖泊中心，水体波动微弱，沉积环境较为安宁。从前述两带悬移来的细粒物不断在此沉积下来，形成较厚的黏土与淤泥互层，或具有隐层理的厚层黏土层。习于静水的少量薄壳软体生物和蠕虫栖息于此，后者可以留下虫迹。

年层是湖积物特征之一。所谓年层是由颜色、粒度或化学沉积物构成的成对季节沉积物所组成，冰湖中的纹泥（季候泥）是其中之一。另一种湖积年层如瑞士苏黎世湖，夏季蒸发作用强，沉积白色碳酸钙薄层（含碳、氢、氧同位素和较多的锶）；冬季蒸发作用弱，沉积黑色粉砂与淤泥（含锶较少）；二者组合成一个年层。

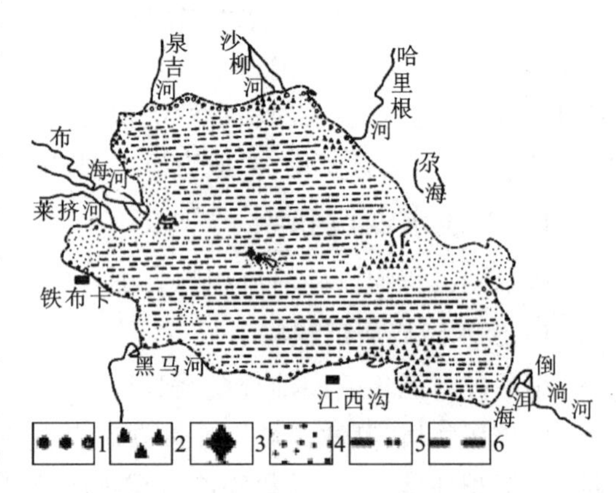

图 12-5　青海湖的碎屑沉积物平面分布

（据原成都地质学院，1983）

1.砾石；2.砂砾；3.暗礁；4.砂；5.粉砂与淤泥；6.淤泥

大型湖泊水深、动力作用强，沉积环境的分带明显，平面上碎屑沉积物呈宽度不等的同心环带状分布（图 12-5），而小型湖泊沉积分带较差。湖泊沉积物在剖面上呈湖进或湖退旋回变化，前者是湖滨带沉积物之上叠置湖心带沉积物，反映湖泊扩大，气候湿润；后者则是湖心带沉积物之上叠置湖滨带沉积物，反映湖泊缩小，气候相对干燥。湖退旋回是上新世以来湖泊发展的总趋势。

2. 淡水湖化学沉积物

淡水湖化学沉积物受气候影响，非卤化物化学沉积物如下。

1）湖成灰泥

富含重碳酸钙溶液的泉水、地下水或河水流入湖泊后，与湖底的矿物或黏土混合，形成钙质淤泥（固结后即为泥灰岩），即称为湖成灰泥。湖成灰泥水平层理发育，形成灰泥层；若重碳

酸钙溶液局部集中，则形成含钙质结核的淤泥层。中国第四纪湖积物中此类沉积物分布广泛。

2）湖成铁矿

温湿气候带的低山丘陵区化学和生物风化作用较强，灰化土形成过程中，排出的低价铁 $Fe(HCO_3)_2$、$FeSO_4$ 和难溶元素 Mn、Al 等的胶体随水汇入泄流淡水湖，这些胶体在氧化、还原和生物作用下与有机物混合形成鲕状、豆状、饼状或透镜状铁矿夹层。

如：

$$4Fe(HCO_3)_2+O_2+2H_2O \xrightarrow{\text{氧化}} 4\underset{\text{(褐铁矿)}}{Fe(OH)_3}\downarrow+8CO_2\uparrow$$

$$Fe(HCO_3)_2+2H_2S \xrightarrow{\text{还原}} \underset{\text{(黄铁矿或白铁矿)}}{FeS_2}\downarrow+3H_2O+CO_2\uparrow+CO\uparrow$$

$$Fe(HCO_3)_2 \xrightarrow{\text{细菌作用}} \underset{\text{(菱铁矿)}}{FeCO_3}\downarrow+H_2O+CO_2\uparrow$$

湖成铁矿一般规模不大，不稳定，常含 Mn、P、S 等杂质。

3）有机质沉积物

湖泊中生长有大量植物、藻类和软体动物，这些生物死亡后，堆积在湖底还原环境中分解，并和黏土淤泥一起组成含有机质沉积物。湖泊的还原环境可以是水体长期流动不畅引起，也可以是由季节性水温变化引起，前者如长期处于窒息的湖泊（对石油生成有利），后者如温带湖泊，两者对有机物堆积都有重要影响。温带湖泊一年四季水温变化引起的水循环和水温分层最明显；春季（3 月）湖水从冻结（低于 4℃）向水温增高变化，表层水密度变大（4℃时水密度最大，$\rho=1.00g/cm^3$），与底部低温、低密度水形成上下增温对流[图 12-6(a)]，含氧水遍及湖区，有利于生物生长，但生物残骸很快氧化，不利于有机质堆积。夏季（7 月）湖泊表层水温增高（大于 4℃），水密度变小，底部水温较低，密度较大，从而出现水温上下分层[图 12-6(b)]，使上下对流终止，底部处于缺氧状态，引起生物死亡，并放出 CO_2 和 H_2S，有利于有机质堆积（长期窒息湖泊情况与此相似）。秋季和冬季的水温变化与分层分别相当于春季和夏季。热带和寒带湖的水温变化与分层现象不及温带湖明显，热带湖泊多为缺氧环境，亚热带湖泊可能有冬季水温分层。

湖泊有机堆积物按其含碳量有有机质淤泥，含碳量小于 20%，其余为粉砂及粘上。腐泥含碳量为 20%～50%，其余为碎屑或黏土或石灰质。碎屑质腐泥形成在生长有高等植物和硅藻的近岸地带；在较寒冷的气候条件下大量硅藻堆积形成硅藻土；黏土质及石灰质腐泥由低等的水藻残体为主构成。泥炭，含碳量大于 50%。在淡水湖沉积中，有机沉积呈夹层薄层或透镜体产出，若湖泊发展到沼泽阶段则形成大规模泥炭。各种湖沼有机沉积物中含有一定数量的沥青“A”（饱和“A”-链烷烃、环烷烃及含苯的芳香烃）及 CH_4、H_2S、CO_2 和 CO 等易燃或有毒气体。

（二）盐湖沉积物

干旱气候区的湖泊多为湖水很少外流的闭口湖，湖水长期蒸发量大于补给量时，湖泊逐渐缩小，湖水含盐度不断增大，以至淡水湖转化为微咸水湖，最后向咸水湖转化（图 12-7）。图 12-8 盐湖的成盐作用图解表明，不论何种矿化类型，成盐作用按矿物溶解度从小到大的发展顺序为：碳酸盐湖—硫酸湖—氯化物湖。

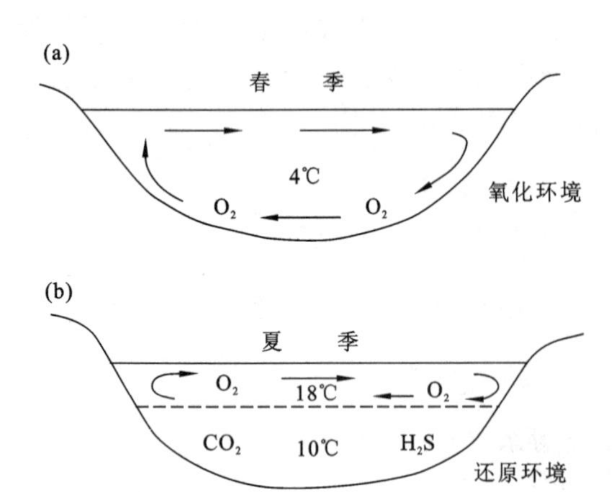

图 12-6　湖泊水体的上下对流与水温分层图

（据任美萼，1975）

(a)氧化环境，上下对流还原环境；(b)还原环境，水温分层

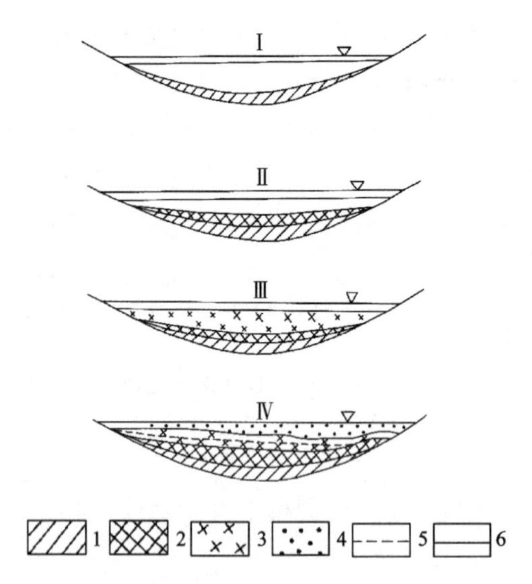

图 12-7　干旱区湖盆发育示意图

（引自曹伯勋，1998）

1. 碳酸盐；2. 硫酸盐；3. 氯化物；4. 砂层；5. 冬季水位；6. 夏季水位。Ⅰ. 微咸湖；Ⅱ. 卤水湖；Ⅲ. 成盐干涸；Ⅳ. 沙漠掩埋盐湖

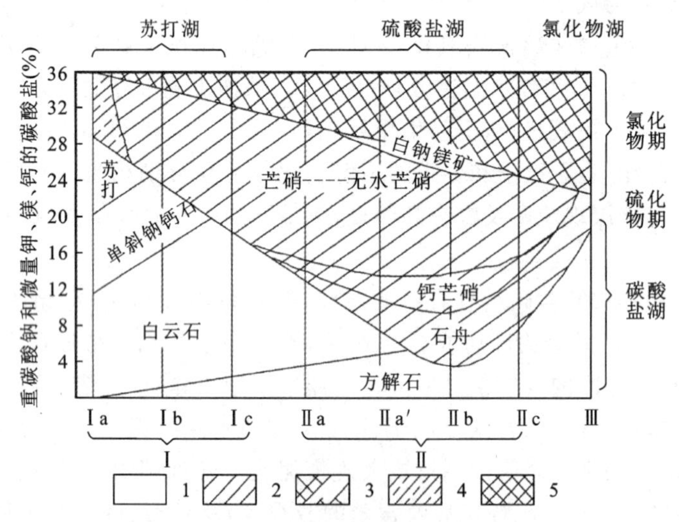

图 12-8　干旱带现代湖泊成盐作用图解

（引自曹伯勋，1998）

Ⅰ. 苏打湖：Ⅰa. 强苏打湖；Ⅰb. 中等苏打湖；Ⅰc. 弱苏打湖；Ⅱ. 硫酸盐湖：Ⅱa. 钠镁湖；Ⅱa′. 镁钠湖；Ⅱb. 钠镁钙湖；Ⅱc. 镁钙湖；Ⅲ. 氯化物湖，含有 NaCl、$MaCl_2$、$CaCl_2$。

1. 碳酸盐期；2. 硫酸盐期；3. 氯化物期；4. 被苏打混入物强烈污染的硫酸盐沉积物；5. 被硫酸盐混入物强烈污染的岩盐

1. 碳酸盐湖阶段

碳酸盐（或苏打）湖是淡水湖向盐湖演变的过渡类型，也是盐湖沉积的第一阶段。湖水含重碳酸钠和微量钾、镁、钙的碳酸盐。沉积中形成方解石、白云石、苏打($Na_2CO_3 \cdot 10H_2O$)、水碱($Na_2CO_3 \cdot H_2O$)和天然碱($Na_2CO_3 \cdot NaHCO_3 \cdot 2H_2O$)，这种湖又称碱湖。内蒙古、吉林

和黑龙江等省(区)有不少碱湖分布,如吉林省乾安县的大布苏碱泡子为著名碱湖,湖水很浅,冬季冻结时有天然碳酸钠晶体析出。

2. 硫酸盐湖阶段

继碳酸盐湖阶段之后,湖水进一步咸化,饱含硫酸盐的湖水遂发生石膏($CaSO_4 \cdot H_2O$)、芒硝($Na_2SO_4 \cdot 10H_2O$)、无水芒硝(Na_2SO_4)等硫酸盐的沉淀,常见石膏、芒硝与白云石和方解石等共生;这种湖又称苦湖,我国新疆和青海都有这一类湖泊。

3. 氯化物湖阶段

湖水蒸发浓缩到析出溶解度最大的氯化物,如食盐($NaCl$)、杂卤石($2CaSO_4 \cdot K_2SO_4 \cdot MgSO_4 \cdot 2H_2O$)、光卤石($KCl \cdot MgCl_2 \cdot 6H_2O$)和钾盐($KCl$)等,即狭义的盐湖沉积,代表盐湖沉积的最后阶段。我国青海柴达木盆地的茶卡盐池、柯柯盐池和察尔汗盐池等都属于这一阶段的盐湖。如湖水中含有硼酸盐,则可形成硼砂($Na_2B_4O_7 \cdot 10H_2O$),青藏地区就有这一类硼砂湖,是硼矿的重要来源。

二、沼泽堆积物

沼泽堆积物由泥炭、有机质淤泥和泥沙组成。它们是在氧气不足,细菌分解微弱,CH_4、CO_2、H_2S 等气体逸出,有机酸含量增加的环境中堆积而成。泥炭是沼泽堆积中的主要部分。泥炭呈棕褐色,含水多,质地疏松,压缩性大,含有肉眼可见的植物残片,含碳量大于50%。泥炭堆积速度为4~5cm/a,最大达10cm/a,地壳长期缓慢沉降区可堆积巨厚泥炭层。从沿岸往沼泽中心,因生长的植物不同,堆积的泥炭性质也就不同,近岸浅水区泥炭由高等植物残体组成"森林泥炭",往外为水草本植物残体组成的草本植物泥炭(如由芦苇堆积的泥炭),在更深处沉积低等植物组成的有机质淤泥。气候冷暖变化导致植物群变化,可以形成不同气候旋回的沼泽堆积物,并具有沉积旋回界线。埋藏在地层中的前第四纪泥炭经过炭化、脱水依次变成褐煤(含碳量60%~70%)、烟煤(含碳量70%~90%)和无烟煤(含碳量90%~95%)。

第三节 岩溶堆积物

岩溶堆积物是指各种与岩溶作用有关的堆积物的统称,按其分布位置也可划分为地表岩溶堆积物和洞穴堆积物。

一、地表岩溶堆积物

分布在地表的岩溶堆积物主要为蚀余红土和石灰华。

1. 蚀余红土(亦称"赭土")

地表碳酸盐岩被溶蚀后原岩中残留的黏土杂质,由含次生氧化铝 Al_2O_3 和氧化铁 Fe_2O_3

而成红色，有时尚含未被溶蚀的灰岩角砾。蚀余红土在热带、亚热带岩溶区分布广泛，常覆盖于岩溶洼地和岩溶平原的底部。我国广西桂林、柳州、黎塘一带的峰林平原的蚀余红土甚为典型。溶隙和溶洞内也常有蚀余红土。

2. 石灰华(又称钙华)

指地表岩溶水中沉积的大孔隙次生管状、层状碳酸钙物质。其成因是岩溶地区的地表水或地下水，在适宜的环境下，且往往是在植物作用影响下，产生碳酸盐过饱和沉积而成。有的可堆积成巨大的石灰华台地，如云南中甸的白水台。由泉水沉积的石灰华被称为泉钙华。管状石灰华俗称“上水石”，是加工盆景的材料。

二、洞穴堆积物

洞穴是岩溶堆积的重要场所。堆积物的种类多种多样，主要类型有化学沉积、重力堆积、地下河湖沉积、生物化石与人类文化遗存堆积，如北京周口店龙骨山猿人洞最为典型。

(一) 洞穴化学沉积物

指洞穴中地下水沉淀的各种次生矿物沉积。主要类型有滴石、流石、凝结水或雾水沉积。各种次生碳酸钙洞穴沉积中有时具傲气泡，其中封存有古地下水和气体，是研究古气候的重要样品。

1. 滴石

由洞中滴水形成的方解石及其他矿物沉积，其形态多样，最具有代表性的是石钟乳、石笋、石柱等。

1) 石钟乳

石钟乳是地下水沿着细小的孔隙和裂隙从洞顶渗出而进入溶洞空间，随着温度的升高、压力的降低，水中 $Ca(HCO_3)$变得过饱和，$CaCO_3$就围绕着水滴的出口沉淀下来，逐渐形成一种自洞顶向下生长的碳酸钙沉积体。石钟乳具有同心圆状结构，中心部分有一空管，形如钟乳。

2) 石笋

石笋是由于水滴从石钟乳到洞底时散溅开来，促使水中的CO_2进一步扩散，剩余的 $Ca(HCO_3)_2$再分解，形成由下向上增长的笋状碳酸钙沉积体。石钟乳不断地向下长，与之对应的石笋也同时向上生长，两者相连接后所形成的柱状体称为石柱。

2. 流石

流石是洞内流水所形成的方解石及其他矿物沉积。因基底形态、流水状态不同，流石形态各异，具代表性的有边石、石幔、石旗、钙板等。

边石是地下水流过洞底积水塘时，在其边缘形成的碳酸钙沉积。

石幔又称石帷幕、石帘，为饱含碳酸钙的薄层水，从洞顶或洞壁裂隙流出，沉积的波状或褶状的流石，形如帷幔。有时可形成一种薄而透的旗帜状次生碳酸钙，称为石旗。

钙板为洞底片状薄层水流动时析出的状似薄板的碳酸钙沉积物。

除此之外，流石还有许多其他形状，如石扇、云盆及石荷叶等。

3. 雾水和凝结水沉积

雾水和凝结水沉积即呈丛花状散布在洞壁或其他洞穴堆积物表面的石花状方解石沉积物。

4. 毛细管水沉积

石珊瑚、石葡萄、卷曲石就是这种沉积作用的产物。

石珊瑚在石钟乳和石笋的表面,由于毛细管水渗出而形成状如珊瑚的碳酸钙沉积物。也可形成状如葡萄的碳酸钙或石膏沉积物,谓之石葡萄。

卷曲石是一种螺旋状钟乳石,它可能是由饱含碳酸钙的水从洞壁或石钟乳的毛纫管状细孔渗出而沉积的。

(二) 重力堆积物

重力堆积物是洞穴堆积物的重要组成部分,由洞顶及洞壁崩塌下来的岩块、石钟乳碎块等组成,有的经胶结形成角砾岩。在岩层倾角小、层理薄、裂隙发育的溶洞中重力堆积物更发育,在溶洞的扩大部分尤为发育,在含石膏层的地区可形成层间角砾岩。

重力堆积物可暴露于地表,亦可在地下形成。

(三) 地下河湖堆积

溶洞中的河湖沉积有地表河湖沉积类似的特点,主要是具有层理的沙土和砾石,成分比较单纯。而伏流沉积的砂砾多由洞外带入,磨圆度较好,成分较复杂。有时,在地下河湖相层中含有丰富的鱼化石。

伏流沉积物含洞外带入的砂砾岩,磨圆较好。沉积物中尤其是土层中保留的洞外带入的植物孢子和花粉,通过孢粉分析可确定古气候环境。暗河沉积中无外来物质。

1. 生物化石、历史文化遗存堆积

生物化石、历史文化遗存堆积物是洞穴堆积物中十分重要的组成部分。

中国南、北方岩溶洞穴堆积中常含有大型和小型哺乳动物化石。部分化石为水流冲入洞内,骨碎片常有磨圆痕迹。部分化石为原地埋藏,动物骨各部分均可保存下来。骨化石一般多被钙质胶结成化石角砾岩,需要精心修整方能复原。此外,有时有鸟类和动物粪化石堆积。

洞穴中珍贵的人类化石及灰烬层、骨器、石器、陶器等人类活动遗存,构成历史文化遗存堆积物。与前者合称为生物化石、历史文化遗存堆积物。如北京周口店龙骨山洞穴中的堆积物中不仅含有举世闻名的中国猿人化石和灰烬层、骨器、石器等文化遗存,还有丰富的哺乳动物化石,如鹿、虎、骆驼等,以鹿为多,故称中国猿人——肿骨大角鹿动物群。

2. 古人类化石及其文化遗存

在有利于古人类居住的洞穴(如近水边和易防兽害的洞穴)中,有时有古人类化石埋藏,与人类化石伴生的还有石器等古文化遗存,这些是研究古人类及古文化历史的最宝贵的物证。在研究岩溶洞穴时要特别注意寻找、保护和发掘。

当上述各种洞穴堆积物在剖面中交替出现时,化学沉积(红黏土、石钟乳层或钙结层)反映温暖古气候;洞穴角砾优势层反映干冷气候(有时反映古地震),沉积间断面(或侵蚀而、不整合面)反映洞穴发展的重要阶段,流水砂砾堆积物显示洞穴与外界的连通阶段。岩溶洞穴可为第四纪古气候、古环境事件及其生物地层学和年代学研究提供了重要的物质基础。

第四节 冰川沉积物

一、冰碛物

1. 冰碛物的基本特征

由冰川直接沉积，是未经其他外力特别是未经冰融水明显改造的沉积物，称为冰碛物(Till)。

1) 冰碛物的粒度成分

冰碛物粒度范围很宽，是巨砾、角砾、砂、粉砂和黏土的混杂堆积物。粒度相差悬殊，明显缺乏分选，按福克-沃德公式计算得图解粒度标准差(σ_Z)大于 3ϕ，属分选极差类。64mm(－6ϕ)以下粒度分析表明(图 12-9)，多数冰碛物的粒度频率曲线呈双峰型(双众数)，第一众数值平均为－4ϕ(16mm)，属细粒级，是冰川压碎和拔蚀作用的产物；第二众数值平均为 4～5ϕ(0.062 5～0.031 3mm)，是冰川磨蚀作用的结果。4～5ϕ(粗粉砂)又称“极限粒级”，此值以下，矿物不再被冰川磨蚀作用变细。因此，多数冰碛物中，小于 4～5ϕ 的组分很少；有的含黏土较多，可能来源于当地基岩，如页岩、黏土岩。图 12-9 还表明，随着搬运距离的增加，冰碛物中各粒级的相对丰度有很大的变化。影响粒度分布的因素还有冰川区基岩性质、冰川类型、搬运沉积方式等。如搬运距离近的山岳冰川冰碛比冰盖冰碛的平均粒度(M_Z)大些，但分选性(σ_1)差些。融出冰碛比滞碛细得多。

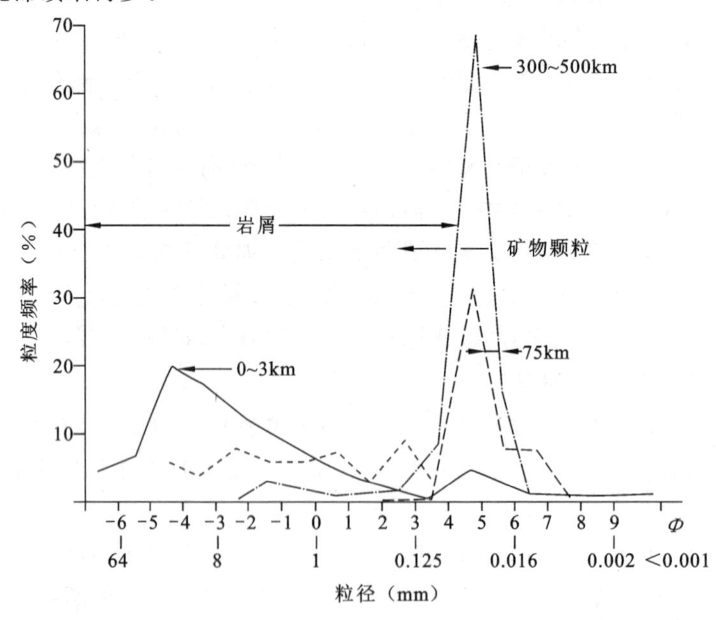

图 12-9 海米顿—尼亚加拉地区(加拿大)3 个冰碛样品中，白云石粒度频率分布曲线图
(据 Dreimanis，Vagners，1971)
图中千米数，是样品距源区的距离

2）冰碛物岩性特征

冰碛物中的岩性成分，分为远源成分（来自源区）和近源成分（来自当地），多数冰碛物严格受冰川起源区及流动区基岩控制，以近源成分为主，含有少量的远源物质。冰碛物中总是含有一定量抗化学风化能力很弱的成分，如花岗岩、石灰岩砾石，在砂中含有辉石、角闪石、长石等不稳定矿物和分解程度很低的黏土矿物（如水云母、表生绿泥石为主）。这些岩矿组分特征，是低温条件下，化学风化微弱、物理风化盛行的结果。

研究冰碛物，特别是其中砾石的岩性、来源及含量，对研究冰川运动方向，确定冰川作用中心，划分冰川地层和识别冰碛物都有十分重要的意义。

3）冰碛物的构造

冰碛物一般不具层理，以下情况例外，冰碛层中夹有冰水砂砾层或冰湖黏土透镜体。冰碛层有时具有粗糙层理，是冰川中原生构造，如冰川碎屑呈层状或带状分布（如冰内剪切带）的反映。此外，在消融的倾斜冰面上，如冰舌前端，由于岩石碎块，或整个碎屑层顺坡滑动或滚动，形成向外倾斜的层理，不同类型冰碛物的叠加或互层，也可以产生成层性。

4）冰碛砾石的磨圆度

冰碛石以棱角、次棱角为主，少数磨圆。棱角状砾石，是岩块直接被冰川从基岩面上拔起，或由两侧斜坡上崩落冰面，未受或极少受到改造的碎石。冰碛中圆砾石产生的原因，主要是早期河床圆砾石或冰川中的冰水砾石（冰面河、冰下河等）进入冰川，再沉积的结果。

5）冰碛石形状及表面特征

基岩构造（层理、节理、断层等）控制冰碛石的基本形态，如板岩、片岩砾石为板状-楔状；玄武岩砾石为柱状和菱形体；花岗岩砾石多为立方体。这些原生块体在搬运过程中相互与基岩摩擦，在岩块表面上留下刻画的痕迹，称为冰川擦痕。典型的冰川擦痕具有如下特征：①多数位于冰溜石或磨光面上；②擦痕的主要方向应大致与砾石长轴方向平行；③擦痕细长且较深，横断面对称。在冰川砾石上，有时可见到新月形擦口，是阵发性冰川运动造成的张裂隙，它与擦痕方向大体垂直。

典型冰碛石形态从平面看，呈五角状或三角状或熨斗形（图 12-10）。在长轴方向上，前端窄［图 12-10(c)中 a 点］，后面宽［图 12-10(c)中 a'点］，底面宽阔平坦［图 12-10(c)］；有典型的磨光面，上面有大致与长轴（a—a'）平行的擦痕。底面前部翘起，状如磨损的鞋底［图 12-10(a)中的 a 端］；侧面和顶面或被圆化或发育小刻面，也发育擦痕［图 12-10(a)］，整个形态很像一个电熨斗，故称熨斗石。熨斗石是冰底长形石块，平行冰流方向搬运，与基岩面摩擦（底面）和被其他岩屑刻画（顶、侧和后面）产生的特殊形态，它是辨认冰碛物的重要成因标志。

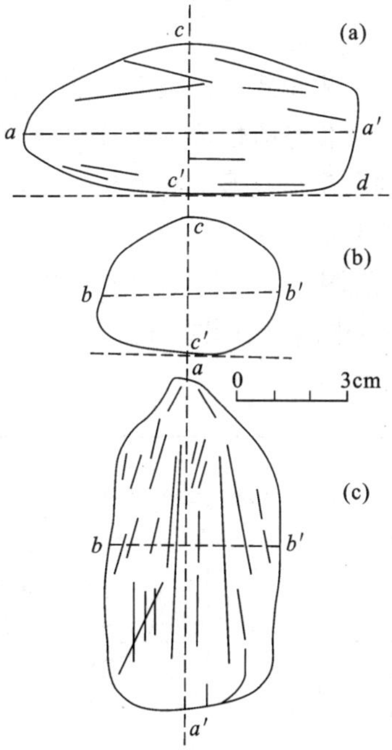

图 12-10 理想冰川砾石的形态图

（据 Flint，1971，改编）

(a)侧视图；(b)后视图；(c)下视图

6）冰川石英砂表面结构特征

经过冰川压碎与碾磨作用，在扫描电子显微镜下，冰川石英砂具有如下表面结构特征：棱角状外貌，贝壳状断口、平整破裂面构成的一系列“阶梯”，有的破裂面因压力过大而扭曲变形；有的被压碎，成为细小颗粒黏附在表面上。冰川压磨作用常使石英颗粒表面上产生圆形的刻蚀“坑”“槽”或“痕”，有时也发育平行密集的擦痕。

2. 冰碛物的成因分类

国际第四纪联合会1979年公布的冰碛物成因分类见表12-2，按照冰碛物的形成机理，陆地上的冰碛物，主要有3种基本类型：滞碛、融出碛和流碛。

1）滞碛

滞碛是冰川前进时，在冰下高围压环境中，通过滞卸作用形成的冰碛物。滞卸作用包括：①冰川压力融化，由于摩擦热的影响，基底冰发生压力融化，所含石块被释放到冰床上；②阻滞作用，当冰床与岩块间摩擦力大于冰川施加于岩块的拖拽力，石块停止运动，并滞留于冰床上；③粘贴作用，如果冰床上已滞卸的物质中细粒物质较多，冰底碎屑一旦与之接触就会被“粘住”或压入其中不能前进，这种粘贴作用将加速滞卸过程，使滞碛厚度不断增加，形成滞碛层。滞碛的固结性好，空隙率低，含砾少，以粉砂、黏土为主，具基质支撑结构。干土具应力释放后密集的裂开面。砾石上多擦痕，a 轴多顺冰流方向排列。

2）融出碛

融出碛是冰面或冰下冰体发生热力融化，释放所含碎屑，在正常气压下堆积而成的冰碛。又可分为冰面融出碛与冰下融出碛。在一定条件下，两者之间分布着不连续的冰水砂砾层，或存在冲刷界面，这与冰川消融时的强烈活动有关。

融出碛较之滞碛，固结度差，由棱角状巨砾、岩块、岩屑和粗砂混杂堆积而成，分选、磨圆均很差，细粒物质少，条痕面也极少见。融出碛砾石排列也较滞碛杂乱。

3）流碛

由于冰川中融出的富含黏土和粉砂的保水岩屑或岩屑层，在重力作用下，沿着冰坡或冰碛斜坡作黏滞性流动或蠕动，在低洼处堆积而成的冰碛，称为流碛。有冰下流碛和冰面流碛。流碛与融出碛形成环境相似，均产生于冰川范围内和正常大气压下，都通过融出作用获取岩屑。两者区别在于流碛经过黏滞性流动作用，故有一定程度分选，有平行斜坡的倾斜层理，层中粒度下粗上细，砾石长轴(a 轴)与坡向一致，ab 平行流动表面，呈叠瓦式排列，可见到由下层为滞碛，中间为融出碛和上层融出碛或流碛组成的冰碛物剖面。

表12-2 冰碛物的成因分类表

<table>
<tr><td colspan="2" rowspan="3">搬运中的冰川岩屑</td><td colspan="4">冰碛</td></tr>
<tr><td rowspan="2">据沉积位置划分</td><td colspan="3">据沉积作用划分</td></tr>
<tr><td colspan="2">陆地冰碛</td><td>水域冰碛</td></tr>
<tr><td rowspan="3">冰川冰</td><td>冰面岩屑</td><td>前碛</td><td rowspan="2">消融碛</td><td>流碛</td><td>水成流碛</td></tr>
<tr><td>冰内岩屑</td><td>表碛</td><td>融出碛
升华碛</td><td></td></tr>
<tr><td>冰下岩屑</td><td>下碛(底碛)</td><td colspan="2">流碛
融出碛
滞碛
变形碛</td><td>水成流碛
水成融出碛
冰川碛</td></tr>
<tr><td colspan="6">变形基岩　或变形沉积物</td></tr>
<tr><td colspan="6">和/或</td></tr>
<tr><td colspan="6">基岩或沉积物的冰川侵蚀面</td></tr>
</table>

注：据国际第四纪联合会，1979。

二、冰水堆积物

冰水堆积物是指冰川消融时冰下径流和冰川前缘水流的堆积物，大多数是原有冰碛物，经过冰融水的再搬运、再堆积而成。因此，它们既具有河流堆积物的特点（如有一点分选、磨圆度和层理构造），同时又保存着条痕石等部分冰川作用的痕迹。

冰水沉积物可分为冰前沉积和冰川接触沉积两类。

1. 冰前沉积物

冰前沉积物是冰水流出冰川以后，在冰川外围堆积起来的沉积物。其主要地貌为冰水扇、冰水冲积平原、冰水阶地及冰湖沉积等。

1）冰水扇及冰水冲积平原沉积物

如果冰川外围是平坦开阔的地形，冰水流出冰川末端后，立即分散为没有固定河床的细小股流，形成辫状水系。冰水携带的碎屑物质就在冰前堆积起来形成平缓的扇状地形，称冰水扇或扇堆儿。一系列冰水扇连接起来就构成冰水冲积平原，又名外冲平原。

冰水扇的顶端直接与终碛堤或其他类型的冰碛物相接，呈明显的相变关系。冰水扇最厚的地方在顶端，向外逐渐变薄。冰水扇堆积物具明显的岩相变化特征：顶端部分为巨大的砾石，层理不清，砾石磨圆度差，表面可有冰川压磨痕迹。往外粒度变细，圆度增加，以含砾石层或含砾石透镜体的砂层为主，沉积构造丰富，但极不稳定，水平层理与交错层理及不同粒度和分选性的砂砾层频繁交替，冰淤构造发育，很少或没有向上变细的层序。在冰水扇的最外缘，主要沉积亚黏土—黏土类物质，称为冰水亚黏土，它一般无层理，偶见砂的夹层及小砾石层；从成分结构上看，这种亚黏土很像黄土，但颗粒较细，碳酸盐含量也较少，故又称黄土状亚黏土。

2）冰水阶地沉积物

冰川前为谷地时，则冰川融水在谷中形成冰水阶地。冰水阶地冲积物属辫状河沉积，具有厚度大、易风化岩石数量多、分选差等特点，在剖面上，下粗上细的粒序层多次重复。

3）冰湖沉积物

冰湖沉积物包括冰湖三角洲沉积和冰湖底沉积。冰湖三角洲沉积物当冰水河流流入冰湖，或冰川直接濒临湖畔，在冰湖岸边就会产生冰湖三角洲沉积，这种沉积与普通三角洲沉积没有多大差别。所不同者冰湖三角洲沉积含有冰川砾石。

冰湖底沉积物夏季冰川融化强烈，冰水充沛，搬运能力强，把大量泥沙搬到湖中，砂砾很快沉于湖底；冬季黏土才慢慢地在砂上沉积下来，形成一层浅色长石、石英粉细砂和一层深色黏土构成的年层。这种沉积作用年复一年地进行，形成了粗细相间和层理极薄的纹泥（又叫季候泥）。就像树木的年轮一样，根据年层的数目即可确定从冰川开始退缩，至冰湖停止沉积这一阶段的年限。

2. 冰川接触沉积

冰川接触沉积又名冰界沉积，是冰川区内或紧靠冰川的冰水沉积物（图 12-11）。因此这种冰水沉积与冰碛物相互混杂、交叉和重叠，还经常受到水流的搅动，原生堆积形态和沉积构造常被破坏，特别是沉积物四周冰的融化，导致沉积物本身的崩塌或塌陷，更加剧了这种破坏程度。冰川接触沉积的最大特征之一是沉积期后变形，这种沉积构成如下几种常见的冰阜阶

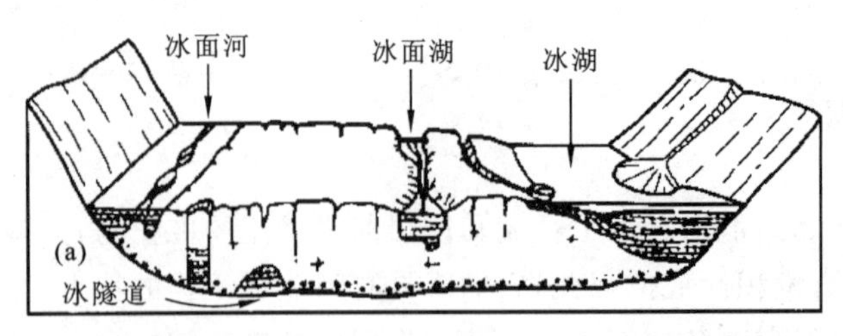

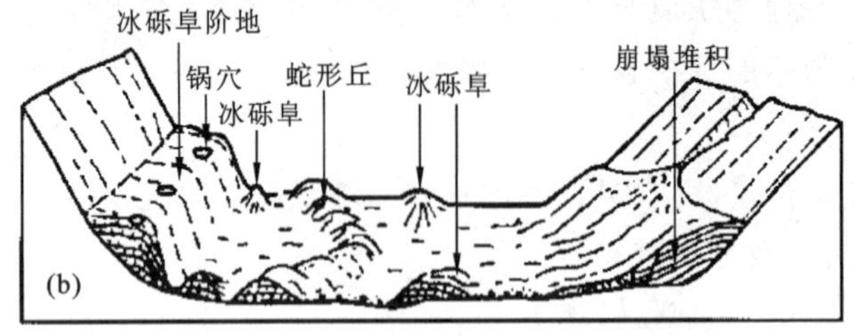

图 12-11　冰川接触沉积的成因图解

（据弗林特，1971）

(a)冰退之前，冰水在停滞水体的各个部位堆积各种冰水沉积；

(b)冰退之后，冰水沉积物坠落地面，并产生变形

地及冰砾阜、锅穴和蛇形丘地貌形态。

1）冰阜阶地及冰砾阜沉积物

冰砾阜是一种平顶圆形或长条形的丘陵地形。其直径为 0.1～2km，高为 5～70m，边坡较陡，常杂乱地成群分布于山岳冰川或大陆冰川的边缘(靠近终碛的地方)。冰砾阜由亚砂土、砂及细砾组成，具有明显的水流型层理，这些层理常因冰川的挤压而发生小的褶皱和断层。冰砾阜内常夹有冰碛泥砾透镜体，而大部分冰砾阜表面还覆盖着 0.5～2m 厚的冰碛层。冰砾阜是冰川消融后，冰面河流沉积坠落地面的产物。在山谷冰川和大陆冰川中都发育有冰砾阜。

冰阜阶地分布于冰川谷两侧或高地的边缘。冰退时，冰融水在冰川谷两侧形成溪流，这种水流在谷壁与冰川之间堆积具有一定层次的冰水堆积物。当冰川全部融化后，堆积物的前缘(即与冰川相接触的面)因失去支撑而垮塌，形成陡坎，整个形态与河流阶地相似，故称冰阜阶地，冰阜阶地由冰水砂砾层组成，呈长条状分布于终碛堤内的冰川谷两侧，向下游逐渐降低，与冰水扇相连。

2）锅穴

当冰川向后退缩时，在冰水沉积物中常遗留有大小不等的脱离冰川的死冰，当这些死冰完全融化后，就会引起上部沉积物陷落，在地表上形成凹坑。这种凹坑称为锅穴。锅穴大部呈圆形，深数米，直径 10 余米至数十米。

3）蛇形丘

蛇形丘是一种狭长而曲折的垄岗地形，由于它蜿蜒伸展如蛇，故称蛇形丘。它由经过分选和冲洗的砾石、砂组成，有明显的不均匀斜交层理，是冰下河道在出水口处的冰水沉积物，随冰川后退而堆积增长。蛇形丘的成因有两种：①冰下隧道成因。在冰川消融时期，冰川融水很多，它们沿冰川裂隙渗入冰下，在冰川底部流动，形成冰下隧道，隧道中的冰融水携带许多砂砾，沿途搬运过程中将不断堆积，待冰全部融化后，隧道中的沉积物就显露出来，形成蛇形丘。②冰川连续后退，由冰水三角洲堆积而成。在夏季，冰融水增多，携带的物质在冰川末端流出

进入到冰水湖中，形成冰水三角洲，到下一年夏季，冰川再一次后退，又形成另一个冰水三角洲，一个个冰水三角洲连接起来，就形成了串珠状的蛇形丘。

第五节 海洋沉积物

一、海岸沉积物

海岸沉积物指沉积在海岸线附近、潮间带和水下岸坡上的所有松散的沉积物(图 12-12)。不同的环境形成的沉积物也不相同，可以有复杂多样的岩性，包括从石块、砾石、砂质、泥质、牡蛎、珊瑚、藤葫、生物贝壳碎片等到碳酸盐沉积物，也可以其中一两种为主，如中国南海诸岛海几乎百分之百为生物碎屑，南海北部沿岸则以生物碎屑和石英或岩屑为主，或二者以不同比例混合组成；北方海滩主要为碎屑沉积物。

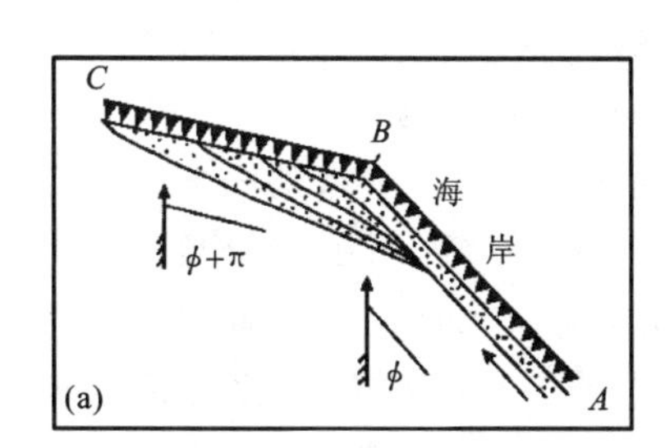

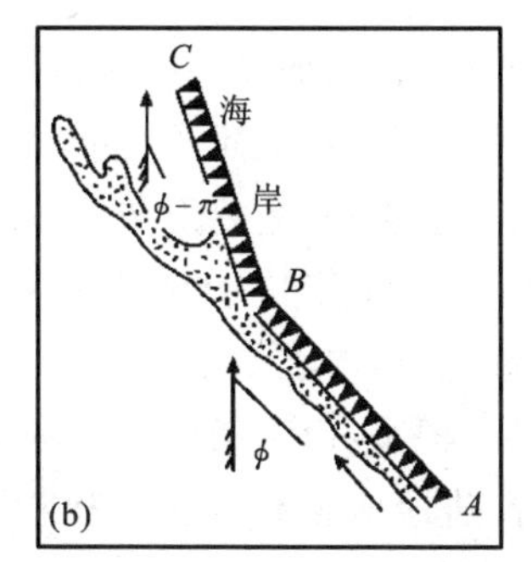

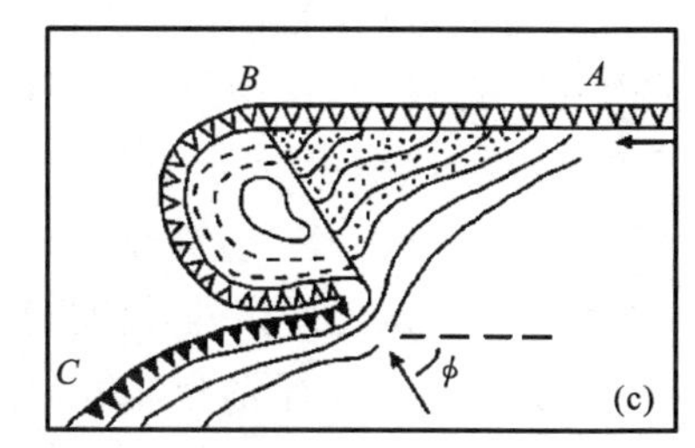

图 12-12 沿岸沉积物流所形成的堆积地形类型示意图

(引自列昂节夫，1965)

(a)入射角充填型滨岸堆积物；(b)砂嘴地形；(c)岬角隐蔽区堆积地形；A、B、C. 海岸线

岩岸砾石岩性多以当地岩石为主。附近若有入海河流，则与河流流域岩性相关。砾石分选好，磨圆度高，海岬岩岸砾石磨圆分选相对较差。砾石长轴(a 轴)平行海岸，扁平面向海倾斜，倾角不大于 13°，一般为 7°～8°。

海岸带砂质沉积物分布最广，其成分以石英砂为主，伴有长石、角闪石、绿帘石、独居石等，有时形成有工业价值的石英砂、独居石和砂金等砂矿。海岸石英砂在高能环境中反复碰击磨损，磨圆度高，表面有冲蚀的"V"形坑等微观构造。

海滩沉积物具有双向缓倾斜的冲洗交错层理或向海的一致倾斜层理(有的倾角为 5°～10°)，厚度几厘米至几十米。

在热带和亚热带，现代潮汐影响范围内的海滩沉积物，于低潮位是海水蒸发，碳酸盐结晶成不稳定文石和亚稳定高镁方解石，呈泥晶外皮、纤维状和粒状，基底式胶结，很快使海滩沉积物石化为海滩岩，它是热带和亚热带特有的岩石。海滩岩形成速度较快，有的地方一年内能形成一片新的海滩岩，但形成中的海滩岩厚度仅十几厘米至几十厘米。晚更新世和全新世海滩岩有的已抬升，有的沉溺，由于海滩岩是古海岸的良好标志，对古气候、海平面变化和新构造运动研究有重要的意义。

二、陆棚(大陆架)的主要地貌特征和沉积

1. 陆棚主要地貌特征和沉积环境

陆棚又称大陆架，它是在正常浪基面以下，向外海与大陆斜坡相连的广阔浅海底带，海水的深度大约为10～20m以下至水深200m左右。陆棚的宽度各地不一，由几千米至上千千米，平均为75km。坡度平均只有0° 07′，一般小于4°。在广阔平坦的陆棚上，发育了很多的海底阶地、海底丘陵、洼地和盆地，如侵蚀成因的低阶地、浅的槽沟；堆积地貌有阶地、沙洲、礁、滩等。它们在强风暴、海流及生物的作用下，不断地改变着。据统计，高差达20m以上的丘陵地形，在陆棚断面上占60%，深度在20m以下的洼地占35%。

2. 浅海陆棚沉积物的特征

陆棚沉积物有5类：碎屑沉积(由水、风和冰带来的)、生物沉积(主要是碳酸盐的介壳和介屑)、火山沉积(火山口附近的火山碎屑)、自生沉积(主要是磷灰石和海绿石等)和残留堆积(基岩原地风化和较老的沉积物)。

从粒度上看，陆棚沉积主要是粉砂质泥、泥质粉砂和部分粗砂、细砂。

海绿石、鲕绿泥石和磷灰石是陆棚沉积中最重要的标志性自生矿物。它们的形成和海水的维度与深度密切相关。海绿石为冷水矿物，主要形成于10～1 800m的海水中，其中以30～700m最为丰富；鲕绿泥石是暖水矿物，主要形成于热带地区，水深为10～150m的海水中。陆棚沉积物的剖面粒序变化规律为：海进时，向上变细；海退时，则向上变粗。平面上颗粒按大小和比重分选，从近岸往外，由粗变细。但是，由于第四纪时期冰期与间冰期更替，引起海面的升降变化，陆棚时而裸露为陆地，发育陆地地貌和陆相沉积物，时而又被海水淹没，形成浅海环境，接受海相沉积物，从而使陆棚沉积物的岩相、岩性、结构复杂化。查明陆棚地区沉积物的变化特征和分布规律，对阐明海面变动，恢复古地理环境具有重要的意义。

三、大陆坡的主要地貌特征和沉积物

1. 大陆坡主要地貌特征和沉积环境

大陆坡是指陆棚以外至深海盆地的斜坡地带。其上界是陆棚与大陆斜坡的转折处，水深约200m。大陆坡的平均倾斜度为4°，一般为4°～7°，甚至可达13°，地形显著变陡。在大陆坡的下部，坡度变缓，逐渐过渡为陆隆(大陆基)。陆隆的宽度可达300～400km，若与大陆坡相邻处有海沟存在，则没有陆隆。大陆坡的下界约在2 000m的水深处，通常又把大陆斜坡地带称为半深海带。若将海水全部排掉，那么大陆斜坡将是地球上规模最大、最为壮观的斜坡地形。其上分布有界线清楚的洼地、山脊、阶梯状地形及孤立的山丘，有时被海底峡谷切过。海底峡谷是大陆坡上最特征的地形，它向海方向沿坡下伸可达四五千米，坡度较大，有时呈阶梯状；横剖面上两壁陡峭，高数百米，而底部平坦，宽达数千米，它是大量陆源碎屑物质搬运到深海盆地的主要通道。在海底峡谷的末端有海底扇(深海扇)，伸入大洋盆地(图12-13)。有时

因海底地震等原因，在海底峡谷两侧或较陡的斜坡地区，形成重力滑塌堆积地形，但常被浊流所改造。

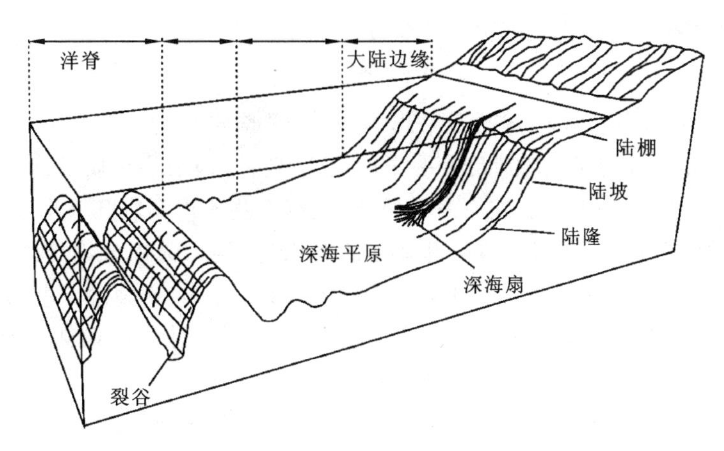

图 12-13 大陆坡底部示意图

（据 http://www.undersea.cn/image/deepsea/topography.jpg）

2. 大陆坡沉积物的特征

大陆坡所在的水深已超过 200m，波浪和阳光都影响不到，只有少量的陆源细粒物质或悬浮物质进入半深海地带；其次是火山喷发物质及生物碎屑等，但分布最广的是软泥，还有少量砂、砾、介壳和生物沉积。

灰绿色软泥在大陆坡上广泛分布，成分以粉砂、黏土为主。红色软泥较少，主要分布于热带、亚热带河口前面的浅海—半深海中，现代长江口及南美注入大西洋的河流前面的海底都有分布。红色软泥中陆源物质含量为 10%～25%，软泥质 30%～60%，碳酸盐 6%～60%，还常有石英颗粒。碳酸盐软泥和砂，分布于热带地区，常含有许多浮游生物。冰川沉积发育于南极地区，如在水深 315～3 670m 处，有分选不好的角砾、砂和黏土沉积，生物较少。火山泥和砂主要分布于火山作用强烈的地区。海底峡谷中及其附近，常有滑塌及浊流沉积，浊流沉积是大陆坡上最特征的沉积物之一。浊流沉积主要为粉砂级以下粒级的物质，最粗可到中砾；浊流沉积层愈厚，粒度愈粗。单个浊流沉积层的厚度为几毫米至几米，整个浊流沉积建造的厚度可以很大。浊流沉积物的碎屑成分主要是石英、长石、绿泥石、云母、生物碎屑等。有些浊流沉积物中富含浅海生物，有时可见植物碎片。浊流沉积物的下部具特征的粒序层，上部常具流水沙纹、平行纹层等。

四、大洋底部的主要地貌特征和沉积物

（一）大洋盆地主要地貌特征和沉积环境

大洋底（又称大洋盆地）是指大陆斜坡以外的广阔水域，海水深度一般为 2 000～5 000m，它具有很大的海水深度变化范围。它与半深海区间界线恰与 4℃等温线一致，这也是生物群的分界线。大西洋的 4℃等温线在 2 000m 的水深处，所以一般把大于 2 000m 的深水区域称为深海区。

大洋底部受外力干扰甚少，海水比较宁静，沉积比较连续，陆源物质带入甚少，而且颗粒一

般在 0.002mm 以下，这些微细的物质，几乎都呈胶体性质，可以长期悬浮于海水中，只有在极安静的水体中才能沉入海底。

大洋盆地的主要地貌特征和沉积环境如下。

1. 深海平原

深海平原指大洋底部面积广阔而又平坦的区域，平均水深为 4 500～5 500m。其原始状态呈现为高差大约 300m 起伏(特别是太平洋)的丘陵地带，因细小物质的连续沉积，使其形成宽广的平坦地面，称为深海平原。在深海平原上，还有一些高出洋底几十米至几百米的次级地形，如平缓起伏的深海丘陵，垄状的洋隆和孤立的海山等，均为火山成因。海山一般高出洋底近 1 000m，平顶山称盖约特(guyot)(图 12-14)。平顶山顶部的珊瑚礁表明海山曾接近洋面，海蚀使其夷平。分布在大洋中脊两侧平顶山的顶面深度，从洋中脊往两侧方向逐渐加深，反映平顶山形成后随海底扩张而沉入更深水域。

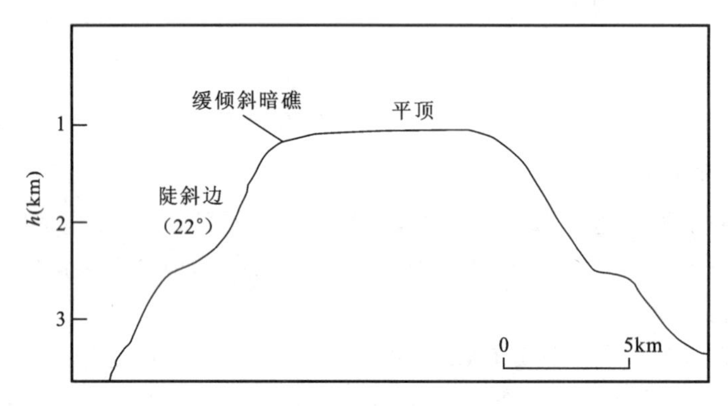

图 12-14　在太平洋海洋盆中发现第一座盖约特平顶山的剖面图

(据 Hess，1946)

该座平顶海山的位置约为 N9°，E163°

2. 大洋中脊

大洋中脊又称海底山脉。规模巨大的海底山脉是洋底最显著、最特征的地形，它遍及全球，纵贯大洋中部，延伸达 65 000km，高出洋底 2 000～4 000m，宽度变化较大，平均约为 1 000km，假若将全部海水抽干，它将是地球上最长的山系。由于海底山脉在大西洋和印度洋都位于大洋中部，所以也称大洋中脊。

大西洋中脊北起北冰洋，向南绵延与大西洋两岸轮廓一致，呈“S”形，绕过非洲南端好望角，与印度洋倒“V”形中脊的西支相接，其东支向南进入南太平洋盆地，再转向北，与东太平洋隆相接，北端消失在美国的加利福尼亚湾。

海底山脉与大陆山脉在地形上的显著不同之处在于大洋中脊的近山顶部位出现一个明显的裂谷，称中央裂谷(或称轴部裂谷)，其宽度近 20km，深达 1 500～2 000m，横过大西洋中脊的典型剖面如图 12-15 所示。大洋中脊常被转换断层所错开，有时中央裂谷位移达 600km。

3. 海沟和岛弧

海沟又称海渊，是海洋最深的部分，海水深度大于 6 000m，世界上最深的马里亚纳海沟深达 11 033m。海沟是边坡较陡而狭长的槽谷状洼地，其宽度为 40～120km，长一般为 500～4 500km。位于大洋盆地的边缘而不在中部。太平洋周围的海沟特别发育，它们常与一系列的弧形岛屿

(岛弧)相伴生,通常称之为岛弧-海沟系。岛弧一般呈凸向海洋的弧形排列,并在毗邻的一侧发育海沟。

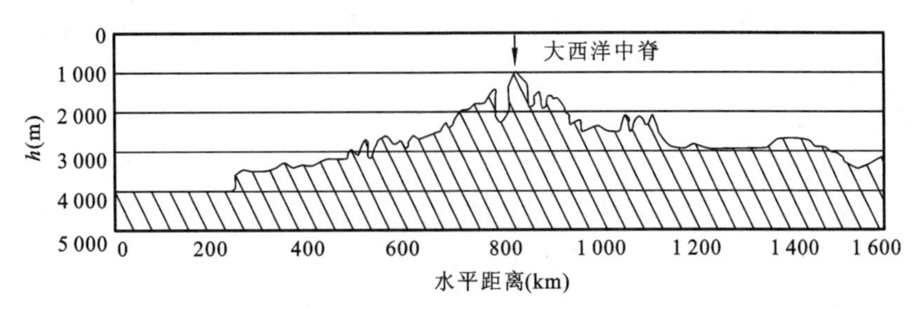

图 12-15 大西洋(南部)中脊典型剖面图

(引自曹伯勋,1995)

弧后盆地是指岛弧与大陆之间或两个岛弧之间较小而深的海洋盆地,如日本弧岛与亚洲大陆之间的日本海、马里亚纳弧以西琉球弧以东的海盆。

(二)大洋盆地沉积物的特征

深海地区因有很深的海水阻隔,各种外力影响因素甚小,多为悬浮质降落沉积。沉积速率很小,各大洋的平均沉积速率为:太平洋 0.005~0.04mm/a;大西洋 0.008 6mm/a;印度洋 0.005mm/a。目前所知深海区的海盆基岩(大部分为玄武岩等基性岩)上,仅覆盖着平均 450m 厚的松软泥质物。

深海区沉积物主要来自海水的表流、深水低速匀速底流(它是来自北极的密度较大的水流,因平行于等深线流动,故又称等深流)、风力、海底火山喷发、冰山及宇宙尘埃等。深海沉积物主要为各种软泥,地域性差别不很明显,但其平面分布和深度上具有一定的规律性。在大洋底部的特殊环境下,可形成自生的锰结核。

1. 深海软泥

根据其成分和含生物碎屑的种类分为以下几种(表 12-3)。

表 12-3 各大洋软泥分布和深度表

沉积物类型	大西洋	太平洋	印度洋	平均深度(m)
抱球虫软泥	40.1	51.9	34.4	3 612
翼足类软泥	1.5			2 072
硅藻软泥	4.1	14.4	12.6	3 900
放射虫软泥		6.6	0.3	5 292
红色黏土	15.9	70.3	16.0	5 407

注:据曹伯勋,1995。

1) 褐色软泥

它广布于大洋盆地,主要由黏土矿物、陆源的石英砂、火山灰、宇宙物质和风尘等组成,富含 Fe、Al 质,一般呈红褐色,所以又称红色黏土,碳酸盐含量小于 30%。南太平洋的红色黏土主要由自生黏土矿物组成,它们是由火山物质在原地交代而成。

2）钙质软泥

钙质软泥以碳酸盐为主的软泥，主要分布于热带、亚热带的各大洋区，生物碎屑含量大于30%。按其主要成分有抱球虫软泥和翼足虫软泥。钙质软泥的颜色有灰色、黄色、绿色甚至红色数种。

3）硅质软泥

硅质软泥是以硅质为主的软泥，生物碎屑含量大于70%。硅藻含量在50%以上称硅藻软泥，主要分布于两极地区及寒带海区，其颜色主要为浅黄色，放射虫介壳含量在50%以上者称放射虫软泥，主要分布于赤道附近的海区，颜色主要为红色、棕色和黄色。硅质软泥在数量上较钙质软泥少得多。

2. 锰结核

它们与深海沉积物密切共生，在各大洋盆地中均有沉积，它多以球状或块状的结核出现，直径一般为1cm至几厘米，个别可大于10cm，甚至达1m以上。绝大多数锰结核成黑色，都具有一个碎屑核心，呈同心环状、层层包裹。从化学分析结果中发现其含有30多种金属元素（表12-4）。

表12-4　各大洋锰结构中主要元素含量表

主要元素	太平洋（%）			大西洋（%）			印度洋（%）	太平洋中储量（0.1Gt）
	最高	最低	平均	最高	最低	平均	平均	
Mn	77.0	8.70	24.20	21.50	12.00	16.30	14.700	4 000
Cu	1.6	0.03	0.52	0.41	0.05	0.20	0.216	88
Ni	2.0	0.16	0.99	0.54	0.31	0.41	0.427	164
Co	2.3	0.014	0.35	0.68	0.06	0.71	0.225	98

注：据曹伯勋，1995。

锰结核的形成速率很小，一般为0.01～3mm/1 000a，但至今它仍在不停地形成着。

锰结核主要分布于700～7 000m深的洋底，一般位于3 000m深以下的才有开采价值。它们多数松散地分布在海底表面，有的地方也只有一半埋藏在软泥里。太平洋深海底锰结核最多，分布密度最大，其中N6°～20°、W100°～180°之间为最富集区，每平方米海底上含0.5～30kg，平均每平方千米约有4 400t。含锰结核沉积有的厚几十米。总储量达（2 000～10 000）$\times 10^8$t，可供人类使用1 000～10 000a之久。

3. 浊流沉积物

浊流作用虽主要发育于大陆坡，但可延伸到深海盆地，形成深海浊积物。

综上所述，深海沉积物受海水深度、洋流及所在纬度的控制。陆源沉积主要分布于大洋盆地边部靠近陆地部分，在寒带海底则分布有冰川入海沉积物；在高纬度的深海区发育着硅质软泥，中、低纬度则为红色软泥、钙质软泥和锰结核等自生物质。

大洋沉积物的时代，从洋脊往两侧愈远年代愈早（图12-16），反映了海底从洋脊往相反方向的扩张过程。现在已有不少洋盆钻孔岩芯的氧同位素研究等结果为第四纪气候与环境变化研究提供了重要的对比基础，如赤道太平洋的深海钻孔V28-238孔和V28-239孔等。

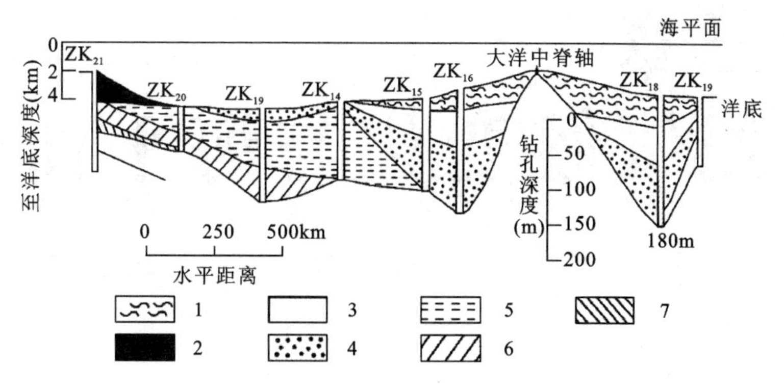

图 12-16 南大西洋地质剖面图

（据曹伯勋，转引自格拉马挑战者号深海钻探项目，1972）

1.更新统；2.上新统—更新统；3.上新统；4.中新统；5.渐新统；6.始新统；7.古新统；剖面上的数字为钻孔编号

思考题

一、名词解释

洪积物；坡积物；冲积物；沼泽沉积物；洞穴堆积物；冰碛物；冲积平原；坡积裙。

二、简述

1. 简述洪积物、坡积物、冲积物三者的异同。
2. 简述湖泊沉积物与沼泽沉积物的成因及分类。
3. 简述流水、湖泊及沼泽沉积物研究的实际意义。
4. 如何根据湖积物来研究湖泊的类型？
5. 如何识别某湖积层是属于河成、冰成还是风成？
6. 如何依据湖积层的空间分布鉴别湖盆的成因和类型？
7. 河成牛轭湖与风成月牙湖的沉积物有何异同？
8. 为什么说湖积物是研究古气候的主要对象之一？

第十三章
第四纪气候变化与海平面变化

我们常说的天气是某一地区、某一时刻、某一条件下的大气物理状况；而气候是指某一地区长期的具有特征的天气状态综合，包括温度和降水等情况，年均温甚至以十、万、十万为单位。气候反映经常性的天气，同时也包括特殊性的天气。

在地球的4.6Ga历史记录中，有大量岩石和化石证据表明，在90%以上的时间内以温暖气候为主，但发生过多次不同时间尺度的周期性寒冷气候事件。从温暖气候到寒冷气候称为一个气候旋回，地球气候历史中发生过若干不同成因和时间尺度的气候旋回。

地史上出现过5次大冰期，分别是古元古代冰期(约2.3Ga B P)、新元古代冰期(约800～600Ma)、奥陶纪—志留纪冰期(约500～450Ma)，石炭纪—二叠纪冰期(约300Ma)和第四纪冰期，除第四纪冰期外，其他冰期时间都持续了上千万年，每个大冰期的间隔都在300～200Ma之间。每次大冰期地球上都发生过大规模的冰川活动，据古地磁学的古纬度分析，前第四纪古冰川的分布都围绕当时的古极区，与第四纪和现代冰川围绕中生代以来极区的分布差异甚大。

中生代是500Ma以来地球气候史上的最显著高温期，从北极到南极附近分布着亚热带、热带植物群。侏罗纪广泛的造煤环境比三叠纪湿热，年均温比现在高20℃以上。白垩纪年均温稍低，但也比现在高13～15℃，当时两极无冰，海洋中也没冷咸水对流。白垩纪末期在大约65Ma时，地球气候发生过由暖—冷的急剧变化，结束了地史上显著的高温期，转入到新生代降温期。

新生代是一个气候比现在温暖而不断降温的时代，但南、北半球稍有不同。当古近纪渐新世南极冰盖开始出现时，北半球仍处在亚热带、热带环境，热带植物如棕榈、月桂、山龙眼与一些硬叶木和珊瑚的分布比它们现在的位置还往北十几个纬距。新近纪地球气温显著下降，南极冰盖在中新世已形成、扩大和外溢，北半球出现温带植物(栎、榛、桦等)分布扩大和排挤热带植物的势态，草原大规模发展，上新世中晚期北极冰盖形成。据海洋钻孔岩芯的氧同位素分析资料，推断海洋水年均温在渐新世为10℃，中新世为7℃，上新世为2℃。中欧陆地年均温渐新世为

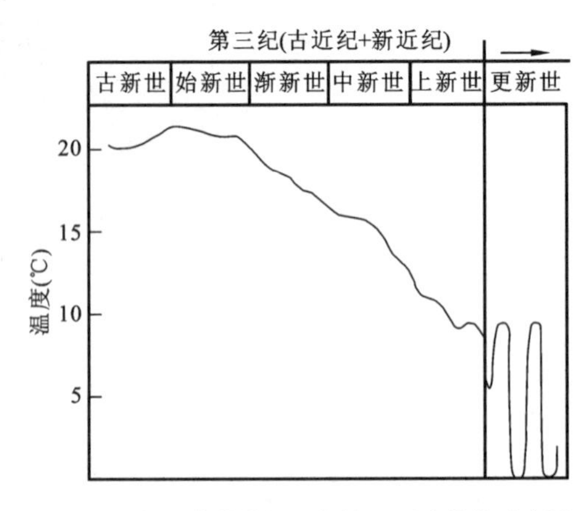

图13-1 新生代莱茵河谷年均温下降趋势示意图
(据 Teichmuller,1977)

22℃，中新世为17℃，上新世为10～17℃。生物、冰盖和海陆温度下降，都反映新生代从渐新世以来地球大气圈的降温总趋势在不断发展（图13-1），显示第四纪冰期即将来临。

第一节 第四纪气候变化

第四纪是离人类最近的一个全球性寒冷气候期，地球气候出现了显著的冷暖波动。在这一时期内，哺乳动物的兴盛，各种陆相沉积发育，出现了人类及物质文明的发展。第四纪气候变化的基本特征，是在约2.4Ma的全球降温背景上发生过多次急剧的寒暖气候波动，高纬和高山区呈现冰期与间冰期交替，中、低纬区受高纬冰期、间冰期的影响发生同时间尺度的干冷与暖湿气候的变化。气候变化强度从高纬往赤道方向变小，陆地比海洋的变化更明显，气候带的南北（或山地上下）移动，导致一系列地表环境发生相应的变化，对人类和生物造成了重要的影响。

第四纪气候变化是由全球性变化叠加区域性和局部性变化而形成的一种复杂气候波动体系，它对第四纪沉积、生物、地貌、自然地理环境的形成和发展有着深远影响，对划分对比第四纪地层、研究古环境的变化具有重要作用。

一、第四纪气候标志

第四纪气候变化研究从研究气候标志入手，配合年代学和地层学方法，以现代气候为参考，推断第四纪不同时间尺度的气候性质、时间、空间和强度变化规律与气候变化的原因。

第四纪气候标志有两大类：宏观气候标志与微观气候标志。这两类气候标志互相补充，并根据情况有所侧重。根据各种气候标志的时、空强度变化，可以推断第四纪不同时间尺度的气候变化旋回的发生、发展规律。

（一）宏观气候标志

宏观气候标志又称直接气候标志，根据宏观气候标志，将今论古可以直接推断古气候的状况。

1. 岩石气候标志

第四纪沉积物形成时间不久，多数变化不大。其岩性、结构、构造和成因能较好地反映形成时的古气候与古环境，是研究第四纪气候的基础。岩石颜色对气候的反映由暖到冷依次为：紫→红→橙→黄→灰。

主要岩石气候标志如表13-1所示。相对立的岩石气候标志在地层剖面中的交替和空间分布变化，是推断气候变化时、空规律的重要基础，如中国东部黄土分布南界和红土分布北界的南北移动是中国东部第四纪气候带移动轨迹的主要宏观现象。当前很重视第四纪海洋沉积物、冰岩、黄土、湖泊、沼泽沉积物和岩溶洞穴堆积物中蕴藏的气候信息研究。

表 13-1 第四纪主要岩石气候标志表

寒冷(或冰期)沉积物	冰碛物,冰水沉积物,冻融堆积物,冰川漂砾,深海浮冰砂,冰岩及其尘土含量,喜冷生物岩层,寒冻风化角砾,寒冻洞穴角砾
温暖(或间冰期)沉积物	红黏土风化壳,珊瑚堆积,石灰华,石钟乳,古土壤,河、湖、沼泽沉积物,喜暖生物岩层
干旱、半干旱气候沉积物	风成沙,黄土,盐类沉积物,大规模洪积物,温差风化碎石,风棱石

2. 地貌气候标志

地貌形态是内、外动力共同作用的产物,而外力受控于气候,所以地貌形态是气候标志的一个重要方面。寒冷气候环境中主要发育冰川和冻土地貌;暖湿气候环境中岩溶地貌、河流地貌和湖泊地貌十分发育;干旱区风蚀、风积形态占优势。相对立的气候环境中形成的地貌在高度上交替出现和空间分布的变化,是分析研究第四纪气候变化规律的又一个重要方面。在上述研究的基础上应注意下述几种地貌形态的古气候意义研究。

1) 冰斗

冰斗形成于山地雪线附近年均温 0℃左右的气候环境,因此古冰斗不但证明了冰川作用,还可以利用古冰斗与现代冰斗高度差值推算冰期古雪线下降时的降温值。如某一山地现代冰斗高度为海拔 3 200m,其古冰斗海拔高度为 1 600m,每 100m 大气温度下降值若按 0.6℃计,则该区古冰斗形成时比现代当地年均温下降气温近似值为:

$$降温值(t)=(3\ 600-1\ 600)/100\times 0.6=12(℃)$$

若冰斗形成后山地有新构造运动上升,在计算时应先扣除上升量。

2) 古冰楔和冻褶构造

现代极区和高山区永久冻土层中发育冰楔和冻褶,其形成的年均温在-2~9℃之间,气候越严寒、冰楔的规模越大。所以保存在第四纪地层中的古冰楔和冻褶是推断古冰缘气候及其古年均温的重要标志。

3) 沙丘和湖岸线

沙漠和湖泊的扩大与缩小,常在其边界内外遗留有古沙丘、古风蚀洼地和湖阶地,这些古地貌形态是研究干旱、半干旱区干湿气候变化的重要标志。但在研究湖泊的气候变化历史过程中,要排除地壳构造运动引起的湖泊大小和水位高低的变化。

3. 生物化石气候标志

现代生物分布与一定的气候(年均温,最冷、最热月均温和纬度)和环境(陆、水动力、水温和咸度等)相适应。第四纪生物化石绝大部分为现生种类亚种,因此可以利用化石组合中的现代相似种的生存条件推论化石堆积时的古气候与古环境。

1) 植物化石

第四纪沉积物中植物孢粉化石比大型植物化石丰富,常用于第四纪气候环境的研究。植物是陆地上最敏感的气候标志,通过植物化石标志研究第四纪气候变化的方法包括生态分析、叶片形态分析、孢子花粉分析以及年轮分析。

(1) 生态分析。利用现生种属类比和大气降温率来推算古气候环境。例如通过对云南保山羊邑组黄背栎、前灰背栎的现存最近亲缘种生活资料的调查研究,化石黄背栎和前灰背栎共

同的生态条件是年均温为－3～16.9℃，年平均降水量为 407.6～1 211.7mm，这一气候标志表明黄背栎和前灰背栎上新世以来分布在一种气候温凉、半湿润的高山环境中，说明云南羊邑地区上新世以来已呈现出山地立体气候的格局。

（2）叶片形态分析——叶相学（Foliar physiognomy）。叶片形态包括叶级（叶片面积的大小）、叶缘、叶脉密度和叶脉形式等。

Raunchie（1934）首次讨论了叶的大小与气候的关系，指出降水量减小时，叶的大小也随之减小，在热带低地大叶达到最大值（＞20.25cm^2）。Dicker（1973）指出叶的大小与温度的关系，纬度的增加大型叶的种的比例减少，而小型叶的比例增加（表 13-2）。

表 13-2　叶片面积大小与气候的关系

比例 气候	小型叶	中型叶	大型叶
热带雨林	15.1	68.3	11.0
温带雨林	14.4	64.4	11.1
常绿阔叶林	53.3	37.1	5.4
温带山地针叶林	39.5	31.8	8.8

叶缘，即叶片的周边，常见的类型有全缘（entire）、浅波状（repand）、波状（undulate）等，叶缘分析法是一种利用现代植被木本双子叶植物全缘叶物种百分比与年均温的函数关系，定量重建化石植物群古年均温的方法。据全缘叶所占的比例可以推测气候类型：全缘叶所占比例大于 75％为热带雨林气候；57％～75％为副热带雨林气候；40％～50％为亚热带雨林气候；小于 35％为温热带雨林气候。苏涛等（2010）建立了叶缘年均温中国模型，并定量重建了中国新生代植物群古年均温。

叶脉密度指单位面积内的叶脉数量，热带雨林中叶脉密度小，网眼大；温带雨林中叶脉密度大，网眼小。

最近，Huff 等（2003）提出了数字叶相法（Digital Leaf Physiognomy，DLP），该方法把叶相特征进行数字化录入并量化，有效地降低了人为因素产生的误差。

（3）孢子花粉分析。孢子花粉分析简称“孢粉分析”，是利用显微镜对沉积物中的种子植物的花粉粒、孢子植物的孢子及微形植物（藻类）进行分析的方法。该方法通过对地层中的孢子花粉进行离析、鉴定、分类并统计所含类别的百分含量等途径来研究它们的组合特征、演化规律等，以应用到地层的划分和对比及古气候学与古地理学等许多方面。在古气候学方面的应用主要是利用孢粉重点曲线图式、孢粉水平图式、孢粉联合图式等，推断古气候的冷热演变，推算古降温值（类似于冰斗分析）。详细解释见本书第十二章。

（4）年轮分析。通过对古树和现代树的年轮数目和宽窄变化研究，可以用来推断 8ka B P 以来的沉积物年龄和严重的干湿气候与环境变化历史。详细解释见本书第十章。

一定的气候带（或气候类型）中生长与其气温（年均温、最冷最热月均温）和降水量相适应的植被类型，一定的植被类型中具有优势植物种类组合。如暗针叶林是由冷杉（*Abies*）和云杉（*Picea* sp.）为主组成的乔木林，树种单调，林密难透光，现代生长在 N40°—70°欧亚大陆北部寒温带和高山区海拔为 2～3km（称林线植物群），其生长的气候条件为 7 月，均温 1～15℃，湿度不低于60%,年降水量大于500mm,根据上述暗针叶林的生长地域特点和气候条件,可以推断第四纪地层中冷、云杉孢粉含量达40%以上的古暗针叶林生长时的气候环境在第四纪气候变化影响下,植物群发生纬向或高度迁移,所以根据剖面上植被(孢粉)类型的演替可以推断古气候的演变。

2) 哺乳动物群

一定的气候环境中生活着与其相适应的哺乳动物群,从哺乳动物群的成分、种属比例分析其生态环境,可以重建当时的古气候环境。猛犸象-披毛犀动物群是典型的喜冷动物群;包含河马、貘、亚洲象、大熊猫和香猫等的哺乳动物群反映热带、亚热带气候;以啮齿类和草食动物为主动物群代表半干旱草原环境。受气候、新构造升降运动和地理环境的变化,哺乳动物群都会发生迁移和改组。因此,在无明显上升山脉的平原丘陵区,哺乳动物群的迁移记录可以反映气候带的移动,但由于动物的游走性难以反映气候带边界的明确位置。哺乳动物化石只能指示气候类型,且要求化石必须保存完整。

3) 陆生软体动物化石

第四纪陆生软体动物,如腹足类,由于其现生种对温度和湿度的变化较为敏感,地区性特点强,故其化石相似种类在古气候环境推断中有一定的意义。如中国北方黄土中的间齿螺(*Metodontia*)组合反映较为温湿的环境,其现代种分布南界可至长江流域;华蜗牛(*Cathaica*)组合具耐干冷性,其现代种分布南界不超过黄河流域。中新世黄土22Ma以来蜗牛化石全部为陆生种类:冷干种分布在黄土中;暖湿种分布在古土壤中。

4) 海生软体动物化石和珊瑚化石

海生软体动物的生存受温度控制,可以利用其现代种类生存的水温(或纬度)条件推断化石组合中相似种生存时的古温度(古纬度),包括典型种属法和组合比较法。

(1) 典型种属法。冰岛北极蛤(冷水种),牡蛎(温水种)。

(2) 组合比较法。根据生物化石反映的纬度变化来推测气候的变化。

珊瑚生长要求水温13~16℃,水深不大于40~60m,其层位和空间分布变化是一种良好的气候环境指示剂。

5) 微体古生物化石

微体古生物化石包括海相有孔虫、海陆地介虫、翼足类等化石。

窄温性示冷示暖有孔虫常用于第四纪海洋古气候的分析。海生微体化石(如孔虫、盘星藻等)在钻孔岩芯中的始现、再现和绝灭层位,常被用以论证海洋气候和环境的变化。如生活在冷水域的饰带进明虫[*Hyalianea balthica* (*Schrotter*)]在第四纪海相沉积物中的首次出现被视为第四纪气候开始变冷的初始层位。

(二) 微观气候标志

微观气候标志又称间接气候标志,这类气候标志是各种物理及化学参数、成分含量或比值,这些数据须经过物理、化学或地学转换才具有古气候意义。在连续沉积剖面或钻孔岩芯柱上,间接气候标志数据的相对大小变化,通常具有重要的古气候环境意义。微观气候标志的应用与第四纪研究中新技术、新方法的应用有密切关系,近30多年来有较快的发展,但各种微观气候标志研究方法的成熟度不同。主要微观气候标志如下。

1. 氧同位素($\delta^{18}O$)

氧同位素测温法由Urey所创,19世纪60年代艾米里亚尼(Emilliani,1995)分析了加勒

比海一钻孔岩芯式样中有孔虫的 $\delta^{18}O$（即 $^{18}O/^{16}O$）比值，得出一条氧同位素的时间变化曲线（图 13-2），提出氧同位素阶段概念：偶数阶段（$\delta^{18}O$ 值高）为冷期，奇数阶段（$\delta^{18}O$ 值低）为暖期。极地冰岩钻孔试样中 ^{18}O 含量与海洋有孔虫壳相反，低值阶段为冷期，高值阶段为暖期（图 13-2）。氧同位素分析古气候方法的出现，使第四纪古气候研究进入微观高层次水平，并带动其他稳定同位素（如 ^{13}C、H_2）在第四纪古气候与古环境研究中的探索及应用。

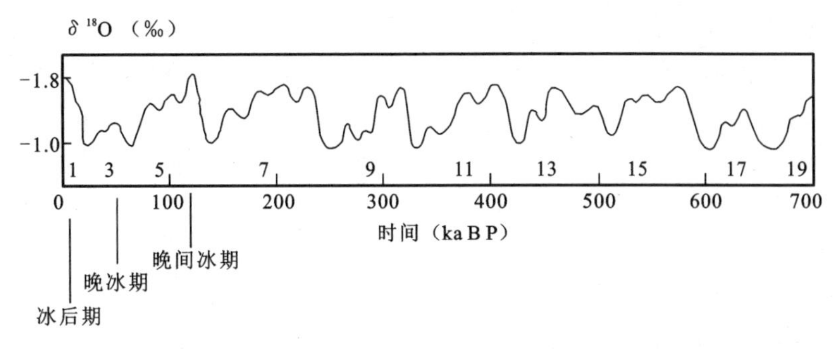

图 13-2 加勒比海 A179-4 孔氧同位素曲线图

（据 Emilliani，1955）

2. 黏粒分子率

土壤硅铁铝黏粒分子率是土壤和风化作用过程中脱硅富铝变化的反映。土壤的颗粒组成和硅铁铝率是说明土壤的矿物风化和土壤淋溶作用强弱的标志，而且比较稳定，对反映土壤形成（或风化）时的气候状况较有直接意义。常用的黏粒率硅铝率（SiO_2/Al_2O_3）、硅铁率（SiO_2/Fe_2O_3）和硅氧化物率（SiO_2/R_2O_3）（$R_2O_3 = Al_2O_3 + Fe_2O_3$）等。

SiO_2/Al_2O_3、SiO_2/Fe_2O_3 比值低反映土壤的形成环境湿热，比值高反映土壤形成于干冷的环境。现代热带砖红壤 SiO_2/Al_2O_3 率为 1.5～1.6，亚热带红壤为 2～2.2，黄壤为 2.3～2.7，均可作为第四纪古气候分析时参考。

3. $CaCO_3$

$CaCO_3$ 是第四纪沉积物中最常见的化学成分之一，在其来源和堆积相对稳定的条件下有一定的古气候意义。

海洋环境中，冰期时大气环流加强，赤道海洋获得大量营养补给，生物产量高，因而沉积丰富。间冰期钙质溶解度增大，黏土沉积增多。阿尔纽斯（Archnius，1952）以深海沉积物中的含量和石英/黏土比编制出第四纪深海沉积物的第一条气候变化曲线。

第四纪陆相沉积物，如黄土中，$CaCO_3$ 的成因和存在形式都比较复杂。一般黄土中 $CaCO_3$ 的淋滤和铁铝的聚集呈正相关，即温暖气候阶段古土壤层中铁铝含量高，$CaCO_3$ 含量低；干冷气候阶段黄土中的 $CaCO_3$ 含量高，而铁铝含量低，因此，$CaCO_3$ 含量的相对变化有一定古气候的意义。但黄土中含量还受当地降水量大小、当地灰岩和植被覆盖率影响，呈一定的区域性。

4. 微量元素

第四纪土状沉积物中含有 Cu、Zn、Mn、Pb、V、Sr、Ba、B、I 等微量元素，在一定的气候条件下微量元素与介质进行交换。在温暖气候条件下，植物生长繁茂，植被生长过程中从土壤水溶液中吸收部分微量元素，并富集在土层中。干冷气候条件下，植物生长势衰，土层中大部分微量元素流失。故沉积剖面中微量元素含量相对变化有一定古气候的意义，如 Sr 和 Ba 含量越高，反映气候越干冷，Sr/Ba 比值越小，反映气候越潮湿。

5. 黏土矿物

第四纪沉积物中含有表生黏土矿物，如高岭石、伊利石和蒙脱石等。表生矿物的形成和气候有关（见第四章第一节），故可利用黏土矿物含量（或比值变化）推断古气候。形成在湿润气候环境中的高岭石与相对干冷气候环境中形成的伊利石是常用的黏土矿物气候标志矿物。

6. 沉积物粒度参数

气候对地表水和风力有重要的影响，反映沉积物性质的粒度参数，如平均粒径（M_Z）、标准差（δ）、峰态（K_G）、偏态（S_K）等，不但可以用来分析沉积物成因，还可以利用这些参数沿剖面的相对大小变化研究古气候，如黄土平均粒径变大反映干冷气候环境中强劲的风力作用，当中值直径达到风沙级为主时，反映沙漠扩大。

7. 磁化率

第四纪沉积物的磁化率是反映其堆积时地磁环境的一个参数。黄土和古土壤层磁化率的高低，在一定程度上记录了生物风化作用的程度，可以作为指示古气候的一个指标。磁化率值越大，气候越湿热，磁化率值相对下降，表示气候较干冷。

除上述微观气候标志外，沉积物（或砾石）风化程度（%）、重矿物风化系数、石英砂电子显微镜扫描特征等在一定程度上也可用以推断古气候。因此，要根据实际情况选择不同的微观气候标志进行研究。各种微观气候标志的数据曲线沿剖面（或钻孔试样柱）的同步波动，反映它们之间的古气候正相关；反之异步波动反映它们之间的古气候呈负相关。微观气候标志比宏观气候标志更能反映出较小时间尺度的气候变化及其特征。

二、古气候环境参数研究方法

古环境参数有物理、化学和生物 3 类。物理参数，如温度（气温和水温）、湿度、降水量、干燥度、大气中的微粒数（火山灰和气溶胶粒）、太阳黑子活动和地磁场等；化学环境参数有大气中的 CO_2、CH_4、S、N_2O、人造 CFC 等，及降水、土壤水、地下水与海（湖）水的化学成分。生物参数如生物种类、数量等。本节主要扼要地介绍有关古气候环境参数（古温度和古降水量）研究方法的概况。

（一）氨基酸外消旋测温法

各种蛋白质都至少有一个不对称的碳原子，含有一个对称碳原子的氨基酸，可以有两个互为镜像的立体异构图（即左右旋对映体），其相对型用 L 和 D 表示。天然的蛋白质氨基酸具有 L-型，当它受热时，最终将形成 L-型和 D-型的等量混合物，从而达到平衡，此时就因左右旋体旋光性抵消而失去旋光性，这种现象称为外消旋作用。

现代生物蛋白质水解物中大约有 20 多种氨基酸，分属 5 种类型：基性氨基酸（15%）、中性氨基酸（45%）、酸性氨基酸（26%）、芳旋氨基酸（8%）和磺氨酸（3%）。活的有机体中主要为 L-型蛋白氨基酸，不存在 D-型氨基酸。但在漫长的地质时代里，埋藏在地层内生物体中的 L-型氨基酸由于外消旋作用的增强，即其自身发生的缓慢的自催化过程产生了 L-型和 D-型对映体的混合物，最后 L-型和 D-型氨基酸达到平衡：

$$\text{L-型氨基型} \xrightarrow[K_2]{K_1} \Leftrightarrow \text{D-氨基酸}$$

其正反应速率(K_1)约比逆反应速度(K_2)快25%。氨基酸外消反应速率在其他因素固定条件下,主要取决于时间和温度,故氨基酸被称为“分子化石”。

目前用于第四纪测温(和测年)的氨基酸有异亮氨酸(Isoleneine)(一种中性氨基酸)和天门冬酸(Askatic)。后者外消旋速率较快,在20℃时骨中天门冬酸外消旋半衰期为15~200ka,其断代范围比^{14}C大。如巴特(Bada)拟定的从L-型异亮氨基酸(Allu)转变成为D-型粗异亮氨基酸(Iso)测温公式为:

$$\text{标本年龄}(t)=\frac{\ln\left[\frac{1+(\text{Allu/Iso})}{1-0.725(\text{Allu/Iso})}\right]-0.028}{(1.725)\times(10^{19.41-3\,704.0/T})} \qquad (13\text{-}1)$$

式中:Allu/Iso为L-型/D-型比值,T为古温度。

式(13-1)中样品年龄若用^{14}C等法测定,则可求古温度,古温度为化石埋藏时古年均温(或样品产地的温度上限)。在深海和洞穴环境中干扰因素少,所求古温度接近埋藏时温度。如对南非佛洛里贝得温泉附近泥炭层中河马下颚(骨)或骨化石的研究,其年龄用法测出年龄为(38.68±2)ka B P,Allu/Iso值为0.46(骨)或0.42(牙),代入式(13-1),求出古温度为(26.5±0.3)℃,该地现代年均温度为28℃,说明大约40ka B P内该地温度变化不大。而对美国佛里达一批第四纪海相沉积物中的化石研究,表明末次冰期该地温度下降达15℃之多。据式(13-1)若给定推断的古年均温度,则可计算出标本年龄。如李任伟等(1979)以周口店、陕西蓝田和云南元谋现代年均温度为参考,利用天门冬酸外消旋法求得上述3个地点的牙化石相应地层参考年龄(表13-3)。

表13-3 我国几个猿人化石地点的氨基酸法年龄表

类别 / 地区	层位	Allu/Iso	现代年均温度(℃)	年龄(Ma)
周口店	第9层骨关节化石	0.23	11.6	0.37
	第8~9层马牙化石	0.24	11.6	0.39
	第11层的小层马牙化石	0.28	11.6	0.46
	第11层的30小层马牙化石	0.28	11.6	0.46
蓝田	人化石层位牙化石	0.42	13.1	0.51
元谋	人化石层位牙化石	0.80	22.1	?

注:据李任伟等,1979。

(二)稳定同位素法

稳定同位素是不随时间而变化的,它们在样品中的含量与当时的古温度、古降水量和古大气及水的化学状况有关,因此,通过测量样品中的稳定同位素可以了解古气候与古环境。目前主要利用碳(C)、氢(H)、氧(O)等稳定同位素来估算古温度(气温、水温)、古降水量和古大气中的CO_2等环境参数。在稳定同位素用于上述目的时,都必须研究同位素分馏机理、分馏系数、分馏模型和样品适应性等。

1. 氧同位素($\delta^{18}O$)研究法

自然界有3种氧的稳定同位素,即^{16}O(99.763%)、^{17}O(0.037 29%)和^{18}O(0.199 59)。通

常以$^{18}O/^{16}O$表示同位素组成。各种物质中的氧同位素含量有很大差别：有机物中最富(2.1×10^{-3})、河水中最低(1.98×10^{-3})，火成岩中在二者之间，即 2.01～2.03($\times10^{-3}$)，沉积岩、变质岩、火成岩和高温条件生成的碳酸盐岩都比较富含氧同位素(^{18}O)。由于岩石中氧同位素含量主要与温度和时间有关，故氧同位素测温是目前应用的一种重要方法。

1) 有孔虫壳氧同位素($\delta^{18}O$)测温

同位素分馏由各种同位素分馏反应引起，现已知周期表中钙以前的元素都能在地壳条件下经同位素交换反应而发生不同程度的分馏。在一定温度、压力条件下，同位素交换反应达到平衡时，两种元素共存相间的同位素的丰度比值常数，称为分馏系数(α_{A-B})。以下式表示：

$$\alpha_{A-B}=\frac{(x_2/x_1)A}{(x_2/x_1)B} \tag{13-2}$$

式中：x_2 和 x_1 分别为同一元素的重、轻同位素比，如$^{18}O/^{16}O$；A、B 为平衡共存的两相。氧同位素的分馏系数(α_{A-B})为：

$$\alpha_{A-B}=\frac{(x_2/x_1)A}{(x_2/x_1)B}=\frac{(1+\delta A\times10^{-3})}{(1+\delta B\times10^{-3})} \tag{13-3}$$

分馏系数 α 是温度的函数，温度越低分馏系数越高。由于平衡两相间氧同位素丰度的比值(α_{A-B})与平衡分配时的温度有确定的关系，因此就可以用平衡共存相中氧同位素的丰度(氧同位素组成)来计算同位素交换反应进行时的温度。

水和碳酸盐间氧同位素交换反应为：

$$H_2{}^{18}O+1/3(C^{16}O_3)^{2-}\rightleftharpoons H_2{}^{16}O+1/3(C^{18}O_3^{2-})$$

其平衡常数为：

$$K_t=\frac{[(C^{18}O_3)^{2-}/(C^{16}O_3)^{2-}]1/3}{(H_2{}^{18}O)/(H_2{}^{16}O)} \tag{13-4}$$

温度 $t=0$℃时，$K_0=1.076$；$t=20$℃时，$K_{20}=1.0297$；$t=25$℃时，$K_{25}=1.0138$。即随水温升高，平衡常数减小，在 0～25℃范围内，平衡值减少 1.52‰，水温降低 1℃。上述反应的平均温度系数为 0.016‰(℃)$^{-1}$。水与碳酸盐之间平衡比水与磷酸盐、硫酸盐的平衡更易达到，故以霰石和方解石为建壳(骨)材料的海生动物(如有孔虫、箭石)更适合于利用其水与碳酸盐之间的分馏温度系数作为测量水温的同位素温标。

氧同位素动力效应用下式表示：

$$\frac{V(^{13}C^{16}O^{16}O)}{V(^{12}C^{16}O^{16}O)}=\sqrt{\frac{45}{44}}=1.011 \tag{13-5}$$

即轻质二氧化碳(44)在气体状态时较重质二氧化碳(45)扩散速度大 1.1%，该扩散速度差引起同位素分馏。

此外，蒸发、凝聚、结晶、溶解等物理化学过程对氧同位素分馏也有影响。

1974 年，Shackleten 提出水与碳酸盐间氧同位素交换反应的同位素测温经验公式：

$$t(℃)=16.5-4.3(\delta_c-\delta_w)+0.14(\delta_c-\delta_w) \tag{13-6}$$

式中：t 为所测水温，δ_c 为在 25℃时用磷酸盐分解法测得的有孔虫壳的 $\delta^{18}O$ 含量，δ_w 为 25℃时同位素平衡交换沉淀碳酸钙平衡时的海水中 $\delta^{18}O$ 值。试样用有孔虫壳，经研磨干燥后，用磷酸分解放出 CO_2 并收集 CO_2 进行测试，用质谱仪测出 44($^{12}C^{16}O^{16}O$)、45($^{13}C^{16}O^{16}O$)、45($^{12}C^{16}O^{17}O$)、46($^{12}C^{16}O^{18}O$)及 46($^{13}C^{16}O^{17}O$)质量的 45/44 和 44/46 的比值，经对^{17}O影响校正后，用同位素相对比率(R)法表示试样的氧同位素组成：

$$\delta^{18}O(‰)=\frac{(\delta^{18}O/\delta^{16}O)_{样}-(\delta^{18}O/\delta^{16}O)_{标准}}{(\delta^{18}O/\delta^{16}O)_{标准}}\times 10^3 \tag{13-7}$$

氧同位素标准有两个：①平均海洋水(SMOW)，其定义是 $\delta^{18}O=0$；②PDB，即用美国北卡罗莱纳州白垩纪 Pee Dee 组箭石(Beleminife)化石的 $\delta^{18}O$，常记为 $\delta^{18}O(PDB)$；若用该化石的 ^{13}C 作为研究标准，则记为 $^{13}C(PDB)$。选用白垩纪箭石的 $\delta^{18}O$ 作标准是因为当时两极无冰，海洋中也没有冷咸水对流，海温比较一致，与更新世水温降低有较明显的对比。SMOW 与 PDB 的关系如下：

$$\delta^{18}O(SMOW)=1.0306\delta^{18}O(PDB) \tag{13-8}$$

氧同位素测温偏差的原因有：①海水中 $\delta^{18}O$ 变化并非均匀体，如日夜变化、离岸远近变化和浮游生物分离的等都会使不同试样的含量有变化；若能在试样中获得封存的古海水，就能处理这一偏差；②试样形成后因溶解等又发生过同位素交换反应，因此试样不可能如实反映其原始的氧同位素组成。但由于方解石比霰石更稳定，故选用方解石与霰石共存的试样能提供较可靠的同位素资料。最后不同种类有孔虫壳引起的差异，可选用同一种有孔虫作试样来解决。

第四纪冰期旋回引起海洋和冰川中的 $\delta^{18}O$ 变化。冰期由于蒸发作用使海水中氧同位素分馏，轻同位素 ^{16}O 随水汽较多较快(扩散速度快)地移向大陆，并凝聚在冰川中，重同位素 ^{18}O 则运移离岸较近且较快随水返回海洋，所以冰期时海洋中 ^{18}O 相对富集，大陆冰流中 $\delta^{18}O$ 相对贫乏。间冰期冰川融化水流汇入海洋，$\delta^{18}O$ 相对降低。有孔虫壳的 $\delta^{18}O$ 有规律地变化，尤其是 $\delta^{18}O$ 的相对变化反映了冰川体积与古气候变化历史。冰期旋回 $\delta^{18}O$ 变化在 1.00‰～1.4‰之间，反映水温变化在 4～7.5℃之间(浮游有孔虫反映洋面水温，底栖有孔虫反映海底温度)。但 $\delta^{18}O$ 的变化有离岸愈远浓度愈低的趋势，陆地河、湖水体经过多次同位素分馏其 $\delta^{18}O$ 含量低于海水，并有随高度不断降低的趋势。

氧同位素测温法主要用于第四纪海洋沉积物和冰岩，也有人探索用于陆相黏土全样、软体动物贝壳化石和洞穴石钟乳及其所含微气泡中残存的古地下水。

2) 树木的氧同位素研究

木材是由纤维素(50%)、木质素(30%)、半纤维素(15%)和树脂(5%)组成。纤维素能稳定保留树木生长时期的稳定同位素成分，其后不发生变化。用除去水分的纤维素在加热条件下与 $HgCl_2$ 反应提取 CO_2 和 CO，以供研究。

树木中 $\delta^{18}O$ 的含量主要受树木生长环境的湿度影响，而这与雨水中 $\delta^{18}O$ 变化有关，因此测试古树木材纤维中的 $\delta^{18}O$ 有助于了解树木生长时的温度和湿度。

植物消化纤维中 $\delta^{18}O$ 的分馏系数(α_B)定义为：

$$\alpha_B=\frac{1+10^{-3}\times\delta^{18}O_{CN}}{1+10^{-3}\times\delta^{18}O_{W}} \tag{13-9}$$

式中：$\delta^{18}O_{CN}$ 是植物消化纤维中 $\delta^{18}O$ 值，$\delta^{18}O_W$ 是陆地植物所吸收的叶片水或水生植物吸收的周围环境水中的 $\delta^{18}O$ 值。陆地植物中的 α_B 值是相当稳定的，如陆地水生植物、小麦和海生植物的 α_B 值在 1.026～1.027 之间(表 13-4)。

植物中氧的来源，从控制生长环境的实验研究表明，主要来自水中而不是来自大气 CO_2 中，因为纤维素在合成前 CO_2 已与叶片水取得平衡，虽然这种平衡是否是完全平衡常有争论，但可以肯定纤维素中的 $\delta^{18}O$ 与植物生长水源之间确实存在某种函数关系，但至今还未找到一个适合各种植物的表达其 $\delta^{18}O$ 值与植物生长过程中所摄取的水中 $\delta^{18}O$ 值之间的普遍关系

表 13-4　几种植物中的 α_B 值

植物种类	α_B 值
水生植物	1.027
小麦	1.028
淡水植物	1.027±0.002
海水植物	1.027±0.003
淡水植物	1.026～1.027

注：据曹伯勋，1995。

式。目前只有一些对不同树种或不同地区的研究提出的一些计算式。如 Ramesh 对印度银杉的研究认为，银杉纤维素中的 $\delta^{18}O$ 值与湿度(h)之间关系有：

$$\delta^{18}O=-(1.3\pm0.4)h \tag{13-10}$$

树木用以合成纤维素的水同位素成分也随气温（尤其 8 月、9 月）的变化而变化，Burk 和 Stuiver(1981)在分析了北美不同纬度的树轮后，得出树木纤维素中的 $\delta^{18}O$ 值与气温(T)有如下关系[①]：

$$\delta^{18}O=0.41T+22.91 \tag{13-11}$$

同一地区雨水中的 $\delta^{18}O$ 值与气温(T)的关系为：

$$\delta^{18}O=0.43T-11.75 \tag{13-12}$$

两者的符合程度良好，说明氧同位素适合作树轮气候学研究。

2. 碳同位素($\delta^{13}C$)研究法

1）树木的碳同位素($\delta^{13}C$)研究

使用木材全纤维或 α 纤维素充分燃烧后提取 CO_2 供质谱仪作 $\delta^{13}C$ 分析。由于碳的性质稳定，而树木中的碳同位素能反映树木生长时大气中的 CO_2 浓度，所以树轮中的 $\delta^{13}C$($^{13}C^{12}C$)成为研究早期工业革命前大气中 CO_2 状况的重要对象，如 Stuiver 据树轮中的 $\delta^{13}C$ 计算出工业革命前后大气中 CO_2 浓度平均为 257×10^{-6}，Houghton 计算出 1860 年大气中 CO_2 浓度为 257×10^{-6}，Pen 则算出 1880 年大气中 CO_2 浓度为 230×10^{-6}，这些与从南极冰岩芯所测的工业革命前的大气中 CO_2 浓度 $(261\sim266)\times10^{-6}$ 基本一致。Stuiver 用太平洋海岸 11 棵树的 $\delta^{13}C$ 值计算出从 1600—1975 年间，人类以各种方式向大气中排放碳的总量约为 $(150\pm100)\times10^9$ t。但树轮中的 $\delta^{13}C$ 量除受温度、湿度影响外，木材年龄大小，沿直径方向、春材和秋材、云量、光线，甚至虫灾、火灾和砍伐等气候与非气候因素都对其有影响，情况复杂，研究时要谨慎，但普遍认为树木中 $\delta^{13}C$ 变化主要受温度、湿度及云量多少的影响。

而从植物生长时开放的大气环境中局部 CO_2 压力对植物的影响和大气中 CO_2 变化角度研究，Francey 和 Farquhar(1982)提出植物碳同位素分馏模式：

$$\delta^{13}C_p=\delta^{13}C_a-4.4-2.6(P_i/P_a) \tag{13-13}$$

式中：$\delta^{13}C_p$ 和 $\delta^{13}C_a$ 分别为植物纤维素和大气 CO_2 中的 $\delta^{13}C$ 值；P_i 和 P_a 分别是植物生长时纤维素细胞内、外壁所受 CO_2 的局部压力，P_a 从冰岩芯测出，而 P_i 值则从式(13-13)中算出。树

① T 气温单位为℃。

木对 CO_2 的吸收率(A)可由下式与 CO_2 的局部压力联系起来：

$$A=g(P_a-P_i) \tag{13-14}$$

式中：g 为植物叶片的微孔导通系数。若工业革命以后 g 为一常数，则 A/g 比值是年轮宽度指示器。

Long 用式(13-13)和式(13-14)计算了过去 600 年以来 $\delta^{13}C$ 与气候和大气(CO_2)之间的关系，这些计算表明工业革命后增加的 CO_2 浓度必定导致树木对 CO_2 吸收的增加，从而发现生长在较高海拔的树木年轮加宽；而从他对 1 570—1 850a A D 生长在欧洲某地较高海拔位置上的树木进行研究，发现年轮很窄，这正是全球性小冰期时期。

2) 沉积物 $\delta^{13}C$ 研究

由于 ^{12}C 和 ^{13}C 是组成生物的主要碳元素，因此碳及其在地壳中的循环研究早为地球科学重视；$\delta^{13}C(^{13}C^{12}C)$ 的变化也被视为生物量的变化。在气态 CO_2(气)、液态 CO_2 及 HCO_3^-(液)系统中，在 0～30℃温度范围内，当海水 pH 值为 8.2 时，在气相 CO_2 和液相 HCO_3^- 之间的碳同位素分馏值由 10.8‰变化到－7.4‰。通常非常低的 $\delta^{13}C$ 值(－28‰～－25‰)与低温和 CO_2 的过量溶解有关；相对高的 $\delta^{13}C$ 值(－9‰～－15‰或－24‰)是暖水和溶解 CO_2 较少的标志，因此沉积有机碳中的 $\delta^{13}C$ 值的降低或升高可作为气候冷暖变化的标志。与 $\delta^{18}O$ 一样生物的 $\delta^{13}C$ 含量也受许多因素的影响，由于生物生命活动对 $\delta^{13}C$ 值的影响比 $\delta^{18}O$ 值大且更复杂，因此仅用 $\delta^{13}C$ 测温的方法有限，常与氧和氢的同位素组合成综合指标应用。

3. 氢同位素研究

各种物质的氢同位素用 δD(‰)表示。植物纤维素中氢原子有两种存在方式：一种是部分 H 原子与 O 结合形成 OH 键，其键上的 H 很不稳定，易与水中 H 原子交换，氘(D)的含量也很低；另一种是与 C 原子结合形成 CH 键，CH 键上的 H 很稳定，不易与外界进行交换，保留了树木生长时期的同位素组成。从纤维素中提取 H_2 时必须除去 OH 键上的 H。

在研究树木的氢同位素中，Deniro 定义生物化学分馏系 E_B 为：

$$E_B=\delta D_{CN}-\delta D_{SW} \tag{13-15}$$

式中：δD_{CN} 为植物消化纤维中的 δD 值；δD_{SW} 是植物在合成纤维时所摄取的水的 δD 值。

不同种植物的 E_B 值是不同的。管状植物 E_B＝－2‰～0，测定控制生长条件下的管状植物中水温对 E_B 的影响，得到的 E_B＝－4‰～＋75‰，相应的温度系数为－5‰～＋4‰℃$^{-1}$，由于管状植物与树木十分相似，这一结果适用于对树轮的研究。

一般认为树木消化纤维中的 δD 值与当地的降水量、湿度和生长季节的平均温度有关，特别是 δD 值对降水量最敏感，降水量越大，δD 值越小；反之亦然。还可以进一步算出决定降水中 δD 值的大气温度(T_{max})(据观察年轮宽度和密度变化对生长季节均温(T_{max})的反映比对年均温度(T)更敏感)之间的关系式：

$$\delta D=(4.3\pm1.2)r+(0.02\pm0.01)T_{max} \tag{13-16}$$

氢同位素测温与碳同位素情况相似，常与氧同位素组成综合性温度指标。

(三) 历史气候研究法

气候因子中的湿度状况或降水量变化有很强的地区性。通常在对某地区的历史干湿气候变化研究时，往往要把文字记载中的水旱情况换算成干湿气候指数，以便进行定量分析。常用历史时期的湿润指数(I)有两种：

$$I=\frac{F\times 2}{F+D} \tag{13-17}$$

式中:D 为某一地区历史上出现的干旱记载次数;F 为雨涝记载次数。式中 F 与 D 的绝对值无重大意义,但其比值可以用来表示气候干湿度。

$$I=W-D \tag{13-18}$$

式中:W 为每10a中雨涝出现的次数;D 为干旱年出现的次数。$I=0$ 为干湿状况正常。

张德二(1990)对陕西渭河谷地7—9世纪(唐朝)的史料记载运用上列两式进行了换算,两式计算出的湿润指数变化序列相似。图13-3是用式(13-17)换算出的唐代湿润指数时间曲线,从该曲线可以看出,降水量最多的是729～720a A D,这10a出现严重的涝灾;719～713a A D和790～799a A D干旱最甚,出现旱灾。对该曲率做功率分析,可以见到36a左右的准周期。根据同一方法,对渭河谷地上、下游地段1470～1979a A D的旱涝变化进行分析的结果,其旱涝变化曲线和方差拟合线相似,都反映了历史上,如明末崇祯年间(1628—1641a A D)和清光绪年间(1687a A D前后)严重干旱;清顺治到康熙年间(1644—1665a A D)和乾隆前期(1736a A D某些年份)的严重涝灾。

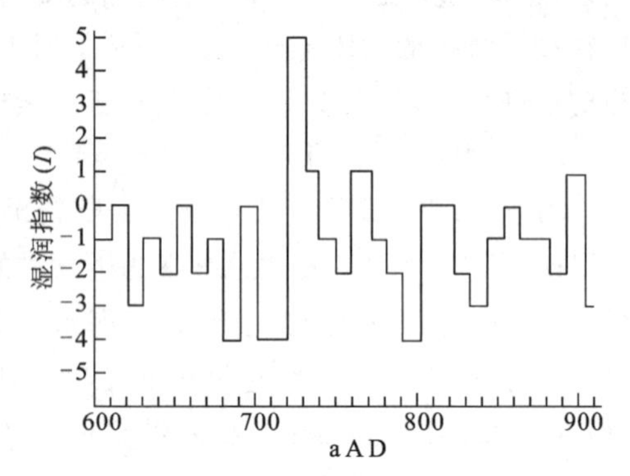

图13-3　9—10世纪渭河河谷湿润指数
(据张德二,1990)

国际(PAGES)项目提出主要古环境档案及其所能提供的环境信息如表13-5所示。

表13-5　几种环境变化参数记录表

档案	分辨程度	时间范围(a)	信息
树木年轮	a/季节	10^4	THC_aBVML
湖泊沉积物	1a	10^6	TBM
极地冰岩芯	1a	10^5	THC_aBVMS
中纬区冰川	1a	10^4	THBVMS
珊瑚沉积	1a	10^5	TC_wL
黄土	10a	10^6	HC_sBM
深海岩芯	100a	10^7	TC_wBM
孢粉	1 000a	10^5	THB
古土壤	100a	10^5	THC_sV
沉积岩	la	10^7	HC_sVML
历史记录	d、h	10^3	THBVMLS

注:①T.温度;H.湿度和降水量;C.空气(C_a)、水(C_w)和土壤(C_s)的化学成分;B.生物量;V.火山喷发;M.磁场;L.海平面;S.太阳活动;d.天;h.小时。②据PAGES项目《地圈与生物圈计划》(即全球变化、IGBP)中的核心计划之一的《古全球变化》。

三、第四纪气候期及其环境特征

气候期是指地质时期某一类气候占优势的时代。根据气候参数将气候期划分为两类,第一类:主要是以年均温为指标的高纬(高山及部分中纬山)区的冰期和间冰期,是第四纪气候期核心概念;冰缘期与间冰缘期也属于这一类[①]。第二类:主要是以降水量(或干燥度)为指标的广大中低纬无冰川活动区(部分有冰川活动的山地除外)的干旱期与湿润期(或温润期)副热带高压带部分地区的雨期与间雨期也属于这一类。上述两类气候期在时间上有联系。由于古降水量比古气温确定难度大,故对后一类气候期研究更难。

(一) 冰期与间冰期及其环境特征

1. 冰期与间冰期

1) 冰期

冰期一词来源于古冰川研究。冰期是第四纪全球性降温期。冰期时全球气温下降,冰雪大量积累,高纬(高山)区冰川大规模活动,并向中纬(低山)部分地区推进。由此引起寒冷气候带扩大,温暖气候带狭缩;生物群从高纬(或高山)区往赤道方向(或低山)迁移,迁移过程中部分消亡。一个冰期有多次冰川进退,因此冰期又进一步分为冰阶和间冰阶(间阶段)。冰阶(又称亚冰期或副冰期)是冰期发展过程中的一个冰川发育阶段,一般其冰川作用范围小于该冰期的最大范围。间冰阶是两个冰阶之间的相对温暖的寒冷气候阶段,冰川作用变弱或有所消融,但未全部消失。

2) 间冰期

间冰期是两次冰期之间的全球性增温期。此时除极地和高山上部永久性冰川尚存外,其余冰川大量消融,有的消融殆尽。此时寒冷气候带缩减,温暖气候带扩展。生物群往极地(或高山上部)迁移,但非保持原状,有新的种类加入,生物界欣欣向荣。间冰期也有冷暖气候波动,其中的相对更暖期称亚间冰期;间冰期中的冷期没有冰川作用发生。

第四纪冰期与间冰期交替变化在南北半球多次同时发生,冰川活动地区每次相似。北半球陆地广,记录多,研究历史长。南半球水域广,陆地少,但南半球高山区也有第四纪古冰川作用的记录。两极和高山永久性冰雪区的冰期与间冰期的交替主要由冰层中的 $\delta^{18}O$ 同位素值的高(暖)低(冷)变化反映出来。冰期冰川从高纬(高山)启动,其冰期开始较早,持续时间较长;间冰期冰川边缘先融化,其间冰期开始早,持续时间较长。

2. 冰期、间冰期环境特征

冰期、间冰期具有对立的环境特征。在冰期、间冰期交替变化的历史中,地球各地气温、降水量、冰雪层、气候带和海平面等发生多次不同时间尺度和规模的对立性转化,对生物和人类形成环境的压力。

1) 气温和降水量

现代大气层底部地球年均温为 15℃,海底水温约 1℃。冰期最冷时地球年均温比现代低 5～7℃。18ka B P 末次冰期最严寒时北大西洋表层水温约降低 12～18℃。西太平洋下降

---

① 冰缘期指永久冻土发育的干冷气候期,它多与冰期同时,也有超前或滞后。间冰缘期则是两个冰缘期之间永久冻土大规模融化的暖期。

10℃左右，赤道水温降低约2℃。陆地降温随纬度和地区而不同，如中欧、北美大陆性气候区冰期降温达15℃左右，多雨的平原区为5～8℃，赤道带仅降2℃左右。间冰期大气层年均升温2～5℃；北美、欧洲为2～3℃，日本2～6℃，中国2～7℃。冰期、间冰期估计温度值随所依据的气候标志和地区而异，有的偏高，有的偏低。另据《国际气候长期研究、制图及预测项目》计算机模拟，18ka B P末次冰期的盛冰期不仅气温低，降水也比现在少14%，蒸发量小15%，气候相当干冷。

2）冰雪层

现代地球冰川覆盖面积为14.79×10^{6}km^2，占陆地面积的10%左右，第四纪冰川作用全盛时期冰川总面积为47.14×10^{6}km^2，占陆地总面积的30%左右。第四纪全球有规模不等的5个大冰盖（图13-4）：北美劳伦特冰盖、欧洲斯堪的纳维亚冰盖、西伯利亚冰盖（较小而分散成北极）、北极-格陵兰冰盖和南极冰盖。前3个冰盖在冰期、间冰期交替，历史上曾几度发展几度消融，而后两个极地冰盖则相对变化不大而保存至今。喜马拉雅山、阿尔卑斯山、帕米尔高原、中亚萨彦岭、北美落基山脉、安底斯山、天山、昆仑山等高山和部分中山地区，第四纪都发生过规模和次数不等的山岳冰川活动，许多高山顶至今仍有现代冰川在活动。一般来说，冰川的形成与发展需要较长的时间和湿冷的气候条件。冰期早期高纬区（高山区）降温时，降水（降雪方式）增加，尤其是沿海岸有暖流流过的大陆，有充足的水汽来源，从而有利于冰盖的形成和发展。冰盖逐渐发展并达到最大规模时，地面冰雪反照率高（达70%～90%），大部分太阳辐射被反射，使冰盖区气温进一步降低，气候变得干冷，冰川发展逐渐停止，称冰期盛冰期。间冰期冰川消融大于积累，冰川逐渐萎缩以至全部消融。

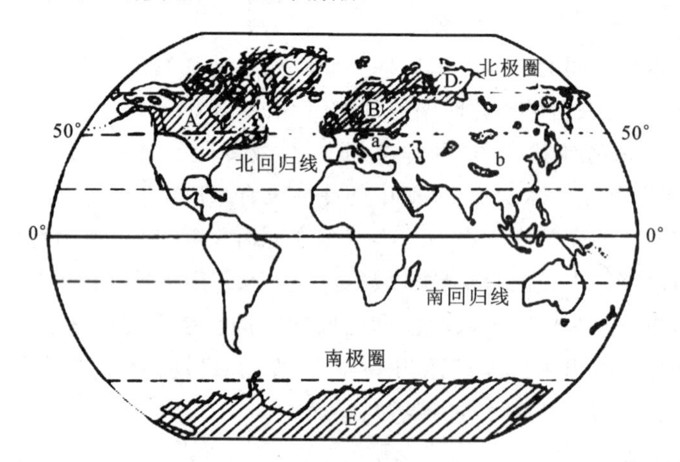

图13-4 更新世地球冰川分布略图

（面积据高迪，1976）

A.北美劳伦特冰盖（13.79×10^{6}km^2）；B.欧洲斯堪的纳维亚冰盖（6.67×10^{6}km^2）；C.北极-格陵兰冰盖（2.16×10^{6}km^2）；D.西伯利亚冰盖（3.73×10^{6}km^2）；E.南极冰盖（13.2×10^{6}km^2）。

a.阿尔卑斯山；b.喜马拉雅山。斜线为大陆冰盖，点区为山岳冰川

3）气候带移动

冰期、间冰期交替引起地球上气候带的纬向与高度方向的移动。如图13-5所示，末次冰期纬向气候带与现代（相似于间冰期）相比，欧洲大陆的苔原气候带南界南移24个纬度左右，亚洲东部大陆虽无大冰盖发育，苔原气候带也南移1个纬度左右。温带、热带气候带则往南平

行移动且窄缩，热带北缘气候比现在干凉。间冰期气候带作反方向移动。高山区冰期气候带下移，间冰期上升，这从古冰斗和植被高度变化可推知。

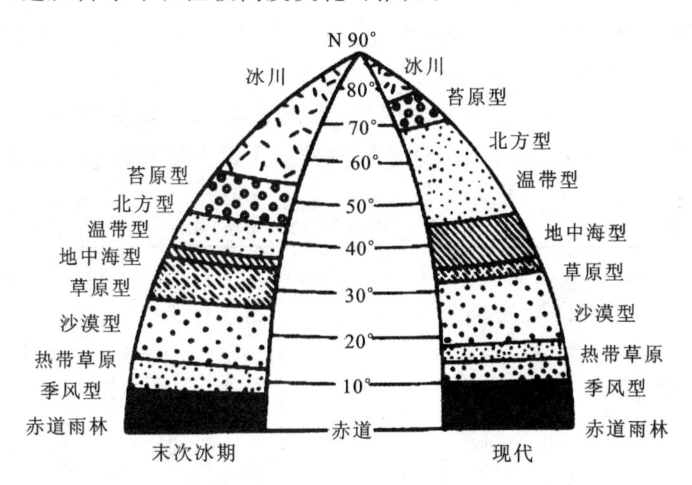

图 13-5 末次冰期与现代气候带图

（据 Holmea，1965，修改）

4）海平面变化

冰期大量海水蒸发变成冰雪凝集在陆地上，使海平面下降；间冰期冰融成水，流回海洋，使海平面上升。第四纪多次冰期旋回使海平面发生多次升降（本章第二节）。

（二）雨期与间雨期及其环境特征

1. 雨期与间雨期

第四纪全球性升降温时期大陆冰盖以外的广大无冰川覆盖区（中低纬地区）出现干燥和潮湿的气候波动，因此称为雨期和间雨期。一般雨期气候暖湿，间雨期气候干冷。但部分地区也有干暖、湿凉关系。干暖对荒漠的发展关系极大，干冷对永久冻土发育有利。

1）雨期

雨期指中低纬区第四纪气候转暖、转潮的时期，特点是潮湿多雨，降雨充沛，水域扩大，湖面上升，同时产生大规模的淡水湖沉积或风化沉积。

上述中低纬区的雨期、间雨期分别与高纬区（高山区）冰期、间冰期呈对应关系，是第四纪以来冰期、间冰期为核心的不同地区和不同类型古气候（或气候地层）的基本对比关系。所以从这个意义来讲，有的研究者将非冰川作用的直接标志，如孢粉组合、$\delta^{18}O$ 所确定的寒暖气候也泛指为冰期和间冰期。

2）间雨期

间雨期是指气候处于两雨期之间，当高纬区冰期时，冰盖区上空冷高压反气旋往中低纬度移动，降水带南移，季风萎缩，使中低纬度大部分地区气候变干变冷，降水量相对减少的时期。此时，中低纬度大部分地区内湖群缩小，湖水位降低和干涸或咸化，在湖中沉积盐类，同时导致沙漠扩大，黄土堆积旺盛，生物生长受到抑制，森林减少，草原扩大，荒漠化严重。

2. 雨期与间雨期环境特征

通过对古气候参数（气温、降水量、干燥度、蒸发量）等的大小变化定量研究，以及对沙漠分布、黄土与红土分布边界的移动、古土壤性质的变化、岩溶洞穴堆积中物理与化学沉积交替、湖

水位高低的变化、森林和草原的更替、湖水的淡化、咸化等一系列定性研究反映降水量与蒸发量相对大小变化的历史与年代学结合，可以揭示广大中低纬非冰川作用区气候与环境变化的规律。比如说130ka B P以来，南北半球中低纬区可区分出50～25ka B P(温暖)、25～10ka B P(干冷)和8～6ka B P(湿暖)3个时段的相对立的环境演变历史(图13-6)。此外，干燥区大量高湖水位(雨期)的年代资料统计除少数例外，大部分与高纬区间冰期(或亚间冰期)相当。25～10ka B P是末次冰期盛冰期，也是全球性沙漠扩大黄土堆积旺盛的全球性荒漠化时期。

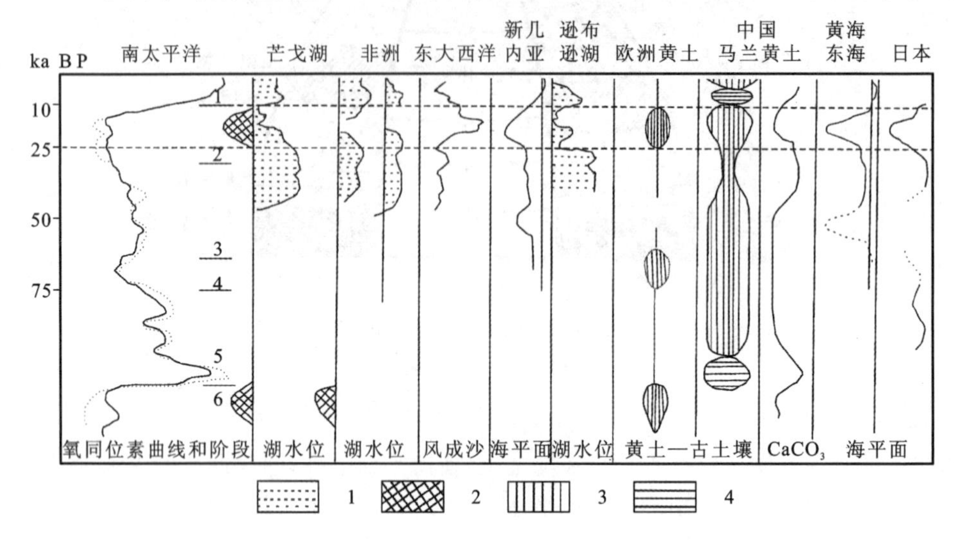

图13-6　南北半球50ka B P以来环境对比图

(据陈克造等，1987)

1.湖泊水位；2.沙丘；3.黄土；4.古土壤

中低纬区受高纬区冰期、间冰期气候带移动影响所发生的气候带移动，通过对动植物的迁移，对红土、风沙、黄土等分布边界和古冰楔位置等的时空变化研究，可以大体确定。如彼得马尼(1991)利用古生态组合带的位置(即年降水150mm的沙漠边界线)与现在对比分析，指出撒哈拉沙漠南缘的生态组合带位置在18ka B P的末次间冰期，处于N10°附近，8ka B P的冰后期在北回归线附近，现在位于两者之间(图13-7)。

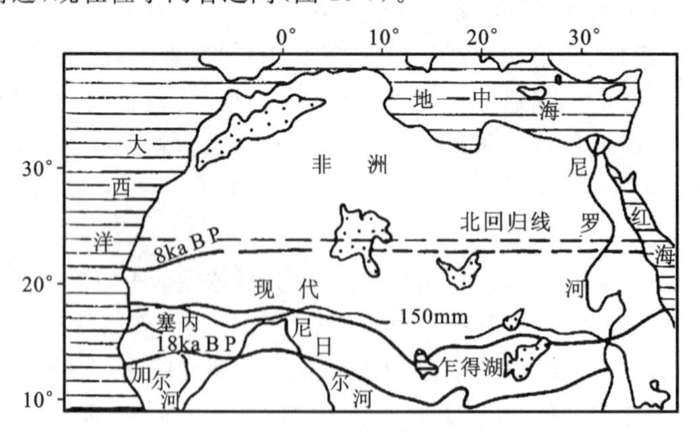

图13-7　非洲18ka B P、8ka B P和现代生态组合带位置的变化

(据Petit-Mavire，1991)

点区为沙漠

这表明低纬区非洲大沙漠的南缘在干旱期(冷)与湿润期(暖)分别发生赤向和极向移动，高纬区冰期、间冰期气候带移动同步，但移动幅度比高纬区苔原带小十几度。由此而引起撒哈拉沙漠的扩大与缩小，在雨期沙漠缩小的同时热带雨林有所发展，降水有所增加，故在现代流沙层下有些地方掩埋有古水系，提供了有价值的古地下水资源。

(三) 第四纪气候分布规律

综合上述气候期的内容，第四纪气候的分布，按时间和空间的关系分为静态变化和动态变化。气候变化的静态分布是指同一时间、不同地点的反映；气候变化的动态分布是指同一地点、不同时间的反映。冰期时非冰川作用区处于雨期，海岸带出现海退现象，深海区$^{18}O/^{16}O$比值较大；间冰期时非冰川作用区处于间雨期，海岸带出现海进现象，深海区$^{18}O/^{16}O$比值较小(表 13-6)。

表 13-6　第四纪气候分布规律

动态分布	静态分布			
	冰盖区	非冰盖区	海岸带	深海区($^{18}O/^{16}O$)
	间冰期	间雨期	海进	比值小
	冰期	雨期	海退	比值大

四、第四纪气候变化史梗概

第四纪气候的主要特征是冰期与间冰期交替发生。该时期包含有多个冰期—间冰期旋回，在深海沉积物、黄土-古土壤序列和冰芯中都有很好的记录。

1. 冰川活动史

第四纪冰川有大陆冰盖和山地冰川。对冰川的研究开始于欧洲海拔 3 000 多米的阿尔卑斯山岳冰川地区。1909 年德国科学家彭克和布留克列尔根据冰川作用与河流侵蚀作用及风化作用交替出现，以冰碛物和冰水沉积物代表冰期，以河流侵蚀陡坎和冰碛物化学风化代表间冰期，根据寒冷和温暖气候所造成的地貌和沉积物的交替出现划分了 4 次冰期，从而建立了第一个第四纪气候演化方案。他们把阿尔卑斯山区第四纪冰期历史从早到晚分为贡兹①(Gunz)、民德(Minddle)、里斯(Riss)、武木②(wurm)4 个冰期；武木冰期之后称冰后期；每两个冰期之间为间冰期(命名时老冰期在前，晚冰期在后)(图 13-8)，世称为阿尔卑斯冰期方案。后继研究者又提出比贡兹更老的多瑙(Donau)冰期和拜伯尔(Biber)冰期，总的反映出山地冰川的历史有 6 次左右大的冰川活动。20 世纪 70 年代前，在全球冰期同时性观点的支配下，阿尔卑斯冰期方案一度成为世界各地第四纪冰期对比的标准。70 年代用古地磁方法测得贡兹冰期冰碛物年龄约为 0.7Ma(B/M 分界处)，从而就动摇了阿尔卑斯冰期方案作为对比标准的地位，研究者转而注意研究各地冰期发育史。全球冰期发育的共性与地区性差异，是第四纪气候变化研究的重要内容。由此为彭克等的工作打下了第四纪冰川地质学的基础。

---

① Gunz 早期被译为"恭兹"。

② 早期称为"玉木"。

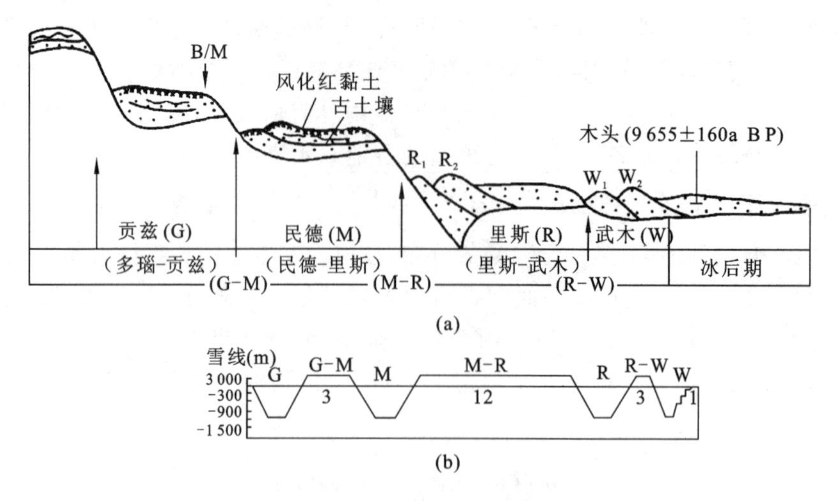

图 13-8 欧洲阿尔卑斯山区的冰期与间冰期图

欧洲大陆第四纪发育斯堪的纳维亚冰盖(面积达 6.67×10^6 km²),但未与阿尔卑斯山地冰川相连。斯堪地纳维亚冰盖在第四纪几度扩展与消融,由于沿岸有暖流提供水分,最大时冰盖的一支达到 N48°左右。西北欧属海洋性气候,侵蚀不强,大陆冰川的终碛堤蛇形丘等保存较好;其间冰期北部沿岸有含喜暖动物群的海侵发生。根据冰碛物、化石和地貌,欧洲大陆各地冰期不尽相同,各国冰期名称也不一样,但主要有 3 次冰期和多次冷期,以北欧为例(图 13-8),从早冰期至晚冰期依次称为艾尔斯坦、萨勒、魏克塞尔,分别与阿尔卑斯山的民德、里期、武木冰期相当。欧洲大陆上未发现与阿尔卑斯山贡兹冰期相当的冰碛物。间冰期分别称荷尔斯坦(相当于 M-R)和伊姆(相当于 R-W)。萨勒冰期与阿尔卑斯里斯冰期一样,冰碛物分布最广,称“大冰期”。欧洲大陆早于艾尔斯坦冰期前的冷期与暖期,则是根据哺乳动物群(克罗麦暖期)和植物孢粉组合划分的(如蒂格林和前蒂格林气候期等)。

北美大陆第四纪的劳伦特冰盖最大(冰雪覆盖约 1.38×10^7 km²),覆盖了北美大陆约 1/2 的地区,对北美水系影响极大。北美大陆冰期是根据冰碛物及风化层(称 Gumbootite 为冰碛物及风化成的灰色黏土)划分的(表 13-7)。

表 13-7 北美地区第四纪冰川

冰后期
威斯康星冰期(Wisconsin)
桑加蒙间冰期(Sangamonien)
雅蒙斯间冰期(Illinoian)
萨斯冰期(Yarmouthian)
阿夫店冰期(Aftonian)
内布拉斯加冰期(Nebraska)

亚洲北部西伯利亚地区由于远离暖水海洋,冰期时虽气候严寒但降雪少,仅发育了北半球较小的不连续冰盖,分布于 N60°—70°之间。共有两次冰期:第一次冰期称萨马诺夫冰期,规模最大时与欧洲冰盖相连;第二次称赞卡冰期,与欧洲魏克塞尔冰期同期,但冰盖小而分散。

冰期后西伯利亚留下和发育大片永久冻土,其中有保存良好的皮肉皆存的猛犸象牙化石。从猛犸象体内食物孢粉分析表明当时为苔原环境;大量^{14}C年龄测量这种喜冷动物生活在50~15ka B P,现已绝灭。

除阿尔卑斯山外,喜马拉雅山、帕尔米高原、克什米尔山、天山、昆仑山等第四纪都有过3~4次以上的冰川活动。

全球气候变化历史的对比有两个方面:一是陆地冰期对比,另一是海陆气候变化历史对比。这都是没有解决的问题,本节仅谈陆地冰期对比问题。新生代晚期的中、上新世两极冰盖都已形成,某些山地如阿拉斯加虽发现有3.5Ma或更早的小规模山地冰川活动遗迹,但在高纬区尚未形成冰盖,极地冰川的形成和高纬区某些山地规模冰川活动只是第四纪冰期的前奏。第四纪冰期(冰河期)以高纬(高山)区多次大规模冰川活动和大冰盖入侵部分中纬区为特征,全球陆地冰期对比即以此和现代气候变化具有全球性为基础(表13-8)。

世界各地末次冰期冰碛物风化不深,^{14}C年龄数据多,其全球和半球性对比可靠性大(表13-8水平粗线以上部分)。其他冰期,因年代数据少,且不同研究者对各冰期、间冰期的始期和终期及冰期、间冰期持续时间估算差异大,故它们的对比具有浮动性。全球冰期对比还有待于年代学数据的积累和各地冰川地层学工作的深入研究才能相对完善。

表13-8 全球各地经典第四纪冰期对比

<table>
<tr><th>极性</th><th>阿尔卑斯山</th><th>北欧</th><th>北美</th><th>西伯利亚</th><th>中国</th><th>备注</th></tr>
<tr><td rowspan="8">B</td><td>冰后期</td><td>冰后期</td><td>冰后期</td><td>冰后期</td><td>冰后期</td><td></td></tr>
<tr><td>武木冰期</td><td>魏克赛尔冰期</td><td>威斯康星冰期</td><td>赞卡冰期</td><td>大理冰期</td><td>末次冰期</td></tr>
<tr><td>里斯-武木间冰期</td><td>伊姆间冰期</td><td>桑加蒙间冰期</td><td>间冰期</td><td>庐山-大理间冰期</td><td>末次间冰期</td></tr>
<tr><td>里斯冰期</td><td>萨勒冰期</td><td>伊利诺冰期</td><td>萨马诺夫冰期</td><td>庐山冰期</td><td rowspan="9"></td></tr>
<tr><td>民德-里斯间冰期</td><td>荷尔斯坦间冰期</td><td>雅尔蒙斯间冰期</td><td rowspan="8"></td><td>大姑-庐山间冰期</td></tr>
<tr><td>民德冰期</td><td>埃尔斯坦冰期</td><td>堪萨斯冰期</td><td>大姑冰期</td></tr>
<tr><td>贡兹-民德间冰期</td><td>克罗麦暖期</td><td>阿夫唐间冰期</td><td>鄱阳-大姑间冰期</td></tr>
<tr><td>贡兹冰期</td><td>明纳普冷期</td><td rowspan="6">内布拉斯加冰期</td><td>鄱阳冰期</td></tr>
<tr><td rowspan="5">M</td><td rowspan="5">多瑙冰期

拜伯冰期</td><td>沃林暖期</td><td rowspan="5">(更老冰期)</td></tr>
<tr><td>伊布龙冷期</td></tr>
<tr><td>蒂格林暖期</td></tr>
<tr><td>前蒂格林冷期</td></tr>
</table>

注:据Penck & Bruckner,1909,修改。

2. 深海沉积物的多波动气候旋回

深海沉积环境宁静,沉积过程比较连续,比陆地上更完整地记录了第四纪气候变化历史。海洋沉积率在1~10mm/ka间,干旱区较小,温润区较大,一般生物扰动很少,厚几米至几十米的深海沉积物可以记录下第四纪全部气候变化历史。现在全球海区已施工钻孔数以千计,为第四纪气候变化史研究提供了有利的条件。

以太平洋近赤道海域水下3 000多米的V28-238(N01°,E160°29′)和V23-239(N3°15′,

E159°11′)两个深海钻孔试样的有孔虫壳 $\delta^{18}O$ 曲线等为代表，提出了深海沉积物反映出的多波动冷暖气候模式。两孔岩芯 $\delta^{18}O$ 曲线在布容正极时的 0.7Ma 内反映的冷(或冰期)、暖(或间冰期)，气候波动情况类似：在布容正极性时(0.73Ma)以前气候波动频繁而幅度较小，布容正极性时内气候波动幅度较大而规律。如 V28-238 孔岩芯长 16m，用 ^{14}C 法，铀系法、古地磁法和沉积率外推法划分氧同位素边界年龄(图 13-9)，在孔深 12.4m 内记录了 0.73Ma 以来 8.5个由暖(奇数阶段)到冷(偶数阶段)组成的气候旋回(从 A—I，B 为复杂旋回，A 为半旋回)。$\delta^{18}O$ 气候曲线呈不对称锯齿状，显示降温和冰雪积累过程较长，升温和冰雪消融过程较快。冰期持续时间最长为 67ka，最短为 11ka；间冰期最短为 18ka，最长为 71ka。近 0.73Ma 内有明显的准 100ka 气候变化周期。深海沉积物反映的多波动气候旋回模式不同于经典的阿尔卑斯冰期方案，前者的连续性较好，后者的地层间断多，且难以估计。所以太平洋 V28-238 和 V23-239 等孔气候曲线可作为海陆气候对比的标准孔，但应慎重，因为无论海陆气候曲线多因使用的气候标志不同而有“长”“短”气候年表差异。

太平洋深海 V28-238孔 $\delta^{18}O$(P.D.B)‰ (−1.0, −2.0)

极性	氧同位素阶段	钻孔深度(cm)	边界年代(ka B P)	终止点①
布容	1	22	13	I
	2	55	32	
	3	110	64	
	4	128	75	
	5	220	128	II
	6	335	195	
	7	430	251	III
	8	510	297	
	9	590	347	IV
	10	630	367	
	11	755	440	V
	12	810	472	
	13	860	502	VI
	14	930	542	
	15		592	VII
	16	1 015	627	
	17	1 175	647	VIII
	18	1 180	688	
	19	1 210	706	IX
	20	1 250	729	
松山	21	1 340	782	X
	22			
	23			

冰期旋回②	冰期旋回时间(ka)	冰期时间(ka)	间冰期时间(ka)
A		19	
B	15	11	32, 53
C	123	67	56
D	96	46	50
E	93	22	71
F	68	32	30
G	90	40	50
H	55	35	20
I	69	51	18
J	76	23	53
K			

图 13-9 太平洋所罗门深海平原 V28-238 钻孔岩芯试样古气候序列曲线图

(据 Sharkfetoo，Dptyke，1974，资料编)

①终止点为分割几个 $\delta^{18}O$ 连续高值与低值阶段的点；

②t 个冰期旋回包括 1 个 $\delta^{18}O$ 奇数(暖期)和 1 个偶数(冷期)阶段(B 旋回例外，A 为半旋回)

(三) 黄土-古土壤系列与冰岩 $\delta^{18}O$ 气候曲线

黄土-古土壤层系是中低纬区干(冷)湿(暖)气候变化的良好记录，其气候变化曲线基本上可与深海钻孔岩芯 $\delta^{18}O$ 曲线对比(见本章第三节)。冰岩 $\delta^{18}O$ 气候曲线将在本书有关部分提到。

五、130ka B P 以来(晚更新世和全新世)气候变化

130(或 150)ka B P 以来,气候与环境变化是目前第四纪气候变化研究的重点,包括末次间冰期、末次冰期和冰期。

1. 末次间冰期—末次冰期(晚更新世)气候变化

这一时段大约从 130(或 150)ka B P 开始到 11ka B P 左右,包括里斯-武木间冰期和武木冰期(或与二者时代相同的间冰期和冰期,如表 13-8 所示),相当于 V28-238 深海钻孔气候曲线上的第⑤、④、③、②阶段和冰期旋回 B(图 13-9),末次间冰期与冰期划分如图 13-10 所示。

末次间冰期始于 130ka B P 左右,终止于 75ka B P,是一个温暖气候阶段,其最温暖期大约在第⑤、④、③、②阶段始于 120ka B P,当时年均温比现在高 2～3℃,以后气温波动下降,在 75ka B P 进入末次冰期。末次间冰期内世界许多沿岸地带发生海侵(如欧洲北部沿海、中国华北平原东部),湖沼发育,阔叶林扩大。

末次冰期始于 75ka B P,终止于 11ka B P,一般划分为两寒夹一暖 3 个阶段。早冰阶气候寒冷但非最严寒阶段,年均温比现代低 5～6℃。中期是相对温暖的寒冷气候阶段。晚期(尤其是 18ka B P)是末次冰期气候严寒干冷的盛冰期,年均温比现代低 8～91℃,也是 130ka B P 以来海平面下降幅度最大和沙漠显著发展的干旱期。由于气候干冷,故末次冰期冰川规模不大。世界各地根据其地貌(如终碛堤)、冰碛物等对末次冰期都作了详细的研究,但气候期划分与时限也不尽相同。

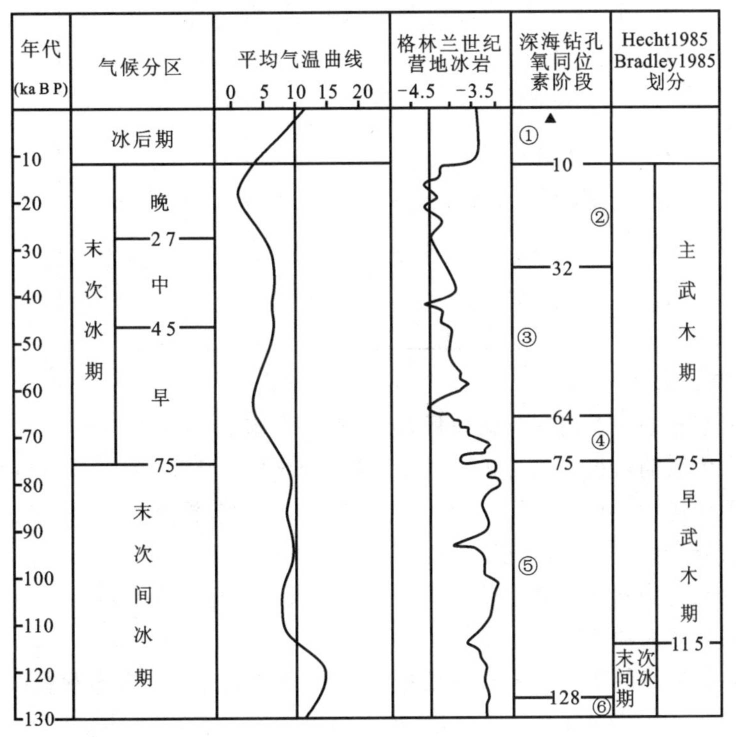

图 13-10 0.13Ma 以来末次间冰期与末次冰期

末次冰期盛冰期之后14～11ka B P的3ka期间，是由冰期往冰后期（暖）的转化时期，对研究预测气候与环境变化有参考价值。欧洲大陆根据冰川终碛、植被、冰盖变化和海平面变化，揭示出这一从冷到暖过渡的约3ka B P内有过几百年内7月均温变幅在2～3℃内的冷暖气候变化频繁出现（有的研究者把一时段称为“晚冰期”），表13-9为老得利阿斯期（Dryas—即苔原仙女木植物群）大冰盖已退缩到斯堪的纳维亚半岛，留下众多冰蚀湖。阿尔露得（Allerod）暖期属海洋性气候，冰盖碎裂，海平面显著上升，森林向高纬区发展，是一次全球性暖期。新得利阿斯冷期也是一次全球性冷期，森林为苔原取代。上述时期内海平面也随冷暖气候变化而升降波动。

表13-9　欧洲15—10ka B P气候与环境变化表

气候阶段(ka B P)	环境	七月气温(℃)
全新世（暖）	桦、松林	＞14
10.25		
新德利阿斯（冷）	苔原	10～11
11.35		
阿尔露得（暖）	森林	13～14
12.15		
中德利阿斯（冷）	苔原	＜10
12.35		
波林（暖）	森林	≥10
12.75		
老德利阿斯（冷）	冰盖缩小	冰川气候
15.00		
末次冰期	大冰盖	冰川气候

2. 全新世气候变化

距今约1万多年是一个温暖气候阶段（冰后期）[①]。新世地表经历的最重大事件是气候变化地壳运动与人为活动对自然的冲击。其中，气候变化导致冰川、冻土、动植物、土壤、水资源、沙漠和海平面等变化，并引发一系列的灾害，如旱涝、泥石流、滑坡、地面沉陷、地下水面升降和森林火灾等。研究全新世气候变化与现代仪器记录的小尺度事件之间的偏离，对研究预测未来气候与环境变化趋势和灾害有重要的意义。全新世环境是研究自然与人为活动合力对自然环境冲击效应的最好天然超级实验室。

全新世气候与环境的变化主要根据植被演替，冰川末端、冻土边界和林线位置高度变化，海（湖）面升降、冰岩中$\delta^{18}O$及其尘土含量，树木^{13}C及稳定同位素（H_2、$\delta^{18}O$），树木年轮，物候

① 从气候角度有时称冰后期，也有人视为一个间冰期。

记录和考古历史资料等的研究推断。其中，以据植物（孢粉）演替推断气候变化的方法应用最广。1876 年，挪威植物学家布列特根据北欧沼泽沉积物中植物孢粉组合演替，把北欧全新世气候变化历史从早—晚分为：北极期（严寒）、前北方期（干冷）、北方期（干暖）、大西洋期（湿暖）、亚北方期（干暖）、亚大西洋期（凉湿）和现代（干凉）（图 13-11），称布列特-谢尔南德分期方案。这一分期经纹泥法（德·格尔）、历史考古法和 ^{14}C 年龄测量成为地球历史上研究最详细的一个时段。此外，登坦等（Denton 和 Wibjoorn）把 10ka B P 称为“新冰期”，并分为 4 期，周期为 2 500a，每次寒冷期持续约 900a。

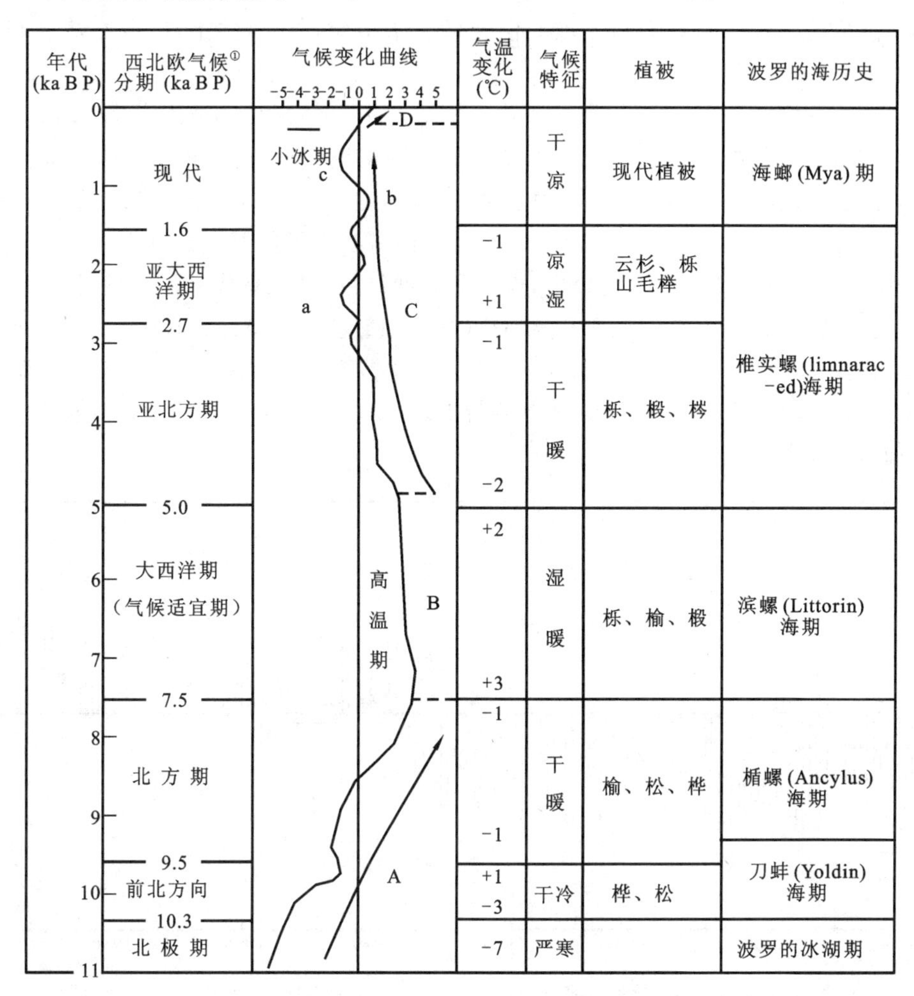

图 13-11 西北欧全新世气候变化及分期图

①布列特提出，谢尔南德证实，被称为布列特-谢尔南德方案

a. 2.7～2.4 ka B P 降温期；b. 1 300～900a A D 小气候适宜期（中世纪暖期）；c. 1850—1550a A D 现代小冰期

全新世气候变化按其特征可分为 A、B、C、D 四个阶段：

A. 全新世早期升温阶段。包括北极期、前北方期和北方期，此时冰期过后气候开始波动升温，由于冷向干暖转化，但仍较寒冷（图 13-11A 段）。

B. 全新世中期高温阶段。主要是大西洋期（又称气候适宜期），此时全球气候湿暖，年均温比现在高 3℃（有的地区可能更高一些），降水显著增加，全球冰川冻土萎缩，海平面显著上升，阔叶森林扩大（山地林线下降），其大气环流结构具有间冰期特征。这是人类已经历过的最近的一次全球高温期(图 13-11B 段)。

C. 全新世晚期降温阶段。从大西洋期末期大约 5ka B P 全球气温开始下降(有的地方阔叶数量减少)直到 20 世纪,气候发展是波动降温,有一系列 100a 和 1 000a 尺度的 1~2℃的全球性寒暖气候波动(图 13-11C 段),而且 2ka 以来人为活动对气候与环境的冲击加剧。这一时段的次级气候变化阶段如下:

2.7~2.4ka B P 地球年均温下降 2℃,各地冰川冻土有所发展,林、雪线下降(图13-11A段);1 300—900a A D,年均气温比现在高 1~2℃,称为"小气候适宜期"或"中世纪暖期"。气候温和降水增加,农业、建筑、贸易有所发展。但北极浮水融化,林、雪线上升,泥石流和森林火灾增多。

1 850—1 550a A D,全球年均温比现在低 2℃左右,称"现代小冰期"(Francois Mathes,1939),其中最冷阶段在 1 700—1 550a A D。现代小冰期大气环流结构具有冰期特点,对全球现代冰川冻土发展扩大有重要的影响,引起林、雪线明显下降,并不时发生江河湖海水面封冻,风暴频繁,风沙、滑坡、山崩增多,农业歉收,对世界经济产生了负面的影响(图 13-11C 段)。

D. 20 世纪升温阶段。20 世纪以来,现代小冰期结束,进入现代升温阶段(图 13-11)。现代气候虽仍有冷暖波动,但总的呈现升温趋势(图 13-12)。工业革命以来的 1.94—1.9ka A D 气温比 19 世纪 80 年代高 0.4~0.6℃,一般认为大量燃用化石燃料使大气层 CO_2 下降 0.3℃。1960 年以来地球增温趋势加强,气候异常不断出现,旱、涝、风、雪、泥石流和森林火灾此起彼伏,海平面上升威胁着沿岸城市。

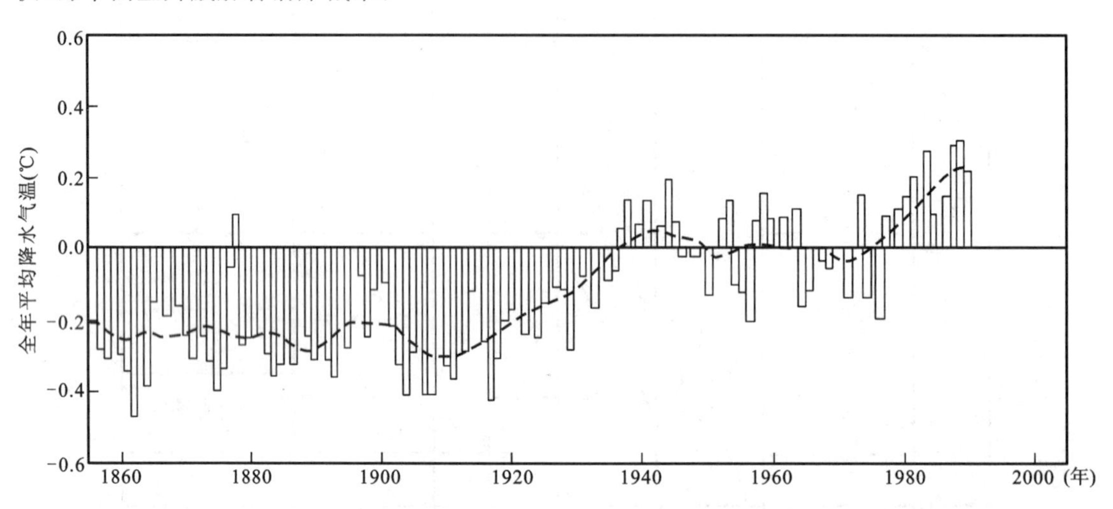

图 13-12 平滑过的 1856—1989 年全球平均地表气温图

[据世界气候变化专门委员会(IPCC),1990]

在近期气候变化中既有全新世气候变化规律影响,也有火山活动、太阳黑子活动、人为大气污染和厄尔尼诺等作用介入。

厄尔尼诺现象是一种海洋与大气相互作用的失衡现象。在正常年份,此区域东南信风盛行,赤道表面东风应力把表层暖水向西太平洋输送,在西太平洋堆积,从而使那里的海平面上升,海水温度升高。而东太平洋在离岸风的作用下,表层海水产生离岸漂流,造成这里持续的海水质量辐散,海平面降低,下层冷海水上涌,导致这里海面温度的降低。上涌的冷海水营养

盐比较丰富,使得浮游生物大量繁殖,为鱼类提供了充足的饵料。鱼类的繁盛又为以鱼为食的鸟类提供了丰盛的食物,所以这里的鸟类甚多。

厄尔尼诺对气候的影响,以环赤道太平洋地区最为显著。在厄尔尼诺年,印度尼西亚、澳大利亚、南亚次大陆和巴西东北部均出现干旱,而从赤道中太平洋到南美西岸则多雨。许多观测事实还表明,厄尔尼诺事件通过海气作用的遥相关①,还对相当远的地区甚至对北半球中高纬度的环流变化也有一定影响。研究发现,当厄尔尼诺出现时,将促使日本列岛及我国东北地区夏季发生持续低温,有的年份使我国大部分地区的降水有偏少的趋势。这从一个侧面说明地球表层环境的整体性:一个圈层的变化会导致其他圈层的变化,一个地区的变化会引起其他地区的变化,局部的变化也会引起半球甚至全球环境的变化。

第二节 第四纪海平面变化

全球人口的2/3集中在仅占大陆总面积10%的沿海地带,现代全球范围的海平面升降,对沿海和岛屿地区的经济、环境和安全构成威胁。20世纪以来全球海平面呈上升趋势,已引起全世界人们广泛的关注。海平面是指海洋中的水体与大气圈中的界面,全球海平面即理论海平面是指全球的平均海平面,局地海平面是指某一具体地点(如塘沽、吴淞、青岛)的海平面。海平面变化即平均海平面与陆地观察站之间高度的相对上下变动。平均海平面高度是多年的每小时潮位的平均值。目前研究海平面变化就是以陆地观察站为基础,用平均海平面与陆地的相对高度变化来推断相对海平面的变化,可称为"准海平面变化"。

一、第四纪海平面变化标志

第四纪海平面变化的研究,从能够拟定的滨岸与古海平面位置和确定年代的标志入手,这些标志在陆地上是沿岸保存的海成地貌和海相沉积物,在水下大陆架上是沉没的沿岸陆地地貌和陆相沉积物。常用的第四纪海平面变化标志有沉积物标志、地貌标志、生物标志和同位素地球化学标志。

(一)沉积物标志

1. 潟湖沉积与泥炭

潟湖指海岸带被沙嘴、沙坝或珊瑚分割而与外海相分离的局部海水水域。海岸带泥沙的横向运动常可形成离岸坝-潟湖地貌组合。当波浪向岸运动,泥沙平行于海岸堆积,形成高出海水面的离岸坝,坝体将海水分割,内侧便形成半封闭或封闭式的潟湖(图13-13)。

淡化潟湖:在潮湿气候区,注入潟湖的淡水大大超过蒸发量,潟湖水面高于海平面,引起潟

---

① 遥相关,又称大气遥相关或遥联,可简要定义为相隔一定距离的气候异常之间的联系。

湖水体经入(出)潮口进入海洋,如此长期外流,潟湖水体又不断有淡水补给,逐渐发生淡化,则形成淡化潟湖。

咸化潟湖:在炎热干旱的气候区,潟湖缺乏大量淡水注入,水体蒸发量大大超过注入量,使潟湖水面低于海平面,海水不断向潟湖流动,并不断蒸发和浓缩,含盐度逐渐提高而变成咸化潟湖。

当海平面上升时,原有的淡化潟湖转化为咸化潟湖;海平面下降,咸化潟湖转变为淡化潟湖。

淡水泥炭的表面与海平面处于同一高度或略高些,咸水泥炭的表面与海平面处于同一高度或略低些。若咸淡水泥炭重叠,指示海平面的位置。

2. 海滩岩

海滩岩分布在热带、亚热带沿海,主要由砾石、砂、贝壳、碳酸盐物质构成,碳酸钙胶结强烈,岩石坚硬。海滩岩的顶面高度与最大天文潮位相比较,下限可作为海平面的位置(图13-14)。

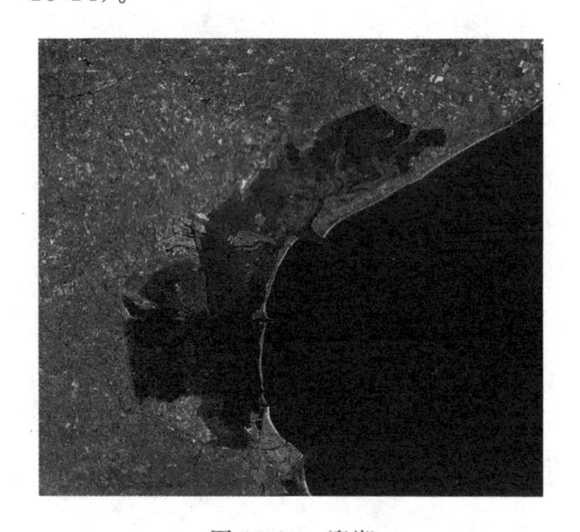

图 13-13 潟湖

图 13-14 海滩岩

(二) 地貌标志

1. 海蚀凹槽、海蚀穴

海蚀凹槽:是沿着海平面发育向陆地凹入的线状凹槽,海蚀凹槽最深的部位为平均海平面位置,而上下的转折部分为高潮面和低潮面的位置(图 13-15)。

海蚀穴:形成于海平面附近,深度大于宽度的洞穴,海蚀穴指示海平面位置与海蚀凹槽相似。

2. 海蚀崖和波切台

海蚀崖:其底部可作为海平面的位置,有时在海蚀崖的底部发育海蚀凹槽或海蚀穴。

波切台:由于海蚀崖及其下部新的海蚀崖继续形成的这种反复作用,使海蚀崖不断向陆地方向节节后退,海岸带不断拓宽,结果海蚀崖底部至低潮浅之间形成一个向海洋方向微倾斜的平面。如图 13-15 所示,波切台横剖面的中点,或沿海岸线波切台中点的连线基本可代表平均海平面的位置。

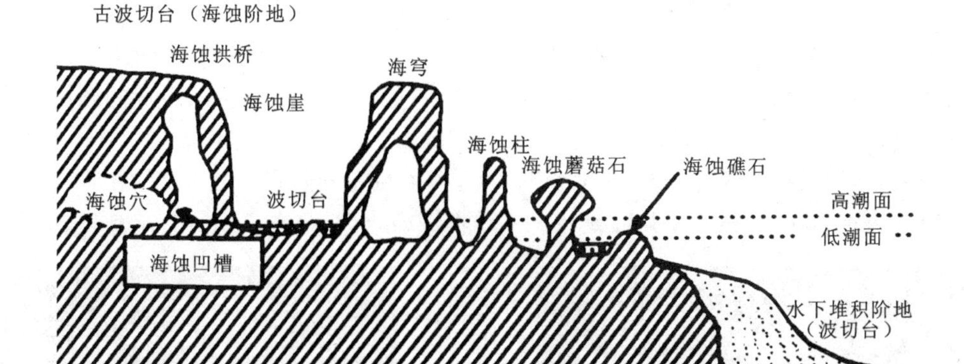

图 13-15 海滩各种地貌示意图

（据陈安泽，2013）

3. 砾滩、沿岸砂堤、贝壳堤

砾滩分布于潮间带，大多数沿高潮线分布，常形成平行于海岸线的砾石堤。是高海平面的良好指示物。沿岸砂堤沿海岸线分布，砂堤的底界基本与高潮线处在同一高度。水下沙坝形成小于 10m 的水深范围内（图 13-16）。

一般认为贝壳堤的底板（贝壳堤与下伏沉积物的界面）作为平均海面的位置比较恰当，而贝壳堤的顶部不宜作为海平面位置的标志。

图 13-16 砾滩

（三）生物标志

1. 有孔虫、介形虫

有孔虫是一类古老的原生动物，5 亿多年前就产生在海洋中，至今种类繁多。由于有孔虫能够分泌钙质或硅质，形成外壳，而且壳上有一个大孔或多个细孔，以便伸出伪足，因此得名有孔虫。通过利用有孔虫的组合进行海平面位置的确定。

介形虫是生长在水域中的无脊椎动物。大的像米粒，小的肉眼看不清，有淡水和咸水，不同的水深介形虫的变异度（种的数目）和密度（标本的数目）不同。生物变异度和密度在海岸的不同地带有所区别：潮间带变异度和密度都非常低；潮上带低变异度，高密度；海平面以下变异度和密度变化的趋势相同。

2. 珊瑚礁坪台、牡蛎礁和藤壶

珊瑚礁坪台：当海面稳定时，珊瑚礁平铺发展，但厚度不大；当海面上升或海底下沉时，形成的礁层厚度较大，礁体可发育成塔形、柱形；当海面下降或地壳上升时，形成的礁层厚度也不大，指示平均大潮低潮位(图 13-17)。

牡蛎礁和藤壶：牡蛎和藤壶岩石是海岸的生物，生活在潮间带。牡蛎礁(图 13-18)的顶面指示低潮位位置；藤壶生长于平均高潮位—平均低潮位之间，最高不超过最高潮位。

图 13-17 珊瑚礁坪台

图 13-18 牡蛎礁

(四) 同位素地球化学标志

研究发现，生活在海洋表层的微体生物浮游有孔虫，其甲壳中 $\delta^{18}O$ 的含量与它赖以生存的海水保持平衡，因而不同时期海洋沉积物中有孔虫甲壳 $\delta^{18}O$ 的含量变化，则反映了各个时期海水中 $\delta^{18}O$ 的含量，进而反映了海洋表层温度的变化(图 13-19)。

海洋沉积物(有孔虫壳体)的 $\delta^{18}O$ 值增加，海平面下降；其值降低，海平面上升。

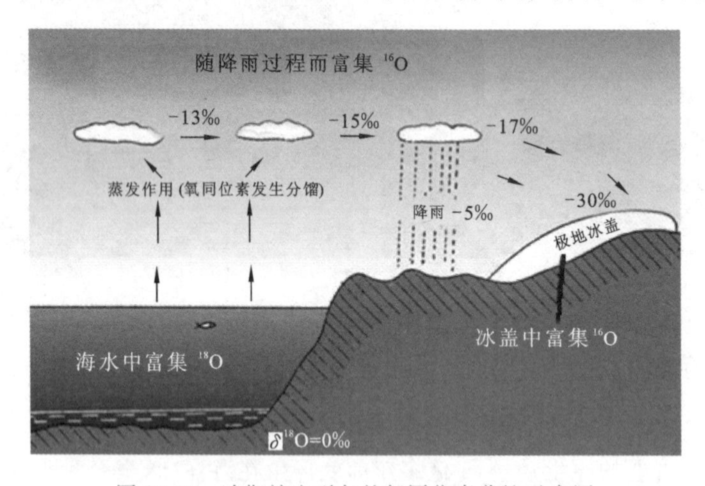

图 13-19 冰期效应引起的氧同位素分馏示意图

二、第四纪前、后海平面变化梗概

(一) 前第四纪海平面变化概况

前第四纪海平面变化主要是通过生物化石、生态地层、层序地层和地震方法等认识的。

地壳运动强烈活动阶段地壳隆起、陆地增生，海平面急剧下降(海退)。地壳长期稳定和湿润气候时期，地形逐渐被夷平，海平面缓缓上升(海侵)。由于地壳运动与地形夷平相比时间相对短暂，故地史上海平面曲线呈锯齿状。500Ma 以来，中生代白垩纪是地壳活动和大陆增生的重要时期，也是地史上的高温期，当时两极尚未形成冰盖，所以白垩纪高海平面的出现与地壳运动和环境变化关系密切，与冰川活动无关。

(二) 第四纪海平面变化概况

第四纪海平面变化历史的研究，由于早期古海岸遗迹保存较差和受构造运动影响大，晚期遗迹保存较好，故总的研究情况是早、中更新世海平面历史研究粗略，晚更新世研究较好，全新世研究详细，近代仪器研究确凿。

1. 更新世早、中期(2.4～0.13Ma)海平面变化

这一时段世界各地海平面变化标志的时代越早保存越差，受到的新构造运动影响越大，有些新构造运动强烈地区，海成阶地已被后期运动抬升几十米或上百米。在地中海岸保存有较好的多级海成阶地，除西西里阶地(海拔 80～100m)沉积物中含喜冷软体动物化石北极冰岛蛤(*Cyprina islandiea*)时代属早更新世外，西西里以下多级阶地沉积物中含喜和暖的风螺化石(*Strombus*)，相当于多次间冰期高海平面，两级海成阶地之间相当于冰期低海平面。图 13-20 表示冰期(低海平面)与间冰期(高海平面)海平面的变化对比关系，但阶地海拔未经校正和未扣除构造运动上升量。

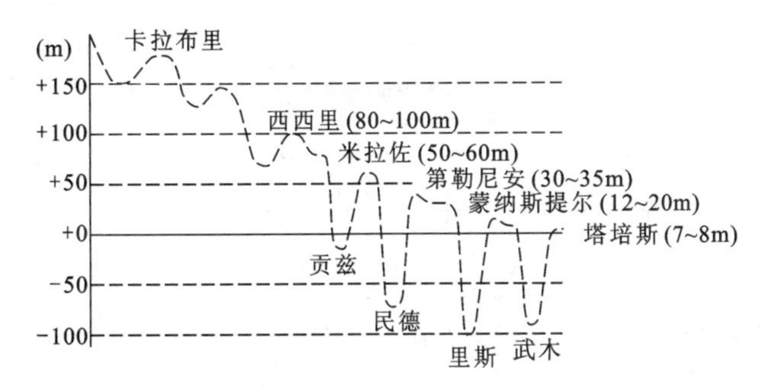

图 13-20 地中海地区海平面变化与阿尔卑斯山冰期对比关系图

(据弗伦策尔，1973)

中国早中更新世时期海平面变化历史主要是根据东部平原下伏海相地层推断的。华北平原北京海侵(古地磁年龄 2.43Ma)、渤海海侵(1.5Ma)、海兴海侵(1Ma)和 0.7Ma 海侵[①]；杭、嘉、沪平原有早中更新世海侵层。至于闽、浙、鲁、冀沿岸残存的一些海成阶地，由于剥蚀破坏和受新构造抬升，使早中更新世海平面变化历史研究变得较为复杂和困难。

2. 晚更新世(130～11ka B P)海平面变化

这一阶段包括末次间冰期和末次冰期，后者海平面历史研究详于前者。

晚更新世包括了一个末次间冰期和末次冰期，海平面总体上从早期到晚期是一个下降过程，但期间存在一些波动。

① 中国第四纪海侵名称无统一用法，有时同一海侵名称，所属时代不同，故应注意海侵时代。

1）末次间冰期（130～75ka B P）

这个时期相当于深海氧同位素的第5阶段（MIS5），该阶段又可分为3个次一级的温暖期（MIS5a、MIS5c、MIS5e）和两个寒冷期（MIS5b、MIS5d）。其中MIS5e最温暖，在欧洲称为艾姆间冰期。在这个时期，总体上为高海平面，但多数时间的海平面比现今低，只有在MIS5e时海平面比现今高6～18m。在中国的华北地区，这个时期发生了白洋淀海侵和沧州海侵，出现高海平面。在黄海、东海、南海也发生过海侵。

新几内亚海成阶地珊瑚礁台的铀系法测年资料，与探海钻孔V19-30岩芯浮游和底栖有孔虫壳 $\delta^{18}O$ 气候曲线对照（图13-21），两者都揭示出有120ka B P、100ka B P和80ka B P三个高海平面时期（黑点处）；可与大西洋巴巴多斯岛的3个高海成面：巴巴多斯Ⅲ（125ka B P）、巴巴多斯Ⅱ（103ka B P）和巴巴多斯Ⅰ（82ka B P）对比。新几内亚海成阶地经校正后，其中只有120ka B P的海平面比现代海平面高6m，其他都低于现代海平面，并呈现下降趋势。据有孔虫和其他资料分析，120ka B P（末次间冰期初期）高海平面阶段水温比现在高2～3℃。

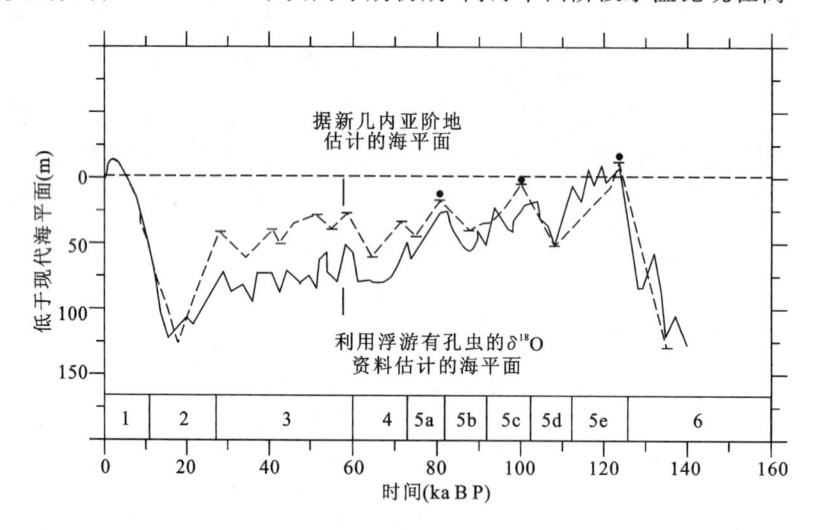

图13-21 新几内亚海成阶地系列与V19-30钻孔浮游和底栖有孔虫壳 $\delta^{18}O$ 示14ka B P以来海平面变化图
（据Shacklezon，1988，补充）
横标上1.2.3…6为氧同位素阶段，其中第5阶段是复杂冰期旋回，又进一步划分为5a、5b、…、5e

2）末次冰期（75～11ka B P）

这一时期相当于深海氧同位素的第4、3、2阶段，这个时期的海平面波动非常剧烈，总体是一直下降。尤其是在20～14ka B P期间世界几个大陆架上的试样 ^{14}C 年龄资料表明，世界海平面继晚更新世以来的降势，在此期间达到130ka以来的最低点（图13-22）平面位于－100～－135m不等，如北美－105m、日本－135m、黑海－110m、尼日利亚－100m，中国－150m左右，这是目前了解最多的一个全球沿海地带环境变化时代。由于全球性海退，各洲大陆的岛屿岸线外推几千米至几百千米不等，大部分陆架露出水面，许多近岸岛屿与陆地相连，内海形成湖或缩小，大陆面积暂时增加约10%，气候的大陆性增强，动、植物发生相应的迁移，在露出的陆架上可形成有价值的砂矿和陆相沉积物。

中国在130～14ka B P时期的海平面变化史是根据沿海陆架钻孔与平原海陆相交互地层和贝壳堤推断的（图13-23）。

130～75ka B P的末次间冰期，中国沿岸普遍发生海侵，沉积了平原下伏的E层海相层

(渤海称第一海相层)。海平面时常有波动,最高海平面出现在120ka B P左右的北洋淀海侵(与巴巴多斯Ⅲ同期),海平面比现在的海平面高5～7m。沉积物中含有现生活在黄海以南水域的伊沙伯丽蛤等暖水种化石,推断当时黄海水域水温为18～20℃,比现在高3℃。

70～40ka B P间末次冰期(大理冰期)早冰阶,中国东部沿岸普遍发生海退,海水撤出黄海陆架,海岸线位于－75m处,称黄海海退(或黄海冷期)(图13-22);当时东海陆架海岸线在－100m左右。在海水退去的陆架上约35ka内为荒凉的干冷草原。渤海西部沉积了D层陆相层。

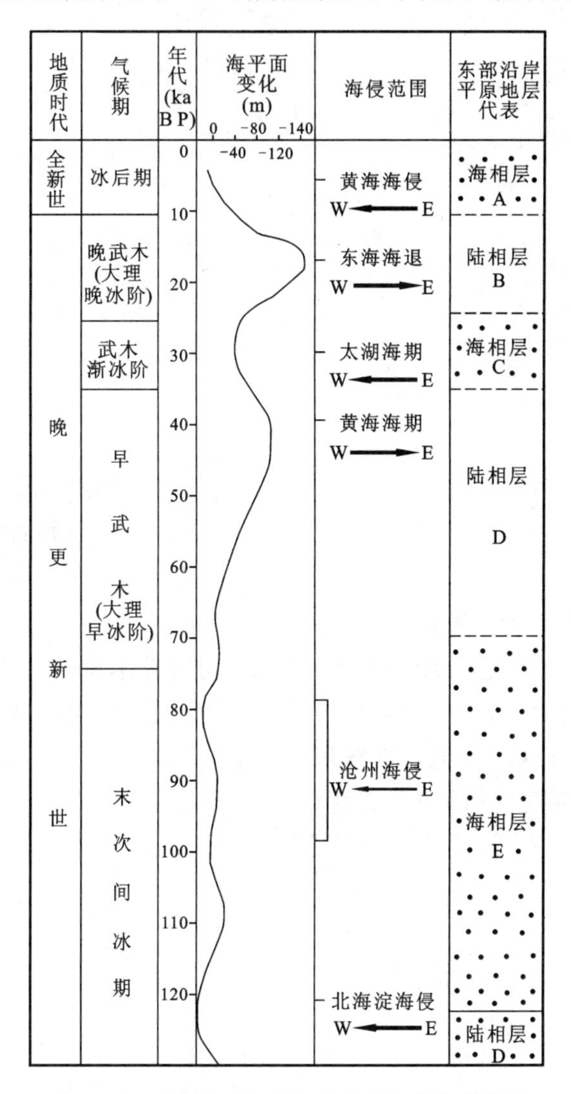

图13-22 中国东部气候和海平面与环境变化图

(据曹伯勋,1995)

40～25ka B P是一个相对温暖的气候期(“中黄海暖期”),中国东部发生太湖海侵,这次海侵历时不长,在渤海西部沉积了C层海相层(渤海西称第二海相层)。

25～14ka B P末次冰期(大理冰期)晚冰阶,海平面大幅度震荡下降,在18～15ka B P期间,中国东部发生130ka B P以来最大规模的东海海退。海水分阶段再次撤出沿海陆架。在东海陆架上当时海岸线最低时在－150m左右(^{14}C16 000～14 780a)。长江、黄河在露出的陆架上往东推进，长江东进约600km，其尾闾在水深－150～－160m。渤海洼地和露出的陆架上沉积了B层陆相层（包括黄土和长江三角洲沉积），北方哺乳动物（如野牛）游移其间。在朝鲜济洲岛与中国台湾弧形连线以西，这片再度出露且范围更大的陆架上，再次呈现干冷草原环境。

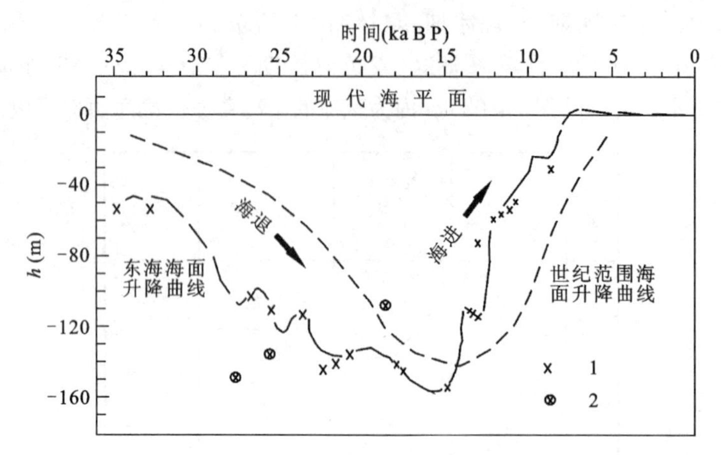

图 13-23　世界与中国晚更新世晚期海平面变化曲线

（据国家海洋局第二研究所，1978）

1. 泥炭样；2. 贝壳样

14～11ka B P世界气候冷暖变化剧烈，海平面随之发生幅度较小的变化，但中国资料尚显不足，估计这段时期海平面回升到－30～－40m。沿岸岛屿（包括台湾）与大陆最后分离发生在14～12ka B P之间。

3. 全新世(11ka B P)海平面变化

全新世（冰后期）是一个全球温暖期，除南北极冰盖变化不大外，世界其他冰盖和中纬山地冰川全部或大部分消融，在13—6ka B P（至5ka B P的大西洋期）全球海平面急剧震荡上升（图13-24及表13-10），以后上升速度减慢并逐渐过渡到现代海平面，以上推论是建立在大量近岸泥炭（部分地区用贝壳或珊瑚亚化石）^{14}C年龄基础上的。

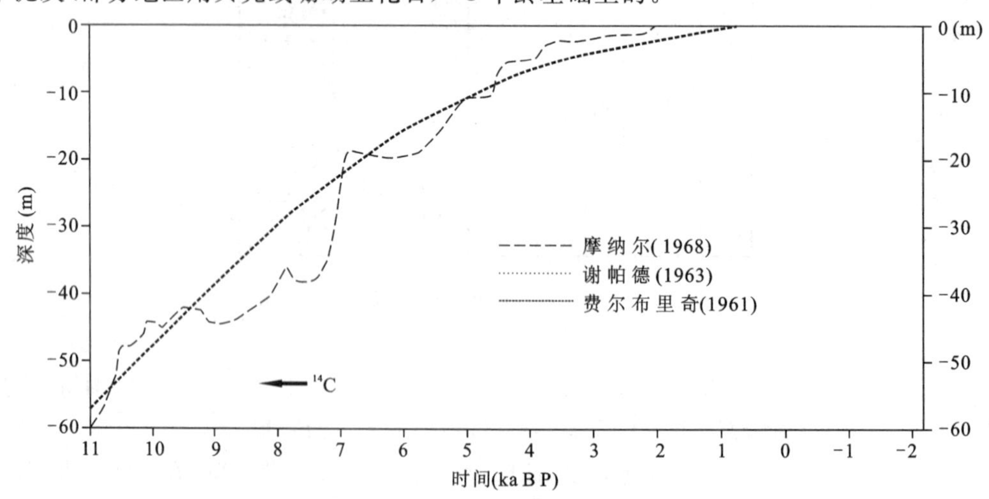

图 13-24　全新世海平面变化曲线图

（据摩纳尔，1965）

关于全新世海平面高度和上升方式与变化曲线形态有3种不同观点。

第一种观点：费尔布里奇(1961)认为到大西洋期结束时，海平面已迅速上升到现代海平面以上3m，并从那时起以后的海平面具有6m振幅。

第二种观点：谢帕德(1963)不同意全新世有高出现代海平面3～4m的高海平面存在，认为海平面从11ka B P起从－40m逐渐上升，从4ka B P以来上升缓慢，以后接近现代海平面的位置。

第三种观点：柯里和摩纳尔等不同于前两者，认为全新世海平面震荡稳定上升，约在5～3.6ka B P曾达到目前海平面的高度，以后基本稳定。

上述不同观点反映出不同地区全新世海平面上升的区域特点，难以用统一的全新世海平面变化形态曲线表示。克拉克(1980)在地球具有流变性质冰川与水均衡观点的基础上，提出全球全新世6个不同海平面变化区带，其中的4个区带(Ⅰ、Ⅱ、Ⅲ和Ⅳ带)都属于中全新世曾有高出现代海平面的高海平面上升带，只有在冰盖前缘隆起发生塌陷的下降带(Ⅳ带)和大洋沉降带(Ⅳ带)才有海平面下降的现象。中国属克拉克分区中的大陆滨岸区(Ⅳ带，包括所有大陆)。

表 13-10　11ka B P 以来世界海平面变化表　(mm)

年代(ka B P)	谢帕德(1963)	斯科菲尔德(1960)	费尔布里奇(1961)	戈德温等(1958)
1	－0.5	＋1	＋1	
2	－1	＋2	－2	
3	－2	＋3	－3	
4	－3	＋5	＋2	
5	－4	－2	＋3	0
6	－7	－0.5	0	－4
7	－10	－4	－6	－9
8	－16	－19	－16	－17
9	－22	－33	－14	－28
10	－31	－36	－32	－35
11	－40			－44

注：据高迪，1976。

中国全新世海平面历史变化经历了三大阶段。

1) 第一阶段：10～8ka B P海平面急剧上升阶段

在10～8ka B P期间，中国东部海平面已回升到－15～20m，如渤海西部第一海相层(A海相层)(图13-22)顶板在－15～20m(^{14}C测年为10～8ka B P)；上海地区海相泥炭层－20m[^{14}C测年为(7.33±0.45)ka B P]。8～6ka B P海平面上升到－5m左右，浙江、辽东、海南和台湾都有这一深度和年龄的泥炭、淤泥或珊瑚。10ka B P前海平面从－40m起算，2ka内中国沿岸海平面上升了30～35m。

2) 第二阶段：6～5ka B P高海平面阶段

全新世大西洋高温期全球都发生过全新世最大海侵，此时，中国从北到南沿岸也都发生海侵。华北渤海西岸在5ka B P海水越过现代海岸线进入内陆，称黄骅海侵(图13-22)，沉积了第三海相层(A 海相层),海湾线最远达到河北省静海县西部,离现代海岸线约 80～100km。南方的杭嘉沪平原发生含暖水种毕克卷轴虫组合海侵(有人称镇江海侵),使江苏省淮阴—镇江—丹阳—溧阳南北连线以东(包括太湖的大部分地区)皆成泽国,长江口退缩到镇江附近。这个时期,南北地区的 A 层海相层中,激浪带堆积的海滩堆积、牡蛎礁和贝壳堤的 ^{14}C 年龄都在 6～5ka B P 之间。据赵希涛等(1982)研究,在 6～5ka B P 之间中国曾有过高出现代海平面 2～4m 的高海平面出现;黄镇国等(1987)对华南同一时期的海平面变化研究也得到了类似的结论。

3) 第三阶段:5ka B P 以来海平面波动下降阶段

在距今 5ka B P 左右中国东部南北海平面微有波动下降,在南、北两岸都留下高度和年代从西往东递减的 4 道断断续续贝壳堤,北部的渤海地区从西到东为贝壳堤Ⅳ(^{14}C 年龄为 4.7～4ka B P)、贝壳堤Ⅲ(^{14}C 年龄为 3.8～3ka B P)、贝壳堤Ⅱ(^{14}C 年龄为 2.5～1.6ka B P)和贝壳堤Ⅰ(正在形成中);在江苏南部称西岗(^{14}C 年龄 6ka B P)、中岗(4ka B P)、东岗(3.8ka B P)和新岗(正在形成中)。贝壳堤顶板高出现代海平面 2～5m,底板往东倾斜,海拔高程在 1～2m 之间,顶、底高差与现代高低潮位差大体相近,反映其总的波动呈下降趋势,但其中也出现过 1～2m 短暂的高海平面。在 2.5ka B P 左右海退中钱塘江涌潮开始出现,这时中国东部海平面基本稳定在目前位置上。中国全新世海岸遗迹在天津宁河县汉沽区和河北省丰南县有保存甚好的古贝壳堤、牡蛎滩和湿地,是保护对象。

4. 现代海平面变化

现代海平面变化是指现代小冰期结束之后 20 世纪的海平面变化。现代海平面变化目前主要根据长期观潮仪记录资料研究。国外沿海国家有较多观测站和较长时期的记录,这些资料反映出 20 世纪以来全球海平面呈现轻微上升趋势(表 13-11),近几年来海平面年平均上升率约为 2mm/a。这一上升趋势形成的原因尚不很了解,有可能包括现代小冰期后的全球气温升高、人为活动导致 CO_2 温室效应加剧、区域性地壳运动和沉积作用等因素的叠加影响。

我国沿海观测站少,记录时间也较短(表 13-12),但仍反映出现代海平面上升的趋势,除山东半岛受构造上升影响海平面变化相对稳定外,山东半岛以北沿海(除河口区外如塘沽外)现代海平面上升速度一般小于半岛以南沿海。广西北海涠洲岛相对很高的海平面年上升速度可能与局部因素有关。

表 13-11　现代海平面上升速度表

年代(a A D)	上升速度(mm/a)	资料来源
1880—1942	1.94	古登伯格(1941)
1990—1950	1.20	费尔布里奇(1961)、克雷布斯(1962)
1946—1956	5.50	
1914—1964	1.80	斯科尔(1964)
1940—1964	1.20	
1989—1940	4.20	唐和肖(1963)
1940—1960	2.40	
1916—1962	2.50	霍金斯(1971)

注:据高迪,1976。

表 13-12 中国现代海带海平面变化表

站名	观测年份	观测年数	升(+)降(-)量(cm)	升(+)降(-)速度(mm/a)
高雄	1904—1929	25	+5	+0.20
基隆	1904—1924	20	+2	+0.10
塘沽	1915—1981	66	+90	+0.73
秦皇岛	1951—1980	29	+21	+0.72
葫芦岛	1955—1981	26	+5	+0.19
吴淞	1912—1971	59	+21	+0.08
营口	1952—1971	19	+5	+0.11
羊角沟	1952—1978	26	+2	+0.19
龙口	1961—1981	20	+5	+0.25
烟台	1953—1981	28	+0	+0
乳山口	1960—1981	21	+0	+0
青岛	1950—1980	30	+0	+0
石臼所	1968—1981	13	+0	+0
连云港	1953—1981	28	-15	-0.54
绿华山	1963—1981	18	+0	+0
长涂	1960—1981	21	+8	+0.38
坎门	1958—1981	23	+5	+0.22
厦门	1960—1981	21	+6	+0.29
东山	1960—1981	21	+8	+0.38
汕头	1954—1971	17	+5	+0.22
榆林	1955—1980	25	+5	+0.20
涠洲岛	1960—1981	21	+22	+1.05

注:据王志豪,1986。

三、海平面变化原因

1. 构造-海平面变化

当海底板块扩张加速、洋脊增长和地壳上升时,会导致洋盆容积减小,使海平面上升;反之板块运动减速、洋脊萎缩和地壳下降导致洋盆容积增大,使海平面下降。这种类型称为地动型海平面变化。

2. 大地水准面海平面变化

由于地球重力不均匀,海面除其固有的大地水准球体曲率外,还有地区性“隆丘”与“凹陷”。如在新几内亚近代大地水准面有+76m“隆丘”,马尔代夫有-140m“凹陷”。这种海平面变化与地壳局部结构、构造、密度和地球转动有关系。

3. 冰川-海平面变化

海平面水动型升降,即把海平面变化归因于气候变化。通过冰水互换导致海平面升降:冰期时海水蒸发转移到大陆,形成冰川凝固在大陆上,使海平面下降(低海平面、海退);间冰期时冰川融化成水汇入海洋，使海平面上升（高海平面、海进），第四纪多次冰期、间冰期交替，使海平面发生多次升降，导致沿海和岛屿环境多变。

4. 海温-海平面变化

海水温度升降引起的海水体积变化，导致海平面升降变化。如在厄尔尼诺发生时，赤道附近东西太平洋因水温升高海平面有1m左右的跷板式变化。

5. 沉积-海平面变化

沉积物由河流搬运入海，使海盆容积减少，引起海平面单向上升。在堆积旺盛的河口地区较为显著。在海平面变化过程中存在地壳因海水或沉积物负荷增加而使地球均衡调整的现象。地球是黏滞体，对海水或沉积物的增加具有一定的敏感性，使洋底岩石圈发生缓慢流变，尽管因冰水互换引起的洋底重力值只有几毫伽变化，但只要时间较长就会使海底变形缓慢下沉；冰川融化又会使地壳缓慢反弹上升。一般估计，冰水互换引起的地壳均衡值大约是融水深度的1/3，但由于地幔密度大于3g/cm^2（大于地壳的密度2.7～3g/cm^2）和其他因素的影响，水均衡的幅度将小于其增加水层厚度的1/3。大洋岛屿区水层厚度大于沿岸地区，故其水均衡下沉值大于沿岸地区，所反映的海平面变化更大更真实。沉积物重量所引起的均衡下沉值，估计是其沉积厚度的60%左右。由于地球各部分的密度不同和沿岸组成的物质差异，海平面升降的时期可大体相近，但各地升降幅度不同，不会有统一的全球海平面变化形态曲线。在松散沉积物组成的海岸，人工过度抽水会加快海平面上升的现象。

从前述海平面变化机制的升降速度、最大升降量和持续时间比较（表13-13），在第四纪240多万年中，由冰川体积变化、沉积作用和水温变化引起的海平面变化是最重要的。冰川性海平面变化具有全球性，而与某一地区有无冰川无关。沉积作用在堆积旺盛地点才是重要的。水温变化在全球增温发展趋势过程中将会增大其对海平面变化的影响。

表13-13 几种主要的海平面变化原因及其结果比较表

变化原因	海平面变化性质	最大升降速度（未作均衡补偿）(cm/ka)	中生代—新生代经过均衡补偿的最大升降量(m)	持续时间(a)
	升(+)降(−)	<0.97	350	10^7～10^8
板块碰撞、挤压变化	降(−)	<0.22	42	<2×10^7
海水温度变化	升(+) 降(−)	<10	7	<2×10^7
沉积作用	升(+)	<2.6	300	10^5
冰川体积变化	升(+) 降(+)	<1 000	100	10^4

注：引自杨怀仁，"第四纪地质学"资料编，1987。

第三节 中国第四纪气候变化概况

一、中国第四纪冰期

中国第四纪冰期研究始于李四光教授，他在1947年编写了《冰期之庐山》一书，为中国第四纪冰川地质学打下了基础。经过半个多世纪的研究，尽管有关中国东部低山丘陵地区第四纪冰川研究仍有争议，但在第四纪中国东部未发育大冰盖这一点上多数人取得了共识。中国第四纪山岳冰川活动主要发生在西部高山高原区，东部有些中山区，也有过规模不大的小型山地冰川活动。中国第四纪冰期的划分如表13-14所示。

表13-14 中国第四纪冰期初步对比表

<table>
<tr><th>冰期类型</th><th>珠穆朗玛峰
（1976）</th><th>天山
（1976）</th><th>北京地区
（1976）</th><th>东北
（1975）</th><th>华北
（1976）</th><th>云南元谋
（1976）</th><th>湘西
（1975）</th><th>庐山
（1947）</th></tr>
<tr><td>小冰期</td><td>绒布德小冰期</td><td>皮牙子里克（土格别里奇）</td><td></td><td></td><td></td><td></td><td></td><td></td></tr>
<tr><td>冰期</td><td rowspan="3">珠穆朗玛冰期</td><td>塔克拉克（破城子）</td><td>百花山</td><td>白头山</td><td>大理</td><td>大理</td><td>雪峰</td><td></td></tr>
<tr><td>间冰期</td><td>诺什卡</td><td>马兰期</td><td>镇西-白头山</td><td>丁村期</td><td>四家村</td><td>铁山-雪峰</td><td></td></tr>
<tr><td>冰期</td><td>台兰（克茨布拉克）</td><td>碧云寺</td><td>镇西（诺敏河）</td><td>庐山</td><td>东山</td><td>铁山</td><td>庐山</td></tr>
<tr><td>间冰期</td><td>加布拉</td><td>台兰-柯克台不爽</td><td>周口店期</td><td>洮儿河（绰纳河）</td><td>周口店期</td><td>月龙</td><td>长迹-铁山</td><td>大姑-庐山</td></tr>
<tr><td>冰期</td><td>聂聂雄拉</td><td>柯克台不爽</td><td>龙骨山</td><td>白土山-洮儿河</td><td>大姑</td><td>中山</td><td>长迹</td><td>大姑</td></tr>
<tr><td>间冰期</td><td>帕里</td><td>?</td><td rowspan="5">泥河湾期</td><td rowspan="6">白土山</td><td>公王岭期</td><td>牛王山</td><td>桐木-长迹</td><td>鄱阳-大姑</td></tr>
<tr><td rowspan="2">冰期</td><td rowspan="5">希夏邦马</td><td rowspan="5">?</td><td rowspan="2">鄱阳</td><td>马头山</td><td rowspan="5">桐木</td><td rowspan="5">鄱阳</td></tr>
<tr><td rowspan="2">元谋</td></tr>
<tr><td rowspan="2">间冰期</td><td rowspan="2">西侯度期</td></tr>
<tr><td>龙川-元谋</td></tr>
<tr><td>冰期</td><td>朝阳</td><td>龙川</td><td>龙川</td></tr>
</table>

注：据孙殿卿等，1977，简化。

二、中国黄土-古土壤系多波动气候模式

黄土是中国北方第四纪主要沉积物,黄土-古土壤系所反映的寒暖气候变化多波动模式,基本上代表了中国北方季风区的第四纪气候变化历史。

刘东生等多年来对黄河中游黄土研究,以陕西洛川黄土-古土壤系为基础,利用多种宏观、微观气候标志,揭示出 2.4Ma 以来的黄土沉积是在由湿润的森林草原向干冷草原、荒漠草原气候环境过渡的总趋势下,呈现有节奏的干冷与湿润(或广义的冰期与间冰期)交替的气候波动:2.4Ma 以来黄土中记录了 10 个时间尺度较大的由温湿向干冷波动的气候变化旋回(A_1,A_2,…,A_{10})及两个不完整的半旋回(A_0及 A_{11}),即 2.4Ma 以来有 11 次冰期及 11 次间冰期气候在黄土高原出现。其中气候波动幅度最大的时期,位于布容正极性时中部和布容与松山交界处,地层上分别相当于离石黄土内部分界和离石黄土与午城黄土的分界。旋回 A_5和 A_6的前半部的暖期在时间上与欧洲霍尔斯坦间冰期和克罗麦暖期相当(图 13-8),是第四纪黄土高原的最暖时期。从布容正极性时以来的 0.7Ma 内亚旋回增多的趋势和马兰黄土分布扩大,表明后期气候的干冷化趋势更为明显。此外,据青海柴达木盆地察尔干盐湖的资料,布容正极性时内湖水的水位高低和湖水咸淡变化反映的干(冷)湿(暖)气候变化与黄土基本同步(黄麒等,1990)。

三、中国第四纪气候变化梗概

中国地域辽阔,现代和古代气候都有明显的多样性和区域性,难以用一种单项气候事件阐述整个第四纪气候变化历史。因此,笔者以多种宏观气候标志为基础,对中国第四纪气候与环境变化的主要时段特征进行综合分析,并对一些重要时段特征用图予以说明。

中国现代气候的格局是:东部从北往南依次为寒温带→温带→亚热带和热带,受季风影响气候较湿润;西部高山高原气候垂直分带明显;西北区远离海洋,属大陆性干旱区,气候干燥少雨。上述中国现代气候的格局,是在上新世气候基础上,受第四纪气候全球性变化、青藏高原强烈上升和祁连山—秦岭—大别山隆升,以及东亚季风影响的结果。

1. 中国上新世气候

中、上新世中国地貌比今日起伏小,青藏地区大部分为与东部相连的海拔 1 000m 以上的高平原,三大地貌阶梯尚未成形。根据三趾马动物群、孢粉组合、红土风化壳和古岩溶形态等分析,中国上新世气候受行星风系影响,气候带大体呈纬向分布(图 13-25),从北而南分为暖温带、亚热带和热带。暖温带南界大致在 N42°左右。北—中亚热带占据 N42°—28°的广大地区;此带气候东湿西干。南亚热带—热带位于青藏地区南部、珠江流域、台湾、海南岛和南海诸岛。

2. 中国早更新世(2.4~0.73Ma)气候

中国早更新世冷暖气候变化频繁,按气候特征大体可以分出两冷夹一暖 3 个气候时期,每个气候时期都包括更次级气候波动。

1) 早更新世早期(2.4~1.8Ma)寒冷气候

中国西部和北部气候受全球降温影响,普遍变得比上新世冷。西部山地和东北区降温较

南部早，喜马拉雅山和昆仑山较早出现小规模山岳冰川活动，以喜马拉雅山的希夏邦玛冰期开始出现为代表，冰碛物称“贡巴砾岩”，东北区有早更新世冰缘环境记录。黄土高原开始堆积午城黄土。东部平原气候仍较暖，华北平原发生“北京海侵”，局地发育栎（占 40%）林。华南气候仍较湿热，生活着亚热带、热带动植物群。

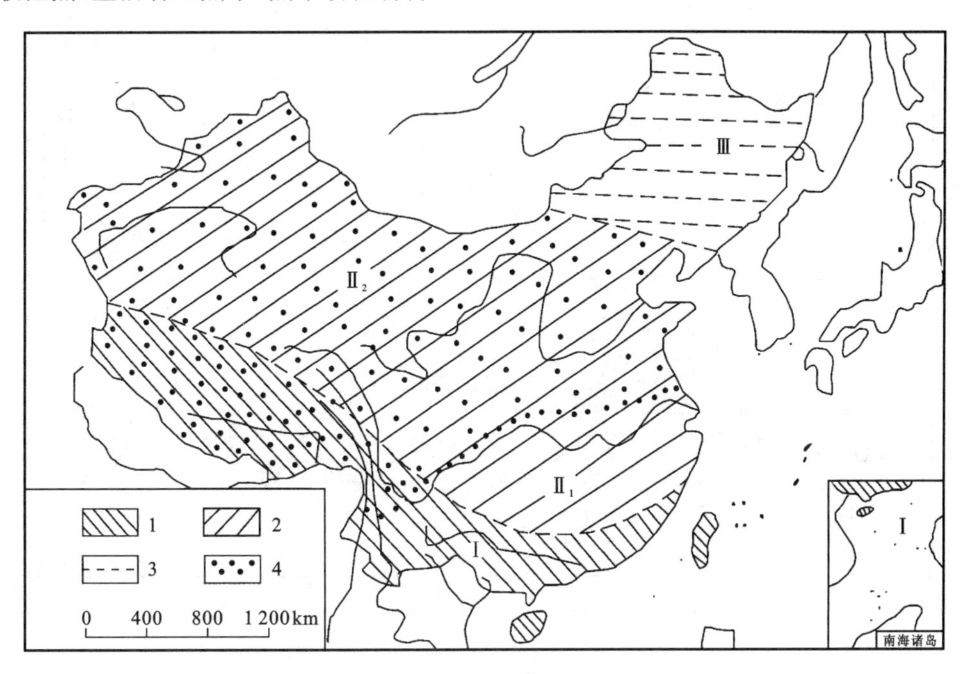

图 13-25　中国上新世气候略图

（据曹伯勋，1995）

1. 南亚热带，热带（Ⅰ）；2. 北亚热带、中亚热带（$Ⅱ_1$湿热；$Ⅱ_2$干暖）；3. 暖温带（Ⅲ）；4. 三趾马动物群分布区

2）早更新世中期（1. 8～0. 9Ma）气候

这是一个以温暖气候为主的时期，西部高山、高原为间冰期气候，黄土高原堆积了午城黄土，其中 S_9～S_{11} 为反映气候温润的密集古土壤系，北京一带生长栎林，暖温带气候带往北扩展到 N34°左右。

3）早更新晚期（1. 8～0. 9Ma）气候

此时中国气候以寒为主。西部希夏邦玛冰期山岳冰川有较大规模的活动。东北和华北平原北部出现冰缘冻土，据古冰楔估计当时年均温比现在低 10℃左右。东部平原生长暗针叶林。黄土高原堆积了 L_9 层砂质黄土，估计年均温比现在低 8～9℃。此时中国气候带格局与上新世不同的是东西出现差异，寒冷气候带扩大，温热气候带缩小（图 13-26）。

3. 中国中更新世（0. 73～0. 13Ma）气候

中更新世是中国第四纪气候波动幅度最大和冷暖变化明显的时期。冷期在西部发育了中国第四纪最大规模的山岳冰川，暖期在东部广泛发育红土。按多种气候标志可大致分为两冷夹一暖 3 个时期气候。

1）中更新世早期（0. 73～0. 6Ma）气候

这一时期中国气候寒冷，青藏高原对西南季风的屏障作用开始显现。在青藏高原和西北山地发生过中国第四纪以来最大规模的山岳冰川活动，以喜马拉雅山地区聂聂雄拉冰期为代表，都属于山麓式或复式冰川，在青藏高原边缘降水较充沛地区冰川规模是现代冰川的15倍。东北和东部的一些中、低山此时也有小规模的山地冰川活动，如庐山地区的大姑冰期。

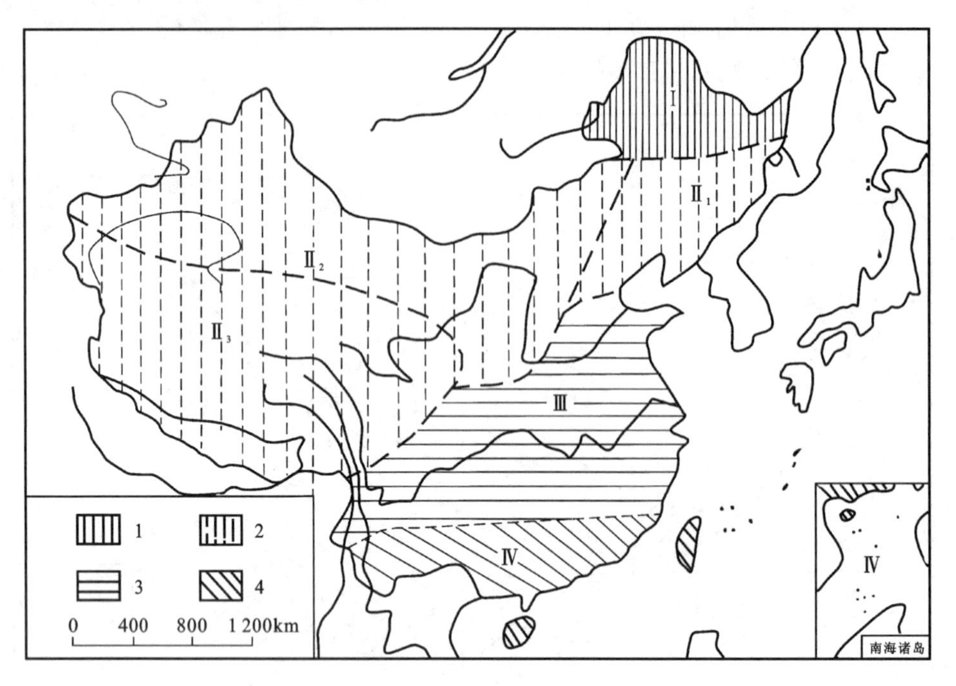

图 13-26 中国早更新世气候略图

（据曹伯勋，1995）

1.寒带，热带(Ⅰ)；2.亚寒带(Ⅱ1.半湿润，Ⅱ2.半干旱，Ⅱ3.半湿润或湿润)；3.暖温带(Ⅲ)；4.亚热带和热带(Ⅳ)

2）中更新世中期(0.6～0.3Ma)气候

此时气候温暖湿润，是中国第四纪气候史上最长最暖湿的高温期(又称大间冰期)(图13-27)。在青藏高原以加布拉间冰期为代表，发育红黏土风化壳和湖积物，从后者所含栎、木兰等暖温带和亚热带植物孢粉组合推断，当时年均温比现在高5～7℃。西北黄土高原发育了著名的由2～3层棕红色壤土夹薄层黄土组成的S_5古土壤层系，属暖温带落叶阔叶森林土壤，其形成时年均温比现在高约4℃，年降水量多350mm。华北和东北区生活着0.5～0.25Ma著名的暖温带周口店动物群。华南、华中生活着亚热带大熊猫、剑齿象动物群，此时是中国南北动物群交汇的一个重要时期。这一时期红土虽从北至南都很发育，但秦岭—大别山以南红土普遍蠕虫化(又称网纹红土)，反映华中属亚热带气候，秦岭以北属暖温带气候。中更新世温暖气候虽往北扩展，但尚未达到上新世气候格局。

3）中更新世晚期(300～130ka B P)气候

此时青藏高原已隆升到海拔3 000m左右，中国三大地貌阶梯结构已经确立。青藏高原在西风带中成为近东西向砥柱，构成阻止西南湿润季风北上的屏障(使之只能有限地沿横断山南北向谷地北上)，把西风带分为南、北两支，急流的状况更为明显。冰期北支强于南支，并与来自西伯利亚的寒流复合，往东部和黄土高原输送一定水分和热量。离石黄土上部此时扩大堆积到长江河谷，由此来看，此时北支急流强于南支，中国第四纪中期长期持续的暖湿气流北移大为减弱和晚更新世干冷气流的大规模发展都始于这一时段。

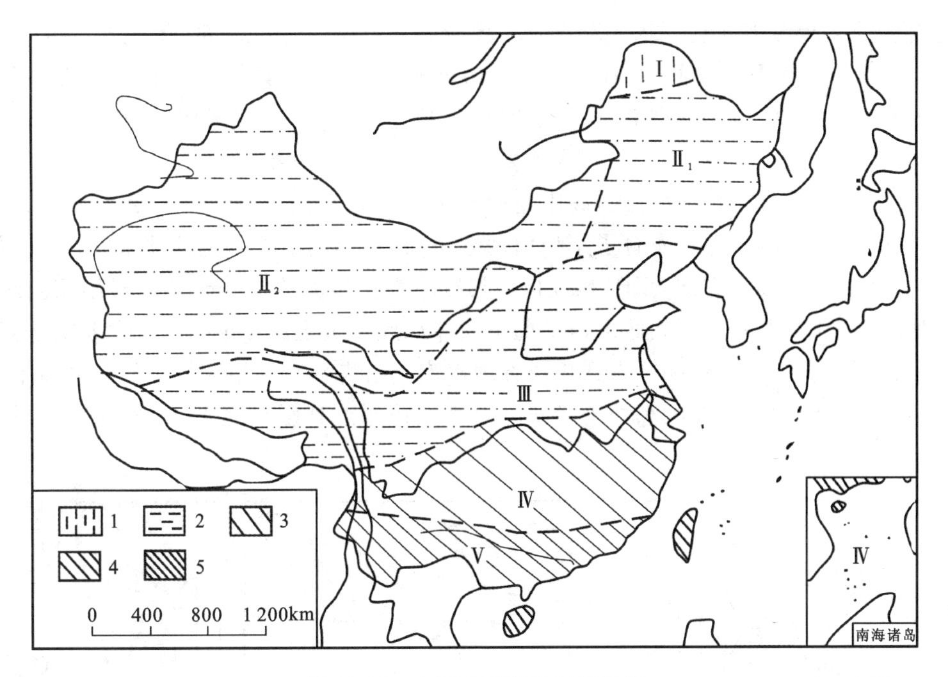

图 13-27 中国中更新世气候略图

(据曹伯勋,1995)

1. 寒温带(Ⅰ);2. 中温带(Ⅱ₁半湿润,Ⅱ₂半干旱、干旱);

3. 暖温带(Ⅲ);4. 北—中亚热带(Ⅳ);5. 南亚热带、热带(Ⅴ)

4. 中国晚更新世(130～11ka B P)气候

中国晚更新世(尤其晚期)气候严寒干冷,引起中国环境巨变、生态恶化。分末次间冰期与末次冰期两个阶段(图 13-28)。

1) 中国末次间冰期(130～75ka B P)气候

气候相对温暖,西部山地冰川有所退缩,黄土高原年均温比现在高约 4℃,年降水多 280mm(以洛川剖面 S_1 为准)。东部沿海平原发生小规模海侵(白洋淀海侵、沧州海侵)。

2) 中国末次冰期(750～11ka B P)气候

中国大理冰期早冰阶气候不是最寒冷阶段,但干冷气候的势头有所反映,如在西部高山高原区,地形虽高,气候虽冷,但由于得不到足够的降雪,此时山岳冰川发育规模远不及中更新世大,沿海海平面下降也不及其后的晚更新世晚期低。

45～25ka B P 为相对温暖的间冰阶气候,西部高山高原有湖积物形成,黄土高原发育灰棕色壤土。华北区生活着萨拉乌苏动物群,东北区此时猛犸象相对较少。东部沿海有海侵发生(太湖海侵、沧西海侵)。

25～11ka B P 的大理冰期晚冰阶,是中国自 130ka B P 以来气候最严寒酷冷时期,中国东部寒冷气候带向南扩大并超过早更新世晚期(图 13-28、图 13-26)。从北而南分为:寒带冰缘气候(图 13-28Ⅰ),包括 N42°以北的东北区和内蒙古东部,发育大片永久冻土,生长干冷草原植被,猛犸象相对集中,年均温比现在低 6℃以上。亚寒带气候(图 13-28Ⅱ),发育不连续岛状冻土,冷、云杉林普遍下降到河谷平原,猛犸象和披毛犀共存,年均温比现在低 5～6℃。寒温带气候(图 13-28Ⅲ),包括 N40°—长江河谷以北地区,发现零星冻褶构造和从北部游移来的披毛犀化石多处。暖温带气候(图 13-28Ⅳ)，主要包括长江河谷南北地带，但受北方寒冷气候影响较大，如 15～13ka B P 期间，长江河谷地带常绿林一度绝迹，其年均温比现在低约 5℃。由于此时海平面下降到－150m 左右，所以这时也是长江及其干、支流深切的一个重要时期。长江以南温暖气候带狭缩(图 13-28Ⅴ)，大熊猫、剑齿象动物群分布区缩小，个体增大，红土发育势衰。中国西部山岳冰川发育有限，高山高原永久冻土却得到大规模的发展。青藏高原的珠穆朗玛冰期，由于气候干冷只发育了小型山岳冰川，其规模远小于中更新世冰川。而高原上发育了 $157.8\times10^4km^2$ 永久冻土(图 13-28 $Ⅰ_2$)，其石环直径最大达 100m，足见气候相当干冷，估计其年均温在－6℃左右。西北区山地情况也大体如此。黄土高原地处寒流劲吹前缘，使马兰黄土大面积覆盖在华北丘陵平原直到长江谷地以南。沿海地带发生大规模的海平面下降。此时，中国除华南外，大部分地区都处于严寒干冷气候控制或其影响之下，与今日气候环境相差甚大。

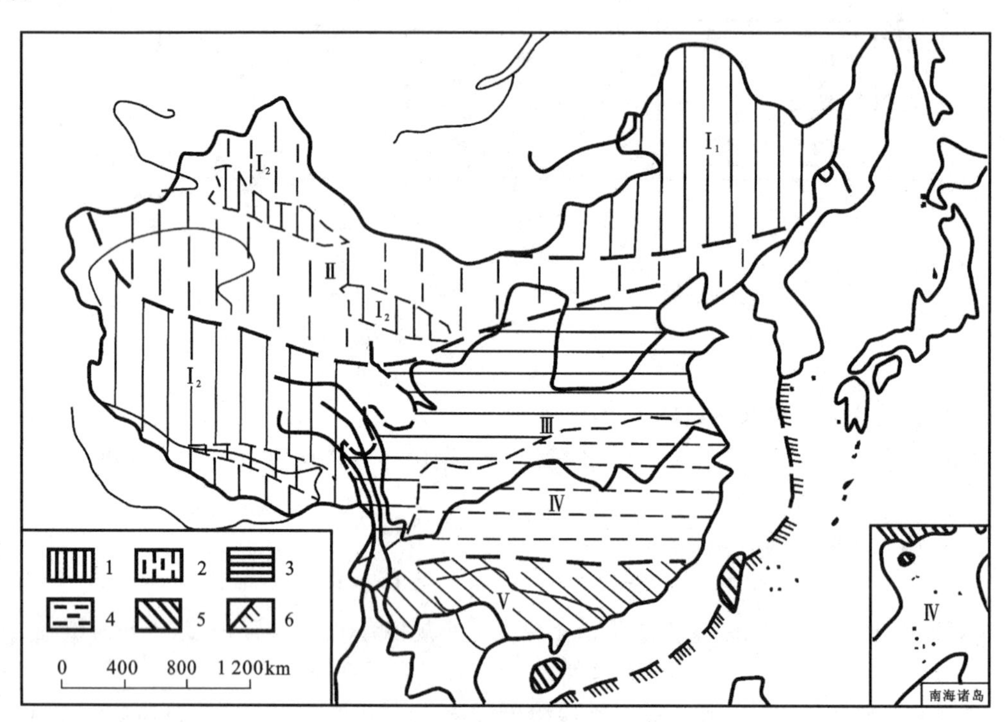

图 13-28　中国晚更新世气候略图

(据曹伯勋，1995)

1.寒带($Ⅰ_1$.纬度永久冻土，$Ⅰ_2$.山地、高原永久冻土)；2.亚寒带(岛状冻土)(Ⅱ)；3.寒温带(Ⅲ)；4.暖温带(Ⅳ)；5.亚热带(Ⅴ)；6.当时岸线

5. 中国全新世(11ka B P 至今)气候

中国全新世气候全面转暖，与全球气候变化基本相似。从植物孢粉组合的演替与山地冰川末端反映的中国全新世气候变化如图 13-29 所示。

1) 中国早全新世(13～7.5ka B P)气候

全新世早期处于大理冰期之后高温期到来之前的过渡阶段，气候变化反映承先启后的性质。东部 11.46ka B P 即猛犸象消亡之后，东北区永久冻土南界退到了 N47°左右，解冻后的东北大地属寒温带气候，开始发育湖沼，泥炭层孢粉以桦为主(60%)，受海洋气候的影响，桦林

从东北沿海一直延至内蒙古东部。华北平原属暖温带半干旱气候，生长着桦、松树林。燕山南麓泥炭发育，往西内蒙古伊克昭盟一带气候变干。南方杭嘉沪地区属暖温带湿润气候，植被以松、栎为主，年均温比现在低 1～2℃。南亚热带、热带气候稍往北移，广东沿岸和西沙群岛生长着珊瑚。东部沿海主要大河口有小规模的海侵。西部山地冰川继承晚更新世末的衰势，天山、祁连山留下 2～4 排终碛堤。西北高原、盆地气候干燥，湖泊日益衰落（或干涸，或咸化），风力作用加强。藏北高原盆地开始堆积泥炭，藏南斯潘古尔湖出现高湖面。

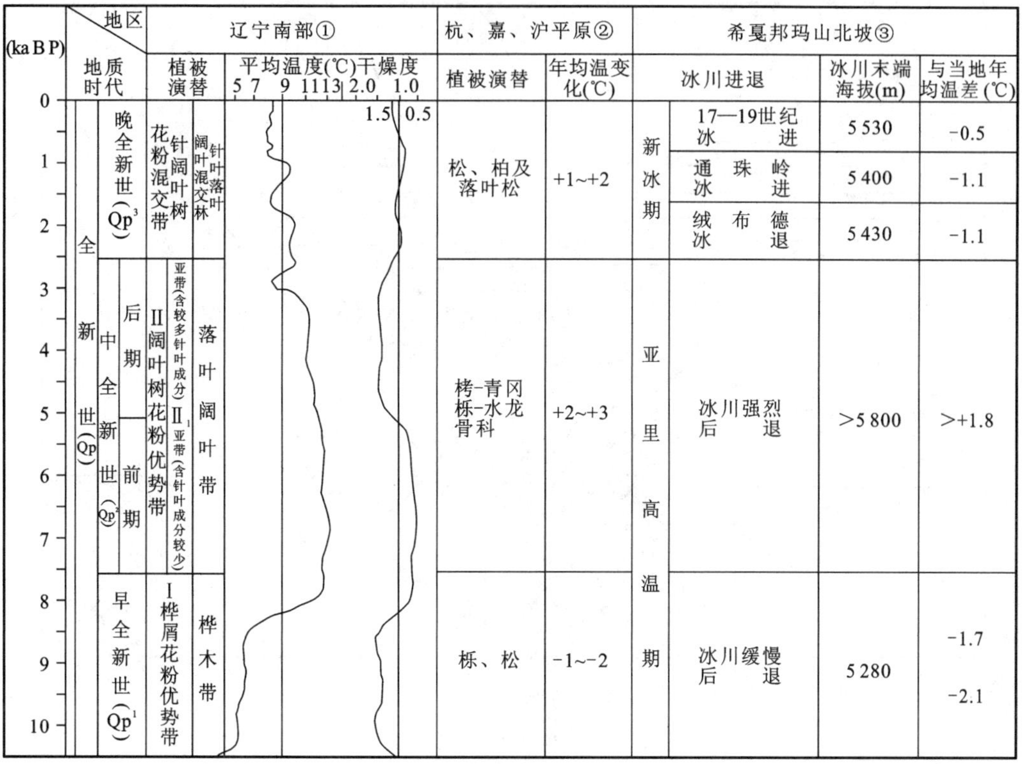

(ka B P)	地质时代		辽宁南部①植被演替		辽宁南部①平均温度(℃)干燥度	杭、嘉、沪平原②植被演替	杭、嘉、沪平原②年均温变化(℃)	希夏邦玛山北坡③冰川进退		希夏邦玛山北坡③冰川末端海拔(m)	希夏邦玛山北坡③与当地年均温差(℃)
0–2.5	全新世(Qp)	晚全新世(Qp³)	花粉混交带 针阔叶树	阔叶混交林 针叶落叶	5 7 9 11 13 ｜ 2.0 1.5 1.0 0.5	松、柏及落叶松	+1~+2	新冰期	17—19世纪冰进	5 530	-0.5
									通珠岭冰进	5 400	-1.1
									绒布德冰退	5 430	-1.1
2.5–7.5		中全新世(Qp²) 后期	Ⅱ阔叶树花粉优势带 Ⅱ亚带(含较多针叶成分)	落叶阔叶带		桤-青冈栎-水龙骨科	+2~+3	亚里高温期	冰川强烈后退	>5 800	>+1.8
		中全新世(Qp²) 前期	Ⅱ₁亚带(含针叶成分较少)								
7.5–10		早全新世(Qp¹)	Ⅰ桦屑花粉优势带	桦木带		栎、松	-1~-2		冰川缓慢后退	5 280	-1.7 -2.1

图 13-29 中国全新世气候变化图

①据陈承惠，1973；②据王开发，1984；③据李吉均，1989

2）中国中全新世（7.5～2.5ka B P）气候

中全新世高温期（大西洋期）是中国自 11ka B P 以来最温暖湿润的气候阶段，年均温一般比现代要高 2～3℃（有的地方更高一些），降水量要多 500～800mm。此时中国温暖气候带和亚热带气候占主要地位，沿岸发生规模不等的海侵，海平面普遍上升，森林发展，冰川冻土部分或全部融化。东部东北区和华北平原北部属暖温带气候（图 13-30 Ⅱ），永久冻土南界已退到 N48°左右的大兴安岭北部布哈特旗附近，永久冻土大规模融化，沼泽泥炭发育全盛，形成今日广布的黑土和泥炭，广泛生长栎、榆组成的落叶阔叶森林植被。华北平原南部直到南宁附近属北—中亚热带气候（图 13-30 Ⅲ），6ka B P 左右，热带动物亚洲象、苏门羚和孔雀动物群北迁到 N33°河南淅川附近。7～4ka B P 期间，习于丘陵平原湿暖水沼地带生活的四不象鹿（*Elapheurus davidians*）从淮河流域北迁至华北平原北部。

上述资料表明北亚热带北界北移到了黄河中游 N37°—38°，竺可祯估计当时黄河中游地带年均温比现在高 2～3℃。南方的杭嘉沪地区属北亚热带，植被以桤、青冈、栎等常绿阔叶林

为主，中亚热带北界在 N34°的徐州—连云港一线。华南沿海亚热带、热带（图 13-30Ⅳ）往北扩展，化学风化盛行，使珠江流域海相广海组出现风化间断。东部和南部沿海发生全新世最大规模的海侵；沿主要河湖区发生大规模洪泛。西部高山高原（图 13-30Ⅴ）亚里高温期使山岳冰川强烈退缩，藏南冰川可能全部消融，山地冰缘带上移到了海拔 4 500m 左右，此高度以下永久冻土消融。河川下切成湖，高山灌丛上移到比现代分布位置高 600～900m 处。藏北“无人区”发现中、新石器时代的石器，泥炭堆积一度很盛，足见气候较温暖湿润。

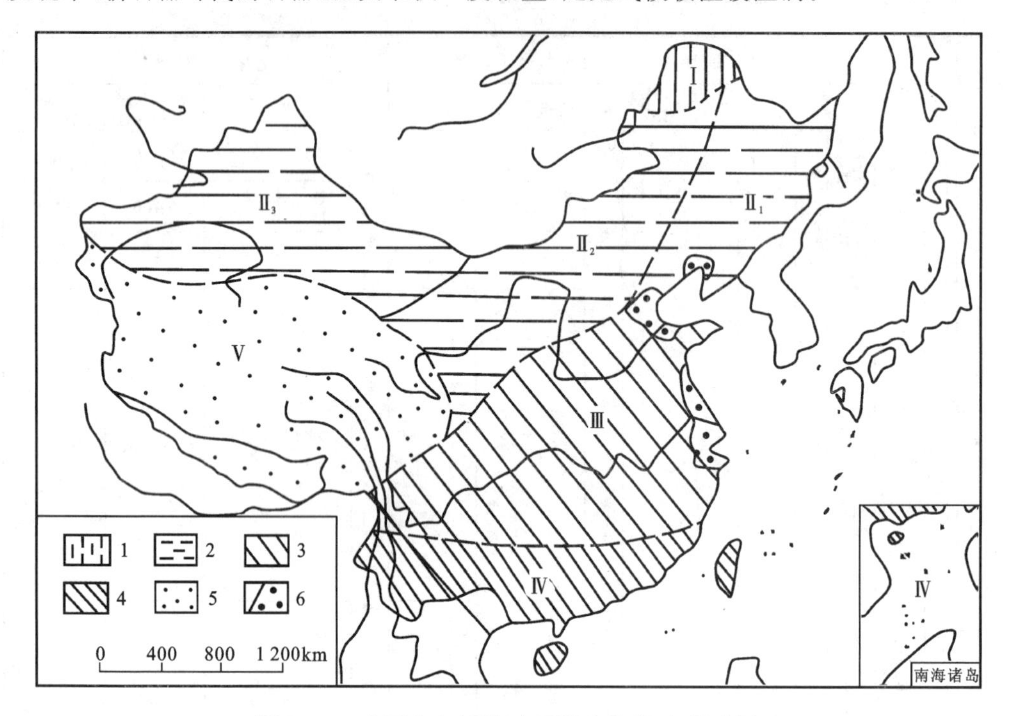

图 13-30 中国中全新世（大西洋高纬期）气候略图

（据曹伯勋，1995）

1. 亚寒带、寒温带（Ⅰ）；2 暖温带（$Ⅱ_1$半湿润，$Ⅱ_2$半干旱，$Ⅱ_3$干旱）；3. 北—中亚热带（Ⅲ）；
4. 南亚热带、寒温带（Ⅳ）；5. 青藏高原半湿润区（Ⅴ）；6. 最大海侵范围

3）中国晚全新世（2.5ka B P 以来）气候

晚全新世中国气候普遍由湿暖转向干凉，构成一个次级暖冷旋回，但其间有几次更短的气候冷暖波动，在大约 1ka B P 逐渐过渡为现代波动频繁的干凉为主的气候。此时植物孢粉组合中阔叶树—栎树的含量显著下降而针叶树—松树含量增加，东北冻土层中出现冰卷泥，山地冰川推进。据竺可祯用物候记录和历史文献资料对中国自 5ka B P 以来（主要是全新世晚期）气候变化研究结果（图 13-31），划分出四冷四暖交替气候变化序列，并指出与欧洲地区差异。

第一暖期　3000a B C 以前—1000a B C，即大约从仰韶文化期到殷墟文化期（大西洋期后期）时代。大部分时间内年均温比现在高 2℃左右，亚热带动植物能在黄河流域生长，是黄河流域中华民族文化的奠基时期。

第一冷期　1000—850a B C 的周初。与西欧相比中国出现短暂冷期，使汉江水面结冰。

第二暖期　770a B C—公元初从春秋战国到秦、汉时代。其中春秋战国气候较暖，黄河中下游遍生竹、梅。西欧此时暖中有寒。

第二冷期　公元初—600a A D 的东汉、三国、南北朝时代。其中的 280a A D 年前后尤

冷,每年阴历 4 月降霜,年均温比现在低 1～2℃,黄河、淮河水域冬天结冰。

第三暖期　1000—600a A D 的隋唐时代。这是中国 3 000a 来最温暖的气候阶段,竹、梅、柑橘可在无冰雪的西安一带生长,足见当时气候相当温暖,对当时盛唐文化发展有利。

第三冷期　1200—1000a A D 的南宋时代。此时气候转冷,华北地区已不再有野梅树生长;太湖水面结冰,洞庭柑橘冻死,荔枝种植线南移等现象时有发生。这个冷期在挪威曲线上反映不明显,直到 13 世纪寒冷才开始出现。

第四暖期　1300—1200a A D 的元代。由于气候转暖,竹子生存线又往北移到黄河中游。

第四冷期　1700—1400a A D 的明末清初时代与现代小冰期一致,大批亚热带柑橘冻死,江河水面封冻时有发生,寒流可抵达广东、海南,西部山地冰川、冻土有所发展扩大。这个冷期比欧洲大约要早 50a。

以上气候波动在每个 400a 和 800a 周期内,又有 50～100a 周期性波动,温度变化在 0.5～1℃之间。

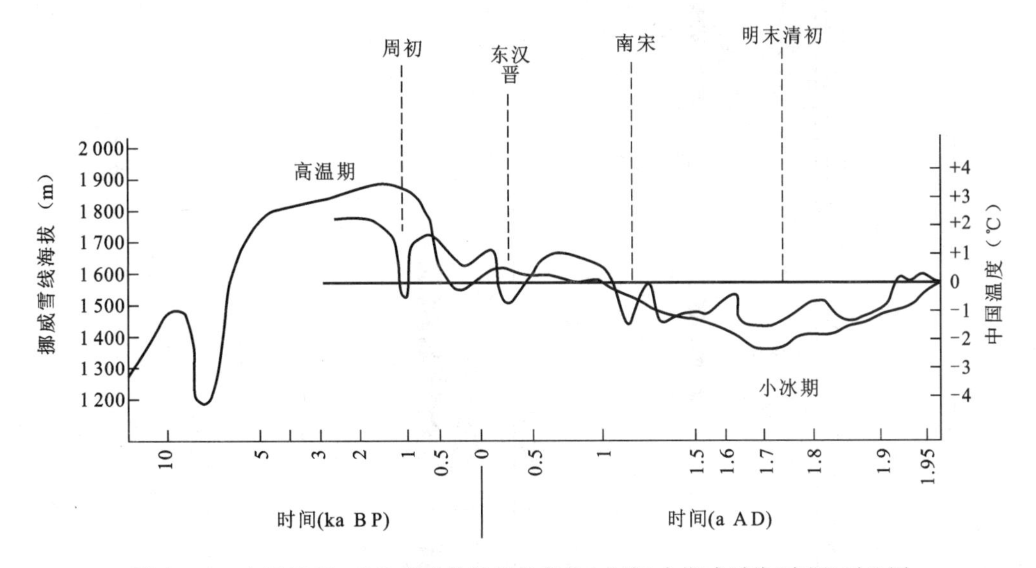

图 13-31　中国近 5ka B P 以来数据气候变化(虚线)占挪威雪线(实际)对比图

(据竺可桢,1973,略补充)

(挪威雪线为现代海拔的 1 600m 左右,水平比例尺为幂函数缩尺)

据张丕远等研究,1500a A D 以来的 500a 内,中国气候寒冬分别集中在 1500—1550a A D、1601—1720a A D 以及 1831—1900a A D 三个时段内,其间为暖冬间隔。寒冬阶段初霜期提前,终霜期退后。17 世纪中期以前旱灾多于涝灾,17 世纪中期以后涝灾多于旱灾,目前处在水灾多发期,其频率是近 500a 来的最高峰。一般洪涝之前少雨,干旱之前伴生洪涝。

中国近 5ka(尤其近 2ka)以来气候变化如图 13-32 所示,图中反映了气温相对变化的古气候与环境意义,其中的暖期有利于中国社会的发展,如仰韶文化与盛唐时代(相当于“小气候适宜期”)。

总体而言,中国第四纪气候变化具有多种形式:西部山地高原和东北山地以冰期、间冰期为主,东北平原冰缘期多次出现,两者寒冷气候来临较早。华北以干(冷)、湿(暖)为主。华南区气温变化不及华北区大,以干湿变化为主。中国的青藏高原在第四纪的加速隆升成为引起中国东西部气候分异的主要因素。东部平原 N41°—33°之间是第四纪冷暖气候频繁南北摆动的气候敏感带。

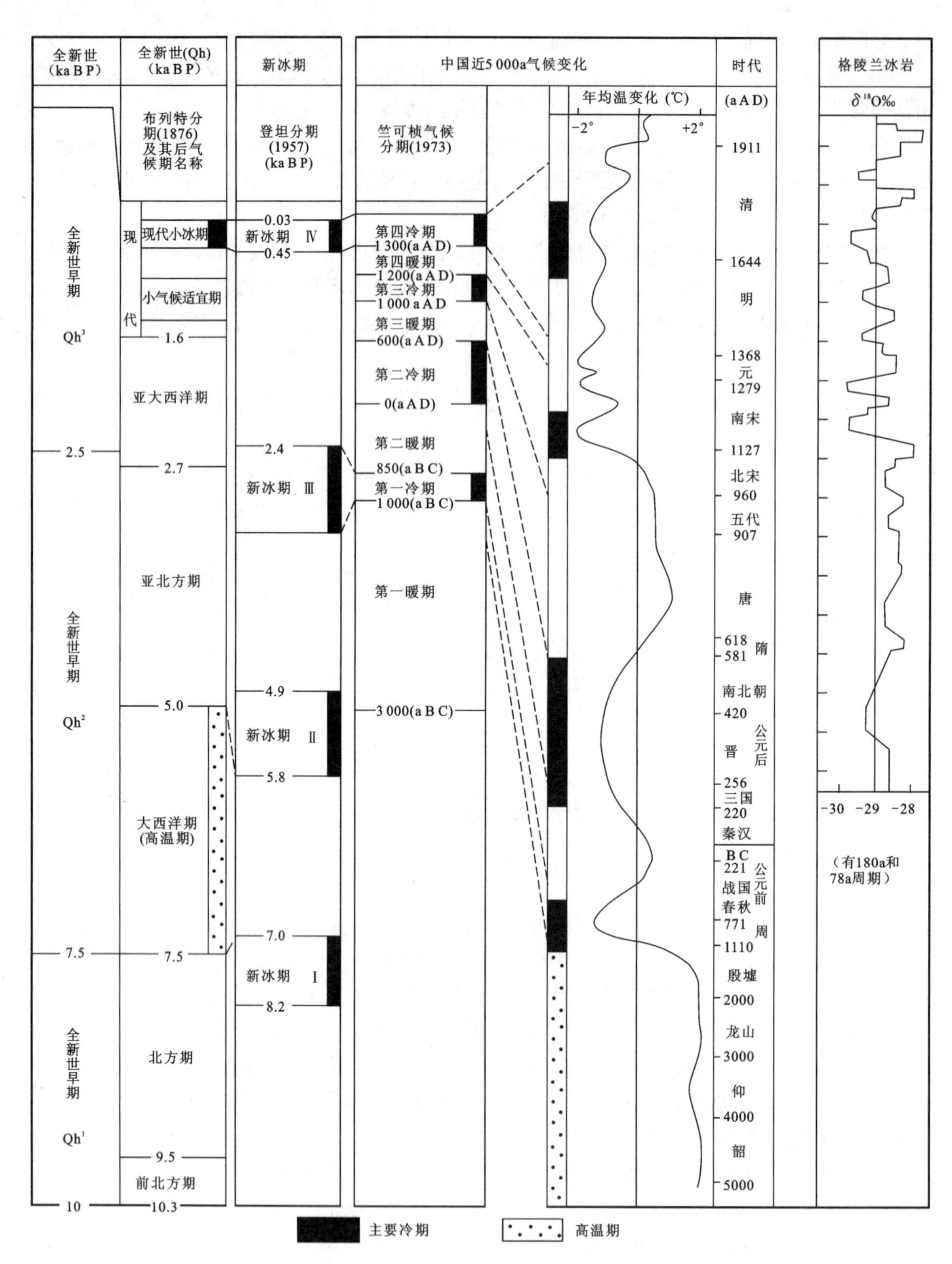

图 13-32 中国近 5ka 以来气候变化及全新世气候分期对比图

(格陵兰冰岩芯 $\delta^{18}O$ 据 Johnsen 等,1970)

第四节 气候变化原因和未来气候与环境变化趋势问题探讨

一、气候变化原因概述

对地球气候变化原因的研究，不单是为了说明过去气候变化规律与动因，也是对未来气候与环境变化趋势探讨研究所必需的。地球气候变化原因是一个世界性的多学科都关注的问题，有关假说近200种。概括起来，引起地球不同时间尺度气候变化原因有3种因素，即宇宙的、地球的和人为的因素(图13-33)。宇宙和地球因素中都有导致不同时间尺度气候变化的动因，人为因素仅因其历史短而归入小时间尺度动因范围，但其重要性与日俱增。在气候变化系统中，各种因素单独作用或叠加作用。单因素作用在近期变化中，如火山喷发造成20世纪的短暂降温，地球自转、太阳黑子活动和磁极移动与近期10a级气候变化周期有一定的对应性；多因素叠加则反映在多波动气候变动中包含若干不同时间尺度的次级气候变化，目前有些还难以指出各级变化的对应原因；此外地球大气圈、水圈、冰雪圈、岩石圈与生物圈之间的耦合

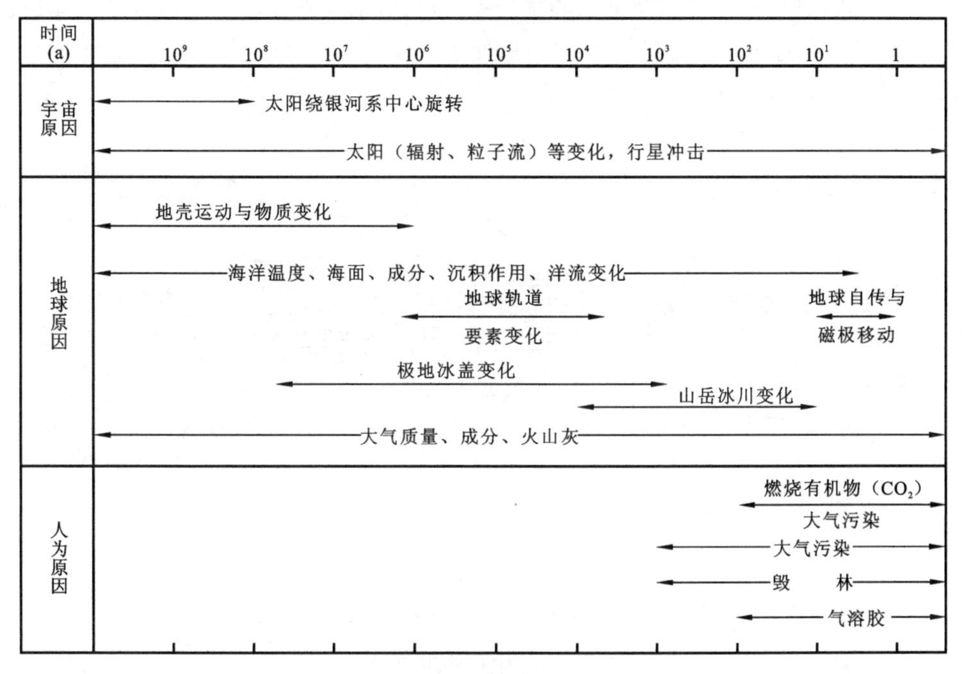

图13-33 各种时间尺度气候变化原因图

(据Lamb,1987,改编补充)

与反馈对气候变化有极为重要的影响。如大气与海洋耦合(海-气循环相依)现象,当大气变暖时,海洋必定随之变暖(但海洋巨大的热容量可以推迟全球变暖);而地-气系统也具有自身可变性,因此,即使没有温室效应气体、太阳辐射变化和火山爆发,地球气候也会变化。而反馈则是一种作用发生后,由这种作用引起的其他因素也随之而开始作用,这些因素的作用或者增强初始作用的变化,称为正反馈;或者减弱之,称为负反馈。如全球气候开始变暖后,大气中水蒸气(一种重要的温室效应气体)含量增多,从而使大气变暖增强;又如全球气候变暖,冰雪覆盖面积缩小,地面反射率降低,使大地吸收更多的太阳辐射,也会增强气候变暖;这些都是正反馈。而气候变暖使云量增加,云量的增加把更多的太阳辐射反射回太空,使地球气候有所变冷则是负反馈(但若云减少 2%,则呈正反馈,其增暖相当于 CO_2 温室效应)。现代与古代地球气候与环境变化系统中的各圈层相互作用过程中的种种耦合与反馈机制还远未研究清楚,使预测和气候预测模型建立都存在许多不确定的因素。因此,第四纪地球科学虽主要在 1Ma—1ka 的气候与环境研究中起主要作用,这一承前启后时段的气候与环境演变研究,对研究未来气候与环境变化绝不可少。

二、第四纪冰期成因问题

1. 米兰科维奇假说(地球表面热分布变化说)

20 世纪 30 年代南斯拉夫科学家米兰科维奇(Milankavich,1930)提出"热辐射分布变化说",他认为:在太阳辐射稳定的前提下,由于其他行星对地球的摄动影响,引起作为流变体的地球重力场变化,进而使地球的轨道偏心率($e=c/a$)、地轴倾斜度(ε)(或黄道面与赤道面交角 θ)和岁差(P),发生周期性变化(图 13-34),从而引起地表吸收的太阳热辐射量分布和季节的变化,导致地球气候发生周期性冷暖变化。

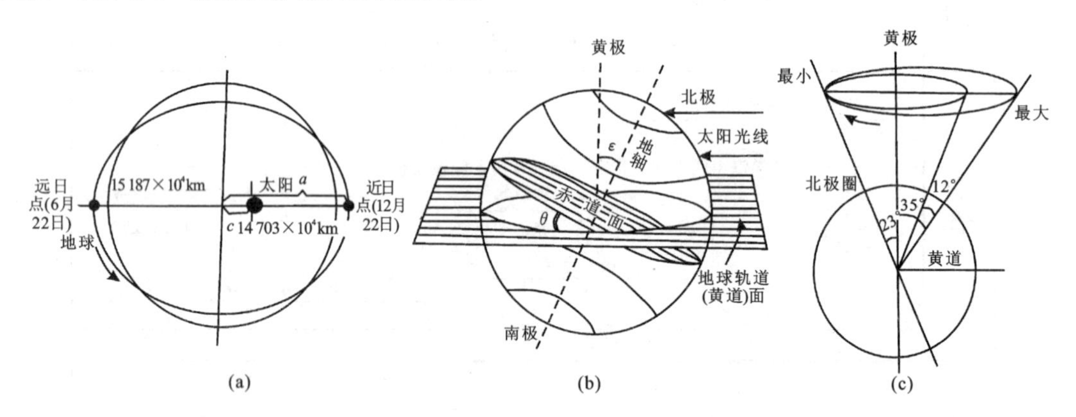

图 13-34 地球气候变化有重要影响的 3 个地球轨道要素示意图

(a)地球轨道偏心率;(b)地轴倾斜度[相当黄赤交角(θ)];

(c)地轴的圆锥形运动,即岁差;(b)、(c)引自曹家欣,1977

地球轨道偏心率(e)在 0～0.06 之间变化(现在是 0.017),e 值变大,轨道趋扁,季节差异变大,地球表面接受的热辐射减少;e 值变化周期约 96ka。

地轴倾斜度(ε)在 21.8°～24.4°之间变化(现在是 23°27′),ε 值变化使太阳入射角和极圈与回归线位置变化,对地表热分布和季节有影响。ε 值变小,高纬区接受的热辐射减少(高纬

比赤道带变化更大)而使气候变冷;ε 值变化周期约 41ka。

岁差(P)是地轴产生摇摆不停的圆锥形运动,使地球每年到达近日点的时间滞后(或春分点西移)现象,如现在地球到达近日点是 12 月 22 日前后,约 10ka 后为 7 月,使季节长短发生变化;岁差变化周期约 0.21Ma。

上述地球轨道三要素规律性变化,使地球上接受到的太阳热辐射量和季节的相应变化,从而使地球气温出现周期性冷暖变化。

米氏理论是 20 世纪 30 年代提出的,当时的观察事实主要有以下 4 点:

(1) 冰期旋回过程中,北半球高纬度大陆冰盖的变动幅度远大于南极冰盖。

(2) 大陆冰盖是沿中心向四周扩张的。

(3) 南、北两半球冰盖变化有同时性。

(4) 全新世开始时间不超过 15 000a B P(尽管当时还没有绝对定年技术)。

这些观察事实颠覆了米兰科维奇之前 Croll 的冰期旋回天文理论,获得了这样的认识:大陆冰盖是否扩张,不取决于冬季积雪量,而取决于夏季的融雪量。据此,米兰科维奇提出了"热辐射分布变化说"。

米氏理论的单一触发机制难以全面解释全球晚第四纪气候变化,这就意味着需要研究新的理论框架,以解释新的观察事实。到目前为止,大部分学者承认第四纪冰期旋回由天文因素引起的地球轨道变化所驱动,争议之处在于太阳辐射总量基本不变的情况下,太阳辐射的纬度配置和季节配置变化是通过什么机制驱动如此大幅度的全球气候变化。

因为米氏理论的局限性,新的理论假说正在被提出。这里,介绍两派重要的观点。

一派为"热带驱动说"。这类假说强调热带的作用,其基本理论框架如下:低纬太阳辐射变化驱动季风变化,季风变化控制地表岩石的风化强度,进而控制到达海洋的硅通量,硅通量控制了海洋硅藻的生产率,进而控制有机碳的沉积,然后通过影响大洋碳循环驱动全球气候变化。这派假说与米氏理论不同,强调了低纬夏季太阳辐射的触发驱动作用,但它还需要进一步解释低纬度变化如何导致高纬冰盖变化的 10 万年冰量周期。无论如何,这派假说促使人们更深入地思考热带季风和热带海洋的作用,如果在高低纬相互作用上能延伸一步,它将有可能成为一种主导性理论。

另一派假说主要为冰消期设计,它从冰消期时南极增温和大气 CO_2 浓度增高超前于北极冰盖融化这个观察事实出发。其具体机制如下:冰盛期时,北半球夏季太阳辐射处于低值,而南半球夏季太阳辐射处于高值,南半球高纬夏季太阳辐射的提高促使南极冰盖外缘及海冰融化,进而使"生物泵"的作用减弱,导致大气 CO_2 浓度开始增高;与此同时,北极冰盖已达到最大值,形成"海基"冰盖,并处在对温度变化极其敏感的状态(一部分冰盖已在平衡线之下),而大气 CO_2 浓度的增高可导致全球升温,从而触发北极冰盖开始融化,北极冰盖部分融化后,由于地壳反弹作用的滞后,冰盖对温度增加的敏感性进一步加强,而此时北半球夏季太阳辐射也开始增加,从而促使冰盖进一步消融。这派假说考虑了南、北两半球高纬气候的相互作用,但没有考虑热带的重要性。尽管该假说只涉及到冰消期,但它暗含了一个逻辑推论,即冰期旋回的不同阶段有可能有不同的驱动机制。

2. 辛普森假说(太阳辐射量变化说)

英国气象学家辛普森(Simpson,1934)与米兰科维奇的观点相反,认为太阳是一颗变光恒星,其辐射量随时间变化,从而引起地球气温变化,导致第四纪冰期、间冰期的出现,并用两个太阳辐射循环解释更新世冰期成因(图 13-35)。太阳辐射量的变化与气候因子(气温、降水、降雪、蒸发、融雪、积雪等)之间存在着复杂的关系。简而言之,在太阳辐射增加的早期,辐射量、气温、降雪量和积雪量等基本同步变化[图 13-35(a)],当降雪量大于消融量时(图中 A 点)对冰川形成有利,出现冰期;当太阳辐射量增加达到一定程度时(图中 B 点),降雪与融雪相等,过 B 点以后冰雪消融大于积累,冰川逐渐消融,气温也较高,即间冰期。辛普森认为用两个辐射变化循环可以解释更新世冰期[图 13-35(b)]。辛氏假说中的大间冰期(民德—里斯)气候干冷与实际虽不符合,但认为气候变化与太阳辐射变化有关的结论是正确的。

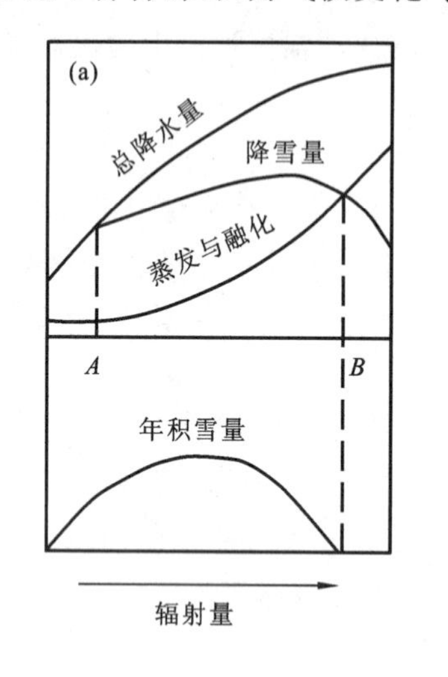

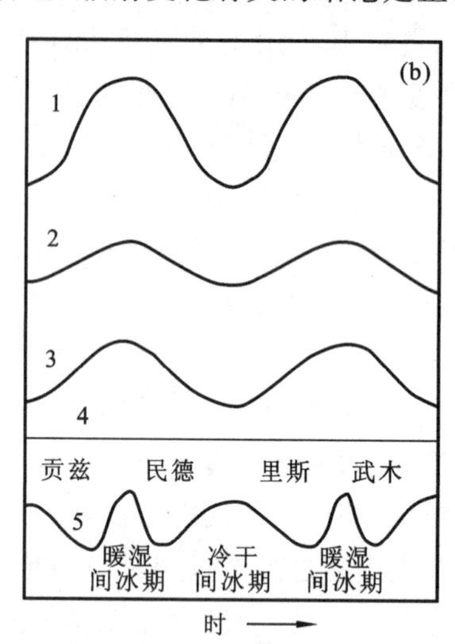

图 13-35　太阳辐射量变化与气候因子关系

(a)辛普森假说;(b)太阳辐射量变化与气候因子关系。

1.太阳辐射量;2.气温;3.降水量;4.积雪量;5.冰川进退曲线

3. 弗利特假说

弗利特认为,新近纪—更新世初地壳上升(如斯堪地纳亚、阿尔卑斯山、安底斯山等)到足够高度,大量积雪并形成冰川,冰川形成后由于太阳辐射波动变化(辛普森假说)便出现更新世冰期与间冰期气候交替变化。

关于地壳运动与气候变化关系,从现有资料来看。地史上大规模造山运动和地形巨变与100～10Ma 气候变化有一定的对应关系,如 1Ga 以来的几次大冰期与造山运动对应较好,但1Ga 以前造山运动幕远比气候变化幕多。对 1Ma 时期内的气候变化仅从构造运动引起地形巨变来解释气候变化显然是不够的。极地冰盖体积消长、大气环流和洋流变化、火山爆发、厄尔尼诺现象和人为活动等,对 1Ma 级以下不同时间尺度气候变化各有不同程度的影响。

三、未来气候变化趋势与预测

全球气候变化及其对社会与自然系统产生的影响已受到全世界各国政府与广大民众的广泛关注。与天气和气候有关的灾害给人类生命财产造成的损失日益增大,社会与生态系统似乎变得日趋脆弱。对于气候和环境的研究及预测,各国和各大组织一直都在积极努力。其中,政府间气候变化专门委员会(IPCC)是范围最大、政府间联系较强的组织,下文会引述 IPCC 近

些年报告来探讨未来气候与环境变化的趋势。

(一) 政府间气候变化专门委员会(IPCC)

政府间气候变化专门委员会(Intergovernmental Panel on Climate Change,IPCC)是一个附属于联合国之下的跨政府组织,在1988年由世界气象组织、联合国环境署合作成立,负责研究由人类活动所造成的气候变迁,该会会员限于世界气象组织及联合国环境署之会员国。它的作用是在全面、客观、公开和透明的基础上,对世界上有关全球气候变化最好的现有科学、技术和社会经济信息进行评估,这些评估吸收了世界上所有地区数百位专家的工作成果。IPCC本身并不进行研究工作,也不会对气候或其相关现象进行监察,其主要工作是发表与执行《联合国气候变化框架公约》有关的专题报告。

IPCC已分别在1990年、1995年、2001年及2007年发表4次正式的“气候变迁评估报告”。最新一次IPCC第五次评估报告3个工作组的报告均已发布,连同2014年10月发表的综合报告,将构成IPCC第五次气候变化评估报告。

人类活动的规模已开始对复杂的自然系统,如全球气候产生干扰。许多人认为气候变化会造成严重的或不可逆转的破坏风险,并认为缺乏充分的科学确定性不应成为推迟采取行动的借口。决策者们需要有关气候变化成因、其潜在环境和社会经济影响,以及可能的对策等客观的信息来源。

IPCC设有3个工作组:第一工作组评估气候系统和气候变化的科学问题;第二工作组的工作针对气候变化导致社会经济和自然系统的脆弱性、气候变化的正负两方面后果及其适应方案;第三工作组评估限制温室气体排放和减缓气候变化的方案。另外还设立一个国家温室气体清单专题组。

前四次工作气候报告主要内容为:1995年的第一次评估报告指出,在过去的100年中全球平均地表温度增加了0.3~0.6℃;1995年第二次评估报告得出,全球平均地表温度在过去100年中上升的值与第一次评估报告相同,为0.3~0.6℃;2001年的第三次评估报告检测出在过去的100年中全球地表平均温度上升了0.4~0.8 ℃;而2007年的第四次评估报告得出1906—2005年全球年平均气温升高了0.74℃,高于1901—2000年0.6℃的增温值。近年来,受全球气候变化的影响,极端天气气候事件也呈增加趋势。全球气候变化不仅影响自然系统和人类生存环境,也将影响世界经济发展和社会进步。

(二) 未来气候变化趋势与预测

根据IPCC第五次评估报告3个工作组的报告内容,未来气候与环境变化有以下趋势。

1. 全球变暖趋势毋庸置疑,人类对气候变化影响深重

有详细气象记录以来的1850年开始,刚刚过去的3个10年每一个都刷新了气温最高的纪录;从1983年到2012年这30年可能是北半球自1 400年以来最热的30年。1880—2012年,全球海陆表面平均温度呈线性上升趋势,升高了0.85℃;2003—2012年平均温度比1850—1900年平均温度上升了0.78℃。气候变化要比原来认识到的更加严重,全球变暖受到人类活动影响的可能性“极高”(IPCC按照发生概率区分使用了对可能性的表述,“高”的发生概率在60%以上,“非常高”在90%以上,“极高”在95%以上)。

2. 大气中温室气体浓度上升

2011年,大气中CO_2浓度达到391×10^{-6},比工业化前的1750年高了40%。化石燃料使

用以及水泥行业总共排放了3 650×10^8t碳，同时森林减少以及其他土地用途改变排放了1 800×10^8t碳。仅2011年，化石燃料燃烧就排放了95×10^8t碳。除了存留在大气中的2 400×10^8t碳外，陆地生态系统吸收了1 500×10^8t碳，海洋吸收了1 550×10^8t碳。工业化时代以来，海水的pH已经下降了0.1，即海水中氢离子浓度升高了26%（1t碳折合3.67tCO_2）。

CO_2的累计排放量对21世纪末及以后的气候将影响巨大，因此有效而持续的温室气体减排措施迫在眉睫。但是即使人类停止排放CO_2，全球变暖带来的许多影响，如地表平均温度处于高位、冰川的损失、海平面上升等仍将持续多个世纪。另外两种主要温室气体，甲烷（CH_4）和一氧化二氮（N_2O）浓度分别达到1 803×10^{-9}和324×10^{-9}，分别比工业化前高了150%和20%。目前这3种温室气体的浓度都达到80万年以来的最高值。

3. 海平面的上升

从1901年到2010年，全球平均海平面上升了0.19m，平均每年1.7mm；1971—2010年间平均速度达每年2.0mm；1993年到2010年间平均速度则达到每年3.2mm。冰川融化和海水温度升高引发的热膨胀导致了海平面的上升，且海平面上升的速度在加快。

（三）未来气候变化预测

以1986—2005年为标准，2016—2035年的全球平均气温很有可能上升0.3～0.7℃，2081—2100年很有可能上升0.3～4.8℃。21世纪全球平均气温增幅可能超过1.5℃乃至2℃（相比于1850—1900年），并且升温过程不会在2100年终止，只有实现减排力度最大的情况才有较大可能抑制全球变暖的趋势并把升温控制在2℃以内。

总的来说，今后气候变化趋势的研究，应建立在对历史（尤其是第四纪）气候的了解、现代气候变化特征的认识和模拟实验的基础之上，并结合人类活动的影响。全球气候变化趋势等全球事件，对人类和生物界都可能存在潜在的重大灾难，对多种经济活动产生重大的负面影响。因此应该未雨绸缪，进行长期、积极和慎重的研究，不断修正已有的认识，才能制定正确的对策。

思考题

一、名词解释

天气与气候；气候期；冰期与间冰期、冰阶与间冰阶；气候旋回；雨期和间雨期。

二、简述

1. 简述第四纪气候的一般特征。
2. 研究第四纪气候变化的标志有哪些？
3. 如何用古冰斗高度推算古温度？
4. 海平面变化的证据是什么？
5. 简述阿尔卑斯地区冰期的名称和时代。
6. 简述冰川作用的气候变化特征。
7. 简述第四纪海平面波动的特征。
8. 气候变化、海平面变化与构造运动三者有何关系？

第十四章 第四纪生物界特征及研究意义

第四纪时间短暂，仅相当于地质年代中的两个单位时间（即 2Ma），总的来看，生物的演化是不明显的，但受气候与环境变化的影响，植被的演替和动物的迁移改组极为常见。第四纪是人类及其物质文明的形成发展时期。上述各方面构成第四纪生物多样性的基本特征。

第四纪是哺乳动物和被子植物高度发展的时代，人类的出现是这个时代最突出的事件。第四纪哺乳动物群演化的阶段性是划分第四纪地层的重要依据。第四纪植物群的演替与组合是恢复古气候的重要标志。在海洋中第四纪无脊椎动物群和微体生物群的组合，可以反映大洋中古气候及古海水温度变化的情况。

第一节 第四纪哺乳动物

哺乳动物是脊椎动物中最高等的一个类群，由爬行动物进化而来，哺乳和胎生是哺乳动物最显著的特征，哺乳动物全身或某一部分有毛发，身体一般分为头、颈、躯干、四肢和尾 5 个部分，7 节颈椎，用肺呼吸，体温恒定，脑较大而发达，牙齿分化为门齿、犬齿和颊齿，心脏分为两心房和两心室。

一、动物地理区

哺乳动物是动物中最高级的一纲，从中生代开始出现，至少持续了 0.18Ga，新生代最为繁盛（新生代又称哺乳动物时代），其中人类的出现距今约三四百万年。科伯特（Colbet，1969）把新生代哺乳动物分为 28 个目，每个目又分若干科、属、种，其中 15 个或 16 个目现代仍然生存，其余都已绝灭。

整个地球表面，按照生存在某地区或水域内的一定地理条件和在历史上形成的许多动物类群的性质和特点，划分为若干动物地理区域（或动物区），即为动物地理区划。通用的划分单位是界、区、亚区、省、周边、区段。世界陆地动物区划从 19 世纪后期开始，学者们先后提出了多种区划系统，其中被普遍采用的是华莱士（Alfred RusselWallace）6个界的划分系统，莱德克（Lydekker，1896）、施米特（Schmidt，1954）、特劳萨特（Trousessart，1980）等作了部分的修订。6个界的特征及具体地理位置如下（图14-1）。

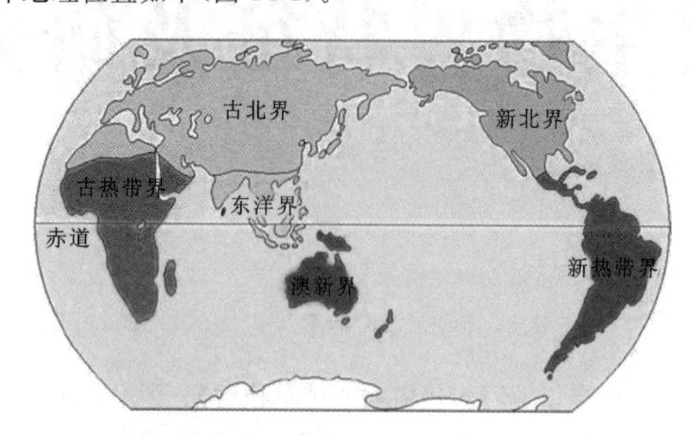

图14-1 全球陆地动物的地理分区图

（据 http://www.baike.com/wiki/动物地理区）

1. 全北界（包括古北和新北界）

全北区的特点是无长鼻目和犀科，特别有食虫目的鼹鼠科、啮齿目的河狸科等。上新世，该区的动物种类繁多，形成从滨太平洋到地中海和西欧广大地区相似的三趾马动物群（地中海动物群、欧洲蓬蒂期动物群和中国三趾马动物群）。化石记录表面，现代全北界的许多动物是在欧亚大陆和北美大陆发展起来的，然后从这里往南辐射迁移。

古北界包括欧洲、北回归线以北的非洲与阿拉伯半岛的大部分，喜马拉雅山脉到秦岭山脉以北的亚洲大陆；新北界包括今墨西哥北部以北的北美洲广大区域。

2. 东方界（东洋界）

现代主要有热带特有的印度象、印度犀、灵猫、竹鼠、水牛、猩猩、貘、长臂猿和大熊猫等。从化石记录看与全北界共有的一些种类是从全北界迁来的。

东洋界包括中国秦岭山脉以南地区，印度半岛、中南半岛、马来半岛以及斯里兰卡、菲律宾群岛、苏门答腊、爪哇和加里曼丹等大小岛屿。

3. 古热带界

现在非洲有世界上最丰富多彩的动物群（萨旺纳草原动物群），以河马、长颈鹿、各种羚羊、非洲象、非洲狮、鬣狗和狒狒为特征，但无鹿和熊，化石记录残缺不全。

古热带界包括北回归线以南的阿拉伯，撒哈拉沙漠以南的非洲大陆以及马达加斯加与附近诸岛屿。

4. 新热带界

第三纪以前处于与北美隔绝状态，发展了有袋目、翼手目、食肉目和灵长类，后来全北区动物迁入并排挤原有动物，形成一个具有原始性质和有大量迁入动物组成的动物群。

新热带界包括整个中美、南美大陆，墨西哥南部以及西印度群岛。

5. 澳洲界

现代以产有袋类闻名于世，从现代还生存有单孔类的卵生动物（鸭嘴兽）和有袋类在白垩

纪—古近纪曾分布于欧亚和美洲来看，现代澳洲动物最具原始性，澳洲在第三纪以前曾是冈瓦拉大陆的一部分。

澳洲界包括澳大利亚、新西兰、塔斯马尼亚、伊里安岛以及太平洋的海洋岛屿等。

上述各动物区的现代动物种群的主要差异和与古代动物的联系，反映了动物的迁移和分化与改组。引起上述动物迁移、分化、改组的原因除动物发展需求外（如觅食、避害、繁殖、种群斗争），主要受气候变化、地理环境改变和新构造运动的影响。第四纪冷暖气候变化使动（植）物发生往赤道方向和往极地方向的大规模迁移，草原兴衰、森林缩小和沙漠进退等使动物发生区域性流动，迁移途中，新构造上升形成的山脉构成迁移障碍，海平面升降使陆桥（如白令海峡、巴拿马地峡区）沉浮，都是造成动物迁移的有利或不利条件。第四纪动物群就是在上述因素，尤其是气候与环境渐变的影响下，经受自然淘汰、选择、应变、迁移和改组，形成第四纪不同地区的动物组合。总的来看，高、中纬区动物的分化明显，低纬赤道地区变化不大；由于人类的狩猎与毁林活动，现代动物比更新世动物种类大为减少。

二、哺乳动物化石的特征

哺乳动物的骨、角和牙经过钙化而成化石，俗称“龙骨”。化石以密度大、燃烧无油脂味、粘舌头和微具吸水性与现代动物骨骼可以区别开来。石化很浅的亚化石上述特征不明显时，要靠原地埋藏的伴生考古材料、^{14}C 年龄测量和含氟量测量等方法确定。哺乳动物化石一般埋藏在洞穴堆积物、河（湖）堆积物、坡积物、残积物中。

哺乳动物的头骨、角和牙齿化石具有重要的鉴定价值。头骨由枕骨、顶骨、额骨、鼻骨、上颌骨和下颌骨等组成（图 14-2）。宏观上角的形状、分支数及主次支相交角度以及微观上角化石的结构、组分、年代等都可作为鉴定的依据。牙齿按功能分为门齿、犬齿、前臼齿和臼齿，后两者合称颊齿。除臼齿外，其余为二出齿，即先生乳齿后生恒齿。牙式表示上下颌骨各一半的齿序、齿类数，乘以 2 即为牙的总数：

$$牙式=\frac{I,C,P,M}{I,C,P,M}\times 2$$

式中：I 为 Incisor（门齿）；C 为 Canine（犬齿）；P 为 Premolar（前臼齿）；M 为 Molar（臼齿）。

如人（灵长类）的牙齿共 32 枚，用牙式表示为：

$$人的牙式=\frac{2,1,2,3}{2,1,2,3}\times 2=32$$

牛的牙齿共 32 枚，但上牙床无门齿、犬齿，称虚位，在牙式中用 0 表示：

$$牛的牙式=\frac{0,0,3,3}{3,1,3,3}\times 2=32$$

动物牙齿的发展由多到少，如原始真兽类有 44 枚牙齿，人类只有 32 枚；由简单到复杂，在鉴定化石中有重要价值，如猛犸象的下第三臼齿上的棱脊数（齿板）早期为 $M_3\frac{19—22}{19—22}$，中期为 $M_3\frac{24}{24}$，晚期为 $M_3\frac{27}{27}$。草食动物的前臼齿退化为臼齿，呈新月形或脊形，用其磨碎草料；肉食动物则犬齿发达，部分臼齿发展成裂齿，其余退化变成锥形尖齿，用于撕咬。小型啮齿类具有咬凿的门齿和磨损的颊齿，门齿不断增长以补充磨损部分(如鼠)，门齿与臼齿间的牙齿都已消失，常有相当大的齿隙，臼齿常呈“W”形，或挤压成“W”形(如兔)。

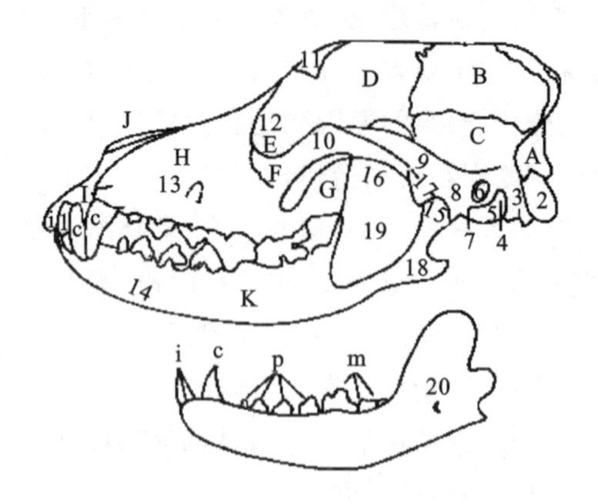

图 14-2　狗的骨头，外侧面视及牙齿

(引自《中国脊椎动物化石手册》，1979)

A. 枕骨；B. 顶骨；C. 鳞颞骨；D. 额骨；E. 泪骨；F. 颧骨；G. 腭骨垂直部；H. 上颌骨；I. 前颌骨；J. 鼻骨；K. 下颌骨；1. 顶嵴；2. 枕髁；3. 副乳突；4. 茎乳孔；5. 鼓泡；6. 外耳道；7. 颞管外孔；8. 窝后突；9. 颞骨的颞突；10. 颧骨的颧突；11. 眶上突；12. 泪管的入口；13. 眶下孔；14. 颊孔；15. 下颌髁；16. 冠状突；17. 下颌切迹；18. 角突；19. 咬肌窝；20. 下颌骨孔。i. 门齿；c. 犬齿；p. 前臼齿；m. 臼齿

三、第四纪各时期哺乳动物群特征

第四纪各期哺乳动物群(组合)是由上新世残存种类、更新世各时期特有种类(现已绝灭)和现生种类的不同比例组合而成(图 14-3)。其命名可以用优势动物化石命名，亦可用产地命名。第四纪哺乳动物化石组合具有阶段性和不可逆性的特点，对于划分对比地层、判断古地理和古气候具有重要的意义。

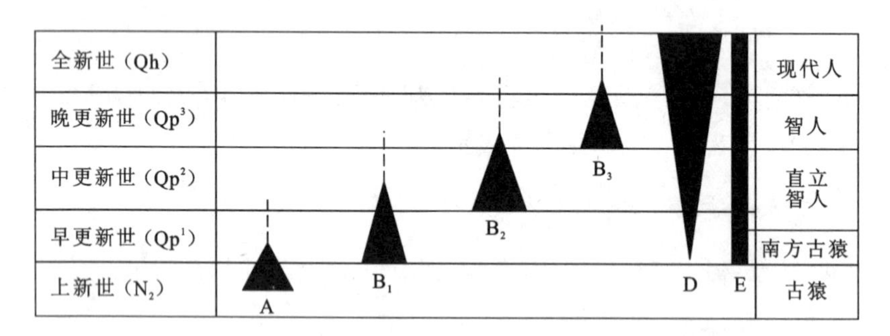

图 14-3　第四纪不同时期哺乳动物群的组成图

(引自《中国脊椎动物化石手册》，1979)

A. 上新世残存种类；B_1. 早更新世特有种类；B_2. 中更新世特有种类；B_3. 晚更新世特有种类；D. 现生种类；E. 古人类。黑色区宽度代表绝灭的和现生的种属数量变化

1. 早更新世(Qp^1)动物群

有两种以上的上新世残余种类与早更新世特有种类和少数现代动物祖先，象、马、牛 3 个

属(或三者之一)的初始出现为特征，出现最原始的人类或粗糙石器，如华南的元谋动物群、河北的泥河湾动物群、阳郭动物群等。豪格(Haug,1911)把现代动物中象、马、牛 3 个属的出现视为第四纪的开始。

2. 中更新世(Qp^2)动物群

以大量更新世特有种类的涌现和一定数量的现生种类为特征，上新世种类已近绝灭(如华北的周口店动物群)，残留少量的早更新世种类，有相当数量的现生种类以及特有的猿人和文化，如陈家窝动物群、周口店动物群、大荔动物群。

3. 晚更新世(Qp^3)动物群

以大量现生种类和少量中更新世种类为特征，早更新世的种类基本灭绝，少量中更新世的残存种，出现新的人类(新人)，如许家窑动物群、萨拉乌苏动物群、山顶洞动物群。

4. 全新世(Qh)动物群

全部是当地现生动物化石亚种组合。在北方和温带上的现代(全新世)动物群是在更新世末期开始形成的，现今生存着的哺乳动物的主要种类，在这个时候都已经出现了；许多作为冰川时期特征的代表(猛犸象、披毛犀、洞穴狮等)如今都已经灭绝了。

在更新世各个时期内，动物的绝灭种属百分比和现生种类百分比是进一步推断动物群(或生物地层)先后的依据。但这些数据既统计困难又不很准确，往往因人而异。第四纪哺乳动物虽无“标准化石”可用，但中国有半个多世纪的研究历史，积累了大量的资料，有些哺乳动物演化(如牛、马、鹿、象和小型啮齿类)和化石研究程度较深入，在一定地区内对地层划分对比有价值，而穿时性较长的广布种的地层意义则不大。

四、中国第四纪哺乳动物群的发展和特征

中国第四纪哺乳动物群是从上新世三趾马动物群演化而来，三趾马动物群产各种三趾马(*Hipparion*)、大哺犀(*Chilotherium*)、羚羊(*Guzella*)和一些原始的啮齿类。进入第四纪后，一支演化为中国北方型动物群，另一支演化成南方型动物群。中国第四纪南、北方主要哺乳动物群如表 14-1 所示。

1. 中国北方第四纪哺乳动物群(表 14-1、表 14-2)

北方地区主要包括河北、河南、内蒙古、宁夏、山西、陕西、甘肃及山东等。

1) 早更新世(Qp^1)动物群

以河北省阳原县泥河湾地区泥河湾动物群(长鼻三趾马-真马动物群)为代表，产于泥湾组上部黄色湖河相地层中，这个动物群含有两种上新世残余种类(表 14-2 注有黑点者)。早更新世特有的种类有桑氏鬣狗、板齿犀、步氏鹿和丁氏鼢鼠等；现代种类则有三门马、纳玛象、骆驼和野牛。绝灭属占 33.3%，绝灭种占 93.5%，现生种仅 8%(贾兰坡，1978)，古地磁年龄在 1 520～1 600ka B P。比泥河湾动物群时代更早的有陕西渭南“酒河动物群”(薛祥熙，1981)和泥河湾地区“东窑子头动物群”(汤英俊，1983)；较晚的有陕西公王岭动物群、周口店十二地点和十八地点动物群。泥河湾动物群与欧洲更新世“维拉坊动物群”可以对比。

2) 中更新世(Qp^2)动物群

以北京周口店龙骨山第一地点(猿人洞)“中国猿人-肿骨鹿动物群”即“周口店动物群”为

代表，这个动物群有 97 种化石，分属 7 个目。中更新世动物群主要特征是大量涌现更新世特有种类，如扁角肿骨鹿、纳玛象、燕山犀、洞熊、中国鬣狗等；现代种类则有狼、褐熊及许多小型啮齿类。绝灭种占 63%，现生种占 37%（胡长康等，1985），多种年代学数据表明这是一个生活在 0.46～0.23Ma B P 之间的丰富多彩的动物群。

表 14-1 中国华北、华南主要的哺乳动物群比较

地点 / 年代 (ka B P)	华北		华南		
	动物群	古人类及其文化	动物群		古人类及其文化
全新世 (Qh)	半坡 (<6)	—	冲仙洞动物群		—
	扎塞诺尔 (8)				
—1.2—					
晚更新世 (Qp^3)	山顶洞 (18)	山顶洞人	大熊猫-剑齿象动物群（广义）	资阳 柳江 马坝	资阳人或铜梁文化 柳江人 马坝人
	萨拉乌苏 (40)；猛犸象-披毛犀 (<50)	—			
	许家窑 (60—100)	许家窑人			
—13—					
中更新世 (Qp^2)	丁　村 (150) 周口店 (230—460) 蓝　田 (500—650) 公王岭 (800—1 000) 泥河湾 (1 600—1 700)	丁村人 北京人 蓝田人 蓝田人 西侯度文化		盐井沟 巴马洞 观音洞	大冶文化
—73—					巨猿、观音洞文化
早更新世 (Qp^1)				笔架山 高坪① 柳城①	巨猿
—240—					
上新世 (N_2)	河动物群 (2 400—3 000？)			元谋动物群 (1 700)②	元谋人
			三趾马动物群		

注：①巨猿动物群；②元谋组 3 段、4 段（据曹伯勋，1995，修改）。

表 14-2 中国第四纪北方型标准哺乳动物群主要种属表

地质时代	动物群	哺乳类动物主要种属
全新世(Qh)	四不象鹿动物群	现代动物种属
晚更新世(黄土期)(Qp^3)	赤鹿-最后斑鬣狗动物群(在东北称猛犸象-披毛犀动物群)	河套大角鹿(*Mefaceros ordosianus*)、王氏水牛(*Bubalus wansiocki*)、原始牛(*Bos primigenius*)、最后鬣狗(*Crocuta ultima*)、纳玛象(*Palaeoloxodon* cf. *namadicus*)、披毛犀(*Coelodonta antiquitatis*)、转角羚羊(*Spirocerus kiakhtensis*)、人(*Homo Sapiens*)、貉(*Nyctereutes procyonoides*)、方氏鼢鼠(*Myospalax fontanieri*)、野马(*Fquns przewalskyi*)、骞驴(*Equus hemionus*)、赤鹿(*Cervus elaphus*)、斑鹿(*Pseudaxis hortulorum*)、普氏羚羊(*Cazella przewalskyi*)、双峰骆驼(*Camelus Knoblcki*)等
中更新世(Qp^2)	中国猿人肿骨大角鹿动物群	中国猿人(*Sinanthropus pekinensis*)、肿骨大角鹿(*Megaceros pachyosteus*)、剑齿虎(*Machairodus inexpectatus*)、中国缟鬣狗(*Hyaena sinensis*)、裴氏转角羚羊(*Spirocerus peii*)、巨骆驼(*Paracamelus gigas*)、纳玛古象(*Palaeoloxodon-namadicus*)、三门马(*Equus sanmeniensis*)、居氏大河狸(*Trogontheriumcuvieri*)、洞熊(*Ursus spelaeus*)、杨氏虎(*Panther ayoungi*)、周口店犀(*Dice-rorhinus choukoutiensis*)、披毛犀(*Coelodonta antiquitatis*)、葛氏斑鹿獾(*Pseu-daxis grayi*)、德氏水牛(*Bubalus teilhardi*)、李氏猪(*Sus-lydekkeri*)、狼(*Canis lupus*)、中国貉(*Nycereutes sinensis*)、豹(*Pantheraparadus*)、獾(*Meles* cf. *leucurus*)、北京麝(*Moschus pekinensis*)、硕猕猴(*Macacusrobustus*)、食虫类及许多小型啮齿类动物等
早更新世(Qp^1)	长鼻三趾马-真马动物群①	中国长鼻三趾马(*Proboscidipparion sinensis*)、德式后裂爪兽(*Postschizotheriumchardini*)、板齿犀(*Elasmostherium* sp.)、泥河湾剑齿虎(*Megantereonnihowan-ensis*)、桑氏缟鬣狗(*Hyaena licenti*)、梅氏犀(*Dicerorhinus mercki*)、三门马(*Equns sanmeniensis*)、狼(*Canis*)、熊(*Ursus*)、骆驼(*Camelus*)、羚羊(*Gazella*)、羊(*Ovis*)、野牛(*Bison*)、氏真枝角鹿(*Eucladoceros boulei*)、丁氏鼢鼠(*Myos palax tingi*)等

注:①据曹伯勋,1995,修改。

3) 晚更新世(Qp^3)动物群

中国北方有两个时代相近但性质不同的晚更新世动物群。华北区称“萨拉乌苏动物群”,产于内蒙古自治区河套南部“萨拉乌苏组”湖相地层中,又称“赤鹿-最后鬣狗动物群”。主要成分有河套大角鹿、赤鹿、普氏野马、野驴等。东北区称“猛犸象-披毛犀动物群”,主要产于哈尔滨顾乡屯等地。其主要特征是产猛犸象(*Mammuthus primiqenius*)和披毛犀(*Coelondonta antiquitatis*),占化石总数的一半左右,大批^{14}C年龄数据表明其年龄为40~13ka B P。

4) 全新世(Qh)动物群

陕西半坡和殷墟文化遗址伴生动物(或家畜)及淮河流域的四不象鹿(*Elapheurus davidians*)及其伴生动物都属于华北全新世动物群。

2. 中国南方第四纪哺乳动物群

中国南方哺乳动物群的发展顺序是“元谋动物群”“大熊猫-剑齿象动物群”“含真人化石动物群”,前者产于河湖层,后两者主要产于洞穴堆积,多缺乏准确的年代数据(表 14-1、表 14-3)。

表 14-3 中国第四纪南方型标准哺乳动物群主要种属表

<table>
<tr><th>地质时代</th><th colspan="2">动物群</th><th>哺乳动物群主要种属</th></tr>
<tr><td>全新世
(Qh)</td><td></td><td>江苏溧水神仙洞动物群</td><td>最后鬣狗(Crocuta ultima)、熊(Ursus arctor)、仓鼠(Cricltulus sp.)与陶片共存</td></tr>
<tr><td>晚更新世
(Qp³)</td><td rowspan="3">大熊猫-剑齿象动物群(广义)</td><td>柳江通天洞动物群</td><td>柳江人(Homo sapiens)、大熊猫(Ailuropoda melanoleuca)、中国犀(Thinoceros sinensis)、东方剑齿象(Stegodon orientalis)、巨貘(Megatapirus)、箭猪(Hystrix)、猪(Suss)、熊(Ursus)、牛(Bovidae indent)</td></tr>
<tr><td>中更新世
(Qp²)</td><td>盐井沟动物群(狭义的大熊猫-剑齿象动物群)</td><td>金丝猴(Rhinopithecus roxellanae tingianus)、长臂猿(Hylobates bunopithecus sericus)、大熊猫(Ailuropoda melanoleuca fovealis)、东方剑齿象(Setgodon orientalis)、巨貘(Megatapirus augustus)、中国犀(Rhinoceros sinensis)、黑鹿(Rusa unicolor)、褐牛(Bibos grangeri)、苏门羚(Capricornis sumatraensis kanjereus)、猪(Sus scrofa)、水牛(Bubalus bubalis)</td></tr>
<tr><td rowspan="2">早更新世
(Qp¹)</td><td>柳城巨猿动物群</td><td>巨猿(Gigantopithecus blacki)、似锯齿嵌齿象①(Gomphotherium serridentoides)、昭通剑齿象(Stegodon zhoatungensis)、貘(Tapirus)、前东方剑齿象(Stegodon preorientalis)、大熊猫小种(Ailuropoda microta)、云南马(Equns yunnanensis)、中国犀(Rhinoceros sinensis)</td></tr>
<tr><td colspan="2">元谋动物群</td><td>龙川始柱角鹿(Eostylocerus lungchuanensis)、最后枝角鹿(Cervoceros ultimus)、奈王爪兽(Nestoritheium sp.)、湖麂(Muntiacus lacustris)、元谋狼(Canis yuan-moensis)、桑氏鬣狗(Hyaena)、昭通剑齿象(Stegodon zhatongensis)、元谋剑齿象(S. yuanmoensis)、山西轴鹿(Axis shansius)、粗面轴鹿(A. cf. rugosus)、复齿拟鼠兔(Ochotonoides complicidens)、云南马(Equns yunnannensis);竹鼠(Rhizomys)、野猪(Sus scrofa)、猎豹(Cynailurus)、虎(Panthera tigris)、鹿(Cervus)、牛(Bovinae indent)</td></tr>
</table>

注:①着重号标出的化石是上新世残存种类(据曹伯勋,1995)。

1) 元谋动物群(Qp^1)

元谋动物群是中国南方第四纪最老的哺乳动物群,产于云南元谋盆地,元谋组河湖相地层的第三四段。这个动物群含有 9 种上新世残存种类(表 14-3)。属于早更新世的种类有元谋狼、云南马、元谋剑齿象等 9 种。绝灭种占 95.6%,所有的 23 种动物中仅有一种属于现代种。

2) 大熊猫-剑齿象动物群(广义)

这是一个曾长期生活在中国南方亚热带地区。广泛分布且有穿时性的东洋界动物群,其主要成员有大熊猫、剑齿象、巨貘、中国犀、褐牛、水牛、竹鼠及灵长类。按其伴生动物和动物群主要成员个体大小变化从早—晚具代表性的有:

(1) 巨猿动物群(Qp^{1-2})。以广西柳城巨猿洞动物群为代表,其特征是大熊猫-剑齿象动物群中伴生有上新世残存种类,产巨猿和云南马,主要分子(如大熊猫)个体小,现生种类比例多于元谋动物群。

(2) 盐井沟动物群(Qp^{2-2})。即狭义的大熊猫-剑齿象动物群,产于四川万县盐井沟洞穴

中，只有大熊猫-剑齿象动物群是主要成员，无巨猿化石(巨猿此时绝灭)，大熊猫个体比早更新世时稍大，而比晚更新世的小。绝灭种占约54%，现生种占23%。盐井沟动物群与北方周口店动物群大体同时。

(3) 含真人(智人)化石的大熊猫-剑齿象动物群(Qp^3)。主要成员与盐井沟动物群相似，但各地与真人化石(长阳人、柳江人、马坝人、资阳人等)伴生。

3) 全新世(Qh)动物群

以江苏溧水神仙洞洞穴堆积物化石为代表，与陶器共存。

以上所述中国第四纪哺乳动物主要限于东部，西北区和青藏区(大部分)虽同属古北界，但资料比东部少且研究程度低，还很值得研究。

第二节 第四纪植物群及其气候意义

植物化石记录了在地质时期曾经生活的植物。通过对化石的研究，可以重建植物界各门类演化的序列，揭示生命演化的过程、规律和机制，了解气候变化时植被带的移动情况；同时，通过从植物生物学角度提取化石富含的环境和气候信息，可以从定性到定量恢复古气候，在长时间尺度(百万年或千万年)上探索和理解全球变化的趋势，认识环境演变的过程和规律。因此，植物的标型和地层中古植被组合常被用来推断古气候。

一、第三纪植物一般特征

新生代是被子植物时代，新生代植物是一个大型多期植物群，第四纪植物是由第三纪植物群演变而来的。

第三纪全球构造相对稳定，气候湿热，地球上呈现行星风系控制的气候-植被纬向分带(图14-4)。

北半球N50°以北属泛北极植物区，主要生长被子植物的落叶乔木，有山毛榉属、枫杨属、桤木属、桦属、榆属、椴属和栎属；裸子植物中有冷杉属、云杉属和水杉。以南为热带、亚热带的常绿阔叶乔木，有棕榈科、樟科、木兰属、姚金娘科、罗汉松及大量硬叶栎；裸子植物有古老的银杏、苏铁和水杉等及一些蕨类植物。亚洲东部则含有柔荑花植物，如桦、榆、千金榆、枫香、胡桃等。

中国古近纪气候湿热，经长期夷平，地形起伏小，南部为东地中海槽和南海暖水域包围，境内自北而南的气候植物带为：暖温带阔叶林(N42°以北)、亚热带草原和荒漠带、热带常绿阔叶林。

新近纪极地冰流已形成并外溢，全球气候趋于变干变冷，于是北半球出现了泛北极区系暖温带植物往南排挤亚热带、热带植物势态；亚热带、热带植物分布收缩，暖湿带植物往南扩大，欧亚大陆开始出现大草原。

中国新近纪除受上述全球性气候-植被发展总趋势影响外，还由于东地中海槽的消失，青藏地区开始隆升，以及受太平洋、印度洋季风的影响，发生了经向和纬向气候植被差异。贺兰山—横断山一线以东受季风和全球暖温带植物南移的影响，原古近纪的暖温带森林为温带森林、草原取代。从N46°到长江流域地带受太平洋季风的强烈影响，气候湿润，亚热带落叶阔叶和常绿混交林取代了古近纪亚热带疏林、草原。长江流域到广州—南宁一线为亚热带、热带雨林，以南为热带季雨林。此线以西，气候的大陆性明显增强，使西北区向干燥的荒漠气候植被方向发展。

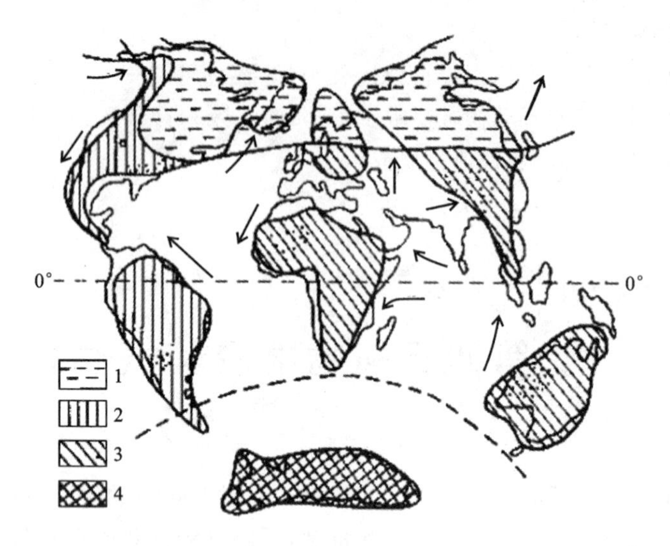

图 14-4 第三纪植物分区图

（据《中国新生代植物》，1978）

1. 泛北极第三纪植物区；2. 新热带第三纪植物区；3. 古热带第三纪植物区；4. 南极第三纪植物区。

箭头示暖流，粗黑点示棕榈，细黑点示干旱区

第四纪气候发生寒暖变化时，植物就要发生水平移动和垂直移动，称为平行移动（图 14-5）。

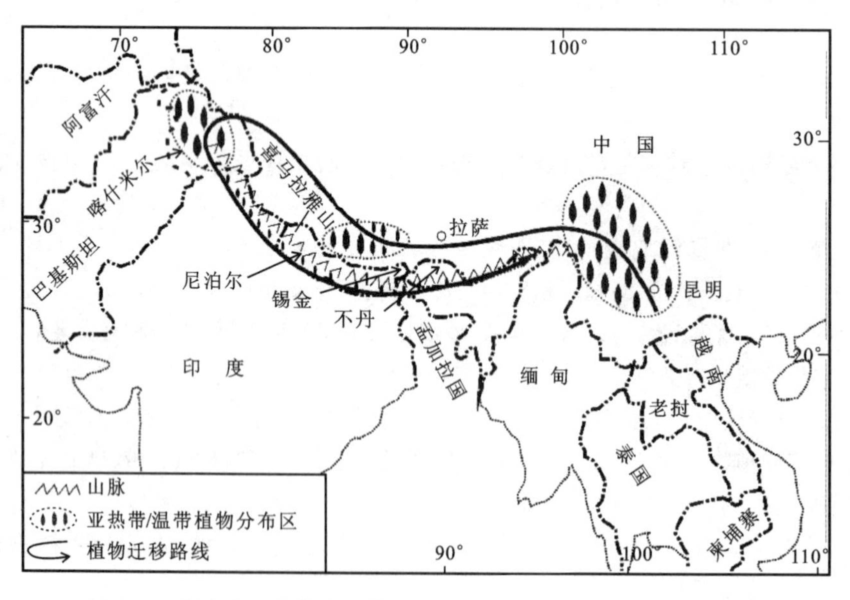

图 14-5 新生代亚热带和温带的植物从中国西南向印度东北部迁移

（引自 Mehrotra et al.，2005）

二、现代植物地带性

第四纪植物绝大部分为现生种类，植物区系与第三纪，尤其是新近纪没有重大差异。但受新近纪地球气候普遍趋凉和第四纪冰期、间冰期气候交替影响，温带与亚热带植物种群分界多次南北(或沿山地上下)来回摆动，导致植物迁移过程中种类混合和部分滞留或消亡，古老孑遗种类的数量不断下降，落叶阔叶树与耐寒针叶树分布扩大，常绿阔叶树与喜暖针叶树分布不断缩小，草本植物比例增高。中国第四纪植物群就是上述各种作用过程综合作用的结果。

第四纪由于青藏高原继续强烈抬升，激发了东亚季风，使我国的植物区系经向分带更加明显，植物区系和植被类型与现代已基本一致，到了全新世晚期，植物区系的演变除了受全球变化的影响外，人类活动的作用也越来越明显(金建华，2003)。

由于第四纪植物绝大部分为现生种类的化石亚种，因此，在利用第四纪植物(主要是植物孢子花粉组合)推断古气候时是以现代植物的气候-植被分带(区)及其生长的气候条件(年均温或最热、最冷均温，干燥度，降水量等)为参考。现代地球植物受气候影响呈现与气候适应的纬向(水平)和高度(垂向)分带(图 14-6)。

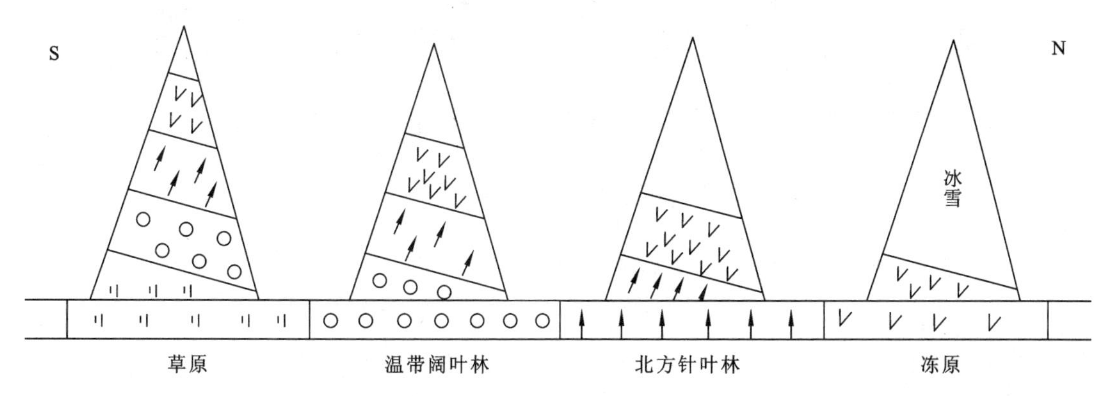

图 14-6 植物的纬度和高度分布示意图

(引自中山大学等，1979)

上：山地分带；下：纬度分布

纬向分带从北而南为：苔原植被带→寒温带针叶林带(泰加林)→温带落叶阔叶林带→亚热带常绿阔叶林带→热带雨林带。在大陆性气候显著的欧亚大陆中部和受东北信风影响的两部，分布着草原和荒漠。山地植物垂直分带在山地基部是当地纬度分带植被组合，往上依次相当于更北的纬度地带植被依次更替，不同的山地植被带组合是不同的，同一植被型越往北分布越低，如山地寒带针叶林(暗针叶林)，在喜马拉雅南坡、峨眉山和长白山其海拔高度分别为3 100～3 900m、2 650m 以上和 1 200～1 700m。中国现代植被分布如图 14-7 所示。

三、第四纪植物化石

第四纪植物化石包括大化石和微体孢子花粉化石。大型植物化石在第四纪陆相沉积物保

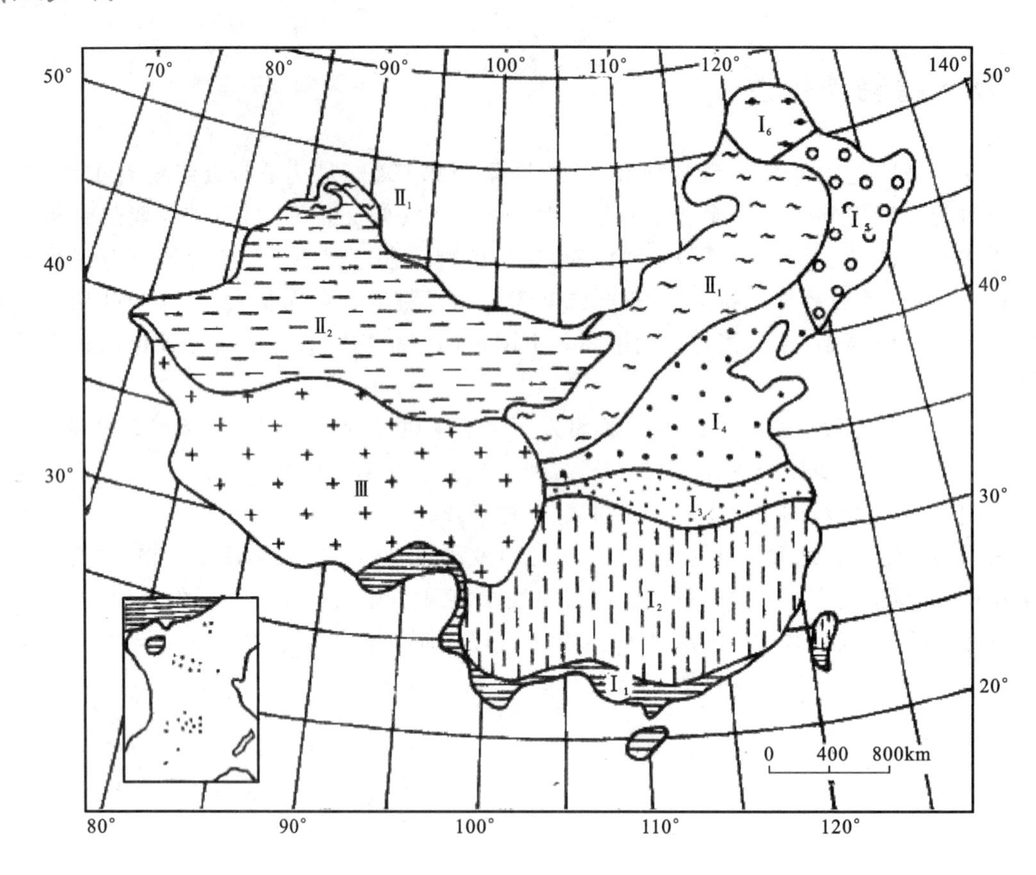

图 14-7 中国现代植被分区图

(据吴征镒,1979)

Ⅰ1.热带季风雨林;Ⅰ2.亚热带常绿阔叶林;Ⅰ3.常绿落叶阔叶林;Ⅰ4.落叶阔叶林;
Ⅰ5.针叶阔叶混交林;Ⅰ6.北方针叶林;Ⅱ1.草原;Ⅱ2.荒漠;Ⅲ.高原植被

存很少,但也偶见,如陕西渭南黄河北庄村曾发现过晚更新世的云杉树干、球果等化石(曹伯勋、地质力学所等,1965)、辽西地区发现有保存完整的大型苏铁类植物化石标本(王鑫等,2009)。第四纪研究中大量用的是植物孢子花粉化石。孢子花粉外壁由有机化合物和近似角质纤维素组成,300℃不分解,高压不变形,强酸、强碱中不落解,保存广,数量多,所以在第四纪古气候研究中得到了广泛应用。孢粉试样每个取约500g(也有人加大采样量),每个试样中应有孢粉400～450粒,才能作出按百分比为基础的孢粉谱(图14-8、图14-9),使古植被推断的可信度高;若孢粉粒较少,则不宜作孢粉图谱,只能提供粗略的古气候信息。其次绝大多数第四纪孢粉化石大多数较难鉴定到种,使得用其推断古气候受到一定的限制。另外,花粉传播方式、搬运距离远近和沉积地点等对推断结论也有影响。如近树下地点堆积的孢粉化石单调,风力悬运很远,这些都不能代表该区植被特征。一般林中开阔地的封闭性盆地内连续沉积剖面中孢粉组合的演替能较好地反映该区古气候-植被变化。

唐领余等(2013)对第四纪地层中常见的化石孢子和微体藻类的形态进行了鉴别特征的描述与对比,并对它们指示的古生态环境进行了较深入的分析:中华卷柏指示温暖偏热湿的林下草被层环境;水蕨孢子化石指示湿热湖沼及河流相沉积环境;化石盘星藻丰度可作为指示相对湖面变化的代用指标;环纹藻化石多出现于湖沼沉积物中,通常反映温暖湿

润的气候环境。

第四纪植物孢粉化石的种类如图 14-8 所示。

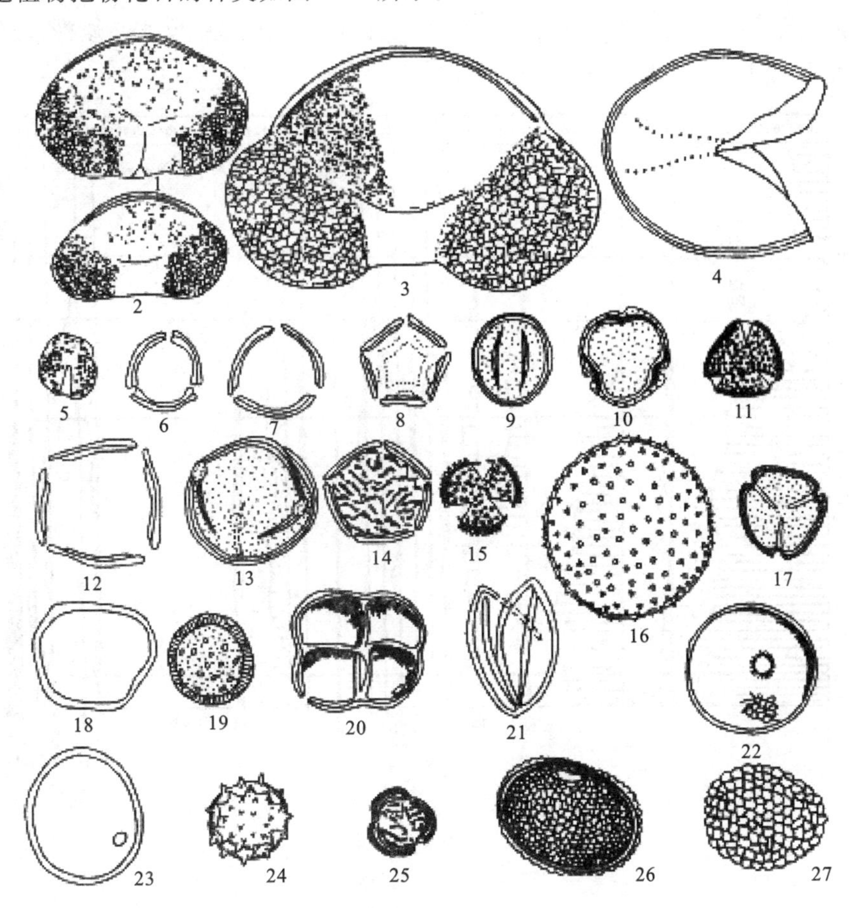

图 14-8 第四纪植物孢子花粉图

(据曹伯勋,1995)

针叶树(1~4);落叶阔叶树(5~14);常绿阔叶树(15~17);水生及半水生植物(18、20、21、22、26、27);耐干耐盐草本植物(23~25)。1. *Picea* sp.(云杉);2. *Pinus* sp.(松);3. *Abies* sp.(冷杉);4. *Larix* sp.(落叶松);5. *Salix* sp.(柳);6. *Betula* sp.(桦);7. *Corylus* sp.(榛);8. *Alnus* sp.(桤木);9. *Quercus* sp.(栎);10. *Tilia* sp.(椴);11. *Fraxinus* sp.(梣);12. *Carpinus* sp.(千金榆);13. *Fagus* sp.(山毛榉);14. *Ulmus* sp.(榆);15. *Ilex* sp.(冬青);16. *Lauraceae* sp.(樟);17. *Rhus* sp.(漆树);18. Cperaceae sp.(莎草科);19. Chenopodiaceae gen. sp.(藜科);20. *Typha* sp.(香蒲);21. Polypodiaceae(水龙骨科);22. *Phragmites* sp.(芦苇);23. Gramineae gen. sp.(禾本科);24. Compositae(*Astec* sp.)(菊科);25. *Artemisia* sp.(蒿);26. Sparganiaceae(黑三棱科);27. Potamogetonaceae(眼子菜科)

单一种类的植物孢粉不一定能准确反映古环境的特征,需要植物孢粉组合(植物群)甚至其动态组合加以证明。

1. 第四纪植物群气候组合

孢粉植物群的演化与分布受到气候波动、地理纬度位置、地貌的发展变化等自然环境的控制。我国大量第四纪孢粉的研究成果,提供了孢粉植物群分布的轮廓(图 14-9)。

1) 冰期植物群

一般把高纬冰盖前缘和高山冰川前缘无高大乔木的苔原植被作为冰期植物群,其主要成员有八瓣仙女木(*Drayas octopetala*)、矮桦(*Betula nana*)、北极柳(*Salix palasis*)等小灌木及林下对叶虎耳草(*Saxifraga oppositifoloia*)、灰藓(*Hypumexannulaotum*)等(图 14-10)。这个植物群在欧洲广泛存在于第四纪冰期地层中,我国尚未发现过仙女木与矮桦,现代植被的纬度带和高度带成分中也没有发现过这两种植物。

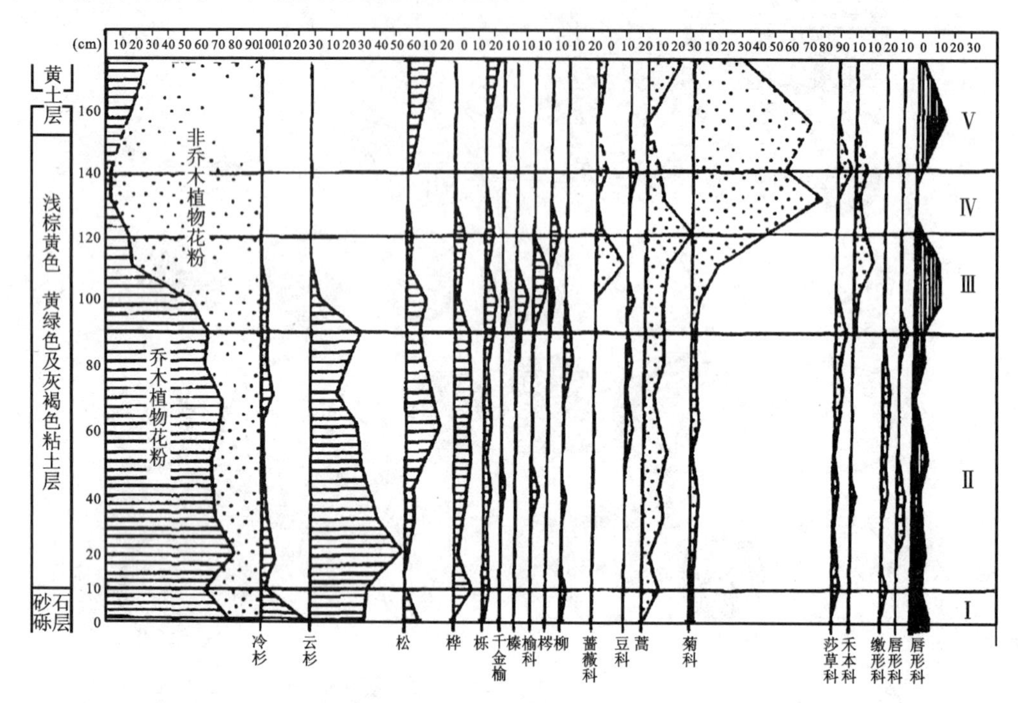

图 14-9 陕西渭南湭河晚更新世北庄村剖面孢粉图

(据中国棵许愿植物研究所,1966)

Ⅰ～Ⅴ为孢粉组合带

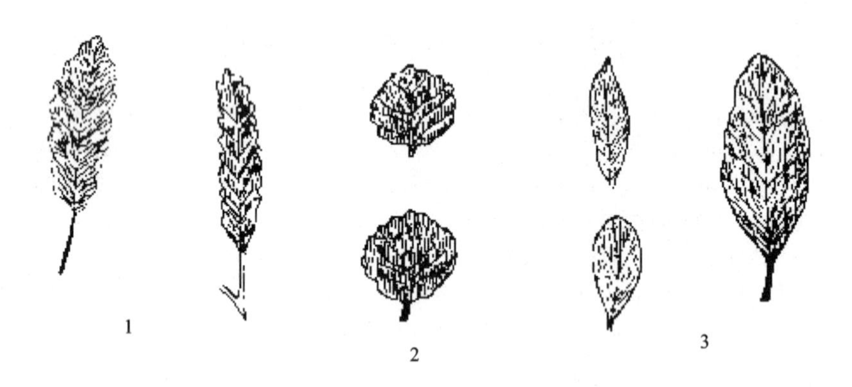

图 14-10 欧洲冰期植物群叶化石

(据 Покровскал,1957)

1. *Dryas octopelala*(八瓣仙女木);2. *Belula nana*(矮桦);3. *Salix palasis*(北极柳)

2) 暗针叶林组合

以云杉(*Picea* sp.)和冷杉(*Abies* sp.)为主的暗针叶林,现代生长在 N40°—70°欧亚大陆北部和高山海拔两三千米以上,前者为亚寒带环境,后者为森林生长上限,接近高山苔(冻)原。因此,在中纬或中低山丘陵、平原区,第四纪沉积物中发现含冷杉、云杉孢粉达 40%以上,就可

以推断当时寒冷气候带曾控制了该地区。如在浙江省庆元县海拔 1 700m 处现生长有 6 株长势不好的百山祖杉(*Ables beshanzuensis*),被视为第四纪冰期森林下降的残余活证据。陕西渭南涺河海拔 500m,北庄村晚更新世^{14}C 23ka B P 泥炭中,冷、云杉孢粉含最达 54%(图 14-9),是反映大理冰期严寒气候侵袭到丘陵平原区的证据。但是冷、云杉林的上限与高山冰雪带之间尚有 200～1 000m 的高差,在藏南现代冰川可延伸到林线以下,因此,暗针叶林孢粉组合还不能视为古冰川到达的直接证据,在亚寒带(区)甚至还不能作为寒冷气候标志使用。

2. 第四纪植物孢粉动态组合分析

在大多数情况下,第四纪沉积剖面中既没有明显的冰期植物化石,也没有冷、云杉含量大于 40%的孢粉组合层,在这种情况下可以用孢粉组合动态演替推断古气候变化。这一方法的前提是随着气候移动(上下方向或纬向)植被带平行迁移,在冷暖气候交替侵袭的地区,沉积剖面中孢粉植被组合记录了气候变化的过程(图 14-11)。冷期(或冰期)的组合特征是以比剖面所在地更高纬度(或高度)的植被型为中间层(冰川到达处孢粉很少,通常是冻原或于冷草原植被),上下依次对称出现比剖面中间层植被更低纬度(高度)的相似植被型;暖期(或间冰期)的组合特征是以比剖面所在地更低纬度(高度)的植被型为中间层(通常是常绿阔叶林组合或常绿阔叶与落叶阔叶林组合),上下依次对称出现比中间层植被型更高纬度(高度)的相似植被型。其相似程度可以用相似系数表示。图 14-11 表明不同的研究者对一个气候旋回的孢粉植被组合构成划分的边界是不同的,而且侵蚀和搬运与堆积情况因地而异,因此,孢粉动态组合的保存表现也有差异。

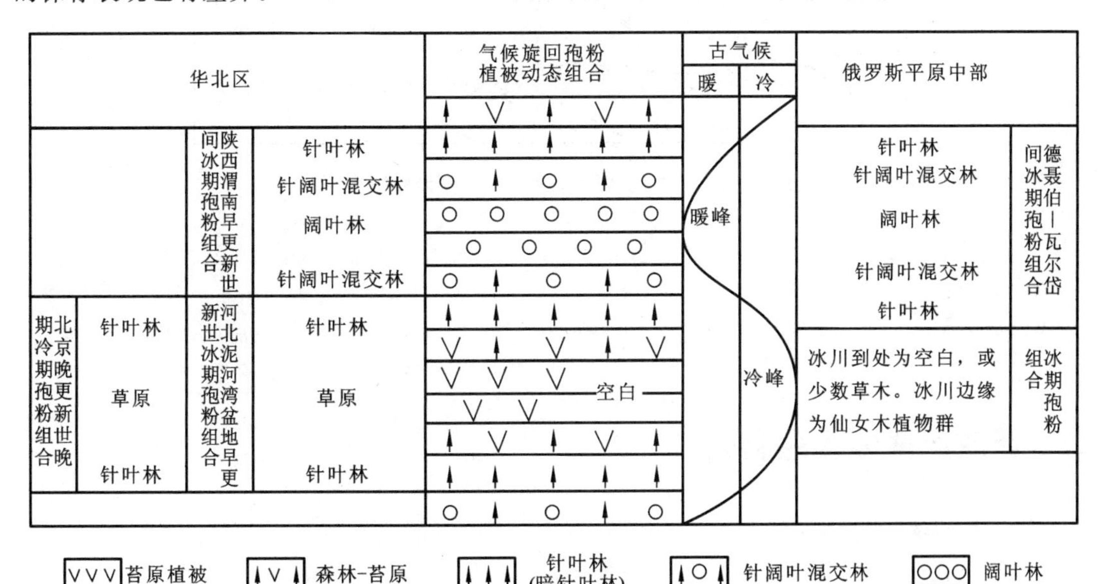

图 14-11 第四纪孢粉植被动态组合分析示意及其验证图

(据曹伯勋,1995)

利用孢粉化石演替推断古气候演变,还必须研究该区表土层孢粉组合与当地现代植被的关系,以此作为推断可信度参考。

第三节 第四纪软体动物和微体化石的气候与环境意义

第四纪期间，软体动物和微体动物分布广泛，类型繁杂，随着气候和地理环境的变迁，它们不断地发生变化。

一、第四纪软体动物化石

第四纪海陆软体动物除少数海盆（如波罗的海、里海和黑海）由于海水淡咸转化反映出有一定程度种属和个体变化外，一般演化很不明显，因此，除在少数情况下，具备丰富的化石和种属构成时，才有助于生物地层划分对比，更多情况用于气候与环境研究。

海生软体动物受水温（或纬度）控制，陆生软体动物对气温和湿度敏感，生态环境复杂多样（图 14-12），两者可利用种属统计直方图法为环境地层（或气候地层）划分提供依据（图 14-13）。

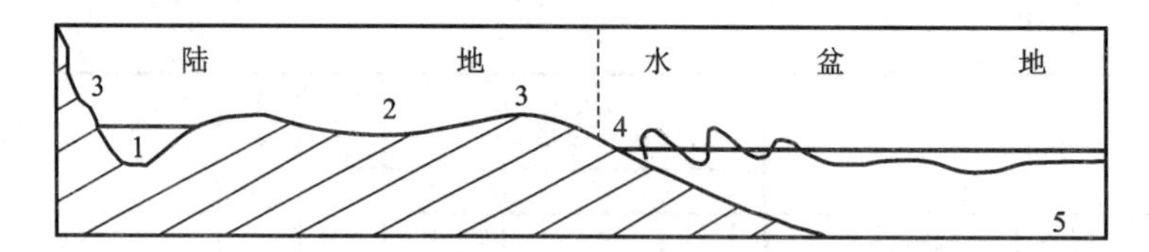

图 14-12　第四纪软体动物生态示意和种类举例图

（据曹伯勋，1995）

1、4. 河流和湖滨动水种类：大楔蚌（*Cuneopsis magimus*）、古丽蚌（*Lamprotula antiqua*）、对丽蚌（*Lamprotula odhner*）；2. 沼地种类：瓦蜗牛（*Vallonia* sp.）；3. 旱地种类：西口华蜗牛（*Cathaica shikouensis*）（喜冷）、汉山间齿螺（*Metodontia huaiensis*）（喜湿）、光滑琥珀螺（*Succinea snigdha*）（半干、半湿）、中国虹蛹螺（*Pupilla chihensis*）（广适性）；5. 湖泊静水环境种类：塘螺（*Limnaecus*）、平卷螺（*Planorbis*）

二、第四纪微体古生物化石

第四纪微体古生物包括有孔虫、介形虫、翼足类、超微化石和球石（*Coce-olithophorids*）等。第四纪有孔虫、介形类等微体古生物是半咸水中最重要的生物类群，对海平面变化非常敏感，是研究海平面升降乃至环境演化的良好载体。

1. 有孔虫

有孔虫是海生微体生物，从寒武纪至现在都有分布，第三纪达到全盛，第四纪和现代海洋中也很丰富。按生态有浮游有孔虫（抱球虫）、底栖有孔虫和海陆过渡区有孔虫；按水温环境分有冷水（或高纬）水域喜冷有孔虫和暖水（低纬、赤道）喜暖有孔虫。因此，有孔虫可以为海温与古海洋环境的研究提供重要资料。

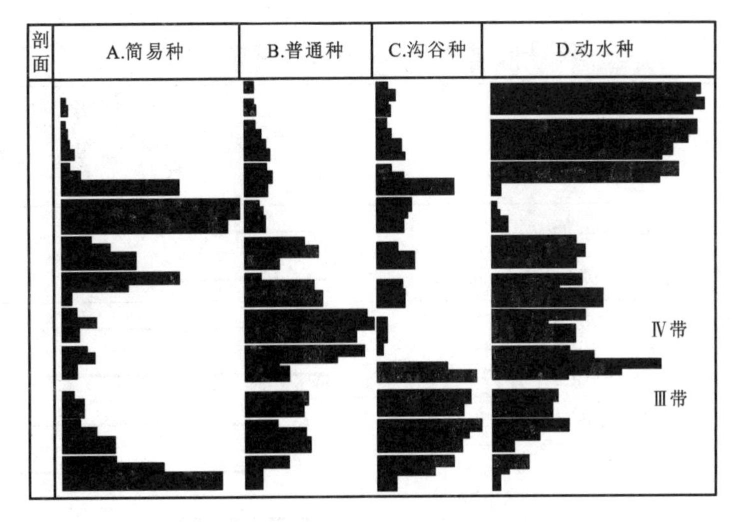

图 14-13 不同环境淡水软体动物直方图

（据 Sparks et al.，1959，删摘）

喜冷、喜暖代表性有孔虫见表 14-4，这些有孔虫壳旋方向（左旋示冷，右旋示暖）及其在大洋沉积层中的始见、绝灭或再现，对划分海洋第四纪地层和古海洋环境变化研究有重要的意义。底栖有孔虫与水深环境关系如表 14-5 所示。中国主要海陆过渡区半成水第四纪有孔虫主要有 6 类（表 14-6），这类有孔虫既见于河口区又见于陆地上第四纪海侵范围内残留古海沉积夹层中，其特征往往是种属贫乏，壳小而薄，变异加强，并与陆相介形虫和轮藻共生。

表 14-4 第四纪代表性窄温性有孔虫举例

喜冷型	喜暖型
饰带透明虫（*Hyalina balthica*） 后壁抱球虫（左旋壳）（*Globoguadrina pachyderma*） 结锥圆辐虫（*Globorolalia truncatulinoides*）	门氏圆球虫（右旋）（*Globorolalia menardii*） 星轮虫（*Asterorolalia*） 双盖虫（*Amphislegina*） 红拟抱球虫（*Gloigierinoides rubra*）

注：据曹伯勋，1995。

表 14-5 底栖有孔虫深度分带表

深度（m）	有孔虫组合		有孔虫种数	优势度[①]（%）
潮间带	*Miliammina*	斜栗虫组合	7	59
＜3.6	*Ammobaculite*	砂杆虫组合	13	54
	Elphidium	希望虫组合	14	
3.6～18.3	*Ammonia*	卷转虫带	35	38
	Buliminella	微泡虫带	37	
18.3～55	*Nonionella*	小诺宁虫带	49	28
	Rosalina-Hanzawia	玫瑰虫-半泽虫带	53	23
55～183	*Cassidulina*	盔形虫带	69	12
183～549	*Bolivina*	箭头虫带	63	16
＞549	*Bulimina*	小泡虫带	50	14

注：据 Walton，1964；①优势度：指个体最多的一个种在组合中所占的比例。

表 14-6 主要半咸水有孔虫的咸度分布表

类别	种名	咸度(%) 5 18 30 40 50
1	褐色砂栗虫(*Miliammina fusca*)	
2	梯斯布利诺宁虫(*Nonion tish buryensis*)	
2	深凹诺宁虫(*Nonion depressulum*)	
3	英国先希望虫(*Protelphidium anglicum*)	
3	冈脱希望虫("*Elphidium*" *gunteri*)	
3	易变希望虫("*Elphidium*" *incertum*)	
4	咸水砂质虫(*Ammotium salsum*)	
5	隆凸砂轮虫(*Trochammina inflata*)	
5	多口雅得虫(*Jadammina polystom*)	
5	卡纳利拟单栏虫(*Haplophragmoides canariesis*)	
6	华克卷转虫(*Ammomia beccarii*)	

注:据曹伯勋,1995。1.低盐沼地、河口;2.河口;3.潟湖;4.半咸水及残留海;5.沼泽;6.半咸水与近岸。

2. 介形虫

介形虫是水生微体甲壳动物,生活在现代与古代各种类型海陆水域,但不能生活在冰雪及干土中。不同环境中的介形虫及其代表举例如图 14-14 所示。

有孔虫、介形虫和其他微体古生物化石常常组成环境分析的综合指标。

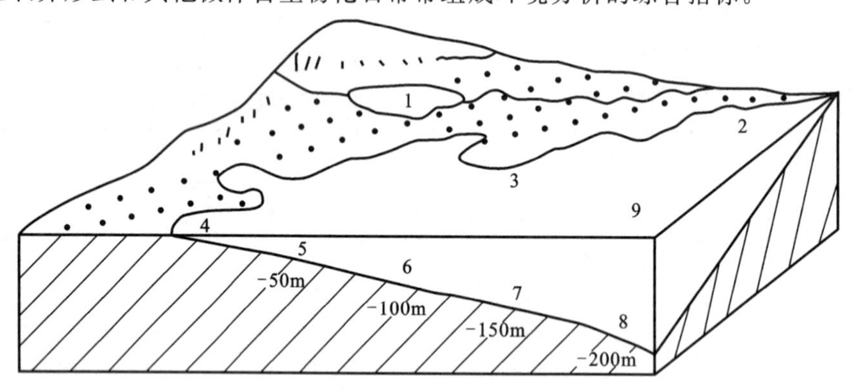

图 14-14 介形虫生态环境示意图

(据侯佑堂,1977)

陆地和过渡带:1.淡水湖:土星介(*Ilyocypris*),玻璃介(*Candona*);2.河口淡水及半咸水:女星介(*Cypridea*);3.半咸水湖:正星介(*Cypridis*),柏神介(*Cytherissa*),丽神介(*Cytheridta*)。海域:4.水深 0~-20m:光面介(*Albileris*);5.水深-20~-50m:多肢介(*Polycape*),丽花介(*Cytherides*);6.水深-50~-100m:克瑞介(*Krithe*),艳神介(*Cythereiv*);7.水深-10~150m:巨星介(*Macrocypris*)、小女神介(*Cytherella*);8.水深>200m:海神介(*Bytucythere*);9.浮游介形虫:凹花介(*Cypridina*),夏壁介(*Conchagciu*)

第四节 古人类与古文化期

人类的发展经历了“早期猿人→晚期猿人→早期智人(古人)→晚期智人(新人)→现代人”的演变过程,早期猿人、晚期猿人、古人和新人持续创造了旧石器时代的文化,现代人则与中石器时代①、新石器时代的文化密不可分。

一、古人类发展阶段与文化期

1. 人类的起源与演化

人类是从猿类发展演化而来(图 14-15),从猿到人经过了一个漫长而复杂的进化过程,至今也只是对这一过程有粗略的了解。人的出现是从类人猿能直立行走开始,促进了手脚分化,学会制造工具,大脑日益发达,智慧逐渐丰富,终于在与自然斗争和劳动中发展成现代人类。现代分子生物学的研究表明,人和猩猩的血型、血浆蛋白和染色体数相似,很可能是从同一祖先平行演化的结果。大约在 8～1.4Ma 万年间,地球上动植物多样性的亚热带、热带森林中生活着以素食为主的森林古猿,称为腊玛古猿类(*Ramapithecus*),在印度、非洲和中国都发现过这一类化石,如 1978 年在云南禄丰发掘到禄丰腊玛古猿和西瓦猿头骨及大量牙齿化石。古猿与古人类化石的区别是猿齿排列成“U”形,有巨大犬齿,犬齿高出其他牙齿,闭口时上下犬齿交错,上犬齿在后。上新世地球气候变凉趋势的发展,使森林面积缩小,迫使部分古猿从树上下至地面生活,从而促进了它们的发展。大约在距今 300 多万年时,非洲出现了南方古猿(*Australopithecus*),南方古猿的髋骨结构具有能直立行走的特征,犬齿小而不高出其他牙齿,人类学家据此把南方古猿划入灵长类的人科(*Famly*, *Hominoidae*)。南方古猿始于何时尚有争论,吴新智院士根据怀特(1994)和米芙利基(1995)分别

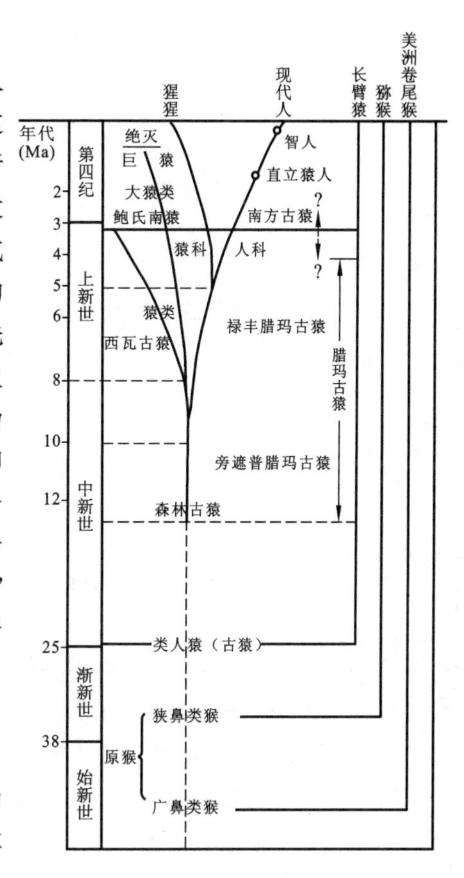

图 14-15 人类发展谱系图

(据李宝国,1994,补充)

① 关于中石器时代有一种意见认为不是一个独立的文化期,可并入新石器时代。

报道的南方古猿始祖种(*Australopithecus ramidus*)和湖畔种(*A. anamensis*),认同将人类的历史记录应延长到440Ma。但不是所有南方古猿都演化成人类,只有身高1.2～1.3m,脑量约450mL的纤细型南方古猿阿法种(*Australopithecus farensis*)才演化成人类,而粗壮南方古猿鲍氏种(如“东非人”)则未演化成人类。中国南方第四纪身高2m多的巨猿(*Gigantopithecus*)是粗壮古猿的一个旁支,在更新世中期绝灭。现在世界许多地方传说的“巨人”和“雪人”是否为足粗壮型古猿的孑遗,因到目前为止尚无直接证据,还是一个待解之谜。带有颊齿的人类颚骨化石,是鉴定古人类最重要的材料。

2. 古文化期

古文化期是根据古人类制造、使用的工具和文化特征划分的(表14-7、表14-8),古人类使用的工具有石器、陶器、青铜器和铁器等,本书主要讲石器时代。其中,原始人使用的工具、村社遗址、用火痕迹等称为文化遗存。

表 14-7 古人类发展阶段与古文化期表

<table>
<tr><th>年代
(ka B P)</th><th>地质时代</th><th colspan="2">古人类发展阶段
(ka B P)</th><th colspan="2">古文化期
(ka B P)</th><th>欧洲文化期</th></tr>
<tr><td>3</td><td rowspan="3">全新世(Qh)</td><td colspan="2" rowspan="3">现代人</td><td colspan="2">新石器时代</td><td rowspan="2"></td></tr>
<tr><td>6</td><td colspan="2">中石器时代</td></tr>
<tr><td>8</td><td rowspan="4">旧石器时代</td><td rowspan="2">晚</td><td rowspan="2">马格达林期
梭鲁特期
欧利纳期</td></tr>
<tr><td>10</td><td>晚更新世(Qp^3)</td><td rowspan="2">智人(真人)</td><td>晚期智人
(新人)</td></tr>
<tr><td>130</td><td>中更新世(Qp^2)</td><td>早期智人
(古人)</td><td>50
中
300</td><td>莫斯提期
阿舍利期</td></tr>
<tr><td>730

2 400</td><td>早更新世(Qp^1)</td><td>猿人</td><td>晚期猿人
早期猿人
(南方古猿)
3 000?</td><td>早
3 000?</td><td>舍利期
前舍利期</td></tr>
</table>

石器是古人类制造和使用的石质工具,是漫长的石器时代古人类用的主要工具。石器有人工打击和磨制痕迹,如贝壳纹、裂纹等。石器制造有打击法和磨制法,打击法有直接打击,即用石块砸击、碰击、锤击另一石块而成,间接打击法是用木棒压在石块上,用石锤打击木棒,从石料上剥下石片而成。磨制法是把粗糙加工的石器在砂石上磨制而成,这种石器一般较小而较精致。石器按用途分为用于剥离兽皮用的刃状刮削器,用于砍、切和砸击物体的砍砸器、尖状器,用于投掷的石球石核,以及万能工具石斧等。石器的发展趋势是从加工粗糙→加工精细,从一器多用→分工使用,从打制→磨制。

含有石器、陶器和村社遗址等(文化遗存)的沉积层称文化层,与一定的地区文化遗存特征相应的时代称文化期。石器时代按石器的演变分为旧石器时代(包括 Qp^1、Qp^2、Qp^3)、中石器

时代(距今 80～10ka)和新石器时代(距今 300～80ka)。旧石器时代占第四纪 99%的时间,又进一步分早、中、晚期。中石器时代和新石器时代属全新世,艾伦·布朗(Allen Brown,1892)首先提出单独划分中石器时代的概念后,直到 20 世纪 30 年代在布基(Burkitt)、克拉克(Clark)的倡导下,“中石器时代”才逐渐被接受。

表 14-8 中国古人类及古文化期表

年代 (ka B P)	地质时代		石器时代 (ka B P)		古文化期及古人类	古人类阶段
3	Qh		历史时期		殷墟文化	现代人
			新石器		仰韶文化 半坡人及其文化	
6			中石器		扎赉诺尔人及其文化	
10	Qp^{3}	$Qp^{3\text{-}2}$	旧石器时代	晚	小南海文化 山顶洞人及其文化 峙峪文化 河套人及其文化 资阳人 柳江人	晚期智人
50		$Qp^{3\text{-}1}$		50 中	许家窑人及其文化 丁村人及其文化 长阳人及其文化 马坝人及其文化 大荔人	早期智人
130	Qp^{2}	$Qp^{2\text{-}2}$				
300		$Qp^{2\text{-}1}$		300 早	和县猿人 北京猿人及其文化 匼河文化 蓝田猿人	晚期猿人
730	Qp^{1}			1 000	元谋人 西侯度文化 小长梁文化	早期猿人
2 400						

二、人类发展阶段及其文化特征

1. 早期猿人(南方古猿)阶段及其文化特征

早期猿人是 3 000～1 500Ma 间的古人类,具有能直立的结构,脑量 450cc,高 1.2～1.3m,为纤细种,体重 20kg。1974 年,美国科学家唐纳德·约翰逊等在埃塞发现了“Lucy”,遗骸化石具有大约 40%完整性,属于南方古猿阿法种,被看作是人类起源研究领域里程碑式的发现。

代表性的有非洲肯尼亚卡特勒湖岸的“1470”号人头骨(2.8Ma)、坦桑尼亚奥都维河谷的“东非能人”(1.8Ma)和“莱托和尔人(3Ma)”等。在肯尼亚含这一时期人类头骨的火山灰层中,发现一些砾石砸击成的原始石器,这是迄今所知人类最早砸制的石器。

中国这一时期的古人类化石是在云南发现的 1 700ka B P 的“元谋人”左右上内门齿各一枚(钱方等,1965)。旧石器时代早期文化,以河北阳原县官亭 2 500ka B P 的小长梁文化期的 222 件石器和山西芮城 1 800ka B P 的西侯度 32 件石器为代表。

2. 晚期猿人(猿人)阶段及其文化特征

晚期猿人是 1 500—300ka B P 间古人类,称直立猿人,学会了用火,主要代表有印度尼西亚的爪哇猿人(*Pithecanthropus*)、中国猿人(*Sinanthropus pekinesis*)、蓝田猿人(*Sinathropus Lantianensis*)等。

1927 年裴文中在北京周口店龙骨山第一地点(猿人洞)发掘中,发现第一个完整的中国猿人头盖骨化石[图 14-16(a)、(b)、(c)],以后经过多年的发掘,在第一地点共发掘出 40 多个不同年龄和性别部分个体的化石,多层灰烬层与烧骨和烧砾,丰富多样的伴生哺乳动物化石,以及数以万计的石器。中国猿人头盖骨低平,眉骨突起并与鼻腔之上连接在一起,下颚和牙齿粗壮,牙齿排列近马蹄形,颌骨后缩,这些具有猿的性质。中国猿人脑量为 1 075～1 088mL,大于爪哇猿人(850mL)比现代人稍低(1 345mL)。手足高度分化,完全直立行走。会用火烧食物,能制造大量工具,这些都具有人的特点。据吴汝康等研究,中国猿人身高约 1.5m,二三十人一群,以洞穴为家,具有猿的头部和人体特征的原始古人类。中国猿人的发现完全确立了猿人在从猿进化到人的过程中的过渡地位,这一迄今最完备齐全的发现和最深入的研究,使周口店龙骨山第一地点成为联合国和中国的重点文物保护地,但可惜的是第一个中国猿人头盖化石下落至今不明。

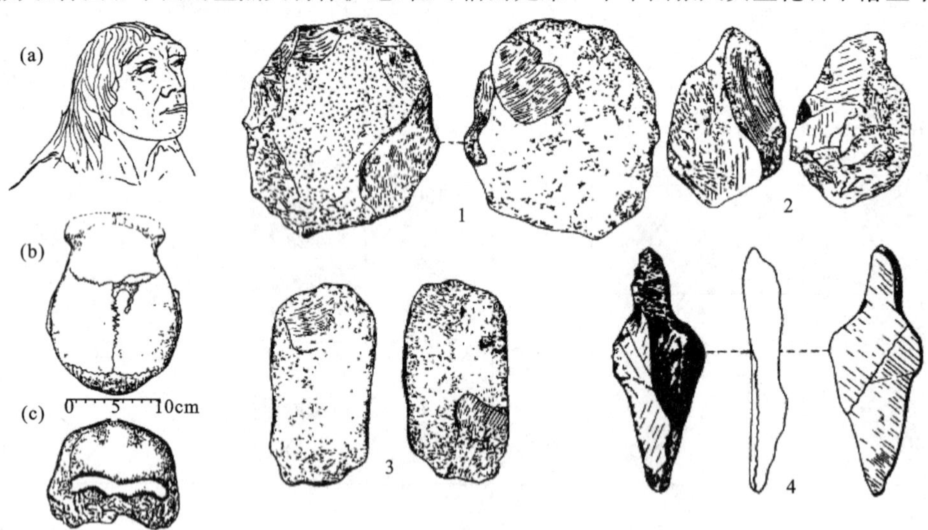

图 14-16 中国猿人及其文化图

(a)女性复原图(引自杜恒俭等,1981);(b)化石俯视(引自杜恒俭等,1981);
(c)化石正面视(引自吴汝康,1977)。
1. 扁圆砾石石器,×1/3;2. 有第二次加工痕迹的烤石石器,×1/2;3. 长形砾石石器,×1/3;
4. 似箭头状石器,×1/2。1、2、3、4 据裴文中,1929

晚期猿人文化属于旧石器时早期的后阶段文化，中国以中国猿人文化为代表。第一地点制造石器的石英、燧石和砂岩大都取自当地河床砾石(图 14-16 中的 1、2、3、4)，大部分为第一次加工，少数有第二次加工修整痕迹，以砸击制造为主，石器形状有一定的分化。灰烬层有灰色、黑色和红色，质地疏轻，烧骨和烧石表明中国猿人将火用于烧食物和御寒，是人类文明进步的一大标志。

3. 智人阶段及其文化特征

智人是 300～10ka B P 间古人类，这时的人类脑量已达到现代人水平(真人)，有比猿人更高的智慧。分早、晚两个阶段。

1) 早期智人(古人)(*Homo sapiens*)

早期智人是 300—50(或 70)ka B P 间古人类。国外代表是尼安德特人(*Homo neanderthalensis*)，世界各地发现甚多。中国这一阶段发现的古人类有陕西的大荔人、广东的马坝人、湖北的长阳人、山西的丁村人等，其中大荔人和马坝人是从晚期猿人往智人过渡的重要代表。这个阶段古人的类猿特征已不显著，脑量达到现代人水平，眉骨不太突出，脑顶骨突起，牙齿比较粗壮。此时的人类不仅会用火，而且会取火、保存火种和用兽皮缝制衣服。

早期智人相应的文化属于旧石器时代中期文化，第二次加工的石器大量出现，分化明显，出现尖状器、刮削器等。中国以山西襄汾丁村文化、华北地区的河套文化为代表。

2) 晚期智人(新人)

晚期智人是 50—10ka B P 间人类。这个时期人类的地区差异已显露出来，如欧洲的克鲁玛农人(*Homo Gro-magnon*)与欧洲白种人特征接近，中国的山顶洞人则具有黄种人特征，南非新人与非洲黑人相似。猿的特征基本消失，接近于现代人男高 1.74m，女高 1.59m。

晚期智人文化属于旧石器时代晚期文化，其特点是小型石器多，出现了骨器(图 14-17)，并出现了装饰品，石器多为磨制而成，骨器和石器出现穿孔现象。晚期智人具有一定的艺术能力，世界各地发现的大量洞穴壁画大都属于新人的杰作；会缝制兽皮作衣，出现了装饰品和葬礼。

现代各洲人种从何而来？迁移说认为是从非洲起源然后迁往各地。系统说则认为世界各地人种是从多地区起源的，没有远距离扩散，当地的现代人种是由当地较古的人类(新人、古人乃至直立猿人)直接演化而来。

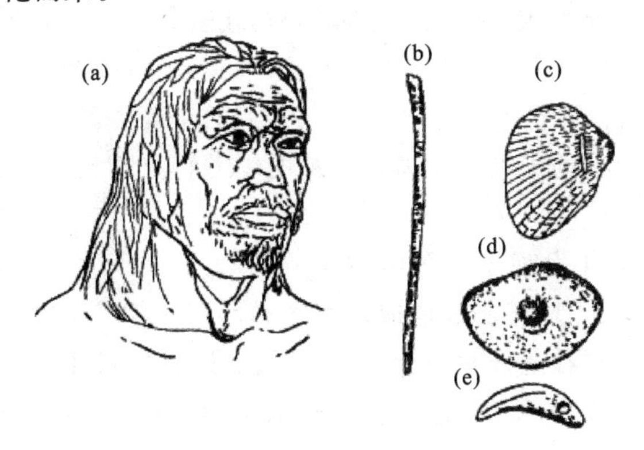

图 14-17 山顶洞人及其文化图

(引自吴汝康，1980)

(a)山顶洞人复原像；(b)骨针；(c)穿孔贝壳；(b)穿孔砾石；(e)穿孔动物牙齿

4. 中石器时代和新石器时代文化

1）中石器时代文化①

中石器时代约10—8ka B P。中国以东北区满洲里的“扎赉诺尔文化”为代表，石器细小，出现箭镞状石器。除东北区外，沿长城一线和在喜马拉雅山麓都有发现。

2）新石器时代文化

新石器时代的标志是出现了陶器和原始农业，种植谷物和饲养家畜，其时间为8～3ka B P，3ka B P以后属于历史时期。中国新石器时代遗址遍及全国各地，数以千计，遗存内容比旧石器时代丰富，且复杂多样，文化分期因地而异(表14-9)，各地文化发展的特殊性和不平衡性也越来越明显。以下以黄河中游为例。

表14-9 黄河、长江流域新石器文化年代简表

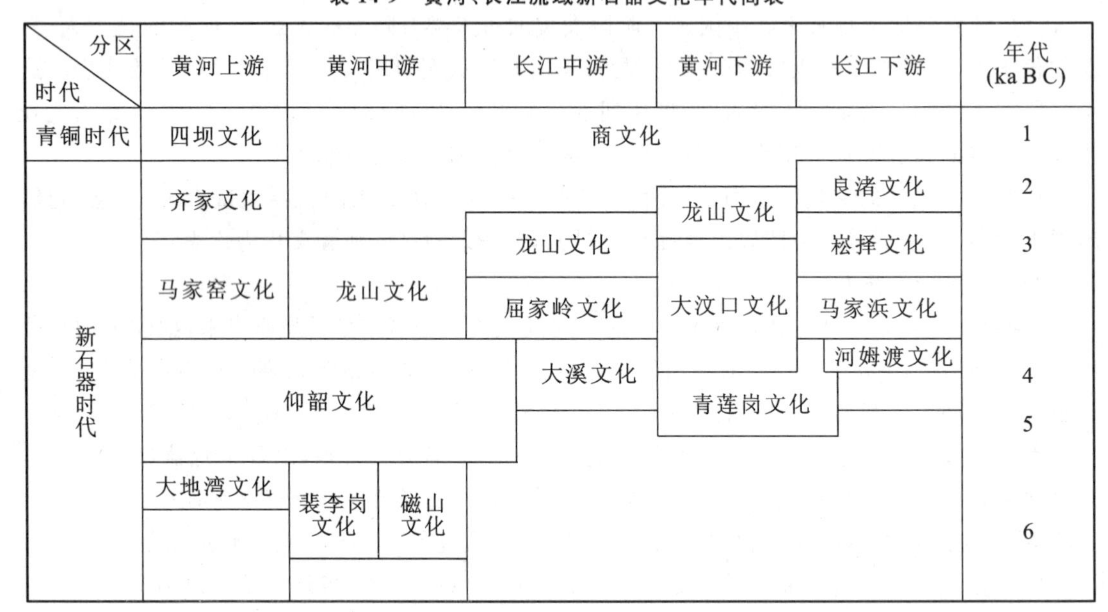

时代 \ 分区	黄河上游	黄河中游	长江中游	黄河下游	长江下游	年代 (ka B C)
青铜时代	四坝文化	商文化				1
新石器时代	齐家文化				良渚文化	2
			龙山文化	龙山文化	崧泽文化	3
	马家窑文化	龙山文化	屈家岭文化	大汶口文化	马家浜文化	
	仰韶文化		大溪文化		河姆渡文化	4
				青莲岗文化		5
	大地湾文化	裴李岗文化、磁山文化				6

注：据安志敏，1984。

(1) 仰韶文化。1921年发现于河南绳池仰韶村，代表黄河中游地区5 000～3 000a B C文化。以磨制的石斧、石铲和打制的石刀为主要工具，手制红色陶器上绘有黑色或红色花纹，称为彩陶，以尖底瓶为特征。陶器不但是这一时期人们的主要生活用具，也是艺术水平的代表物。根据比仰韶文化更早些的半坡文化遗址村社的埋葬特点分析，半坡到仰韶文化期间属于母系社会阶段。

(2) 龙山文化。1928年发现于山东历城龙山镇，为3～2ka B C间分布在黄河下游的文化。仍以磨制石器为主要工具，轮制黑色或灰色陶器带有“绳纹”或“方格纹”，称绳陶。原始农牧业比仰韶文化发达。从村社遗址和埋葬制度分析已进入“父系社会”。

中国是一个古人类化石和古文化遗存丰富的国家，有条件在人类及其文化形成发展的研究中作出更大的贡献。

① 关于中石器时代有一种意见认为不是一个独立的文化期，可并入新石器时代。

第五节 中国第四纪生物地理区

第四纪生物地理区是第四纪气候、地壳运动及由两者引起的环境变化对生物界综合影响的结果。第四纪全球生物地理区主要分北方大陆大区和南方大陆大区。北方大陆大区与现代动物全北界和植物的泛北极区一致，是由围绕北极地区的一大片连续地区构成，生态环境较单调，从北往南主要为苔原、北方针叶林、温带落叶阔叶林和草原，相应的动物群为苔原型、温带森林草原型，呈现明显的气候-生物纬向分带。但强烈上升区和大陆中心地区发生了区域变异。南方大陆大区包括动物区系中的热带界、新热带界、东洋界、澳洲界和植物区系的亚热带与热带分布区，南方大陆大区由于有海洋隔离，与北方大陆大区相比，生物的区域差异大于纬向分带，动、植物远比北方大陆大区丰富多样。由于动植物的多样性为人类形成发展提供了物质条件，但是现代生态环境的严重破坏，也会制约人类社会的发展。

中国地处北半球东南部，第四纪生物地理区的形成和发展除受全球因素影响外，青藏高原的强烈上升和秦岭-大别山地的隆起，对中国第四纪生物地理区的形成发展起着重要的作用。

根据中国大陆及邻近海域第四纪生物群形成发展与环境变化，把中国第四纪生物地理区分为北方生物地理区和南方生物地理区，根据每个生物地理区生物群形成发展的差异，又分若干生物地理省（图 14-18）。

一、中国北方生物地理区

中国北方生物地理区属于全球北方大陆大区一部分，位于古北界和泛北极区系南部。进一步又分 5 个生物地理省，各省特征简述如下。

1. 华北省（I_1）

华北省包括黄土高原和华北平原，是中国黄土主要堆积区。第四纪哺乳动物是由上新世森林草原型三趾马动物群演化而来，早更新世泥河湾动物群和中更新世周口店动物群以奇蹄类、偶蹄类、肉食类、长鼻类和啮齿类为主，属森林草原型，肿骨鹿是这个省特有的标志动物。到晚更新世随气候干冷趋势加强，黄土堆积扩大，温带草原动物和小型啮齿动物占据主要地位。喜干旱型软体动物 *Cathaica* 属遍布全省。第四纪初，本省已形成以栎、榆和鹅耳枥等为主的温带落叶阔叶林，其中混生少数亚热孑遗种类，如山核桃、山毛榉等。在冷暖气候波动过程中，冷期，本省大型动物趋于单调，但野马可南迁到澎湖，披毛犀游移到华北。针叶树数量增多，山地暗针叶林下降到河谷平原，草原扩大，孑遗种属减少。暖期，大型多样的华南亚热带动物移入本省，亚热带树种如山核桃、枫香和滚树等在本省能适应生长，喜湿型早生软体动物 *Metodonta* 属遍及全区。在多次冷暖气候波动影响之后，亚热带植物孑遗种类越来越少，喜暖和喜冷典型动物，前者如貘和印度象、后者如燕山尖齿鼠等都退出本区。本省有北方早、中、晚

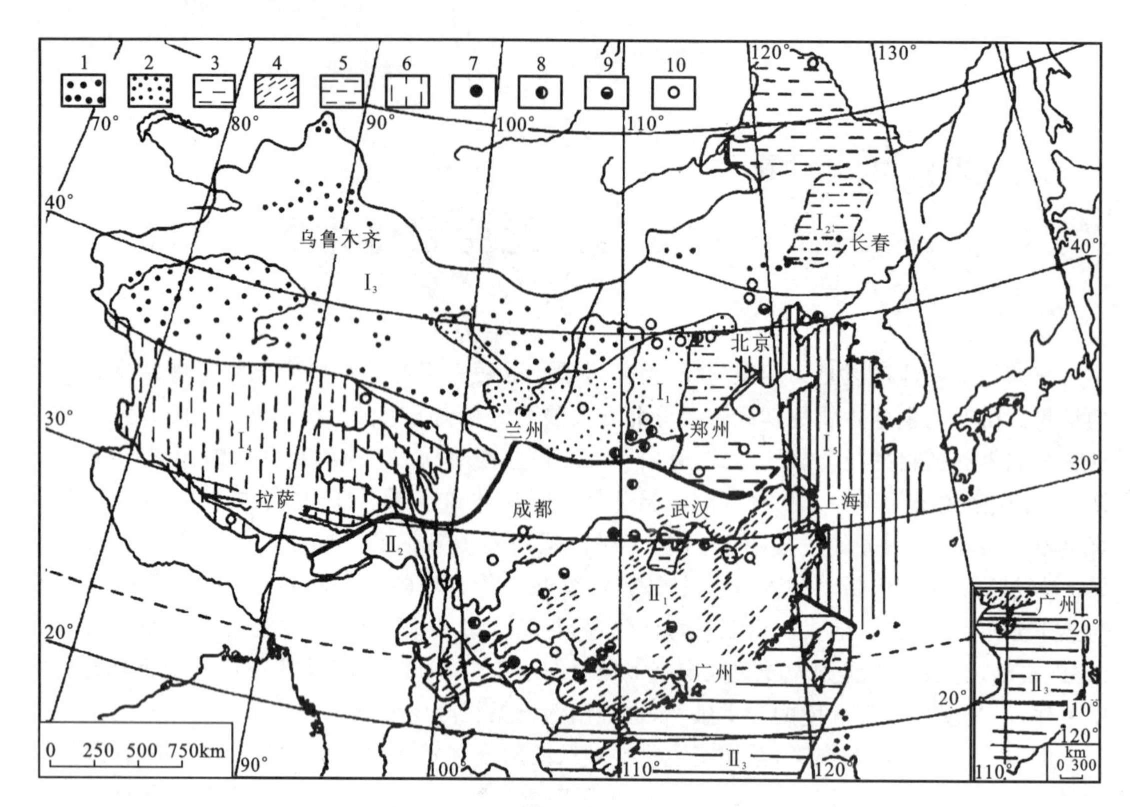

图 14-18 中国第四纪生物地理分区图

（据曹伯勋，1989）

北方区：Ⅰ1.华北省，Ⅰ2.东北省，Ⅰ3.西北省，Ⅰ4.青藏省，Ⅰ5.北部海域省；Ⅱ1.华南省，Ⅱ2.横断山省，Ⅱ3.南方海域省。1.沙漠；2.黄土；3.冲积层；4.红土；5.纬度冻土；6.高原冻土；7.古猿；8.猿人；9.古人；10.新人

更新世标准的哺乳动物群产地多处。

2. 东北省（Ⅰ2）

东北省包括东北三省和内蒙古自治区东部。大兴安岭北有纬度冻土，中部和南部为冲积平原。本省第四纪哺乳动物化石记录比华北省少得多，但从各地发现的中更新世化石，如大量梅氏犀、葛氏斑鹿和中国鬣狗分析，该省早、中更新世动物群与华北省有联系。到晚更新世，西伯利亚的苔原猛犸象-披毛犀移入本省，猛犸象大量生活在 N43°的苔原连续冰土带，少量猛犸象和披毛犀则活动在 N43°以南岛状冻土带内，少数披毛犀更往南游移。第四纪初期，本省已生长温带落叶阔叶林，晚更新世受来自西伯利亚寒流侵袭，植被除沿海地带外。一度以干冷草原植被为主。全新世从沿海到内蒙古东部以桦为主的混交林一度发育为以桦为主的针阔叶混交林，沼泽泥炭沉积和黑土分布为全国之冠。

3. 西北省（Ⅰ3）

西北省包括青海和新疆，是中国沙漠分布的主要地区。西北省由于远离海洋，第四纪继承新近纪气候，干燥化趋势进一步发展，再加上新构造强烈的差异运动，形成载雪高山与封闭盆地对峙，这些对本省生物发展不利。本省发现的第四纪哺乳动物化石比东北省还少，但据从准噶尔盆地、甘肃兰州和乌鲁木齐等地分别找到的中国鬣狗、野马、三门马和披毛犀等化石分析，本省与华北省仍有联系，但气候干、沙漠多和地形崎岖封闭，这些环境条件限制了本省哺乳动

物的种群和数量的发展，而封闭湖盆中含有较古老的广盐种介形虫。本省早、中更新世尚有些森林植被生于低地，到晚更新世约距今六七万年时，随着塔克拉玛干沙漠的稳定扩大，荒漠植被大大发展。但在山地除其基带为荒漠植被外，由于山地往上降水量增加而发育山地针叶林。

4. 青藏省(Ⅰ$_4$)

青藏省包括喜马拉雅山以北和青海格尔木以南地区，平均海拔大于 4 500m，发育有 150×10^4 km^2 高原冻土，是世界上著名的高寒高原。本省在新近纪时为海拔 1 000 多米高的平原，与其以东地形高差比今日小得多，其上生长有亚热带植被，南部生活着含有印度次大陆成分的三趾马动物群。中更新世初高原隆升到 2 000m 左右，尚未大量隔绝来自南部印度洋的暖湿气流，发育了中国境内规模最大的聂聂雄拉冰期山地冰川，可能是因这次大规模冰川的发育和地形抬升较高较快，所以即使在冰川之后温暖的加布拉间冰期，红土沉积物中，也很少找到哺乳动物化石，这个问题仍有待研究。但从高原几处找到的晚更新世化石和现存的一些动物来看，本省仍属古北界，但由于隆升和气候干冷化，一方面抑制了生物种、群和数量发展，同时出现适应环境变化的特殊种类，如牦牛、藏羚羊、藏狐和两栖类高山蛙等。本省植被进入第四纪以来每况愈下，早、中更新世尚有不多的针阔叶混交林，晚更新世以来随着高原强烈隆升和气候干冷化加强，广大高原区主要发育灌丛和草甸植被，针叶林仅存于某些河谷地带。

5. 北部海域省(Ⅰ$_5$)

北部海域省包括台湾以北古渤海、古黄海和古东海及沿岸第四纪海侵区。古渤海与古黄海水域第四纪以来发生多次海侵，随海侵多次出现，以各种卷轴虫(暖水卷轴虫丰度最高)、星轮虫、假轮虫等组成的温带“古渤海有孔虫群”种数近百种。南部古东海水域，有孔虫群总数比北部多 1 倍，除含北部种类外，还有丰富的滨海-浅海和较多深水种类，如小泡虫、葡萄虫及少量浮游有孔虫(如圆辐虫)，暖水科有孔虫比北部也多(林景星，1981)。浅水海生双壳类在北部以北温带水域广泛分布的 *Potamocorbula* 组占优势，在南部则以南北方混合型 *Paphia* (*parotapes*) *undulata*-*Timoclea* 组合为主，河口区牡蛎繁生，有时组成贝壳堤(黄宝仁，1985)。

二、中国南方生物地理区

中国南方生物地理区，属于全球南方大陆大区的一部分，位于东洋界北缘，是中国第四纪红土主要分布区。上新世这一地区的三趾马动物群含有与印巴次大陆同类相似的动物，带有东洋界的特点。本区分 3 个生物地理省。

1. 华南省(Ⅱ$_1$)

华南省包括秦岭-大别山以南的华中、华东、广西和云贵高原。华南最早的第四纪哺乳动物群是元谋动物群，含相当多的曾生活在北方上新世的动物，如湖麂等小型草原种类，但也有一定数量东洋界成员，如豪猪、小灵猫、猎豹、水鹿和褐牛等，这表明北方上新世末气候开始先变凉时，有些动物迁到了本省，但这时中国南北动物群分化尚不很明显。华南省的大熊猫-剑齿象动物群是亚热带东洋界动物群，往东一直延伸到台湾、日本和菲律宾。这个动物群从早更新世延续到晚更新世，但其主要成员(大熊猫、巨貘)的个体和伴生动物随时代而有变化。在中更新世(约 0.5～0.3Ma)中国东部气候最暖时，这个动物群中的主要分子大熊猫迁移到了 N40°左右的周口店，表明南、北方两个性质不同的动物群有一定程度的交流。到晚更新世时整个中国受到寒冷气候侵袭时，大熊猫-剑齿象动物群分布区缩小，主要成员的个体增大，这反映出本省相对稳定的亚热带气候受全球和区域气候变化影响，仍有一定程度的冷暖波动。现代中国境内大熊猫仅残存在川陕边境的有限山区，象只生活在西双版纳，貘则迁往更南的赤道附近，这与更新世中、晚期相比，变化仍引人注目。华南省从上新世以来形成的亚热带、热带植物群，第四纪以来没有重大变化：长江流域为亚热带常绿阔叶林或与落叶阔叶林组成的混交林，南宁—广州一线以北为亚热常绿阔叶林，以南为热带、亚热带常绿阔叶林，海南岛与南海诸岛为热带雨林。但在第四纪末次冰期时，云贵、华中和华南山地植被带中的北温带针叶树种比例有所增加，甚至云贵高原的一些河谷盆地出现纯针叶林（冷、云杉林），即使地处西南的元谋盆地的早更新世亚热带、热带雨林孢粉组合（棕榈、野木爪、桑、姚金娘科、卫矛科等）中，山地针叶林树种含量也有比例增高阶段。本省是中国发现灵长类化石最多的地区，从腊玛古猿到晚期智人都有发现，因此，有人推测中国云南—印度北部之间的地带可能是人类发源地之一。

2. 横断山省（$Ⅱ_2$）

横断山省包括横断山南北纵向谷地带与西藏林芝以东及亚东地区。本省虽山高谷深，但长期受循谷北上海洋季雨之患，第三纪以来的热带植物群无大变化。由于青藏高原隆升影响植被的垂直分带明显，尤以喜马拉雅山南坡为最清楚（表 14-10）。沿谷北上，越往北地形越高，动植物中的古北界种类所占比例越大。本省由于地貌和气候条件特殊，成为中国境内珍稀动植物的庇护所和宝库，一些古老种属如银杏、杜仲、金钱松和元患子科在寒冷气候侵袭中国时，它们隐匿于此，暖期又从这里繁衍开去，珍稀动物小熊猫、金丝猴、长臂猿和懒猴等东洋界珍稀动物栖息于此。本省与西藏南部木材蓄积量居全国之冠。

表 14-10　喜马拉雅山珠穆朗玛峰南北坡垂直自然带表

南坡	北坡
海拔 5 500m 以上高山冰雪带	
海拔 5 500～5 200m 高山寒冻冰碛地衣带	
海拔 5 200～4 700m 高山寒冻草甸垫状植被带	海拔 6 000m 以上高山冰雪带
海拔 4 700～3 900m 亚高山寒带草灌丛草甸带	海拔 6 000～5 600m 高山寒冻冰碛地衣带
海拔 3 900～3 100m 寒温带针叶林带	海拔 5 600～5 000m 高山寒冻草甸垫状植被带
海拔 3 100～2 500m 山地温暖带针阔叶林混交林带	海拔 5 000～4 000m 高原寒冷半干旱草原带
海拔 2 500～1 600m 山地亚热带常绿阔叶林带	
海拔 1 600m 以下低山热带季雨林带	

注：引自中山大学等，1979。

3. 南部海域省（$Ⅱ_3$）

南部为古南海，包括台湾以南广大水域。第四纪发育亚热带、热带滨海-浅海的珊瑚、有孔虫和瓣腮类生物群，古南海有孔虫群种类繁多，种数在 300 种以上，有大型有孔虫，如口双盖虫及马刀虫；小型底栖有孔虫，如星轮虫、假轮虫，其数量远大于北部海域（$Ⅰ_5$）；此外，还有数量较多的浮游有孔虫，如抱球虫、拟抱球虫和圆球虫等，截锥圆辐虫则大量出现在台湾更新统地层中。这一海域的瓣腮类以 *Tridacna-Hippopus* 组合为主，为与热带珊瑚礁共生的暖水种类。

从以上中国第四纪生物地理区的形成发展和特征可以看出，海域的南、北分区第四纪以来

变化不大。陆区东部早更新世南、北区动物群有一定差异，但不很明显，中更新世才出现明显的南、北动物地理分区，一直延续到现在，其间受气候变化影响只有南北区动物交流，分区性质基本不变。陆区西部大面积隆升打断了中国的气候-生物纬向分带，代之以垂直分带。西北区因远离海洋接近欧亚大陆中心，使气候-生物往干燥-荒漠植被方向发展；青藏高原大面积隆升到降水线以上且与海洋暖湿气流隔绝，发育了 $150\times10^4\mathrm{km}^2$ 冻土，大大加强了气候-生物往干冷化方向发展。

中国第四纪气候-生物纬向分带因西部山原的隆升被打乱后，动植物一改第三纪的东西向交流而为南北向交流，并主要通过大别山以东淮阳丘陵和南襄狭道进行。中国第四纪古人类也因西部青藏高原的隆升，逐渐从植物多样性的西南往东转移并往北辐射，这种趋势对中国以后的发展也有一定的影响。

思考题

一、名词解释

牙式；植被的垂直分带；古文化；文化层；文化期；石器；文化遗存；植被带平行移动；泥河湾动物群；周口店动物群；萨拉乌苏动物群；元谋动物群。

二、简述

1. 第四纪哺乳动物的基本特征有哪些？
2. 试述植被的分带及各带特征。
3. 试述第四纪典型气候植物群的孢粉组合特征。
4. 试述第四纪植物群的古气候意义。
5. 试述第四纪哺乳动物群的组成。
6. 试述微体化石的环境意义。
7. 论述中国北方第四纪哺乳动物群特征。
8. 论述中国南方第四纪哺乳动物群特征。
9. 试述中国第四纪哺乳动物群的划分与气候的关系。
10. 人类的发展划分为哪几个主要阶段？论述其主要特征。

第十五章 新构造运动与新构造

“新构造”术语是1948年由前苏联奥勃鲁契夫引进到地质学和地貌学中，指新近纪末到第四纪前半期地球上最年轻的地壳运动(Embleton，1987)。新构造运动改变了前期的地表形态，并产生了相应的堆积物。因此，可以通过对地貌与第四纪堆积物的研究，推断新构造运动的形成演化机制。

我国的新构造运动研究始于20世纪50年代初期，1956年中国科学院组织了第一次新构造运动座谈会，1957年中国第四纪研究委员会第一届学术会议，专门讨论了新构造运动及编制中国新构造运动图的问题。

围绕“人口·资源·环境”这一社会可持续发展主题，新构造运动与环境变迁(环境恶化和自然灾害)、气候变化、海面上升以及与环境改造工程等研究都是非常重要的地学研究领域。

第一节 新构造运动的基础知识

一、新构造运动的概念及其特征

1. 新构造运动的概念

新构造运动是指在最新构造幕中所发生的构造运动、地质变形及其相关的各种构造地貌演化过程。新构造运动研究涵盖了山脉隆升、盆地裂陷、河流变迁等构造地貌演化过程以及火山爆发、活动褶皱、活动盆地和地块变形等方面(田婷婷等，2013)。

关于新构造运动发生的时限尚存在着不同的看法，大致有以下几种意见：

(1) 新近纪到现在。

(2) 新近纪末期直到现在。

(3) 第三纪至更新世。

(4) 凡是形成现代地貌基本特征的构造运动，统称为新构造运动。

目前大多数地学工作者认为，新构造运动是从新近纪到现在所出现的地壳构造运动，运动

最剧烈的时期是在新近纪末期到第四纪初期，其中发生在有人类历史记载时期以来的构造运动称为现代构造运动；现在还在活动的构造称为活动构造，常用于地震和工程领域；由新构造运动所造成的地层、地貌和构造变形或变位称为新构造(即新地质构造)。

在时间上和空间上，我国新构造运动是喜马拉雅造山运动的继续与发展。关于中国新构造运动的起始时间，李祥根建议要从改造(变)中国大陆上新世准平原的构造运动时开始，它是地史发展过程中最近的一次强烈构造变动，距今约 3.40Ma(李祥根，2003)；徐杰等从动力条件的角度，认为中国的新构造运动始于中新世中期，距今 15～10Ma(徐杰，2012)。

2. 新构造运动的特征

新构造运动的发展趋势、性质及强度等，各地区不完全一样，有的地区表现相对的宁静，有的地区在不断下降中发生断续上升，而且新构造运动既有垂直升降运动又有水平运动。

新构造运动和老构造运动既有共性也有差别，表现为普遍的断块运动、褶皱变形弱，以及明显的继承性和新生性。其中断块活动具有活跃性和普遍性；新构造运动发生的褶皱变形，规模比老构造运动小得多，并局限在一定地带；新构造运动的继承性和新生性，可分 3 种类型：叠加(叠置)的新构造运动——与老构造运动的波及范围、类型、方向等一致；继承的新构造运动——既有老构造运动的特点又具有新构造运动的特点；新生的新构造运动——不受老构造运动的控制和影响。

二、新构造运动的类型

新构造运动类型的划分，目前尚无统一的标准。但根据新构造运动的力源及其直接造成的地表效应，地壳垂直升降运动、水平运动和块体旋转运动是新构造运动最基本的类型，其他运动(如褶皱运动、断裂运动、火山运动、地震活动等)是这两种基本地壳运动的具体表现形式和作用的结果。

1. 垂直升降运动

地壳的垂直升降运动是新构造运动表现最为明显、最易于观察和研究的形式，如河谷地带的谷中谷现象、多级河流阶地、多级夷平面和多层溶洞等。大面积范围内，地壳的升降运动往往是不均匀的，常见的情况如表 15-1 所示。

表 15-1 垂直升降运动类型

垂直升降运动类型	特点	举例
大面积拱形抬升运动	中间抬升幅度大，边缘相对较小	鄂尔多斯地块
掀斜(翘起)运动	某一侧抬升幅度比另一侧大	青藏高原
差异升降运动	存在较大规模的断裂	太行山、华北平原、东海

中间抬升幅度大，边缘相对较小，称为大面积拱形抬升运动，如鄂尔多斯地块；某一侧抬升幅度比另一侧大，称为掀斜或翘起运动，如青藏高原；如若存在较大规模的断裂，在隆起的过程中就会沿断裂发生差异升降运动，如太行山、华北平原、东海。

2. 水平运动

板块构造学说据古地磁、海底钻探、海底热流及海底地质等成果分析，证实了地球岩石圈板块在作长距离的水平位移，其幅度以数百千米计。现代地壳运动的测量结果也表明，地球表面的最大位移是水平运动，其速度以 cm/a 计，而垂直运动速度以 mm/a 计。

水平运动在地貌和第四纪沉积物上的反映一般没有垂直运动明显，容易被忽视，实际上水平运动在新地质构造中的表现是十分普遍的。力的作用是相互的，随着一对应力作用方式的不同，会产生不同形式的水平运动，常见的有 3 种(表 15-2)。

表 15-2　水平运动类型

水平运动类型	特点	举例
挤压	中间隆起或凹陷	喜马拉雅褶皱隆升、塔里木压陷盆地、柴达木盆地东西向新褶皱、塔里木和准噶尔等压陷盆地
拉张(伸展)	中间形成地堑或裂陷盆地	渭河地堑盆地、山西地堑系
滑动	水平错动形成走滑断层	圣安德烈斯断层、郯-庐断裂、海原断裂

喜马拉雅的褶皱隆升、台湾中央山脉的褶皱抬升、柴达木盆地的东西向新褶皱，以及塔里木、准噶尔等压陷盆地的形成，均为水平运动产生的挤压作用的结果；我国东部广泛发育的地堑系及裂陷盆地，则是水平拉张(伸展)运动的产物；板块或地块之间不均匀的或相对的水平运动，是大型走滑断层形成的主要原因，地球表面规模较大的断裂均属走滑性质，如美国的圣安德烈斯断层，日本的中央构造线，中国的郯-庐断裂和海原断裂等。我国现代 6.5 级以上地震的地震断层位移表明，水平位移量一般是垂直位移量的 2～5 倍。据 1984—1986 年测距的水准测量结果，红果子沟右旋错动 8 348mm，而垂直错距仅 0.75mm。

3. 块体旋转运动

除了水平与垂直运动外，近年来，还发现广泛存在的地块旋转运动，如日本的以相模湾为中心的旋转运动，我国鄂尔多斯地块的旋转等。在运动学上相互制约的块体的转动是地壳中重要的构造运动形式，块体间边界断裂的活动，本质上是这些块体以不同方式转动的结果。

如我国地震地质和构造地质学研究者(徐锡伟等，1994)根据地质构造、地震和古地磁测量等资料，研究了华北及其邻区不同级别块体的转动问题，即华北及其邻区的黑龙江、华北和华南 3 个近东西向亚板块自古近纪以来相对于新疆地区顺时针转动了 1.6°～3.5°；华北亚板块内部北北东向的次级块体自新近纪以来逆时针转动了 1.3°～3.7°。

水平运动与垂直运动是两种基本的地壳运动形式。两者既对立又统一，常常共存于同一地质环境中，并可以相互转化。如在板块碰撞带附近，由于相同性质板块的水平碰撞，使地壳横向缩短、厚度加大、地表抬升，产生垂直升降运动，同时又可引起物质的横向扩展，派生出次生的张应力场，从而诱发水平抗张运动，形成裂隙陷造。

在俯冲板块边界上，如环太平洋地区，当洋块与陆块相向水平运动发生碰撞后，洋块俯冲，在海沟处产生下降运动。由于朝向海洋一侧为自由边缘，地壳的抬升必然引起物质向海洋方向扩散，从而形成弧后扩张环境，又是一种新的水平运动。我国东部的盆地、平原、山地、丘陵就是在这种环境下产生的。

旋转运动既可引起水平运动，又可导致垂直运动，也是一种十分重要的地壳运动形式。一般来说，张性断裂区块体作绕水平轴的掀斜运动，剪切断裂区块体则作绕垂直轴的转动，且断裂的右旋剪切活动对应于块体的逆时针转动，左旋剪切活动对应于块体的顺时针转动。

三、新构造运动的强度

新构造运动的强度是由新构造运动的速度(率)和幅度来描述的，两者是统一的。运动幅

度是地壳在一定的时期内上升(或下降)的总量;速度即单位时间内的幅度,新构造运动的速度包括似速度和真速度。

1. 新构造运动似速度

它是根据新构造运动遗迹所代表的综合幅度而计算出来的速度。往往表示一个较长地质时段内的新构造运动速度。它有如下特性:

(1) 似速度是一种平均值。因为在一段长的时期内,构造运动的速度变化常常是很大的。

(2) 似速度是一种综合值。由于计算的时期较长,在此期间构造运动的方向是可以变化的(如震荡式的上升和下降运动),而这种方向的变化过程又很难查清。因而计算某一时期的地壳运动值(上升值或下降值),常常是该时期内不同运动方向、运动幅度的代数和。

(3) 似速度通常小于真速度。在较长时期段,构造运动的遗迹会遭受一定程度的破坏和改造,这样,一部分构造运动的结果,就会在计算中被遗漏。

用于确定新构造运动似速度的方法很多。从理论上讲就是其运动标志的升降幅度和地质时代或年代学方法的结合。其中,地质-地貌法和历史-考古法是两种最常用的方法。如《中国岩石动力圈图集》以新构造时期前形成的夷平面上升高度作为新构造运动的隆升幅度,以新近纪—第四纪的沉积厚度作为下降总幅度,编制了中国新构造时期升降幅度图。

2. 新构造运动真速度

新构造运动真速度是直接观察或测量得到的构造运动速度。它可以观察到构造运动的细节,如构造运动方向和速度的变化情况。真速度的获取,一种是跨活动构造带连续监测,一种是定时观测和重复大地水准测量。显然,真速度的精度是随观察和测定方法的精度与观察时距的长短而不同的。

四、新构造运动的研究意义

新构造运动是地球环境变化的重要因素之一,与重大地质灾害如崩塌、滑坡、泥石流、地震、火山活动等关系密切,它的研究对工程建设、核电站、地震预报、城市规划、环境变化及砂矿研究等具有实用价值。如大型水库和港口的建设、核电站建设,铁路工程和大工厂厂址的选择等,都必须了解一个工区新构造运动性质、量值及发展趋势;新构造活动中蕴含了地热、温泉或矿泉、旅游等资源,在沿海地区,强烈的沉积可造成数千米厚的第四系沉积,在高地热的背景下,这些沉积中的有机质会很快转变成烃类而形成具经济价值的油气资源。

第二节 新构造运动的表现

新构造运动具有与老构造运动相同的表现形式,诸如地层变形、变位、岩浆活动、第四纪沉积物厚度变化和地球物理改变等。但由于新构造运动的时代新,且尚在进行中,因而新构造运动还明显地或隐蔽地反映在地貌上,并可直接进行观察和仪器测量,这也正是新构造运动与地貌和第四纪地质的关系所在。新构造运动的主要表现有地质标志、地貌标志、沉积物标志、地震、火山活动以及大地测量与地球物理异常。

一、地质标志

新构造运动最明显、最直观的表现是新地层(新近系—第四系)的变形和变位,往往是低角度(几度至十几度)的倾斜变形或宽缓的拱形变形(图 15-1)。较强烈的褶皱变形仅出现在大型压扭性活断层旁侧,或由地震液化作用造成的局部揉皱;新断裂构造大都为脆性破裂,发育于前新近纪基岩中的新构造断裂的断层带规模较小,一般宽几厘米至几米,断层泥发育,构造岩松散并以角砾岩为主。

在实际工作中,对新褶皱的识别主要是看岩层的接触关系,而对基岩中新断裂的识别是比较困难的。由于把断裂活动视为一次热事件,近年来采用石英形貌法、电子自旋共振测年法和 K-Ar 同位素定年法等,来测定断层泥的形成年龄。大型工程都要求了解其有关断裂 50ka 以来有无活动的情况。

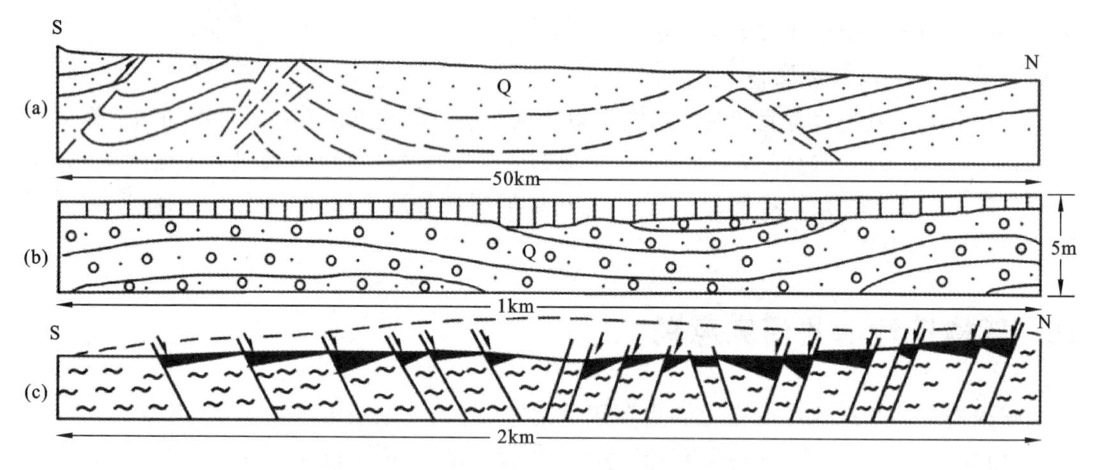

图 15-1 第四纪地层中的褶皱与断层图

(a)河西走廊中断第四纪地层中的逆掩断层与褶皱(据袁复礼,1959);

(b)河南新郑第四纪地层中的宽缓褶皱(据于丕休,1957);

(c)河南密县老地层中断裂差异运动(黑色为第四纪沉积物)(据于丕休,1957)

二、地貌标志

1. 新构造运动的直接地貌标志

新构造运动的直接地貌标志即新构造地貌,它是新构造运动直接作用的结果,如断层崖、断块山、新近纪以来形成的断陷盆地等。在活动的走滑断层带往往形成特有的地貌组合,如线性谷(或槽地)河流错断或扭曲、断层陡坎、断陷塘、阻塞脊等(图 15-2)。根据对断层崖的观察和研究,其形态和坡角的变化,可以反映断层崖形成时代的长短。原始断层崖的崖脊一般是一条直线,随着时间的增长,由于剥蚀作用,逐渐变形成尖菱形、浑圆形,时间越长越圆滑。断层崖地形面的主坡角,最初与断层面倾角(一般是高度角)相同,随着时间的推移而趋于平缓。据

Wallace(1977)对美国干旱的内华达州等地大量断层崖倾角变化与时间关系资料统计结果发现，如果断层崖自由面的倾角开始为60°，0.1ka后变成35°，1ka后变成25°，10ka后降为20°，0.1Ma后为15°，1Ma后为10°或低于10°。

图15-2 沿走滑断层发育的地貌形态略图

(据日本活动断层研究会，1980)

B. 断层三角面；C. 低断层陡坎；D. 断层池沼；E. 小丘；F. 断层鞍部；G. 地沟；H. 错段河流；I. 阻塞脊；J. 断头河；K. 风口；L. 错动山麓线；M. 错动阶地

2. 新构造运动的间接地貌标志

新构造运动的间接地貌标志，即由主要与水有关地貌的发育过程所体现的新构造运动。如反映新构造间歇性抬升运动的地貌有多级夷平面、多级河流(海、湖)阶地、多层溶洞等，如阿尔泰山的夷平面、黄河黑山峡出口段的河流阶地和北京西山的石花洞系洞层。

阿尔泰山脉阶段性地快速断块隆升，受强烈的新构造断裂活动的影响，形成明显的阶梯状地貌特征，发育5级剥夷面。在垂直分布上，不同级剥夷面所处的海拔不一样；在水平分布上，同级剥夷面具有东北侧高于西南侧，山脉东、中段高于西段的特点(图15-3)。

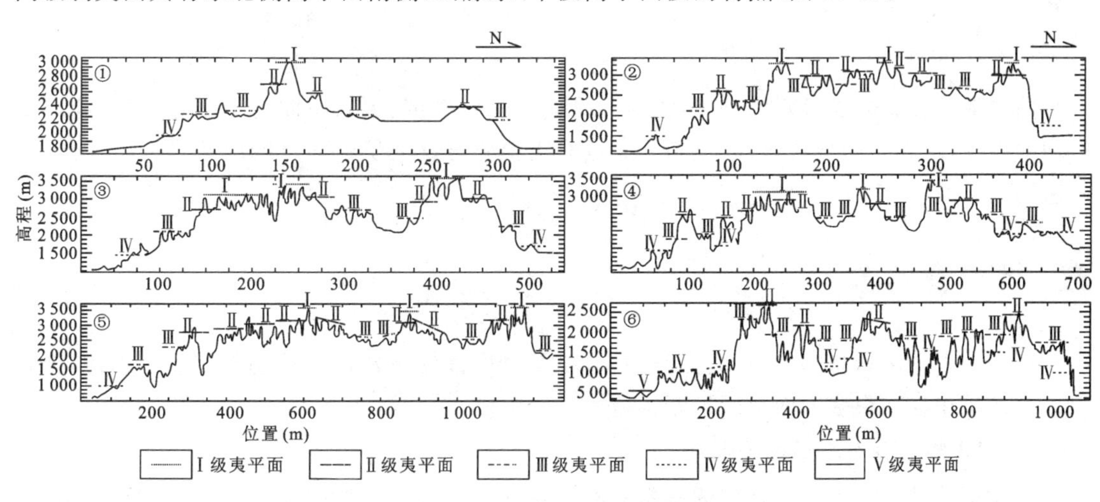

图15-3 阿尔泰山东部夷平面剖面示意图

(据洪顺英等，2007)

①、②剖面位于阿尔泰山东段，③、④剖面位于阿尔泰山中段，⑤、⑥剖面位于阿尔泰山西段

黄河黑山峡出口地段夜明山—长流水沟一带的7级阶地是伴随第四纪以来青藏高原周期性强烈隆升过程中，河流周期性下切的结果。与7级阶地形成年代对应的7次隆升由早到晚分别是1 300ka、1 100ka、780ka、590ka、140～80ka、30ka和10ka(图15-4)。

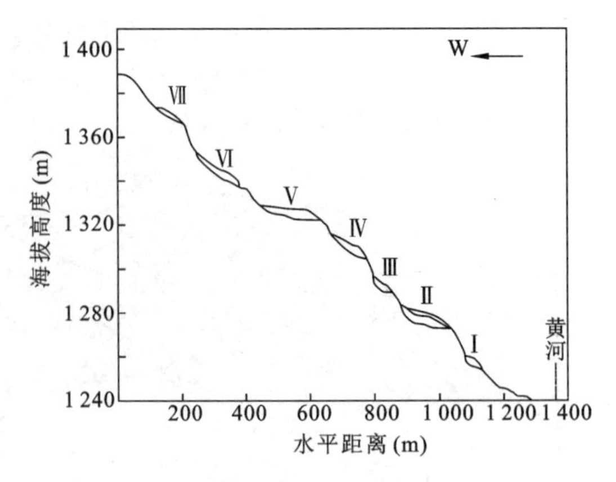

图15-4　黄河黑山峡出口段河流阶地剖面图

(据郭进京等，2004)

北京西山石花洞的洞口海拔250m，地下暗河海拔130m，其间发育7层洞道(②～⑧层)，洞道的延长方向与地层的走向一致。洞层从地表向下沿着地层倾向南摆，洞系从上游至下游沿着地层走向发育(图15-5)。新近纪以来，随着北京西山间歇性地上升，水平流动带随之间歇性地下降，在不同阶段的地壳相对稳定时期，形成上下不同海拔高度的8层溶洞，可以和北京西山永定河的8级阶地进行对比，对应着Barbour和袁宝印划分的8个华北地文期，代表了与之相互对应的新构造隆升期次。

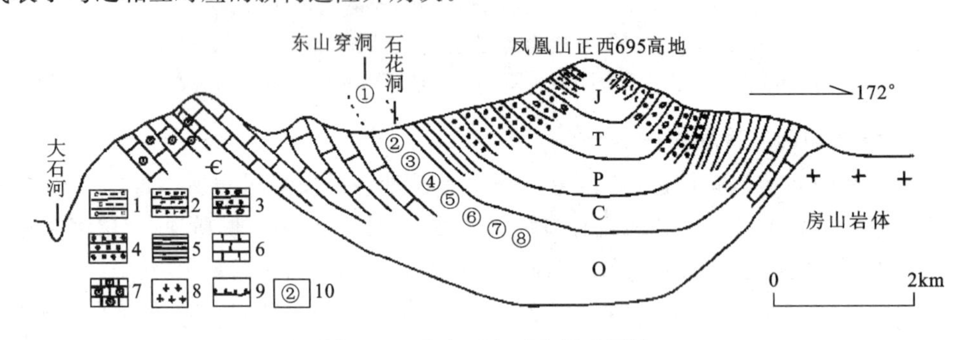

图15-5　北京西山石花洞系洞层

(据吕金波等，2010)

J.侏罗系；T.三叠系；P.二叠系；C.石炭系；O.奥陶系；€.寒武系。1.碳质页岩；2.玄武岩；3.含砾砂岩；4.砂岩；5.页岩；6.灰岩；7.鲕状灰岩；8.花岗岩；9.平行不整合界线；10.洞层编号

同一地貌形态的变形变位，如洪积扇和阶地的变形变位、水系扭曲与错断等，也是新构造运动的表现，水系的同步转弯、汇流和分叉点的线状分布及洪积扇顶点的线状排列，也常与新构造运动有关(图15-6)。

三、沉积物标志

新近纪以来沉积物的分布、成因类型、岩相及厚度都受到新构造运动的控制。因此，新近纪以来的沉积物在很多方面记录了新构造运动的历史。

1. 沉积物的分布与新构造运动

新构造运动决定着现代地形的基本轮廓。新近纪及第四纪堆积物大都分布于现在地形的低洼处，如海盆、湖盆、平原及山间盆地，而这些地区大部分都是新构造运动的下降地区。所以，厚度较大、面积较广的新近系—第四系分布区代表着新构造运动以沉降为主；而与新近

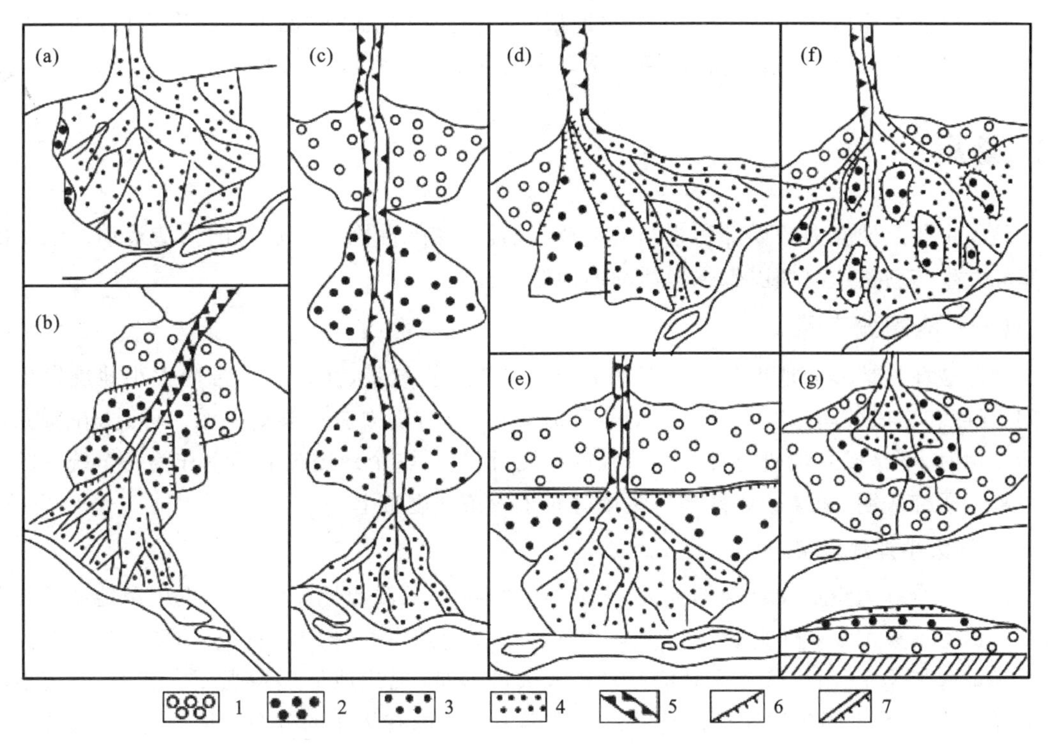

图 15-6 洪积扇迁移示意图

(据曹伯勋,1995)

(a)洪积扇加叠;(b)洪积扇顶向山前位移;(c)串珠状洪积扇;(d)洪积扇偏转;(e)断层通过洪积扇引起的锥顶位移;(f)普遍上升引起的洪积扇嵌入;(g)不断缩小的加叠洪积扇。1、2、3.第四纪不同时代的洪积扇;4.现代洪积扇;5.河谷下切地段;6.洪积扇阶梯;7.断层崖

系—第四系堆积区相邻的物源剥蚀区,则是新构造运动的相对抬升区。

2. 沉积物成因类型和岩相与新构造运动

沉积物的成因类型和岩相受一定的自然地理环境控制,而自然地理环境则主要是由构造运动和气候因素决定的。所以在排除了气候因素对沉积物成因类型和岩相的影响后,才可以用于新构造运动的研究。新构造运动决定着外力过程的性质和强度,如在强烈抬升的高原和山岳地区,地形切割强、坡度大,所以常形成重力堆积物、山岳冰川堆积物和洪积物等;而在沉降运动的平原和盆地区,则以湖沼沉积物和冲积物等最为发育。

新构造运动的特点反映在沉积物的岩相结构上,如在平原河流冲积层中,一个河床相与河漫滩组合,是地壳一段稳定时期的产物,如果出现多个河床相与河漫滩组合的叠加,则反映新构造运动的间歇性沉降;而巨厚的河床相(几十米至几百米)则代表了地壳的连续性下降。又如,在山前洪积物中,如果扇顶相与扇形相的界限不断向平原方向移动,则代表山地上升或盆地相对下降。

3. 沉积物的厚度与新构造运动

沉积物的厚度取决于堆积区与其物源区(剥蚀区)的相对高差和两者之间的距离。高差越大,距离越近,其沉积厚度也就越大。地形的高差是受新构造运动控制的,所以新近系—第四系堆积物的沉积速度与厚度,在一定程度上代表新构造运动的速度与幅度。在堆积区与物源区之间由倾向堆积区的正断层分割，且该断层为活断层时，沉积物的堆积速度最快，其厚度也最大，如我国东部的汾渭断陷盆地，新近系以来的沉积物厚度达2 000余米。

四、地震

地震主要是地应力的局部积累和突然释放，岩石在弹性固态下进行的构造运动。地震的分布和发生与新构造时期以来强烈活动的构造带有关。

（一）地震分布带

全球破坏性地震的地理分布大都聚集于一定的狭长地带，在这些地带内大小地震发生的时间、强度和空间分布都有一些共同的表现形式，并与地质构造有某些关系。因此，在研究地震活动性时，不是孤立地研究某一个单独的地震，而是把整个地震带的活动作为一个统一的活动过程。研究表明，全球破坏性地震集中分布于4条地震带上。

1. 环太平洋地震带

该带是全球地震活动最强的地区，全世界大约80%的浅源地震和90%的中源地震及几乎所有的深源地震都集中于此带上。所释放的地震能量约占全球地震释放总能量的80%。环太平洋地震带是中、新生代以来地壳活动性较大的地带，现代地形反差强烈。其中，西太平洋的岛弧-海沟地带不同震源深度的地震由海沟朝大陆方向有规律的分布表明，该带本身就是一条深入地下700多千米的超壳断裂带。

2. 地中海-喜马拉雅地震带

该带地震所释放的能量占全球地震总能量的15%。除环太平洋地震带外，几乎所有的中源地震和浅源强震都发生在此带内。地中海-喜马拉雅地震带也是典型的中、新生代构造活动带，地形起伏剧烈，地震活动的强烈地段往往集中在构造地貌急剧变化的部位。

3. 大洋中脊地震带

沿各大洋中脊中央分布的地震均为浅源地震，释放的能量也较小。海洋地质研究表明，这些地区是最新的大洋地壳，沿其轴部是一条张性大断裂，不断有岩浆的侵入和喷出。

4. 大陆裂谷地震带

大陆裂谷系是指由区域性大断裂产生的规模很大的地堑构造带，如东非裂谷、红海地堑、贝加尔湖地堑及我国的汾渭地堑等。它们都是新生代以来因断裂活动而形成的断陷盆地，强烈的差异运动是它们的共同特点，同时表现为负的布格重力异常和高的热流值。

我国破坏性地震的分布同样聚集在新构造运动强烈的地带，如隶属于环太平洋地震带的台湾地区；位于地中海-喜马拉雅地震带上的喜马拉雅山地区；另一个是作为我国大陆地壳厚度、地质构造格架和地貌特征等的重要分界线的南北向构造带；此外，北北东向活断层广泛发育的华北地区，也是强震的分布区。

（二）地震与断层

大量事实表明，地下断层活动引起地震，而地震作用又可产生地表断层，即地震断层。绝大多数的浅源地震与活动断层密切相关（图15-7）。

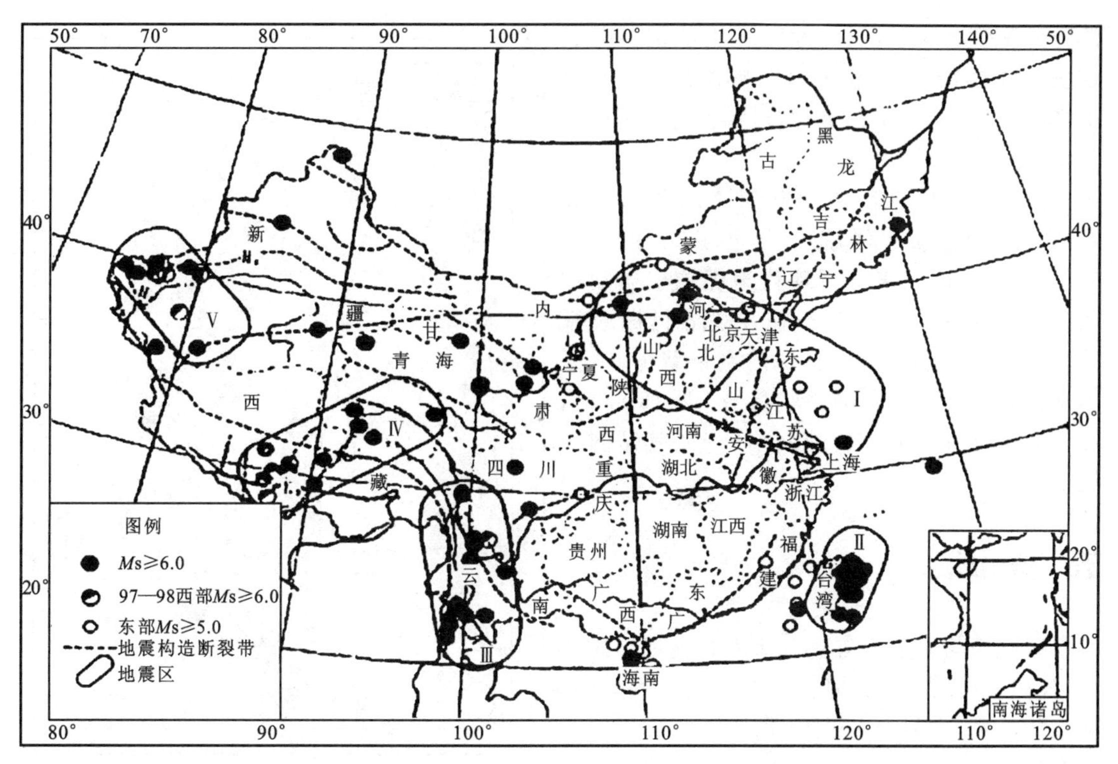

图 15-7 1989 年 1 月—1998 年 12 月中国地震震中分布与分区图

(据徐秀登等,2000)

根据我国大陆地区地震地质研究,两者之间具有如下特点:

(1) 绝大多数强震的震中位于活动的大断裂上或其附近。

(2) 许多破坏级(性)强震(一般大于 6.5 级或 7 级)形成的地震断层与当地主要断裂走向一致,甚至大体重合。如 1973 年炉霍 7.9 级地震形成的地震断层带长 90km,宽 20~150m,总体呈 NW305°方向,地震时表现为左旋扭动,与鲜水河断裂的展布和活动方式有很大的一致性,而从一些未形成明显地震断层的地震震源力学分析来看,震源错动面的产状也大部分和地表大断裂带相一致。

(3) 曾经发生过多次强烈地震的大断裂,大都为切过震源破裂位置的深大断裂。

(4) 我国绝大多数强烈地震的极震区和等震线的延长方向与当地大断裂的走向一致。

地震与断层活动密切相关,但并不是所有的断裂活动都伴有地震发生,这主要取决于断层的运动方式。野外观察和实验研究表明,断层活动方式主要有两种。

1. 蠕动

蠕动是一种相对稳定的滑动,如土耳其的安纳托里亚断层,以 2cm/a 的速度蠕动;我国 1974—1976 年,在苏、鲁、皖、豫等省先后出现与蠕动有关的大面积"地裂"现象。这种类型的断层活动,一般不伴有破坏性地震。

2. 黏滑

断层两盘互相黏住,使滑动受阻,当应力积累到等于或大于摩擦力时,断层两盘便发生突然的相对错动,这种运动方式称为黏滑,这是地震发生的断层运动机制。

这两种断层活动方式,在不同的活断层或同一断层的不同部位或同一断层在不同时间内,可以 1 种活动方式为主,也可能有两种方式周期性交替。在大地震到来之际,在发震断裂带常常会出现蠕动现象，而实际的发震部位则是蠕动段之间的闭锁段。沿断裂带的温泉活动有助于释放地壳热能，在一定程度上可减缓大地震的发生。

由于上述地震与活动断层之间的对应关系，大量的地震资料（如震中分布、震源深度、地震机制等）已被用来分析现代地壳构造运动的状况及识别正在活动和正在发生着的断裂系统。丁国瑜等根据地震震中的网格状分布，指出现代地壳破裂具有网格状特点（图 15-8），强震多沿地应力易于释放的网络线（尤其是网络线交点）发生。

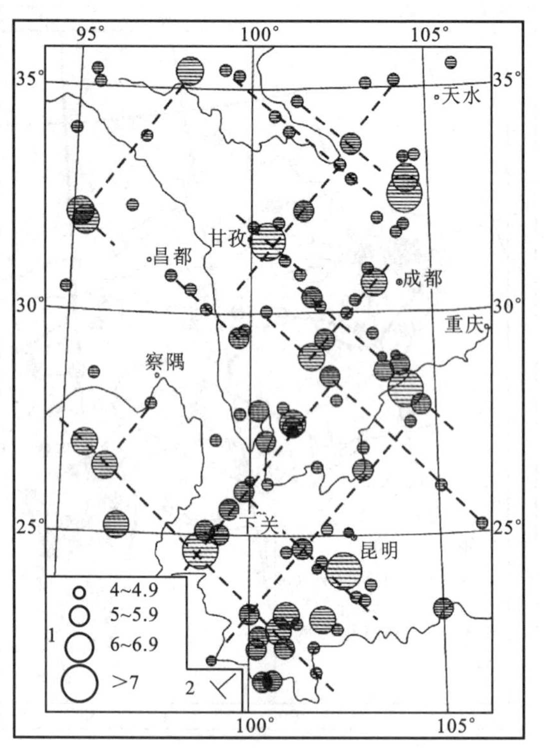

图 15-8　滇川一带 1970—1977 年 $M \geqslant 4$ 级地震震中的网络状分布
（据丁国瑜，1979）
1. 震中，震级；2. 震中分布的方向

五、火山活动

火山活动也是新构造运动主要表现形式之一，地球上火山活动的时空分布也是不均匀的。新生代以来，世界上的火山带与环太平洋地震带和地中海喜马拉雅地震带的分布一致。与之相关的我国新生代火山活动带主要分布于滨太平洋两岸的中国东部大陆板块内断陷盆地及周围山地和西部的喜马拉雅山地区。火山活动带是确定构造活动带的重要证据之一，被作为板块、亚板块边界划分的主要依据。有的温泉也可能是火山活动的标志。

六、大地测量与地球物理异常

1. 重力异常

大量的测量结果表明，地球表面的重力异常随地而异，其变化与地球的运动、地壳物质密度的大小及物质的运移有关。因而重力异常也是地壳新构造运动的反映，重力梯级带、线性重力异常扭曲带、异常过渡带是确定区内断裂构造的重要标志。

如华北地块南部布格重力异常（图 15-9）有西低东高的特点，异常方向以北西向、北东向和近东西向为主。区内北东向异常主要表现为重力梯级带，北西向异常主要为线性重力异常扭曲带，近东西异常通常为正负异常过渡带。许立青等（2013）在前人研究的基础上，根据野外观察、测量与分析，特别是综合华北地块南部断裂体系第四纪活动性质的构造和地貌标志，对华北地块南部断裂体系新构造活动特征进行了研究。研究表明，浅表北西西向—北西向、近东西向和北北东—北东向 3 组断裂将区内基底断块切割为不同的次级隆坳构造格局，构成典型雁列式走滑断层控制的拉分盆地群，控制盆地的断裂一般为北西向与北东向，且倾角高，多倾向盆地或坳陷；该区地震、温泉也多沿北西向断裂分布，且在北西西向断裂和北东向断裂交叉部位相对集中。因此，华北地块南部布格重力异常反映了本区的基本构造格架是北西向、北东

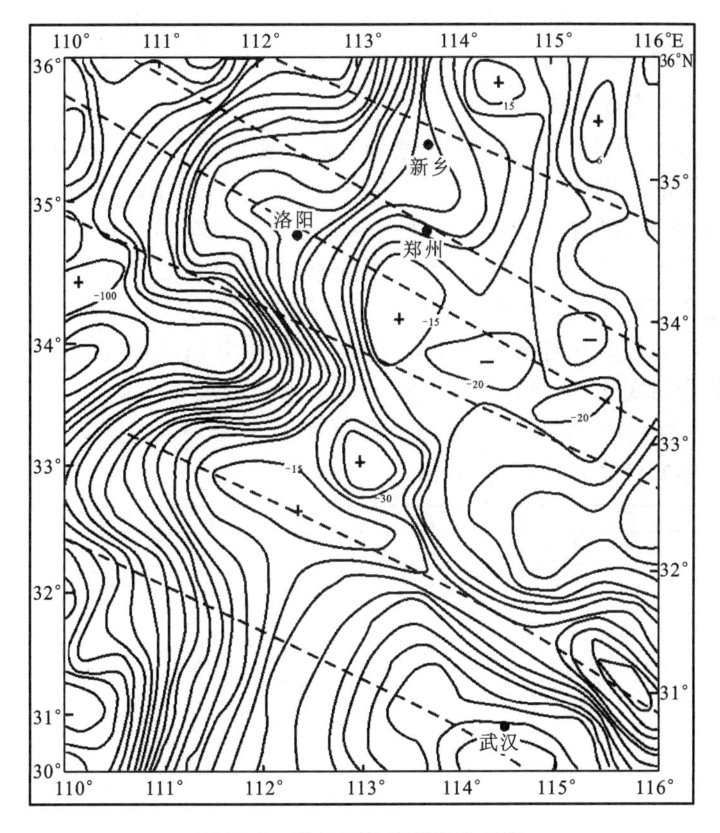

图 15-9 华北地块南部重力异常

（据许立青等，2013）

向与近东西向构造复合叠加的结果。

重力异常带与活动构造带有着很大程度的相关性。这是因为，沿断裂带往往是断块间差异活动最强烈的地段，具有特殊的地质、地貌特征，同时也是第四纪岩浆活动的通道，因而具有明显的地球物理场异常。我国东部呈北北东向和北东向展布的活动断裂，如太行山山前断裂、沧东断裂、宝坻断裂、郯庐断裂等，都具有明显的重力异常。

2. 磁异常

一般较大的断裂构造，多半是岩浆活动的通道或停滞的场所，因此在磁场图上常形成线性、串珠状或雁列状磁异常带。根据国家地震局物探大队的研究，我国华北断块区的磁异常多为北东向和北北东向，与重力异常带的位置和方向基本一致。各主要断裂带均有较明显的磁异常，如著名的郯-庐断裂，就是首先由航磁异常发现的。

3. 大地测量

大地测量资料是新构造运动最直观且最精确的反映。大地测量法是根据一些基点和基线，有选择地布置一些测线或测线网而测定现代构造运动的方法。大地测量分为水准测量和三角网测量。前者是研究地壳垂直方向上现代构造运动的表现，后者是测定地壳水平运动的常用方法。一次大地测量资料不能反映出新构造运动的变化，必须经过较长时间间距的重复测量，并将几次测量资料进行比较，才能反映出该时距内现代构造运动的方向与强度。两次重复测量之间的时距越短，重复测量的次数越多和历史越长，对新构造运动的性质、方向、强度的反映也就越精确。由于重复测量的时距越短，构造变形量越小，这就要求测量的精度越高。最宏观的地壳水平运动速度测量，是不间断地利用航天遥感器对地球各部分之间的距离进行测量。

4. 地形形变和地壳形变图

地形形变和地壳形变图是大地形变测量研究的重要成果，是新构造运动研究的重要基础资料。近年来，地壳形变连续观测和GPS观测技术已广泛应用于地震的监测中。分析地壳垂直形变与地震活动两者之间的关系表明，地震带的分布大多与形变梯度带相吻合。郭良迁等(2001)在GIS平台上，以1951—1990年中国大陆垂直形变速度图为基础求出了垂直形变速率梯度，高梯度区和高梯度带是地壳断块掀斜活动和断裂垂直差异活动的结果，是断裂倾滑活动、断块沿断层面滑脱裂陷或者挤压逆冲造成的。垂直形变速率梯度是垂直剪应变强弱的反映，是垂直面上的剪切变化，所以它与地震活动有着密切的关系。从1951—1990年中国大陆形变梯度异常与强震活动关系图(图15-10)上看，在水准网覆盖区内共发生46次地震($M \geqslant 7$)，其中30次分布在形变梯度异常区内，占65%。

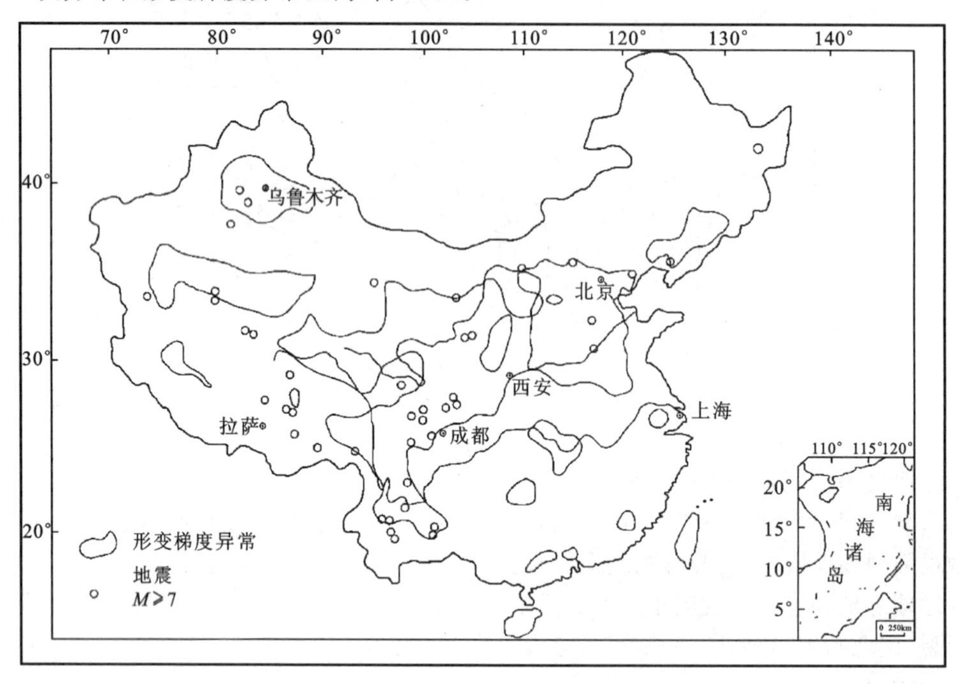

图15-10　1951—1990年中国大陆形变梯度异常与强震活动关系图

(据郭良迁，2001)

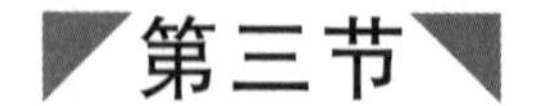

第三节 新构造

新构造运动形成的地质及地貌的构造形态和变位，即新构造。新构造的显示是多方面的。主要有：

(1) 像老构造一样由构造面(新近纪—第四纪岩层面、断裂面、节理面等)变形变位显示。

(2) 由地形面(夷平面、阶地位相图等)变形变位显示。

(3) 下降区由新地层厚度变化显示。

(4) 由地貌形态的空间排列、错位、高度变化或扭转等显示。

研究上述各种显示标志在空间上的形态,即可确定新构造特征。到目前为止,尚无一套统一的、严格的新构造形态名词体系。主要的新构造类型有隆起构造、坳陷构造、断块构造、挤压褶皱和断裂构造以及活动断层。

一、隆起构造

大区域长期上升运动所形成的构造,面积可达数百平方千米或更大。隆起构造内部的差异性很小,但通常核部上升幅度最大,边部常有断裂伴生。根据新近纪—第四纪地层面或山地大范围夷平面等的变形和变位分析,这类构造有的在核部有补偿性地堑,有的则呈单斜状隆起等(图 15-11)。中国的鄂尔多斯高原(黄土高原)是一个周边有断裂伴生的典型拱形隆起构造的例子(图 15-12)。

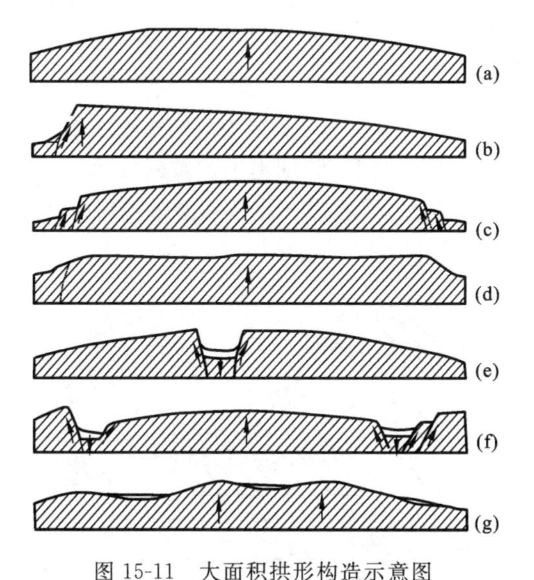

图 15-11 大面积拱形构造示意图

(据原北京地质学院,1963)

(a)简单拱形隆起;(b)翘起或单斜断块隆起;(c)拱形隆起边缘伴有断裂;(d)地块隆起;(e)、(f)补偿性地堑;(g)波状隆起

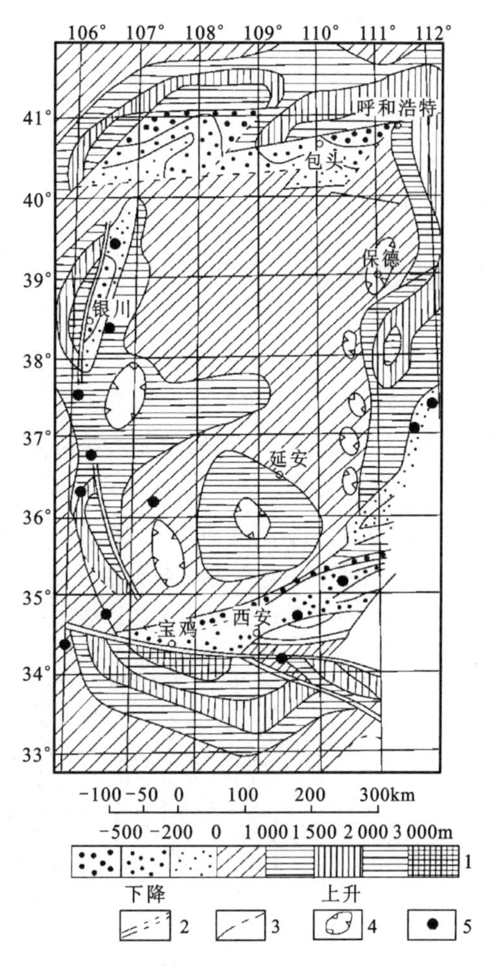

图 15-12 鄂尔多斯拱形隆起示意图

(据原北京地质学院,1963)

1.新构造运动幅度;2.新构造期活动的深大断裂及推测部分;3.新构造期活动的断层及其推测部分;4.隆起部分中相对坳陷的盆地;5.强烈地震的震中

二、坳陷构造

大区域长期下降运动所形成的构造，方向与大面积隆起相反，这一类构造主要由分析平原(或盆地)新近纪—第四纪沉积厚度等值线或被上述地层掩埋的古地形面起伏来识别。根据大多数平原(或盆地)沉积物厚度变化，这类构造的边部有时两边伴生断裂，有时一边无断裂，或者被一系列断裂控制，垂直断裂方向上沉积厚度变化大，基底起伏不平，有的沿断裂一侧沉积很厚。根据平原(或盆地)基底断裂及其控制的新沉积物厚度变化，可分出一系列次级凹凸(图 15-13)。

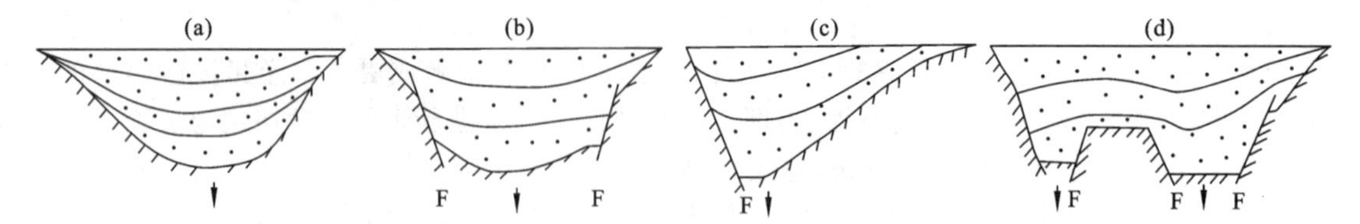

图 15-13　平原(大盆地)区常见新构造坳陷及沉降中心位置图

(据原北京地质学院，1963)

(a)均匀坳陷；(b)地堑式坳陷；(c)不对称坳陷；(d)复杂坳陷(包括次级凹凸)。其中充填的新近纪—第四纪沉积物厚度变化反映坳陷特征，箭头示 N→Q 沉降中心，F 为断裂，斜线为前新近纪岩层

三、断块构造

断块构造是指新构造运动产生的盆、岭相间的地貌构造形态，与大面积隆起相比，断块构造的两相邻断块具有地形高度和沉积两方面的明显差异。这种构造绝大多数是在老的断块构造基础上发展而成的。根据相邻断块的高度和沉积差异，断块构造有两种基本类型。

1. 强烈差异断块

相邻两断块地貌高度和沉积状况差异强烈，断块位移大[图 15-14(a)]，中国的祁连山是这类构造的典型。在那里山地顶部保存有抬升的不同时期夷平面；或同一时期夷平面被断开后处于不同高度。山间盆地和山前则堆积了较厚或很厚的第四纪沉积物。断层崖或断层线崖地貌随处可见。

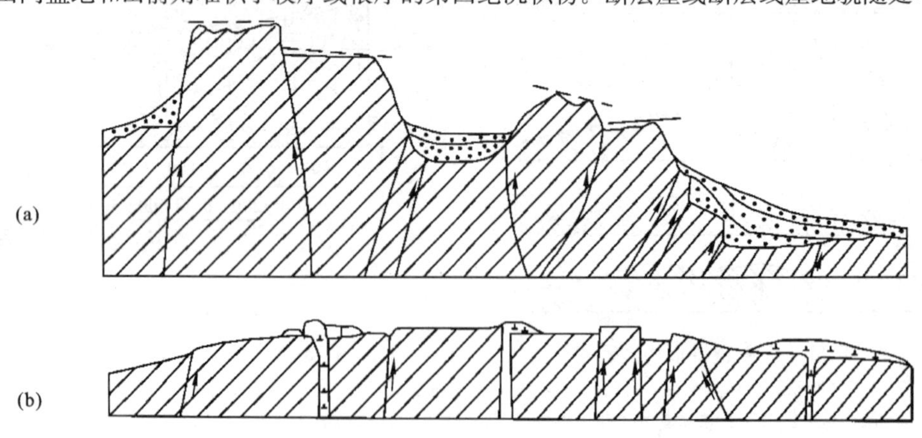

图 15-14　断块构造示意图

(据原北京地质学院，1963)

(a)差异性断块构造；(b)破裂构造

2. 微弱差异断块

相邻两断块的位移不大,运动幅度也小,但沿断裂带常有火山活动、温泉和地震发生[图15-14(b)],显示断块的活动性主要具有“破裂构造”特点。如小兴安岭山麓西南侧从都德到铁力的近北西向断裂带,地貌上表现不明显,但沿断层方向发育了第四纪的沙秃火山群、五大连池火山群、尖山火山群和二光山火山群等。

四、挤压褶皱和断裂构造

在新近纪和第四纪沉积盆地区,因受山地新构造时期的挤压,常沿盆地边部产生一系列挤压小褶皱和逆断层(图 15-15)。

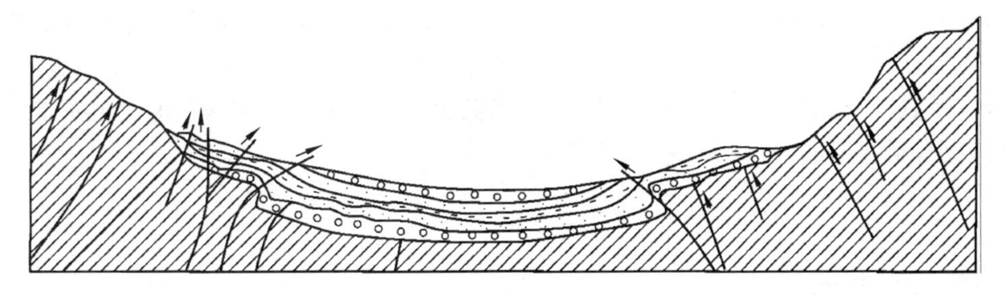

图 15-15 挤压褶皱构造

(据原北京地质学院,1963)

五、活动断层

1. 活动断层的概念和分类

活动断层一词是 1908 年由劳森(Lawso)提出的。关于他的定义,中外学者提出过不同的看法。劳德巴克(Louder baek,1950)认为,活动断层是指那些现在正经受着运动或在近代地质和历史时期曾有移动,以及在未来有复活倾向运动的断层。肖尔茨和克拉维斯(Schultz and Cleaves)从地震的角度提出,如果地震记录表明某断层发生地震,此断层就是活断层。

美国原子能委员会 1973 年把“能动断层”这一术语具体规定为:①在 30ka 和 5ka 内有过一次或多次活动的断层;②它们和能动的断层有联系;③沿该断裂带仪器记录到小震活动和多次的历史地震事件,或该断裂带发生过蠕动。1975 年国际原子能机构在引用美国原子能委员会规定时,又增加了两条规定:①在晚第四纪有过活动;②该断裂有地面破裂的证据。

此外,有的研究者又为活动断层增加了大地测量标准、地球物理和工程标准等。根据多数研究者的意见,活动断层可理解为近代地质时期(第四纪)和历史时期有过活动(位移或古地震),现代正活动或将来有可能活动的断层。一般大型工程要求了解 50ka 以来断层活动史。在活动断层的各种标准中,地质标准是前提。劳德巴克把地质标准的具体内容规定为:包括新鲜的或年轻的断层陡坎,河流或冲积扇的水平错断,纵向洼地(非侵蚀结果)或下沉池塘的线状排列,以及现代沉积的形变或位移。历史和现代地震活动也是判断活动断层的重要因素。

关于活断层的分类,断层(垂直或水平位移)活动速率(每年或每千年位移)、断层的构造地质和地貌标志的显示程度及近 50～5ka 重复活动次数、活动速率是分类的重要条件。如 1972

年国际原子能委员会在地貌的基础上将活断层分为4类：A类——高运动速率，每1ka大于1m；B类——地形上显示清晰的断层证据；C类——地形上显示不清晰的断层证据；D类——在定量评价上没有断层速率或数量证据基础。美国按活动速率把活断层分为5类：AAA——大于10cm/a；AA——1～10 cm/a；A——0.1～1cm/a；B——0.01～0.1cm/a；C——0.001～0.01cm/a。

2. 中国主要活动断裂

我国活动断裂极为发育，以南北带为界，西部在印度板块向北的推挤和欧亚板块阻抗夹持下，形成一系列以逆冲、逆掩为主的近东西向断裂和北西西—北西向、北东东—北东向逆走滑型的巨大活断裂带，同时发育了规模较小的近南北向的正断层或走滑正断层；西部断层位移速率多在6mm/a以上。东部则以北北东—北东向走滑正断层或正走滑断层和北西西—北西向走滑断层的组合为特征；东部断层位移速率为5mm/a以下。东南沿海大陆边缘活动断裂，自台湾往福建、广东方向由北北东走向逐渐转为北东—北东东向，地震的震级沿这一方向有降低的趋势。断裂以左旋走滑正断裂向为主，而与其共轭的北西向断裂多为正断层或正走滑断层，但规模较小，延伸不远。

第四节 中国的新构造运动及其分区

一、中国新构造运动的特征

（一）中国新构造运动的间歇性

自新近纪以来，中国的新构造运动存在着明显的间歇性特点，即强烈的活动时期与相对宁静时期交替出现。主要表现在以下几个方面。

1. 地貌发育的阶段性

由于新构造运动的强烈与相对平静的振荡性交替，从而形成了一系列的多旋回地貌，如多层夷平面、多级洪积台地、多级河流阶地、多层溶洞等。

2. 第四纪沉积的间断与韵律性

新构造运动的间歇性，不但造成地层的沉积间断、不整合或侵蚀面，而且还使沉积物呈现韵律性(或旋回性)的特点。沉积物的韵律性，主要表现在粒度和成因类型的有规律更替两个方面。沉积物粒度从下往上粗→细的变化，粗粒沉积反映新构造上升引起地形的切割和起伏增大，细粒沉积则与继之而来的地壳相对宁静阶段地形的夷平阶段一致。我国许多盆地第四纪沉积物具有复式韵律沉积特点，反映了相邻山地的多次上升历史，是研究山地地貌发展重要的相关沉积物。

3. 断层的间歇性活动

大量活动断层呈现活动→平静→再活动的历史，是新构造断裂活动的普遍规律。断层活

动时常伴有地震。如我国郯-庐断裂的沂沭段，全新世以来有过 3 次剧烈活动时期，分别为 3.5ka B P、7.4ka B P 和 11ka B P，平均重复间隔约为 3 000a。贺兰山东麓山前断裂，全新世以来曾发生过 4 次快速错动时间，分别发生于 211a B P、(2 630±90)a B P、(6 330±80)a B P、(8 420±170)a B P，其平均重复间隔为 2 706a。

4. 地震活动的韵律性

20 世纪以来世界地震台网与我国地震台网和我国地震台网对于我国 $M \geqslant 6.75$ 级地震可以达到全区测定，均由仪器记录。图 15-16 是中国大陆及其相邻区 1900—1980 年 $M \geqslant 6.75$ 级浅震的时序图，从图中可以看出，强震活动有明显的活跃阶段和平静阶段交替。

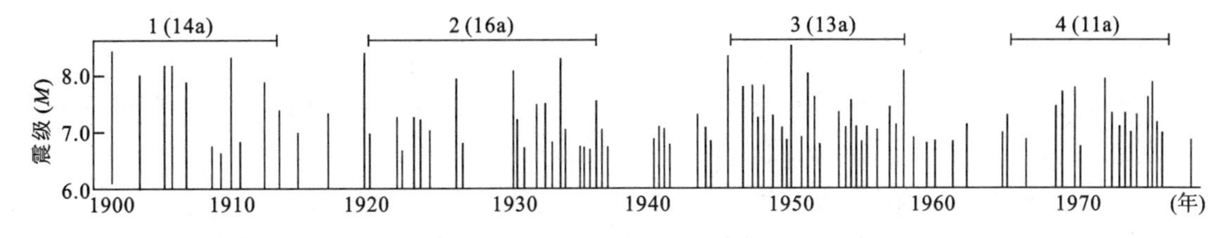

图 15-16　中国大陆及其相邻区 1900—1980 年 $M \geqslant 6.75$ 级浅震时序图

(据马杏垣，1987)

图中 1、2、3、4 表示不同的地震幕

我国历史地震和世界上其他地区的 20 世纪地震活动都呈现明显的韵律性。一般将 200a 左右地震活跃时段称为地震活跃期，而把 10～20a 的地震活跃时段称为地震活跃幕。自 1897—1980 年以来我国曾出现过 4 个地震活跃幕，即 1897—1912 年、1920—1937 年、1946—1957 年和 1960—1980 年。有人认为，1985 年新疆乌恰 7.4 级地震，可能意味着中国大陆已进入第 5 个地震活跃幕。

5. 火山活动的多期性

与地震活动一样，火山活动也具有明显的期次划分。如我国东部新生代火山活动自始新世以来，可划分为 3 期：

第一期为古近纪的火山活动，活动年代为 71.5～28.5Ma(吴利仁，1985)，主要为玄武岩浆沿断裂带的裂隙式喷溢。

第二期为新近纪的火山活动，是中国东部火山活动的高潮期，以陆相裂隙式喷溢的宁静流动式为主。主要产物为碱性玄武岩类，伴有拉斑玄武岩类，该期的火山活动年龄为 23.8～2.6Ma。

第三期为第四纪的火山活动，其强度和范围远不及前两期，可以说是新生代火山活动的尾声阶段。喷发类型为中心式爆发，多数表现为火山锥地貌，如五大连池火山群、镜泊湖火山群、长白山火山群、山西大同火山群、山东蓬莱火山群等。该期火山活动的年代为 1.48Ma。

(二) 中国新构造运动的继承性与新生性

1. 新构造运动的继承性

新构造运动的继承性是指新构造运动继承了老构造运动的方向和性质等特点。中国新构造运动的继承性主要表现在以下几个方面。

1) 构造格局的继承

中生代燕山运动形成的大地构造格架，控制了中国现代地貌的总体格局。新构造运动的构造格局明显地继承了中生代构造格架。因此，研究一个地区的老构造基础，是研究该区新构造运动必要的重要前提。

2）运动方向的继承

从垂直运动来看，中生代构造运动的上升区，新构造运动时期继续上升，如青藏高原；中生代的下降地区新构造时期继续下降，如华北平原。

3）构造类型的继承

在我国西部，较稳定的地块在新构造期仍然为差异性运动较微弱地区，而地槽山地则普遍表现为强烈的差异运动。对我国现代地形起控制作用的断裂，大部分是老断裂在新构造时期的重新活动。

2. 新构造运动的新生性

新构造运动的新生性是指新构造运动对老构造的改造或形成新的构造。中国新构造运动的新生性主要表现在以下几个方面。

1）我国东部构造应力场的改变

第三纪以来我国东部处于太平洋西侧弧后扩张的地球动力学环境中，位于内陆的中国东部，中生代燕山运动的挤压构造应力场被引张应力场所取代。在这些地区广泛发育的伸展构造，就是这种引张应力场的产物。

2）部分稳定地区重新活跃

某些一度稳定的地区，如天山、祁连山等，在新构造运动时期又强烈活动。

3）若干下降地区在新近纪以后转为隆起

如柴达木盆地的发育从印支期后开始，大致经历了侏罗纪—始新世的山前坳陷阶段，渐新世—中新世的大型坳陷盆地阶段，到上新世的缓慢抬升和褶皱阶段。

4）一些新的断陷盆地生成

新构造运动时期，在我国东西部有一系列新的断陷盆地。如华北区在经过晚白垩世—古近纪初的隆起剥蚀之后，华北亚板块发生了强烈的裂陷。在翘升的贺兰山、阴山、秦岭山系与整体上隆的鄂尔多斯地块之间，形成了银川、河套与渭河地堑系。往东介于紫荆关-武陵山断裂带和郯-庐断裂带之间发育了包括华北盆地和渤海在内的地堑系。我国西部的地堑系或裂谷主要是第四纪形成的，如西藏第四纪南北向地堑系、阿尔金山地堑系、祁连山带地堑系等。

二、中国东西部新构造运动的差异

新构造运动时期，中国东西部处于不同的构造环境。西部受印度板块和欧亚板块的碰撞，处在强烈的挤压应力环境，开始了一个大陆岩石圈内的俯冲、地壳缩短与加厚的过程。东部引张位于亚洲大陆与太平洋板块俯冲带的后部，处于走滑力的作用下。因此，东、西部新构造运动的表现在许多方面存在差异。

1. 升降幅度的差异

西部在强大的板块挤压应力作用下，地壳加厚并迅速隆升，自中、上新世以来喜马拉雅地区的上升幅度一般在 4 000m 以上，藏北地区一般在 3 000～4 000m 之间。在整体隆升的基础上，还形成了一些大规模的裂陷，在大型裂陷盆地的边缘，如塔里木盆地南、北两侧，准噶尔盆地南缘，隆起和下沉的相对高差达 1 000～12 000m。东部为滨太平洋弧后差异升降区，以大

兴安岭—太行山—雪峰山东麓一线为界,以西为上升区,以东为下沉区。上升最强烈的在华北西部,最大幅度为1 000～2 000m;东北上升幅度为700m。沉降的幅度各地不一,东北为200m,华北平原为300～500m。最大的下沉区为鄂尔多斯隆起周围的深断陷,如汾渭断陷、银川断陷、河套断陷等,渭河盆地第四系最大厚度达2 000m,银川盆地也在1 600m以上。

2. 活动断裂构造样式与活动速率不同

中国西部活动断裂总的是逆冲-推覆和走滑断裂的相互联系与制约,前者近东西向,后者为北东向和北西向,同时发育次级的近南北向正断层和走滑正断层。而中国东部则以北北东—北东向走滑正断层和北西西—北西向走滑断层的组合为特征。断层两盘相对位移速率,西部为6mm/a以上,东部为5mm/a以下。水平与垂直运动速率之比,东部一般水平运动是垂直运动的2～3倍,西部一般为6～7倍。

3. 构造盆地类型差异

中国东部海域及内陆由于处于弧后扩张环境,新生代构造盆地均属裂陷伸展的构造类型。中国西部则由于印度板块与欧亚板块的推挤,受相背逆冲断裂控制的压陷盆地发育,如塔里木、准噶尔等大型压陷盆地。另外,由于南北向推挤使岩石圈物质横向流展,派生出次生的引张应力场,在特定地区造成南北向裂陷伸展构造,如西藏块体南部的近南北向的地堑系和当雄-羊八井等南北向地堑系就是突出的代表。沿一系列大型走滑断层,还发育了各种类型的拉分盆地、楔状盆地等,如阿尔金断裂带的矩形、楔形盆地,昆仑山与阿尔金山之间的苦牙克裂谷,以及滇西北由于北东向的小金河和金汀河走滑断裂的活动,造成两条北西—北北西向拉分地堑带等。

4. 沿岩浆岩类型差异

中国东部新生代主要是基性火山岩建造,且钙碱性玄武岩系列、拉斑玄武岩系列和碱性玄武岩系列都存在。玄武岩类的成分受地壳的混染程度小,基本上是地幔部分熔融的产物。在碱性玄武岩类中,含有幔源橄榄岩类的捕虏体,其活动方式以喷溢为主,侵入活动很弱。相反,中国西部以超基性、基性、中酸性和酸性的侵入岩类为主,火山活动次之。在火山岩类中,除基性玄武岩类以外,中性火山岩类也占有一定的地位。西部的酸性侵入岩中,含有较高的挥发组分和水分,酸性较强。这些特点说明,西部地区的酸性侵入岩,主要是地壳重熔的产物。

5. 地震活动特征差异

中国西部地震活动频度高,震级也高,震中分布密度也高,复发周期短,强度分布不均匀,8级以上地震多发生在地壳厚度变化大的梯度带附近。东部的地震活动主要集中在华北和东南沿海一带,特点是强度大、复发周期长,与西部区相比地震活动强度相差一个量级。

在震源深度方面,西部震源深度范围绝大部分在10～50km之间,优势分布是10～30km,由南向北深度变浅,如青藏高原南部为15～70km,中部为10～40km,北部为10～30km。东部地区震源深度一般是5～30km。

6. 形变特征不同

大量的形变测量资料表明,中国的形变特征也存在着一个以南北构造带为界的东、西部差异。在西部垂直升降等值线轴的方向大体为北西走向;在东部的这种升降长轴则以北东向为主。

三、中国新构造运动区域特征

根据新构造运动的发展、运动强度、运动方式及区域构造、深部构造和地震活动状况等特征，黄汲清、马杏垣等将我国划分为2个构造域、6个构造区和20个构造亚区(图15-17)。

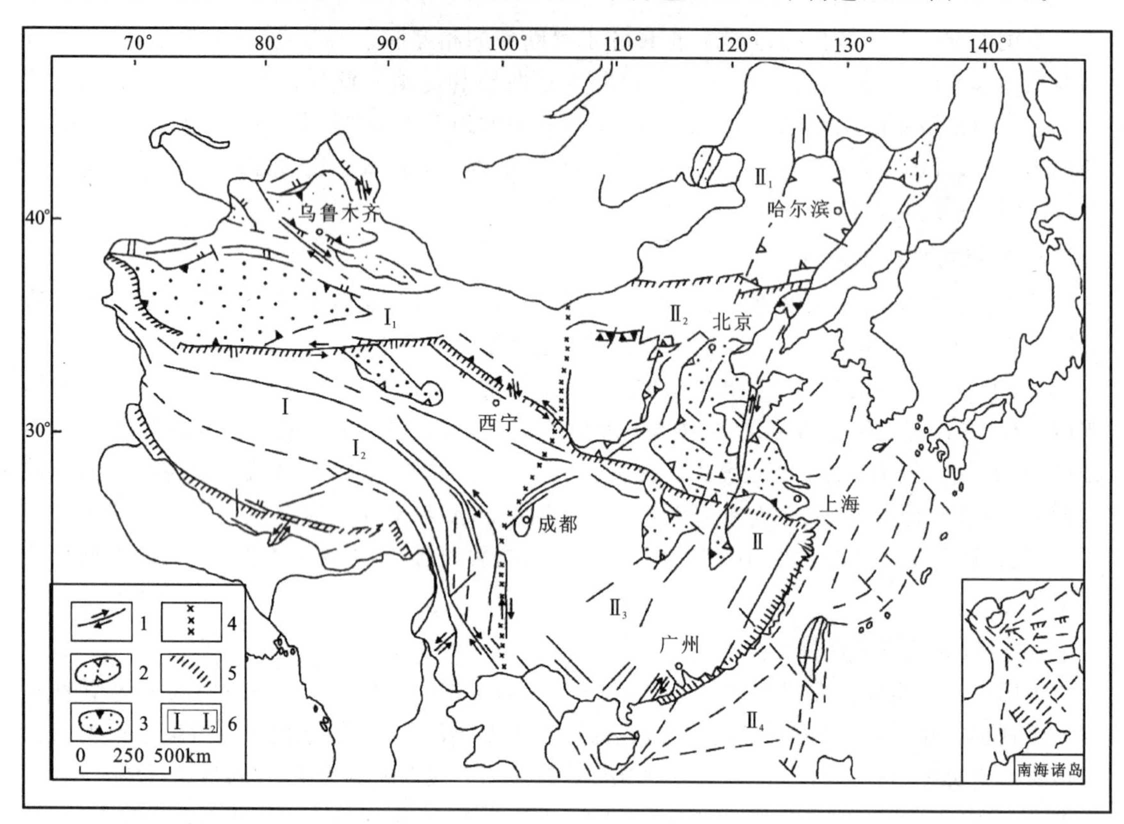

图15-17 中国新构造分区及主要活动断裂分布图

(据马杏垣，1987)

1.断裂及走滑方向；2.拉张型盆地；3.挤压型盆地；4.一级新构造单元界线；5.二级新构造单元界线；6.构造单元代号。Ⅰ.特提斯喜马拉雅新构造区域：$Ⅰ_1$.新疆新构造区，$Ⅰ_2$.青藏新构造区；Ⅱ.滨太平洋新构造域：$Ⅱ_1$.内蒙古-东北新构造区，$Ⅱ_2$.华北新构造区，$Ⅱ_3$.华南新构造区，$Ⅱ_4$.东南沿海和南海海域新构造区

(一)特提斯喜马拉雅新构造域(Ⅰ)

特提斯喜马拉雅新构造域(Ⅰ)位于中国南北构造带(大致在银川—昆明一线)以西。处于印度板块与亚洲大陆板块的碰撞挤压区。新构造时期地壳发生了明显的加厚、缩短与抬升，形成了以逆冲断层、压陷盆地、大型走滑断层和挤压构造等为主的构造型式。大致以帕米尔—昆仑山—祁连山为界，又可分为新疆新构造区($Ⅰ_1$)和青藏新构造区($Ⅰ_2$)。

1. 新疆新构造区($Ⅰ_1$)

地壳厚度44～56km，在整体抬升的基础上，发育了主要受北东向、北西向两组断裂控制的压陷性断块盆地，如塔里木、准噶尔、伊犁和吐鲁番等盆地，控盆断裂多具逆冲和走滑性质。与压陷盆地相邻的是强烈隆起的断块山(如天山、祁连山等)，隆起和下沉幅度相差1 000～12 000m(马杏垣等，1986)。

该构造区自北而南又可分为阿尔泰亚区（$Ⅰ_1^1$）、准噶尔亚区（$Ⅰ_1^2$）、天山亚区（$Ⅰ_1^3$）、塔里木亚区（$Ⅰ_1^4$）及阿拉善亚区（$Ⅰ_1^5$）。

2. 青藏新构造区（$Ⅰ_2$）

地壳厚度 52～72km。中、上新世以来整体抬升，上升幅度达 2 000～3 000km。局部有差异性断块沉降。新生代晚期岩浆活动甚为活跃，断裂十分发育，多为具走滑性质的压性弧形断裂。在柴达木盆地的更新世地层中，还发育了一系列北西向褶皱。此外由于南北向推挤使岩石圈物质横向流展，派生出次生的横向引张应力场，在藏南形成了一系列近南北向的张性构造盆地。

此区进一步分为祁连-青海亚区（$Ⅰ_2^1$）、藏北亚区（$Ⅰ_2^2$）、藏南亚区（$Ⅰ_2^3$）、川滇亚区（$Ⅰ_2^4$）。

（二）滨太平洋新构造域（Ⅱ）

滨太平洋新构造域（Ⅱ）位于南北构造带以东的大陆地区。根据沉积盆地的分布和构造活动性，可分为内蒙古-东北新构造区（$Ⅱ_1$）、华北新构造区（$Ⅱ_2$）、华南新构造区（$Ⅱ_3$）和东南沿海及南海海域新构造区（$Ⅱ_4$）。

1. 内蒙古-东北新构造区（$Ⅱ_1$）

本区新构造的最大特点是火山活动强烈，如著名的五大连池、长白山等。地震活动相对较弱，20 世纪有少量 6 级地震和一次 7.3 级地震。但震源较深，吉林地区是我国唯一的深震活动区，发育有松嫩盆地。上新世以来，山地最大抬升幅度约 700m，盆地最大沉降幅度不足 200m。区内地壳厚度较稳定，约 34km。

本区进一步细分为内蒙古-大兴岭亚区（$Ⅱ_1^1$）、松嫩盆地亚区（$Ⅱ_1^2$）、三江盆地-长白山亚区（$Ⅱ_1^3$）。

2. 华北新构造区（$Ⅱ_2$）

华北新构造区（$Ⅱ_2$）是中国东部新构造活动最强的地区。发育有汾渭、河套、银川、华北等断陷盆地，新构造时期沉积厚度一般为 300～500m，最大达 2 000m（如渭河盆地）。地震活动频繁，强度大（至今已知 $M \geqslant 8$ 级地震 6 次，7～7.9 级地震 11 次，6～6.6 级地震 43 次）。在大同、沧州、海兴、无棣等地见有火山活动。以大青山—燕山一线作为其北界，南界为秦岭—大别山。

本区可进一步分出大青山-燕山（$Ⅱ_2^1$）、鄂尔多斯（$Ⅱ_2^2$）、黄淮海-下辽河盆地（$Ⅱ_2^3$）、辽东-黄海-胶东（$Ⅱ_2^4$）等亚区。

3. 华南新构造区（$Ⅱ_3$）

本区新构造时期以整体缓慢上升为特征，新近纪以来大多数盆地均已结束沉积，仅有江汉-洞庭盆地、南阳盆地及沿海港湾沉积盆地仍有沉积。最大抬升幅度可达 1 000m，一般为几百米，最大沉降幅度不过 200m。除东南沿海外，本区很少发生 $M>5$ 级的地震，为少震、弱震区。广东和海南岛等地见有火山活动。

本区又可分为两湖-川贵（$Ⅱ_3^1$）及华南-东南（$Ⅱ_3^2$）两个亚区。

4. 东南沿海及南海新构造区（$Ⅱ_4$）

该构造区属欧亚板块的边缘海，中国大陆架部分。新生代以来构造活动强烈，广泛发育一系列与岛弧平行的线状褶皱与逆断层。如在台湾岛上可见左旋走滑断层，形成强烈的挤压带。台湾岛是本区最主要的抬升区，自新近纪（蓬莱造山运动）以来，中央山脉的内部隆起幅度超过 2 500m；20 世纪以来大于 6 级地震达 30 次。大致以台湾岛南端的右旋走滑断层为界，分为台湾-东海新构造亚区（$Ⅱ_4^1$）和南海新构造亚区（$Ⅱ_4^2$）。本区大部分位于水下，许多新构造活动细节尚不清楚，有待进一步研究。

第五节 新构造运动的研究

一、新构造运动的研究方法

由于新构造运动本身的特点，决定了其研究方法的多样性和综合性，除了构造地质学中使用的地质学方法外，地貌学方法、考古学方法及仪器测量法等都是新构造运动研究的常用方法。随着科学技术的不断发展，一些新的方法和手段正在不断地被吸收到新构造的研究中来，使新构造运动的研究方法不断得到充实和丰富。

新构造运动的研究方法虽然种类繁多，但大体上可分为两大类：

(1) 定性法。包括地质法、地貌法、历史考古法等，这是研究新构造运动最基本的方法。

(2) 定量法。主要是指采用仪器测量的方法，如大地测量、地震学方法等。

在新构造运动研究中，各种方法的侧重点有所不同。其中地质法、地貌法应用最为广泛，它不仅能解决上新世、更新世及全新世的构造运动问题，在活动构造(如地震和活火山等)研究中也不可缺少；历史考古法主要用于解决全新世尤其是有文字记载到开始有仪器记录之间时段的构造运动问题，也可涉及到一部分的更新世；仪器测量则只能解决目前正在活动着的构造运动问题(表 15-3)。

表 15-3 新构造运动研究方法的应用时限表

研究方法		N	Qp^1	Qp^2	Qp^3	Qh	
定性法	地质法	→	→	→	→	→	（现在）
	地貌法	→	→	→	→	→	
	历史考古法					1 000a →	
定量法	仪器法					100a →	

常用的研究方法及其主要内容如表 15-4 所示。这些方法的使用随研究地区新构造运动的表现特征而不同。

在海域地区，由于岩石圈表面被厚层海水覆盖，以构造地形和火山地形为主，首先应采用地球物理方法，以探明水下洋壳的表面形态及岩石圈的各种地球物理性质，再用地质法和地貌法分析新构造运动。

新构造运动研究是一个复杂的课题，仅靠个别方法所获得的资料往往是不全面的，所作的结论很可能具有片面性，因此在工作中应注意各种方法的综合分析(表 15-4)。

表 15-4　新构造研究的常用方法及研究内容表

<table>
<tr><th>方法</th><th colspan="2">研究内容</th><th colspan="2">研究目标</th></tr>
<tr><td rowspan="3">地质构造法</td><td>构造变形分析</td><td>N—Q 地层的变形变位</td><td rowspan="11">地震危险性区划与中长期地震地灾预报背景</td><td rowspan="9">研究新构造时期地壳运动的类型、强度、活动特点及发展和变化规律；查明新构造的空间展布及类型</td></tr>
<tr><td>岩浆活动分析</td><td>N 以来火山活动带、火山口带状分布</td></tr>
<tr><td>沉积物分析</td><td>沉积厚度、成因类型与岩相等研究</td></tr>
<tr><td rowspan="6">地貌法</td><td>河流地形研究</td><td>水系格式和河道变迁研究；河床纵剖面研究；河流阶地研究（横剖面、纵剖面），先成河谷地段</td></tr>
<tr><td>洪积扇研究</td><td>洪积扇单体形态异常；洪积扇组合形态特征及变形变位</td></tr>
<tr><td>岩溶地貌研究</td><td>层状溶洞研究、岩溶期与岩溶地貌组合研究</td></tr>
<tr><td>夷平面研究</td><td>高度与时代；变形变位</td></tr>
<tr><td>海岸地形研究</td><td>海成阶地、海蚀凹槽的分布与高度</td></tr>
<tr><td>构造地貌研究</td><td>断层崖、断块山、断陷盆地</td></tr>
<tr><td rowspan="2">考古法</td><td>古文物研究</td><td>古文化遗址分布的古今对比；古建筑的破坏原因与变形、变位</td><td rowspan="2">研究历史时期以来新构造运动的特征</td></tr>
<tr><td>古文字记载</td><td>历史地震、群发性古崩塌、古滑坡</td></tr>
<tr><td rowspan="5">地球物理测量</td><td>地震、重力勘探</td><td>深度构造、隐伏活断层</td><td rowspan="13">地震及地灾预报</td><td rowspan="5">查明隐伏断层的存在及其性质，主要用于工程稳定性评价和区域活断层追溯；新构造运动的深部过程研究</td></tr>
<tr><td>精密重磁测量</td><td>重力场与磁场变化</td></tr>
<tr><td>大地电磁</td><td>电阻异常带、磁场强度的异常变化</td></tr>
<tr><td>地热</td><td>地热流异常带、温泉的现状排列</td></tr>
<tr><td>水声探测及探地雷达</td><td>隐伏断层分布、地下水与断裂活动的关系</td></tr>
<tr><td rowspan="3">地球化学测量</td><td>α 径迹测量</td><td>土层氡气相对密度分布</td><td rowspan="3">揭示隐伏的活断层地层前兆观测</td></tr>
<tr><td>γ 射线测量</td><td>γ 射线强度变化</td></tr>
<tr><td>断层气测量</td><td>土层或泉水中的 Rn、He、Ar、N_2、CO_2、H_2 等气体浓度</td></tr>
<tr><td rowspan="2">形变测量</td><td>卫星大地测量</td><td>甚长基线干涉测量；多普勒三角测量；全球定位系统</td><td rowspan="2">新构造运动的现今活动特点，求取运动速率、幅度</td></tr>
<tr><td>大地水准测量</td><td>区域形变测量；跨断层水准测量</td></tr>
<tr><td rowspan="3">地震学</td><td>地震观测</td><td>震中分布、震源深度分布与构造的关系</td><td rowspan="3">研究活断层的活动特点，分析断层的破裂过程，研究新构造与地震发生的关系</td></tr>
<tr><td>震源机制</td><td>震源断面分析；震源应力场分析强震等震线与地震构造研究</td></tr>
<tr><td colspan="2">古地震研究</td></tr>
</table>

二、新构造运动研究的热点区域

青藏高原和沿海地带——新构造学研究的热点区域。

1. 对青藏高原的研究

青藏高原是地学界所关注的一个地区，因为青藏高原的隆升是地球历史上，也是新构造时期的一起重大事件，它不仅在亚欧大陆而且在全球的过去和现代环境变化、大陆动力学演化中具有重要的作用和意义。

在过去一个时期内，我国和国外的地学专家已经从多方面、多学科、多手段地进行综合调查研究，对青藏高原内部块体划分、结构及其边界状况和青藏高原隆升的历史、演化阶段、幅度、速率等方面，都取得了极有价值的一系列认识。如我国的刘东升先生，带领考察队利用冰芯钻探研究青藏高原的隆升，开拓和引导青藏高原研究，并推动青藏高原研究的建设；孙鸿烈先生等带领的中国科学院青藏高原综合科学考察队，完成了"青藏高原隆起及其对自然环境与人类活动影响的综合研究"项目；国家地震局合作进行"青藏高原地壳上地幔结构及地球动力学研究"，并开始高原 GPS 观测和地壳运动研究，对青藏高原第四纪抬升速率进行测定；原地质矿产部与法国国家科研中心合作开展了地质地球物理调查研究，与美国合作在川西、滇中及高原东部开展 GPS 测量，与美国和加拿大合作开展深反射地震、大地电磁及地质调查研究。

对青藏高原的研究虽与日俱增，但研究程度尚不够均衡，尤其对新构造学的系统研究还不够充分，有些问题在认识上尚有分歧，所有这些都需要开展系统的详细研究。下列问题仍然是今后研究的重点：青藏高原大规模隆升的确切过程、阶段和历史的确认。青藏高原在不同时期、不同阶段隆升的幅度、速率；青藏高原在新构造期内活动块体的划分、块体的结构及各块体运动方式、幅度、期次和时间；青藏高原不同类型地貌的系统划分、展布及其变位、变形。过去对青藏高原内部众多的湖泊系统研究较少，实际上，湖泊的地貌和沉积物往往保留着全面丰富的新构造信息，应予以足够的重视。

2. 对沿海地区的研究

沿海地区的新构造研究始终是国外和国内新构造学研究的热点区域，并在海岸构造地貌、海平面变化及海域新构造的研究和探测方面取得了一系列新进展。沿海地区既是大陆和海域交接地带，又是经济发展地区，故不论是从大陆与海洋新构造对比的一系列理论研究，还是从国民经济发展需要出发，都将是新构造研究的重点地区。尤其我国沿海地带正是经济开发的重点地区，一系列新的工业、商业城市正在兴起，滨海石油开发也正在迅速发展，而这一地带又面临各种自然灾害的威胁，如海岸沉降、河口变迁及地震活动等，这些无一不与新构造有关。今后除继续对海岸构造地貌、海平面变化及有关的新构造运动、新构造变形进行重点地区和全面系统相结合的研究之外，通过各种海洋探测手段，加强对滨海地区的新构造探测和研究无疑将是今后研究的重点。目前已取得不少资料证明滨海地区是新构造运动极为活跃而强烈的地带。

思考题

一、名词解释

新构造运动;新构造;新构造运动的继承性和新生性;断块构造;破裂构造,现代构造运动,活动构造;活断层;活褶皱。

二、简述

1. 目前对新构造运动的时限有哪几种主要看法?

2. 简述新构造运动的地质、地貌标志。

3. 新构造运动的继承性主要表现在哪些方面?

4. 什么是新构造运动的新生性?

5. 新构造的基本类型可分为几种?各种类型的主要特征表现在哪些方面?请结合我国实例说明。

6. 如何识别构造阶地和气候阶地?

7. 引起第四纪海平面变化的因素有哪些?如何区分构造原因和气候原因?

8. 论述新构造运动与地震的关系。

9. 结合实例说明,如何根据洪积扇的异常组合与变形研究山前断层的性质?

10. 试述我国新构造运动的区域性特点。

11. 如何根据水系研究新构造?

12. 考古对新构造运动的研究有何意义?

13. 试述阶地研究的新构造运动意义?

第十六章 地貌和第四纪地质工作方法

在航空和卫星照片判读的基础上进行野外观察研究，是地貌与第四纪地质最基本和最重要的工作方法。在开发和掌握前人研究资料及航空、卫星照片提供的信息之后，要做到心中有数。观察路线要穿越河流阶地、山前、山坡、分水岭和第四纪沉积物天然与人工露头发育的河流侵蚀及人工切坡等地段。在平原(盆地)区要有一定数量浅钻揭露平原下伏第四纪沉积物，必要时可以运用物探方法(地震法、电测法等)了解地下(或水下)一定深度的松散沉积物岩性、厚度和构造特征。各种研究成果都应汇集编制成第四纪地质图或地貌图。

第一节 3S技术的应用

一、航空、卫星照片在地貌和第四纪地质研究中的应用

1. 宏观研究

每幅卫星照片拍摄的地面面积约185km×185km，相当于1:5万航空照片千余张，有利于区域地貌和第四纪地质研究，便于对各类地貌形态和第四纪沉积物的组合及其分布规律进行综合性分析对比，对编制小比例尺第四纪地质图和地貌图极为有利。

2. 多方式成像，信息丰富

除常见光成像的航空照片外，多波谱卫星照片(第4谱段为0.5～0.6μm，第5谱段为0.6～0.7μm，第6谱段为0.7～0.8μm，第7谱段为0.8～1.1μm)及红外影像，假彩色合成照片和雷达扫描照片等，可为第四纪地质和地貌研究提供丰富的信息。

3. 动态研究

根据不同时期的航空、卫星照片可以对冰雪线、冰川、海岸线、河道、沙丘、三角洲和湖泊等的变化进行定性或定量研究。

4. 光照条件有利，可以获得较好的立体感

航空照片立体镜下判读太阳高度角为25°左右拍摄的卫星照片，均可以获得地貌形态较好的立体感，对地貌研究有利。

5. 提高编图速度

利用航空和卫星照片可以提高各种比例尺第四纪地质图和地貌图的编制速度。

二、地貌、第四纪沉积物判读标志

(一) 地貌判读标志

地貌的形态特征与其成因和空间分布,是航空和卫星照片地貌判读最重要的直接标志。各种外力作用的侵蚀地貌和堆积地貌,如河流的河道类型、河漫滩、阶地、水系、三角洲、牛轭湖;洪流的冲出锥、洪积扇或洪积平原;海岬与海滩、沿岸流、沙嘴、沙洲;冰川侵蚀地貌和堆积地貌;风蚀和风蚀地貌;岩溶地貌;湖泊地貌;火山与熔岩地貌和夷平面等,都可在航空照片或不同谱段卫星照片上根据形态、空间分布、相互关系和成因条件等识别及圈定。

(二) 第四纪沉积物判读标志

1. 直接标志

各种沉积物在航空、卫星照片上反映的色调(10 级:白、灰白、淡灰、浅灰、灰、暗灰、深灰、淡黑、浅黑、黑,可目视判读或用仪器判读)和沉积物地貌形态特征是直接判读的标志。均匀白—灰白色调通常为粗粒沉积物、干砂砾或干土壤;均匀灰黑—暗色一般为黏土、有机质沉积物和含水砂砾等。不均匀色调(如斑状色调),反映沉积物粒度不均匀,表面地形崎岖,冻土局部融化,冰碛物表面积水等。带状色调与沉积物的空间分布形状有关,如天然堤、河漫滩、阶地、洪积扇和湖岸沉积物等有关。“花生外壳”状影像反映地表岩溶发育。紊乱色调反映沉积物岩性变化无一定规律或堆积地形表面微地貌复杂等。此外,也要考虑色调的多因素引起的可能变化。

2. 间接标志

间接标志主要指沉积物上生长的植被、发育的土壤和某些人工标志(如耕地)。这些间接标志随沉积物成因类型、岩性岩相变化和地形起伏而变化。

采用多谱段卫星照片对比分析,如一般第 5 谱段和第 7 谱段卫星照片可用于研究区别含水和不含水的新、老沉积物,第 5 谱段对海水透视能力较强(一般达 10m,有时可达几十米),可用于研究海岸线、湖岸线和三角洲。红外照片由于能摄下不同物体或同一物体不同时间的热辐射,可用于研究地表岩溶和地下河。雷达扫描照片对了解干燥沉积物及其内部结构有一定的价值。应用假彩色合成照片或利用彩色密度分割判读技术,则会取得更为丰富的信息。

注意研究不同第四纪沉积物之间色调界线的性质,如两者截然分开,一般为不同成因或不同时代的沉积物;两者逐渐过渡,则可能反映同一时代沉积物的岩相逐渐变化或难以划分。

第二节 野外观察研究

一、地貌的观察、分析与描述

野外地貌观察研究的主要内容包括地貌形态特征、形态测量、物质组成、成因证据和确定地貌类型之间的相互关系，并在地形图(或航空、卫星照片)上标定。

1. 地貌形态的观测与描述

对地貌形态应从定性、定量两个方面进行观测和描述。定性观察主要包括地貌的几何形态(如扇形、三角形、锥形等)、规模(面积、长度、宽度)、空间分布及切割程度等。地貌形态记录应有选择地采用摄影、作剖面或素描图等，并附以必要的文字描述。定量测量主要是测量地貌形态的相对高度和地形面坡度(图 16-1)。必要时利用地形图或航空、卫星照片对地面割切深度和割切密度进行统计。

由于观察到的地貌有不同的相对等级和组合，记录时一般都遵循由远及近、由大到小、先整体后局部的顺序进行。

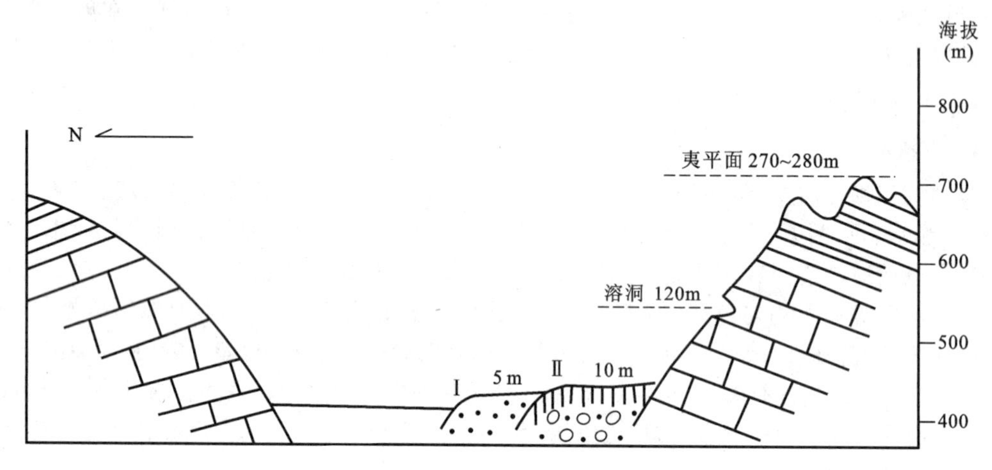

图 16-1　地貌形态测量记录略图

2. 分析地貌成因

对堆积地貌，首先要查明组成该地貌的第四纪沉积物的成因和时代，同时认真观察其地貌形态、地貌组合，并结合与其相关的剥蚀地貌进行综合分析。对于剥蚀地貌要根据地貌形态特征与动力作用、地质构造和岩性的关系，以及相关沉积物的成因进行综合分析研究。

3. 确定地貌形成顺序

根据不同地貌形态的分布、相对高度、接触关系(对接、切割、叠置、掩埋等)划分出地貌形成的相对顺序。地貌形成的相对顺序是确定地貌形成地质时代的基础。

二、第四纪地质的观察研究

在野外调查中对于出露的剖面(天然的或人工的)，按下列顺序进行观察研究。

首先应对露头进行必要的清理工作，用铁铲去掉表层最新风化与重力滑塌覆盖物；其次，在地形图(或航空、卫星照片)上标出露头位置，然后对剖面按颜色、岩性、结构、构造、产状和内含物等进行详细的分层及编号；最后，及时对各层按下述要求进行详细描述、测量、制图、取样和采集化石等。

(一) 沉积物的颜色

沉积物的颜色分为原生色(形成时的颜色)和次生色(生成后由于风化等作用形成的颜

色),前者一般比较均匀,后者常呈斑点或斑纹状,在裂缝或空洞处更加明显。一般以描述原生色为主,并指明干、湿色。若单色不足以鉴别,多用深、浅程度对主、次色进行描述,如浅黄色、灰绿色、浅灰蓝色等。必要时应按统一色标对照描述。

(二) 岩性

1. 砾石层

研究砾石的砾性、砾径、砾向、砾态、表面特征和砾石风化程度(表 16-1)。

表 16-1 砾石测量统计表

时间　　　　地点　　　　测量人

编号	砾石成分	各轴长度			扁平面产状		圆度					风化程度				其他特征
		长轴(a)	中轴(b)	短轴(c)	倾向	倾角	0	Ⅰ	Ⅱ	Ⅲ	Ⅳ	未	弱	中	强	

为了较准确、客观地反映砾石层的上述特征,野外常用砾石统计方法。即在重要剖面(或地点)的不同层位砾石层中,各选一代表性露头,清除出约 1m^2 的新鲜露头面,上置 1m^2 大小线网(网格单位为 10cm×10cm),按网格逐个测量研究砾石 100~300 个。研究最好按下列工序进行:测砾石扁平面(有时还要测 a 轴)产状→砾径(以 mm 为单位)→砾态→砾石表面特征→打碎研究砾石岩性和风化程度。5~20cm 大小的砾石测量结果有较好的代表性,巨砾因在水体中易于旋转,巨砾间细砾为后期充填物,二者对砾向研究无意义。

此外,还须认真地观察砾石层的充填物(或胶结物)和固结程度。应指出胶结物的成分(如砂、黏土、钙质、铁质等);胶结物与砾石之间量的对比关系;沉积结构(如颗粒支撑组构、基质支撑组构等);胶结程度(松散、微固结、半成岩和成岩等)。

2. 砂和土状堆积物

对于砂层,可根据其粒径分为:粗砂(0~0.5mm)、中砂(0.25~0.5mm)、细砂(0.1~0.25mm)、极细砂(0.05~0.1mm)、粉砂(0.005~0.05mm)。并借助于放大镜观察砂的成分和圆度。土状堆积一般野外观察时可分为:砂土、亚砂土、亚黏土、黏土,其野外鉴别方法如表 16-2 所示,再用室内粒度分析资料订正。

3. 有机沉积物

应分为泥炭、有机质淤泥和含有机质碎屑等进行描述,并指出有机沉积物的含水性、有无大型植物化石(如树干、叶、果实)等。

表 16-2 野外砂-土状沉积鉴定特征表

陆相沉积名称	肉眼观察或放大镜观察情况	干土性质	湿土性质	颗粒含量(%)		与海相沉积相应的名称
				<0.01mm	<0.002mm	
砾石	2mm 颗粒含量大于 50%	碎裂	——	——	——	

续表 16-2

陆相沉积名称	肉眼观察或放大镜观察情况	干土性质	湿土性质	颗粒含量(%)		与海相沉积相应的名称
				<0.01mm	<0.002mm	
砂土	几乎全部为大于 0.25mm 的颗粒	松散的	在湿度不大时具有明显的黏浆性,过度潮湿时即处于流动状态	5	<2	砂
黏土质砂	几乎全部为大于 0.25mm 颗粒组成,少数为黏土	松散的		5～10		淤泥质砂
亚砂土	大于 0.25mm 颗粒占大多数,其余为黏土	用手掌压或掷于板上,易压碎	非塑性,不能搓成细条,球面形成裂纹破碎	10～30	2～10	砂质淤泥
亚黏土	占多数的黏土颗粒中,偶见大于 0.25mm 颗粒	用锤击或用手压,土块易碎	有塑性,不能搓成细长条,弯折时断裂,可以捏成球形	30～50	10～30	淤泥
黏土	同类细黏土,不含大于 0.25mm 的颗粒	硬土不易被锤击成粉末	可塑性,有黏性和滑感,易搓成直径小于 1mm 细长条而不断,易搓成球形	>50	>30	黏土质淤泥

4. 化学沉积物

除描述成层的化学沉积物之外,更应注意对薄层铁壳、铁锰结核、钙质结核、薄层石膏等进行观察与描述。

(三) 结构和构造

沉积物的结构、构造,对确定成因和环境有重要的价值。野外工作中应着重于以下两个方面的观察与描述。

应区分层理的类型,如水平层理、斜层理、交错层理、透镜状层理、波状层理等,并对层理的产状和物质组成进行测量和描述。

剖面中各种沉积物配置所反映的特征性构造,如冲积层的“二元结构”,冻土的“扰动结构”“古冰楔构造”“古地籐楔”,冰水湖的“纹泥构造”和古冻土的“多角形构造”等。

(四) 厚度测量

第四纪沉积物厚度一般较小且变化大,对重要的沉积物厚度,要求测量到厘米,注意厚度变化,并确定厚度变化的性质。一般将层理厚度超过 500cm 的称为巨厚层,10～50cm 的为厚层,2～10cm 的为中厚层,0.2～2cm 的为薄层,小于 0.2cm 为微细层。

(五) 接触界线

详细观察层与层的接触界线性质和起伏。特别要注意侵蚀面、角度不整合面、层与层间过渡性质等的研究和描述。

(六) 采集化石和试样

第四纪陆相堆积物(如洞穴和河湖相沉积物)中有时含丰富的小哺乳动物化石,可用筛选

法(把含化石土放在筛子里浸于水中轻洗)可获得有价值的化石材料。所采集的化石和各种试样应分类编号,并及时标在剖面图上。各种样品均应附有标签,并装入样品袋和保留标签存根。

三、作剖面图

剖面图是野外地貌和第四纪地质调查研究工作的原始资料,也是研究成果的重要基础。一切剖面图应有图名、比例尺、方向、高度和图例等基本要素。第四纪剖面图的比例尺应选择适当,可用大比例尺描绘,水平与垂直比例尺可不相同。应客观地反映剖面上第四纪沉积物的岩性和产状、相关的地貌、基岩主要特征和各种取样点与化石采集位置。地貌、第四纪剖面图有以下几种类型。

1. 实测剖面图

实测剖面可用经纬仪或皮尺测制,前一方法用于大型工程剖面,后一方法经常在野外研究时应用。图上应如实标明所观察到的第四纪沉积物的岩性、结构、构造、地层的相互关系和产状等,必要时还要局部放大表示细微的结构、构造。地貌内容包括堆积物组成的地貌形态及下伏古地形特征。基岩内容一般只表示主要的岩性、产状和时代。由于第四纪沉积物岩性、岩相、厚度和产状变化大,在测大比例尺第四纪剖面时,应该在露头上布置若干点,用皮尺控制上述各方面的变化,不要在实测剖面图上信手勾描。

2. 信手剖面图

这种剖面图的内容、图式与实测剖面完全相同,只不过它是用目估或步测的方法信手完成的。它不是把整个剖面上所有的内容都准确地按比例表现在剖面上,而是经过概括后,表现最主要的地质内容,在野外观察中要经常作信手剖面图(图 16-2)。

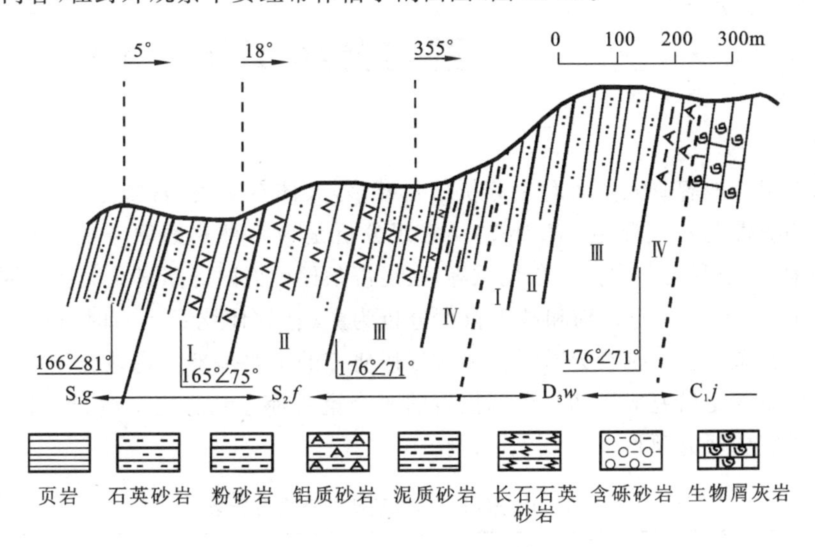

图 16-2 羊山东沟信手剖面图

3. 综合剖面图

综合剖面图是在野外调查工作过程中或基本完成的时候,作者在分析大量实际资料的基础上加以科学抽象概括而编制成的一种综合性工作图件,不是成果图件。综合剖面图既能反映工作区的地貌和第四纪沉积物的类型，形成时代，发生、发展和分布情况，同时也能体现出作者对该区地貌和第四纪地质发生、发展规律的认识，综合剖面只有垂直比例尺，水平方向则只要求表示地貌的相对规模大小。

这种剖面图上不同时代的各种类型地貌与沉积物的分布、接触关系及与地貌单元的关系应按高度表示清楚。

4. 编制剖面图

在山间盆地和平原区，由于第四纪沉积厚度大，各时期的地层互相叠加，地形起伏小，切割微弱，无法直接测制地质剖面时，常利用露头和钻孔资料编制第四纪地质剖面。编制剖面图时应注意下列问题：

应认真研究盆地和平原边缘的第四系发育特点，对推断平原和盆地内第四纪地层的成因及地层划分极为重要。

详细研究和掌握钻孔资料，先根据单个钻孔中的岩性、颜色、风化程度、古土壤特征等，进行地层划分和成因分析。然后再对钻孔作横向对比和连接。应根据标志层或地层分界线从边缘开始，逐渐移向盆地或平原中心进行连接。

对埋藏的不同时代沉积体，如洪积透镜体、湖沼沉积、古河道及河间洼地沉积层等的形态要给予特别注意。如有必要时，可以岩性成分(%)、厚度、平均粒径、互层比特征等为变量，进行统计，作半定量分析，划分出上述各种沉积体。连接时应根据实际材料，并考虑各沉积体的合理布局，使其接近自然状态。

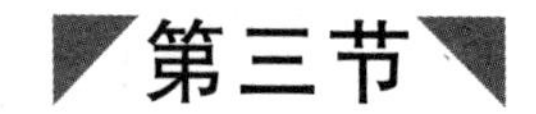

室内分析工作

现代第四纪和地貌研究的实验室分析项目甚多，大体有4类：常规分析、成因-环境分析、古气候分析和极性与年代测量(表16-3)。常规分析是为多种实践服务的，如地质、矿产、建材、农业、环境、土地利用和水文工程地质等，在经济条件允许时尽量满足其各项要求。一般情况下，成因-环境分析以砾石组构和砂土粒度分析为主(在软体化石丰富时可以软体化石的生态分析为主)，其余为辅。孢粉分析是当前古气候研究的主要基础。古地磁和年代学测量数据是当代水平的第四纪研究成果和与国际接轨的一个重要标志。总之，应该根据任务和经济条件选择必要的室内研究项目，不必求多求全。

表16-3　第四纪和地貌研究室内分析表

<table>
<tr><th>分析方法</th><th>陆相沉积物</th><th>海相沉积物</th></tr>
<tr><td>常规分析</td><td colspan="2">粒度分析，矿物分析，黏土分析，化学分析，生物化石分析</td></tr>
<tr><td rowspan="2">成因-环境分析</td><td colspan="2">砾石(或砂)统计组构分析，石英砂电子显微镜扫描，软体化石生态分析</td></tr>
<tr><td>古土壤分析</td><td>氧同位素分析</td></tr>
</table>

续表 16-3

分析方法	陆相沉积物	海相沉积物
古气候分析	孢粉化石分析 氨基酸外消旋法，磁环境分析	有孔虫种属组合分析 海相软体动物化石的纬度生态分析
极性与年代分析	古地磁极性分析 年代学分析	

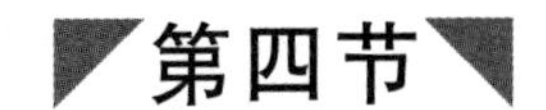

第四节 第四纪地质图的编制

第四纪地质图是该地区第四纪地质综合研究的主要成果。第四纪地质图是在广泛的野外第四纪地质调查掌握了充足的实际资料(包括足够数量的观察点、路线剖面、实测剖面及主要的地层界线，在覆盖区，还应有必要的钻孔资料)基础上，结合遥感影像资料提供的信息，在选定比例尺的地形图上编制的。

一、第四纪地质图的基本内容

第四纪地质图主要是反映地表及一定深度第四纪地层的岩性、成因、地层时代及其产状的图件。对前第四纪基岩露头视其与第四纪地层的关系而分类归纳表示。第四纪构造、第四纪矿产点、人类文化遗存点、动植物化石点、各种采样点及区域第四纪主要事件(如古冰川分布线、海侵界线、火山、湖泊扩展界线等)也应表示在图上。

二、图例

第四纪地质的图例是按规定的地层代号、成因类型代号、岩性花纹符号和其他记号表示第四纪地质图的内容。

图例一般按地层时代、成因、岩性及专门性图例的次序安排。地层时代符号从上到下、由新及老；然后是第四纪不分层(Q)；最后是前第四纪基岩。如图例放在图的下方，则一般由左到右、从新到老排列。对成因类型图例的排列，一般把同一时代形成的不同成因类型按其分布的地貌位置，由分水岭向河谷或由山区向平原和湖与海的方向依次排列，如按残积、坡积、洪积、冲积、湖积或海积的顺序。对冰川、风积及岩溶堆积等特殊成因，可按其在不同地区所处地貌部位安排相应的位置。岩性图例多按碎屑沉积物、化学沉积物、生物沉积物的顺序排列。其中碎屑沉积物尚可按由粗到细划分的顺序排列。

凡图面上表示出的第四纪地质内容(或现象)均应无遗漏地以图例表示。图内没有的内容不可列入图例。

三、第四纪地质图编制方法

1. 地层年代

一般按第四纪地层分期方案进行划分，地层时代用 Qp^1（下更新统）、Qp^2（中更新统）、Qp^3（上更新统）和 Qh（全新统）表示。若研究深化，资料充足时尚可进一步将各时段细分，如全新统可进一步分为 3 个时段，分别表示为 Qh^1、Qh^2 和 Qh^3。时代合并的地层可以表示，如 Q^{1+2}（表示下、中更新统因研究需要合并）。时代延续的未分地层表示如 Q^{3-4}（表示上更新统与全新统未分层）。第四纪未分层用 Q 表示。前第四纪基岩多按研究需要归纳表示，如中生代、古近纪、新近纪等。

2. 成因类型

在单色图上用英文字母符号表示，如单成因冲积层的代号为：al—冲积层；pl—洪积层；dl—坡积层等。混合成因用两种代号的组合表示，如 pal—洪冲积层（冲积为主）；dlp—坡洪积层等。成因不明的地层用 pr 表示。

在着色图（多色图）上，常用颜色表示沉积物成因，如坡积层用黄色，洪积层用橘黄色，冲积层用橄榄绿色等。用同一颜色的深浅，表示不同时代的相同成因的地层，年代越老，颜色越深。对混合成因则用相应的底色表示主要成因类型，次要成因类型用相应颜色的线条加在底色之上。如以橄榄绿色为底色，加上橘黄色的线条表示以冲积为主的洪冲积层。

在第四纪地质图中，常将地层时代、成因类型综合表示，如 Qp^{1al}——下更新统冲积层，Qp^{2al}——中更新统洪积层等。

3. 岩性

通常用花纹符号表示出露于地表表层的一套第四纪地层的岩性。

4. 年代资料

年代应在图例中说明。若有系统的古地磁极性资料，还应附上古地磁极性表；一般在柱状图上应标明各种年代方法及数据。

5. 其他

人类文化遗存点、动植物化石点、第四纪矿产点、采样点、钻孔及重要的地貌界线和地貌标志等，都需用专门符号表示，有时还辅以数字说明。

第四纪地质图上表示地下掩埋地层（或沉积体）方法如图 16-3 所示。

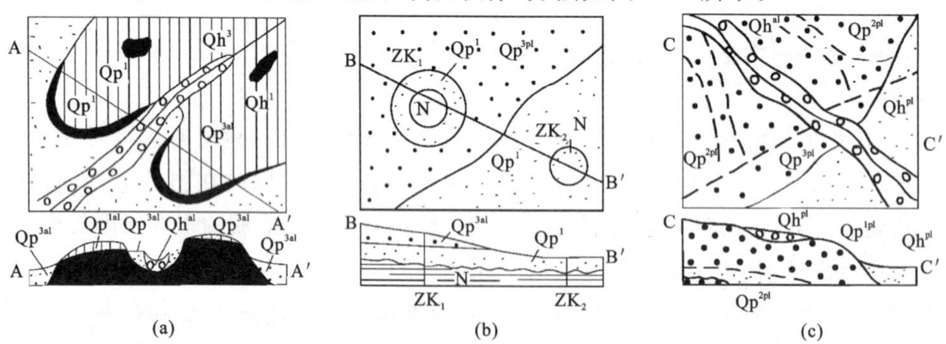

图 16-3　第四纪地质图上表示地面以下地层（或沉积体）的方法略图

(a)在陡坎下出露下伏较老地层时，可沿陡坎和侵蚀沟露头分布带扩大（每层不宽于 1mm）表示；(b)平坦地区有钻探资料处，用同心圆法表示该孔揭露的地下地层，同心圆半径为除地表层外所有地下层厚度的总和，按比例表示；(c)有大量钻孔资料足以圈定地下地层（或沉积体）分布范围时，地表地层界线划实线，并表示其岩性，地下地层用不同的线段（或不同的颜色线条）表示其分布，其岩性表示与否视情况而定

第五节 地貌图的编制

地貌图按比例尺可分为大比例尺(大于 1:5万)、中比例尺(1:10 万～1:50 万)和小比例尺地貌图(小于 1:50 万)。各种比例尺地貌图主要表示内容如表 16-4 所示。大比例尺地貌图应在野外地貌调查的基础上编制;中比例尺地貌图可部分实测,部分利用资料(如遥感资料)编制;小比例尺地貌图则综合各类资料编制而成,并适当进行野外路线验证。

表 16-4 不同比例尺地貌图表示的内容表

比例尺	地貌形态			地貌成因	地貌形成时代
	形态要素	基本形态	形态组合		
大于 1:5万	部分形态要素	主要表示内容(Ⅳ级)	少数形态组合(Ⅲ级)与分区结合	外力成因为主,少数活动的构造地貌	地质时代为主,少数基本形态测定年龄
1:10 万～1:50 万	——	部分表示内容(Ⅳ级)	主要表示内容(Ⅲ级)与分区结合	综合内、外力成因为主,少数活动构造地貌	地质时代为主
小于 1:100 万	——	——	主要表示内容(Ⅱ、Ⅲ级)	内力作用为主结合外力	构造-地貌史

注:Ⅰ、Ⅱ、Ⅲ、Ⅳ为地貌相对等级。

一、普通地貌图

1. 基本内容

普通地貌图主要表示研究区的地貌形态类型和特征、地貌成因和地貌形成时代,即一般所称地貌图,它和地貌分区图不同。

2. 图例

普通地貌图的图例是用规定的颜色和符号表现地貌图的内容。图例能体现研究区的地貌研究程度及编者的指导思想和编图原则。

图例的安排一般先根据地貌相对等级和形成的物质基础与成因,划分出较大型的地貌单元(Ⅰ、Ⅱ…),再按构成地貌的岩性及形态类型,划分出次一级的地貌单元($Ⅰ_1$、$Ⅰ_2$…;$Ⅱ_1$、$Ⅱ_2$…)。这些地貌单元一般都是地貌形态组合类型。如一级单元有构造侵蚀中山(Ⅰ)、构造剥蚀低山(Ⅱ)和堆积平原(Ⅲ)等;构造侵蚀山地可进一步分为变质岩中(低)山($Ⅰ_1$)、花岗岩中(低)山($Ⅰ_2$)、碎屑岩中(低)山($Ⅰ_3$)及穿越各地貌单元的河谷地貌单元等。

3. 地貌图表示方法

地貌形态一般用地形等高线作底图,以表示较大的地貌形态特征、高度和坡度。若用无等高线底图，则应标明系统高程以反映地形的主要起伏。

地貌成因类型的表示方法用数字如Ⅰ、Ⅱ、Ⅲ等表示地貌成因类型（地貌单元），也可以用线条符号和颜色来表示。一般把堆积地形与第四纪成因色谱协调起来，并在图例中加以说明。

地貌年代的表示方法对地貌的地质年代一般用地质年代代号（如 Qp^1、Qp^2、Qp^3、Qh）直接表示，并可以颜色深浅相区别，色深则表示时代老，色浅表示时代新。若地貌年代具有同位素年龄数据，则在图例中用数字表示说明。

二、专门地貌图

从实用角度以一种（或几种）成因地貌为主要对象，测编的地貌图属于专门地貌图。如河谷地貌图、地滑地貌图、岩溶地貌图、地面坡度图、地表割切密度图等。

专门地貌图一般选择与工程地质、地质灾害、农田水利、土地利用和砂矿等有关的地貌为主要研究对象，图上要求标测出与实践活动有关的主要地貌形态、成因及其发展阶段。此外，还应研究与工程（或矿产）有关的现代动力作用过程（图 16-4）。

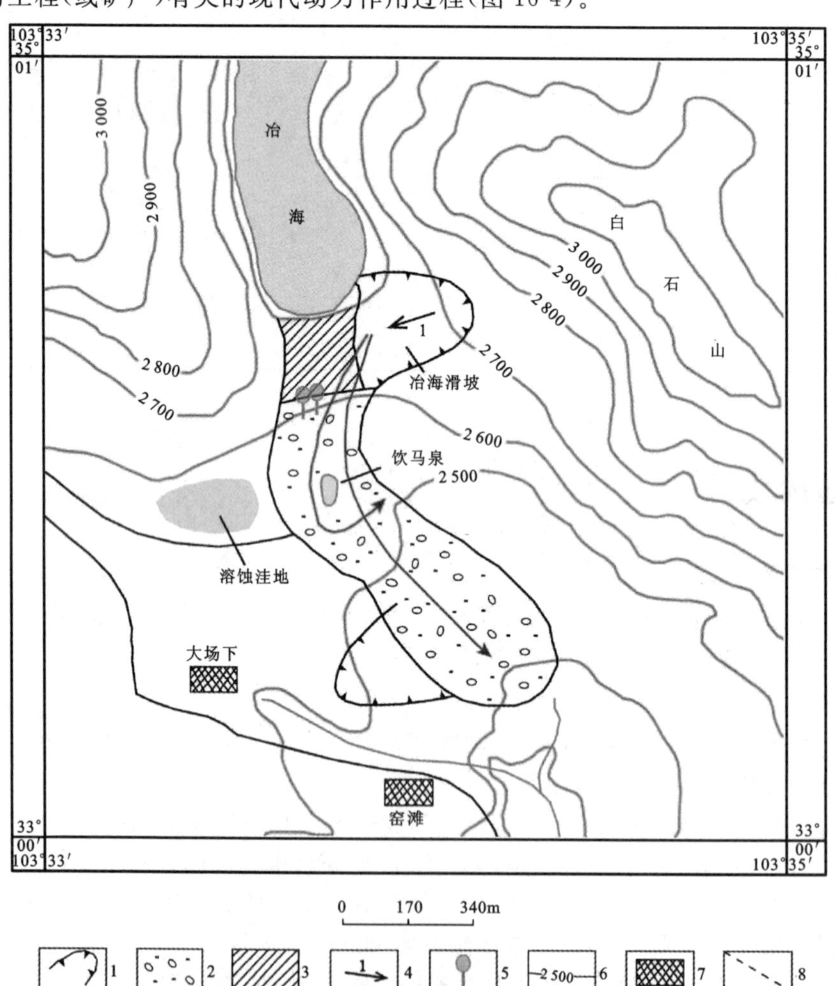

图 16-4　冶海滑坡地貌成因类型图

1.滑坡；2.滑坡堆积物；3.堆石坝；4.滑动方向及次数；5.泉；6.等高线；7.村庄；8.道路

思考题

一、名词解释

地貌的几何形态;普通地貌图;专门地貌图。

二、简述

1. 简述野外地貌观察研究的主要内容。
2. 在野外调查中对于出露的剖面,应按什么顺序进行观察研究?
3. 如何编制剖面图?
4. 简述第四纪地质图的基本内容。
5. 简述普通地貌图与专题地貌图的区别与联系。

参考文献

CANKAOWENXIAN

安芷生，KuKla G，刘东生，等. 洛川黄土地层学[J]. 第四纪研究，1982(2)：155-168.

安芷生，卢演俦. 华北晚更新世马兰期气候地层划分[J]. 科学通报，1984，29(4)：228-231.

安芷生，王苏民，吴锡浩，等. 中国黄土高原的风积证据：晚新生代北半球大冰期开始及青藏高原的隆升驱动[J]. 中国科学(D辑：地球科学)，1998，28(6)：481-490.

柏道远，李长安. 洞庭盆地第四纪地质研究现状[J]. 地质科技情报，2010，29(5)：1-8.

北京大学，南京大学，上海师范大学，等. 地貌学[M]. 北京：人民教育出版社，1978.

毕利宾. 砂矿地质学原理[M]. 北京：科学出版社，1956.

卞鸿翔. 徐霞客对湖南南部岩溶地貌考察研究的评述[J]. 中国岩溶，1991，10(3)：239～244.

蔡向民，郭高轩，栾英波，等. 北京山前平原区第四系三维结构调查方法研究[J]. 地质学报，2009，83(7)：1 047-1 057.

蔡向民，栾英波，郭高轩，等. 城市地质调查中第四纪松散沉积物的分类研究[J]. 城市地质，2007，2(3)：21-24.

蔡雄飞，廖计华，蔡海磊，等. 第四系冲-洪积物的识别标志和研究意义[J]. 海洋地质动态，2007，23(1)：10-12.

曹伯勋，刘士蓉，赵不亿，等. 陕西渭南游河地区新生界初步研究//陕西蓝田新生界现场会议论文集[C]. 北京：科学出版社，1966.

曹伯勋，田明中，李长安，等. 北京周口店地区新发现的晚更新世洞穴堆积物[M]. 中国区域地质(2)，北京：地质出版社，1989.

曹伯勋，田明中，李长安. 北京周口店地区新发现距今 73～90 万年地层与古冰楔遗迹初步研究[M]. 科学通报 1989(7)，北京：科学出版社，1989.

曹伯勋，赵锡文，等. 中国第四纪气候[M]//“古气候学概论”之第四纪部分. 武汉；中国地质大学出版社，1989.

曹伯勋. 地貌学及第四纪地质学[M]. 北京：地质出版社，1995.

曹伯勋. 中国第四纪气候研究及对我国未来气候与环境变化探讨[J]. 中国区域地质，1990(2)：97-111.

曹伯勋. 中国第四纪生物地理区[M]//殷鸿福等. “中国古生物地理区”之第四纪部分.

武汉:中国地质大学出版社,1989.
曹伯勋.中国第四纪生物地理区[M].武汉:中国地质大学出版社,1989.
曹伯勋.地貌学及第四纪地质学[M].武汉:中国地质大学出版社,1995
曹家欣.第四纪地质学[M].上海:商务印书馆,1983.
曹建华,王福星.桂林地区生物岩溶微观形态与岩溶地貌宏观形态间的分形特征[J].南京大学学报(自然科学版),1996,13(1):147-157.
曹兴山.甘肃第四纪沉积物的成因类型及特特[J].甘肃地质,2010,19(4):31-40.
柴慧霞,程维明,乔玉良.中国“数字黄土地貌”分类体系探讨[J].地球信息科学,2006,8(2):6-13.
陈安泽.旅游地学大辞典[M].北京:科学出版社,2013.
陈承惠.辽东半岛普蓝店附近古莲子的全新世沉积物孢粉分析[J].中国第四纪研究,1965,4(2).
陈德牛.黄土地层中蜗牛化石组合及其意义[C]//第三届全国第四纪学术讨论会论文集.北京:科学出版社,1965.
陈桂华,徐锡伟,袁仁茂,等.川滇块体东北缘晚第四纪区域气候-地貌分析及其构造地貌年代学意义[J].第四纪研究,2010,30(4):837-854.
陈浩,蔡强国,陈金荣,等.黄土丘陵沟壑区人类活动对流域系统侵蚀,输移和沉积的影响[J].地理研究,2001,20(1):68-75.
陈华慧,林秀伦.新疆天山地区早更新世沉积及其下限[J].第四纪研究,1994(1):38-47.
陈慧娴,骆美美,王建华,等.福建九龙江河口第四纪沉积物特征及沉积环境演变[J].古地理学报,2014,12(2):263-273.
陈奇礼,陈特固.海平面上升对中国沿海工程的潮位和波高设计值的影响[J].海洋工程,1995,13(1):1-7.
陈少坤,庞丽波,贺存定,等.重庆市盐井沟第四纪哺乳动物化石经典产地的新发现与时代解释[J].中国科学,2013,58(20):1 962-1 968.
陈伟海,朱学稳,朱德浩.重庆武隆天生三桥喀斯特系统特征与演化[J].中国岩溶, 2006, 25:99-105.
陈星,朱诚,马春梅,等.气候转换函数中孢粉因子的气候敏感性分析[J].中国科学,2008,53(1):45-50.
陈衔婷,尹丽倩,陈进生.厦门近海表层沉积物结构特征及物源初探[J].2011,34(12):1-7.
陈燕飞,杜鹏飞,郑筱津,等.基于GIS的南宁市建设用地生态适宜性评价[J].清华大学学报:自然科学版,2006,46(6):801-804.
陈业裕.第四纪地质学[M].上海:华东师范大学出版社,1989.
陈宜瑜,丁永建.佘之祥,等.气候与环境变化的影响与适应、减缓对策气候变化研究进展[J].中国气候与环境演变评估(Ⅱ),2005(2):52-53.
陈宇坤,李振海,邵永新,等.天津地区第四纪年代地层剖面研究[J].地震地质,2008,30(2):383-399.
陈忠大,覃兆松,梁河,等.杭嘉湖平原第四纪地层高精度对比方法研究[J].中国地质,2002,30(3):275-280.

谌书.硅酸盐细菌对磷矿石风化作用机理的探讨[J].安徽农业科学,2008,36(33):14 733-14 736.

成都地质学院.沉积岩石学[M].成都:成都地质学院出版社,1980.

程国栋,孙志忠,牛富俊."冷却路基"方法在青藏铁路上的应用[J].冰川冻土,2006,28(6):797-808.

程国栋,周幼吾.中国冻土学的现状和展望[J].冰川冻土,1988,10(3):221-227.

程国栋.局地因素对多年冻土分布的影响及其对青藏铁路设计的启示[J].中国科学(D),2003,33(6):602-607.

程国栋.中国冰川学和冻土学研究40年进展和展望[J].冰川冻土,1998,20(3):213-226.

程绍平,邓起东,李传友,等.流水下切的动力学机制、物理侵蚀过程和影响因素:评述和展望[J].第四纪研究,2004,24(4):421-429.

程维明,周成虎,柴慧霞,等.中国陆地地貌基本形态类型定量提取与分析[J].地球信息科学学报,2009,11(6):725-736.

崔越,杨景春.地貌旅游资源特征值评价模型研究[J].地理学与国土研究,2002,18(3):86-89.

崔之久,宋长春,等.论我国北方晚更新世冰缘环境[J].中国第四纪研究,1985,6(2).

邓玲.理想人居环境评价指标体系[J].人居环境评价指标研究综述与思考,2011,7(28):18-19.

邓起东,陈立春,冉勇康.活动构造定量研究与应用[J].地学前缘,2004,11(4):383-392.

邓起东,闻学泽.活动构造研究——历史、进展与建议[J].地震地质,2008,30(1):1-30.

邓起东.活动构造研究的进展[M]//中国地震局地质研究所.现今地球动力学研究及其应用.北京:地震出版社,1994.

第一次全国^{14}C学术会议论文编辑组.第一次全国^{14}C学术会议论文集[C].北京:科学出版社,1984.

丁国瑜.新构造研究的几点回顾——纪念黄汲清先生诞辰100周年[J].地质论评,2004,50(3):253-255.

丁国瑜.中国内陆活动断裂基本特征初步探讨[M].中国活动断裂.北京:科学出版社,1981.

丁仲礼.地球气候变化的米兰科维奇理论研究进展[J].地球科学进展,2006,5(26):54.

董瑞杰,董治宝,曹小仪.中国沙漠旅游资源空间结构与主体功能分区[J].中国沙漠,2014,34(2):582-589.

窦传伟,连宾.一株岩生真菌对方解石的风化作用[J].矿物学报,2009,27(3):387-392.

杜恒俭,陈华慧,曹伯勋.地貌学及第四纪地质学[M].北京:地质出版社,1980.

杜恒俭,陈华慧,曹伯勋.地貌学及第四纪地质学[M].北京:地质出版社,1981.

杜恒俭,李鼎容,王安德.关于上新世—更新世界限问题[M].北京:地质出版社,1980.

杜远生、童金南.古生物地史学概论[M].武汉:中国地质大学出版社,1998.

范天来,范育新.频率分布曲线和概率累积曲线在沉积物粒度数据分析中应用的对比[J].甘肃地质,2010,19(2):32-37.

方长青,尹素芳,孙立功,等.山东省近海砂矿资源类型划分及开发前景[J].山东地质,2002,18(6):26-32.

方银霞,李家彪,黎明碧等.大陆架界限委员会审议划界案的原则和方法--委员会建议摘要案例分析[J]. 海洋学研究,2013,31(2):1-8.
斐锡瑜. 晚第四纪安宁活动断裂分段的基本特征[J]. 四川地震,1998(4):52-61.
冯广利. 我国冻土路基工程研究的过去、现在和未来[J]. 冰川冻土,2009,31(1):139-144.
付碧宏,张松林,谢小平,等. 阿尔金断裂系西段-康西瓦断裂的晚第四纪构造地貌特征研究[J]. 第四纪研究,2006,26(2):228-235.
高帮飞,邓军,王庆飞,等. 风化作用元素迁移与金富集机制研究——以国内外典型红土型金矿床为例[J]. 黄金,2006,27(5):9-12.
高迪 A. 环境变迁[M]. 邢嘉明等,译. 北京:海洋出版社,1981.
高吉喜,王家骥,张林波,等. 对全球气候变化原因及发展趋势之浅见[J]. 农村生态环境,1997,13(4):43-44.
高抒. 海洋沉积地质过程模拟:性质与问题及前景[J]. 海洋地质与第四纪地质,2011,31(5):1-7.
高玄彧. 地貌基本形态的主客分类法[J]. 山地学报,2004,22(3):261-266.
高玄彧. 地貌形态分类的数量化研究[J]. 地理科学, 2007,27(1):109-114.
耿秀山. 中国东部晚更新世以来的海水进退[J]. 海洋地质与第四纪地质,1981.
龚道溢,王绍武. 全球气候变暖研究中的不确定[J]. 地学前缘,2002(2):25-26
龚高法,等. 历史时期的气候研究方法[M]. 北京:科学出版社,1983.
顾明光,汪庆华,卢成忠,等. 杭州城市平原区三维第四系结构调查研究方法探讨[J]. 中国地质,2008,35(2):232-238.
顾延生,谢远云. 兰州-民和盆地第四纪地层学研究[J]. 中国区域地质,2001,20(4):384-391.
郭进京,杜东菊,韩文峰. 青藏高原东北缘黄河黑山峡出口段阶地特征与断层活动[J]. 工程地质学,2014,12(4):367-372.
郭良迁,薄万举,杨国华. 中国大陆的垂直形变速率梯度及地震活动[J]. 地震地质,2001,23(3):347-356.
国家地震局. 亚欧地震构造图(1:500 万)及说明书[M]. 北京:地质出版社,1981.
韩建恩,余佳,孟庆伟,等. 西藏阿里地区札达盆地第四纪砾石统计及其意义[J]. 地质通报,2005,24(7).
郝俊卿. 洛川黄土国家地质公园遗迹保护性利用与当地经济互动发展研究[D]. 西安:陕西师范大学,2004.
何浩生,何科昭,朱祥民,等. 滇西北金沙江河流袭夺的研究——兼与任美锷光生商榷[J]. 现代地质,1989,3(3):319.
何培元,等. 庐山第四纪冰期与环境[M]. 北京:地震出版社,1992.
贺跃光,王江,叶海民. 岩溶地貌矿山地质灾害的特征及防治对策[J]. 工业安全与环保,2007,33(3):25-27.
贺跃光,杨小礼,何继善. 岩溶地貌某尾矿坝灾害评价与安全监测阈值设定[J]. 中南大学学报(自然科学版),2007,38(4):778-783.
洪顺英,申旭辉,荆凤,等. 基于 SRTM-DEM 的阿尔泰山构造地貌特征分析[J]. 国土资源遥感,2007,9(3):62-66.
侯庆志,陆永军,王建. 河口与海岸滩涂动力地貌过程研究进展[J]. 水科学进展,2012,23(2):

286-294.

胡东生，李小豫，胡蓉，等. 中国庐山晚第四纪沉积地层同位素的环境示踪及表层过程[J]. 地质学报，2013，87(12)：1 922-1 930.

胡君春，叶晋军. 河流地貌的演变规律与砂金成矿特征——以德雷沃河砂金矿为例[J]. 资源环境与工程，2014，28(1)：15-18.

胡善风. 黄山旅游资源开发与可持续利用研究[J]. 地理科学，2002，22(3)：370-373.

黄菲，姚玉增，梁俊红，等. “地貌学及第四纪地质学”课程教学研究与改个实践[J]. 中国地质教育 2004(4)：67-70.

黄万坡. 中国猿人洞穴的特征[J]. 古脊椎动物与古人类，1960，2(1).

黄镇国，等. 海平面研究[M]. 广州：广东科技出版社，1984.

黄臻，王建力，王勇. 长江三峡巫山第四纪沉积物粒度分布特征[J]. 热带地理，2010，30(1)：30-39.

计宏祥，李炎贤. 从哺乳动物化石来探讨元谋人生活时代的自然环境[J]. 古脊推动物与古人类，1979，17(4)：318-326.

计宏祥. 中国第四纪哺乳动物群的地理分布与规划[J]. 地层学杂志，1987，11(2)：91-102.

贾兰坡，等. 旧石器时代考古论文集[C]. 北京：文物出版社，1985.

贾兰坡. 中国细石器的特征和它的传统、起源与分布[J]. 古脊椎动物与古人类，1978(2)：137-161.

翦知湣，王博士，乔培军. 南海南部晚第四纪表层海水温度的变化及其与极地冰芯古气候记录的比较[J]. 第四纪研究，2008，28(3)：391-398.

姜加虎，黄群，孙占东. 长江流域湖泊湿地生态环境状况分析[J]. 生态环境，2006，15(2)：424-429.

焦克勤，沈永平. 唐古拉山地区第四纪冰川作用与冰川特征[J]. 冰川冻土，2003，25(1)：34-42.

金相灿，等. 中国湖泊环境[M]. 海洋出版社，1995.

景可. 黄土与黄土高原[J]. 大自然，2005(1).

孔昭宸，杜乃秋. 北京地区距今 30 000—10 000 年的植物群发展和气候变迁[J]. 植物学报，1980，22(4).

孔昭宸，杜乃秋. 中国晚冰期时的植物群[J]. 冰川冻土，1980(04)：29-32.

库柴 B K，季亚科诺夫 B A. 四川地理研究所译文集，古泥石疏与泥石流预报. 成都：四川地理研究所.

赖内克 H E，卒格 I B. 陆源碎屑沉积环境[M]. 陈昌明等，译. 北京：石油工业出版社，1979.

赖旭龙，杨洪. 古代生物分子在第四纪研究中的应用[J]. 第四纪研究，2003，23(5)：457-470.

蓝先洪. 海洋沉积物中黏土矿物组合特征的古环境意义[J]. 2001，17(1)：5-7.

黎兵，魏子新，李晓，等. 长江三角洲第四纪沉积记录与古环境响应[J]. 第四纪研究，2011，31(2)：316-328.

李保国. 灵长类家域的研究[J]. 生态学杂志，1994(02)：61-65.

李炳元，潘保田，程维明，等. 中国地貌区划新论[J]. 地理学报，2013，68(3)：291-306.

李炳元，潘保田，韩嘉福. 中国陆地基本地貌类型及其划分指标探讨[J]. 第四纪研究，2008，28(4)：535-543.

李长安,曹伯勋.楔状构造——一种重要的第四纪环境标志[J].地质科技情报,1989,8(4):55-61.

李长安,张玉芬,袁胜元,等.江汉平原洪水沉积物的粒度特征及环境意义:以 2005 年江汉大洪水为例[J].第四纪研究.2009,29(2):276-281.

李传令,薛祥煦,岳乐平.对陕西蓝田几个哺乳动物群的层位及时代的新认识[J].地层学杂志,1998,22(2):81-88.

李春初.华南港湾海岸的地貌特征[J].地理学报,1986,41(4):311-320.

李吉均,文世宣,张青松.青藏高原隆起的时代、幅度和形式的探讨[J].中国科学(B),1979,(6):

李开封,朱诚.海峡两岸 2012 年地貌与第四纪环境演变教育研讨会纪要[J].地理学报,2013,68(1):137-139.

李世杰,陈炜,姜永见,等.青藏高原全新世气候环境变化的冰川、冰缘和湖泊沉积记录[J].第四纪研究,2012,32(1):151-157.

李四光.冰期之庐山.前中央研究院地质研究所专刊,乙种第 2 号,1974.

李祥根,等.新构造运动概论[M].北京:地震出版社,2003.

李学仁.岩溶地貌旅游资源特征与开发导向[J].地域研究与开发,1993,12(4):49-53.

李雪铭,王建.城市人工地貌演变过程及机制的研究——以大连市为例[J].地理研究,2003,22(1):13-20.

李毅.论联合国大陆架界限委员会在外大陆架划界中的作用——兼谈中国及周边国家的外大陆架申请[J].南洋问题研究,2010,142(2):1-8.

李永红,高照良.黄土高原地区水土流失的特点、危害及治理[J].生态经济,2011,29(2):83-88.

李永昭,潘建英,曹照垣,等.中国第四纪冰期的探讨[J].地质学报,1973(1):94-101.

列昂捷夫 O K.海岸带泥砂运动的形态学与岩石学的研究方法[J].海洋与湖沼,1958,1(2):218-235.

林春明,李艳丽,漆滨汶.生物气研究现状与勘探前景[J].古地理学报,2006,8(3):317-330.

林景星.中国第四纪有孔虫群[C]//第三届全国第四纪学术会议论文集.北京:科学出版社,1982.

刘宝珺,等.沉积岩石学[M].北京:地质出版社,1980.

刘春茹,尹功明,高璐,等.第四纪沉积物 ESR 年代学研究进展[J].地震地质,2011,33(2):490-498.

刘东生.黄土的物质成分与结构[M].北京:科学出版社,1966.

刘东生,等.黄土与环境[M].北京:科学出版社,1985.

刘东生,丁梦林.中国第四纪地层和更新统、上新统界线[J].中国第四纪研究,1985,9(4):239-251.

刘东生,施雅风.以气候变化为标志的中国第四纪地层对比表[J].第四纪研究,2000,20(2):108-128.

刘东生,孙继敏,吴文祥.中国黄土研究的历史、现状和未来——一次事实与故事相结合的讨论[J].岩石力学与工程学报,2001,21(3):185-207.

刘东生.黄土·第四纪·全球变化[M].北京:科学出版社,1991—1992.
刘杜娟.相对海平面上升对中国沿海地区的可能影响[J].海洋预报,2004,21(2):22-23.
刘海松.地貌学及第四纪地质学[M].北京:地质出版社,2013.
刘嘉麒,刘强.中国第四纪地层[J].第四纪研究,2000,20(2):129-141.
刘金荣,袁道先,梁耀成,等.桂林热带岩溶地貌特点及其科学价值[J].中国岩溶,2001,20(2):55-57.
刘立军,徐海振,崔秋苹,等.河北平原第四纪地层划分研究[J].地理与地理信息科学,2010,26(2):54-57.
刘敏厚.黄海晚第四纪沉积[M].北京:海洋出版社,1987.
刘齐光,碑向宁,单鹏飞,等.贺兰山第四纪古冰川研究及其意义[J].宁夏大学学报(自然科学版),1993,14(3):80-83.
刘卫东.土地资源学[M].1版.上海:百家出版社,1994.
刘兴诗.四川盆地的地文期[C]//第三届全国第四纪学术会论文集.北京:科学出版社,1982.
刘宇平,Montgomery D R,Hallet B,等.西藏东南雅鲁藏布大峡谷入口处第四纪多次冰川阻江事件[J].第四纪研究,2006,26(1):52-62.
刘志杰,公衍芬,周松望,等.海洋沉积物粒度参数3种计算方法的对比研究[J].海洋学报,2013,35(3):179-188.
娄玉芹.地貌形成与发展演化的哲学意蕴[J].河南教育学院学报(自然科学版),2005,14(2):45-47.
卢耀如,杰显义,张上林,等.中国岩溶发育规律及若干水文地质工程地质条件[J].地质学报,1973(1):121-136.
鹿化煜,王先彦,孙雪峰,等.钻探揭示的青藏高原东北部黄土地层与第四纪气候变化[J].第四纪研究,2007,27(2):230-241.
吕洪波,章雨旭.壶穴、锅穴、冰臼、岩臼等术语的辨析与使用建议[J].地质通报,2008,27(6):917-922.
吕金波,卢耀如,郑桂森,等.北京西山岩溶洞系的形成及其与新构造运动的关系[J].地质通报,2010,29(4):502-509.
吕韬,刁承泰,周志跃,等.试论城市地貌及其对城市交通的影响[J].西南师范大学学报:自然科学版,2003,28(4):308-312.
吕宪国.湿地科学研究进展及研究方向[J].中国科学院院刊,2002,17(3):170-172.
吕一河,陈利顶,傅伯杰.县域人类活动与景观格局分析[J].生态学报,2004,24(9):1 833-1 838.
马铭嘉.云南普者黑岩溶地貌特征及旅游地质资源开发[D].昆明理工大学,2010.
马巍,程国栋,吴青柏.多年冻土地区主动冷却地基方法研究[J].冰川冻土,2002,24(5):579-587.
马向贤,郑国东,梁收运,等.黄铁矿风化作用及其工程地质意义[J].岩石矿物学杂志,2011,30(6):1 132-1 138.
马杏垣,等.中国岩石圈动力学纲要(1:400万中国及邻近海域岩石圈动力图及说明书)[M].北京:地质出版社,1987.

孟元林，肖丽华，杨俊生，等. 风化作用对西宁盆地野外露头有机质性质的影响及校正[J]. 地球化学，1999，28(1)：42-50.
闵隆瑞，陈华慧. 中国第四纪古地理图说明书（王鸿祯等"中国古地理图集之第四纪部分"）[M]. 北京：中国地图出版社，1985.
莫彬彬，连宾. 长石风化作用及影响因素分析[J]. 地学前缘，2010，27(3)：281-289.
莫杰，王永吉. 第四纪地质研究进展概述[J]. 海洋地质与第四纪地质，1984，4(3)：111-117.
南京大学地理系地貌教研室. 中国第四纪冰川与冰期问题[M]. 北京：科学出版社，1974.
裴文中. 中国第四纪哺乳动物游的地理分布[J]. 古脊椎动物与古人类，1964，6(6).
彭建，蔡运龙，杨明德，等. 巴江流域演变与路南石林发育耦合分析[J]. 地理科学进展. 2005，24(5)：69-78.
彭建，王仰麟，景娟，等. 城市景观功能的区域协调规划[J]. 生态学报，2005，7：1 714-1 719.
钱宁等. 河床演变学[M]. 科学出版社，1987.
秦大河，丁一汇，苏纪兰，等. 中国气候与环境演变评估（Ⅰ）：中国气候与环境变化及未来趋势[J]. 气候变化研究进展 2005，7(1)：7-8.
秦大河，罗勇. 全球气候变化的原因和未来变化趋势[J]. 科学对社会的影响. 2008. 2(33)：16.
秦华. 山城重庆市街绿化景观分析[J]. 中国园林，2001，17(6)：57-59.
秦养民，谢树成，顾延生，等. 第四纪环境重建的良好代用指标——有壳变形虫记录与古生态学研究进展[J]. 地球科学进展，2008，23(8)：803-812.
秦蕴珊，等. 晚更新世以来长江水下三角洲的沉积构造与环境变迁[J]. 沉积学报，1987，5(3)：105-112.
邱铸鼎. 中国哺乳动物区系的演变与青藏高原的抬升[J]. 中国科学，2004，34(9)：845-854.
裘善文，李风华. 试论地貌分类问题[J]. 地理科学，1982，2(4)：327-336.
任美锷. 云南西北部金沙江河谷地貌与河流袭夺问题[J]. 地理学报，1959，25(2)：135-159.
桑广书，陈雄，陈小宁，等. 黄土丘陵地貌形成模式与地貌演变[J]. 干旱区地理，2007，30(3)：375-380.
邵时雄，王明德. 中国黄淮海平原第四纪地质图(1:100 万)及中国黄淮海平原第四纪岩相古地理图(1:200 万)及说明书[M]. 北京：地质出版社，1991.
申力，许惠平，吴萍. 长江口及东海赤潮海洋环境特征综合探讨[J]. 海洋环境科学，2010，29(5)：631-635.
沈琪，徐建华，王占永，等. 天山一号冰川地区气候要素的变化及其对冰川物质平衡的影响[J]. 华东师范大学学报，2010，7(4)：7～15.
沈树荣. 对第四纪沉积物成因分类法的探讨[J]. 水文地质工程地质，1957(9)，1-6.
沈永平，王国亚. IPCC 第一工作组第五次评估报告对全球气候变化认知的最新学要点[J]. 冰川冻土，2013(5)：1 069-1 070.
沈玉昌，龚国元. 河流地貌学概论[M]. 北京：科学出版社，1986.
沈玉昌，苏时雨，尹泽生等. 中国地貌分类、区划与制图研究工作的回顾与展望[J]. 地理科学，1982，2(2)：97-105.
师长兴，许炯心，蔡强国，等. 地貌过程研究回顾与展望[J]. 地理研究，2010，29(9)：1 546-1 560.

施雅风，王靖泰. 中国晚第四纪的气候、冰川和海平面变化[C]//第三届全国第四纪学术会议论文集. 北京：科学出版社，1982.

施雅风. 中国第四纪冰期划分改进建议[J]. 冰川冻土，2002，24(6)：687-691.

石刚强，赵世运，李先明，等. 严寒地区高速铁路路基冻胀变形监测分析[J]. 冰川冻土，2014，36(2)：360-368.

石元春. 中国黄土中古土壤的发生学研究[J]. 第四纪研究，1989(2)：113-122.

史静，刘素芬，刘振锋. 第四纪地质学与全球变化研究的文献计量分析[EB/OL]. http://www.doc88.com/p-286797989348.html.

史正涛，张世强，周尚哲，等. 祁连山第四纪冰碛物的 ESR 测年研究[J]. 冰川冻土，2000，22(4)：353-357.

舒良树. 普通地质学[M]. 北京：地质出版社，2011.

孙殿卿，吴锡浩，浦庆余. 中国第四纪冰期划分与第四纪地层层位关系的探讨[J]. 科学通报，1977，24(7)：307-309.

孙洪艳，李志祥，田明中. 第四纪测年研究新进展[J]. 地质力学学报，2003，9(4)：371-378.

孙建忠，赵景波. 黄土高原第四纪[M]. 北京：科学出版社，1991.

孙建忠. 中国北方大理冰期地层初步对比[C]//第四纪冰川与第四纪地质论文集. 北京：地质出版社，1984.

孙孟蓉. 云南元谋盆地元谋组孢粉组合的初步研究[M]. 周兴国等"元谋人". 昆明：云南人民出版社，1984.

孙湘君，吴玉书. 长白山针叶混交林的现代花粉雨[J]. 植物学报，1987，30(5)：549-557.

孙岩，韩昌甫. 我国滨海砂矿资源的分布及开发[J]. 海洋地质与第四纪地质，1999，19(1)：117-121.

孙岩，谭启新. 山东半岛滨海地貌与砂矿的形成和赋存关系[J]. 海洋地质与第四纪地质，1986，6(3)：43-52.

谭志海，黄春长，庞奖励，等. 陇东黄土高原北部全新世野火历史的木炭屑记录[J]. 第四纪研究，2008，28(4)：733-738.

汤英俊，宗冠福，徐钦琦. 山西临猗早更新世地层及哺乳动物群[J]. 古脊椎动物与古人类，1983，21(1)：77-87.

汤英俊. 河北省蔚县上新世—早更新世间的一个过渡哺乳动物群[J]. 古脊椎动物与古人类，1983(03)：245-254.

唐领余，毛礼米，吕新苗，等. 第四纪沉积物中中医药蕨类孢子和微体藻类的古生态环境指示意义[J]. 中国科学，2013，58(20)：1 969-1 983.

田明中，曹伯勋. 湖北黄岗晚更新世孢粉动态组合的统计分析及气候性质[J]. 地球科学，1990，15(5)：505-513.

田婷婷，吴中海，张克旗，等. 第四纪主要定年方法及其在新构造与活动构造研究中的应用综述[J]. 地质力学学报，2013，19(3)：242-266.

铁道部科学院西北研究所. 滑坡防治[M]. 北京：人民铁道出版社，1977.

童国榜，张俊辉，范淑贤. 中国第四纪孢粉植物群的分布[J]. 海洋地质与第四纪地质，1992，12(3)：45-56.

童国榜.中国第四纪孢粉植物群的分布[M].青岛:海洋地质与第四纪地质,1992.
汪品仙.我国东部海陆相过渡地层[M].北京:科学出版社,1985.
王长生.渝鄂湘黔毗邻地区古冰川研究[J].重庆工商大学学报(自然科学版),2006,23(2):185-187.
王长燕.陕西洛川 L_5-S_8 黄土和古土壤水分特征研究[J].干旱区资源与环境,2014,28(7):24-28.
王芳,葛全胜,陈泮勤.IPCC 评估报告气温变化观测数据的不确定性分析[J].地理学报,2009,64(7):832-834.
王飞燕,王富葆,王雪瑜.地貌学及第四纪地质学[M].北京:高等教育出版社,1990.
王国平,刘景双,汤洁.沼泽沉积与环境演变研究进展[J].地球科学进展,2005,20(3):304-311.
王海瑛,许厚泽,王广运.中国近海 1992—1998 海平面变化监测与分析[J].测绘学报,2000,7(8):89-90.
王宏.渤海湾泥质海岸带近现代地质环境变化研究(Ⅰ):意义,目标与方法[J].第四纪研究,2003,23(4):385-392.
王建明,王勇,王建力.巫山第四纪沉积物粒度特征研究[J].人民长江,2009,40(13):13-15.
王开发,徐馨.第四纪孢粉学[M].贵阳:贵州人民出版社,1988.
王乃粱,杨景春.我国新构造运动研究的回顾与展望[J].地质学报,1981,36(2):135-142.
王强,李凤林.渤海湾西岸第四纪海陆变迁[J].海洋地质与第四纪地质,1993,3(4):83-89.
王数,东野,光亮.地质学与地貌学教程[M].北京:中国农业大学出版社,2004.
王涛,叶广利,胡建中,等.舟曲“8·7”泥石流的特征及其防治措施初探[J].北方环境.2011,23(5):29～31.
王为,黄山,梁明珠.广东大峡谷河床壶穴形态的形成与发育[J].地理学报,2007,62(7):691-698.
王秀林,孙德四,曹飞.硅酸盐细菌代谢产物对不同结构硅酸盐矿物风化作用的影响[J].非金属矿,2013,36(1):1-4.
王颖,季小梅.中国海陆过渡带——海岸海洋环境特征与变化研究[J].地理科学,2011,31(2):129-135.
王永焱,笹岛贞雄,等.中国黄土研究的新进展[M].西安:陕西人民出版社,1985.
王宇飞,杨健,徐景先,等.中国新生代植物演化及古气候、古环境重建研究进展[J].古生物学报,2009,48(3):569-576.
王中波,杨守业,张志殉,等.东海外陆架晚第四纪若干沉积学问题的研究现状与展望[J].海洋地质与第四纪地质,2012,32(3).
韦桃源,陈中原,魏子新,等.长江河口区第四纪沉积物中的地球化学元素分布特征及其古环境意义[J].第四纪研究,2006,26(3):393-402.
魏东岚,李永化.青藏高原东缘第四纪泥石流沉积物地球化学分析[J].水土保持研究,2012,19(6):292-298.
魏全伟,谭利华,王随继.河流阶地的形成、演变及环境效应[J].地理科学进展,2006,25(3):55-71.

乌云娜，裴浩，白美兰. 内蒙古土地沙漠化与气候变化和人类活动[J]. 中国沙漠，2002，22(3)：92-297
吴忱. 地貌面、地文期与地貌演化——从华北地貌演化研究看地貌学的一些基本理论[J]. 地理与地理信息科学，2008，24(3)：75-78.
吴成基，陶盈科，林明太，等. 陕北黄土高原地貌景观资源化探讨[J]. 山地学报，2006，23(5)：513-519.
吴福莉. 黄土高原中部晚新生代孢粉记录的生态环境演变[D]. 兰州大学博士论文，2004.
吴立，李枫，朱诚. 海峡两岸 2011 年地形与第四纪环境教育研讨会纪要[J]. 地理学报，2011，66(11)：1 582-1 584.
吴立，朱诚，郑朝贵，等. 全新世以来浙江地区史前文化对环境变化的响应[J]. 地理学报，2012，67(7)：903-916.
吴青柏，刘永智，施斌，等. 青藏公路多年冻土区冻土工程研究新进展[J]. 工程地质学报，2002，10(1)：55-61.
吴汝康. 人类的起源和发展[M]. 北京：科学出版社，1980.
吴涛，康建成. 全球海平面变化研究新进展[J]. 地球科学进展，2006. 21(7)：67.
吴锡浩，等. 东昆仑山第四纪冰川地质[C]//青藏高原论文集. 北京：地质出版社，1982.
吴小根，王爱军. 人类活动对苏北潮滩发育的影响[J]. 地理科学，2005，25(5)：614-620.
吴珍汉，吴中海，叶培盛，等. 青藏高原晚新生代孢粉组合与古环境演化[J]. 中国地质，2006，33(5)：965-978.
吴征镒. 论中国植物区系的分区问题[J]. 云南植物研究，1979(1)：1-20.
吴正. 地貌学导论[M]. 广州：广东高等教育出版社，1999.
伍光和，沈永平. 中国冰川旅游资源及其开发[J]. 冰川冻土，2007，4(29)：45-53.
夏敦胜，孟兴民，赵艳，等. 第十届全国第四纪学术大会在兰州举行[J]. 第四纪研究，2010，30(5)：52.
夏非，张永战，吴蔚. EOF 分析在海岸地貌与沉积学研究中的应用进展[J]. 地理科学进展，2009(2)：174-186.
夏凯生，袁道先，谢世友，等. 乌江下游岩溶地貌形态特征初探——以重庆武隆及其邻近地区为例[J]. 中国岩溶，2010，29(2)：196-204.
夏凯生. 乌江下游岩溶地貌形态、发育与演化研究[D]. 西南大学，2011.
夏威岚，薛滨. 吉林小龙湾沉积速率的 ^{210}P 和 ^{137}Cs 年代学方法测定[J]. 第四纪研究，2004，24(1)：124-125.
肖景义，陈建强，孙刚，等. 河北邯郸 HZ-S 孔第四纪沉积物粒度特征分析[J]. 干旱区资源与环境，2009，23(1)：54-59.
肖琼，沈立成，杨雷，等. 西南喀斯特流域风化作用季节性变化研究[J]. 环境科学，2012，33(4)：1 122-1 128.
谢久兵，朱照宇，周厚云，等. 陕西蓝田公王岭黄土古土壤序列的磁组构特征及其古环境意义[J]. 地球化学，2007，36(2)：185-192.
谢宇平. 第四纪地质学及地貌学[M]. 地质出版社，1994.
熊康宁，肖时珍，刘子琦，等. "中国南方喀斯特"的世界自然遗产价值对比分析[J]. 中国工程科学，2008，10(2)：17-28.

熊尚发，丁仲礼，刘东生. 北京地区河流阶地的发育时代[J]. 中国第四纪地质与环境，1997：221-227.

熊尚发，丁仲礼，刘东生. 第四纪气候变化机制研究的进展与问题[J]. 地球科学进展. 1998. 13(3)：445.

胥勤勉，袁桂邦，张金起，等. 渤海湾沿岸晚第四纪地层划分及地质意义[J]. 地质学报，2011，85(8)：1 352-1 367.

徐杰，计凤桔，周本刚. 有关我国新构造运动起始时间的探讨[J]. 地学前缘[中国地质大学(北京)；北京大学]2012，19(5)：284-292.

徐军，殷勇，朱大奎. 连云港洪门古沙堤沉积特征及其意义[J]. 海洋地质与第四纪地质，2007，27(1)：23-35.

徐馨，沈志达. 全新世环境[M]. 贵阳：贵州人民出版社，1990.

徐兴永，肖尚斌，李萍. 崂山古冰川遗迹的地质证据[J]. 石油大学学报(自然科学版)，2005，29(4)：5-9.

徐秀登，肖云好. 中国近期地震活动特征及未来预测[J]. 浙江师大学报(自然科学版)，2000，23(1)：64-67.

徐张建，林在贯，张茂省. 岩石力学与工程学报[J]. 2007，26(7)：1 297-1 312.

徐张建，林在贯，张茂省，等. 中国黄土与黄土滑坡[J]. 岩石力学与工程学报，2007，26(7)：1 297-1 312.

许炯心，李炳元，杨小平，等. 中国地貌与第四纪研究的近今进展与未来展望[J]. 地理学报，2009，64(11)：1 375-1 393.

许立青，李三忠，索艳慧，等. 华北地块南部断裂体系新构造活动特征[J]. 地学前缘[中国地质大学(北京)；北京大学]，2013，20(4)：75-87.

许刘兵，周尚哲. 河流阶地形成过程及其驱动机制再研究[J]. 地理科学，2007，27(5)：672-677.

续海金，马昌前，杨坤光，等. 大别山南、北坡花岗岩风化作用的差异及其构造、气候环境意义[J]. 中国科学(D辑：地球科学)，2002，32(5)：415-422.

薛祥煦. 陕西渭南—早更新世哺乳动物群及其层位[J]. 古脊椎动物与古人类，1981(1)：35-44.

杨达源，等. 长江地貌过程[M]. 地质出版社，2006.

杨桂山，马荣华. 中国湖泊现状及面临的重大问题与保护策略[J]. 湖泊科学，2010，22(6)：799-810.

杨怀仁，等. 第四纪地质学[M]. 北京：高等教育出版社，1987.

杨建梅，罗以达，顾明光，等. 杭州城市第四系三维地质结构模型建立中的孔间地层对比方法分析[J]. 中国地质，2006，33(1)：104-108.

杨劲松，王永，闵隆瑞，等. 萨拉乌苏河流域第四纪地层及古环境研究综述[J]. 地质论评，2013，58(6)：1 121-1 132.

杨景春，李有利. 地貌学原理[M]. 北京：北京大学出版社，2001.

杨明德，张英骏，Smart P，等. 贵州西部的岩溶地貌[J]. 中国岩溶，1987，6(4)：85-92.

杨明德. 岩溶地貌环境评价岩溶地貌系统[J]. 环境科技，1983，10(1)：13-15.

杨小兰，吴必虎，刘耕年，等. 中国旅游地貌学研究进展与学科体系形成[J]. 地理与地理信息科学，2004，20(2)：100-104.

杨永兴,王世岩.人类活动干扰对若尔盖高原沼泽土,泥炭土资源影响的研究[J].资源科学,2001,23(2):37-41.

杨钟健.脊椎动物的演化[M].北京:科学出版社,1955.

杨钟健.上新统更新统分界[M].北京:科学出版社,1949.

杨子庚.第四纪地质学及地貌学[M].石家庄:河北地质学院,1980.

杨子庚.对中国新构造基本特征的认识[J].中国地质,1963(11):21-33.

杨子庚.中国东部陆架第四纪时期的演变及其环境效应[M].北京:科学出版社,1991.

姚海涛,邓成龙,朱日祥.元谋人时代研究评述——兼论我国早更新世古人类时代问题[J].地球科学进展,2005(11):39-46.

叶笃正,符淙斌,季劲钧,等.有序人类活动与生存环境[J].地球科学进展,2001,16(4):453-460.

伊飞,张训华,胡克.海岸带陆海相互作用研究综述[J].海洋地质前沿,2011,27(3):28-34.

殷鸿福,等.中国古生物地理学[M].武汉:中国地质大学出版社,1988.

尤玉柱.论华北旧石器晚期遗址的分布、埋藏及地质时代问题[J].人类学报,1984,3(1):68-75.

于殿宝.运用重力、离心力和振动力连续选矿的选矿机研究分析[J].有色金属(选矿部分),2013,05:58-61.

于革,刘健,薛滨.古气候动力模拟[M].北京:高等教育出版社,2007.

于严严,吴海斌,郭正堂.史前土地利用碳循环模型构建及应用:以伊洛河流域为例[J].第四纪研究,2010,30(3):540-549.

余德辉,金相灿.中国湖泊富营养化及其防治研究[M].中国环境科学出版社,2011.

余素玉.沉积岩石学[M].武汉:中国地质大学出版社,1989.

俞锦标,章海生.贵州普定岩溶地貌[J].中国岩溶,1988,7(2):77-86.

袁宝印,夏正楷,李保生,等.中国南方红土年代地层学与地层划分问题[J].第四纪研究,2008,28(1):1-13.

袁道先,岩溶学词典[M].北京:地质出版社,1988.

袁复礼,杜恒俭.中国新生代生物地层学[M].北京:地质出版社,1984.

岳健,杨发相,穆桂金,等.关于中国1:100万数字地貌制图若干问题的讨论[J].干旱区研究,2009,26(4):591-598.

曾克峰,刘超,于吉涛.地貌学教程[M].武汉:中国地质大学出版社,2013.

曾昭旋,曾宪珊.历史地貌学浅论[M].北京:科学出版社,1985.

张根寿,现代地貌学[M].北京:科学出版社,2005.

张会平,张培震,袁道阳,等.南北地震带中段地貌发育差异性及其与西秦岭构造带关系初探[J].第四纪研究,2010,30(4):803-811.

张加桂.泥灰质岩石区几种岩溶地貌形态及成因探讨——以三峡地区为例[J].地质科学,2002,37(3):288-294.

张家诚.气候变化及其原因[M].北京:科学出版社,1976.

张嘉尔.长红下游晚冰期孢粉组合和气候旋回问题//中国第四纪冰川冰缘讨论会论文集[C].北京:科学出版社,1985.

张开城.海洋文化与中华文明[J].广东海洋大学学报,2012,32(5):13-19.

张珂.论地貌的平衡与演化[J].热带地理,1999,19(2):97-106.

张可迁.关于第四纪沉积物的沉积相和成因类型[J].安徽地质,1993,3(3):30-34.

张林源.第四纪冰期与季风气候的演变[J].兰州大学学报丛刊,1984,30-34.

张茂省,李同录.黄土滑坡诱发因素及其形成机理研究[J].工程地质学报,2011,19(4):531-540.

张乔民.我国热带生物海岸的现状及生态系统的修复与重建[J].海洋与湖沼,2011,32(4):454-464.

张威,毕伟力,李永化.白马雪山冰川槽谷发育的形态特征及其影响因素探讨[J].第四纪研究,2013,33(3):479-489.

张绪教,李团结,陆平,等.卫星遥感在西藏安多幅1:25万区域第四纪地质调查中的应用[J].现代地质,2008,22(1):107-115.

张颖奇,严亚玲,刘毅弘,等.几何形态测量学方法在小哺乳动物化石分类鉴定中的应用[J].古脊椎动物学报,2012,50(4):361-372.

张玉兰,贾丽.上海东部地区晚第四纪沉积的孢粉组合及古环境[J].地理科学,2006,26(2):186-191.

张振克.芝罘连岛沙坝北端封闭潟湖成因与发育过程[J].海洋科学,1996(5):59-63.

张正偲,董治宝,钱广强,等.腾格里沙漠西部和西南部风能环境与风沙地貌[J].中国沙漠,2012,32(6):1 528-1 532.

张宗枯,等.中华人民共和国及其毗邻海区第四纪地质图(1:250万)及说明书[M].北京:中国地图出版社,1990.

张宗枯.水文地质工程地质与第四纪地质[C]//第三届全国第四纪学术会议论文集.北京:科学出版社,1982.

赵宾福.考古学的分期与石器时代的分野[J].贵州社会科学,2009,229(1):113-118.

赵超,王书芳,徐向舟,等.重力侵蚀黄土沟壑区沟坡产沙特性[J].农业工程学报,2012,28(12):140-145.

赵红艳,冷雪天,王升忠.长白山地泥炭分布、沉积速率与全新世气候变化[J].山地学报,2002,20(5):513-518.

赵红艳,冷雪天,王升忠.长白山地泥炭分布、沉积速率与全新世气候变化[J].山地学报,2002,20(5):513-518.

赵华,卢演俦,张金起,等.天津大沽晚第四纪沉积物红外释光测年及环境变迁年代学[J].地质科学,2002,37(2):174-183.

赵吉发.碳酸盐岩相与岩溶地貌发育的初步研究——以贵州三叠系为例[J].中国岩溶,1994,13(3):261-269.

赵良政.庐山早更新世冰川作用构造特征与辨析[J].地球科学,1998,13(6):635-643.

赵树森,刘明林,汪训一.$^{234}U/^{238}U$法测定石笋年龄[J].中国岩溶,1986,5(2):127.

赵松龄,杨光复,苍树溪,等.关于渤海湾西岸海相地层与海岸线问题[J].海洋与湖沼,1978,9(1):15-24.

赵希涛,张永双,曲永新,等.玉龙山西麓更新世冰川作用及其与金沙江河谷发育的关系[J].第四纪研究,2007,27(1):35-44.
赵希涛.中国海岸演化研究[M].福州:福建科技出版社,1984.
赵勇,蔡向民,王继明,等.北京平原顺义ZKl2-2钻孔剖面第四纪磁性地层学研究[J].地质学报,2013,87(2):288-294.
赵志中,王书兵,乔彦松,等,青藏高原东缘晚新生代地质与环境[M].北京:地质出版社,2009.
郑本兴,马正海.冰川沉积与非冰川沉积中砾石和碎屑矿物表面的形态特征[J].第四纪研究,1985,6(1):69-72.
郑本兴.云南玉龙雪山第四纪冰期与冰川演化模式[J].冰川冻土,2000,22(1):53-61.
郑国璋,岳乐平,何军锋,等.疏勒河下游安西古沼泽全新世沉积物粒度特征及其古气候环境意义[J].沉积学报,2006,24(5):733-739.
郑洪汉.第四纪沉积物研究的若干动向[J].地质地球化学,1974.11-15.
郑洪汉.中国北方晚更新世环境[M].重庆:重庆出版社,1991.
郑杰文,贾永刚,刘晓磊.波浪作用下沉积物再悬浮过程研究进展[J].海洋地质与第四纪地质,2013,33(5):173-183.
郑文涛,杨景春,段锋军.武威盆地晚更新世河流阶地变形与新构造活动[J].地震地质,2000,22(3):318-328.
郑勇玲,吴承强,蔡锋.我国海底地貌研究进展及其在东海近海的新发现、新认识[J].地球科学进展,2012,27(9):1 026-1 034.
稚可甫列夫C A.第四纪沉积的研究与地质衡量方法指南(上)[M].北京:地质出版社,1958.
中国地理学会,中国第四纪委员会.中国第四纪冰川冰缘学术论文集[C].北京:科学出版社,1985.
中国地质科学院水文地质工程地质研究所.中国岩溶(图册)[M].上海:上海人民出版社,1976.
中国地质学会地震专业委员会.中国的活动断裂[M].北京:地震出版社,1981.
中国地质学会第四纪冰川与第四纪地质专业委员会.第四纪冰川与第四纪地质论文集[C].北京:地质出版社,1987.
中国第四纪研究委员会.中国第四纪海岸线学术讨论会论文集[C].北京:海洋出版社,1985.
中国科学院(自然地理)编辑委员会.中国自然地理(动物地埋)[M].北京:科学出版社,1979.
中国科学院地质研究所孢粉分析组.第四纪孢粉分析与环境[M].北京:科学出版社,1984.
中国科学院古脊椎与古人类研究所.参加第十三届国际第四纪大会论文集[C].北京:科技出版社,1991.
中国科学院沙漠研究所.中国沙漠概论[M].北京:科学出版社,1980.
中国科学院西藏科学考察队.珠穆朗玛峰地区科学考察报告(1966—1968)[R].北京:科学出版社,1976.
中国科学院植物研究所,等.陕西蓝田地区新生代古植物研究[C].//陕西蓝田地区新生代现场会议论文集.北京:科学出版社,1966.
中国科学院中澳第四纪合作研究组.中国-澳大利亚第四纪学术讨论会论文集[C].北京:科学出版社,1987.
中国植被编辑委员会.中国植被[M].北京:科学出版社,1980.

中山大学，兰州大学，南京大学，等. 自然地理学[M]. 北京：人民教育出版社，1978.

中央气象局气象科学院天气气候研究所. 全国气候变化学术讨论会论文集[C]. 北京：科学出版社，1981.

周成虎，程维明，钱金凯，等. 中国陆地 1:100 万数字地貌分类体系研究[J]. 地球信息科学学报 2009，11(6)：707-724.

周明镇. 中国第四纪哺乳动物群区系的演化[J]. 动物学杂志，1964，6(6).

周慕林，等. 中国的第四系[M]//中国地层. 北京：地质出版社，1988.

周尚哲，李吉均. 第四纪冰川测年研究新进展[J]. 冰川冻土，2003，25(6)：660-666.

周尚哲. 锅穴一定是第四纪冰川的标志吗？[J]. 第四纪研究，2006，26(1)：117-125.

周亚利，鹿化煜，张家富. 高精度光释光测年揭示的晚第四纪毛乌素和浑善达克沙地沙丘的固定与活化过程[J]. 中国沙漠，2005，25(3)：342-350.

朱秉启，于静洁，秦晓光，等. 新疆地区沙漠形成与演化的古环境证据[J]. 地理学报，2013，68(5)：661-679.

朱诚，谢志仁，李枫，等. 全球变化科学导论[M]. 3 版. 北京：科学出版社，2012.

朱照宇，丁仲礼，中国黄土高原第四纪古气候与新构造演化[M]. 北京：地质出版社，1994，1-112.

Bradley R S. quaternary paleoclimatology methods of paleoclimatic reconstruction，1985.

Emiliani C. Pleistocene temperature[J]. J. Geol. ，1955(63).

Flint R F. Glacial and Quaternary geology[M]. John Wiley&Sons Inc. ，1971.

Formento-Trigilio M L，Burbank D W，Nicol A，et al.. River response to an active fold－and－thrust belt in a convergent margin setting，North Island，New Zealand [J]. Geomorphology，2003，49(1/ 2)：125-152.

Gui lanLin，Yu huizuo. 海湾资源开发的累积生态效应研究[J]. 自然资源学报，2006，21(3)：432-440

Henning G J，Grum R. ESR dating in Quaternary geology[J]. Quat. Sci. Rer. 1983，2.

Johnc Lowe，MikecWalker. 第四纪环境演变[M]. 科学出版社，2010

Lamb H H. Climatic history and the future. vol2：climate：present，past and future[M]. London：Methuen and Co. Ltd，1997.

Shackleton N J，Opdyke N D. Oxygen isotope and paleomagnetic stratigraphy of Equatorial Pacific core. 28-238：Oxygen isotope temperature and ice volumes on a 105 year and 106 year scale[J]. Quat. Res. 1973，3.

Sun Ying，Qin Dahe，Liu Hongbin. Introduction to treatment on uncertainties or IPCC Fifth Asessment Report [J]. Advances in Climate Change Research，2012，8(2)：150-153.

West R G. Pleistocene Geology and Biology[M]. Second Edition. NewYork：Longman. 1997.